AF545790

CO-PA in SAP S/4HANA® Finance

SAP PRESS ist eine gemeinschaftliche Initiative von SAP SE und der Rheinwerk Verlag GmbH. Unser Ziel ist es, Ihnen als Anwendern qualifiziertes SAP-Wissen zur Verfügung zu stellen. SAP PRESS vereint das Know-how der SAP und die verlegerische Kompetenz von Rheinwerk. Die Bücher bieten Ihnen Expertenwissen zu technischen wie auch zu betriebswirtschaftlichen SAP-Themen.

Damit Sie nach weiteren Titeln Ihres Interessengebiets nicht lange suchen müssen, haben wir eine kleine Auswahl zusammengestellt.

Thomas Kunze, Christian Kurzke, Kathrin Schmalzing
SAP S/4HANA Finance – Customizing
986 Seiten, 3., aktualisierte und erweiterte Auflage 2022, gebunden
ISBN 978-3-8362-8715-9
www.sap-press.de/5423

Kathrin Schmalzing, Isabella Löw
Controlling in SAP S/4HANA. Das Praxishandbuch
573 Seiten, 2020, gebunden
ISBN 978-3-8362-7468-5
www.sap-press.de/5050

Janet Salmon, Thomas Kunze, Daniela Reinelt, Petra Kuhn,
Christian Kurzke, Florian Roll
SAP S/4HANA Finance. Funktionen, Neuerungen, Migration
576 Seiten, 3., aktualisierte und erweiterte Auflage 2021, gebunden
ISBN 978-3-8362-8034-1
www.sap-press.de/5242

Isabella Löw
Finanzwesen in SAP S/4HANA. Das Praxishandbuch
568 Seiten, 2019, gebunden
ISBN 978-3-8362-6675-8
www.sap-press.de/4790

Abassin Sidiq
SAP Analytics Cloud. Das Praxishandbuch
472 Seiten, 2., aktualisierte und erweiterte Auflage 2020, gebunden
ISBN 978-3-8362-7715-0
www.sap-press.de/5135

Kathrin Schmalzing

CO-PA in SAP S/4HANA® Finance

Liebe Leserin, lieber Leser,

als 2017 die erste Auflage dieses Buches erschien, war noch alles neu in SAP S/4HANA Finance. Seitdem hat sich viel getan: Die Margenanalyse hat sich über die vergangenen Releases hinweg zu einem mächtigen Werkzeug entwickelt, das Predictive Accounting ermöglicht einen differenzierten Ausblick auf zukünftige Entwicklungen und mit der Integration von SAP Analytics Cloud ergeben sich ganz neue Möglichkeiten für die Planung. Jetzt möchten Sie wissen, wie Sie diese Funktionen am besten für Ihr Unternehmen nutzen – und da kommt dieses Buch ins Spiel.

Unsere Expertin Kathrin Schmalzing hat ihr umfassendes Handbuch zur Ergebnisrechnung mit SAP S/4HANA Finance komplett überarbeitet und auf Release 2021 aktualisiert. Sie erfahren, welche Grundeinstellungen für die Ergebnisrechnung erforderlich sind und wie Sie Merkmale, Wertfelder und Werteflüsse konfigurieren können. Und natürlich profitieren Sie von den Best Practices, die Frau Schmalzing aus ihrer langjährigen Erfahrung mit SAP-Einführungen mitbringt. Ich wünsche Ihnen viel Freude bei der Lektüre!

Wir von SAP PRESS freuen uns stets über Lob, aber auch über kritische Anmerkungen, die uns helfen, unsere Bücher zu verbessern. Scheuen Sie sich nicht, mich zu kontaktieren: Ihr Feedback ist jederzeit willkommen.

Ihre Stefanie Häb
Lektorat SAP PRESS

stefanie.haeb@rheinwerk-verlag.de
www.rheinwerk-verlag.de
Rheinwerk Verlag · Rheinwerkallee 4 · 53227 Bonn

Auf einen Blick

Wir hoffen, dass Sie Freude an diesem Buch haben und sich Ihre Erwartungen erfüllen. Ihre Anregungen und Kommentare sind uns jederzeit willkommen. Bitte bewerten Sie doch das Buch auf unserer Website unter **www.rheinwerk-verlag.de/feedback**.

An diesem Buch haben viele mitgewirkt, insbesondere:

Lektorat Stefanie Häb
Korrektorat Monika Klarl, Köln
Herstellung Denis Schaal
Typografie und Layout Vera Brauner
Einbandgestaltung Silke Braun
Coverbild iStock: 1226541068 © MEDITERRANEAN
Satz Typographie & Computer, Krefeld
Druck Beltz Grafische Betriebe, Bad Langensalza

Dieses Buch wurde gesetzt aus der TheAntiquaB (9,35/13,7 pt) in FrameMaker.
Gedruckt wurde es mit mineralölfreien Farben auf chlorfrei gebleichtem, FSC®-zertifiziertem Offsetpapier (90 g/m²).
Hergestellt in Deutschland.

Bibliografische Information der Deutschen Nationalbibliothek:
Die Deutsche Nationalbibliothek verzeichnet diese Publikation in der Deutschen Nationalbibliografie; detaillierte bibliografische Daten sind im Internet über *http://dnb.dnb.de* abrufbar.

ISBN 978-3-8362-8740-1

2., aktualisierte und erweiterte Auflage 2022

Informationen zu unserem Verlag und Kontaktmöglichkeiten finden Sie auf unserer Verlagswebsite **www.rheinwerk-verlag.de**. Dort können Sie sich auch umfassend über unser aktuelles Programm informieren und unsere Bücher und E-Books bestellen.

Inhalt

4 Customizing der Wert- und Mengenfelder für die kalkulatorische Ergebnisrechnung 139

5 Customizing des Werteflusses für die Margenanalyse 151

6 Customizing des Werteflusses für die kalkulatorische Ergebnisrechnung 249

7 Planung 343

8 Reporting 369

Anhang 413

Einleitung

Mit SAP S/4HANA Finance ändern sich zahlreiche Funktionen in der Ergebnis- und Marktsegmentrechnung (kurz *Ergebnisrechnung*). Außerdem hat SAP die Langzeitstrategie für die Ergebnisrechnung überarbeitet. Dieses Buch hilft Ihnen, die neuen Funktionen zu verstehen und einzusetzen und eine Entscheidung zu treffen, welche Art der Ergebnisrechnung für Ihr Unternehmen und Ihre Bedürfnisse die richtige ist.

Da auf fast jeden Prozess ein Finanzbuchhaltungsbeleg und/oder ein Beleg in der Ergebnisrechnung folgt, ist es wichtig, die Werteflüsse zu verstehen, um das Customizing der Ergebnisrechnung korrekt zu implementieren. Dieses Buch erläutert Ihnen die Customizing-Einstellungen für die Ergebnisrechnung nach eingehender Prozessbeschreibung, um sicherzustellen, dass Sie die richtigen Einstellungen vornehmen können.

SAP S/4HANA Finance ermöglicht neue Funktionen in der Analyse und bei der Darstellung von Zahlenmaterial mithilfe der Ergebnisrechnung. Dieses Buch weist Sie auf neue Funktionen hin, die Ihnen helfen, Ihr Berichtswesen noch aussagekräftiger zu gestalten und die Aufbereitung und Analyse des Zahlenmaterials zu vereinfachen, um maximal von der Einführung von SAP S/4HANA Finance für die Ergebnisrechnung zu profitieren.

Zielgruppe

Dieses Buch richtet sich an Key-User, die bereits Erfahrung im Umgang mit der Komponente Controlling im SAP-System haben und für die Customizing kein Fremdwort ist. Sie erfahren, wie Sie die Margenanalyse und/oder die kalkulatorische Ergebnisrechnung einrichten. Die Funktionen der Margenanalyse sind an SAP S/4HANA Finance gebunden, während die Funktionen der kalkulatorischen Ergebnisrechnung nicht releaseabhängig sind.

Zielsetzung und Inhalt

Margenanalyse und kalkulatorische Ergebnisrechnung

In diesem Buch lernen Sie die Funktionen der Margenanalyse und der kalkulatorischen Ergebnisrechnung kennen. Sie werden auf Neuerungen und Unterschiede zwischen den Versionen der Ergebnisrechnung hingewiesen. Das Buch soll Ihnen helfen, eine Entscheidung zu treffen, entweder die Margenanalyse und/oder die kalkulatorische Ergebnisrechnung einzuführen. Es ist in mehrere Teile gegliedert und enthält für alle Teilbereiche der Ergebnisrechnung eine umfangreiche Beschreibung der Funktionen und der Änderungen bzw. Neuerungen mit SAP S/4HANA Finance. Die Kapitel beschreiben die Umsetzung, sind jedoch keine Klickanleitungen und setzen bei der Person, die die Umsetzung am System durchführt, eine gewisse Erfahrung im Umgang mit dem SAP-System voraus.

[»]

Systemvoraussetzungen

Die Funktionen der kalkulatorischen Ergebnisrechnung ändern sich nicht wesentlich durch SAP S/4HANA Finance. Zahlreiche Funktionen sind Kernfunktionen, die nicht an ein Release gebunden sind. Die Funktionen der Margenanalyse sind jedoch an SAP S/4HANA gebunden. Die Screenshots in diesem Buch wurden in einem aktuellen SAP-S/4HANA-Finance-2020-System erstellt.

Aufbau dieses Buches

Dieses Buch ist in acht Teile gegliedert. Kapitel 1 gibt Ihnen einen Überblick über SAP S/4HANA und die Ergebnisrechnung im Allgemeinen, und in Kapitel 2 bis Kapitel 8 erhalten Sie eine umfangreiche Einführung in die Funktionen und Grundeinstellungen der beiden Arten der Ergebnisrechnung. Jedes Kapitel beschreibt detailliert die Einstellungen im Customizing und erklärt den prozessualen Zusammenhang, der Ihnen bei der Einstellung im Customizing und für das Verständnis der Werteflüsse behilflich ist. Die Unterschiede zwischen der Margenanalyse und der kalkulatorischen Ergebnisrechnung werden in jedem Kapitel zusammengefasst und erläutert. Im Folgenden finden Sie eine detaillierte Beschreibung der einzelnen Buchkapitel:

Kapitel 1, »Einführung in die Ergebnisrechnung«, erklärt die verschiedenen Arten der Ergebnisrechnung. Es soll Ihnen eine Entscheidungshilfe geben, welche Art der Ergebnisrechnung für Ihr Unternehmen die richtige ist.

Kapitel 2, »Customizing des Ergebnisbereichs und Grundeinstellungen für die Ergebnisrechnung«, vermittelt Ihnen die Grundeinstellungen, die Sie für die Ergebnisrechnung vornehmen sollten. Diese sind für beide Arten der Ergebnisrechnung ähnlich. Sie müssen die Grundeinstellungen vornehmen, bevor Sie mit dem Customizing der Werteflüsse beginnen können.

Kapitel 3, »Merkmale konfigurieren«, erläutert die verschiedenen Arten von Merkmalen mit Beispielen und zeigt Ihnen, wie Merkmale abgeleitet werden. Dies ist eine der Grundvoraussetzungen für die Aktivierung und Verwendung der Margenanalyse und der kalkulatorischen Ergebnisrechnung.

Kapitel 4, »Customizing der Wert- und Mengenfelder für die kalkulatorische Ergebnisrechnung«, beschreibt die Anlage von Wert- und Mengenfeldern, die nur für die kalkulatorische Ergebnisrechnung benötigt werden und ihren Zeilenaufbau definieren.

Kapitel 5, »Customizing des Werteflusses für die Margenanalyse«, ist eines der umfangreichsten Kapitel dieses Buches. Es erklärt, wie die Margenanalyse mit Werten versorgt wird. Es werden die Werteflüsse der Daten aus den Vorgängerkomponenten beschrieben und wie diese in der Ergebnisrechnung ankommen. Dabei wird sehr detailliert auf die einzelnen Prozesse eingegangen.

Kapitel 6, »Customizing des Werteflusses für die kalkulatorische Ergebnisrechnung«, beschreibt, wie die kalkulatorische Ergebnisrechnung mit Daten versorgt wird. Besonders hervorgehoben wird die Integration mit Vorgängerprozessen.

Kapitel 7, »Planung«, erläutert die Strategie von SAP im Rahmen der Planung in SAP S/4HANA Finance. Dies hat vor allem für die Margenanalyse Auswirkungen. Zudem werden die klassischen Planungsmethoden für die kalkulatorische Ergebnisrechnung dargestellt.

Kapitel 8, »Reporting«, stellt das Reporting in den Mittelpunkt. Es werden die klassischen Berichte für die kalkulatorische Ergebnisrechnung sowie die neuen Reporting-Möglichkeiten mit SAP S/4HANA Finance vorgestellt, die für die Margenanalyse und teilweise auch für die kalkulatorische Ergebnisrechnung gelten.

Danksagung

Danke an meine Nichten und Neffen sowie an Conny und Doro für ihre Geduld, Motivation und Unterstützung bei der Entstehung dieses Buches.

Kathrin Schmalzing

Kapitel 1
Einführung in die Ergebnisrechnung

SAP S/4HANA Finance enthält viele neue Funktionen in der Ergebnisrechnung. SAP empfiehlt den Einsatz der Margenanalyse. In diesem Kapitel lernen Sie die Unterschiede zwischen den Arten der Ergebnisrechnung kennen und erfahren, wie Sie die für Sie richtige Art der Ergebnisrechnung festlegen.

Die *Ergebnisrechnung* (CO-PA) ist eine Teilkomponente des SAP-Controllings. Es gibt zwei Formen der Ergebnisrechnung: die Margenanalyse und die kalkulatorische Ergebnisrechnung. In der Konzeption entscheiden Sie anhand Ihrer Funktionsanforderungen, welche Form der Ergebnisrechnung eingeführt werden soll oder ob Sie beide Ergebnisrechnungen parallel einführen möchten. SAP empfiehlt die Einführung der Margenanalyse, da die kalkulatorische Ergebnisrechnung in zukünftigen Releases nicht mehr weiterentwickelt wird.

In diesem Kapitel lernen Sie die Unterschiede zwischen der Margenanalyse und der kalkulatorischen Ergebnisrechnung kennen. Es werden Ihnen die neuen Funktionen und Änderungen vorgestellt, die SAP S/4HANA Finance für die Ergebnisrechnung mitbringt, und deren Auswirkungen erläutert.

1.1 Zweck der Ergebnisrechnung

Sichten auf die Rentabilität

Die Analyse der Rentabilität ist in einem Unternehmen von großer Bedeutung. Es wird zwischen zwei unterschiedlichen Perspektiven zur Analyse der Rentabilität unterschieden:

- **Externe Sicht**
  Die externe Sicht ist von handelsrechtlichen oder anderen rechnungslegungsspezifischen Anforderungen bestimmt.
- **Interne Sicht**
  Die interne Sicht ist von Managementanforderungen zur Auswertung von Geschäftsbereichen und Profit-Centern bestimmt.

Traditionelle Datenmodelle in ERP-Systemen sind zum Großteil auf die Datensammlung, Aggregation und das Reporting für die externe Sicht der Ergebnisrechnung fixiert.

Flexible Ergebnisrechnung

Die Anforderungen der Unternehmen an ein Berichtswesen zur Messung der Rentabilität auf der Merkmalsebene zur besseren Entscheidungsfindung und zur Erhöhung der Wettbewerbsfähigkeit haben das Bedürfnis nach einer flexibel gestaltbaren Ergebnisrechnung vergrößert.

[»]

Was ist die SAP-Ergebnisrechnung?

Die Ergebnisrechnung (CO-PA) ist Teil der Komponente Controlling im SAP-System, der die Anforderungen an die interne Ergebnisrechnung erfüllen soll. CO-PA ermöglicht es Ihnen, eine Deckungsbeitragsrechnung oder eine kurzfristige Erfolgsrechnung darzustellen. Der Fokus der Berichterstattung in der Ergebnisrechnung liegt auf den Bereichen Vertrieb, Marketing und Produktmanagement. Die Ergebnisrechnung reichert Ist-Daten mit zusätzlichen, frei definierbaren Merkmalen an, die dem Anwender die Möglichkeit einer detaillierteren Datenanalyse geben. In SAP S/4HANA wurde die Margenanalyse in das Universal Journal (ACDOCA) integriert und liefert Informationen in Echtzeit.

Strukturen der Ergebnisrechnung

SAP liefert die Ergebnisrechnung ohne Strukturen und Stammdaten wie etwa Standardberichte aus. Sie können CO-PA also nach Ihren eigenen Bedürfnissen strukturieren und ausprägen. Durch die hohe Integration der Finanzbuchhaltung und des Controllings mit den logistischen Komponenten im SAP-System ist die Ergebnisrechnung stark auf die Definition korrekter Werteflüsse angewiesen. Es werden sehr selten Buchungen direkt in CO-PA erstellt. CO-PA empfängt stattdessen Buchungen aus den Vorgängerkomponenten und bereitet diese dann auf.

Arten der Ergebnisrechnung

Es gibt zwei Arten der Ergebnisrechnung im SAP-System: die Margenanalyse und die kalkulatorische Ergebnisrechnung. Diese beiden Formen werden im Folgenden detailliert erläutert. Vorher aber gehe ich noch auf die Kosten- und Erlösträger in der Ergebnisrechnung ein.

Das kalkulatorische CO-PA in SAP ERP bietet eine Vielzahl an zusätzlichen Funktionen, die nicht im buchhalterischen CO-PA in SAP ERP zur Verfügung stehen. Daher wurde in SAP ERP häufiger die kalkulatorische Ergebnisrechnung eingeführt. Dies ändert sich nun mit SAP S/4HANA Finance mit der Integration der Margenanalyse in das Universal Journal, weshalb die Strategie bei der Einführung der Ergebnisrechnung überdacht werden sollte.

1.2 Kosten- und Erlösträger

Die Ergebnisrechnung speichert die Kosten und Erlöse multidimensional. Das Speichern von Daten auf einem Ergebnisobjekt löst die Fortschreibung in der Margenanalyse und/oder in der kalkulatorischen Ergebnisrechnung aus. CO-PA gibt Ihnen die Möglichkeit, Informationen nach verschiedensten Kriterien aufzuarbeiten und ein Reporting auf unterschiedlichsten Ebenen zu erstellen. Die Analysemöglichkeiten sind mehrdimensional und nicht nur auf zwei Dimensionen beschränkt (siehe Abbildung 1.1).

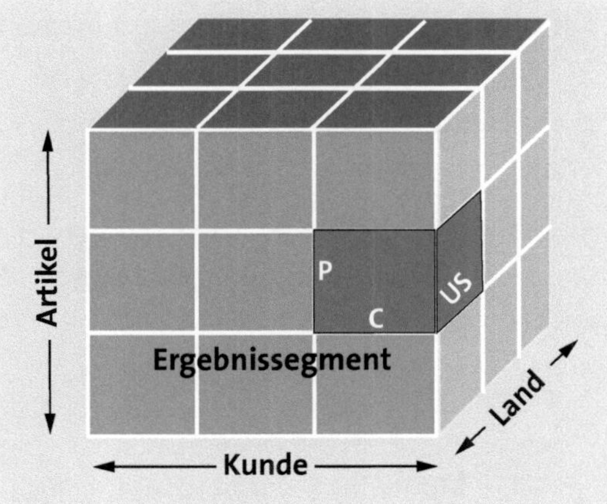

Abbildung 1.1 Mehrdimensionalität des Datenmodells in der Ergebnisrechnung

Kontierung auf ein Ergebnisobjekt

Die Kosten und Erlöse werden auf ein mehrdimensionales, benutzerdefiniertes Ergebnisobjekt kontiert, nicht nur auf eine Kostenstelle, einen Innenauftrag oder Ähnliches. Das Ergebnisobjekt kann eine Vielzahl von Merkmalen enthalten, z. B. **Material**, **Kunde**, **Materialgruppe**, **Kundengruppe**, **Land** und weitere benutzerspezifische Merkmale.

1.2.1 Merkmal

Merkmale müssen sowohl für die Margenanalyse als auch für die kalkulatorische Ergebnisrechnung gepflegt werden. Sie definieren die Charakteristika, nach denen die Werte in der Ergebnisrechnung auswertbar sind. Im SAP-Standard gibt es bereits eine feste Anzahl an Merkmalen, die immer in der Ergebnisrechnung zur Verfügung stehen, wie z. B. Buchungskreis, Kundenauftrag, Periode usw. Zusätzlich zu diesen festen Feldern können Sie weitere Merkmale anlegen.

Arten von Merkmalen

Es gibt folgende Kategorien von Merkmalen in der Ergebnisrechnung:

- **Merkmal aus Vorlagetabelle anlegen**
  Merkmale werden aus bestehenden SAP-Standardtabellen übernommen.
- **Merkmal mit eigener Vorlagetabelle anlegen**
  Zum selbst definierten Merkmal können eigene Ausprägungen angelegt werden.
- **Merkmal ohne Wertepflege anlegen**
  Das Merkmal hat keine eigenen Ausprägungen. Dem Merkmal können Werte zugewiesen werden. Oft werden diese Merkmale aus technischen Gründen angelegt.
- **Merkmal mit Bezug auf vorhandene Werte anlegen**
  Es wird ein existierendes Merkmal mit dessen Ausprägungen kopiert.

In Kapitel 3, »Merkmale konfigurieren«, lernen Sie die Anlage und Verwendung der einzelnen Merkmalskategorien kennen und erfahren, wie diese dann in den Beleg abgeleitet werden.

1.2.2 Wertfeld

Wertfelder werden nur benötigt, wenn mit der kalkulatorischen Ergebnisrechnung gearbeitet wird. Die kalkulatorische Ergebnisrechnung speichert die Werte nicht auf Konten-/Kostenarten wie die buchhalterische Ergebnisrechnung, sondern auf Wertfeldern. Wertfelder definieren die Zeilenstruktur in der kalkulatorischen Ergebnisrechnung. Im Customizing wird festgelegt, wie die Wertfelder mit Werten und Mengen versorgt werden. Auf die Details dazu wird in Kapitel 6, »Customizing des Werteflusses für die kalkulatorische Ergebnisrechnung«, eingegangen.

1.3 Arten der Ergebnisrechnung

Wie bereits erwähnt, gibt es zwei Arten der Ergebnisrechnung: die kalkulatorische Ergebnisrechnung und die Margenanalyse, die die buchhalterische Ergebnisrechnung in SAP S/4HANA ersetzt. Im folgenden Abschnitt werden Ihnen die Unterschiede der beiden Arten der Ergebnisrechnung erläutert.

1.3.1 Kalkulatorische Ergebnisrechnung

Die *kalkulatorische Ergebnisrechnung* ist die in SAP ERP am meisten genutzte Funktion der Ergebnisrechnung. Wie es der Name bereits sagt, erlaubt sie Ihnen die Verwendung kalkulatorischer Werte.

Aufbau der Ergebnisrechnung

Zum Aufbau der Ergebnisrechnung müssen Sie Merkmale und Wertfelder definieren. *Merkmale* sind Charakteristika wie z. B. Kunde, Artikel usw. *Wertfelder* sind Gruppierungen von Kosten wie z. B. Erlös, Materialkosten usw., die die Zeilenstruktur in der Ergebnisrechnung definieren. In Abbildung 1.2 sehen Sie ein Beispiel für den Aufbau einer Zeilenstruktur in der kalkulatorischen Ergebnisrechnung. In der linken Spalte sehen Sie die technische Bezeichnung für ein Wertfeld und die Bezeichnung des Wertfeldes, wie z. B. VVREV (Erlöse).

Kalkulatorische Ergebnisrechnung		
Wertfeld		**Betrag**
VVREV	Erlöse	EUR 1.000.000
VVQDI	Mengenrabatt	EUR 20.000
VVREB	Rabatte	EUR 80.000
	Netto-Erlöse	EUR 900.000
VVMCT	Var Materialkosten	EUR 400.000
VVPCT	Var Produktionskosten	EUR 190.000
VVPVR	Fertigungskosten	EUR 10.000
	DB I	EUR 300.000
VVMAT	Gemeinkosten Material	EUR 50.000
VVDIF	Gemeinkosten Fertigung	EUR 50.000
VVRED	Forschung & Entwicklung	EUR 10.000
VVSMR	Vertrieb, Admin und Marketing	EUR 90.000
	DB II	EUR 100.000

Abbildung 1.2 Beispielstruktur der kalkulatorischen Ergebnisrechnung

Definition der Zeilenstruktur

Die Zeilenstruktur gleicht einer Deckungsbeitragsrechnung. Da in der kalkulatorischen Ergebnisrechnung nicht mit Sachkonten gearbeitet wird, müssen Sie anhand von Wertfeldern die Zeilenstruktur für Ihr Berichtswesen definieren. Sie können dabei auch mit Formeln arbeiten, wie Sie es z. B. in der Zeile **Nettoerlöse** sehen.

Zeilendefinition

Bei der Definition der Zeilen müssen Sie sich bereits Gedanken dazu machen, wie diese Zeilen mit Werten versorgt werden können. Zum Beispiel muss sich bei Mengenrabatten die Frage gestellt werden, ob es dafür in der SAP-Komponente SD (Vertrieb) eine separate Kondition gibt. Bei den variablen Materialkosten ist es interessant zu wissen, ob in der Kostenstellenrechnung zwischen fixen und variablen Kosten unterschieden wird. Beachten Sie auch, dass eine Detaillierung der Wertfelder, z. B. in **Erlöse Inland** und **Erlöse Ausland**, über eine Merkmalsableitung erfolgen kann. Dazu müssen (bzw. sollten) nicht zwei Wertfelder definiert werden. Die Anzahl der Wertfelder in CO-PA ist außerdem auf 120 Wertfelder pro Ergebnisbereich beschränkt.

Die kalkulatorische Ergebnisrechnung ist nicht an Strukturen gebunden, sondern sie wird vielmehr von SAP gewissermaßen »leer« ausgeliefert. Mit der Definition des Ergebnisbereichs, des Organisationselements der Ergebnisrechnung, definieren Sie auch die Merkmale und Wertfelder für Ihre Ergebnisrechnung.

Kundenspezifische Ausprägung

Deshalb ist die Ausprägung der kalkulatorischen Ergebnisrechnung rein kundenspezifisch. Mit der Definition der Merkmale definieren Sie die Charakteristika, nach denen Sie Ihr Ergebnis analysieren möchten. Ist für Sie z. B. eine Auswertung nach Materialgruppe interessant, definieren Sie dieses Merkmal für Ihre Ergebnisrechnung und ordnen es dem Ergebnisbereich zu. Die Definition der Wertfelder hängt sehr stark von der Zeilenstruktur der Deckungsbeitragsrechnung ab.

Definition der Wertfelder

Ich empfehle Ihnen, die Wertfelder nicht zu detailliert zu definieren, da die Werte auf dem Wertfeld mithilfe der Merkmale umfassender analysiert/gesplittet werden können.

Struktur definieren

Mit der Definition der Merkmale und Wertfelder im Ergebnisbereich definieren Sie die Struktur der Ergebnisrechnung.

CO-PA mit Daten versorgen

Doch wie wird CO-PA mit Daten versorgt? Sehr selten wird direkt in CO-PA ein Beleg erstellt. Das kalkulatorische CO-PA erhält die Daten von den *Vorgängerkomponenten* wie etwa SD (Vertrieb), MM (Materialwirtschaft), PP (Produktion) usw. Auf welches Wertfeld und Merkmal die Werte aus den Vorgängerkomponenten gebucht werden, wird über Schnittstellen zu CO-PA festgelegt. In Abbildung 1.3 sehen Sie, wie der Ist-Wertefluss in die kalkulatorische Ergebnisrechnung erfolgt.

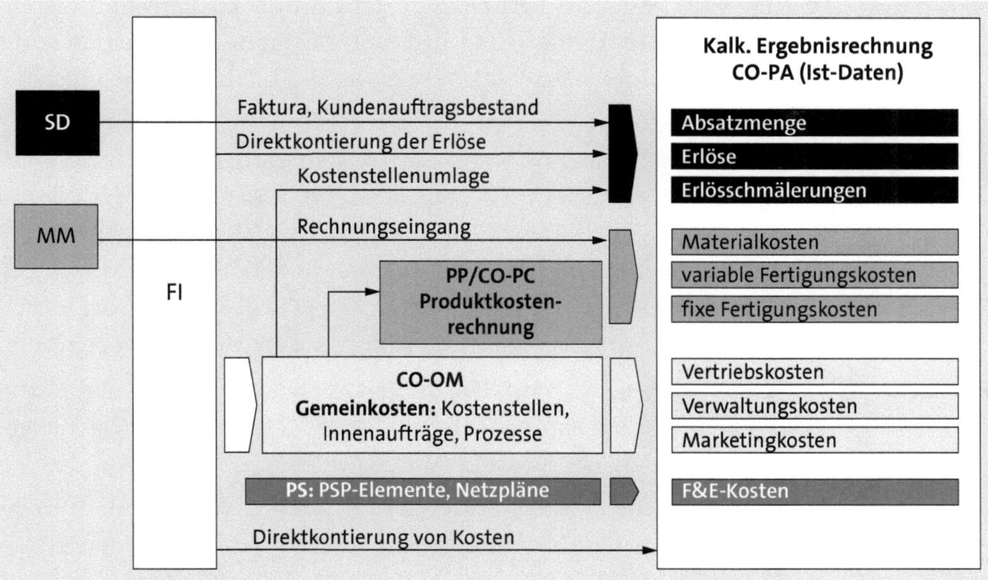

Abbildung 1.3 Wertefluss der kalkulatorischen Ergebnisrechnung

Die linke Hälfte der Abbildung zeigt die logistischen SAP-Komponenten, z. B. SD (Vertrieb) und MM (Materialwirtschaft). Diese Komponenten erzeugen einen Beleg in der SAP-Finanzbuchhaltung (FI) und gleichzeitig einen Beleg für die kalkulatorische Ergebnisrechnung. Über die Faktura in SD werden die Wertfelder **Absatzmenge**, **Erlöse** und **Erlösschmälerungen** gefüllt.

Direktkontierung von Erlösen

Sie können Erlöse auch direkt in der Finanzbuchhaltung über eine Debitorenrechnung buchen, die nicht in SD integriert ist. Dies wird oft für die Verbuchung von Lizenzerlösen genutzt. Diese Erlöse können Sie über eine Direktkontierung beim Buchen des Finanzbuchhaltungsbelegs an CO-PA überleiten. Es wird also mit dem Finanzbuchhaltungsbeleg auch hier ein Beleg für die kalkulatorische Ergebnisrechnung erstellt. Für die Direktkontierung in die Ergebnisrechnung ist die Pflege eines Ergebnisschemas im Customizing erforderlich. Das Sachkonto für die Verbuchung der manuellen Erlöse wird einem Wertfeld zugeordnet.

Darstellung der Erlösschmälerungen

Die Erlösschmälerung Skonto kann im SAP-System über eine statistische Kondition in der Faktura in SD dargestellt und als statistischer Wert an die kalkulatorische Ergebnisrechnung übergeleitet werden. Das »echte« Skonto wird in der Finanzbuchhaltung mit der Zahlung verbucht und über eine Direktkontierung auf eine Kostenstelle verbucht. Über eine Kostenstellenumlage am Monatsende kann das »echte« Skonto in die kalkulatorische Ergebnisrechnung übergeleitet werden.

Preisdifferenzen verbuchen

Über die Verbuchung des Rechnungseingangs in MM können Preisdifferenzen über eine Direktkontierung nach CO-PA übergeleitet werden. Zum Finanzbuchhaltungsbeleg wird ein Beleg für die kalkulatorische Ergebnisrechnung erstellt.

Kosten der Produktion

Die Kosten der Produktion werden als Kosten des Umsatzes mit Verbuchung der Faktura nach CO-PA umgeleitet. Die Absatzmenge der Faktura wird mit dem Standardpreis des Produkts bewertet. Abweichungen der Produktion, die über Mehr- oder Minderverbrauch von Materialien oder z. B. Personalzeiten entstehen können, werden über die Abrechnung der Abweichungen auf Fertigungsaufträgen am Monatsende nach CO-PA übergeleitet.

Gemeinkosten

Alle Kosten, die auf Kostenstellen, Innenaufträge und PSP-Elemente kontiert werden, werden zum Monatsende nach CO-PA umgelegt oder abgerechnet.

Umsatzkostenverfahren

Die kalkulatorische Ergebnisrechnung ist nach dem Umsatzkostenverfahren aufgebaut. Mit der Überleitung der SD-Faktura wird das kalkulatorische CO-PA mit Erlösen versorgt. Die Absatzmenge der Faktura wird ebenfalls nach CO-PA übergeleitet und mit einer Kalkulationsvariante bewertet. So werden die Kosten des Umsatzes in das kalkulatorische CO-PA übergeleitet.

Das *Umsatzkostenverfahren* unterscheidet sich vom Gesamtkostenverfahren dadurch, dass die Aufwendungen nicht nach Aufwandsarten (Material, Personal, Abschreibungen), sondern nach Funktionsbereichen gegliedert sind (Herstellung, Verwaltung, Vertrieb). Die kalkulatorische Ergebnisrechnung kann ausschließlich im Umsatzkostenverfahren dargestellt werden.

Abstimmung mit der Finanzbuchhaltung

Die Darstellung der kalkulatorischen Ergebnisrechnung im Umsatzkostenverfahren ist eine der großen Herausforderungen bei der Abstimmung der kalkulatorischen Ergebnisrechnung mit der Finanzbuchhaltung. Der Standardprozess im Vertrieb ist die Anlage eines Kundenauftrags und im Anschluss die Anlage einer Lieferung mit Buchung des Warenausgangs. Mit der Anlage der Faktura und Überleitung dieser in die Finanzbuchhaltung wird der Umsatz gebucht, und sowohl der Umsatz als auch die Kosten des Umsatzes werden nach CO-PA übergeleitet. Die Umsatzbuchung und die Warenausgangsbuchung in der Finanzbuchhaltung sind entkoppelt. Im kalkulatorischen CO-PA kommt die Buchung jedoch in einem Beleg an. Zum Monatsende sind daher eine Analyse und Abgrenzung der Warenausgänge in der Finanzbuchhaltung erforderlich, wenn eine Abstimmung mit dem kalkulatorischen CO-PA gewünscht ist.

Einsatz von Wertfeldern

Neben den Kosten des Umsatzes ist generell der Einsatz der Wertfelder, die nicht einem oder mehreren Konten in der Finanzbuchhaltung entsprechen, für die Abstimmung der kalkulatorischen Ergebnisrechnung eine Herausforderung. Es gibt mehrere Transaktionen, die den Wertefluss in die Ergebnisrechnung simulieren und die bei der Abstimmung mit der Finanzbuchhaltung behilflich sein sollen. Nach meiner Erfahrung gelingt die Abstimmung jedoch nur, wenn die Ist-Werteflüsse detailliert definiert und umfangreich getestet wurden. Jeder Prozessfehler in den Vorgängerkomponenten schlägt sich in der Ergebnisrechnung nieder und erfordert eine eingehende Analyse.

Zusammenfassung

Zusammenfassend halten wir fest, dass die kalkulatorische Ergebnisrechnung ausschließlich das Umsatzkostenverfahren unterstützt. Die Struktur der kalkulatorischen Ergebnisrechnung wird durch Zeilen und Merkmale bestimmt. Mit SAP S/4HANA kommen keine neuen Funktionen für die kalkulatorische Ergebnisrechnung hinzu. Über die SAP-HANA-Datenbank wird die Performance der Ergebnisrechnung deutlich verbessert. Laufzeitfehler und lange Wartezeiten sind von nun an Geschichte.

1.3.2 Margenanalyse

Die buchhalterische Ergebnisrechnung in SAP ERP wurde in der Praxis aufgrund ihrer eingeschränkten Funktionen nicht sehr oft eingesetzt. Häufig wurden die buchhalterische und die kalkulatorische Ergebnisrechnung parallel verwendet, da man sich davon eine bessere Abstimmung der kalkulatorischen Ergebnisrechnung mit der Finanzbuchhaltung erhofft hat, was aber nicht der Fall war/ist.

Buchhalterische Ergebnisrechnung in SAP ERP

Die klassische buchhalterische Ergebnisrechnung in SAP ERP arbeitet im Unterschied zur kalkulatorischen Ergebnisrechnung nicht mit Wertfeldern, sondern mit Kostenarten. Alle GuV-Sachkonten in der buchhalterischen Ergebnisrechnung müssen als Kostenarten angelegt sein, um in die Ergebnisrechnung übernommen werden zu können. Mit der Margenanalyse in SAP S/4HANA Finance gibt es keine Kostenarten mehr bzw. wurde die Anlage von Kostenarten mit der Anlage von Sachkonten kombiniert. Daher müssen die Sachkonten in SAP S/4HANA Finance als Kostenarten ausgeprägt sein. Hierzu müssen zwei Einstellungen im Sachkontenstammsatz beachten werden. In Abbildung 1.4 wählen Sie auf der Registerkarte **Typ/Bezeichnung** die Sachkontoart **Sekundärkosten** aus. Die Eingabe des Kostenartentyps, welcher die Verwendung der Sekundärkostenart definiert und im nächsten Absatz ausführlich beschrieben wird, ist auch für Sachkonten mit der Sachkontenart **Primärkosten** oder **Erlöse** möglich.

* Sachkonto: 694210
Umlagekostenart
* Buchungskreis: 8000
PLS US Pharmaceuticals
mit Vorlage
Typ/Bezeichnung
Steuerungsdaten
Erfassung/Bank/Zins
Schlagw./Übersetzung
Informationen (Kpl)
Informationen (Bukr)
Steuerung im Kontenplan 8100
Sachkontoart: Sekundärkosten
Kontengruppe: EXP

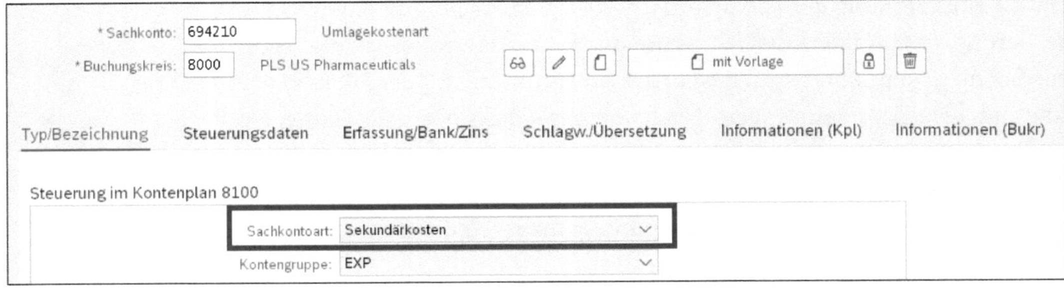

Abbildung 1.4 Sachkontoart im Sachkontenstammsatz auswählen

Nach der Auswahl der Sachkontenart erfolgt die Zuordnung des Kostenartentyps auf der Registerkarte **Steuerungsdaten** im Bereich **Kontoeinstellungen am Kostenrechnungskreis 8000 PLS Controlling Area**. Die Ausprägungen und Bedeutungen der Kostenarten ändern sich dabei nicht. In Abbildung 1.5 pflegen Sie den Kostenartentyp 42 für die Umlage von Kosten.

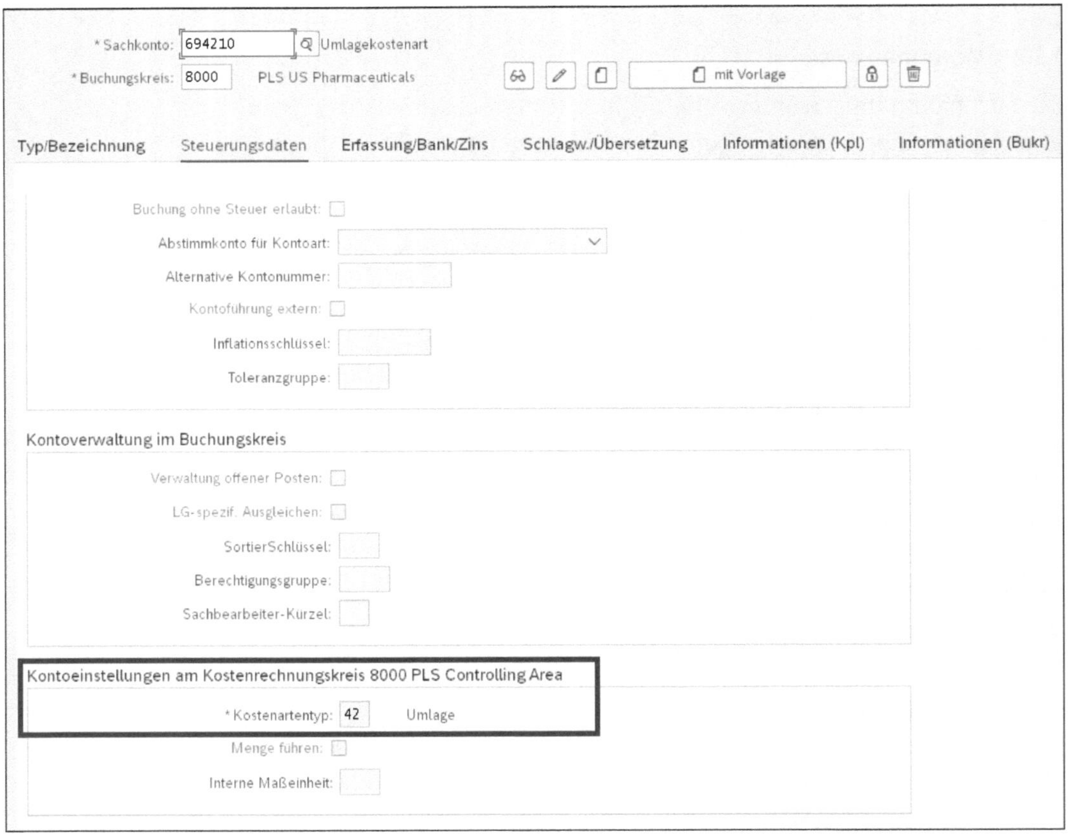

* Sachkonto: 694210
Umlagekostenart
* Buchungskreis: 8000
PLS US Pharmaceuticals
mit Vorlage
Typ/Bezeichnung
Steuerungsdaten
Erfassung/Bank/Zins
Schlagw./Übersetzung
Informationen (Kpl)
Informationen (Bukr)
Buchung ohne Steuer erlaubt:
Abstimmkonto für Kontoart:
Alternative Kontonummer:
Kontoführung extern:
Inflationsschlüssel:
Toleranzgruppe:
Kontoverwaltung im Buchungskreis
Verwaltung offener Posten:
LG-spezif. Ausgleichen:
SortierSchlüssel:
Berechtigungsgruppe:
Sachbearbeiter-Kürzel:
Kontoeinstellungen am Kostenrechnungskreis 8000 PLS Controlling Area
* Kostenartentyp: 42
Umlage
Menge führen:
Interne Maßeinheit:

Abbildung 1.5 Kostenartentyp im Sachkonto pflegen

Die Anlage von Kostenarten ist Grundvoraussetzung für die Erstellung der Ergebnisobjekte für die Margenanalyse.

Beispielstruktur der Margenanalyse

Die Margenanalyse ist nach Konten aufgebaut. Jedes Kostenartenkonto kann ein Ergebnisobjekt tragen. Eine Beispielstruktur der Margenanalyse sehen Sie in Abbildung 1.6. In der linken Hälfte der Abbildung sehen Sie die Kostenarten, die in SAP S/4HANA Finance durch Sachkonten ersetzt werden. Das Sachkonto 40000 (Erlöse) steht als Erlöskonto in der Margenanalyse zur Verfügung. Der Wert entspricht den gebuchten Werten auf dem gleichnamigen Sachkonto in der Finanzbuchhaltung. Der Unterschied besteht darin, dass in der Margenanalyse mehr Merkmale zur Analyse des Sachkontos zur Verfügung stehen. Bei der Gestaltung von Berichten der Margenanalyse können Sie auch mit Formeln arbeiten, die z. B. die Werte bestimmter Berichtszeilen – wie etwa Nettoerlöse – summieren. Diese Formeln für Kennzahlen werden in SAP S/4HANA durch semantische Tags ersetzt, die in Kapitel 8, »Reporting«, beschrieben werden.

Margenanalyse

Kosten- und Erlöskonten		Wert
40000	Erlöse	EUR 1.000.000
50000	Erlösschmälerungen	EUR 100.000
	Nettoumsatz	EUR 900.000
60000	COGS	EUR 690.000
61000	Preisdifferenzen	EUR 10.000
62000	Forschung & Entwicklung	EUR 10.000
63000	Marketing	EUR 50.000
64000	Vertriebskosten	EUR 40.000
	Betriebsergebnis	EUR 100.000

Abbildung 1.6 Beispielstruktur für die Margenanalyse

Mit der Margenanalyse ist es möglich, einen Ergebnisbericht sowohl im Gesamtkosten- als auch im Umsatzkostenverfahren darzustellen, was für viele Unternehmen der ausschlaggebende Grund für den Einsatz der buchhalterischen Ergebnisrechnung war.

Neue Funktionen in der Margenanalyse

Im Vergleich zur kalkulatorischen Ergebnisrechnung hatte die klassische buchhalterische Ergebnisrechnung deutlich weniger Funktionen. Mit SAP S/4HANA Finance wurde die Margenanalyse erweitert, um zusätzliche Funktionen, die ursprünglich der kalkulatorischen Ergebnisrechnung vorbehalten waren, in die Margenanalyse mit aufzunehmen. Diese Funktionen sind z. B.:

- **COGS-Split**
  In der kalkulatorischen Ergebnisrechnung kann bei der Überleitung der Faktura die Absatzmenge mit unterschiedlichen Kalkulationsvarianten bewertet werden. Die Kosten des Umsatzes können in die Kostenbestandteile analog den Elementen im Elementeschema aufgegliedert werden. Die Margenanalyse in SAP S/4HANA Finance erlaubt das Splitten der Kosten des Umsatzes in die Kostenbestandteile laut Elementeschema. Eine alternative Bewertung mit unterschiedlichen Kalkulationsvarianten ist ebenso möglich. Den COGS-Split können Sie über den folgenden Customizing-Pfad einstellen: **Finanzwesen (neu) • Hauptbuchhaltung (neu) • Periodische Arbeiten • Integration • Materialwirtschaft • Konten für Aufteilung der Kosten des Umsatzes definieren**.
- **Abweichungs-Split**
  Bei der Abrechnung von Produktionsabweichungen werden diese in Abweichungskategorien dargestellt. Die Darstellung der Abweichungskategorien war bislang nur in der kalkulatorischen Ergebnisrechnung auf verschiedenen Wertfeldern möglich. Mit SAP S/4HANA Finance kann für jede Abweichungskategorie ein anderes GuV-Konto hinterlegt werden, was eine Darstellung der Abweichungskategorien nun auch im Berichtswesen der Margenanalyse erlaubt. Den Abweichungs-Split können Sie über den folgenden Customizing-Pfad konfigurieren: **Finanzwesen (neu) • Hauptbuchhaltung (neu) • Periodische Arbeiten • Integration • Materialwirtschaft • Konten für Aufteilung der Preisdifferenzen definieren**.
- **Mengenfelder**
  Die Margenanalyse in SAP S/4HANA Finance erlaubt es, bis zu drei Mengenfelder mit unterschiedlichen Mengeneinheiten darzustellen. Diese Mengenfelder werden über den folgenden Customizing-Pfad aktiviert: **Controlling • Controlling Allgemein • Zusätzliche Mengen • Zusätzliche Mengenfelder definieren**.

Die Margenanalyse kann im Umsatzkostenverfahren und/oder im Gesamtkostenverfahren dargestellt werden. Mit SAP S/4HANA erhält die Margenanalyse eine Vielzahl neuer Funktionen, die viele Vorteile mit sich bringen. Einer der größten Vorteile ist die vereinfachte Abstimmung der buchhalterischen Ergebnisrechnung mit der Finanzbuchhaltung durch die Integration der Belege der Margenanalyse in das Universal Journal, die neue Datenbanktabelle in SAP S/4HANA Finance. Aus diesem Grund empfiehlt SAP, die Margenanalyse in SAP S/4HANA anzuwenden.

Umsatzkosten- und Gesamtkostenverfahren

1.3.3 Vergleich zwischen Margenanalyse und kalkulatorischer Ergebnisrechnung

In diesem Abschnitt lernen Sie sowohl die Veränderungen der traditionellen buchhalterischen und kalkulatorischen Ergebnisrechnung in SAP ERP als auch die Veränderungen der Margenanalyse in SAP S/4HANA Finance kennen.

Unterschiedliche Funktionen der Ergebnisrechnung

Tabelle 1.1 gibt Ihnen einen Überblick über die aktuellen und die neuen Funktionen der Ergebnisrechnung.

	Traditionelles CO-PA (buchhalterisch und kalkulatorisch)		SAP S/4HANA Finance
Bereich	kalkulatorisches CO-PA	buchhalterisches CO-PA	Margenanalyse
Kostensammler	Wertfelder	Kostenarten	Sachkonten
Abstimmung mit FI	nicht gewährleistet	ja	ja
Auftragsbestand in CO-PA	ja	nein	ja
Statistische Konditionen	ja	nein	ja
Bewertung	Bewertung mit verschiedenen Kalkulationsvarianten möglich	Bewertung ausschließlich mit führender Bewertung in Finanzbuchhaltung	Bewertung mit verschiedenen Kalkulationsvarianten möglich

Tabelle 1.1 Vergleich zwischen kalkulatorischer und buchhalterischer Ergebnisrechnung in SAP ERP und in SAP S/4HANA Finance

	Traditionelles CO-PA (buchhalterisch und kalkulatorisch)		SAP S/4HANA Finance
Darstellung von COGS	Darstellung der COGS in Kostenkomponenten (z. B. Material, Personal, Zuschläge) analog Elementeschema in Produktkostenrechnung	Einzelnes Sachkonto für die Darstellung der COGS	Darstellung der COGS in Kostenkomponenten (z. B. Material, Personal, Zuschläge) analog Elementeschema in Produktkostenrechnung
Produktionsabweichungen	Darstellung der Abweichungskategorien	Darstellung der Produktionsabweichungen auf einem GuV-Sachkonto	Darstellung der Produktionsabweichungen mit verschiedenen Konten pro Abweichungskategorie
Mengenfelder	Es werden mehrere Mengenfelder unterstützt.	Ein Mengenfeld für die Darstellung der Absatzmenge.	Es werden bis zu drei Mengenfelder unterstützt.
Mengeneinheit	Es werden mehrere Mengeneinheiten unterstützt.	Es wird eine Mengeneinheit unterstützt.	Es werden bis zu drei Mengeneinheiten unterstützt.
Predictive Accounting	nein	nein	ja
Belegzeilen ohne Ergebnisobjekt	nein	nein	ja

Tabelle 1.1 Vergleich zwischen kalkulatorischer und buchhalterischer Ergebnisrechnung in SAP ERP und in SAP S/4HANA Finance (Forts.)

1.4 Technische Struktur

Die Formen der Ergebnisrechnung unterschieden sich nicht nur in der Funktionalität, sondern auch darin, wie die Daten auf der Datenbank abgespeichert werden. In diesem Abschnitt gehen wir im Detail auf die technische Struktur der kalkulatorischen Ergebnisrechnung und der Margenanalyse ein. Wir schließen den Abschnitt mit einem Vergleich der technischen Strukturen der beiden Formen der Ergebnisrechnung ab.

1.4.1 Technische Struktur der kalkulatorischen Ergebnisrechnung

In SAP S/4HANA Finance bleibt das derzeitige Datenmodell für die kalkulatorische Ergebnisrechnung bestehen. Es wird keine neuen Entwicklungen der kalkulatorischen Ergebnisrechnung in SAP S/4HANA geben. Im Folgenden erhalten Sie einen Überblick der Tabellen, in denen die Belege der kalkulatorischen Ergebnisberechnung gespeichert sind. Mit SAP S/4HANA Finance ändert sich die Tabellenstruktur der kalkulatorischen Ergebnisrechnung nicht. Die Belege der kalkulatorischen Ergebnisrechnung werden nicht in das Universal Journal aufgenommen, weshalb eine Abstimmung der Finanzbuchhaltung mit der kalkulatorischen Ergebnisrechnung weiterhin eine Herausforderung bleibt. Allerdings profitiert die kalkulatorische Ergebnisrechnung von den SAP-HANA-Vorteilen, wie etwa einer deutlichen Verbesserung der Performance.

Überblick über die Tabellen des kalkulatorischen CO-PA

In Tabelle 1.2 sehen Sie die einzelnen Tabellennamen und deren Bedeutung. Diese Tabellen werden bei der Anlage des Ergebnisbereichs für die kalkulatorische Ergebnisrechnung im Hintergrund automatisch erzeugt. Die xxxx in der Tabelle werden durch die technische Bezeichnung des Ergebnisbereichs ersetzt.

Tabellenname	Bedeutung
CE0xxxx	Logische Einzelpostenstruktur
CE1xxxx	Ist-Einzelpostentabelle
CE2xxxx	Plan-Einzelpostentabelle
CE3xxxx	Objektebene
CE4xxxx	Objekttabelle
CE4xxxx_KENC	Zuordnungsänderungen
CE4xxxx_ACCT	Kontierung
CE4xxxx_FLAG	Kontierte Merkmale
CE5xxxx	Logische Objektebene
CE7xxxx	Interne Hilfsstruktur für Umlagen
CE8xxxx	Interne Hilfsstruktur für Umlagen

Tabelle 1.2 Übersicht der Tabellenstruktur in der kalkulatorischen Ergebnisrechnung

1.4.2 Vergleich der technischen Struktur der kalkulatorischen Ergebnisrechnung und der Margenanalyse

Vergleich der Datenmodelle

In Tabelle 1.3 finden Sie einen Vergleich der Datenmodelle der kalkulatorischen Ergebnisrechnung mit der Margenanalyse und deren Auswirkung.

Funktion	Kalkulatorisches CO-PA	Margenanalyse	Auswirkung
Datenmodell	eigene Datentabellen (CE1XXXX usw.)	Universal Journal (Tabelle ACDOCA)	Die Daten in der kalkulatorischen Ergebnisrechnung sind in eigenen, nicht in Buchhaltungstabellen abgespeichert, was zu einer Herausforderung bei der Abstimmung der Daten mit der Finanzbuchhaltung führt.

Tabelle 1.3 Vergleich der Tabellenstruktur von Margenanalyse und kalkulatorischer Ergebnisrechnung mit Auswirkung auf die Abstimmung der Finanzbuchhaltung mit dem Controlling

1.5 Zusammenfassung

In diesem Kapitel haben Sie die Unterschiede zwischen der Margenanalyse und der kalkulatorischen Ergebnisrechnung kennengelernt. Die Unterschiede und die Neuerungen in SAP S/4HANA Finance wurden dargestellt.

Doch was ist nun die Empfehlung für SAP S/4HANA Finance? Was sollten Sie tun, wenn Sie bislang die kalkulatorische Ergebnisrechnung verwendet haben? Meine Empfehlung lautet, die Margenanalyse zu aktivieren, da diese von SAP in Zukunft auch weiterentwickelt wird und weitere Funktionen hinzugefügt werden.

Falls Sie derzeit mit der kalkulatorischen Ergebnisrechnung arbeiten und diese weiterhin fortführen möchten, ist es zu empfehlen, die Margenanalyse zusätzlich zu aktivieren. Dies erzeugt auch nicht mehr Datenvolumen, da die Belege der Margenanalyse in das Universal Journal (Tabelle ACDOCA) integriert sind. Auch wenn Sie bisher noch keine Ergebnisrechnung einsetzen, ist die Aktivierung der Margenanalyse in SAP S/4HANA empfehlenswert.

SAP bietet kein Tool für die Übernahme historischer Daten der kalkulatorischen Ergebnisrechnung in SAP S/4HANA an. Falls Sie unterjährig auf SAP S/4HANA Finance migrieren und die kalkulatorische Ergebnisrechnung heute aktiviert haben, zukünftig aber die Margenanalyse verwenden möchten, empfiehlt es sich aus Gründen der Abstimmbarkeit und der Analyse historischer Daten, die kalkulatorische Ergebnisrechnung so lange aktiviert zu lassen, bis das Jahr abgeschlossen ist. Im Anschluss können Sie die kalkulatorische Ergebnisrechnung deaktivieren und nur mit der Margenanalyse weiterarbeiten.

Ich rate Ihnen davon ab, die kalkulatorische Ergebnisrechnung allein zu aktivieren, und empfehle Ihnen, sie nur im Zusammenhang mit der Margenanalyse zu verwenden.

Im nächsten Kapitel lernen Sie die erforderlichen Grundeinstellungen für die Aktivierung der Ergebnisrechnung kennen. Jeder Abschnitt weist dabei auf die Unterschiede zwischen Margenanalyse und kalkulatorischer Ergebnisrechnung hin.

Kapitel 2
Customizing des Ergebnisbereichs und Grundeinstellungen für die Ergebnisrechnung

Die Grundeinstellungen sind die Voraussetzung, um die Ergebnisrechnung nutzen zu können. Die zentrale Grundeinstellung ist dabei die Anlage des Ergebnisbereichs. Mit dem Aufbau des Ergebnisbereichs legen Sie die Struktur Ihrer Ergebnisrechnung fest. In diesem Kapitel lernen Sie, wie Sie dabei vorgehen müssen.

Die Grundeinstellungen der Ergebnis- und Marktsegmentrechnung (kurz: Ergebnisrechnung, CO-PA) bilden die Basis für die Nutzung von CO-PA. Gleichzeitig legen sie die Struktur von CO-PA fest. Das heißt, dass die Grundeinstellungen bestimmen, welche Merkmale für die Auswertungen zur Verfügung stehen und wie die Ableitung dieser Merkmale erfolgen soll. Für die kalkulatorische Ergebnisrechnung legen die Wertfelder außerdem die Zeilenstruktur fest.

In diesem Kapitel erfahren Sie, welche Grundeinstellungen notwendig sind, um die kalkulatorische Ergebnisrechnung und/oder die Margenanalyse verwenden zu können. Sie lernen Schritt für Schritt, wie Sie einen Ergebnisbereich, Nummernkreise, Merkmale und weitere grundlegende Einstellungen vornehmen können.

Ich weise Sie explizit auf neue Funktionen von SAP S/4HANA Finance hin, ebenso auf Unterschiede in der Einstellung des kalkulatorischen CO-PA und/oder der Margenanalyse. Anhand von Beispielen werden Verwendungsmöglichkeiten aufgezeigt, die Ihnen die Entscheidungen erleichtern, die Sie beim Aufbau Ihres Ergebnisbereichs treffen müssen.

2.1 Einen Ergebnisbereich pflegen

Der *Ergebnisbereich* ist Voraussetzung für den Einsatz der Ergebnisrechnung. Der Ergebnisbereich ist die höchste Organisationseinheit in SAP und das Organisationsobjekt, das für die Aktivierung der Ergebnisrechnung benötigt wird.Wenn Sie mit dem Aufbau Ihrer Ergebnisrechnung beginnen, müssen Sie als Erstes das Organisationselement **Ergebnisbereich** im SAP-System anlegen (siehe Abbildung 2.1).

Ein oder mehrere Kostenrechnungsskreise können dem Ergebnisbereich zugeordnet werden. Voraussetzung dafür ist, dass den Kostenrechnungskreisen die gleiche Geschäftsjahresvariante zugeordnet ist.

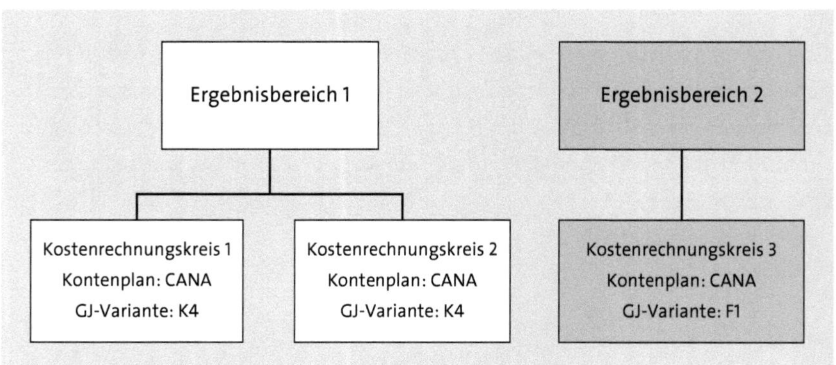

Abbildung 2.1 Organisationsstruktur des Ergebnisbereichs

Kostenrechnungskreise zuordnen

Die Empfehlung von SAP lautet, wenn technisch möglich, einen Ergebnisbereich zu verwenden und diesem alle relevanten Kostenrechnungskreise zuzuordnen. Auf diese Weise wird ein globales Reporting zu ermöglicht, da es im SAP-Standard bei der Verwendung von SAP-Standard-Berichtstools in SAP S/4HANA nicht vorgesehen ist, Berichte ergebnisbereichsübergreifend anzulegen. Mit SAP BW/4HANA ist ein ergebnisbereichsübergreifendes Reporting natürlich möglich, es muss jedoch ein Mapping auf der Konten- bzw. Wertfeldebene erfolgen. SAP empfiehlt die Aktivierung der buchungskreisübergreifenden Kostenrechnung; das hängt mit der Empfehlung zusammen, einen Ergebnisbereich zu verwenden, um von einem globalen Berichtswesen zu profitieren.

Um zu entscheiden, ob ein oder mehrere Kostenrechnungskreise eingesetzt werden sollen, lesen Sie SAP-Hinweis 1077293 (FAQ: Buchungskreisübergreifende Kostenrechnung).

2.1.1 Ergebnisbereich anlegen

Ergebnisbereich mit Transaktion KEA0 anlegen

Nutzen Sie den folgenden Customizing-Pfad, um einen Ergebnisbereich anzulegen: **Controlling • Ergebnis- und Marktsegmentrechnung • Strukturen • Ergebnisbereich definieren • Ergebnisbereich pflegen**, oder rufen Sie Transaktion KEA0 (Ergebnisbereich pflegen) auf.

Geben Sie im Fenster **Ergebnisbereich pflegen** in das Feld **Ergebnisbereich** einen Namen ein, der aus vier Buchstaben oder Ziffern besteht, und bestätigen Sie Ihre Eingabe mit [↵], oder klicken Sie auf den Button (**Weiter**). Es öffnet sich daraufhin ein Pop-up-Fenster zum Anlegen des neuen Ergebnisbereichs (siehe Abbildung 2.2). Bestätigen Sie das Pop-up-Fenster mit einem Klick auf **Ja**.

Direkt im Anschluss daran erscheint ein weiteres Pop-up-Fenster mit folgender Meldung: »Warnung! Sie wollen mandantenübergreifende Einstellungen pflegen/löschen.« Diese Meldung können Sie bestätigen. Sie erhalten diese Meldung, weil der Ergebnisbereich ein mandantenübergreifendes Organisationsobjekt ist.

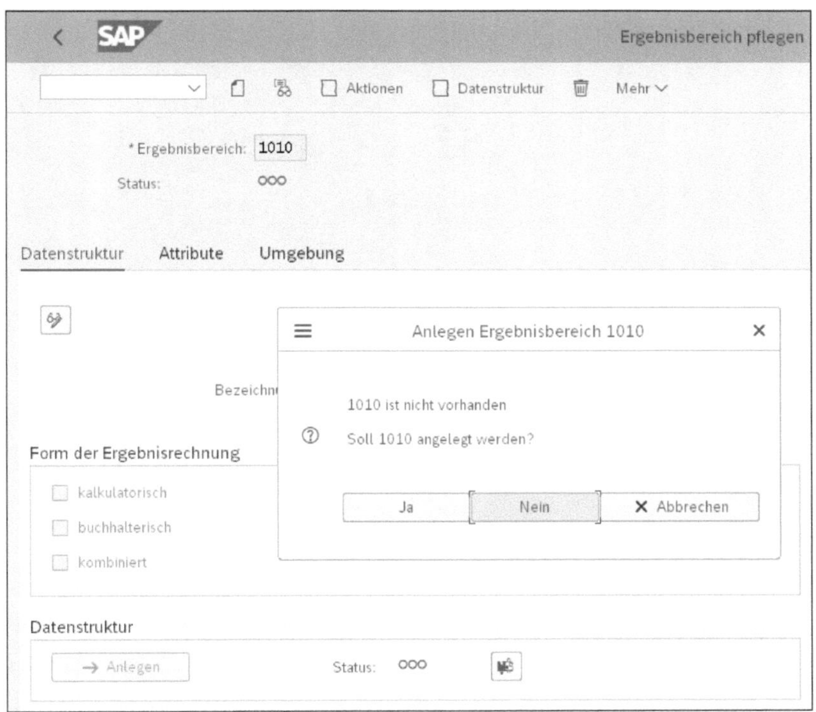

Abbildung 2.2 Ergebnisbereich anlegen

Vorlageergebnisbereich nutzen

Die Registerkarte **Datenstruktur** ist eingabebereit, wie Sie es in Abbildung 2.3 sehen können. Auf der Registerkarte **Datenstruktur** können Sie einen Vorlageergebnisbereich eingeben. Die Arbeit mit einem Vorlageergebnisbereich erspart Ihnen eine Menge Customizing-Aktivitäten, da im SAP-System alle Customizing-Einstellungen des Vorlageergebnisbereichs kopiert werden. Das System stellt Ihnen eine große Anzahl von Vorlageergebnisbereiche zur Verfügung, an denen Sie sich beim Aufbau Ihrer Ergebnisrechnung orientieren können. Beachten Sie jedoch, dass die Einstellungen eines

Ergebnisbereichs nur schwer anzupassen sind. Deshalb rate ich Ihnen, möglichst ohne Vorlageergebnisbereich zu arbeiten, um flexibel zu sein und den Aufwand des Löschens von Merkmalen oder anderen ergebnisbereichsrelevanten Einstellungen zu vermeiden, was sehr zeitaufwendig sein kann.

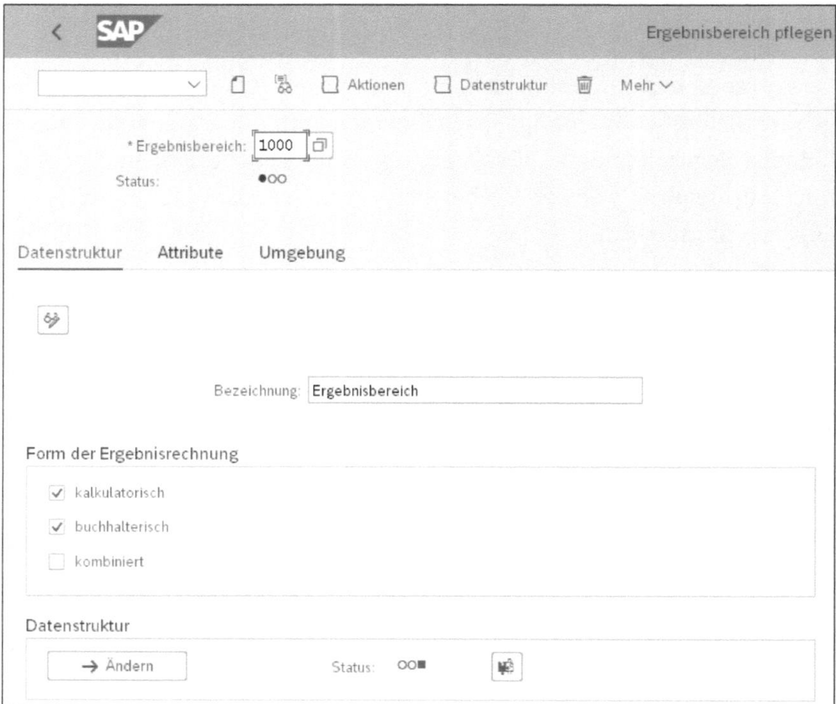

Abbildung 2.3 Form der Ergebnisrechnung festlegen

Kalkulatorische Ergebnisrechnung und Margenanalyse

Auf der Registerkarte **Datenstruktur** legen Sie die Bezeichnung des Ergebnisbereichs im Feld **Bezeichnung** fest. Im Bereich **Form der Ergebnisrechnung** bestimmen Sie, welche Art der Ergebnisrechnung Sie anlegen möchten. Wie es in Kapitel 1, »Einführung in die Ergebnisrechnung«, bereits erwähnt wurde, gibt es zwei Arten der Ergebnisrechnung: die kalkulatorische Ergebnisrechnung und die Margenanalyse.

In SAP ERP wurde hauptsächlich mit der kalkulatorischen Ergebnisrechnung gearbeitet, die auf Merkmalen und Wertfeldern basiert. Allerdings ist die Abstimmung der kalkulatorischen Ergebnisrechnung mit der Finanzbuchhaltung nicht garantiert und hat schon einigen Controllern Kopfzerbrechen bereitet. In SAP ERP sowie in SAP S/4HANA bis Release 1709 wurde die Margenanalyse als buchhalterische Ergebnisrechnung bezeichnet.

Aus Performancegründen wurde von der gleichzeitigen Benutzung der kalkulatorischen und buchhalterischen Ergebnisrechnung in SAP ERP abgeraten, da das Belegvolumen bei der parallelen Nutzung verdoppelt wird. Die buchhalterische Ergebnisrechnung ist in ihren Funktionen in SAP ERP sehr beschränkt. Erst mit SAP S/4HANA Finance erhält die buchhalterische Ergebnisrechnung, die nun Margenanalyse genannt wird, sehr viele neue Funktionen, auf die viele schon lange gewartet haben.

Kombinierte Ergebnisrechnung

Für die Aktivierung der Margenanalyse setzen Sie in Abbildung 2.3 das Kennzeichen **buchhalterisch** im Bereich **Form der Ergebnisrechnung**. Dort sehen Sie auch das Kennzeichen **kombiniert**. Die kombinierte Ergebnisrechnung ist nicht offiziell Bestandteil von SAP S/4HANA und wird voraussichtlich nicht weiterentwickelt.

Die kombinierte Ergebnisrechnung basiert auf dem Konzept der kalkulatorischen Ergebnisrechnung. Das heißt, dass sie mit Wertfeldern arbeitet, die jedoch zu einem Finanzbuchhaltungsbeleg verknüpft sind. Hierdurch wird die Abstimmbarkeit der kombinierten Ergebnisrechnung mit der Finanzbuchhaltung ermöglicht und eines der größten Kundenbedürfnisse erfüllt. In diesem Buch gehen wir nicht auf die Einstellungen der kombinierten Ergebnisrechnung ein, da diese von SAP nicht für den allgemeinen Gebrauch freigegeben sind. Mehr zur kombinierten Ergebnisrechnung finden Sie in SAP-Hinweis: 1955893 (cPA: Die kombinierte Ergebnisrechnung).

[«]

Empfehlung der Margenanalyse durch SAP

Mit SAP S/4HANA Finance empfiehlt SAP nachdrücklich die Aktivierung der Margenanalyse, da deren Merkmale auch im Universal Journal, der neuen zentralen Tabelle für die Ist-Daten der Finanzbuchhaltung und des Controllings, abgelegt werden. Damit wird die Abstimmung mit der Finanzbuchhaltung vereinfacht. Die Margenanalyse ist die einzige Form der Ergebnisrechnung, die zukünftig mit SAP S/4HANA weiterentwickelt wird.

Mit SAP S/4HANA Finance können Sie aufgrund der neuen Datenbanktechnologie mit SAP HANA sowohl die kalkulatorische Ergebnisrechnung als auch die Margenanalyse aktivieren, ohne Performanceprobleme befürchten zu müssen. Ich empfehle Ihnen, bei einer Aktivierung der kalkulatorischen Ergebnisrechnung immer auch die Margenanalyse zu aktivieren.

Abstimmbarkeit der Ergebnisrechnung

Dies hat verschiedene Gründe: Zum einen können die Werte der Margenanalyse einfacher mit der Finanzbuchhaltung abgestimmt werden. Eine Abstimmbarkeit der kalkulatorischen Ergebnisrechnung mit der Finanzbuchhaltung ist mit S/4HANA Finance auch noch nicht gewährleistet. Zum anderen wird die Margenanalyse in SAP S/4HANA Finance auch in Zukunft weiterentwickelt, und immer mehr Funktionen werden künftig in der Margenanalyse verfügbar sein. Dies gibt Ihnen die Möglichkeit, diese Funktionen zu einem späteren Zeitpunkt zu aktivieren, ohne eine Migration der Margenanalyse vornehmen zu müssen. Auf lange Sicht wird die kalkulatorische Ergebnisrechnung nicht mehr weiterentwickelt und der Schwerpunkt auf der Margenanalyse liegen. Selbst der Ergebnisbereich wird in zukünftigen Releases nicht mehr notwendig sein, um die Margenanalyse zu aktivieren.

Datenstruktur

Auf der Registerkarte **Datenstruktur** (siehe Abbildung 2.3) ordnen Sie dem Ergebnisbereich im Bereich **Datenstruktur** Merkmale und ggf. Wertfelder zu. Die Zuordnung von Wertfeldern ist nur erforderlich, wenn Sie mit der kalkulatorischen Ergebnisrechnung arbeiten. Die Merkmale, die Sie dem Ergebnisbereich zuordnen, sind sowohl in der kalkulatorischen Ergebnisrechnung als auch in der Margenanalyse verfügbar.

Merkmale/ Wertfelder zuordnen

Mit einem Klick auf den Button [→ Anlegen] im Bereich **Datenstruktur** gelangen Sie zur Zuordnung der Merkmale und Wertfelder (siehe Abbildung 2.6). Aber zunächst werfen wir einen Blick auf die weiteren Registerkarten des Ergebnisbereichs.

Währung des Ergebnisbereichs festlegen

Auf der Registerkarte **Attribute** (siehe Abbildung 2.4) legen Sie die Währung des Ergebnisbereichs fest. Die Ist-Werte in der Margenanalyse werden zusätzlich in den Währungen des Buchungskreises fortgeschrieben. In der kalkulatorischen Ergebnisrechnung erfolgt eine Fortschreibung der Ist-Werte in der Ergebnisbereichswährung und zusätzlich in den Währungskombinationen, die Sie auf der Registerkarte **Attribute** festlegen können.

Die Fortschreibung der Planwerte der Ergebnisrechnung erfolgt hingegen ausschließlich in der Ergebnisbereichswährung. Bei einer Änderung der Ergebnisbereichswährung sollten Sie beachten, dass die Währung des Ergebnisbereichs auch für historische Werte geändert wird. Dabei erfolgt keine Umrechnung der Werte. Wird die Ergebnisbereichswährung z. B. von EUR auf USD geändert, bedeutet das, dass ein Wert von 10 EUR als 10 USD angezeigt wird!

Buchungskreiswährung nutzen

Neben der Ergebnisbereichswährung können Sie die Daten zusätzlich in der Buchungskreiswährung sowie in der Profit-Center-Bewertung fortschreiben. Setzen Sie dazu die Kennzeichen **Buchungskreiswährung** und **PrCtr-Bewertung**.

Profit-Center-Bewertung

Die Profit-Center-Bewertung kann in der kalkulatorischen Ergebnisrechnung fortgeschrieben werden, wenn Sie die parallele Bewertung einsetzen und mit Transferpreisen in der Profit-Center-Rechnung arbeiten. Mit Release 1611 von SAP S/4HANA Finance können Währungen aus der parallelen Bewertung auch im Universal Journal, der zentralen Tabelle für die Ist-Daten der Finanzbuchhaltung und des Controllings, fortgeschrieben werden.

Abbildung 2.4 Attribute im Ergebnisbereich pflegen

Geschäftsjahresvariante

Die Geschäftsjahresvariante legt im gleichnamigen Feld die Periodenstruktur des Ergebnisbereichs fest. Alle Kostenrechnungskreise, die dem Ergebnisbereich zugeordnet sind, müssen derselben Geschäftsjahresvariante zugeordnet sein.

Im Bereich **2. Zeitraster – Wochen** können Sie festlegen, dass die Ist- und/oder Plandaten in Wochen fortgeschrieben werden. Diese Möglichkeit steht Ihnen nur in der kalkulatorischen Ergebnisrechnung zur Verfügung. In der Margenanalyse ist diese Funktion nicht vorgesehen.

Status des Ergebnisbereichs

Auf der Registerkarte **Umgebung** können Sie den Status des Ergebnisbereichs einsehen. Der Ergebnisbereich ist aktiviert und zur Anwendung bereit, wenn sowohl der Status des mandantenübergreifenden Teils als auch der Status des mandantenunabhängigen Teils auf Grün steht. Beachten Sie, dass der Ergebnisbereich nach einem den Ergebnisbereich betreffenden Transport meist neu generiert werden muss.

Neugenerierung des Ergebnisbereichs

Die Neugenerierung des Ergebnisbereichs erfolgt über Transaktion KEA0 (Ergebnisbereich pflegen) auf der Registerkarte **Umgebung** (siehe Abbildung 2.5).

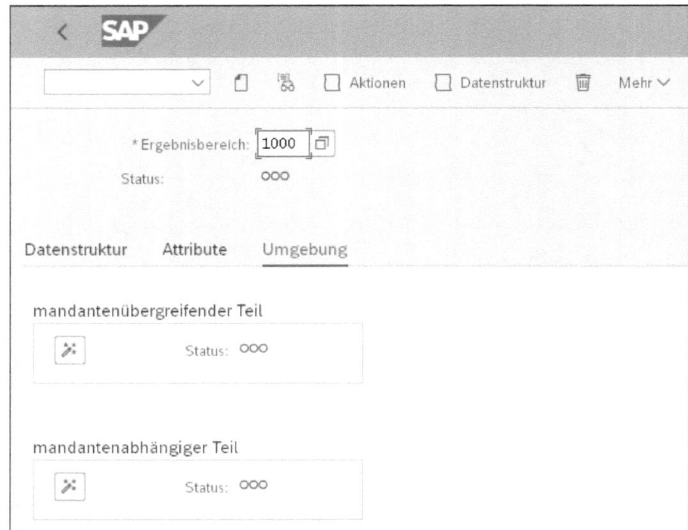

Abbildung 2.5 Umgebung des Ergebnisbereichs generieren

Bevor Sie den Ergebnisbereich generieren und ihm eine Datenstruktur, also Merkmale und Wertfelder, zuordnen können, müssen Sie den Ergebnisbereich über einen Klick auf (**Sichern**) speichern. Im Folgenden sehen Sie, wie die Zuordnung von Merkmalen und Wertfeldern erfolgt.

2.1.2 Merkmale und Wertfelder dem Ergebnisbereich zuordnen

Wechseln Sie zurück auf die Registerkarte **Datenstruktur**. Klicken Sie auf → Anlegen, und Sie sehen das Fenster **Datenstruktur bearbeiten: Merkmalsbild** (siehe Abbildung 2.6). Auf der Registerkarte **Merkmale** sehen Sie im linken Bildbereich **Datenstruktur** die Merkmale, die bereits dem Ergebnisbereich zugeordnet sind. Im rechten Bildbereich **Vorlage** finden Sie eine Übersicht aller im System vorhandenen Merkmale. Die Merkmale in blauer Schriftfarbe sind dem Ergebnisbereich bereits zugeordnet. Merkmale in schwarzer Schriftfarbe können Sie dem Ergebnisbereich noch zuordnen. Wenn Sie neue Merkmale anlegen, finden Sie diese automatisch auch im Bereich **Vorlage** wieder.

Merkmale zuordnen

Über einen Klick auf den Button < (**Felder übernehmen**) ordnen Sie dem Ergebnisbereich Merkmale zu; über den Button > (**Felder zurückstellen**) können Sie die Zuordnung rückgängig machen. Einmal zugeordnete Merkmale sind nur sehr schwer wieder aus der Zuordnung zu entfernen, wenn die Datenstruktur bereits aktiviert ist. Merkmale, zu denen bereits ein Datensatz vorhanden ist, lassen sich nicht mehr aus der Zuordnung entfernen.

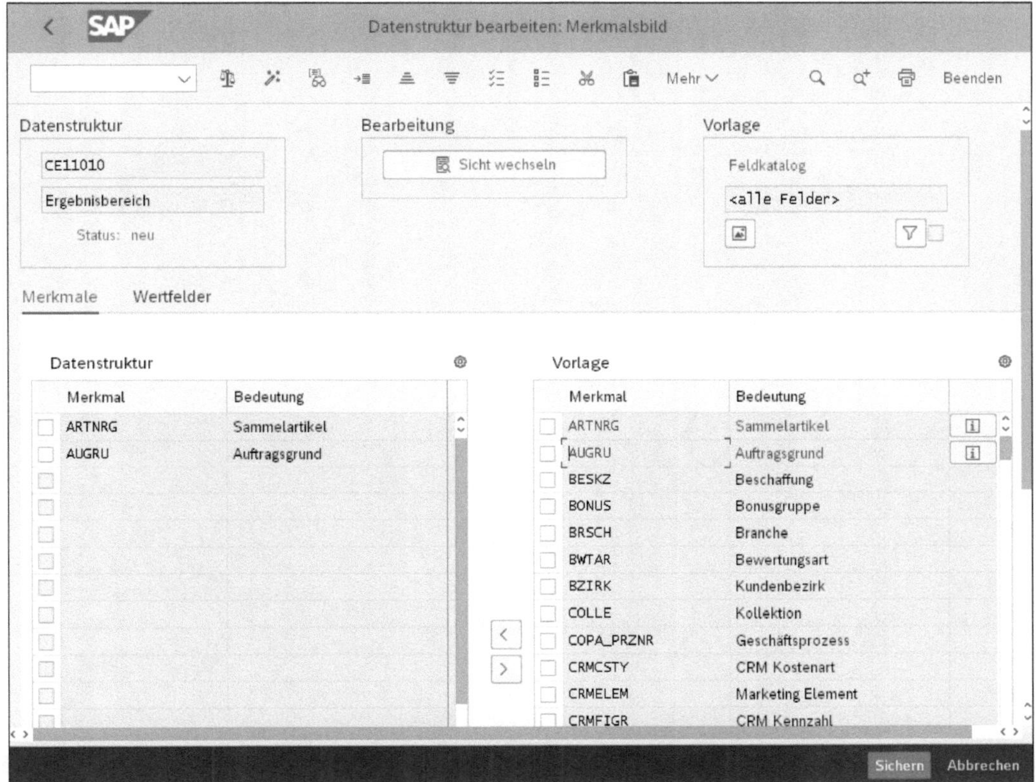

Abbildung 2.6 Merkmale im Ergebnisbereich zuordnen

Anzahl der Merkmale und Wertfelder im Ergebnisbereich

Dem Ergebnisbereich können Sie maximal 50 Merkmale und 120 Wertfelder zuordnen. Über SAP-Hinweis 160892 können Sie die Zuordnung erweitern. Dabei handelt es sich jedoch um eine Modifikation. Diese Vorgehensweise ist also nicht empfehlenswert, weil auf diese Weise der Standardcode verändert wird und bei Releaseänderungen Probleme auftreten können.

Jedem Ergebnisbereich sind bereits von Grund auf einige feste Merkmale zugeordnet. Diese Merkmale können Sie sich über **Menü • Feste Felder** anzeigen lassen.

Feste Merkmale

Die festen Merkmale sind in drei Kategorien untergliedert. Die erste Kategorie **Merkmale** ist auf der ersten Registerkarte dargestellt (siehe Abbildung 2.7). Dabei handelt es sich um Basismerkmale wie etwa Organisationselemente und Kontierungsobjekte (z. B. **Buchungskreis** oder **Kostenstelle**).

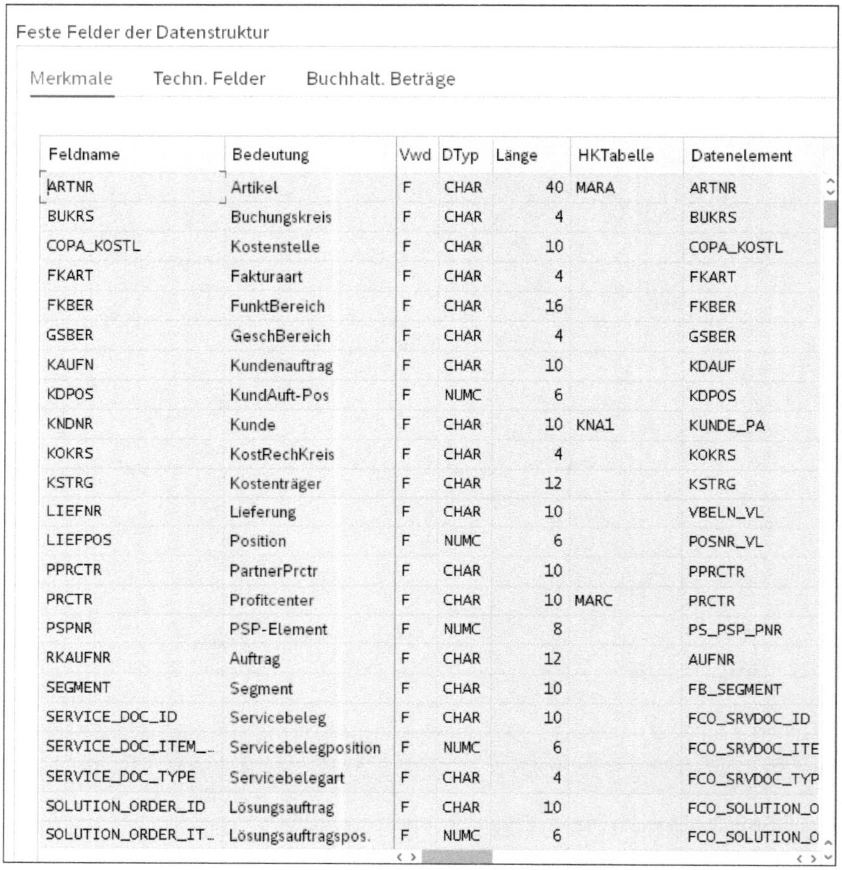

Feste Felder der Datenstruktur

Merkmale | Techn. Felder | Buchhalt. Beträge

Feldname	Bedeutung	Vwd	DTyp	Länge	HKTabelle	Datenelement
ARTNR	Artikel	F	CHAR	40	MARA	ARTNR
BUKRS	Buchungskreis	F	CHAR	4		BUKRS
COPA_KOSTL	Kostenstelle	F	CHAR	10		COPA_KOSTL
FKART	Fakturaart	F	CHAR	4		FKART
FKBER	FunktBereich	F	CHAR	16		FKBER
GSBER	GeschBereich	F	CHAR	4		GSBER
KAUFN	Kundenauftrag	F	CHAR	10		KDAUF
KDPOS	KundAuft-Pos	F	NUMC	6		KDPOS
KNDNR	Kunde	F	CHAR	10	KNA1	KUNDE_PA
KOKRS	KostRechKreis	F	CHAR	4		KOKRS
KSTRG	Kostenträger	F	CHAR	12		KSTRG
LIEFNR	Lieferung	F	CHAR	10		VBELN_VL
LIEFPOS	Position	F	NUMC	6		POSNR_VL
PPRCTR	PartnerPrctr	F	CHAR	10		PPRCTR
PRCTR	Profitcenter	F	CHAR	10	MARC	PRCTR
PSPNR	PSP-Element	F	NUMC	8		PS_PSP_PNR
RKAUFNR	Auftrag	F	CHAR	12		AUFNR
SEGMENT	Segment	F	CHAR	10		FB_SEGMENT
SERVICE_DOC_ID	Servicebeleg	F	CHAR	10		FCO_SRVDOC_ID
SERVICE_DOC_ITEM_...	Servicebelegposition	F	NUMC	6		FCO_SRVDOC_ITE
SERVICE_DOC_TYPE	Servicebelegart	F	CHAR	4		FCO_SRVDOC_TYP
SOLUTION_ORDER_ID	Lösungsauftrag	F	CHAR	10		FCO_SOLUTION_O
SOLUTION_ORDER_IT...	Lösungsauftragspos.	F	NUMC	6		FCO_SOLUTION_O

Abbildung 2.7 Feste Felder im Ergebnisbereich anzeigen

Technische Merkmale

Auf der zweiten Registerkarte **Techn. Felder** (technische Felder, siehe Abbildung 2.8) sind das Buchungsdatum, die Belegnummer und weitere Merkmale (hauptsächlich aus dem Belegkopf) abgespeichert.

Buchhalterische Beträge

Auf der dritten Registerkarte **Buchhalt. Beträge** (buchhalterische Beträge, siehe Abbildung 2.9) sind die Felder hinterlegt, in denen die unterschiedlichen Mengen und Beträge in der kalkulatorischen Ergebnisrechnung abgespeichert werden.

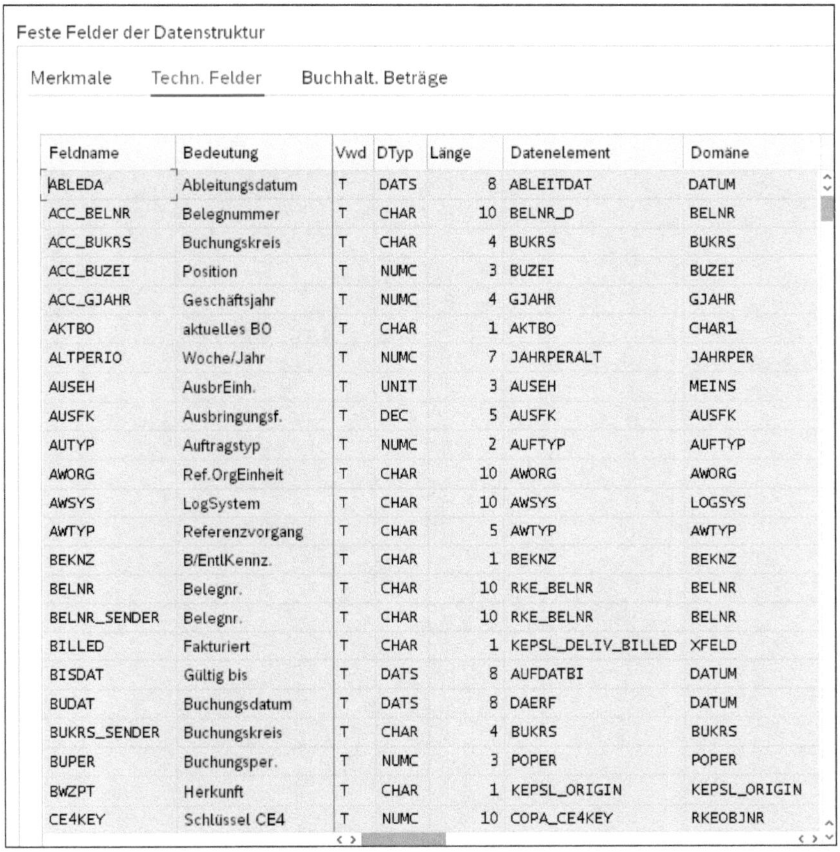

Feste Felder der Datenstruktur

Merkmale | Techn. Felder | Buchhalt. Beträge

Feldname	Bedeutung	Vwd	DTyp	Länge	Datenelement	Domäne
ABLEDA	Ableitungsdatum	T	DATS	8	ABLEITDAT	DATUM
ACC_BELNR	Belegnummer	T	CHAR	10	BELNR_D	BELNR
ACC_BUKRS	Buchungskreis	T	CHAR	4	BUKRS	BUKRS
ACC_BUZEI	Position	T	NUMC	3	BUZEI	BUZEI
ACC_GJAHR	Geschäftsjahr	T	NUMC	4	GJAHR	GJAHR
AKTBO	aktuelles BO	T	CHAR	1	AKTBO	CHAR1
ALTPERIO	Woche/Jahr	T	NUMC	7	JAHRPERALT	JAHRPER
AUSEH	AusbrEinh.	T	UNIT	3	AUSEH	MEINS
AUSFK	Ausbringungsf.	T	DEC	5	AUSFK	AUSFK
AUTYP	Auftragstyp	T	NUMC	2	AUFTYP	AUFTYP
AWORG	Ref.OrgEinheit	T	CHAR	10	AWORG	AWORG
AWSYS	LogSystem	T	CHAR	10	AWSYS	LOGSYS
AWTYP	Referenzvorgang	T	CHAR	5	AWTYP	AWTYP
BEKNZ	B/EntlKennz.	T	CHAR	1	BEKNZ	BEKNZ
BELNR	Belegnr.	T	CHAR	10	RKE_BELNR	BELNR
BELNR_SENDER	Belegnr.	T	CHAR	10	RKE_BELNR	BELNR
BILLED	Fakturiert	T	CHAR	1	KEPSL_DELIV_BILLED	XFELD
BISDAT	Gültig bis	T	DATS	8	AUFDATBI	DATUM
BUDAT	Buchungsdatum	T	DATS	8	DAERF	DATUM
BUKRS_SENDER	Buchungskreis	T	CHAR	4	BUKRS	BUKRS
BUPER	Buchungsper.	T	NUMC	3	POPER	POPER
BWZPT	Herkunft	T	CHAR	1	KEPSL_ORIGIN	KEPSL_ORIGIN
CE4KEY	Schlüssel CE4	T	NUMC	10	COPA_CE4KEY	RKEOBJNR

Abbildung 2.8 Automatisch dem Ergebnisbereich zugeordnete technische Felder anzeigen

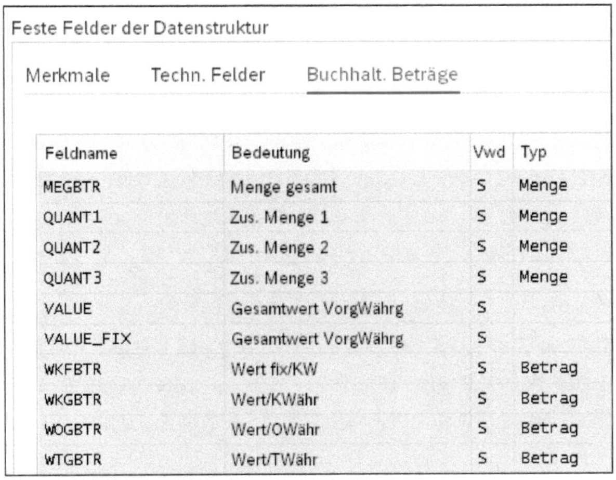

Feste Felder der Datenstruktur

Merkmale | Techn. Felder | Buchhalt. Beträge

Feldname	Bedeutung	Vwd	Typ
MEGBTR	Menge gesamt	S	Menge
QUANT1	Zus. Menge 1	S	Menge
QUANT2	Zus. Menge 2	S	Menge
QUANT3	Zus. Menge 3	S	Menge
VALUE	Gesamtwert VorgWährg	S	
VALUE_FIX	Gesamtwert VorgWährg	S	
WKFBTR	Wert fix/KW	S	Betrag
WKGBTR	Wert/KWähr	S	Betrag
WOGBTR	Wert/OWähr	S	Betrag
WTGBTR	Wert/TWähr	S	Betrag

Abbildung 2.9 Automatisch dem Ergebnisbereich zugeordnete buchhalterische Beträge anzeigen

Wertfelder zuordnen

Nach der Zuordnung der Merkmale im Ergebnisbereich ordnen Sie die Wertfelder dem Ergebnisbereich zu (siehe Abbildung 2.10). Dies ist nur erforderlich, wenn die kalkulatorische Ergebnisrechnung aktiviert ist.

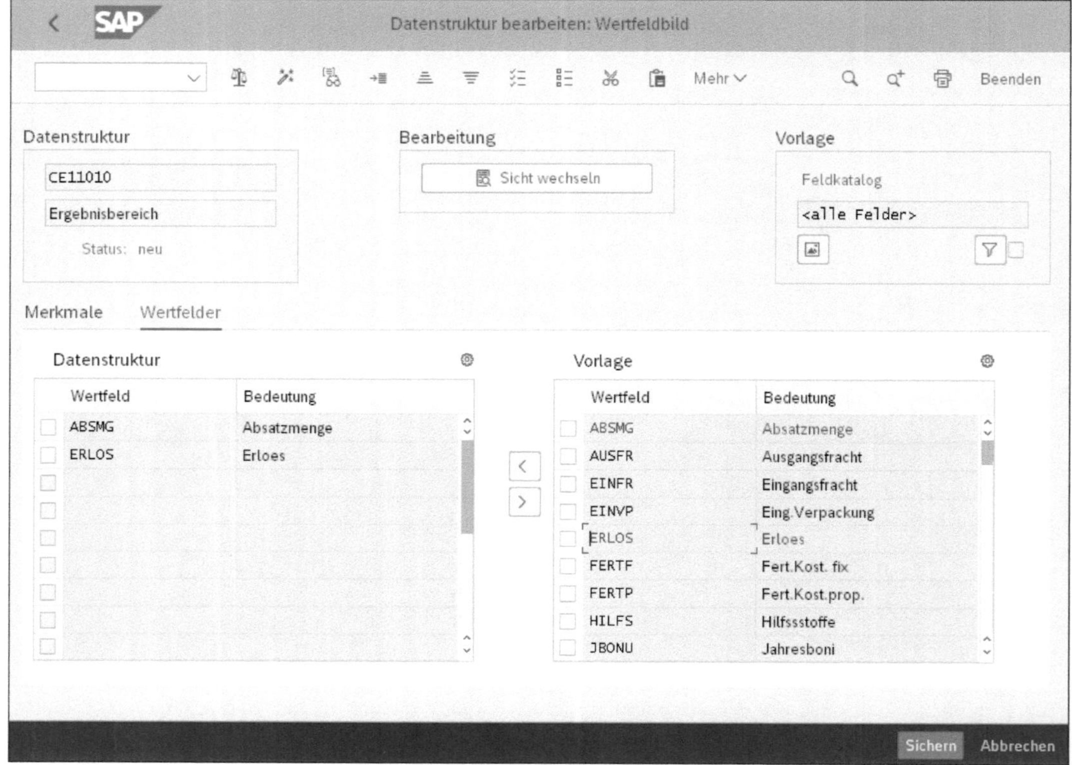

Abbildung 2.10 Wertfelder dem Ergebnisbereich zuordnen

Auf der Registerkarte **Wertfelder** finden Sie im linken Bildbereich **Datenstruktur** die Wertfelder, die bereits dem Ergebnisbereich zugeordnet sind. Im rechten Bildbereich **Vorlage** sehen Sie eine Übersicht aller vorhandenen Wertfelder. Die Wertfelder in blauer Schriftfarbe sind dem Ergebnisbereich bereits zugeordnet. Wertfelder in schwarzer Schriftfarbe können Sie dem Ergebnisbereich noch zuordnen. Wenn Sie neue Wertfelder anlegen, finden Sie diese automatisch auch im Bereich **Vorlage** wieder.

Über einen Klick auf den Button [<] (**Felder übernehmen**) ordnen Sie dem Ergebnisbereich Wertfelder zu, und über den Button [>] (**Felder zurückstellen**) können Sie die Zuordnung rückgängig machen. Einmal zugeordnete und aktivierte Wertfelder sind nur sehr schwer wieder aus der Zuordnung zu entfernen. Wertfelder, zu denen bereits ein Datensatz vorhanden ist, lassen sich nicht mehr aus der Zuordnung entfernen.

Datenstruktur aktivieren

Nach der Zuordnung der Merkmale und Wertfelder aktivieren Sie die Datenstruktur über den Button (**Aktivieren**).

Ergebnisbereich generieren

Wechseln Sie mit einem Klick auf den Button (**Zurück**) in das Fenster **Ergebnisbereich pflegen** zurück. Es erscheint die Meldung »Soll die Umgebung des Ergebnisbereiches generiert werden?« (siehe Abbildung 2.11).

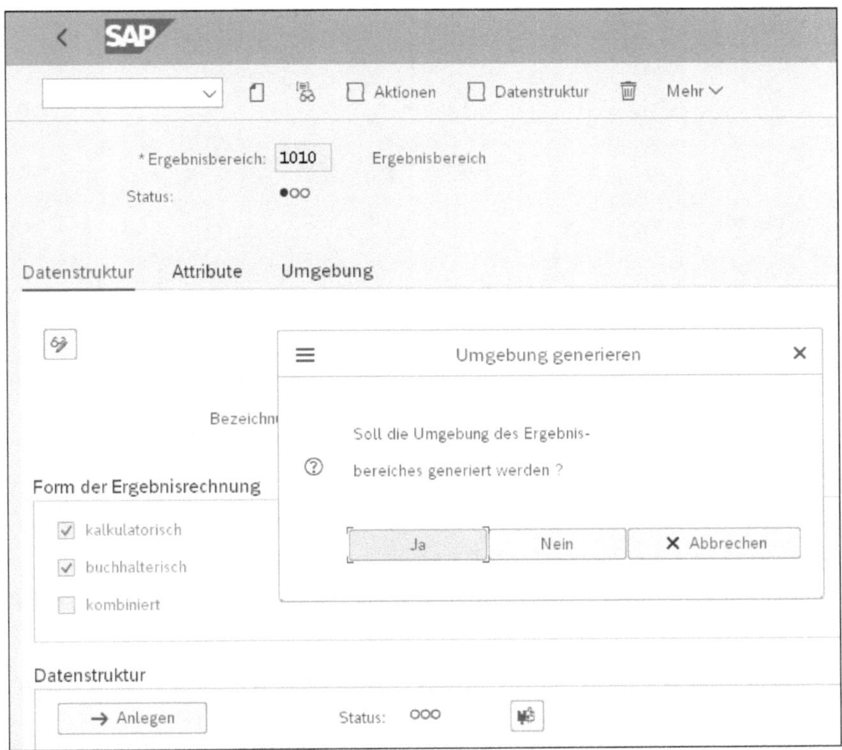

Abbildung 2.11 Umgebung des Ergebnisbereichs aktivieren

Bestätigen Sie die Meldung mit **Ja**. Die Generierung nimmt besonders, wenn Sie die kalkulatorische Ergebnisrechnung aktiviert haben, einige Zeit in Anspruch. Dies liegt daran, dass im Hintergrund die Datenbanktabellen für die kalkulatorische Ergebnisrechnung angelegt werden.

Status des Ergebnisbereichs

Nach der Generierung der Umgebung sehen Sie auf der Registerkarte **Umgebung** (siehe Abbildung 2.12), dass der Status sowohl des mandantenabhängigen als auch des mandantenunabhängigen Teils auf Grün steht. Der Ergebnisbereich ist nun aktiviert und nahezu einsatzbereit.

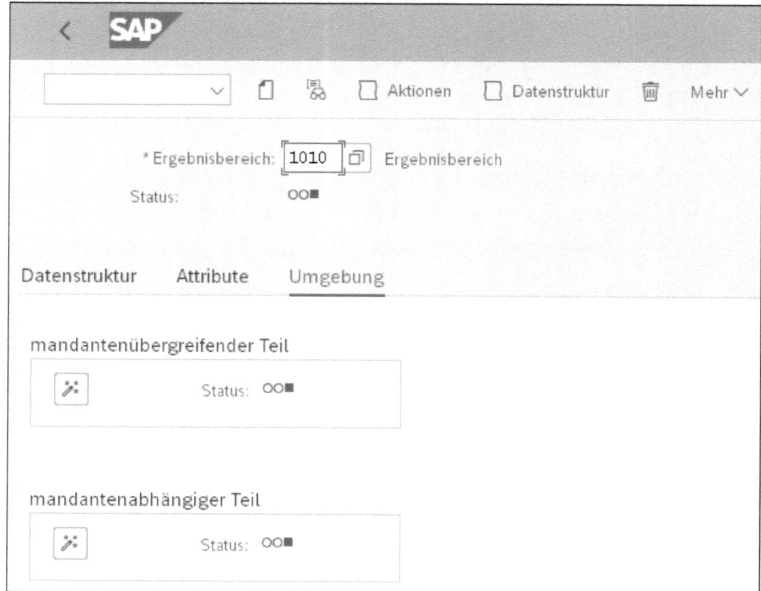

Abbildung 2.12 Generierter Ergebnisbereich

2.1.3 Kostenrechnungskreise dem Ergebnisbereich zuordnen

Dem Ergebnisbereich müssen nun die Kostenrechnungskreise zugeordnet werden, damit bei der Buchung eines Belegs auch ein Ergebnisobjekt erzeugt wird. Zur Zuordnung von Kostenrechnungskreisen zum Ergebnisbereich folgen Sie dem Customizing-Pfad **Unternehmensstruktur • Zuordnung • Controlling • Kostenrechnungskreis – Ergebnisbereich zuordnen**.

Übersicht aller Kostenrechnungskreise

Wie Sie es in Abbildung 2.13 sehen, finden Sie in der Spalte **KKrs** (Kostenrechnungskreis) eine Übersicht aller im System vorhandenen Kostenrechnungskreise mit Bezeichnung (Spalte **Bezeichnung**). In der Spalte **ERGB** (Ergebnisbereich) können Sie den einzelnen Kostenrechnungskreisen einen Ergebnisbereich zuordnen. Sie können einem Ergebnisbereich mehrere Kostenrechnungskreise zuordnen, sofern diesen die gleiche Geschäftsjahresvariante wie dem Ergebnisbereich zugeordnet ist. Nach der Bestätigung der Zuordnung mit [↵] wird in der Spalte **Bezeichnung** die Bezeichnung des Ergebnisbereichs angezeigt. Speichern Sie die Zuordnung mit einem Klick auf den Button [Sichern].

Nach der Anlage und Generierung des Ergebnisbereichs mit Transaktion KEA0 (**Ergebnisbereich pflegen**) und der Zuordnung von Kostenrechnungskreisen erfolgt die Aktivierung der Ergebnisrechnung.

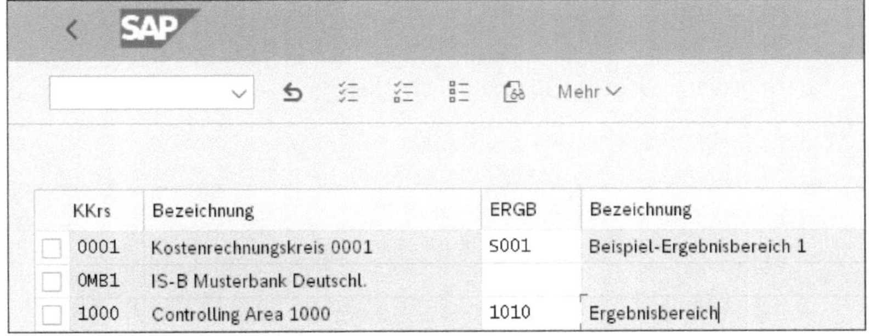

KKrs	Bezeichnung	ERGB	Bezeichnung
0001	Kostenrechnungskreis 0001	S001	Beispiel-Ergebnisbereich 1
OMB1	IS-B Musterbank Deutschl.		
1000	Controlling Area 1000	1010	Ergebnisbereich

Abbildung 2.13 Ergebnisbereich zu Kostenrechnungskreis zuordnen

2.1.4 Aktivierung der Ergebnisrechnung

Rufen Sie für die Aktivierung der Ergebnisrechnung Transaktion KEKE (CO-PA: Aktivkennzeichen der Ergebnisrechnung ändern) oder den folgenden Customizing-Pfad auf: **Controlling • Ergebnis- und Marktsegmentrechnung • Werteflüsse im Ist • Ergebnisrechnung aktivieren**. Wie Sie es in Abbildung 2.14 sehen, finden Sie in der linken Spalte **KKrs** (Kostenrechnungskreis) eine Übersicht aller im System angelegten Kostenrechnungskreise und in der darauffolgenden Spalte **Bezeichnung** deren Bezeichnung. In der Spalte **ab GJAHR** (ab Geschäftsjahr) sehen Sie, ab welchem Jahr der Kostenrechnungskreis gültig ist. Zur Aktivierung der Ergebnisrechnung muss in den Spalten für die Form der Ergebnisrechnung das Kennzeichen zur Aktivierung gesetzt werden.

Formen der Ergebnisrechnung

Wie bei der Anlage des Ergebnisbereichs in Abbildung 2.3 weiter vorne stehen hier dieselben Formen der Ergebnisrechnung zur Verfügung:

- kalkulatorisch
- buchhalterisch (Margenanalyse)
- kombiniert

Wie es aus Abbildung 2.14 hervorgeht, haben Sie sowohl die kalkulatorische Ergebnisrechnung als auch die Margenanalyse aktiviert. Speichern Sie Ihre Einstellungen mit einem Klick auf Sichern.

KKrs	Bezeichnung	ab GJahr	kalkulatorisch	buchhalterisch	kombiniert
0001	Kostenrechnungskreis 0001	1992	☐	☐	☐
OMB1	IS-B Musterbank Deutschl.	1990	☑	☐	☐
1000	Controlling Area 1000	2013	☑	☑	☐

Abbildung 2.14 Ergebnisrechnung aktivieren

Mit der Aktivierung der Ergebnisrechnung steht der Ergebnisbereich nun zur Verwendung bereit. In den nachfolgenden Abschnitten erfahren Sie, welche Schritte noch erforderlich sind, um die Ergebnisrechnung einsetzen zu können.

Ergebnisbereich

Im Ergebnisbereich legen Sie fest, welche Art der Ergebnisrechnung Sie verwenden möchten. Sie können entweder die Margenanalyse oder die kalkulatorische Ergebnisrechnung oder beide Arten der Ergebnisrechnung aktivieren.

Mit SAP S/4HANA Finance lautet meine Empfehlung, die Margenanalyse oder die Margenanalyse und die kalkulatorische Ergebnisrechnung gemeinsam zu aktivieren.

2.2 Währungen

Hauswährungen in der Finanzbuchhaltung

In der Finanzbuchhaltung (neues Hauptbuch) können Sie mit maximal drei parallelen Hauswährungen arbeiten:

- Buchungskreiswährung
- Konzernwährung
- Gesellschaftswährung

Bei der Buchung eines Belegs wird die Belegwährung in alle drei Hauswährungen umgerechnet. In SAP S/4HANA Finance werden alle Belege automatisch in Buchungskreiswährung (Währungstyp 10) und Konzernwährung (Währungstyp 30) umgerechnet. In SAP S/4HANA Finance können Sie zusätzlich zu Buchungskreis- und Konzernwährung acht Währungen definieren.

Währungen im Controlling

Im Controlling in SAP ERP konnten Sie mit zwei Währungen arbeiten: Buchungskreiswährung und Kostenrechnungskreiswährung. Mit S/4HANA Finance gibt es keinen separaten Beleg für das Controlling mehr, da es keine Kostenarten mehr gibt. Alle Belege werden primär im Universal Journal, in der Tabelle ACDOCA, abgespeichert.

Das Universal Journal ist die zentrale Tabelle zur Abspeicherung von Ist-Daten der Finanzbuchhaltung und des Controllings in SAP S/4HANA Finance. Die ursprünglichen Datenbanktabellen des Controllings, wie etwa COEP (**CO-Objekt: Einzelposten periodenbezogen**) existieren weiterhin im Hintergrund und werden ebenfalls mit Daten gefüllt, sodass z. B. die SAP-Standardberichte im Controlling weiterhin zur Verfügung stehen. Daher bleiben alle ursprünglichen Einstellungen zu den Währungen im Controlling erhalten. SAP S/4HANA Finance hat (noch) keine neuen Währungsfunktionen im Controlling.

Kostenrechnungskreiswährung

Im Controlling wird die Kostenrechnungskreiswährung im Kostenrechnungskreis festgelegt. Zur Festlegung der Währung im Kostenrechnungskreis rufen Sie Transaktion OKKP (Kostenrechnungskreis pflegen) auf, oder Sie folgen dem Customizing-Pfad **Controlling • Controlling Allgemein • Organisation • Kostenrechnungskreis pflegen • Kostenrechnungskreis pflegen**.

Wählen Sie im Fenster **Sicht "Grunddaten" ändern: Übersicht** den relevanten Kostenrechnungskreis aus, und lassen Sie sich anschließend das Detailbild anzeigen. Im Bereich **Währungseinstellung** können Sie dem Kostenrechnungskreis einen Währungstyp zuordnen, mit dem die Belege im Controlling gespeichert werden.

Konzernwährung

Sind dem Kostenrechnungskreis mehrere Buchungskreise zugeordnet, empfiehlt es sich, dem Kostenrechnungskreis eine Währung zuzuordnen, die in allen Buchungskreisen geführt wird, wie z. B. die Konzernwährung (siehe Abbildung 2.15).

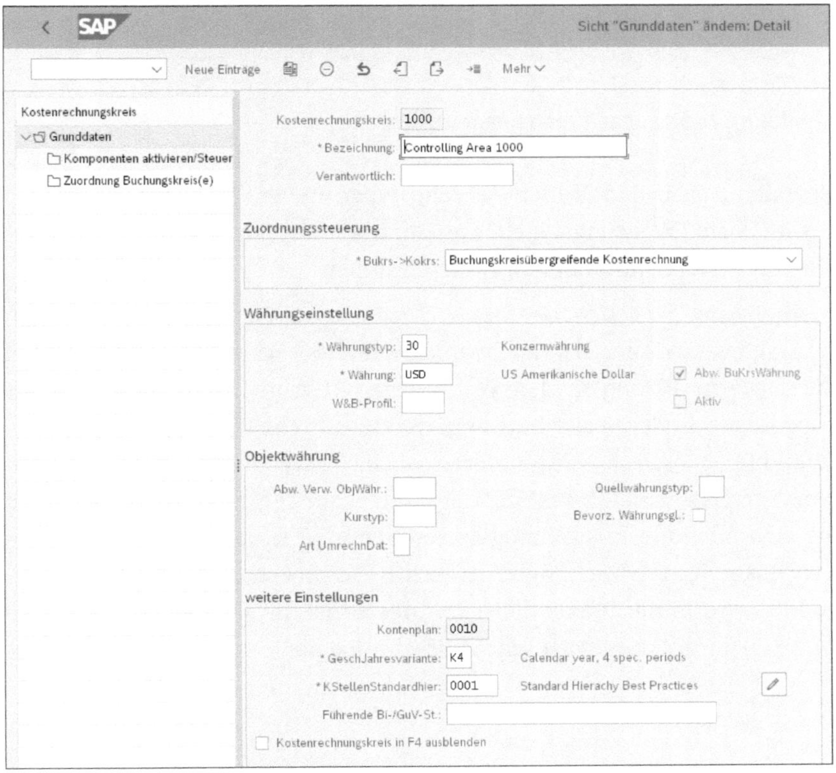

Abbildung 2.15 Währungen im Kostenrechnungskreis pflegen

Im Feld **Währung** geben Sie zusätzlich den Währungsschlüssel (in unserem Beispiel USD) ein und setzen das Häkchen vor **Abw. BuKrsWährung** (abweichende Buchungskreiswährung). Die Belege im Controlling sind nun sowohl in der Konzernwährung als auch in der Buchungskreiswährung verfügbar.

Währungstypen

Die Einstellung für die Währungstypen in der Finanzbuchhaltung erfolgt mit SAP S/4HANA Finance pro Ledger. Rufen Sie dazu den Customizing-Pfad **Finanzwesen (neu) • Grundeinstellungen Finanzwesen (neu) • Bücher • Ledger • Einstellungen für Ledger und Währungstypen definieren** auf. Im Fenster **Sicht "Ledger" ändern: Übersicht** sehen Sie eine Übersicht aller im System vorhandenen Ledger (siehe Abbildung 2.16).

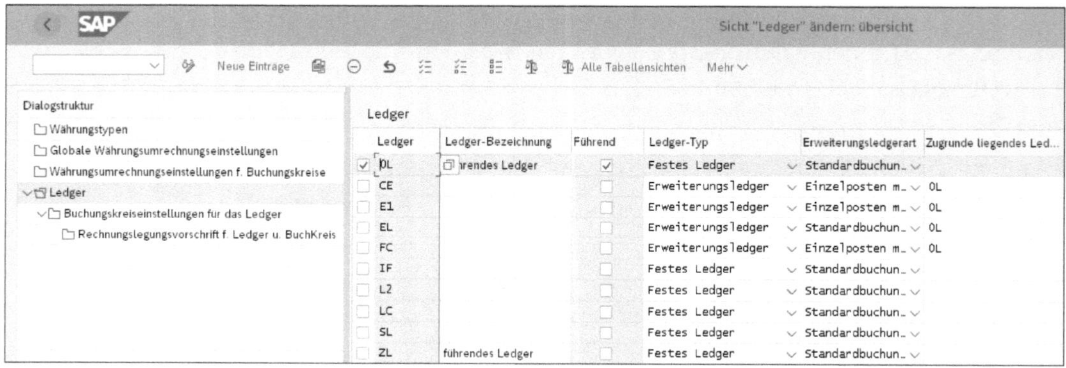

Abbildung 2.16 Ledger-Typen pflegen

Navigieren Sie in den Ordner **Währungstypen** im Bereich **Dialogstruktur**. Im Fenster **Sicht "Währungstypen" ändern: Übersicht** sehen Sie eine Übersicht aller im System vorhandenen Währungstypen.

Währungstyp 20 und 30

In Abbildung 2.17 sehen Sie einen Währungstyp 20, der für die Kostenrechnungskreiswährung verwendet wird. In der Praxis wird jedoch überwiegend die Konzernwährung mit dem Währungstyp 30 dem Kostenrechnungskreis zugeordnet. In der Spalte **Buchungskreisspezifische Umrechnung** (nicht in Abbildung 2.17 sichtbar) legen Sie fest, ob die Einstellungen zur Währung buchungskreisabhängig oder buchungskreisunabhängig erfolgen sollen. Falls Sie eine buchungskreisabhängige Umrechnung wünschen, aktivieren Sie den Haken für die buchungskreisspezifische Umrechnung. Wie bereits erwähnt, wird in der Praxis meist mit der Konzernwährung gearbeitet, die keine buchungskreisspezifische Umrechnung hat.

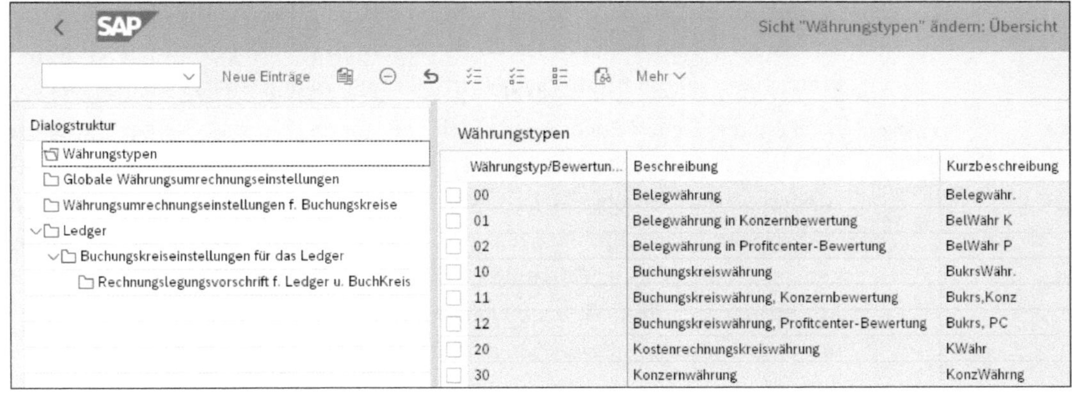

Abbildung 2.17 Währungstypen pflegen

Kurstyp pflegen

Navigieren Sie nun in den Ordner **Globale Währungsumrechnungseinstellungen** im Bereich **Dialogstruktur**. Haben Sie einen Währungstyp als buchungskreisunabhängig definiert, pflegen Sie im Fenster **Sicht "Globale Währungsumrechnungseinstellungen" ändern: Übersicht** den Kurstyp und das Umrechnungsdatum pro Währungstyp (siehe Abbildung 2.18).

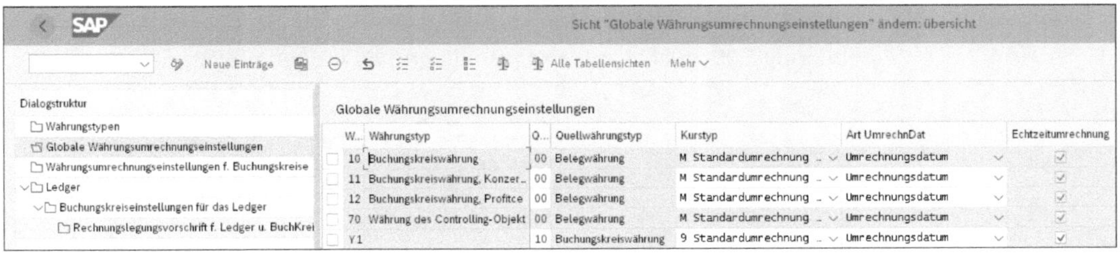

Abbildung 2.18 Globale Währungsumrechnungseinstellung anzeigen

Dies wiederholen Sie für alle buchungskreisabhängigen Währungstypen. Navigieren Sie in den Ordner **Währungseinstellungen f. Buchungskreise** im Bereich **Dialogstruktur**, und pflegen Sie den Kurstyp sowie das Umrechnungsdatum für alle Währungstypen, deren Pflege buchungskreisabhängig erfolgen soll (siehe Abbildung 2.19).

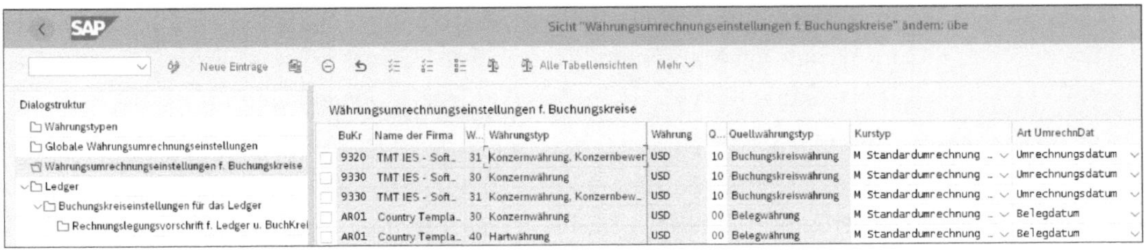

Abbildung 2.19 Buchungskreisabhängige Einstellungen pflegen

Navigieren Sie nun zu den Buchungskreiseinstellungen für das Ledger, indem Sie das führende Ledger 0L markieren und in den Ordner **Buchungskreiseinstellungen für das Ledger** im Bereich **Dialogstruktur** navigieren.

Parallele Währungen definieren

Im Fenster **Sicht "Buchungskreiseinstellungen für das Ledger" ändern: Übersicht** können Sie dem Buchungskreis neben dem übergreifenden Währungstyp und der Gesellschaftswährung bis zu acht zusätzliche parallele Währungen zuordnen (in Abbildung 2.20 sind nur drei zusätzliche Währungen zu sehen). Diese Währungen müssen als Währungstyp angelegt sein. Änderungen an den Währungseinstellungen im Ledger können nur vorgenommen werden, solange im Buchungskreis noch keine Buchungen vorhanden sind.

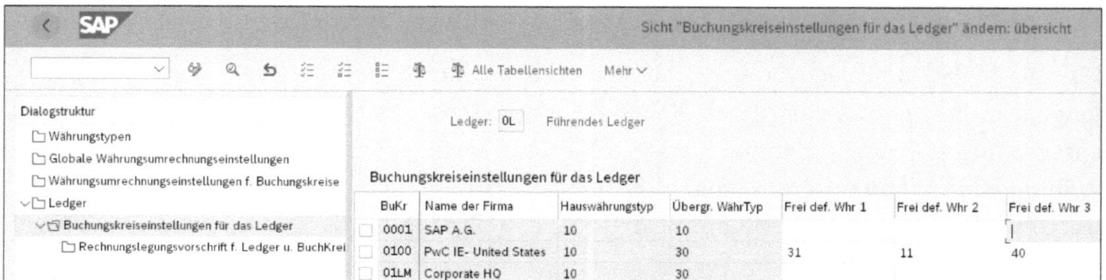

Abbildung 2.20 Buchungskreiseinstellungen für Ledger pflegen

Währungen

Im Kostenrechnungskreis stehen zwei Währungen zur Verfügung: die Buchungskreis- und die Kostenrechnungskreiswährung. Im Ergebnisbereich können Sie zusätzlich eine Ergebnisbereichswährung definieren.

2.3 Nummernkreise

Die Einrichtung von Nummernkreisen ist erforderlich, um Ist-Buchungen in der kalkulatorischen Ergebnisrechnung zu erzeugen. Für die Margenanalyse ist es nicht erforderlich, separate Nummernkreise zu pflegen, da die Merkmale der Margenanalyse mit dem Finanzbuchhaltungsbeleg in der Datenbanktabelle ACDOCA (Universal Journal) abgelegt werden.

Nummernkreise pflegen

Zur Pflege von Nummernkreisen rufen Sie Transaktion KEN1 (Intervallpflege Isteinzelposten CO-PA) auf, oder Sie folgen dem Customizing-Pfad **Controlling • Ergebnis- und Marktsegmentrechnung • Werteflüsse im Ist • Vorbereitungen • Nummernvergabe für Istbuchungen einrichten**.

Nummernkreis im Ist pflegen

Im Dialogfeld **Intervallpflege: Isteinzelposten** geben Sie den Ergebnisbereich ein, für den die Nummernkreispflege erfolgen soll. In unserem Beispiel nehmen Sie die Nummernkreispflege für den Ergebnisbereich 10US vor; daher geben Sie »10US« in das Feld **Ergebnisbereich** in Abbildung 2.21 ein. Zur Pflege der Intervalle klicken Sie auf die Schaltfläche [Intervalle].

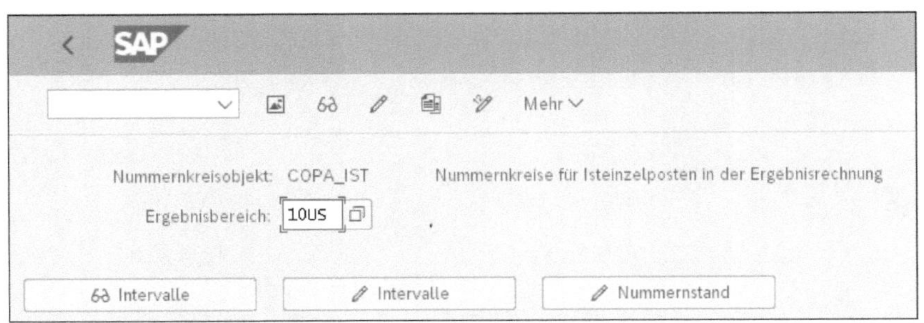

Abbildung 2.21 Intervalle für Ist-Einzelposten pflegen

Nach einem Klick auf den Button zur Pflege der Intervalle öffnet sich eine Tabelle zur Pflege der Nummernkreisintervalle (siehe Abbildung 2.22).

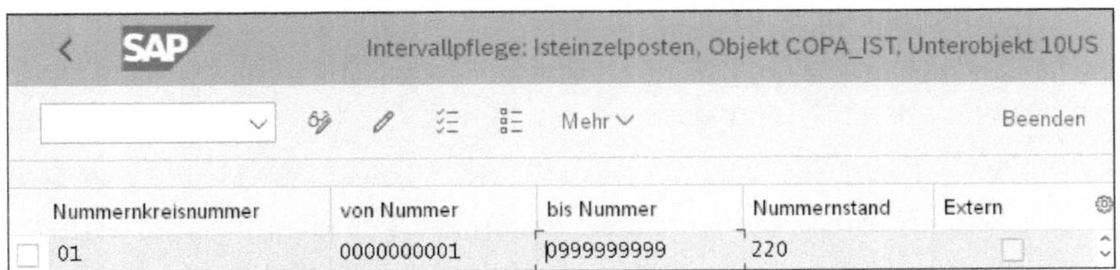

Abbildung 2.22 Nummernintervall für Ist-Buchungen im Ergebnisbereich pflegen

Zuordnung zur Gruppe

Alle Nummernkreisintervalle sind einer Gruppe zugeordnet. Über die Gruppen (dargestellt in der Spalte **Nr**) können pro Vorgangsart unterschiedliche Nummernkreisintervalle gepflegt werden.

Vorgangsarten

Die Vorgangsarten stehen nur in der kalkulatorischen Ergebnisrechnung zur Verfügung und beschreiben den betriebswirtschaftlichen Vorgang, aus dem die übergeleiteten Daten stammen. Die Vorgangsarten können in Auswertungen verwendet werden. Das Pendant zur Vorgangsart in der Margenanalyse ist die Belegart.

Im SAP-System stehen die in Tabelle 2.1 aufgelisteten Vorgänge zur Zuordnung von Nummernintervallen zur Verfügung.

Element	Elementtext
A	Kundenauftragseingang
B	Direktkontierung Buchhaltung
C	Auftrags-/Projektabrechnung
D	Gemeinkosten
E	Einzelgeschäftskalkulation
F	Fakturadaten
G	Kundenabsprachen
H	Statistische Kennzahlen
I	Kundenauftragsprojekt
Y	Fremddaten

Tabelle 2.1 Überblick der Vorgangsarten

Die Zuordnung einer Vorgangsart zu einer Gruppe erfolgt über den Pfad **Mehr • Springen • Gruppen • Ändern**, der Ihnen am oberen Bildrand im Fenster **Intervallpflege: Isteinzelposten** zur Verfügung steht (siehe Abbildung 2.22).

Nummernkreisintervall

In den Spalten **von Nummer** und **bis Nummer** ist das Nummernkreisintervall festgelegt, in dem die Ist-Daten gebucht werden. Der Wert in der Spalte **von Nummer** wird bei der Anlage einer neuen Gruppe festgelegt und ist nur änderbar, solange noch keine Buchungen erfolgt sind. Der Wert in der Spalte **bis Nummer** ist hingegen jederzeit über die Intervallpflege änderbar.

Nummernstand

In der Spalte **Nummernstand** wird der Nummernstand fortgeschrieben, d. h., dass Sie hier sehen, wie viele Belege bereits gebucht wurden. In Abbildung 2.22 ist der Nummernstand bei 220. Das bedeutet, dass der nächste Beleg mit der Nummer 220 gespeichert wird. Über den Button [Nummernstand] im Fenster **Intervallpflege: Isteinzelposten** kann der Nummernstand angepasst werden (siehe Abbildung 2.21 weiter vorne). Diese Funktion ist z. B. dann hilfreich, wenn durch einen Transport fälschlicherweise der Nummernstand zurückgesetzt wurde und es deshalb aus technischen Gründen nicht mehr möglich ist, einen Beleg zu buchen, da auf der Datenbank bereits ein Beleg mit der laut Nummernstand nächsten freien Nummer abgespeichert ist. In der Spalte **Extern** ist ein Häkchen gesetzt, wenn die Nummernvergabe extern erfolgen soll.

Externe Nummernvergabe

Bei einer externen Nummernvergabe wird die Belegnummer manuell beim Speichern des Belegs vergeben. Dies empfiehlt sich nur bei der manuellen Anlage von Belegen. Bei Belegen, die automatisch von einer anderen SAP-Komponente in die Ergebnisrechnung übergeleitet werden – wie etwa Fakturadaten –, ist die externe Nummernvergabe nicht zu empfehlen, da im SAP-Standard keine Möglichkeit besteht, die Nummer des Belegs manuell im Überleitungsprozess mitzugeben.

Speichern Sie Ihre Einstellungen über Sichern. Die Pflege der Nummernkreisintervalle ist nicht an die automatische Transportaufzeichnung angeschlossen, sondern Änderungen an den Nummernkreisintervallen müssen manuell in den Transportauftrag aufgenommen werden.

Nummernkreise transportieren

Wählen Sie dazu in der Menüleiste den Pfad **Intervalle • Transportieren**. Es erscheint eine Warnmeldung, die Ihnen mitteilt, dass Nummernkreisintervalle im Zielsystem mit dem Transport gelöscht werden. Grundsätzlich wird empfohlen, die Nummernkreise direkt im Zielsystem zu pflegen. Die Transaktionen zur Nummernkreispflege sind im Produktivsystem zugänglich, unabhängig vom Customizing. Falls Sie sich dennoch entschließen, Nummernkreisintervalle zu transportieren, bestätigen Sie die Warnmeldung mit **Ja** und wählen einen Transportauftrag aus bzw. legen einen neuen Transportauftrag an, mit dem Sie die Einstellungen transportieren möchten.

Nummernkreise für Plandaten

Wird die Planung in der Ergebnisrechnung genutzt, müssen auch Nummernkreisintervalle für die Speicherung von Plandaten angelegt werden. Rufen Sie zur Pflege von Nummernkreisintervallen für die Planung Transaktion KEN2 (Intervallpflege Planeinzelposten CO-PA) auf, oder folgen Sie dem Customizing-Pfad **Controlling • Ergebnis- und Marktsegmentrechnung • Planung • Vorbereitungen • Nummernvergabe für Plandaten einrichten**.

Nummernkreisintervalle

Die Pflege der Nummernkreisintervalle für die Plandaten erfolgt nach demselben Schema wie die Pflege der Nummernkreisintervalle für Ist-Daten. Geben Sie im Fenster **Intervallpflege: Planeinzelposten** den Ergebnisbereich ein, für den die Nummernkreisintervalle angelegt werden sollen (siehe Abbildung 2.23).

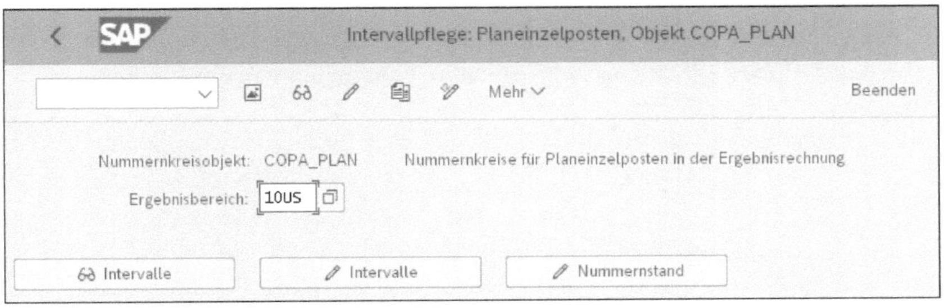

Abbildung 2.23 Intervalle für Planeinzelposten pflegen

Über **Mehr • Springen • Gruppen • Ändern** können Sie, wie in Abschnitt 2.3 in diesem Kapitel bereits beschrieben, in der kalkulatorischen Ergebnisrechnung jeder Vorgangsart einen separaten Nummernkreis zuordnen. Der Gruppe wird auch jeweils das Nummernkreisintervall mit **von Nummer** und **bis Nummer** zugeordnet (siehe Abbildung 2.24).

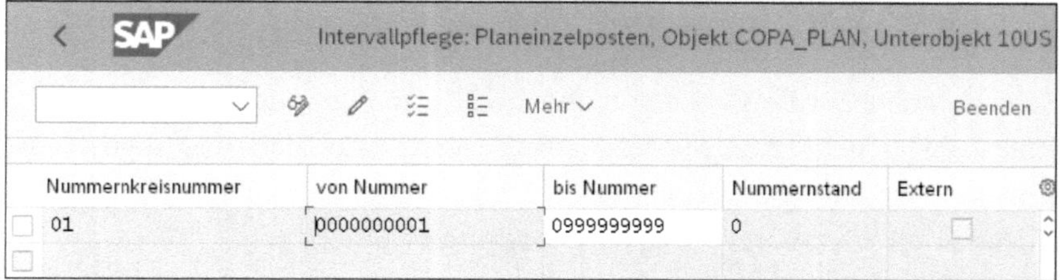

Abbildung 2.24 Nummernintervall für Planeinzelposten im Ergebnisbereich pflegen

Über den Button [Intervalle] können das untere und obere Nummernkreisintervall angepasst werden. Das untere Nummernkreisintervall in der Spalte **von Nummer** ist nur änderbar, solange noch kein Beleg für dieses Nummernkreisintervall gebucht wurde, wie es in Abbildung 2.24 der Fall ist. In diesem Beispiel könnten das untere und obere Nummernkreisintervall noch angepasst werden.

Nummernstand pflegen

Über den Button [Nummernstand] im Fenster **Intervallpflege: Planeinzelposten** (siehe Abbildung 2.23) kann der Nummernstand für die Planeinzelpostenbelege angepasst werden.

Transport von Nummernkreisintervallen

Die Nummernkreisintervalle für die Planeinzelposten sind wie die Nummernkreisintervalle für die Ist-Einzelposten nicht an die automatische Transportaufzeichnung angeschlossen. Ich empfehle Ihnen eine Pflege der Nummernkreisintervalle direkt im Zielsystem, um das Überschreiben von Nummernkreisen durch Transporte zu vermeiden.

Nummernkreise

In der kalkulatorischen Ergebnisrechnung müssen zwingend Nummernkreise angelegt werden. Die Vorgangsarten (entsprechend den Belegarten in der Finanzbuchhaltung) müssen diesen Nummernkreisen zugeordnet werden.

2.4 Versionen

Im Controlling wird mit Versionen gearbeitet, die es ermöglichen, eine Vielzahl an verschiedenen Varianten von Plandaten zu speichern. Bei der Anlage eines Kostenrechnungskreises wird automatisch die Version 0 für die Speicherung von Plan- und Ist-Daten angelegt. Alle Versionen sind kostenrechnungskreisunabhängig.

Version für Ist-Daten

Die Version 0 ist die einzige Version, die Ist-Daten speichern kann. Jede Version hat ergebnisbereichsabhängige Einstellungen; diese pflegen Sie über den folgenden Customizing-Pfad: **Controlling • Ergebnis- und Marktsegmentrechnung • Planung • Vorbereitungen • Versionen pflegen**. Im Fenster **Allgemeine Versionsdefinition** sehen Sie eine Übersicht aller im System verfügbaren Versionen. Markieren Sie Version 0, indem Sie auf den Zeilenanfang klicken, und navigieren Sie im linken Bildbereich **Dialogstruktur** zum Ordner **Einstellungen im Ergebnisbereich** (siehe Abbildung 2.25).

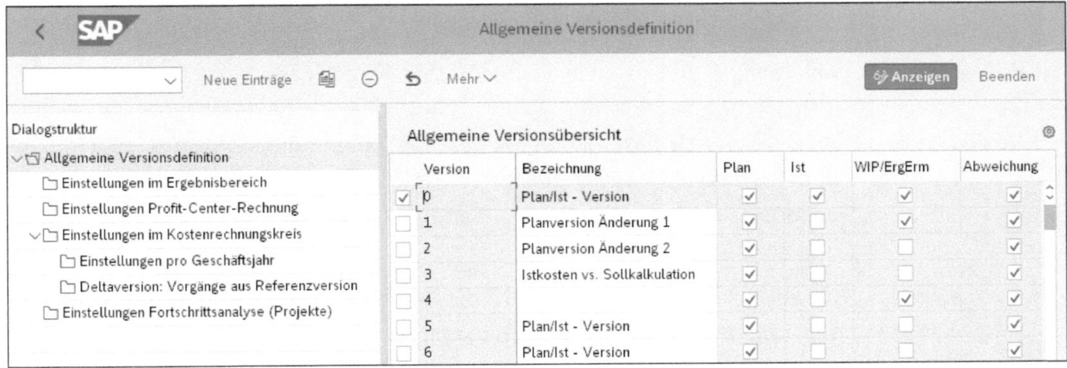

Abbildung 2.25 Versionen pflegen

Version dem Ergebnisbereich zuordnen

Nach einem Klick auf den Ordner **Einstellungen** im Ergebnisbereich sehen Sie ein Pop-up-Fenster, in dem Sie aufgefordert werden, den Ergebnisbereich, in dem die Versionspflege vorgenommen werden soll, einzutragen. Geben Sie in das Pop-up-Fenster den entsprechenden Ergebnisbereich ein.

Sie sehen nun das Fenster **Sicht "Einstellungen im Ergebnisbereich" ändern: Detail** (siehe Abbildung 2.26). Im Feld **Ergebnisbereich** finden Sie den Ergebnisbereich (10US), in dem die Versionspflege vorgenommen wird, und im Feld **Versionsnummer** die Version (0), die für den Ergebnisbereich gepflegt werden soll.

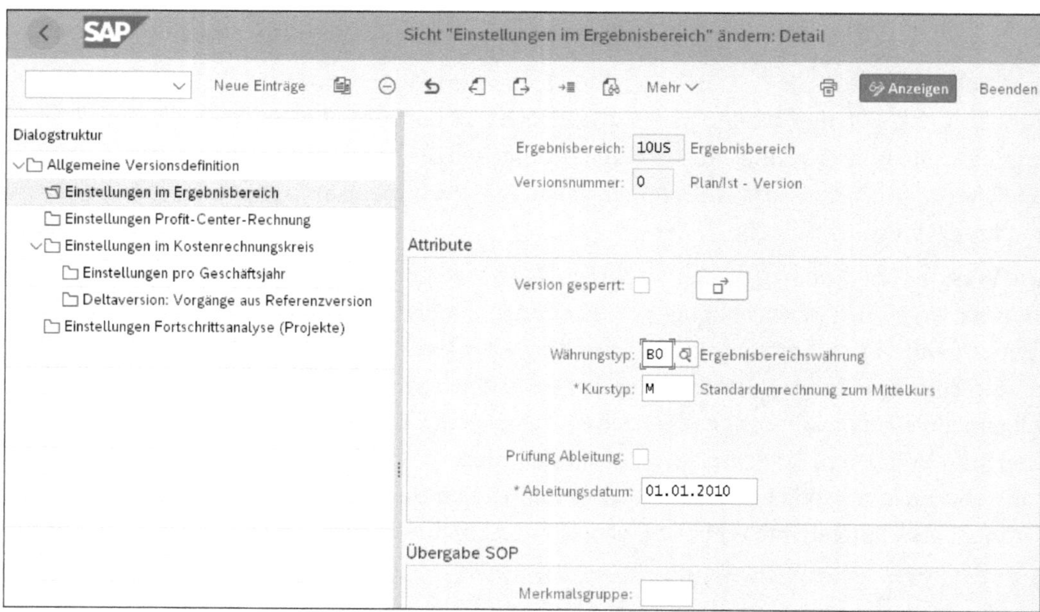

Abbildung 2.26 Versionen im Ergebnisbereich pflegen

Version sperren

Im Bereich **Attribute** haben Sie die Möglichkeit, die Version zu sperren, indem Sie das Feld **Version gesperrt** aktivieren. Ein Sperren der Version würde bedeuten, dass weder Ist- noch Plandaten in der Version 0 gespeichert werden können.

Währungstyp pflegen

Im Feld **Währungstyp** (BO) wird die Währung eingegeben, in der Werte im Ergebnisbereich angezeigt und geplant werden können. Generell wird hier der Währungstyp BO (Ergebnisbereichswährung) gepflegt.

Kurstyp pflegen

Im Feld **Kurstyp** (M) wird der Kurstyp festgelegt, mit dem Fremdwährungen in der Planung der Ergebnisrechnung umgerechnet werden.

Ableitung prüfen

Bei der Aktivierung des Kennzeichens **Prüfung Ableitung** wird festgelegt, dass im System hinterlegte Merkmalsableitungen bei der Eingabe von Plandaten geprüft werden. Wenn z. B. eine Merkmalsableitung für das Merkmal **Inland/Ausland** besteht und für das Land **Deutschland** der Merkmalswert **Inland** gepflegt ist, können keine Plandaten für die Merkmalskombination **Deutschland/Ausland** gepflegt werden. Das Feld **Ableitungsdatum** ist ein Muss-Feld; es hat jedoch nur Relevanz, wenn das Kennzeichen **Prüfung Ableitung** aktiviert ist. In diesem Fall nimmt das System die Prüfung der Ableitung der Merkmalswerte mit den zu diesem Datum gültigen Ableitungsregeln vor. Speichern Sie Ihre Einstellungen mit Sichern. Sie werden aufgefordert, einen Transportauftrag anzulegen oder einen bestehenden Transportauftrag auszuwählen.

Verlassen Sie mit F3 oder über einen Klick auf den Button < (**Zurück**) das Fenster **Sicht "Einstellungen im Ergebnisbereich" ändern: Detail**, und Sie gelangen zum Fenster **Sicht "Einstellungen im Ergebnisbereich" ändern: Übersicht**. Sie sehen eine Übersicht aller Versionen, die im ausgewählten Ergebnisbereich gepflegt sind und Ihnen somit in der Planung zur Verfügung stehen. Im Ergebnisbereich 10US ist lediglich die Version 0 gepflegt, wie Sie in Abbildung 2.27 sehen.

Versionen im Ergebnisbereich

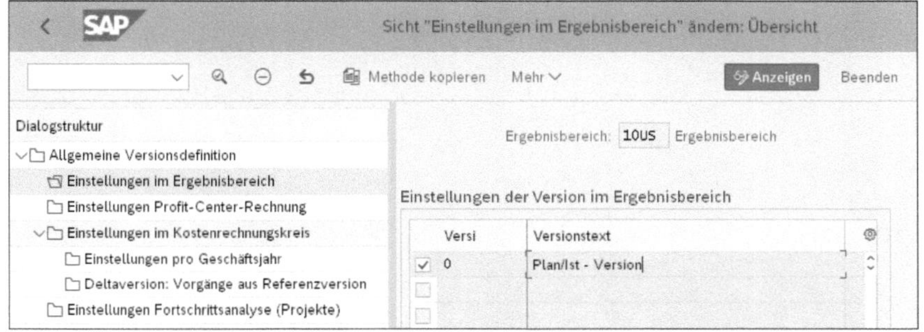

Abbildung 2.27 Versionseinstellung im Ergebnisbereich pflegen

[«]

Obligatorische Versionen

Die Version 0 für das Speichern von Ist- und Plandaten muss für den Ergebnisbereich aktiviert werden, unabhängig davon, ob Sie die kalkulatorische oder die Margenanalyse oder gar beide Formen der Ergebnisrechnung verwenden.

Zusätzlich zur Version 0 müssen alle weiteren Planversionen, für die eine Verwendung geplant ist, im Ergebnisbereich aktiviert werden.

2.5 Ergebnisbereich transportieren

Nach dem Abschluss des Customizings für den Ergebnisbereich können Sie diesen und alle abhängigen Einstellungen transportieren.

Ergebnisbereich transportieren

Rufen Sie dazu Transaktion KE3I (Transportwerkzeug: Auswahl Transportobjekt) auf, oder folgen Sie dem Customizing-Pfad **Controlling • Ergebnis- und Marktsegmentrechnung • Werkzeuge • Produktivstart • Objekte transportieren**. Im Fenster **Transportwerkzeug: Auswahl Transportobjekt** wählen Sie die Objekte aus, die Sie transportieren möchten. Im folgenden Beispiel wird der Ergebnisbereich für den Transport ausgewählt (siehe Abbildung 2.28).

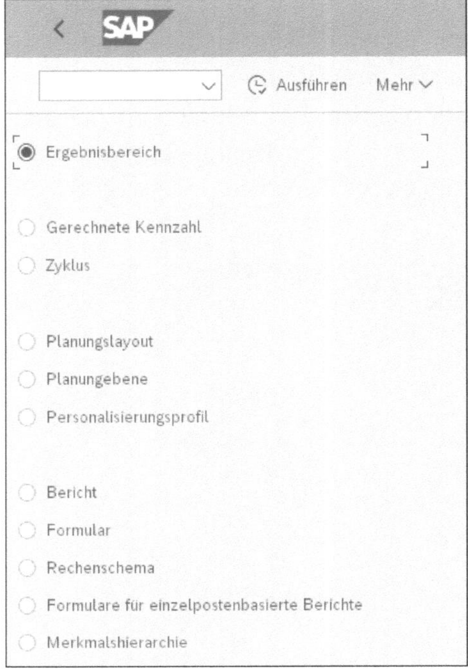

Abbildung 2.28 Ergebnisbereich transportieren

Nach einem Klick auf [Ausführen] oder per Druck auf die Taste [F8] erscheint ein Pop-up-Fenster (siehe Abbildung 2.29), in dem Sie aufgefordert werden, einen Customizing-Auftrag und einen Workbench-Auftrag auszuwählen oder anzulegen. Bestätigen Sie Ihre Eingaben mit [↵] oder ✓.

Sie erhalten eine Übersicht aller Ergebnisbereiche, an denen Änderungen durchgeführt wurden und die somit transportiert werden können. In unserem Beispiel haben Sie Änderungen am Ergebnisbereich EVOL durchgeführt, der damit, wie aus Abbildung 2.30 hervorgeht, zum Transport zur Verfügung steht. Markieren Sie den Ergebnisbereich, den Sie transportieren möchten, mit einem Klick auf den Zeilenanfang, und klicken Sie auf [Ausführen], um die Objekte in den Transportauftrag aufzunehmen.

Objektklassen transportieren

Sie erhalten eine Übersicht aller abhängigen Objektklassen, wie z. B. **Strukturen: Grundeinstellungen**, **Stammdaten: Planung** usw. In Abbildung 2.31 sehen Sie einen Ausschnitt aller auswählbaren Objektklassen. Sie können entweder alle Objektklassen markieren und transportieren, oder Sie schränken auf die Objektklassen ein, an denen Sie Veränderungen vorgenommen haben, und bestätigen Ihre Eingaben mit [↵]. Die ausgewählten Objekte sind nun in die Transportaufträge aufgenommen und können transportiert werden.

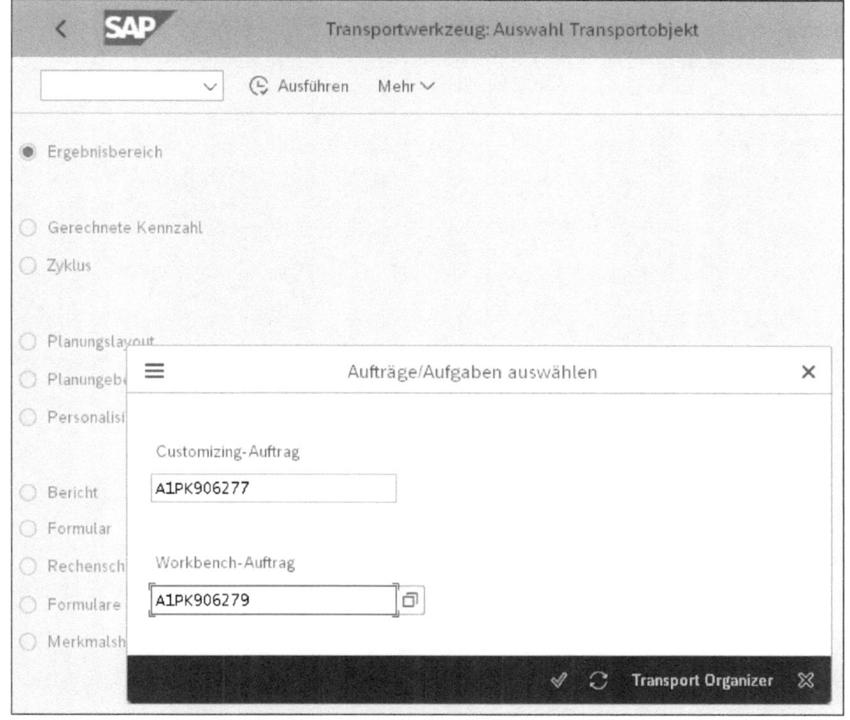

Abbildung 2.29 Transportauftrag auswählen

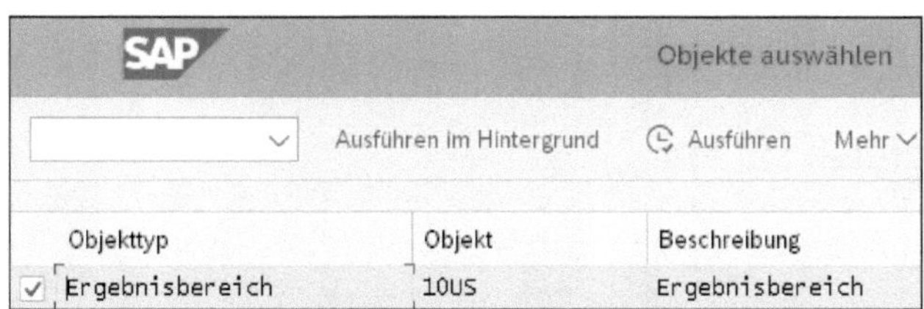

Abbildung 2.30 Ergebnisbereich zum Transport auswählen

Ergebnisbereich nachgenerieren

Nach dem Import der Aufträge empfiehlt es sich, mit Transaktion KEA0 (Ergebnisbereich pflegen) zu überprüfen, ob der Ergebnisbereich vollständig generiert ist oder ob eine Nachgenerierung erforderlich ist. Sie sehen dies am Status des Ergebnisbereichs auf der Registerkarte **Umgebung**.

Transport des Ergebnisbereichs

Der Ergebnisbereich für die Margenanalyse und die kalkulatorische Ergebnisrechnung kann über eine Customizing-Transaktion in das Zielsystem transportiert werden.

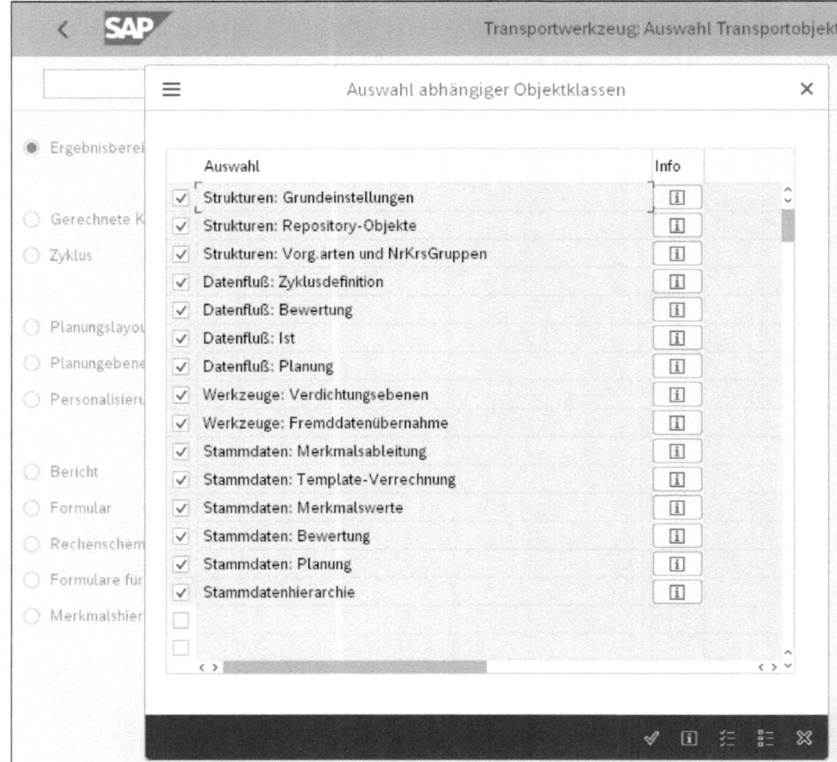

Abbildung 2.31 Abhängige Objektklassen für den Transport auswählen

2.6 Ergebnisbereich setzen

Wenn Sie eine Transaktion der Margenanalyse oder der kalkulatorischen Ergebnisrechnung aufrufen, erscheint ein Pop-up-Fenster, in dem Sie den Ergebnisbereich eintragen müssen, mit dem Sie arbeiten. Auf Dauer kann das etwas umständlich sein. Sie können deshalb festlegen, mit welchem Ergebnisbereich und welcher Form der Ergebnisrechnung Sie arbeiten, um nicht beim Aufruf jeder Transaktion nach dem Ergebnisbereich gefragt zu werden. Nutzen Sie dazu Transaktion KEBC (Ergebnisbereich setzen) oder den Menüpfad **Rechnungswesen • Controlling • Ergebnis- und Marktsegmentrechnung • Umfeld • Ergebnisbereich setzen**.

Benutzerstamm-Pflege

In Abbildung 2.32 setzen wir den Ergebnisbereich auf 10US und die **Form der Ergebnisrechnung** auf **buchhalterisch**, weil wir die Margenanalyse am häufigsten verwenden. Über einen Klick auf den Button Als Benutzervorgabe sichern werden unsere Einstellungen im Benutzerstamm gespeichert, und wir werden nicht mehr nach dem Ergebnisbereich gefragt, wenn wir die Transaktionen der

Ergebnisrechnung ausführen. Über Transaktion KEBC (Ergebnisbereich setzen) können wir unsere Einstellungen jederzeit ändern.

Abbildung 2.32 Ergebnisbereich und Form der Ergebnisrechnung setzen

2.7 Erweiterungsledger für die Ergebnisrechnung anlegen

Predictive Accounting

In der Margenanalyse gibt es eine neue Funktion des *Predictive Accounting*, die wir in Kapitel 5, »Customizing des Werteflusses für die Margenanalyse«, im Detail beschreiben. Das Erweiterungsledger ist ein Ledger, das auf Basis eines Standard-Ledgers angelegt wird. Bei der Auswertung eines Erweiterungsledgers werden auch die Buchungen des zugrunde liegenden Ledgers angezeigt. Sie können Buchungen erstellen, die ausschließlich für das Erweiterungsledger relevant sind. Erweiterungsledger werden z. B. für Buchungen, die ausschließlich für die Managementsicht relevant sind, verwendet, ohne dabei die Buchungen der Finanzbuchhaltung zu beeinflussen.

Wertefluss im Predictive Accounting

In Abbildung 2.33 sehen Sie eine Übersicht über den Wertefluss im Predictive Accounting für den Kundenauftragsbestand. Im Vertrieb wird bei der Bestellung ein Kundenauftrag angelegt. Dieser Kundenauftrag enthält Informationen über die Materialien, die der Kunde in einer bestimmten Menge und zu einem bestimmten Preis bestellt. Das Kalkulationsschema im Kundenauftrag kalkuliert unter Berücksichtigung der Produktions- und Beschaffungskosten einen Deckungsbeitrag. Zu diesem Zeitpunkt entstehen keinerlei Buchungen in der Finanzbuchhaltung.

Nach der Anlage des Kundenauftrags werden, abhängig von der Verfügbarkeit, eine Lieferung erstellt und ein Warenausgang gebucht. Die Warenausgangsbuchung löst eine Buchung in der Finanzbuchhaltung aus. Mit Bezug zur Lieferung wird dann eine Faktura erstellt, die die Kosten an den Kunden fakturiert und somit eine Erlösbuchung und eine Forderungsbuchung erstellt.

Die Faktura löst wiederum einen Buchhaltungsbeleg aus. All diese Finanzbuchhaltungsbelege werden in das führende Ledger OL und, je nach den Einstellungen, in parallele Ledger gebucht. Keiner dieser Belege wird in das Erweiterungsledger gebucht.

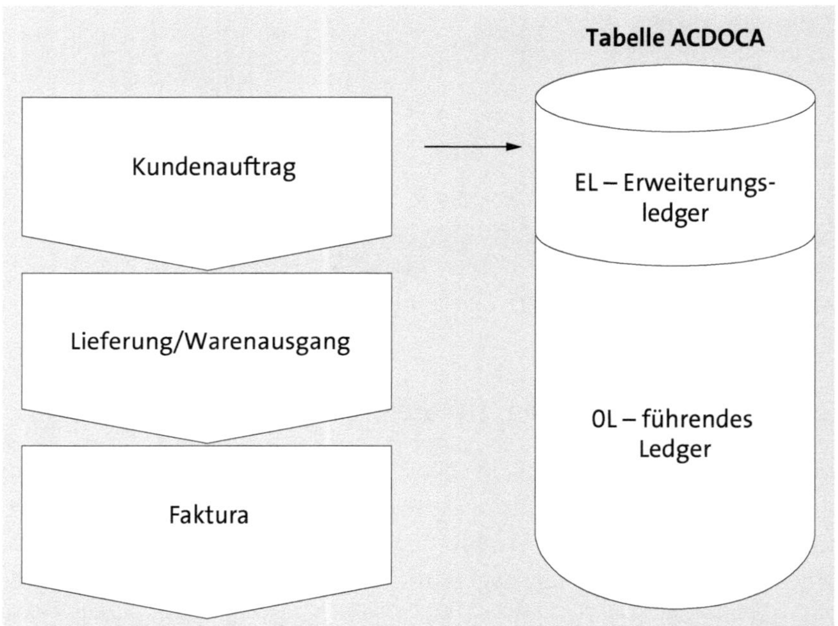

Abbildung 2.33 Wertefluss im Predictive Accounting

Kundenauftragsbestand fortschreiben

Mit dem Predictive Accounting haben Sie nun die Möglichkeit, bei der Anlage eines Kundenauftrags die zu erwartenden Umsätze, die Materialkosten und damit auch den Deckungsbeitrag in ein Erweiterungsledger zu buchen. Sie können sich die GuV und die Bilanz für das Erweiterungsledger anzeigen lassen und sehen in diesem Bericht alle Buchungen des Erweiterungsledgers und des zugrunde liegenden Ledgers, das in unserem Beispiel dem Ledger OL entspricht.

Erweiterungsledger anlegen

Ein Erweiterungsledger legen Sie im Customizing der Finanzbuchhaltung über den folgenden Pfad an: **Finanzwesen • Grundeinstellung Finanzwesen • Bücher • Ledger • Einstellungen für Ledger und Währungstypen definieren**. In Abbildung 2.34 haben wir das Erweiterungsledger **EL** angelegt. Für ein Erweiterungsledger für das Predictive Accounting müssen die folgenden Einstellungen vorgenommen werden:

- **Ledger-Typ**
  Wählen Sie hier **Erweiterungsledger.**
- **Erweiterungsledgerart**
  In dieser Spalte wählen Sie **Einzelposten mit technischen Nummern/ Löschen nicht möglich** oder Erweiterungsledgerart **P**.
- **Zugrunde liegendes Ledger**
  Wählen Sie hier **Führendes Ledger** oder **Paralleles Ledger**. Im Beispiel haben wir Ledger 0L als zugrunde liegendes Ledger gewählt.

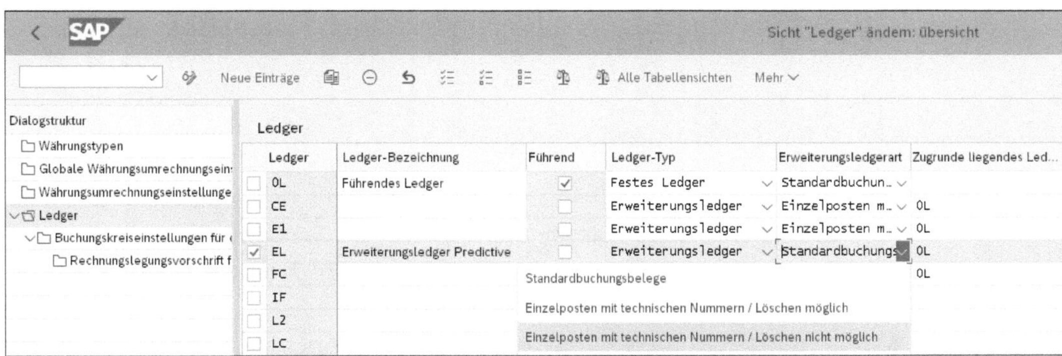

Abbildung 2.34 Erweiterungsledger anlegen

Erweiterungsledger aktivieren

Außerdem müssen Sie das Erweiterungsledger den Buchungskreisen, in denen das Predictive Accounting aktiviert werden soll, sowie einer Ledger-Gruppe zuordnen. Sie wählen für die Zuordnung der Ledger-Gruppen dieselben Ledger-Gruppen wie für das zugrunde liegende Ledger.

Im nächsten Schritt ordnen Sie das Erweiterungsledger im folgenden Customizing-Pfad für die Anwendung im Predictive Accounting zu: **Finanzwesen • Predictive Accounting • Vorhersage-Ledger definieren**.

Erweiterungsledger zuordnen

Über einen Klick auf **Neue Einträge** können Sie das in Abbildung 2.34 angelegte Erweiterungsledger der Tabelle in Abbildung 2.35 zuordnen. Haben Sie das Erweiterungsledger mit den falschen Merkmalen angelegt, können Sie dies nicht als Vorhersage-Ledger zuordnen. Arbeiten Sie mit dem Predictive Accounting für Bestellungen, können Sie über den Button **Für Verfügbarkeitskontrolle relevant** definieren, dass das Predictive Accounting die Verfügbarkeitskontrolle mit in Betracht zieht. Diesen Button können Sie nur für ein Erweiterungsledger nutzen. Arbeiten Sie mit mehreren Erweiterungsledgern in Ihrem System, müssen Sie festlegen, für welches dieser Button verwendet werden soll.

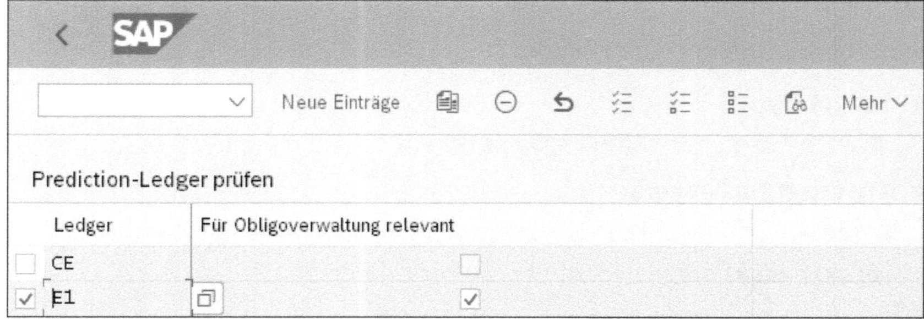

Abbildung 2.35 Vorhersage-Ledger definieren

Wie Sie das Predictive Accounting für die Margenanalyse aktivieren, lernen Sie in Kapitel 5, »Customizing des Werteflusses für die Margenanalyse«.

2.8 Zusammenfassung

In diesem Kapitel haben Sie gelernt, wie Sie die Organisationsstruktur der Ergebnisrechnung anlegen und was Sie dabei berücksichtigen müssen. Es wurden die Unterschiede der Organisationsstruktur und der Stammdaten in der Margenanalyse und in der kalkulatorischen Ergebnisrechnung erläutert. Dabei wurde besonders auf neue Funktionen im Zusammenhang mit SAP S/4HANA Finance Augenmerk gelegt.

Im nächsten Kapitel erfahren Sie alles über die verschiedenen Arten von Merkmalen und die Merkmalsableitung. Es besteht kein Unterschied im Customizing und in den Einstellungen zu Merkmalen in der Margenanalyse und in der kalkulatorischen Ergebnisrechnung.

Kapitel 3
Merkmale konfigurieren

Merkmale sind sowohl für die Margenanalyse als auch für die kalkulatorische Ergebnisrechnung relevant. Sie sind für die Struktur des Ergebnisbereichs ausschlaggebend. In SAP S/4HANA wurde die Anzahl der Merkmale, die dem Ergebnisbereich zugeordnet werden können, auf 60 erhöht.

Sowohl für die Margenanalyse als auch für die kalkulatorische Ergebnisrechnung müssen Sie *Merkmale* pflegen. Merkmale definieren die Kriterien, nach denen Sie die Werte in der Ergebnisrechnung auswerten können. Im SAP-Standard steht bereits eine Reihe von Merkmalen zur Verfügung, z. B. Kostenstelle, Innenauftrag und Buchungskreis. Zusätzlich zu diesen festen Feldern können Sie weitere Merkmale anlegen.

Merkmale in der Ergebnisrechnung

Sowohl in der kalkulatorischen Ergebnisrechnung als auch in der Margenanalyse legen Sie Merkmale an und ordnen diese dem Ergebnisbereich zu. Im herkömmlichen SAP-ERP-System konnten Sie dem Ergebnisbereich 50 Merkmale zuordnen. In SAP S/4HANA wurde dies auf 60 Merkmale erweitert.

Nahezu jedes Datenfeld kann als Merkmal definiert werden. Es können Merkmalsableitungen festgelegt werden, mit denen Merkmale, die nicht direkt dem Ergebnisbereich zugeordnet werden können, abgeleitet werden können.

Die Regeln für die Zuordnung und Ableitung von Merkmalen unterscheiden sich in den beiden Arten der Ergebnisrechnung nicht.

3.1 Merkmale

Merkmale definieren die Charakteristika, nach denen die Werte in der Ergebnisrechnung auswertbar sind. Im SAP-Standard gibt es bereits eine feste Anzahl an Merkmalen, wie es in Kapitel 2, »Customizing des Ergebnisbereichs und Grundeinstellungen für die Ergebnisrechnung«, bereits beschrieben wurde. Zusätzlich können Sie zu diesen festen Feldern weitere Merkmale anlegen.

Merkmale anlegen

Es gibt die folgenden Arten, Merkmale in der Ergebnisrechnung anzulegen:

- **Merkmal aus Vorlagetabelle anlegen**
  Die Merkmale werden aus bestehenden SAP-Standardtabellen übernommen.
- **Merkmal mit eigener Vorlagetabelle anlegen**
  Zum selbst definierten Merkmal können eigene Ausprägungen angelegt werden.
- **Merkmal ohne Wertepflege anlegen**
  Das Merkmal hat keine eigenen Ausprägungen. Dem Merkmal können Werte zugewiesen werden. Oft werden diese Merkmale aus technischen Gründen angelegt.
- **Merkmal mit Bezug auf vorhandene Werte anlegen**
  Es wird ein existierendes Merkmal mit dessen Ausprägungen kopiert.

Im Folgenden lernen Sie die Anlage und Verwendung der einzelnen Merkmalskategorien kennen.

3.1.1 Merkmale anlegen

Merkmal mit Transaktion KEA5 anlegen

Zur Anlage eines Merkmals rufen Sie Transaktion KEA5 auf, oder Sie folgen dem Customizing-Pfad **Controlling • Ergebnis- und Marktsegmentrechnung • Strukturen • Ergebnisbereich definieren • Merkmale pflegen**. Im Fenster **Merkmale bearbeiten: Einstieg** können Sie im Bereich **Merkmale auswählen** zwischen den folgenden drei Funktionen wählen:

- **Alle Merkmale**
  Alle im System angelegten Merkmale werden angezeigt bzw. sind im Änderungsmodus verfügbar.
- **Merkmale von Ergebnisbereich**
  Es werden nur die Merkmale eines vorausgewählten Ergebnisbereichs angezeigt bzw. sind im Änderungsmodus verfügbar.
- **Merkmale, die nicht in Ergebnisbereichen verwendet werden**
  Es werden alle Merkmale angezeigt, die in keinem der im System vorhandenen Ergebnisbereiche verwendet werden. Es besteht die Möglichkeit, diese im Änderungsmodus zu bearbeiten.

Merkmale ändern

Im Beispiel in Abbildung 3.1 rufen Sie die Merkmale im Änderungsmodus auf, die bereits dem Ergebnisbereich 10US zugeordnet sind. Dafür wählen Sie den Radiobutton **Merkmale von Ergebnisbereich** (10US) im Bereich **Merkmale auswählen** aus und klicken danach auf [Ändern].

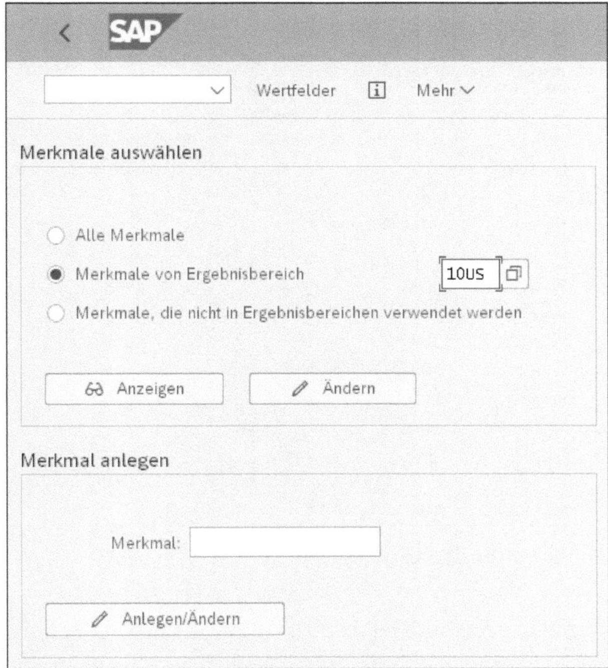

Abbildung 3.1 Dem Ergebnisbereich zugeordnete Merkmale aufrufen

Es erscheint eine Listanzeige, die eine Übersicht aller dem Ergebnisbereich 10US zugeordneten Merkmale zeigt (siehe Abbildung 3.2). Da Sie die Funktion im Änderungsmodus aufgerufen haben, besteht die Möglichkeit, die Bezeichnung von selbst definierten Merkmalen zu ändern. Die Listanzeige zeigt den fünfstelligen technischen Namen des Merkmals.

Herkunft der Merkmale

Selbst definierte Merkmale müssen immer mit WW anfangen, gefolgt von drei selbst definierten Zeichen. In der Spalte **Dtyp** ist definiert, ob es sich bei einem Merkmal um ein numerisches Merkmal handelt (NUMC) oder ob auch andere Zeichen in der Merkmalsausprägung vorkommen dürfen (CHAR). Die Spalte **Länge** gibt die Länge der Merkmalswerte an.

Wurde das Merkmal mit Vorlagetabelle angelegt, erhalten Sie in den Spalten **Herkunftstabelle** und **Herkunftsfeld** Auskunft über die Ursprungstabelle und das Ursprungsfeld.

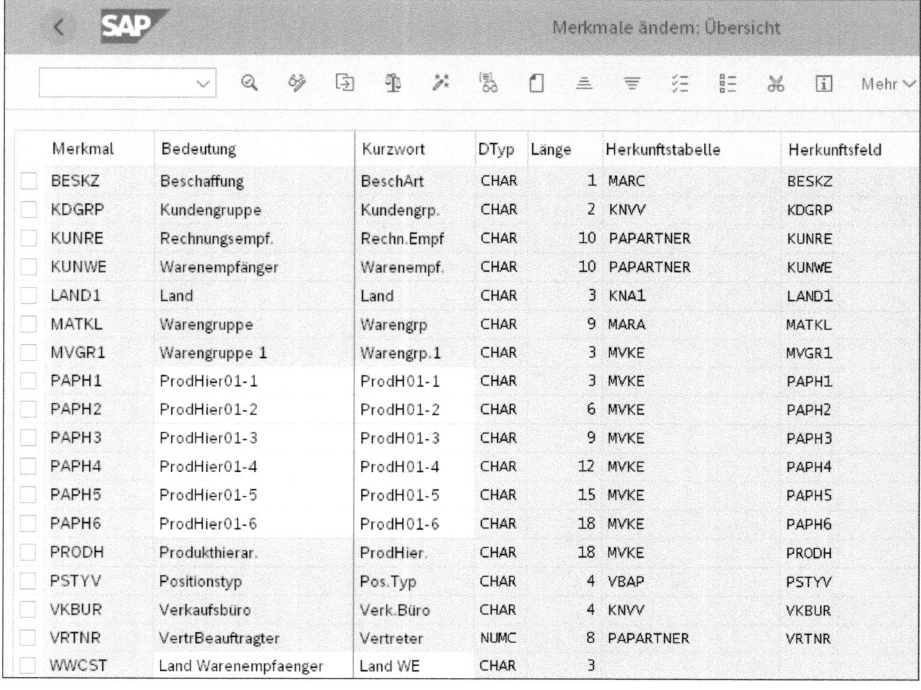

Merkmal	Bedeutung	Kurzwort	DTyp	Länge	Herkunftstabelle	Herkunftsfeld
BESKZ	Beschaffung	BeschArt	CHAR	1	MARC	BESKZ
KDGRP	Kundengruppe	Kundengrp.	CHAR	2	KNVV	KDGRP
KUNRE	Rechnungsempf.	Rechn.Empf	CHAR	10	PAPARTNER	KUNRE
KUNWE	Warenempfänger	Warenempf.	CHAR	10	PAPARTNER	KUNWE
LAND1	Land	Land	CHAR	3	KNA1	LAND1
MATKL	Warengruppe	Warengrp	CHAR	9	MARA	MATKL
MVGR1	Warengruppe 1	Warengrp.1	CHAR	3	MVKE	MVGR1
PAPH1	ProdHier01-1	ProdH01-1	CHAR	3	MVKE	PAPH1
PAPH2	ProdHier01-2	ProdH01-2	CHAR	6	MVKE	PAPH2
PAPH3	ProdHier01-3	ProdH01-3	CHAR	9	MVKE	PAPH3
PAPH4	ProdHier01-4	ProdH01-4	CHAR	12	MVKE	PAPH4
PAPH5	ProdHier01-5	ProdH01-5	CHAR	15	MVKE	PAPH5
PAPH6	ProdHier01-6	ProdH01-6	CHAR	18	MVKE	PAPH6
PRODH	Produkthierar.	ProdHier.	CHAR	18	MVKE	PRODH
PSTYV	Positionstyp	Pos.Typ	CHAR	4	VBAP	PSTYV
VKBUR	Verkaufsbüro	Verk.Büro	CHAR	4	KNVV	VKBUR
VRTNR	VertrBeauftragter	Vertreter	NUMC	8	PAPARTNER	VRTNR
WWCST	Land Warenempfaenger	Land WE	CHAR	3		

Abbildung 3.2 Merkmale im Ergebnisbereich ändern

Markieren Sie ein Merkmal wie z. B. LAND1 (Land), indem Sie auf den Zeilenanfang klicken, und lassen Sie sich das Detailbild über [Detail-Symbol] (**Detail**) anzeigen.

Detailbild des Merkmals

Das Detailbild ist in mehrere Bereiche gegliedert:

- **Texte**
  In diesem Bereich wird die Bedeutung/der Name des Merkmals definiert.
- **Dictionary**
  Hier wird der technische Name des Merkmals angezeigt.
- **Herkunft**
  Wurde das Merkmal mit Vorlagetabelle angelegt, finden Sie hier die Herkunftstabelle und den Herkunftsnamen.
- **Weitere Eigenschaften**
  Hier erhalten Sie u. a. Informationen darüber, ob das Merkmal bereits aktiviert ist.

- **Verprobung**
  Dieser Bereich gibt Aufschluss darüber, ob dem Merkmal eine Prüftabelle zugrunde liegt oder nicht. Wie bereits erwähnt, gibt es verschiedene Arten von Merkmalswerten (ohne Wertepflege, mit Wertepflege usw.). Im Bereich **Verprobung** sehen Sie, um welche Art von Merkmal es sich handelt (siehe Abbildung 3.3).

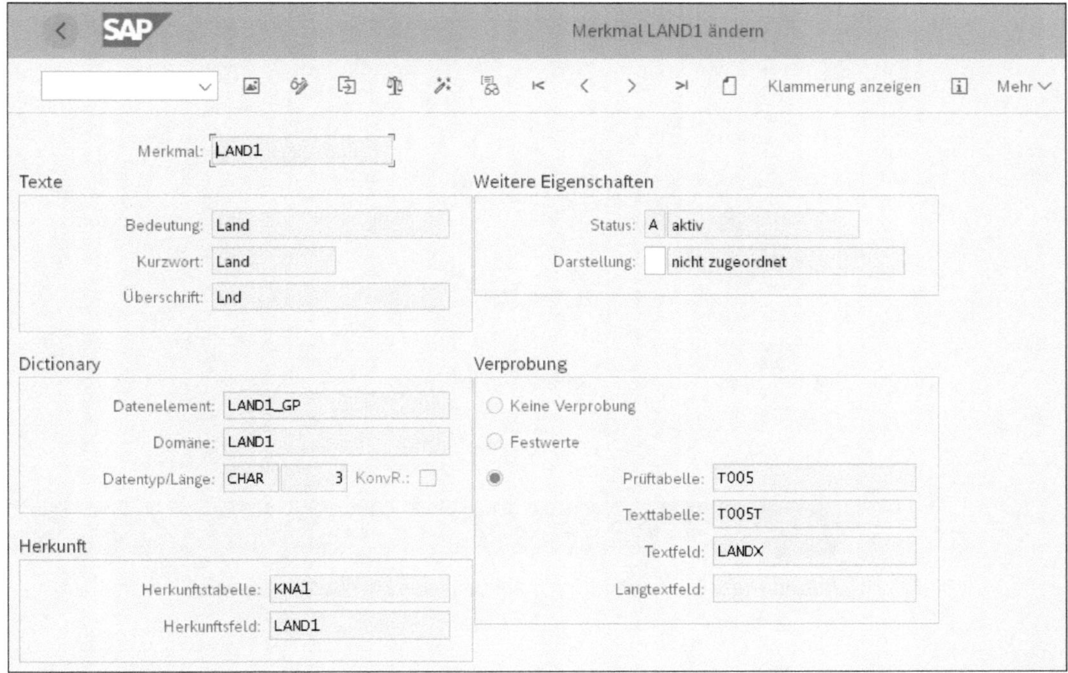

Abbildung 3.3 Details des Merkmals Land1 anzeigen

Verwendungsnachweis des Merkmals

Mit einem Klick auf (**Verwendung**) können Sie sich den Verwendungsnachweis des Merkmals anzeigen lassen.

Der Verwendungsnachweis zeigt Ihnen, welchen Ergebnisbereichen das Merkmal zugeordnet ist. In Abbildung 3.4 ist das Merkmal LAND1 mehreren Ergebnisbereichen zugeordnet. Sie können anhand der Nummer in der Tabelle **Datenstruktur** erkennen, welchen Ergebnisbereichen das Merkmal zugeordnet ist. Die Ziffern CE1 sind der Anfang der Datentabelle, gefolgt von der vierstelligen Nummer des Ergebnisbereichs. Über die Taste ↵ gelangen Sie zurück in das Detailbild des Merkmals.

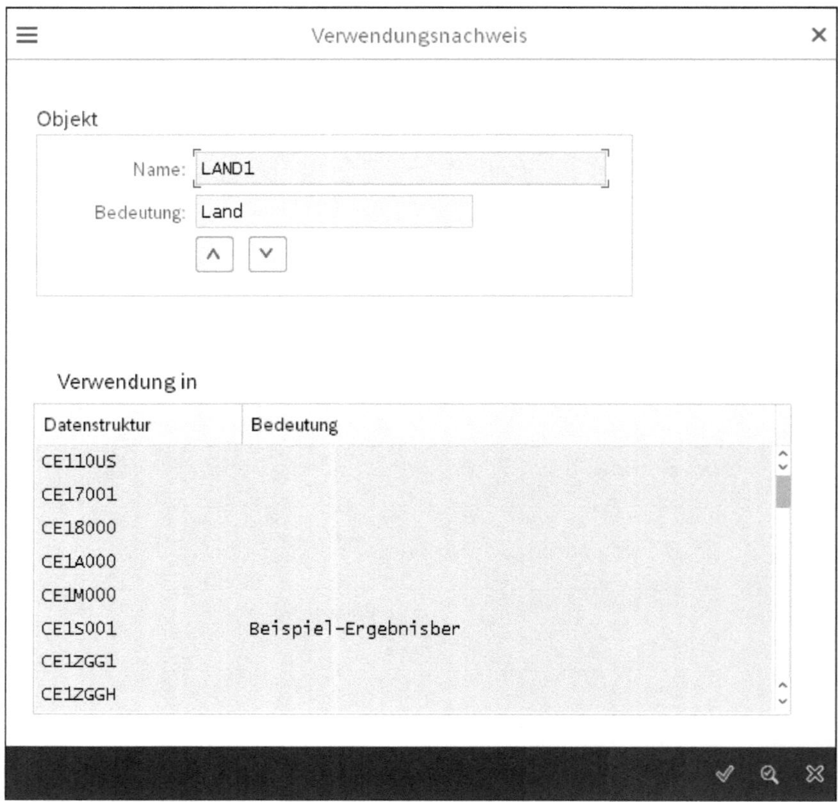

Abbildung 3.4 Verwendungsnachweis des Merkmals anzeigen

3.1.2 Merkmal aus Vorlagetabelle anlegen

Merkmal aus der Vorlagetabelle anlegen

Mit einem Klick auf [Anlegen/Ändern] im Bereich **Merkmal anlegen** von Transaktion KEA5 können Sie ein neues Merkmal anlegen. Es erscheint das Pop-up-Fenster **Merkmal anlegen: Zuordnung**, in dem Sie die Art des anzulegenden Merkmals auswählen können. Im Beispiel aus Abbildung 3.5 legen Sie ein Merkmal mit Bezug zu einer Vorlagetabelle an. Wählen Sie die Einstellung **Aus Vorlagetabelle übernehmen** im oberen Teil des Pop-up-Fensters aus. Es steht eine große Auswahl an Datenbanktabellen zur Verfügung, aus denen Sie die Merkmale übernehmen können. Sie müssen allerdings wissen, wie der technische Name des Merkmals lautet, das Sie übernehmen möchten, und in welcher Datenbanktabelle es abgelegt ist.

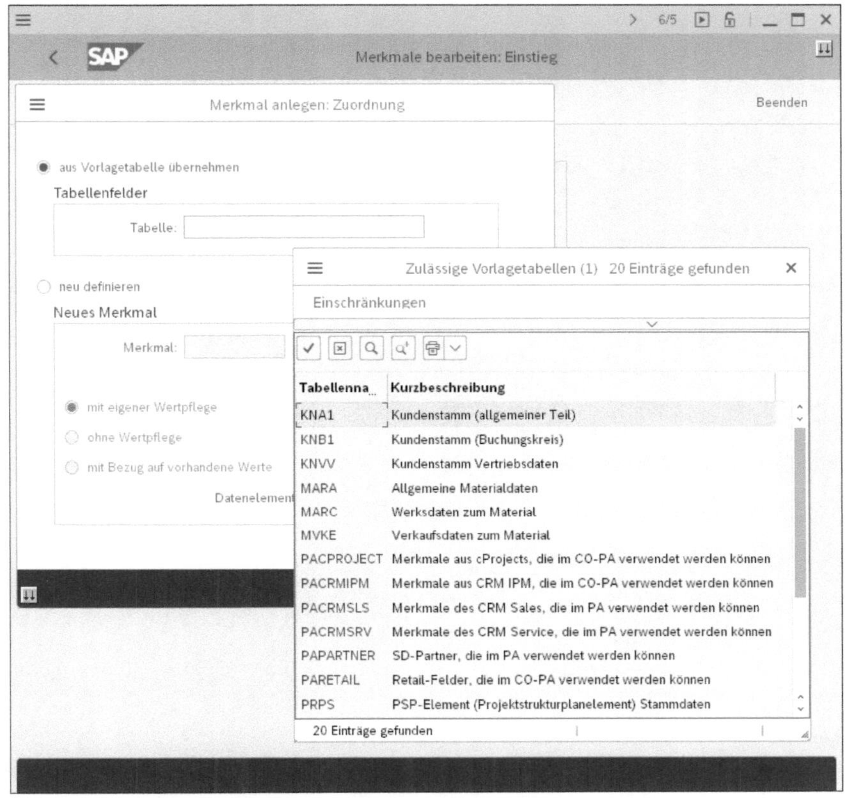

Abbildung 3.5 Merkmal aus der Vorlagetabelle übernehmen

Übersicht der Vorlagetabellen

Sie können Merkmale aus den in Tabelle 3.1 dargestellten Vorlagetabellen übernehmen.

Tabelle	Bezeichnung
KNA1	Kundenstamm (allgemeiner Teil)
KNB1	Kundenstamm (Buchungskreis)
KNVV	Kundenstamm Vertriebsdaten
MARA	Allgemeine Materialdaten
MARC	Werksdaten zum Material
MVKE	Verkaufsdaten zum Material
PACPROJECT	Merkmale aus cProjects, die in CO-PA verwendet werden können
PACRMIPM	Merkmale aus CRM IPM, die in CO-PA verwendet werden können

Tabelle 3.1 Übersicht der Vorlagetabellen

Tabelle	Bezeichnung
PACRMSLS	Merkmale des CRM-Sales, die in CO-PA verwendet werden können
PACRMSRV	Merkmale des CRM-Services, die in CO-PA verwendet werden können
PAPARTNER	SD-Partner, die in CO-PA verwendet werden können
PARETAIL	Retail-Felder, die in CO-PA verwendet werden können
PRPS	PSP-Element (Projektstrukturplanelement) Stammdaten
T001W	Werke/Niederlassungen
VBAK	Verkaufsbeleg: Kopfdaten
VBAP	Verkaufsbeleg: Positionsdaten
VBKD	Verkaufsbeleg: Kaufmännische Daten
VIAUFKST	Generierte Tabelle zum View VIAUFKST
WTY_COPA	Garantieabwicklung: Merkmale für CO-PA

Tabelle 3.1 Übersicht der Vorlagetabellen (Forts.)

Im Beispiel aus Abbildung 3.6 übernehmen Sie ein Merkmal aus der Tabelle KNA1 (Kundenstamm). Tragen Sie in das Feld **Tabelle** »KNA1« ein, und bestätigen Sie Ihre Eingabe mit [↵].

Es öffnet sich das neue Pop-up-Fenster **Referenztabelle: KNA1 Kundenstamm (allgemein)**, in dem alle Merkmale der Tabelle KNA1 aufgelistet sind. Merkmale, die blau hinterlegt sind, können nicht übernommen werden, da diese entweder bereits als Merkmale angelegt sind oder eine Übernahme aus technischen Gründen nicht unterstützt wird. Wie in Abbildung 3.7 dargestellt, markieren Sie das Merkmal KUKLA (Kundenklasse) mit einem Klick auf den Zeilenanfang und wählen dieses dann mit der Taste [↵] zur Anlage aus.

Detailpflege des Merkmals

Es öffnet sich das uns bereits vertraute Fenster **Merkmal KUKLA anlegen** zur Detailpflege des Merkmals.

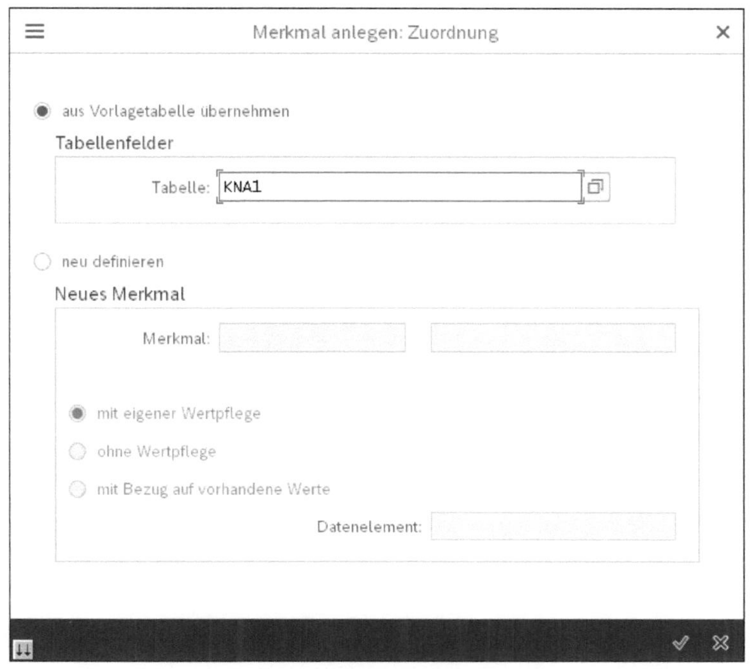

Abbildung 3.6 Merkmal aus der Vorlagetabelle anlegen

Referenztabelle: KNA1 Kundenstamm (allgeme

KNA1

Feld	Orig.Name	Bedeutung	Datenelement	Typ	Länge
EXABL	EXABL	Abladestellen	EXABL	CHAR	1
FAKSD	FAKSD	Fakturasperre	FAKSD_X	CHAR	2
FISKN	FISKN	Fisk.Anschrift	FISKN_D	CHAR	10
KNAZK	KNAZK	Arbeitszeiten	KNAZK	CHAR	2
KNRZA	KNRZA	Abweich.Regul.	KNRZA	CHAR	10
KONZS	KONZS	Konzern	KONZS	CHAR	10
KTOKD	KTOKD	Kontengruppe	KTOKD	CHAR	4
✓ KUKLA	KUKLA	Kundenklass.	KUKLA	CHAR	2
LIFNR	LIFNR	Lieferant	LIFNR	CHAR	10
LIFSD	LIFSD	Liefersperre	LIFSD_X	CHAR	2
LOCCO	LOCCO	Location Code	LOCCO	CHAR	10
LOEVM	LOEVM	Löschvormerk.	LOEVM_X	CHAR	1
NAME3	NAME3	Name 3	NAME3_GP	CHAR	35
NAME4	NAME4	Name 4	NAME4_GP	CHAR	35

Abbildung 3.7 Merkmal aus der Vorlagetabelle auswählen

Da Sie das Merkmal aus einer Vorlagetabelle übernehmen, sind bereits alle Felder vorausgefüllt. Es sind keine Änderungen erforderlich. Aktivieren Sie das Merkmal über den Button (**Aktivieren**), und speichern Sie das neue Merkmal über den Button Sichern (siehe Abbildung 3.8).

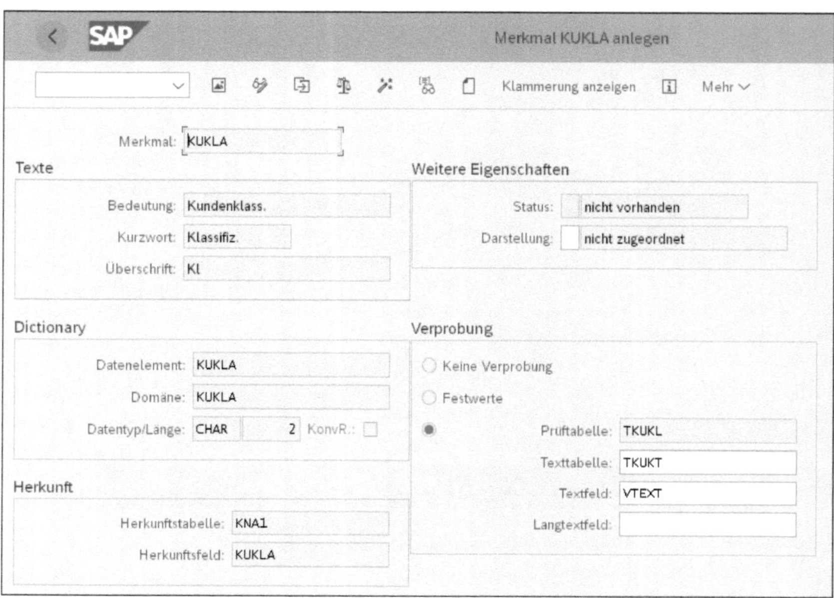

Abbildung 3.8 Merkmal aktivieren

Zuordnung zu einem Ergebnisbereich

Damit das Merkmal im Ergebnisbereich zur Verfügung steht, muss es nun dem Ergebnisbereich zugeordnet werden. Rufen Sie dazu Transaktion KEA0 oder den folgenden Customizing-Pfad auf: **Controlling • Ergebnis- und Marktsegmentrechnung • Strukturen • Ergebnisbereich definieren • Ergebnisbereich pflegen**.

3.1.3 Merkmal mit eigener Wertepflege anlegen

Merkmal mit eigener Wertepflege

Über einen Klick auf Anlegen/Ändern im Bereich **Merkmal anlegen** von Transaktion KEA5 können Sie ein neues Merkmal anlegen. Es erscheint das Pop-up-Fenster **Merkmal anlegen: Zuordnung**, in dem Sie die Art des Merkmals, das Sie anlegen möchten, auswählen können. Im Beispiel aus Abbildung 3.9 legen Sie ein Merkmal mit eigener Wertepflege an. Tragen Sie im Bereich **neu definieren** in das Feld **Merkmal** den fünfstelligen technischen Namen des neuen Merkmals ein, der mit WW beginnen muss, und vergeben Sie eine Bezeichnung für das neue Merkmal. Wie in Abbildung 3.9 dargestellt, legen Sie das Merkmal WW001 mit der Bezeichnung »In-/Ausland«

an. Im Anschluss aktivieren Sie das Kennzeichen **mit eigener Wertepflege** und bestätigen Ihre Eingaben mit [↵].

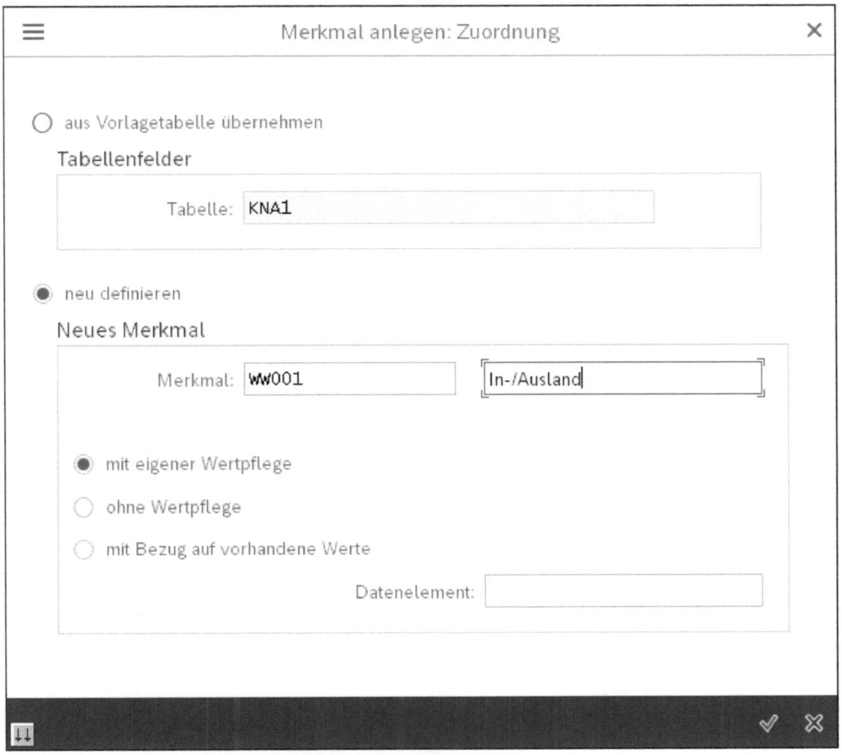

Abbildung 3.9 Merkmal mit eigener Wertepflege anlegen

Details des Merkmals pflegen

Es öffnet sich das neue Fenster **Merkmal WW001 anlegen**, in dem Sie die Details des neuen Merkmals pflegen können. Geben Sie eine Bezeichnung in die Felder **Kurzwort** und **Überschrift** ein. Im Feld **Datentyp/Länge** bestimmen Sie, ob die Pflege des Merkmals NUMC (numerisch) oder CHAR (alphanumerisch) erfolgen soll. Außerdem können Sie die Länge des Merkmals festlegen. Im Beispiel in Abbildung 3.10 wird das Merkmal WW100 alphanumerisch (CHAR) und mit der Länge 2 angelegt. Nachdem Sie die Pflege dieser Felder vorgenommen haben, aktivieren Sie das Merkmal über den Button [Symbol] (**Aktivieren**).

Prüftabellen generieren

Nun erscheint das Pop-up-Fenster **Generierung neuer Prüftabellen** und weist Sie darauf hin, dass neue Prüftabellen für dieses Merkmal im Hintergrund angelegt werden, damit Sie die Merkmalspflege vornehmen können (siehe Abbildung 3.11).

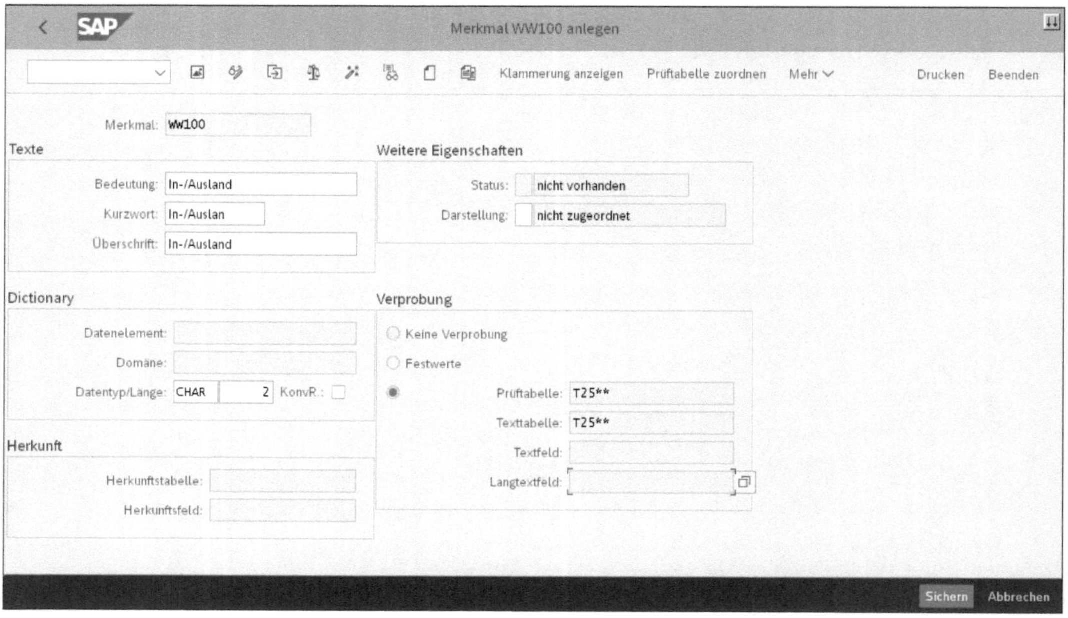

Abbildung 3.10 »Datentyp/Länge« pflegen

Das Pop-up-Fenster fragt, wie die Nummernvergabe für diese Prüftabellen erfolgen soll. Es empfiehlt sich, die Nummernvergabe und die Anlage der Prüftabellen automatisch vom System vornehmen zu lassen. Bestätigen Sie daher das Pop-up-Fenster mit Automatisch, und die Generierung der Prüftabellen erfolgt im Hintergrund.

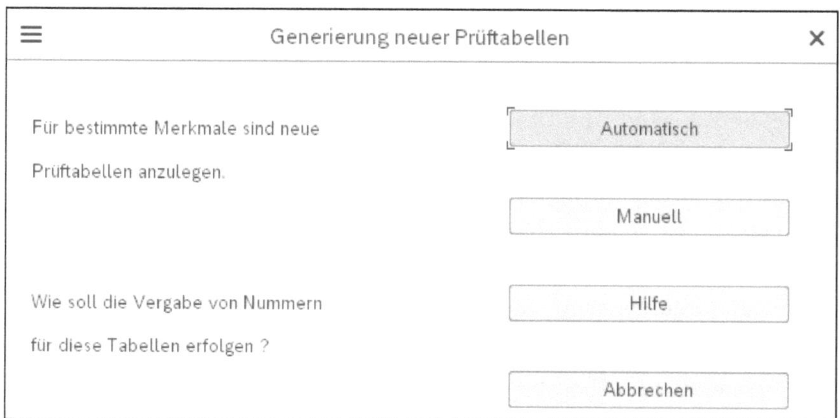

Abbildung 3.11 Neue Prüftabellen für Merkmale mit Wertepflege generieren

Nach der Generierung der Tabellen sehen Sie im Detailbild des Merkmals in Abbildung 3.12, dass im Bereich **Verprobung** Prüftabellen hinterlegt wurden.

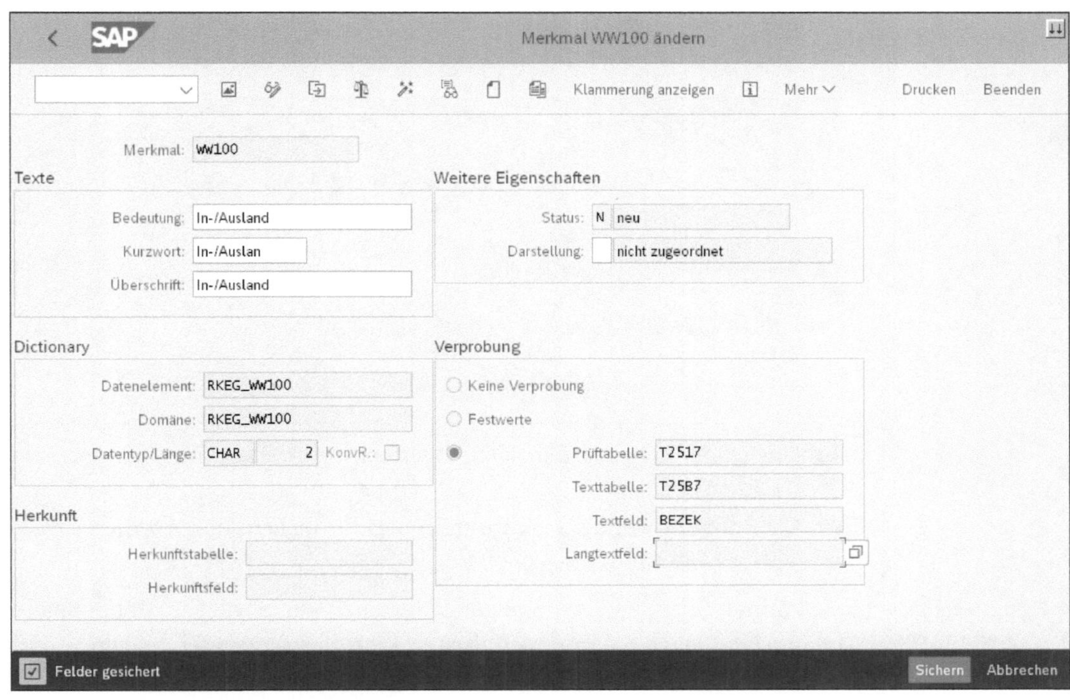

Abbildung 3.12 Generierte Vorlagetabellen zum Merkmal

Merkmal aktivieren

Aktivieren Sie das Merkmal über den Button (**Aktivieren**), und speichern Sie es mit Sichern. Sie müssen das Merkmal nun dem Ergebnisbereich zuordnen, bevor Sie die Pflege der Merkmalsausprägung vornehmen können.

3.1.4 Merkmal zum Ergebnisbereich zuordnen

Ergebnisbereich eingeben

Für die Zuordnung des Merkmals zum Ergebnisbereich rufen Sie Transaktion KEA0 auf oder folgen dem Customizing-Pfad **Controlling • Ergebnis- und Marktsegmentrechnung • Strukturen • Ergebnisbereich definieren • Ergebnisbereich pflegen**. Geben Sie in das Feld **Ergebnisbereich** den Ergebnisbereich ein, dem Sie das Merkmal zuordnen möchten.

Ich habe bereits in Kapitel 2, »Customizing des Ergebnisbereichs und Grundeinstellungen für die Ergebnisrechnung«, beschrieben, wie ein Merkmal dem Ergebnisbereich zugeordnet wird.

3.1.5 Merkmalswerte pflegen

Merkmalsausprägungen pflegen

Zur Pflege der Merkmalsausprägungen für das neu angelegte Merkmal W100 (In-/Ausland) rufen Sie Transaktion KES1 auf oder folgen dem Customizing-Pfad **Controlling • Ergebnis- und Marktsegmentrechnung • Stamm-**

daten • Merkmalswerte • Merkmalswerte pflegen. In Abbildung 3.13 sehen Sie eine Übersicht der selbst definierten Merkmale im Ergebnisbereich.

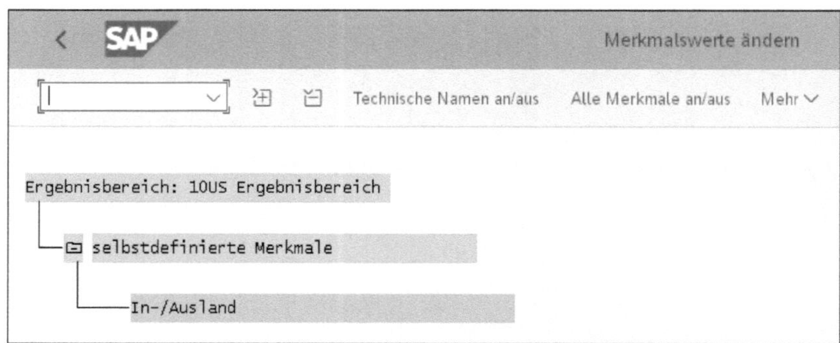

Abbildung 3.13 Merkmale mit eigener Wertepflege im Ergebnisbereich anzeigen

Per Klick auf ein Merkmal, in unserem Beispiel **In-/Ausland**, können Sie die Merkmalswerte für das Merkmal WW100 pflegen.

Eigene Merkmalswerte anlegen

Sie können über [Neue Einträge] eigene Merkmalswerte anlegen. In der Spalte **In-/Ausland** legen Sie den technischen Wert des Merkmals an. Länge und Ausprägung des Merkmals (numerisch, alphanumerisch) werden bei der Anlage des Merkmals in den Merkmaldetails festgelegt. Im Beispiel aus Abbildung 3.14 legen Sie das Merkmal 01 mit der Bezeichnung »Inland« und das Merkmal 02 mit der Bezeichnung »Ausland« an. Speichern Sie Ihre Einstellungen über den Button [Sichern].

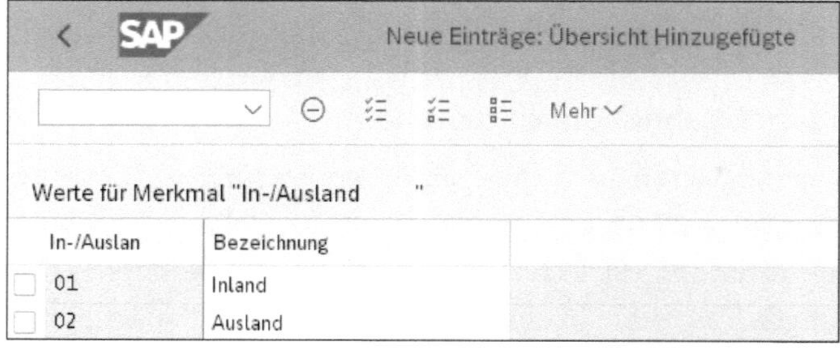

Abbildung 3.14 Werte für das Merkmal »WW100« anlegen

Merkmal ableiten

Damit eine Ableitung des Merkmals in den Belegen erfolgen kann, müssen Sie zusätzlich eine Ableitungsregel anlegen, damit das System weiß, welche Belege mit diesem Merkmal versorgt werden und welche Kriterien dazu erfüllt sein müssen. Wie Sie eine Merkmalsableitung anlegen, erfahren Sie ebenfalls in diesem Kapitel.

3.1.6 Merkmal ohne Wertepflege anlegen

Merkmal ohne Wertepflege

Über einen Klick auf [Anlegen/Ändern] im Bereich **Merkmal anlegen** von Transaktion KEA5 können Sie ein neues Merkmal anlegen. Es erscheint das Pop-up-Fenster **Merkmal anlegen: Zuordnung**, in dem Sie die Art des anzulegenden Merkmals festlegen können. Im Beispiel aus Abbildung 3.15 legen Sie ein Merkmal ohne Wertepflege an. Tragen Sie im Bereich **neu definieren** in das Feld **Merkmal** den fünfstelligen technischen Namen des neuen Merkmals ein – dieser muss mit WW beginnen –, und vergeben Sie eine Bezeichnung für das neue Merkmal. Wie in Abbildung 3.15 dargestellt, legen Sie das Merkmal WW200 mit der Bezeichnung **Intercompany** an. Im Anschluss wählen Sie den Radiobutton **ohne Wertepflege** und bestätigen Ihre Eingaben mit der Taste [↵].

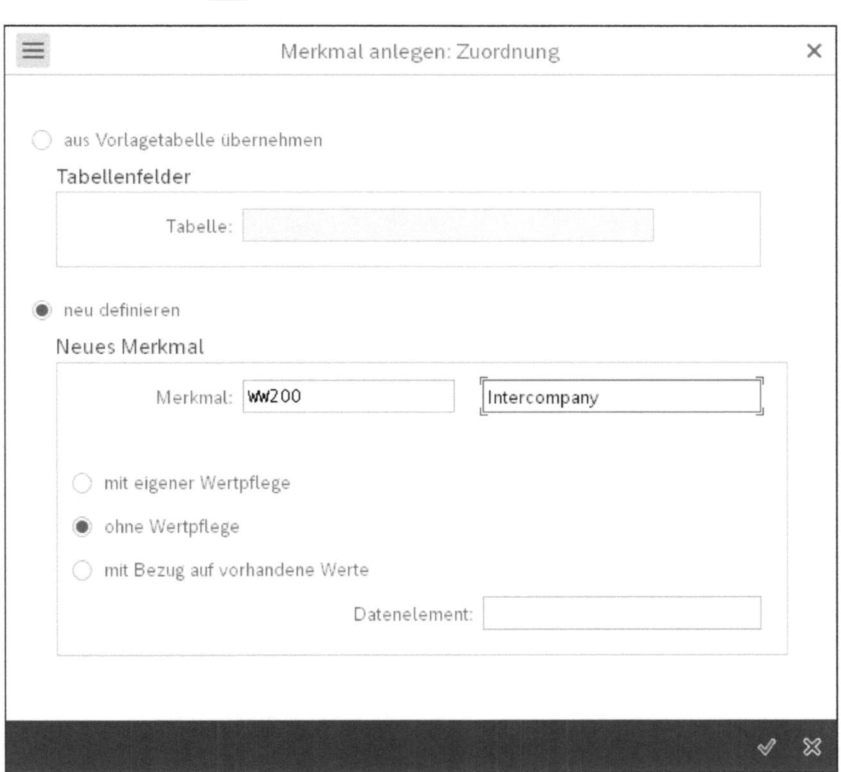

Abbildung 3.15 Merkmal ohne Wertepflege anlegen

Im Fenster **Merkmal WW200 anlegen** legen Sie das Kurzwort und die Überschrift fest (siehe Abbildung 3.16). Das Merkmal, das Sie anlegen, soll Materialien kennzeichnen, die nicht für die Planung relevant sind. Im Bereich **Dictionary** legen Sie im Feld **Datentyp/Länge** den Datentyp CHAR (alphanumerisch) oder NUMC (numerisch) sowie die Datenlänge fest. Das Merkmal

WW200, das Sie in diesem Beispiel anlegen, ist alphanumerisch und hat die Datenlänge 2.

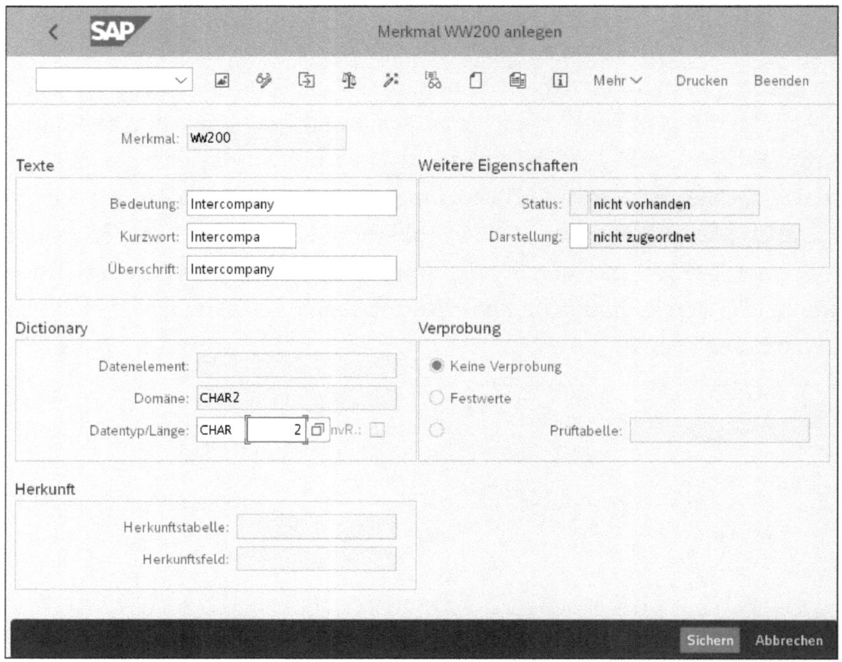

Abbildung 3.16 Details für Merkmal ohne Wertepflege pflegen

Merkmal aktivieren

Aktivieren Sie das Merkmal über den Button [Aktivieren-Symbol] (**Aktivieren**), und speichern Sie Ihre Einstellungen über den Button Sichern. Ordnen Sie nun das Merkmal über Transaktion KEA0 dem Ergebnisbereich zu.

Damit eine Ableitung des Merkmals in den Belegen erfolgen kann, müssen Sie zusätzlich eine Ableitungsregel anlegen, damit das System weiß, welche Belege mit diesem Merkmal versorgt werden und welche Kriterien dazu erfüllt sein müssen. Wie Sie eine Merkmalsableitung anlegen, erfahren Sie ebenfalls in diesem Kapitel.

3.1.7 Merkmal mit Bezug auf vorhandene Werte anlegen

Merkmal mit Bezug auf vorhandene Werte

Über einen Klick auf den Button Anlegen/Ändern im Bereich **Merkmal anlegen** von Transaktion KEA5 können Sie ein neues Merkmal anlegen. Es erscheint das Pop-up-Fenster **Merkmal anlegen: Zuordnung**, in dem Sie die Art des Merkmals, das Sie anlegen möchten, auswählen können. Im Beispiel aus Abbildung 3.17 legen Sie ein Merkmal mit Bezug auf vorhandene Werte an. Tragen Sie im Bereich **neu definieren** in das Feld **Merkmal** den fünfstelligen technischen Namen des neuen Merkmals ein – dieser muss mit WW beginnen –, und vergeben Sie eine Bezeichnung für das neue Merkmal. Wie in Abbildung 3.17 dargestellt, legen Sie das Merkmal WW200 mit der Bezeichnung »Land Warenempfänger« an. Im Anschluss wählen Sie **mit Bezug auf vorhandene Werte** und tragen in das Feld **Datenelement** den technischen Namen des Merkmals ein, das die gleichen Merkmalsausprägungen hat. Bestätigen Sie Ihre Eingaben mit [↵].

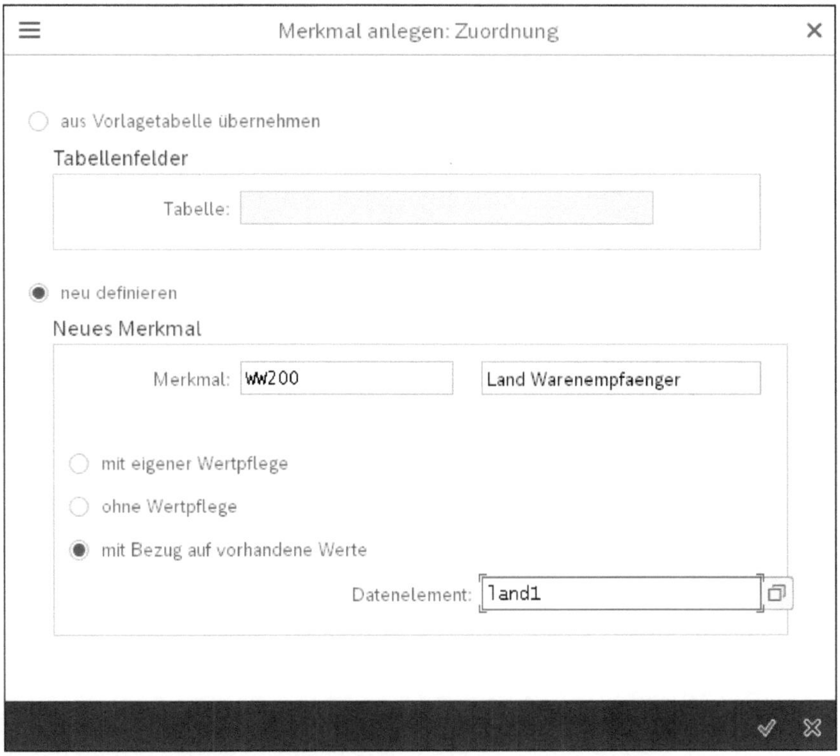

Abbildung 3.17 Merkmal mit Bezug auf vorhandene Werte anlegen

Im Fenster **Merkmal WW200 anlegen** sehen Sie, dass die Beschreibung in die Standardbeschreibung des verknüpften Merkmals geändert wurde. Dies erschwert die Analyse, da der Anwender wissen muss, welches Land mit dem Merkmal WW200 dargestellt wird. Das Merkmal soll das Land des Warenempfängers darstellen, da dieses oft vom Land des Auftraggebers abweichen kann. Alle weiteren Werte werden vom Bezugsmerkmal LAND1 kopiert. Es sind also keine weiteren Eingaben in diesem Fenster erforderlich (siehe Abbildung 3.18).

Merkmal aktivieren

Aktivieren Sie das Merkmal mit (**Aktivieren**), und speichern Sie Ihre Einstellungen über den Button Sichern. Ordnen Sie nun das Merkmal über Transaktion KEAO dem Ergebnisbereich zu.

Merkmalsableitung Damit eine Ableitung des Merkmals in den Belegen erfolgen kann, müssen Sie zusätzlich eine Ableitungsregel anlegen, damit das System weiß, welche Belege mit diesem Merkmal versorgt werden und welche Kriterien dazu erfüllt sein müssen. Wie Sie eine Merkmalsableitung anlegen, erfahren Sie im nächsten Abschnitt.

Abbildung 3.18 Merkmal WW200 anlegen

3.2 Merkmalsableitungen

Es gibt verschiedene Arten von Merkmalsableitungen, die ich in diesem Kapitel beschreibe. Die Zuordnung eines Merkmals zum Ergebnisbereich garantiert nicht automatisch die Ableitung aller zugeordneten Merkmale, sondern für viele Merkmale muss eine Ableitung definiert werden. Im Folgenden beschreibe ich alle Arten der Merkmalsableitung anhand von Beispielen.

Arten der Merkmalsableitung Im SAP-System gibt es folgende verschiedene Arten der Merkmalsableitung:

- **Ableitungsregel**
  Die Ableitungsregel ist die am meisten verwendete Merkmalsableitung in der Ergebnisrechnung. Sie ermöglicht es, Merkmalswerte anhand verschiedener Merkmalskombinationen abzuleiten. In diesem Abschnitt erfahren Sie, wie Sie eine Merkmalsableitung für das selbst definierte Merkmal **In-/Ausland** anlegen.

- **Tabellenzugriff**
  Der Tabellenzugriff ermöglicht es, auf Tabellen z. B. von Stammdaten zuzugreifen, die im Beleg enthalten sind, und Merkmale aus diesen abzuleiten. In diesem Abschnitt wird erläutert, wie Sie einen Tabellenzugriff für die Merkmalsableitung des Landes des Warenempfängers anlegen.
- **Zuweisung**
  Eine Zuweisung versieht das Merkmal mit einem bestimmten Wert. In diesem Abschnitt erfahren Sie, wie Sie eine Zuweisung anlegen.
- **Initialisierung**
  Eine Initialisierung ermöglicht das Zurücksetzen von Merkmalen. Es kann aus technischen Gründen notwendig sein, dass ein Merkmalswert zurückgesetzt wird, bevor das Merkmal mit einem anderen Wert versehen wird.
- **Erweiterung**
  Eine Erweiterung erlaubt es, eine Merkmalsableitung mit der Verwendung eines Users-Exits anzulegen. Dies ist bei der Anlage komplexer Merkmalsableitungen hilfreich, wenn der SAP-Standard an seine Grenzen gelangt.

3.2.1 Merkmalsableitung mit Tabellenzugriff anlegen

Merkmalsableitung anlegen

Rufen Sie Transaktion KEDR auf, oder folgen Sie dem Customizing-Pfad, um eine Merkmalsableitung für die Ableitung des Landes des Warenempfängers anzulegen: **Controlling • Ergebnis- und Marktsegmentrechnung • Stammdaten • Merkmalsableitung definieren**.

Zum Anlegen einer Merkmalsableitung klicken Sie zuerst auf den Button (**Anzeigen <-> Ändern**), um in den Änderungsmodus der Merkmalsableitung zu wechseln. Im Änderungsmodus können Sie eine neue Merkmalsableitung mit einem Klick auf den Button (**Schritt anlegen**) anlegen.

Art der Merkmalsableitung auswählen

Es erscheint das Pop-up-Fenster **Schritt anlegen** (siehe Abbildung 3.19), in dem Sie die Art der Merkmalsableitung auswählen, die Sie anlegen möchten. Für unser Beispiel in Abbildung 3.19 wählen Sie **Tabellenzugriff** aus, um das Land des Warenempfängers ableiten zu können. Bestätigen Sie Ihre Auswahl mit der Taste [↵].

Tabellenzugriff anlegen

Nach der Bestätigung Ihrer Auswahl mit [↵] erscheint das Pop-up-Fenster **Tabellenname eingeben**. Geben Sie die Tabelle ein, aus der Sie das Merkmal ableiten möchten. Für das Beispiel in Abbildung 3.20 wählen Sie die Tabelle KNA1 aus, in der das Land des Warenempfängers abgelegt ist. Bestätigen Sie Ihre Auswahl mit [↵].

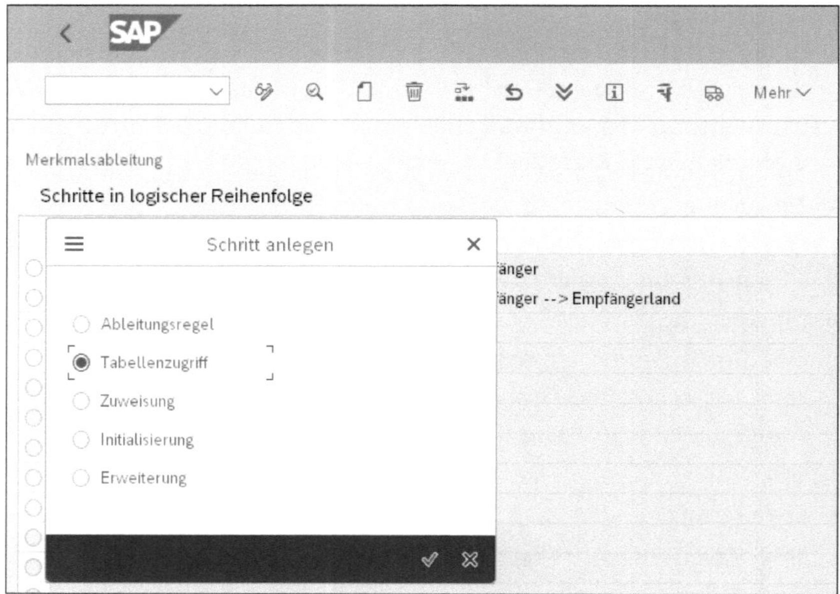

Abbildung 3.19 Tabellenzugriff anlegen

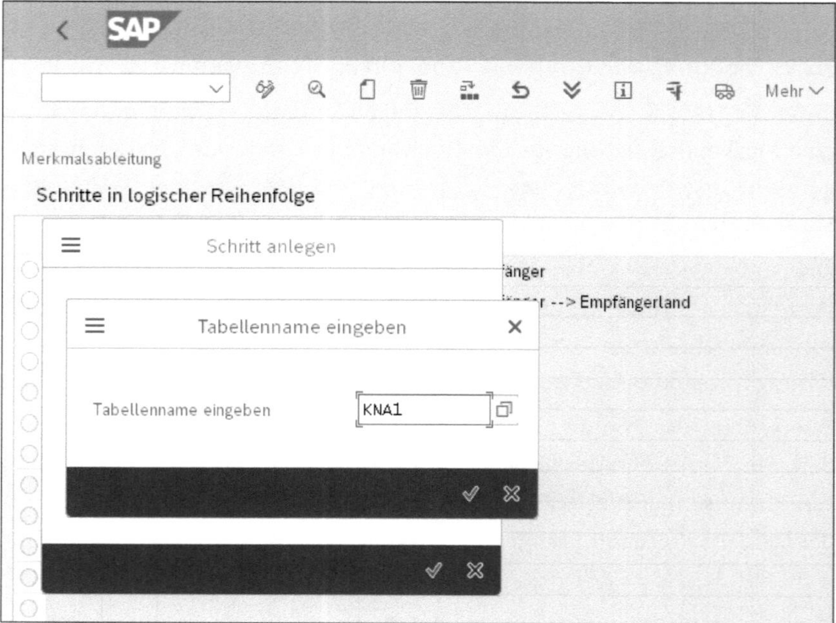

Abbildung 3.20 Zugriffstabelle auswählen

Nach der Auswahl und Bestätigung der Tabelle öffnet sich das Fenster **Merkmalsableitung: Tabellenzugriff ändern**. Im Feld **Schrittext** können Sie eine

Bezeichnung für den Tabellenzugriff vergeben. Sie pflegen »Land Warenempfänger« im Feld **Schrittext** (siehe Abbildung 3.21).

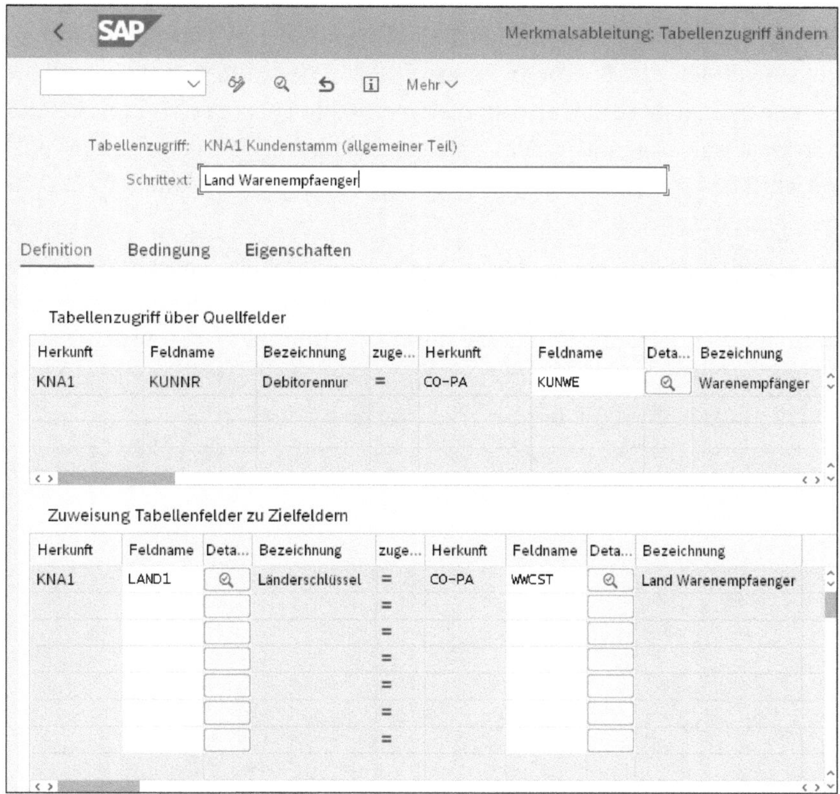

Abbildung 3.21 Quell- und Zielfelder für den Tabellenzugriff pflegen

Die Registerkarte **Definition** im Fenster **Merkmalsableitung: Tabellenzugriff ändern** ist in zwei Teile geteilt.

Quellfelder bestimmen

Der obere Teil **Tabellenzugriff über Quellfelder** enthält das Schlüsselfeld der Tabelle, aus der das Merkmal mithilfe des Tabellenzugriffs abgeleitet werden soll. In unserem Beispiel ist das Schlüsselfeld aus der Tabelle KNA1 das Feld KUNNR (Debitorennummer). Diesem Schlüsselfeld muss das entsprechende Merkmal in der Ergebnisrechnung zugeordnet werden. Dem Feld **Debitorennummer** ordnen Sie das entsprechende Merkmal, in dem der Warenempfänger in der Ergebnisrechnung gespeichert ist, zu. Im Beispiel in Abbildung 3.21 ordnen Sie das Merkmal KUNWE zu. Die Zuordnung im Bereich **Tabellenzugriff über Quellfelder** sagt somit aus, dass in der Tabelle KNA1 mit dem Quellfeld KUNNR nach Merkmalsausprägungen gesucht wird. Der Wert, der als Suchbegriff für KUNNR verwendet wird, wird dem Merkmal KUNWE in der Ergebnisrechnung entnommen.

Zielfelder zuordnen

Im unteren Bereich **Zuweisung Tabellenfelder zu Zielfeldern zuordnen** legen Sie fest, welches Feld aus der Tabelle KNA1 in das neu angelegte Merkmal WWCST (Land Warenempfänger) übernommen werden soll. In der Spalte **Feldname** wählen Sie die Merkmale der Tabelle KNA1 aus, die Sie in das neu angelegte Merkmal übernehmen möchten. In unserem Beispiel zur Übernahme des Landes des Warenempfängers wählen Sie in Abbildung 3.21 das Merkmal Land1 aus, das dem Länderschlüssel des Kundenstamms entspricht. Das Land des Kunden soll dem neu angelegten Merkmal WWCST zugewiesen werden.

Bedingung definieren

Nach der Pflege der Zuweisung für Quell- und Zielfelder wechseln Sie auf die Registerkarte **Bedingung**. Hier können Sie weitere Einschränkungen vornehmen, z. B., dass die Zuweisung nur für bestimmte Warenempfänger erfolgen soll. In unserem Fall der Zugriffspflege ergibt dies jedoch keinen Sinn. Daher pflegen Sie in Abbildung 3.22 keine Bedingung.

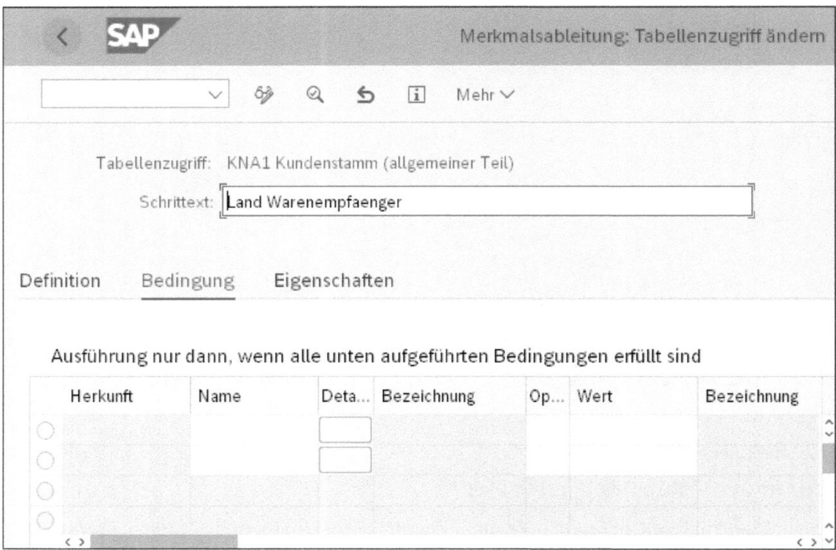

Abbildung 3.22 Bedingung für den Tabellenzugriff pflegen

Wechseln Sie auf die Registerkarte **Eigenschaften**. Sie haben die Möglichkeit, das Häkchen vor **Fehlermeldung ausgeben, wenn kein Wert gefunden wurde** zu setzen (siehe Abbildung 3.23). Dieses Häkchen bewirkt, dass alle Belege, die nach CO-PA übergeleitet werden und das Merkmal KUNWE beinhalten, auch das Merkmal WWCST enthalten müssen. Wird für einen Beleg kein Merkmalswert für WWCST gefunden, kann der Beleg nicht nach CO-PA übergeleitet werden. Sie müssen also entscheiden, wie wichtig Ihnen das Merkmal WWCST ist bzw. ob Ihnen eine Prozessunterbrechung als gerechtfertigt erscheint.

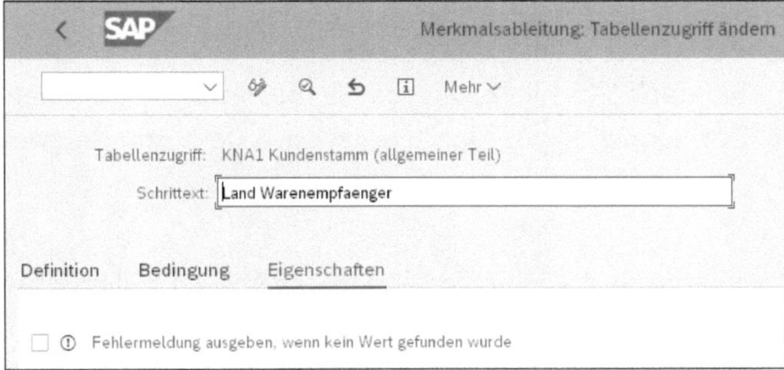

Abbildung 3.23 Eigenschaften im Tabellenzugriff pflegen

3.2.2 Merkmalsableitung mit Ableitungsregel anlegen

Merkmalsableitung mit Ableitungsregel

Im folgenden Beispiel legen Sie eine Ableitungsregel für das selbst definierte Merkmal **In-/Ausland** an. Rufen Sie Transaktion KEDR auf, oder folgen Sie dem Customizing-Pfad **Controlling • Ergebnis- und Marktsegmentrechnung • Stammdaten • Merkmalsableitung definieren**.

Zum Anlegen einer Merkmalsableitung klicken Sie zuerst auf den Button (**Anzeigen <-> Ändern**), um in den Änderungsmodus der Merkmalsableitung zu wechseln. Im Änderungsmodus können Sie eine neue Merkmalsableitung mit einem Klick auf den Button (**Schritt anlegen**) anlegen. Es erscheint das Pop-up-Fenster **Schritt anlegen** (siehe Abbildung 3.24), in dem Sie die Art der Merkmalsableitung auswählen, die Sie anlegen möchten. In unserem Beispiel wählen Sie **Ableitungsregel** aus, um das selbst definierte Merkmal **In-/Ausland** ableiten zu können. Bestätigen Sie Ihre Auswahl mit der Taste [↵].

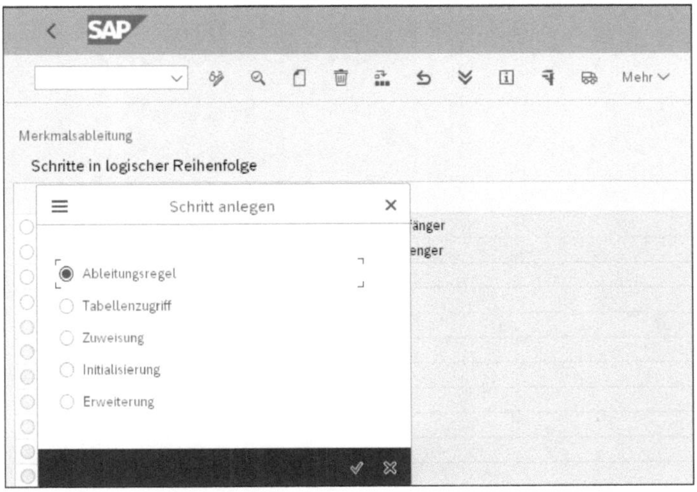

Abbildung 3.24 Ableitungsregel pflegen

Regeldefinition festlegen

Im sich öffnenden Fenster **Merkmalsableitung: Regeldefinition ändern** können Sie im Feld **Schrittext** eine Bezeichnung für die Merkmalsableitung festlegen. Wie Sie in Abbildung 3.25 sehen, pflegen Sie die Bezeichnung **Ableitung In-/Ausland**. Der Bereich ist auf der Registerkarte **Definition** in zwei Teile geteilt:

- **Quellfelder**
  In diesem Bereich legen Sie die Felder fest, die für die Ableitung des selbst definierten Merkmals erforderlich sind. Sie können hier mehrere Felder pflegen. Im Beispiel für die Ableitung des Merkmals **In-/Ausland** pflegen Sie das Merkmal WWCST (Länderschlüssel). Die Ableitung bestimmt, für welches Land das Merkmal **Inland** oder **Ausland** gefüllt wird.
- **Zielfelder**
  Im Bereich **Zielfelder** bestimmen Sie die Felder, die mit Merkmalswerten gefüllt werden sollen. In unserem Beispiel in Abbildung 3.25 wird das Merkmal WW100 (In-/Ausland) gepflegt.

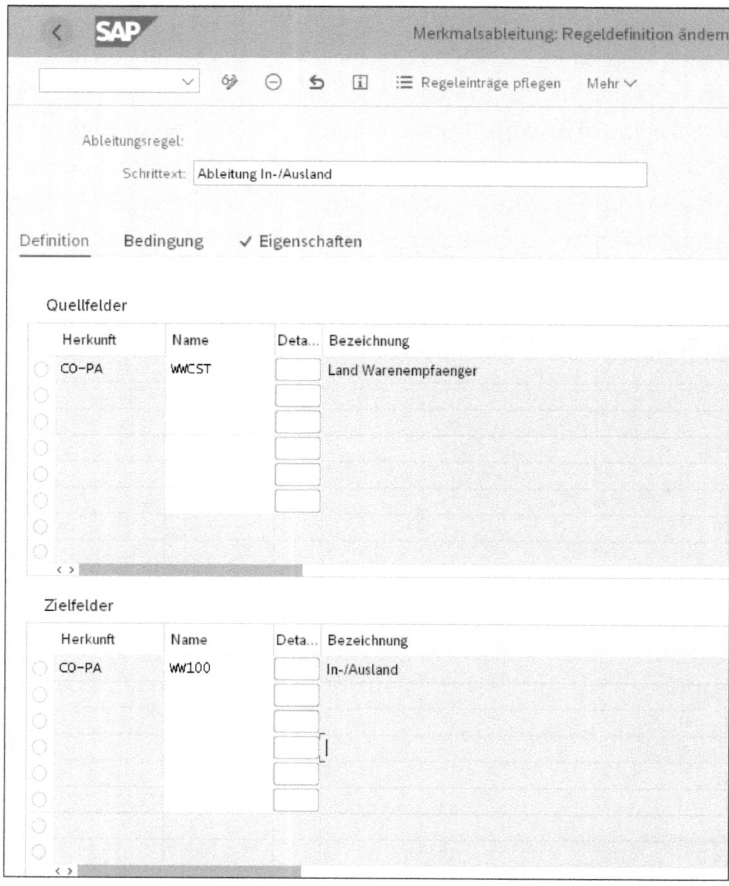

Abbildung 3.25 Quell- und Zielfelder pflegen

Bedingung festlegen

Wechseln Sie nun auf die Registerkarte **Bedingung**. Hier können Sie zusätzliche Bedingungen definieren, die erfüllt werden müssen, damit eine Ableitung erfolgt. Zum Beispiel könnten Sie hier ein Merkmal **Kundengruppe** und eine spezifische Ausprägung hinterlegen. Die Merkmalsableitung würde dann nur für die Kundengruppe mit der spezifischen Ausprägung erfolgen. In unserem Beispiel in Abbildung 3.26 schränken Sie die Bedingungen für eine erfolgreiche Merkmalsableitung nicht weiter ein.

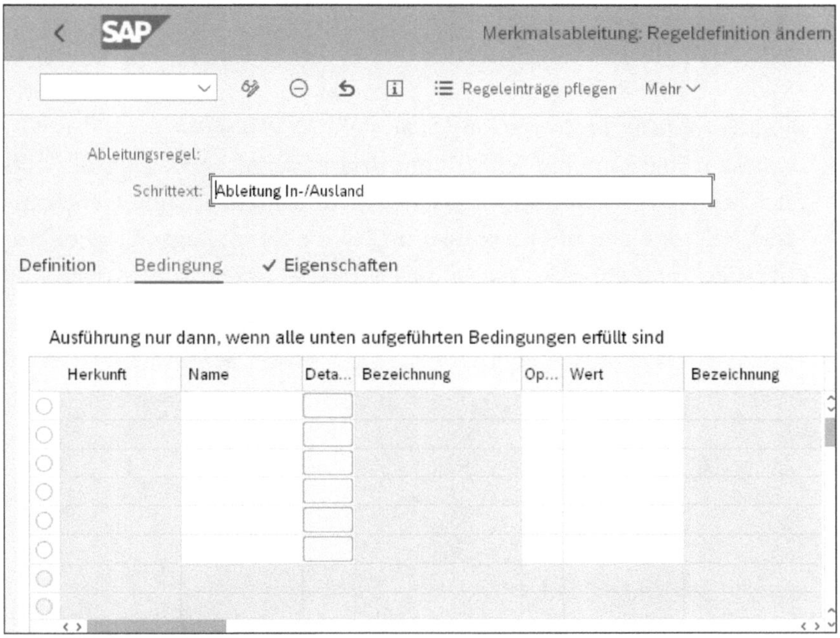

Abbildung 3.26 Bedingung in der Merkmalsableitung pflegen

Navigieren Sie auf die Registerkarte **Eigenschaften** im Fenster **Merkmalsableitung: Regeldefinition ändern**. Hier können Sie die folgenden Einstellungen pflegen (siehe Abbildung 3.27):

- **Fehlermeldung ausgeben, wenn kein Wert gefunden wurde**
  Ist diese Einstellung aktiviert, wird eine Fehlermeldung ausgegeben, wenn ein Beleg erstellt wird, der das Quellfeld beinhaltet, für den aber das Merkmal WW100 (In-/Ausland) nicht abgeleitet werden kann. Sie sollten sich gut überlegen, ob dieses Häkchen gesetzt wird oder nicht, weil das Setzen des Häkchens den Prozess unterbricht.
- **Einträge sollen mit Gültigkeitsdatum pflegbar sein**
  Wird diese Einstellung aktiviert, können Sie die Ableitung der Merkmalswerte abhängig von einem Gültigkeitsdatum pflegen. Dies ist empfeh-

lenswert, wenn sich Merkmalswerte oft ändern, um eine gewisse Historie zu erhalten.

- **Zugriff optimieren, dafür keine Von-Bis-Werte pflegbar**
  Zur Verbesserung der Performance können Zugriffe auf die Merkmalsableitung optimiert werden, indem auf die Pflege von Von-bis-Werten verzichtet wird. Pflegen Sie z. B. einen Wert von Kunde 1 bis Kunde 2000, durchläuft das System in der Prüfung der Merkmalsableitung jeden der 2.000 Kunden des Intervalls. Dies kann einige Zeit in Anspruch nehmen. Daher kann die Performance durch das Unterbinden der Intervallpflege verbessert werden.
- **Benutzerdefinierter Name (optional, siehe F1-Hilfe)**
  In diesem Feld kann ein Schrittidentifizierer vergeben werden, der hilfreich bei der Verwendung von User-Exits ist. Zudem erlaubt der Schrittidentifizierer einen direkten Absprung in die Regelpflege aus dem Einstiegsbild heraus.

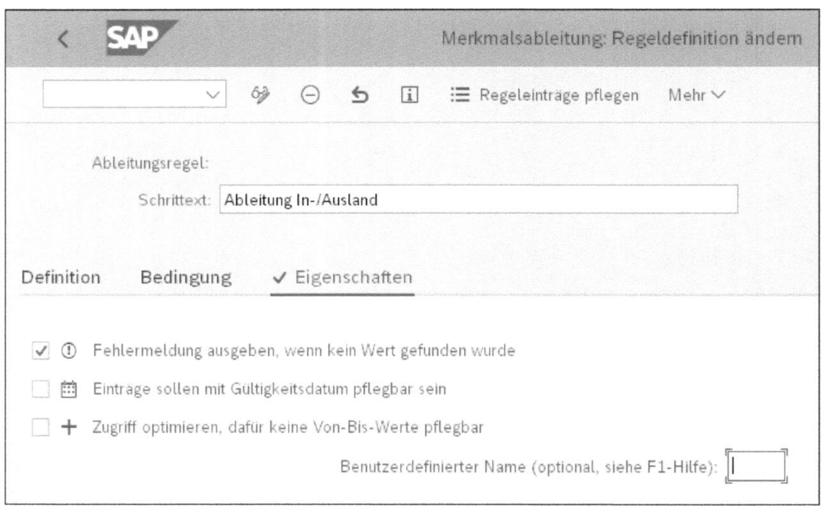

Abbildung 3.27 Eigenschaften pflegen

Speichern Sie Ihre Einstellungen, und klicken Sie auf den Button Regeleinträge pflegen, um die Ableitungsregeln für das Merkmal W100 (In-/Ausland) zu pflegen.

Quell-/Zielfelder pflegen

Im Fenster **Merkmalsableitung: Regeleinträge ändern** sehen Sie eine Tabelle zur Pflege der Quell- und Zielfelder. In der Spalte **Länderschlüssel** pflegen Sie die Ausprägungen für das Quellfeld WCST (Länderschlüssel). In der

Spalte **In-/Ausland** ordnen Sie das Quellfeld einem Zielfeld zu. In Abbildung 3.28 sehen Sie, dass für das Merkmal US (USA) das selbst definierte Merkmal 01 (Inland) abgeleitet würde.

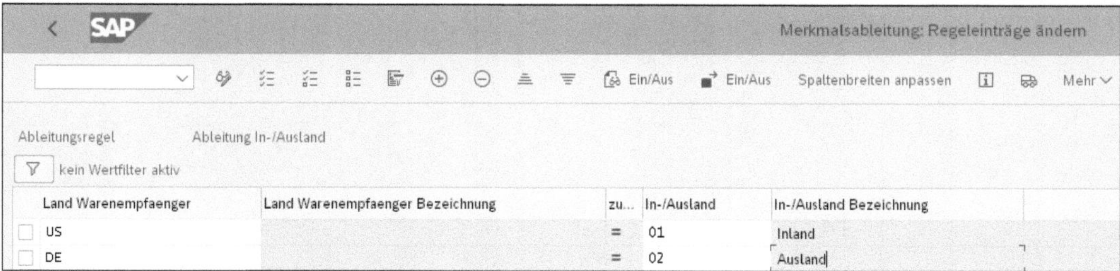

Abbildung 3.28 Regeleinträge pflegen

Regeleinträge transportieren

Die Regeleinträge können über den Button [Transportieren-Icon] (**Transportieren**) in einen Transportauftrag aufgenommen und in das Zielsystem transportiert werden. Ist das Zielsystem jedoch als Produktivsystem gekennzeichnet, sind die Regeleinträge über Transaktion KEDR direkt im Zielsystem pflegbar. Dies ist sinnvoll, weil in den Ableitungsregeln oftmals Stammdaten verwendet werden, die nicht im Quellsystem vorhanden sind.

Nach vollendeter Pflege speichern Sie die Merkmalsableitung über den Button **Sichern**.

3.2.3 Merkmalsableitung mit Zuweisung anlegen

Merkmalsableitung mit Zuweisung

Lernen Sie nun, wie Sie eine Merkmalsableitung mit Zuweisung anlegen. In diesem Beispiel legen Sie eine Merkmalsableitung mit Zuweisung für das in diesem Kapitel angelegte Merkmal **nicht planbar** an. Das Ziel dieses Merkmals ist es, Materialien zu kennzeichnen, die von der Planung ausgeschlossen werden sollen. Zur Anlage einer Merkmalsableitung mit Zuweisung rufen Sie Transaktion KEDR auf, oder Sie folgen dem Customizing-Pfad **Controlling • Ergebnis- und Marktsegmentrechnung • Stammdaten • Merkmalsableitung definieren**.

Zum Anlegen einer Merkmalsableitung klicken Sie zuerst auf den Button [Icon] (**Anzeigen <-> Ändern**), um in den Änderungsmodus der Merkmalsableitung zu wechseln. Im Änderungsmodus können Sie eine neue Merkmalsableitung mit einem Klick auf den Button [Icon] (**Schritt anlegen**) anlegen. Es erscheint das Pop-up-Fenster **Schritt anlegen**, in dem Sie die Art der Merkmalsableitung auswählen, die Sie anlegen möchten (siehe Abbildung 3.29).

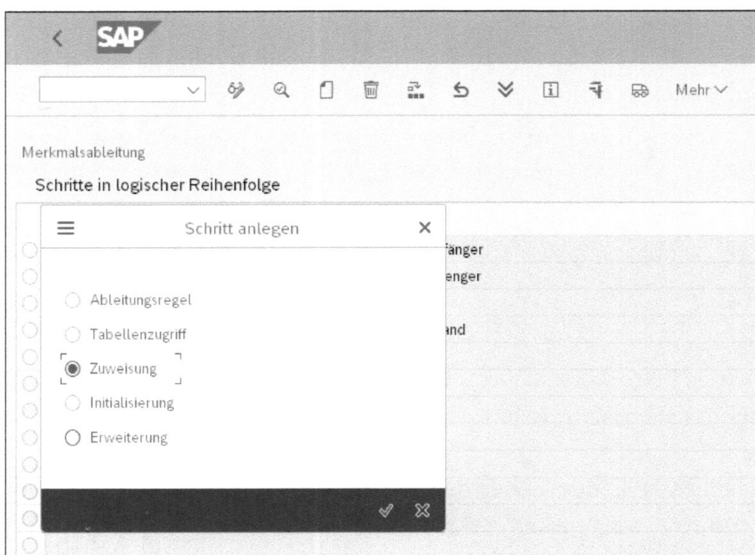

Abbildung 3.29 Zuweisung pflegen

Zuweisung anlegen

Für das Beispiel in Abbildung 3.30 wählen Sie den Radiobutton **Zuweisung** aus, um die Warengruppe mit einem bestimmten Feld zu überschreiben, wenn das Material an einen bestimmten Kunden verkauft wird. Bestätigen Sie Ihre Auswahl mit [↵].

Im Fenster **Merkmalsableitung: Zuweisung ändern** können Sie im Feld **Schrittext** eine Bezeichnung für die Merkmalsableitung festlegen. In Abbildung 3.30 pflegen Sie die Bezeichnung »Materialgruppe für Kunde Auto Sales«.

Auf der Registerkarte **Definition** legen Sie fest, mit welchem Wert Sie das Merkmal versorgen möchten. Sie haben dazu zwei Auswahlmöglichkeiten:

- **Quellfeld**
  Wenn Sie die Auswahl **Quellfeld** aktivieren, können Sie ein Merkmal, das dem Ergebnisbereich zugeordnet ist, auswählen. Es stehen auch einige globale Merkmale zur Verfügung, z. B. das Merkmal PLIKZ (Plan-Ist-Kennzeichen).
- **Konstante**
  Ist der Radiobutton **Konstante** aktiviert, können Sie einen bis zu zehnstelligen Merkmalswert als Konstante pflegen.

Zielfeld festlegen

In der Zeile **Zielfeld** legen Sie das Merkmal fest, in das der Wert des Quellfeldes oder die Konstante übernommen werden soll. In unserem Beispiel in Abbildung 3.30 soll die Warengruppe YBSVM1 in das Merkmal MATKL (Warengruppe) übernommen werden.

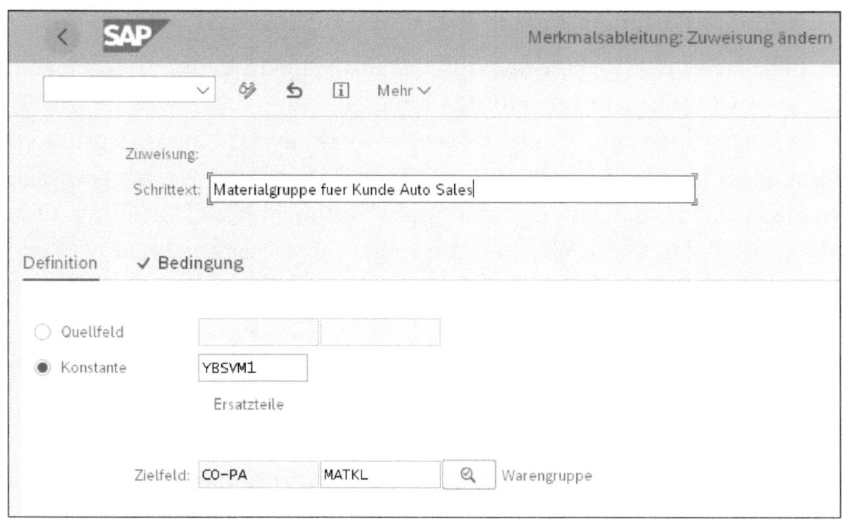

Abbildung 3.30 Konstante und Zielfeld pflegen

Wechseln Sie zur Registerkarte **Bedingung**. Hier können Sie festlegen, unter welchen Bedingungen die Zuweisung erfolgen soll. Werden auf dieser Registerkarte keine Einträge gepflegt, wird jedem Beleg die Konstante zugewiesen. Im Beispiel aus Abbildung 3.31 zur Zuweisung des Merkmals **Warengruppe** schränken Sie die Bedingung ein, damit einschließlich des Merkmals KNDNR (Kunde = ICC7200) die Zuweisung der Warengruppe YBSM1 erfolgt. Speichern Sie die Zuweisung über den Button Sichern.

Bedingungen festlegen

Merkmalsableitung: Zuweisung ändern

Zuweisung:
Schrittext: Materialgruppe fuer Kunde Auto Sales

Definition ✓ Bedingung

Ausführung nur dann, wenn alle unten aufgeführten Bedingungen erfüllt sind

Herkunft	Name	Deta...	Bezeichnung	Op...	Wert	Bezeichnung
CO-PA	KNDNR		Kunde	=	ICC7200	Auto Sales Org DE

Abbildung 3.31 Bedingung pflegen

3.2.4 Merkmalsableitung mit Initialisierung anlegen

Merkmalsableitung mit Initialisierung

Lernen Sie nun, wie Sie eine Merkmalsableitung mit Initialisierung anlegen. In diesem Beispiel legen Sie eine Merkmalsableitung mit Initialisierung für die Warengruppe an. Das Ziel ist es, das Merkmal für einen bestimmten Kunden zu initialisieren, damit dem Merkmal ein neuer Wert zugewiesen werden kann. Zur Anlage einer Merkmalsableitung mit Initialisierung rufen Sie Transaktion KEDR auf, oder Sie folgen dem Customizing-Pfad **Controlling • Ergebnis- und Marktsegmentrechnung • Stammdaten • Merkmalsableitung definieren**.

In den Änderungsmodus wechseln

Zum Anlegen einer Merkmalsableitung klicken Sie zuerst auf den Button (**Anzeigen <-> Ändern**), um in den Änderungsmodus der Merkmalsableitung zu wechseln. Im Änderungsmodus können Sie eine neue Merkmalsableitung mit einem Klick auf den Button (**Schritt anlegen**) anlegen. Es erscheint das Pop-up-Fenster **Schritt anlegen**, in dem Sie die Art der Merkmalsableitung auswählen, die Sie anlegen möchten (siehe Abbildung 3.32).

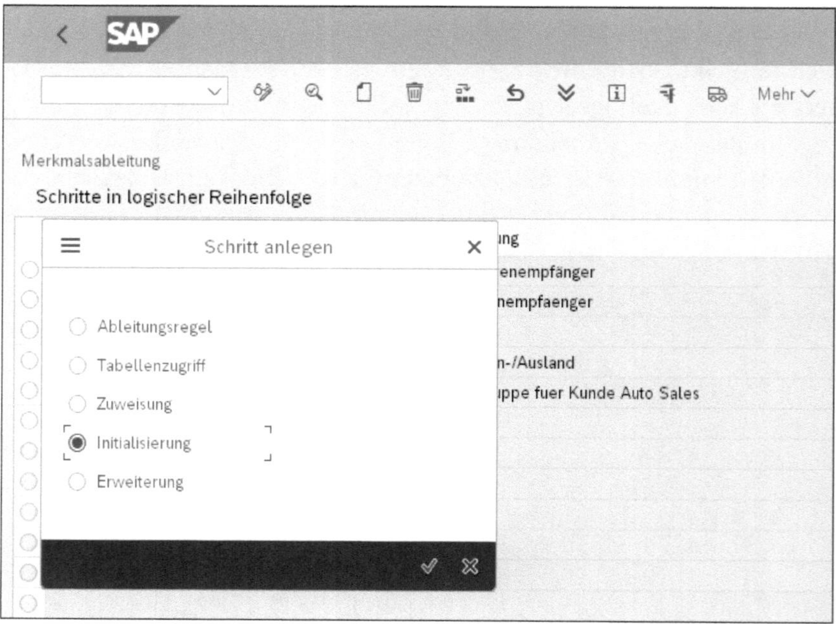

Abbildung 3.32 Initialisierung anlegen

In Abbildung 3.33 legen Sie fest, welches Feld initialisiert werden soll. In unserem Beispiel handelt es sich um das Feld `MATKL` (Warengruppe).

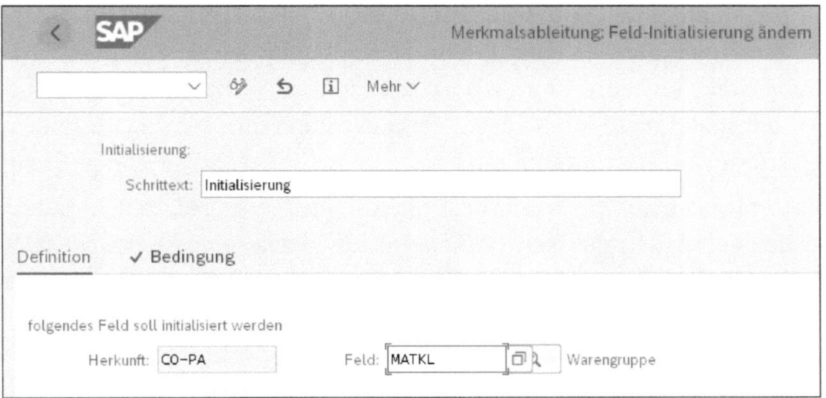

Abbildung 3.33 Definition der Initialisierung festlegen

Bedingung für Initialisierung festlegen

In Abbildung 3.34 legen Sie fest, unter welcher Bedingung das Feld **Warengruppe** initialisiert werden soll, in unserem Beispiel für den Kunden ICC7200. Nach der Pflege der Definition und der Bedingung können Sie die Initialisierung über den Button Sichern speichern.

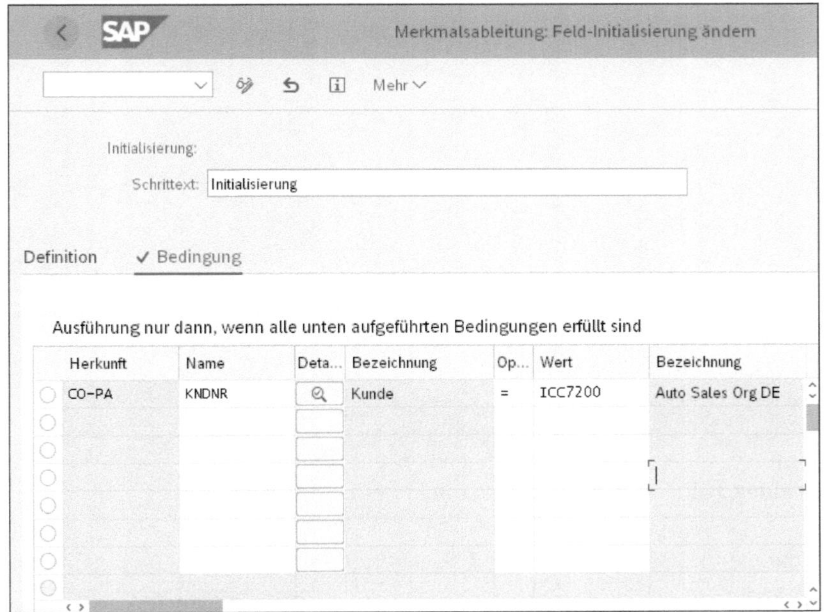

Abbildung 3.34 Bedingung für die Initialisierung pflegen

3.2.5 Merkmalsableitung mit Erweiterung anlegen

Merkmalsableitung mit Erweiterung

Reichen die Merkmalsableitungen im Standard nicht aus, kann eine Merkmalsableitung mit Erweiterung gepflegt werden .

Für die Merkmalsableitung kann der User-Exit COPA0001 angelegt werden, um Merkmale nach eigenen Regeln abzuleiten. Feste Merkmale wie Buchungskreis, Kostenrechnungskreis usw. können nicht über einen User-Exit angepasst werden, da diese Merkmale zur zentralen Organisationsstruktur im SAP-System gehören.

Merkmalsableitung anlegen

Zum Anlegen einer Merkmalsableitung mit Erweiterung klicken Sie zuerst auf den Button (**Anzeigen <-> Ändern**), um in den Änderungsmodus der Merkmalsableitung zu wechseln. Im Änderungsmodus können Sie eine neue Merkmalsableitung mit einem Klick auf den Button (**Schritt anlegen**) anlegen. Es erscheint das Pop-up-Fenster **Schritt anlegen**, in dem Sie die Art der anzulegenden Merkmalsableitung auswählen (siehe Abbildung 3.35). Für die Merkmalsableitung mit User-Exit wählen Sie die Merkmalsableitung **Erweiterung** aus.

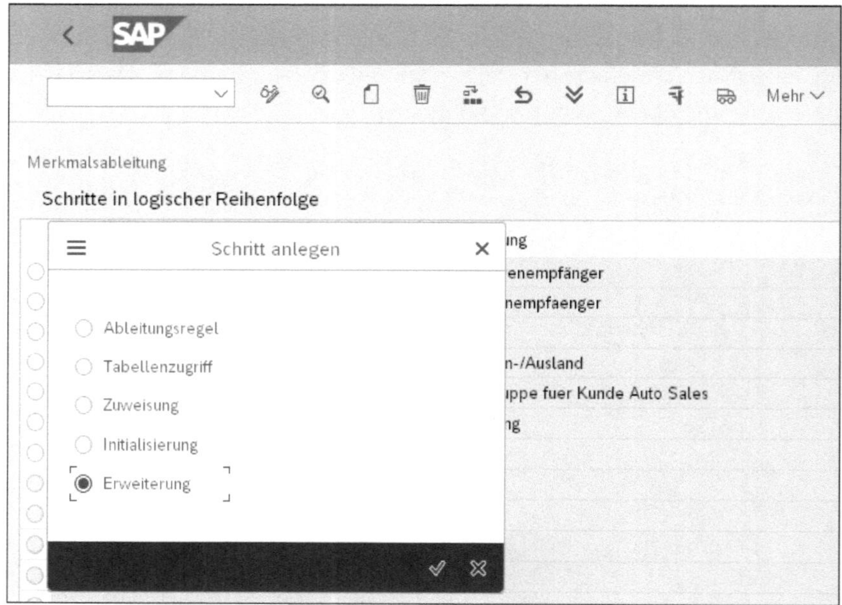

Abbildung 3.35 Merkmalsableitung mit Erweiterung anlegen

Merkmale für Trigger User-Exit festlegen

Im nächsten Bild in Abbildung 3.36 legen Sie fest, welche Merkmale den User-Exit triggern. In unserem Beispiel soll der User-Exit für das Feld BUKRS (Buchungskreis) getriggert werden. Über Projektverwaltung Quelltext kann der Code für den User-Exit gepflegt werden. Ebenso wie für alle anderen Merkmalsableitungen können für die Erweiterung eine Bedingung und Eigenschaften gepflegt werden.

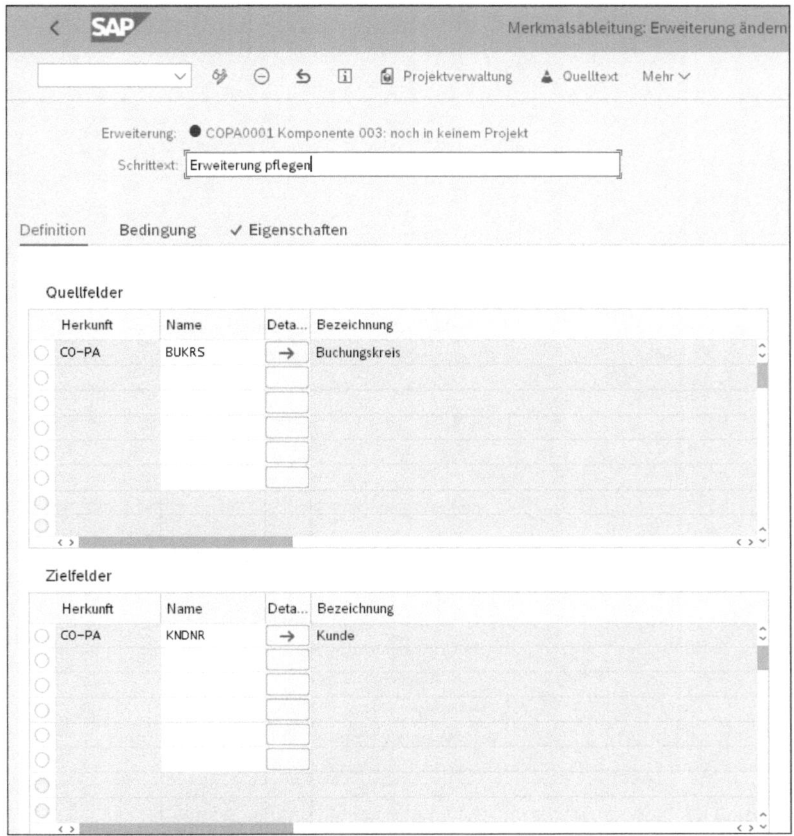

Abbildung 3.36 Definition für die Merkmalsableitung mit Erweiterung pflegen

3.2.6 Reihenfolge der Merkmalsableitung

Übersicht über die Merkmalsableitungen

Die Reihenfolge der Merkmalsableitungen spielt eine wichtige Rolle in der Anlage der Merkmalsableitungen. Wechseln Sie mit F3 oder über den Button < (**Zurück**) in das Fenster **Merkmalsableitung: Strategie ändern** zurück, und Sie sehen eine Übersicht über alle Merkmalsableitungen (siehe Abbildung 3.37).

Reihenfolge der Merkmalsableitungen

Ist die Ableitung eines Merkmals abhängig von einer anderen Merkmalsableitung, muss die Reihenfolge der Ableitungen eingehalten werden, damit das SAP-System für beide Merkmale einen Wert ableiten kann. Wenn Sie z. B. anhand des Landes des Warenempfängers Ihre Erlöszahlen in Regionen gruppieren möchten, ist es notwendig, dass die Ableitung des Landes des Warenempfängers vor der Ableitung der Region durchgeführt wird, da das System sonst bei der Ableitung der Region keinen Wert finden kann.

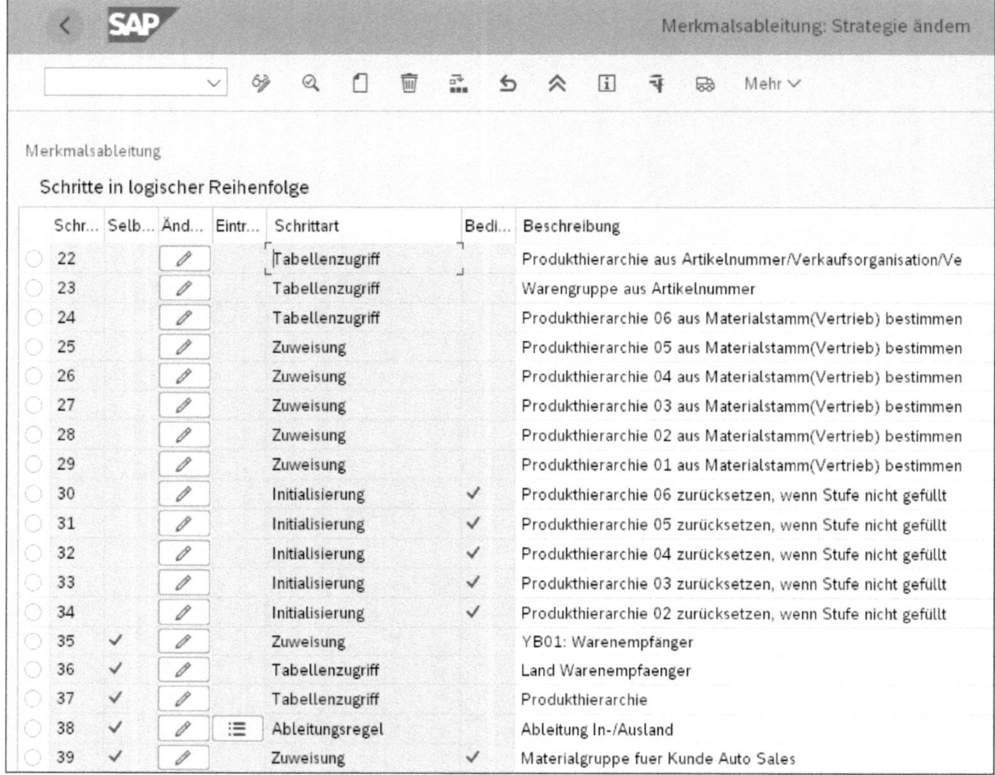

Schr...	Selb...	Änd...	Eintr...	Schrittart	Bedi...	Beschreibung
22				Tabellenzugriff		Produkthierarchie aus Artikelnummer/Verkaufsorganisation/Ve
23				Tabellenzugriff		Warengruppe aus Artikelnummer
24				Tabellenzugriff		Produkthierarchie 06 aus Materialstamm(Vertrieb) bestimmen
25				Zuweisung		Produkthierarchie 05 aus Materialstamm(Vertrieb) bestimmen
26				Zuweisung		Produkthierarchie 04 aus Materialstamm(Vertrieb) bestimmen
27				Zuweisung		Produkthierarchie 03 aus Materialstamm(Vertrieb) bestimmen
28				Zuweisung		Produkthierarchie 02 aus Materialstamm(Vertrieb) bestimmen
29				Zuweisung		Produkthierarchie 01 aus Materialstamm(Vertrieb) bestimmen
30				Initialisierung	✓	Produkthierarchie 06 zurücksetzen, wenn Stufe nicht gefüllt
31				Initialisierung	✓	Produkthierarchie 05 zurücksetzen, wenn Stufe nicht gefüllt
32				Initialisierung	✓	Produkthierarchie 04 zurücksetzen, wenn Stufe nicht gefüllt
33				Initialisierung	✓	Produkthierarchie 03 zurücksetzen, wenn Stufe nicht gefüllt
34				Initialisierung	✓	Produkthierarchie 02 zurücksetzen, wenn Stufe nicht gefüllt
35	✓			Zuweisung		YB01: Warenempfänger
36	✓			Tabellenzugriff		Land Warenempfaenger
37	✓			Tabellenzugriff		Produkthierarchie
38	✓			Ableitungsregel		Ableitung In-/Ausland
39	✓			Zuweisung	✓	Materialgruppe fuer Kunde Auto Sales

Abbildung 3.37 Übersicht über die Merkmalsableitungen

3.2.7 Merkmalshierarchie anlegen

Merkmalshierarchien erlauben es, Merkmale zu gruppieren und auf verschiedenen Ebenen darzustellen. Für die Anlage von Merkmalshierarchien rufen Sie Transaktion KES3 auf oder folgen dem Customizing-Pfad **Controlling • Ergebnis- und Marktsegmentrechnung • Stammdaten • Merkmalswerte • Merkmalshierarchie pflegen**.

Kundenhierarchie anlegen

Über die Merkmalshierarchien können Sie z. B. eine für das Reporting gültige Kundenhierarchie anlegen. In Abbildung 3.38 legen Sie eine Merkmalshierarchie für das Merkmal **Kunde** an. In der Merkmalstabelle am linken Bildrand werden alle Merkmale des Ergebnisbereichs angezeigt, auch die festen Merkmale, für die eine Anlage einer Merkmalshierarchie möglich ist. Nachdem Sie das Merkmal für die Merkmalshierarchie ausgewählt haben, legen Sie im rechten Bildbereich im Bereich **Hierarchie auswählen** im Feld **Variante** den Namen der Merkmalshierarchie fest. In unserem Beispiel legen Sie eine Merkmalshierarchie mit der Variante Z1 über Klick auf den Button [Anlegen/Ändern] an.

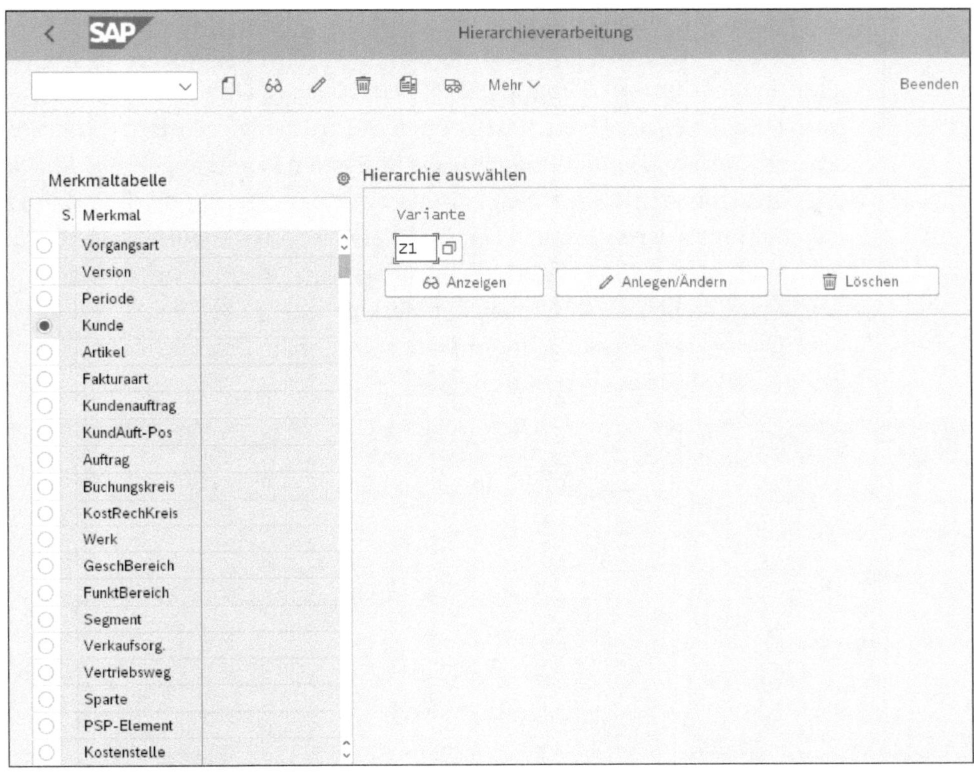

Abbildung 3.38 Merkmalshierarchie für Kunden anlegen

Kurzbezeichnung Merkmalshierarchie festlegen

Im nächsten Bild in Abbildung 3.39 legen Sie eine Kurzbezeichnung für die Merkmalshierarchie fest. In unserem Beispiel legen Sie eine Merkmalshierarchie mit der Kurzbezeichnung »Kundenhierarchie« an. Nach der Eingabe der Kurzbezeichnung gelangen Sie über einen Klick auf [Hierarchie] zur Pflege der Merkmalshierarchie.

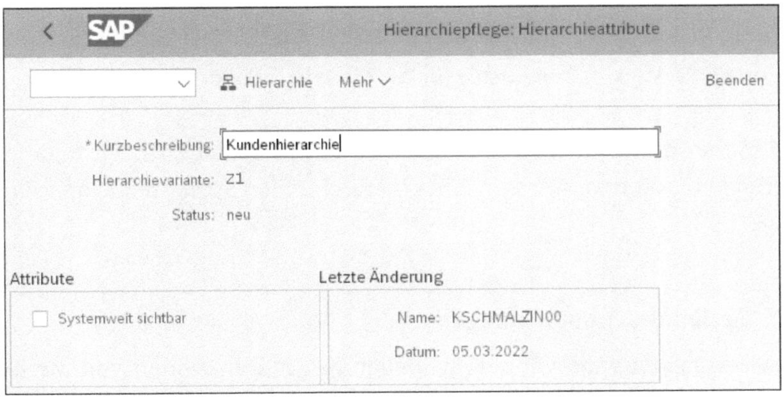

Abbildung 3.39 Kurzbezeichnung für die Merkmalshierarchie festlegen

Merkmalshierarchie anlegen

Die Anlage der Merkmalshierarchie gleicht sehr stark der Anlage einer Kostenstellen- und/oder Profit-Center-Hierarchie. In Abbildung 3.40 legen Sie eine Gruppe **Konzern Global** an, der Sie zwei Gruppen **Konzern EU** und **Konzern US** auf gleicher Ebene unterordnen. Sie ordnen den Gruppen **Konzern EU** und **Konzern US** nun Kunden zu, die im System bereits angelegt sind. Die Merkmalshierarchie wird zwar im Customizing angelegt, die Zuordnung der Merkmalswerte erfolgt aber üblicherweise im Produktivsystem, da nicht alle Merkmalswerte und Stammdaten im Customizing-System zur Verfügung stehen. Sie können in der Merkmalshierarchie über Gleiche Ebene und Ebene darunter zusätzliche Gruppen anlegen. Um Ihre Eingaben zu speichern, klicken Sie auf den Button Sichern.

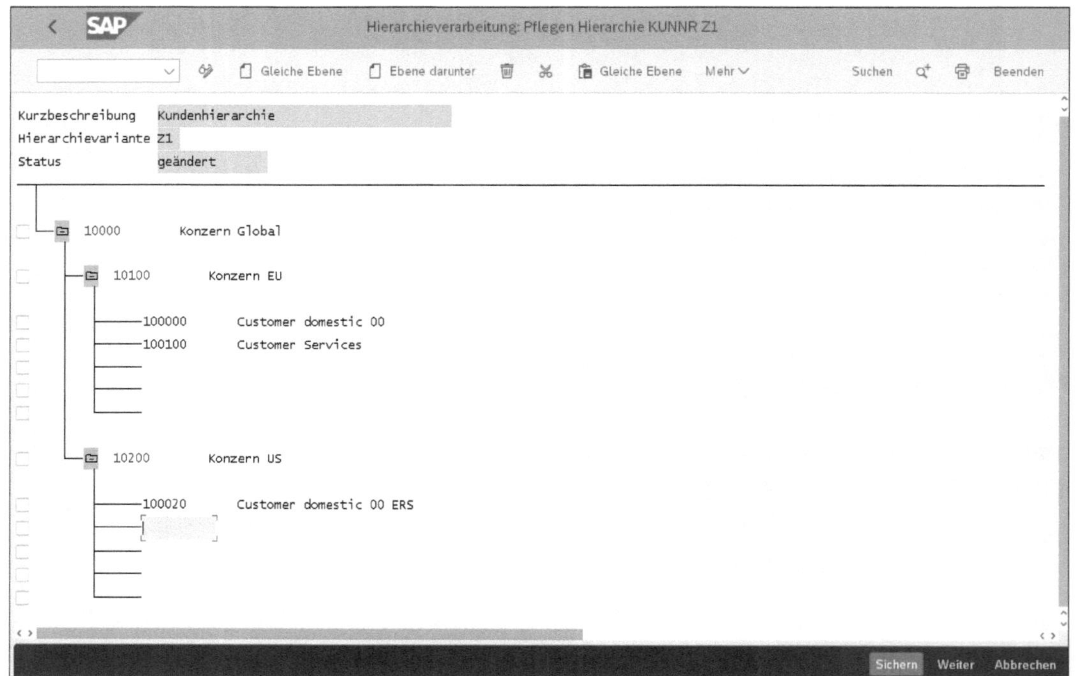

Abbildung 3.40 Merkmalshierarchie für das Merkmal »Kunde« anlegen

Die Merkmalshierarchien stehen Ihnen nun im Reporting zur Verfügung und erlauben es Ihnen, Werte in einer hierarchischen Struktur zu analysieren.

3.2.8 Merkmalsgruppen anlegen

Merkmalsgruppen mit Transaktion KEPA anlegen

Über Merkmalsgruppen können Sie beliebige Kombinationen von Merkmalen kombinieren. Diese Merkmalsgruppen stehen in der Planung oder bei der Buchung von Ergebnisobjekten zur Verfügung. Merkmalsgruppen werden über Transaktion KEPA oder über den folgenden Customizing-Pfad angelegt **Controlling • Ergebnis- und Marktsegmentrechnung • Werteflüsse im Ist • Vorbereitungen • Merkmalsgruppen • Merkmalsgruppen pflegen**.

In Abbildung 3.41 legen Sie die Merkmalsgruppe Z1 über Neue Einträge an. Im Anschluss navigieren Sie zum Ordner **Merkmale** im linken Bildbereich zur Zuordnung der Merkmale zur Merkmalsgruppe.

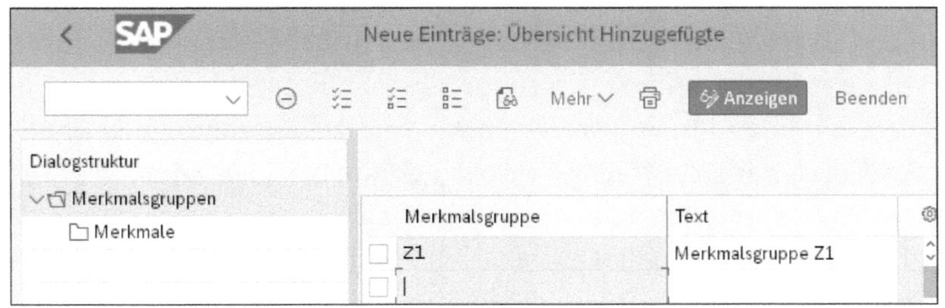

Abbildung 3.41 Merkmalsgruppe anlegen

Merkmale der Merkmalsgruppe zuordnen

Über Neue Einträge ordnen Sie in Abbildung 3.42 die Merkmale KNDNR (Kunde), ARTNR (Artikelnummer) und FKBER (Funktionsbereich) zu. Sie können aus allen dem Ergebnisbereich zugeordneten Merkmale auswählen, inklusive der festen Merkmale. Über die Spalte **Zeilen-Nr.** vergeben Sie pro zugeordnetem Merkmal eine Zeilennummer, die den Aufbau im Merkmalsbild bestimmt. In der Spalte **Eingabestatus** legen Sie fest, ob ein Wert für ein Merkmal eingegeben werden kann. Es gibt drei Eingabestatus:

- Das Feld ist eingabebereit.
- Das Feld ist eingabebereit; es handelt sich um eine Muss-Eingabe.
- Das Feld ist nicht eingabebereit.

In unserem Beispiel ordnen Sie der Merkmalsgruppe drei Merkmale zu, wovon zwei als Muss-Eingabe deklariert werden. Speichern Sie die Merkmalsgruppe über den Button Sichern.

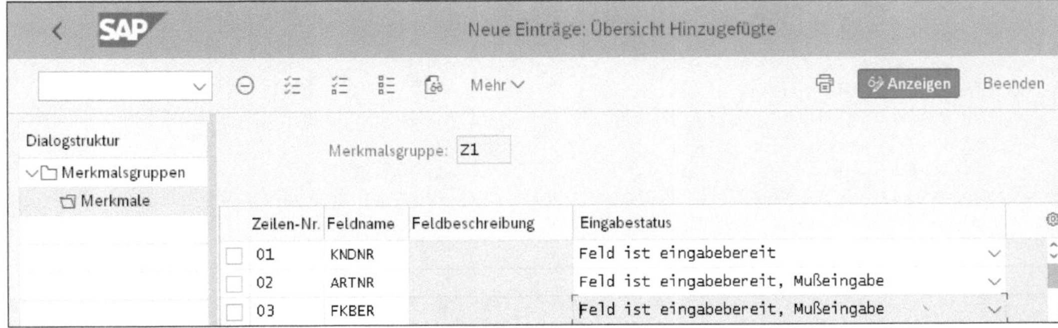

Abbildung 3.42 Merkmale einer Merkmalsgruppe zuordnen

Merkmalsgruppe zu Kontierungsbild zuordnen

Damit die Merkmalsgruppe verwendet werden kann, müssen Sie diese einem Kontierungsbild zuordnen. Rufen Sie hierzu Transaktion KE4G auf, oder folgen Sie dem Customizing-Pfad **Controlling • Ergebnis- und Marktsegmentrechnung • Werteflüsse im Ist • Vorbereitungen • Merkmalsgruppen • Merkmalsgruppen für Kontierungsbild zuordnen**.

Merkmalsgruppe einem Vorgang zuordnen

Über den Button [Neue Einträge] ordnen Sie in Abbildung 3.43 die Merkmalsgruppe Z1 dem Vorgang RFBU zu. Der Vorgang RFBU steht für Sachkontenbuchungen. Im Pop-up-Fenster **Betriebswirtschaftlicher Vorgang** sehen Sie alle Vorgänge, die den Merkmalsgruppen zugeordnet werden können. Die Vorgänge kommen Ihnen wahrscheinlich von der Zuordnung der Nummernkreise zu den Controlling-Belegen bekannt vor. Beachten Sie, dass nicht alle Vorgänge einen manuellen Eingriff zulassen, z. B. erfolgt der Vorgang KOAO (Abrechnung Ist) automatisch, und die Merkmale der Merkmalsgruppe, die als Muss-Felder definiert sind, müssen von dem Kontierungsobjekt ableitbar sein. Über den Button [ ] (**Erfassungshilfe**) können Sie eine Erfassungshilfe anlegen.

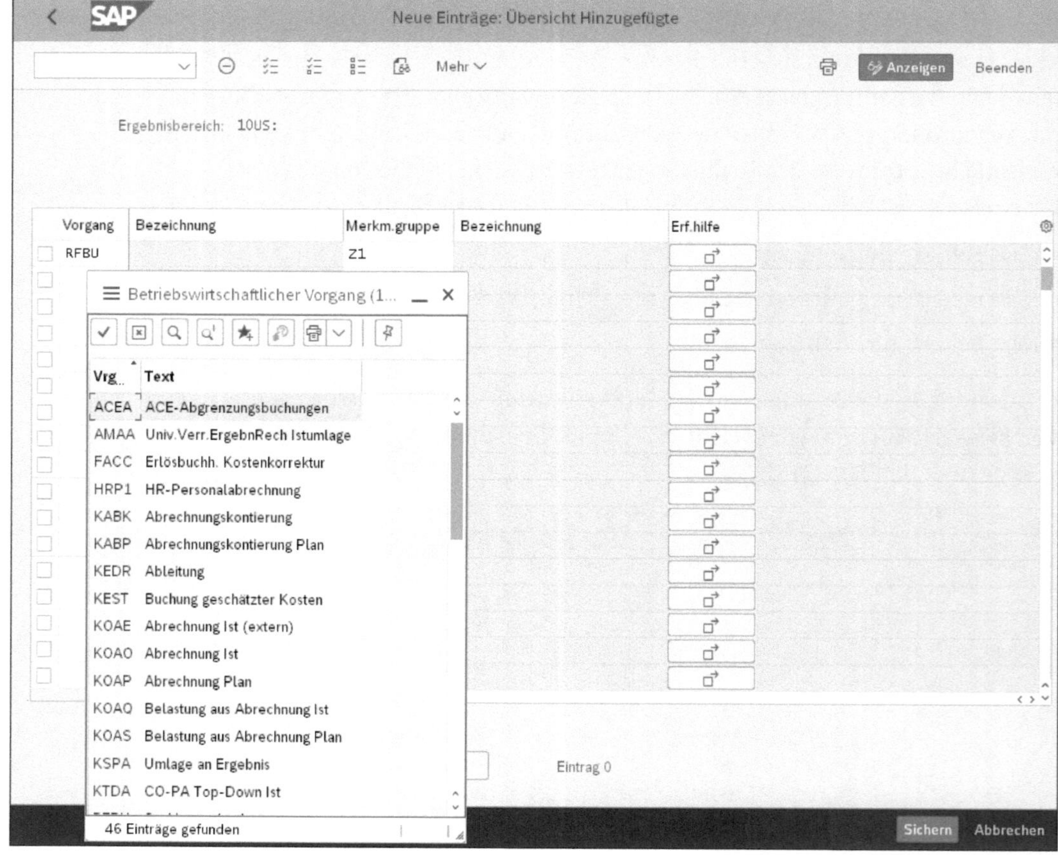

Abbildung 3.43 Merkmalsgruppe einem Vorgang zuordnen

Erfassungshilfe anlegen

In Abbildung 3.44 können Sie eine Erfassungshilfe für die Merkmalsgruppe pflegen. Sie treffen in unserem Beispiel keine Einträge, sondern die Erfassungshilfe ermöglicht es Ihnen, die Merkmalswerte in der Merkmalsgruppe mit Werten vorzubelegen. Über den Button Sichern wird die Zuordnung der Merkmalsgruppe zum Kontierungsvorgang gespeichert.

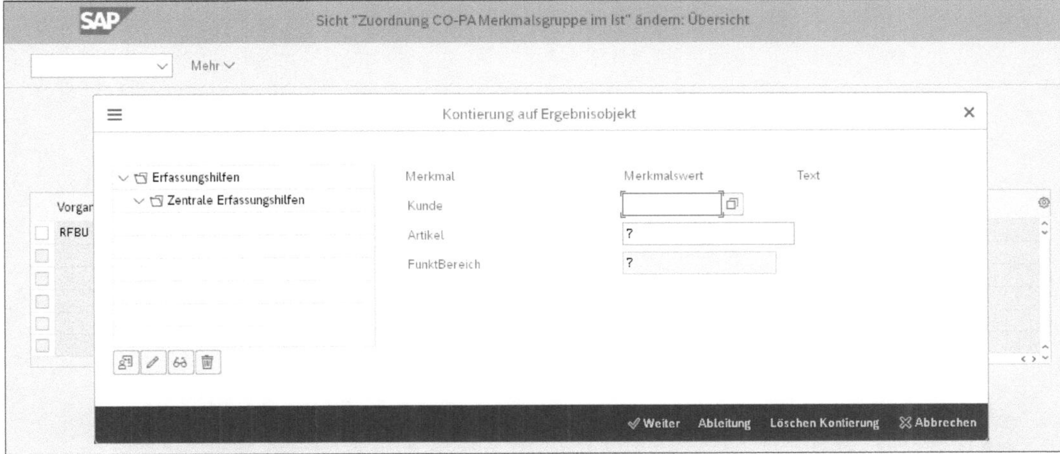

Abbildung 3.44 Erfassungshilfe für die Merkmalsgruppe pflegen

Die Merkmalsgruppen helfen Ihnen sicherzustellen, dass für die einzelnen Vorgänge die richtigen und wichtigen Merkmale abgeleitet werden und stellen sicher, dass im Reporting alle Vorgänge vergleichbar sind.

3.2.9 Analyse der Merkmalsableitung

Merkmalsableitungen analysieren

Bei der Anlage der Merkmalsableitung ist es oft hilfreich, wenn man diese testen kann. In Transaktion KEDR oder über den Customizing-Pfad **Controlling • Ergebnis- und Marktsegmentrechnung • Stammdaten • Merkmalsableitung definieren** können Sie über den Button (**Testen**) oder über F8 alle dem Ergebnisbereich zugeordneten Merkmalsableitungen testen.

Merkmalsableitung testen

In Abbildung 3.45 testen Sie die Merkmalsableitungen für die Merkmale **Kunde**, **Artikel** und **Buchungskreis**. Sie sehen alle Merkmale, die dem Ergebnisbereich zugeordnet sind, und können diese beliebig mit Merkmalen vorbelegen. Stellen Sie sicher, dass Sie die Merkmale im Testmodus pflegen, die als Quellfelder für die Merkmalsableitung definiert sind. Manche Merkmale werden mit Gültigkeitsdatum gepflegt. Daher können Sie über Ableitungsdatum ein Datum festlegen, an dem die Ableitung durchgeführt werden soll.

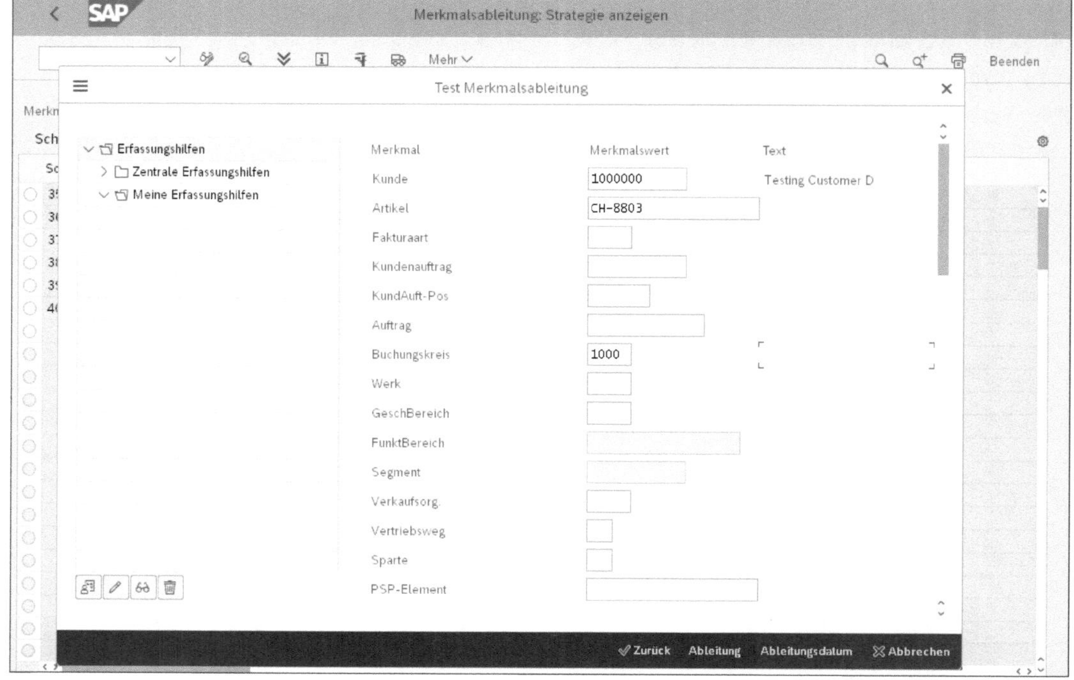

Abbildung 3.45 Merkmalsableitungen testen

Ableitungsdatum setzen

In Abbildung 3.46 können Sie ein Datum in der Vergangenheit oder in der Zukunft pflegen, zu dem die Ableitung durchgeführt werden soll.

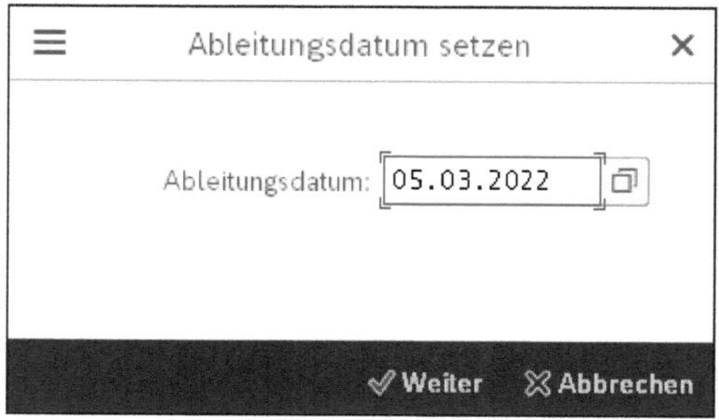

Abbildung 3.46 Ableitungsdatum setzen

Merkmalsableitungen durchführen

Klicken Sie nun auf den Button Ableitung in Abbildung 3.45, und das System führt alle dem Ergebnisbereich zugeordneten Merkmalsableitungen durch. In Abbildung 3.47 sehen Sie, dass einige der Felder ausgegraut sind und sich die Icons am unteren Bildrand geändert haben. Sie können nun von diesem Bild die Merkmalsableitung zurücknehmen, falls Sie z. B. nicht die richtigen

Merkmale eingegeben haben, oder Sie können sich die Ableitungsanalyse über den Button Ableitungsanalyse anzeigen lassen.

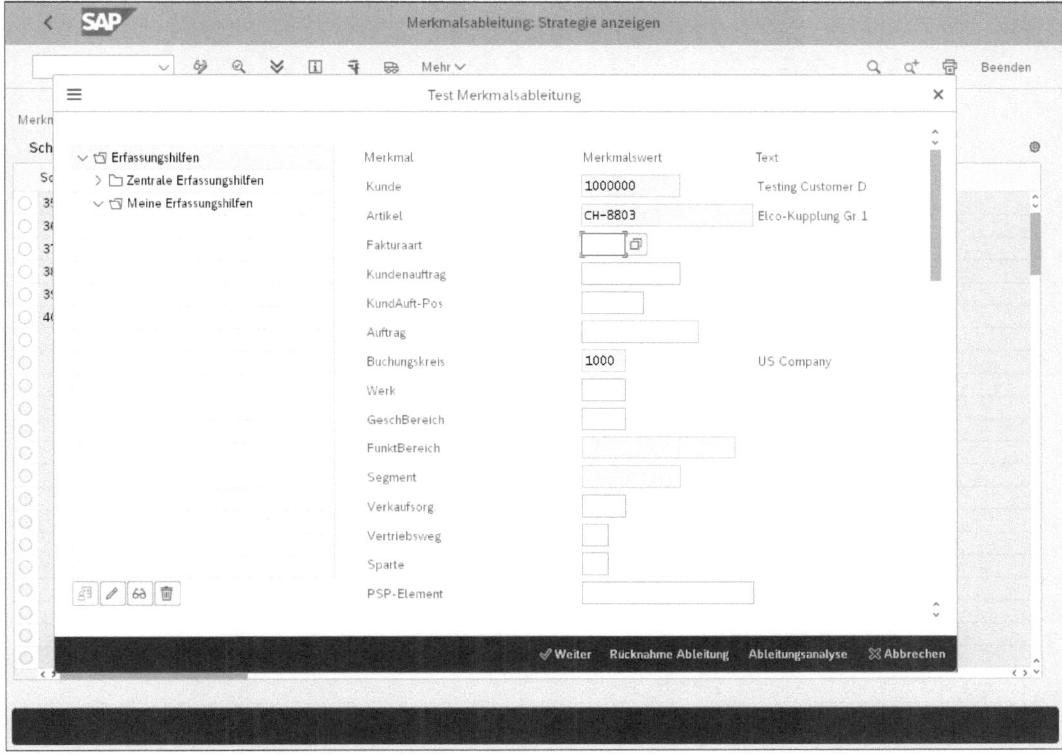

Abbildung 3.47 Test: Merkmalsableitung anzeigen

Übersicht der Merkmalsableitungen anzeigen

Das System zeigt alle Merkmalsableitungen an, die dem Ergebnisbereich zugeordnet sind, inklusive aller Standardableitungen. In den gelb hinterlegten Merkmalsableitungen hat sich ein Wert geändert oder das System hat darin ein vorher leeres Feld mit einem Wert gefüllt (siehe Abbildung 3.48).

Details der Merkmalsableitungen anzeigen

In Abbildung 3.49 zeigen Sie die Details der Merkmalsableitung für den Warenempfänger und für das Land des Warenempfängers an. Sie sehen die Quellfelder, die das System gefunden hat und im Bereich **Zielfelder** den Wert des Feldes vor und nach der Ableitung. Die Werte in Gelb sind die Werte, die das System ableitet und in das Ergebnisobjekt bei der Buchung eines Belegs fortschreibt.

Ableitungsanalyse durchführen

Die Ableitungsanalyse hilft, die Merkmalsableitung zu testen, ohne Beispielbelege anzulegen und somit schnell Fehler erkennen zu können.

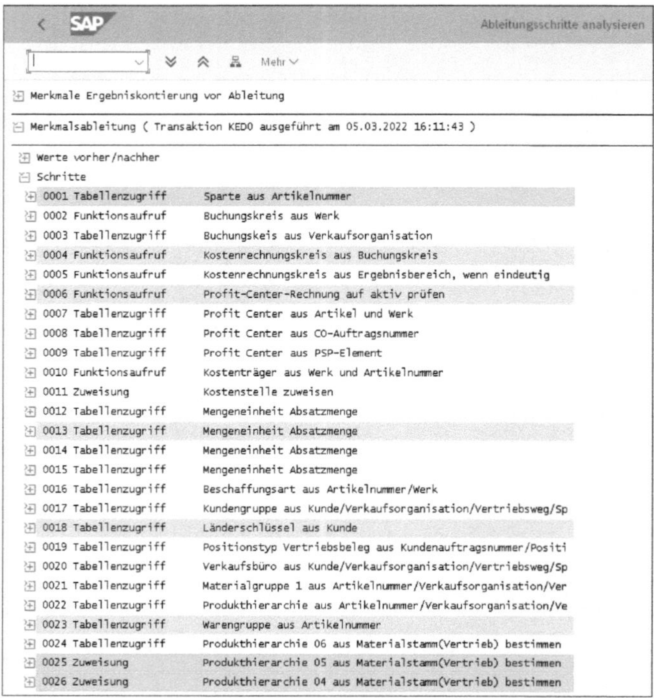

Abbildung 3.48 Ableitungsanalyse anzeigen

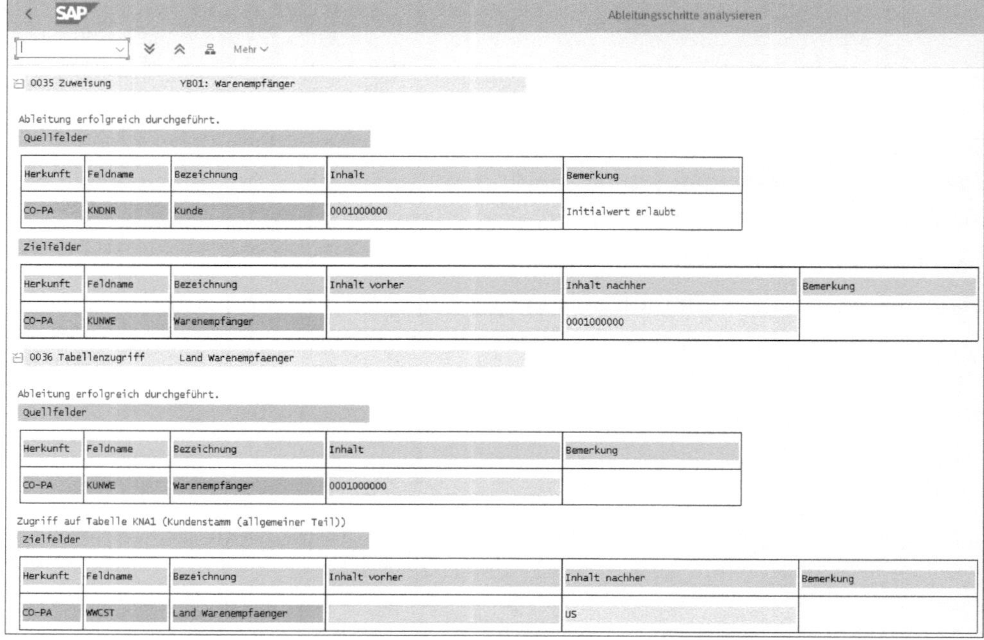

Abbildung 3.49 Details der Ableitungsanalyse: Warenempfänger und Land des Warenempfängers anzeigen

3.2.10 Zuordnungsänderung von Merkmalen

Zuordnungsänderung von Merkmalen anlegen

Die Zuordnungsänderung von Merkmalen erlaubt es, Merkmale in Belegen nach deren Buchung zu aktualisieren. Dies ist hilfreich, wenn z. B. einem Stammdatum wie dem Kundenstamm ein falsches Merkmal zugeordnet wurde, dies aber erst nach Buchung von Belegen festgestellt wird oder wenn sich in der Merkmalsableitung eine Zuordnung ändert. Die Zuordnungsänderung von Merkmalen kann auch verwendet werden, um neue Merkmalsableitungen und Merkmale rückwirkend in bereits gebuchten Belegen zu aktualisieren.

Für die Zuordnungsänderung von Merkmalen ist kein Customizing notwendig. Die Zuordnungsänderung von Merkmalen ist vielmehr eine Anwendungstransaktion, die über Transaktion KEND oder den SAP-Menüpfad **Rechnungswesen • Controlling • Ergebnis- und Marktsegmentrechnung • Stammdaten • Zuordnungsänderungen pflegen** aufgerufen wird. Für die Durchführung von Zuordnungsänderungen von Merkmalen gibt es auch die SAP-Fiori-App **Zuordnungsänderung ausführen** (siehe Abbildung 3.50).

Zuordnungsände-
rung ausführen
Ergebnis- und Markt...

Abbildung 3.50 SAP-Fiori-App »Zuordnungsänderung ausführen«

Änderungslauf anlegen

Im Bild **CO-PA: Pflege Zuordnungsänderungen** legen Sie über [Lauf] einen Änderungslauf an. Es erscheint ein Pop-up-Fenster **Änderungslauf anlegen**, in dem Sie den Namen für den Änderungslauf vergeben. In unserem Beispiel in Abbildung 3.51 legen Sie einen Änderungslauf für die Neu-Ableitung des Merkmals **Auftragsgrund** im Kundenauftrag an. Stellen Sie sich vor, Sie haben das Merkmal **neu** dem Ergebnisbereich zugeordnet und möchten das Merkmal rückwirkend für alle Ergebnisobjekte ableiten. Bestätigen Sie Ihre Eingaben über [↵].

Änderungsauftrag anlegen

Nach der Anlage des Änderungslaufs legen Sie über den Button [Auftrag] einen Änderungsauftrag an. Es öffnet sich das Bild in Abbildung 3.52, in dem Sie die Selektionsbedingungen für die Ergebnisobjekte, für die das Merkmal **Auftragsgrund** abgeleitet werden soll, festlegen. Im Bereich **Auswahl von CO-PA Merkmalen** stehen alle dem Ergebnisbereich zugeordneten Merkmale zur Verfügung, auch die festen Merkmale.

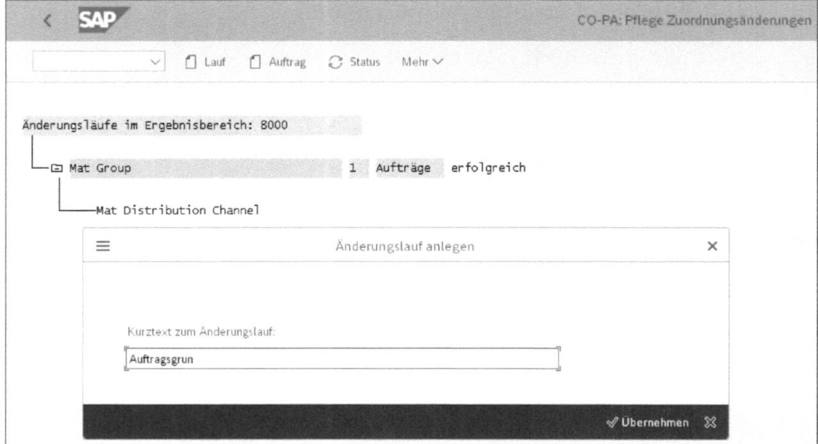

Abbildung 3.51 Änderungslauf für die Zuordnungsänderung von Merkmalen anlegen

Merkmale in die Selektionsbedingungen schieben

Das Merkmal **Auftragsgrund** wird vom Kundenauftrag abgeleitet, weshalb Sie in Abbildung 3.52 das Merkmal **Kundenauftrag** über den Button (**Feld verschieben**) an den unteren Bildrand des Bereichs **Ausgewählte Merkmale zur Selektion** schieben. Abhängig von dem Merkmal bzw. den Merkmalen, die erneut abgeleitet werden sollen, ist es notwendig, mehrere Merkmale in die Selektionsbedingungen zu schieben.

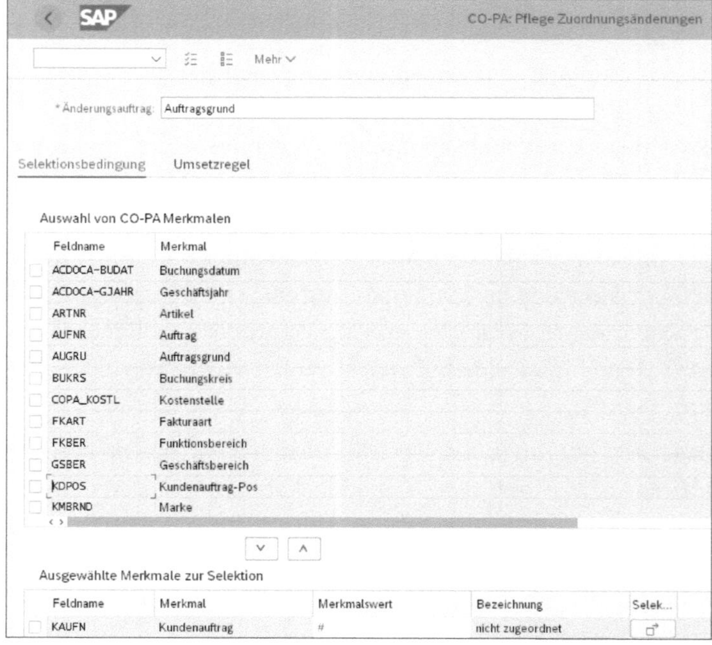

Abbildung 3.52 Selektionsbedingungen für den Änderungslauf wählen

Umsetzregel definieren

Nach der Auswahl der Selektionsbedingungen wechseln Sie auf die Registerkarte **Umsetzregel**. Die Registerkarte **Umsetzregel** ist in drei verschiedene Bereiche aufgeteilt:

- **Merkmale neu ableiten**
  In diesem Bereich wählen Sie die Merkmale aus, die mit dem Änderungslauf neu abgeleitet werden sollen. In unserem Beispiel in Abbildung 3.53 wählen Sie das Merkmal **Auftragsgrund** aus dem Bereich **Merkmale nicht verändern** im rechten Bildbereich über den Button < (**Feld verschieben**) aus. Sie können dem Bereich **Merkmale neu ableiten** beliebig viele Merkmale zuordnen. Beachten Sie jedoch, dass Merkmale, die Teil der Organisationsstruktur sind, wie z. B. der Buchungskreis und das Profit-Center, nicht über die Zuordnungsänderung verändert werden können.

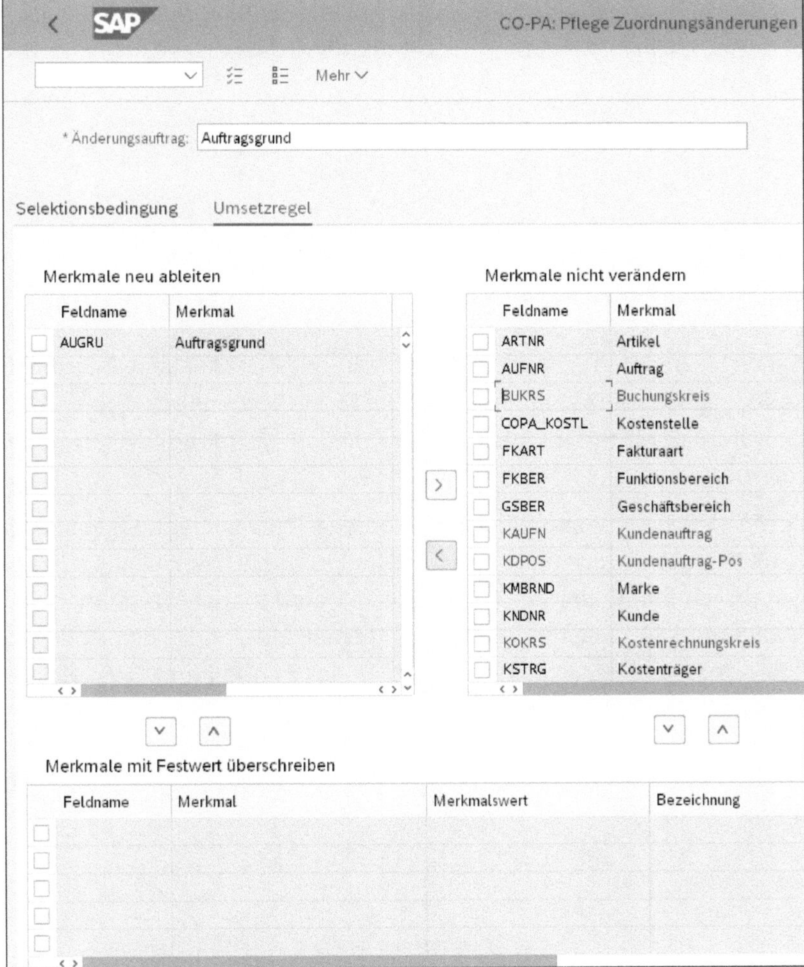

Abbildung 3.53 Umsetzregel für die Zuordnungsänderung festlegen

- **Merkmale nicht verändern**
  Im Bereich **Merkmale nicht verändern** finden Sie alle Merkmale, die dem Ergebnisbereich zugeordnet sind, und die mit der Zuordnungsänderung verändert werden können.
- **Merkmale mit Festwert überschreiben**
  Mit der Zuordnungsänderung können Sie Merkmale auch mit einem Festwert überschreiben. In unserem Beispiel bleibt dieser Bereich leer, da Sie die Werte aus dem Kundenauftrag ableiten möchten.

Attributierte Belegzeilen neu ableiten

Scrollen Sie nun an den unteren Bildrand, und aktivieren Sie, wie in Abbildung 3.54 dargestellt, das Kennzeichen **Neuableitung von ACDOCA-Merkmalen für attributierte Belegzeilen**. Wir haben die attributierten Ergebnisobjekte bereits in Kapitel 1, »Einführung in die Ergebnisrechnung«, beschrieben. Attributierte Ergebnisobjekte leiten Merkmale des Ergebnisbereichs vor der Abrechnung und/oder der Umlage des Buchhaltungsbelegs ab.

☑ Neuableitung von ACDOCA-Merkmalen für attributierte Belegzeilen

Abbildung 3.54 Neuableitung von ACDOCA-Merkmalen für die attributierten Belegzeilen aktivieren

Zuordnungsänderungen pflegen

Gehen Sie über [F3] zurück in das Anfangsbild **CO-PA: Pflege Zuordnungsänderungen** (siehe Abbildung 3.55). Über **Mehr • Testmonitor** können Sie den Zuordnungslauf testen. Auch können Sie den Testmonitor über [F8] aufrufen.

Es öffnet sich ein Pop-up-Fenster, in dem Sie entweder ein Ergebnisobjekt zur Referenzbelegnummer (dies funktioniert nur für die kalkulatorische Ergebnisrechnung) oder ein Ergebnisobjekt direkt eingeben können (siehe Abbildung 3.56). Über den Button (**Testen**) können Sie den Änderungslauf testen, und das System zeigt an, ob das in Abbildung 3.53 selektierte Merkmal korrekt abgeleitet wird.

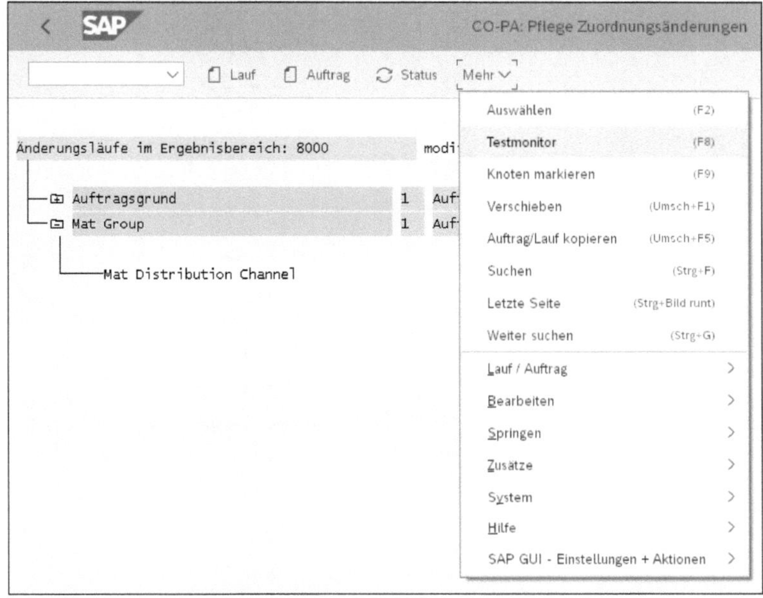

Abbildung 3.55 Testmonitor für die Zuordnungsänderung ausführen

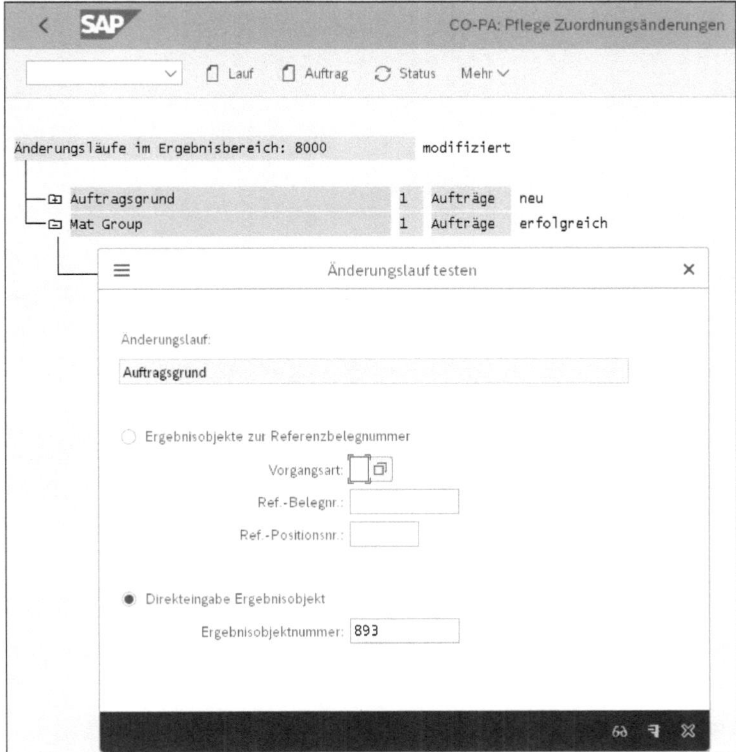

Abbildung 3.56 Änderungslauf testen

Zuordnungsänderungen testen

Nach dem Testen der Zuordnungsänderungen können Sie den Änderungslauf im Echtlauf ausführen. Legen Sie hierzu, wie in Abbildung 3.57 dargestellt, über **Mehr • Lauf/Auftrag • Ausführen • Ohne Starttermin** einen Batch-Job an.

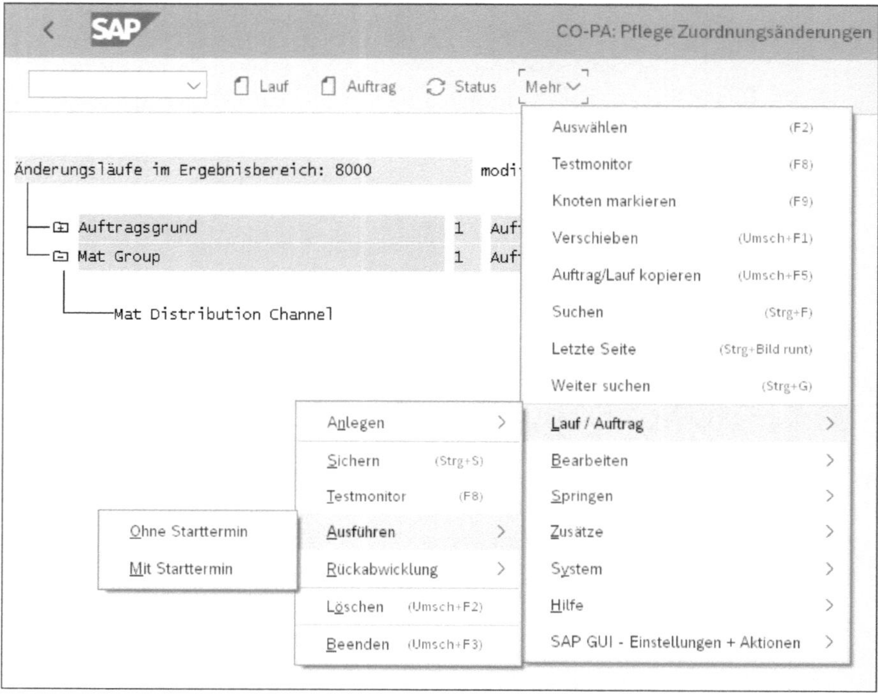

Abbildung 3.57 Änderungslauf ausführen

Hintergrundjob anlegen

Im Pop-up-Fenster in Abbildung 3.58 vergeben Sie einen Namen für den Hintergrundjob. In unserem Beispiel vergeben Sie den Namen »Auftragsgrund« für das anzupassende Merkmal. Sie können den Job in verschiedenen Modi ausführen:

- **Echtlauf**
  Der Echtlauf führt die Zuordnungsänderung im Echtlauf durch und passt Ergebnisobjekte auf der Datenbanktabelle mit den neu abgeleiteten Werten an.
- **Testmodus**
  Ist das Kennzeichen **Testmodus** in Abbildung 3.58 aktiviert, wird die Zuordnungsänderung im Testlauf durchgeführt. Sie können überprüfen, welche Werte in einem Echtlauf angepasst werden.
- **Rückabwicklung**
  Ist der Haken für Rückabwicklung gesetzt, wird die Zuordnungsänderung, die im Echtlauf durchgeführt worden ist, storniert und die Merk-

male an den ursprünglichen Wert (vor Ausführung der Zuordnungsänderung) angepasst.

Bestätigen Sie die Anlage des Jobs über ✓ Übernehmen oder [↵].

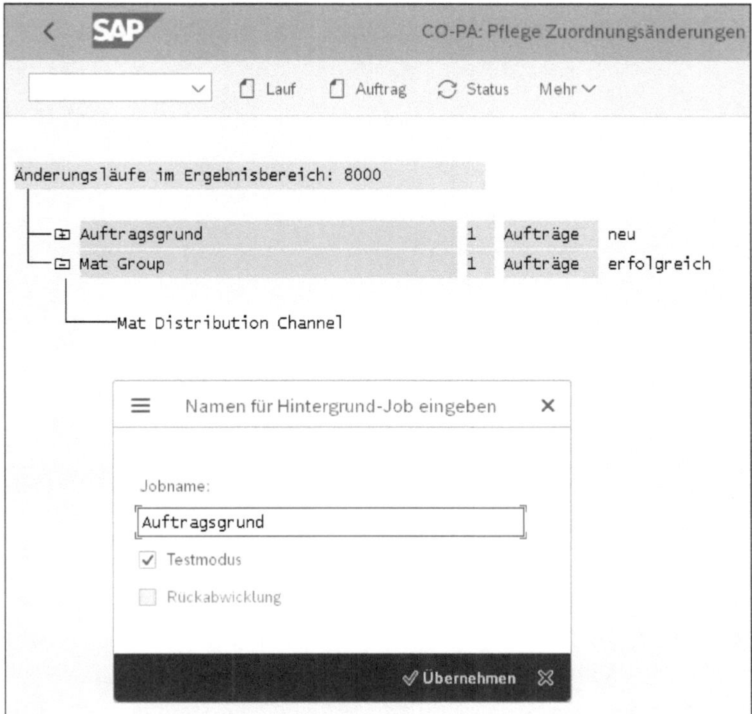

Abbildung 3.58 Hintergrundjob für die Zuordnungsänderung anlegen

Hintergrundjob freigeben

Nach der Anlage des Jobs müssen Sie diesen nun in Abbildung 3.59 von Transaktion SM37 freigeben. Sie können die Ausführung des Hintergrundjobs zu verschiedenen Zeitpunkten einplanen. Auch können Sie den Job für die sofortige Ausführung oder für einen späteren Zeitpunkt einplanen. Da das Belegvolumen für die Zuordnungsänderung meistens sehr groß ist, empfiehlt es sich, den Job für einen Lauf über Nacht einzuplanen. Sie können den Job auch als wiederkehrenden Job einplanen, sodass die Zuordnungsänderung in regelmäßigen Abständen durchgeführt und somit sichergestellt wird, dass die Merkmale immer korrekt abgeleitet sind sowie Anpassungen an den Stammdaten berücksichtigt werden. Sie führen den Job sofort aus.

Hintergrundjob starten

Über den Button Sichern wird der Job gestartet. In Transaktion SM37 können Sie den Status des Jobs verfolgen. Nachdem der Job fertig ausgeführt worden ist, gehen Sie zurück zur SAP-Fiori-App **Zuordnungsänderung ausführen** oder zu Transaktion KEND.

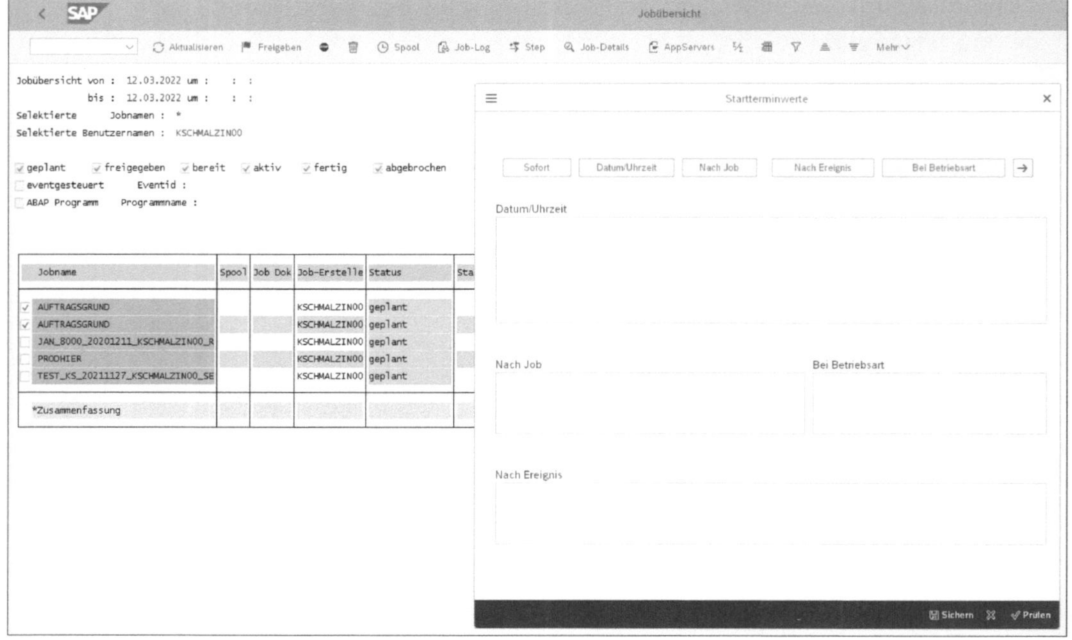

Abbildung 3.59 Hintergrundjob einplanen

Änderungslauf im Detail anzeigen

Über einen Klick auf den Auftrag können Sie sich den Änderungslauf im Detail anzeigen lassen. Im Pop-up-Fenster **Detaildaten zum Änderungslauf anzeigen** im linken Bildbereich sehen Sie, welche Aktionen wann mit dem Änderungslauf **Auftragsgrund** durchgeführt wurden (siehe Abbildung 3.60). In unserem Beispiel sehen Sie die folgenden Aktionen:

- **Angelegt**
  Sie haben den Änderungslauf angelegt.
- **Verändert**
  Sie haben den Job für die Ausführung des Änderungslaufs im Testmodus eingeplant.
- **Echtlauf**
  Sie haben den Änderungslauf im Echtlauf durchgeführt, und der Status der Durchführung lautet **erfolgreich**. Über den Button [🔍] (**Detail...**) können Sie sich die Details zu jeder Aktion anzeigen lassen. Es öffnet sich ein neues Pop-up-Fenster **Detaildaten Änderungslauf anzeigen** am rechten Bildrand. Dieses enthält die Detaildaten zur Ausführung des Jobs, beschreibt wie viele Ergebnisobjekte und Belegzeilen im Universal Journal gelesen wurden sowie für wie viele Belege eine Neuableitung von Merkmalen durchgeführt wurde. In unserem Beispiel wurden 171 Änderungen in der Tabelle ACDOCA (Universal Journal) durchgeführt.

- **Testlauf**
  Sie haben einen Testlauf eingeplant. Dieser wurde jedoch abgebrochen. Der Grund für den Abbruch ist, dass Sie zur Zeit der Ausführung des Jobs eine Änderung im Ergebnisbereich durchgeführt haben, die den Job zum Abbruch bewegt hat.

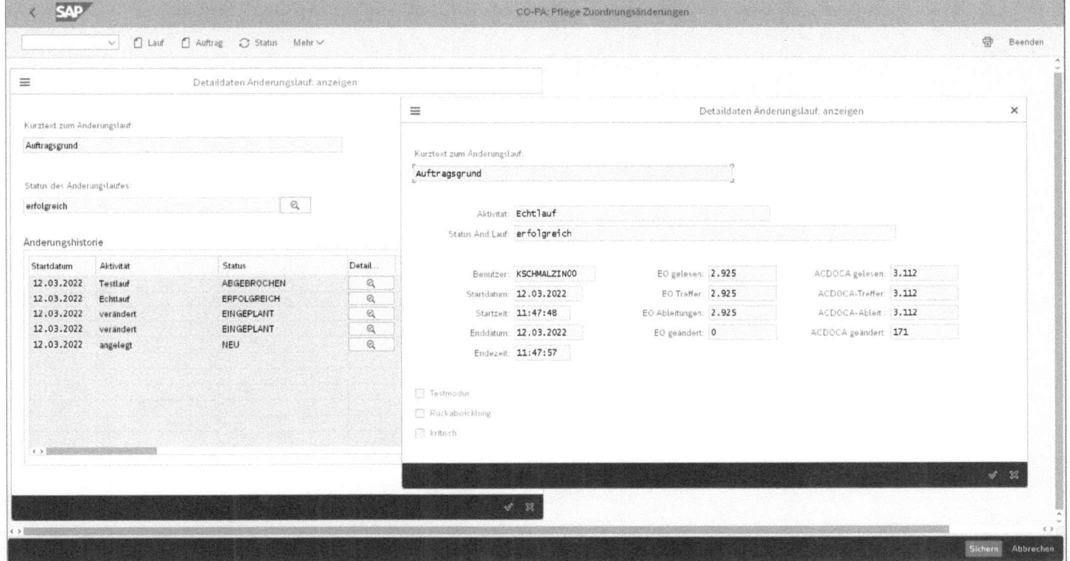

Abbildung 3.60 Detaildaten des Änderungslaufs anzeigen

Ergebnisse der Zuordnungsänderung anzeigen

In SAP S/4HANA gibt es eine neue SAP-Fiori-App **Ergebnisse der Zuordnungsänderung anzeigen** (siehe Abbildung 3.61). In SAP ERP gab es hierzu keinen separaten Bericht, sondern vielmehr gab es im Selektionsbild eine Checkbox, mit der die Merkmalswerte nach der Ausführung der Zuordnungsänderung angezeigt werden konnten.

Abbildung 3.61 SAP-Fiori-App »Ergebnisse der Zuordnungsänderung anzeigen«

Belege mit Merkmalsänderung anzeigen

In der SAP-Fiori-App **Ergebnisse der Zuordnungsänderung** haben Sie in Abbildung 3.62 die Möglichkeit, die Belege mit Merkmalsänderung durch den Zuordnungslauf nach verschiedenen Kriterien anzuzeigen. Sie können direkt von dieser SAP-Fiori-App in den Beleg abspringen. Die SAP-Fiori-App bietet auch eine grafische Darstellung der Anzahl der Buchungsbelegpositionen, die im Universal Journal angepasst wurden. Über den Button (**Einstellungen**) können Sie sich alle dem Ergebnisbereich zugeordneten Merkmale anzeigen lassen und sie dem Bericht als Spalten hinzufügen.

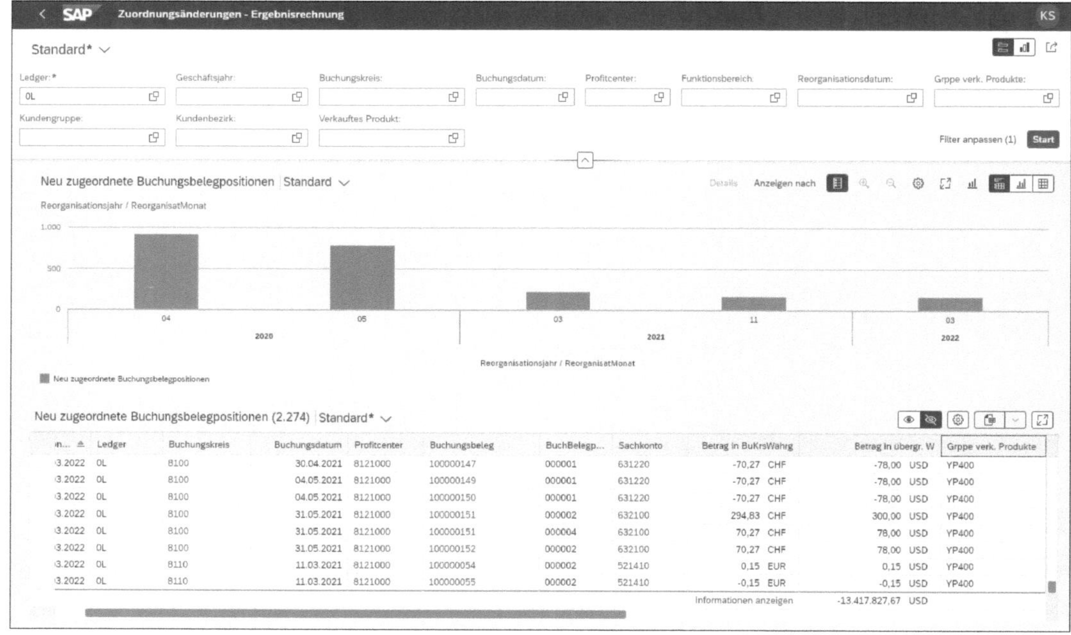

Abbildung 3.62 Ergebnisse der Zuordnungsänderung anzeigen

Die Zuordnungsänderung ermöglicht es, Merkmale neu abzuleiten, Fehler in der Merkmalszuordnung in der Stammdatenanlage oder Merkmalsableitung anzupassen und neue Merkmalsableitungen rückwirkend einzuführen. Die Zuordnungsänderung ist daher eine wichtige Funktion in der Margenanalyse.

Merkmale

Sowohl in der kalkulatorischen Ergebnisrechnung als auch in der Margenanalyse legen Sie Merkmale an und ordnen diese dem Ergebnisbereich zu.

Nahezu jedes Datenfeld kann als Merkmal definiert werden. Es können Merkmalsableitungen definiert werden, mit denen Merkmale, die nicht direkt dem Ergebnisbereich zugeordnet werden können, abgeleitet werden können.

Die Regeln für die Zuordnung und Ableitung von Merkmalen unterscheiden sich in den beiden Arten der Ergebnisrechnung nicht.

3.3 Merkmale in Belegen ableiten

Es gibt verschiedene Möglichkeiten, wie Merkmale im Beleg abgeleitet werden können. Merkmale können beim Erstellen einer Sachkontenbuchung manuell eingegeben werden, sie können aber auch automatisch über die in der Buchung vorhandenen Stammdaten abgeleitet oder über Substitutionen ersetzt bzw. ergänzt werden.

3.3.1 Merkmale im Beleg manuell eingeben

Merkmale im Beleg manuell eingeben

Ob Merkmale bei der Sachkontenbuchung manuell eingegeben werden können, hängt von der Ausprägung der Stammdaten ab. Die manuelle Eingabe von Merkmalen ist für GuV-Konten mit der korrekten Feldstatusgruppe möglich. Die Feldstatusgruppe ist ein Merkmal im Sachkontenstamm auf der Buchungskreisebene, diefestlegt, welche Merkmale bei der Erstellung einer Sachkontenbuchung eingabebereit sind.

In Abbildung 3.63 sehen Sie auf der Registerkarte **Anlegen/Bank/Zins** in den Buchungskreisdaten des Sachkontos die Feldstatusgruppe ZI11 als Pflichtfeld bei der Anlage eines Sachkontos.

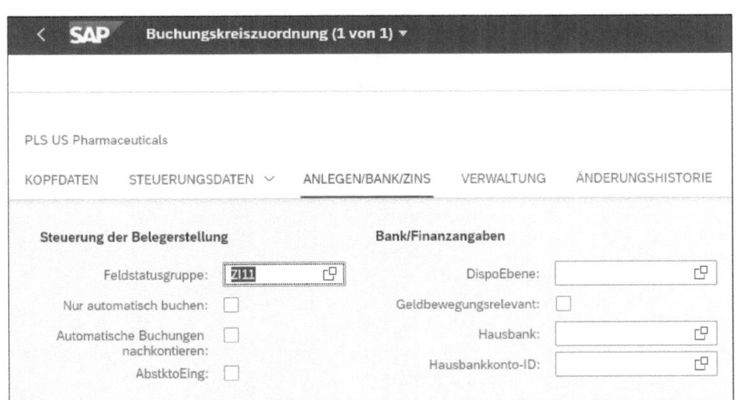

Abbildung 3.63 Feldstatusgruppe im Sachkontenstamm überprüfen

Feldstatusgruppe zuordnen

Bei der Anlage eines Buchungskreises im Customizing wird dieser einer Feldstatusvariante zugeordnet. Die Feldstatusvariante beinhaltet alle im Sachkontenstamm zur Auswahl stehenden Feldstatusgruppen. Die Feldstatusgruppe bestimmt, welche Felder bei der Buchung zur Eingabe bereitstehen, und ob es sich um Muss- oder Kann-Felder handelt. Die Feldstatusgruppe dient auch dazu, Felder zu unterdrücken. In der Regel gibt es mehrere verschiedene Feldstatusgruppen, die in Abhängigkeit von Kontoart und Kontoverwendung zugeordnet werden. So hat z. B. ein Bilanzkonto eine andere Feldstatusgruppe als ein GuV-Konto. In Abbildung 3.64

rufen Sie das Customizing der Feldstatusgruppen über **Finanzwesen • Grundeinstellungen Finanzwesen • Bucher • Felder • Feldstatusvarianten definieren** auf. Sie erhalten eine Übersicht der im System angelegten Feldstatusvarianten, markieren die unserem Buchungskreis zugeordnete Feldstatusvariante 8000 und navigieren im linken Bildbereich **Dialogstruktur** in den Ordner **Feldstatusgruppen**.

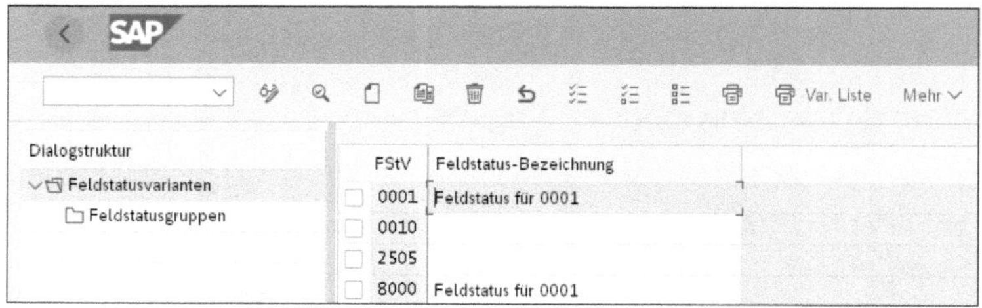

Abbildung 3.64 Feldstatusvariante aufrufen

Feldstatusgruppe im Sachkontenstamm zuordnen

In Abbildung 3.65 sehen Sie eine Übersicht über alle Feldstatusgruppen, die der Feldstatusvariante 8000 zugeordnet sind. Diese Feldstatusgruppen stehen zur Zuordnung im Sachkontenstamm bereit. Jede Feldstatusgruppe ist in mehrere Kategorien unterteilt, die unterschiedliche Merkmale beinhalten. Sie markieren die Feldstatusgruppe ZI11 und zeigen über den Button Feldstatus die Details der Feldstatusgruppe an.

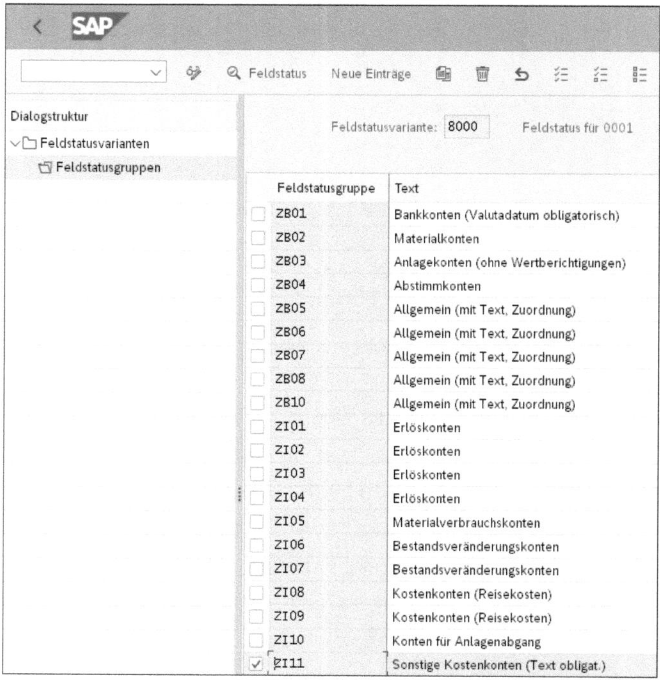

Abbildung 3.65 Feldstatusvarianten anzeigen

Untergruppen Feldstatusgruppe anzeigen

In Abbildung 3.66 sehen Sie die unterschiedlichen Untergruppen pro Feldstatusgruppe:

- **Allgemeine Daten**: beinhaltet zusätzliche Textfelder und Felder zur Kurssicherung.
- **Zusatzkontierungen**: listet alle Kontierungsobjekte wie Segment, Profit-Center, Kostenstelle usw.
- **Materialwirtschaft**: beinhaltet Merkmale wie Bestellnummer, die für Konten mit Bewegungen in der Materialwirtschaft relevant sind.
- **Zahlungsverkehr**: listet Merkmale, die für offene Posten relevant sind, wie z. B. das Valutadatum oder die Fälligkeit.
- **Anlagenbuchhaltung**: listet Merkmale, die für Buchungen in der Anlagenbuchhaltung relevant sind, wie z. B. der Anlagenabgang.
- **Steuern**: beinhaltet Merkmale wie Quellensteuerbeträge oder EU-Steuerdaten, die für Forderungen und Verbindlichkeiten von Interesse sein können.
- **Auslandszahlungen**: listet Merkmale, wie das LZB-Kennzeichen, das für ausgehende Zahlungen relevant ist.
- **Konsolidierung**: beinhaltet das Merkmal **Bewegungsart**, das in der Konsolidierung eine Rolle spielt.
- **Immobilienverwaltung**: ist relevant, wenn die Komponente zur Immobilienverwaltung eingesetzt wird.
- **Vermögensverwaltung**: Merkmale der Vermögensverwaltung werden benötigt, wenn mit der Komponente Vermögensverwaltung gearbeitet wird.

Relevant für die Eingabe des Ergebnisobjekts sind die Merkmale in der Gruppe **Zusatzkontierungen**, die Sie per Doppelklick aufrufen.

Zusatzkontierung pflegen

In Abbildung 3.67 sehen Sie alle Merkmale, die über die Gruppe **Zusatzkontierungen** angepasst werden. Es stehen die folgenden drei Status zur Auswahl bereit:

- **Ausblenden**: Das Merkmal ist nicht zur Eingabe bereit.
- **Musseingabe**: Das Merkmal muss zum Zeitpunkt der Buchung mit einem Wert gefüllt werden.
- **Kanneingabe**: Das Merkmal kann zum Zeitpunkt der Buchung mit einem Wert gefüllt werden.

Sie passen das Merkmal **Ergebnisobjekt** in der Gruppe **Zusatzkontierungen** an und setzen die Auswahl auf **Kanneingabe**. Über den Button Sichern speichern Sie Ihre Anpassungen an der Feldstatusgruppe.

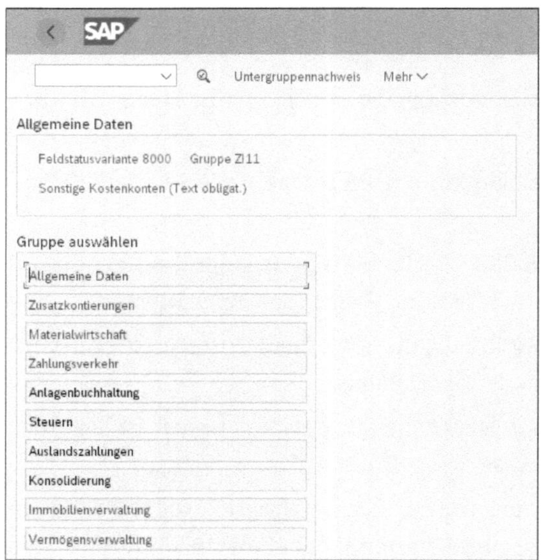

Abbildung 3.66 Feldstatusvariante anpassen

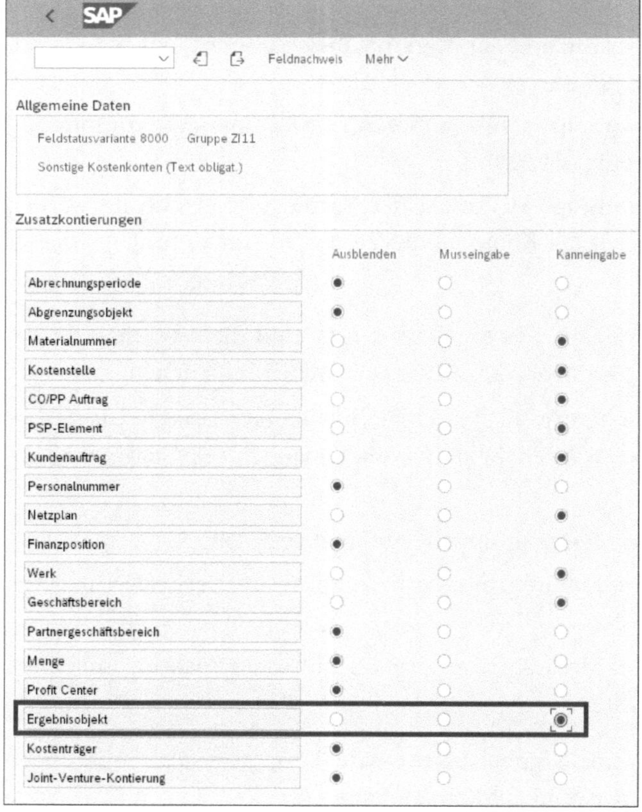

Abbildung 3.67 Merkmale in den Zusatzkontierungen anpassen

Sachkontenbuchung anlegen

Nun legen Sie eine Sachkontenbuchung mit einem Sachkonto an, dem die Feldstatusgruppe ZI11 zugeordnet ist.

Ergebnisobjekt zuordnen

In Abbildung 3.68 können Sie für dieses Sachkonto ein Ergebnisobjekt pflegen. Im Pop-up-Fenster **Zuordnung zu einem Ergebnisobjekt** stehen Ihnen alle dem Ergebnisbereich zugeordneten Merkmale zur Eingabe zur Verfügung. In unserem Beispiel pflegen Sie das Land (DE), den Kunden (PWC2000) und den Auftragsgrund (002). Es besteht die Möglichkeit, über den Button **Ableiten** am unteren Bildrand alle im System vorhandenen Merkmalsableitungen durchzuführen.

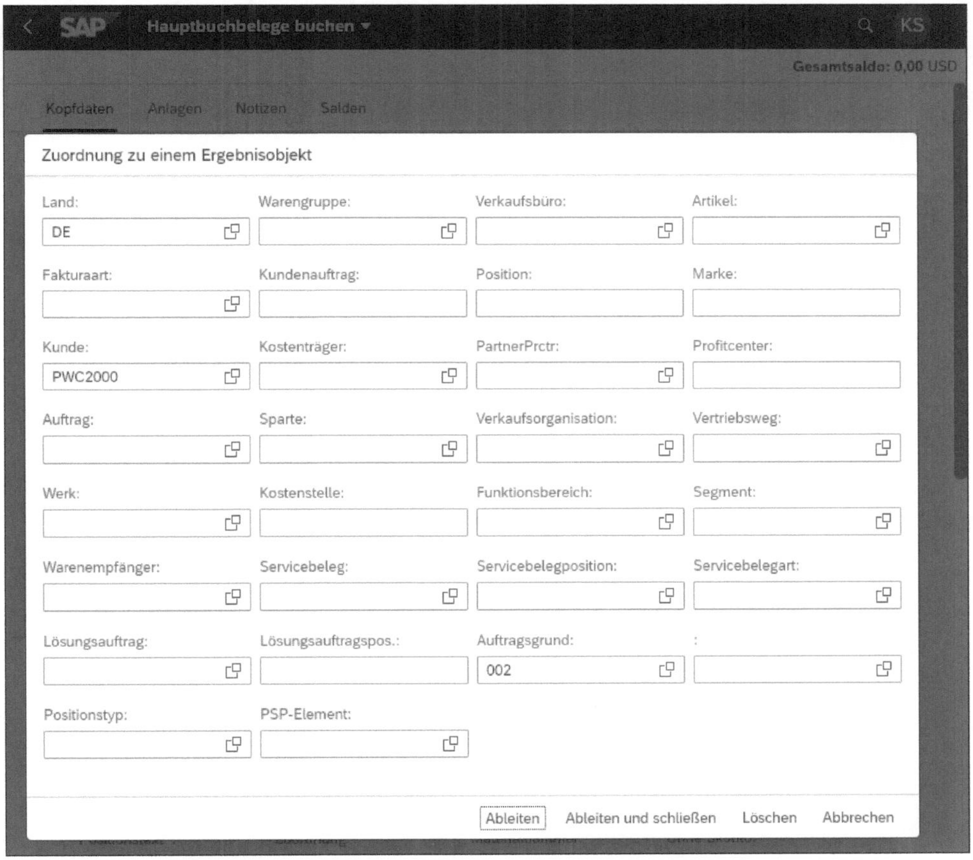

Abbildung 3.68 Ergebnisobjekt in der Sachkontenbuchung pflegen

Sachkontenbeleg anzeigen

Nach dem Speichern des Sachkontenbelegs können Sie sich diesen anzeigen lassen (siehe Abbildung 3.69). Am Beleg selbst sieht man nicht, ob eine Kontierung auf das Ergebnisobjekt stattgefunden hat. Über einen Klick auf den Pfeil am rechten Zeilenende der ersten Position im Sachkontenbeleg mit dem GuV-Konto 673000 können Sie sich die Kontierungsdetails für das GuV-Konto anzeigen lassen.

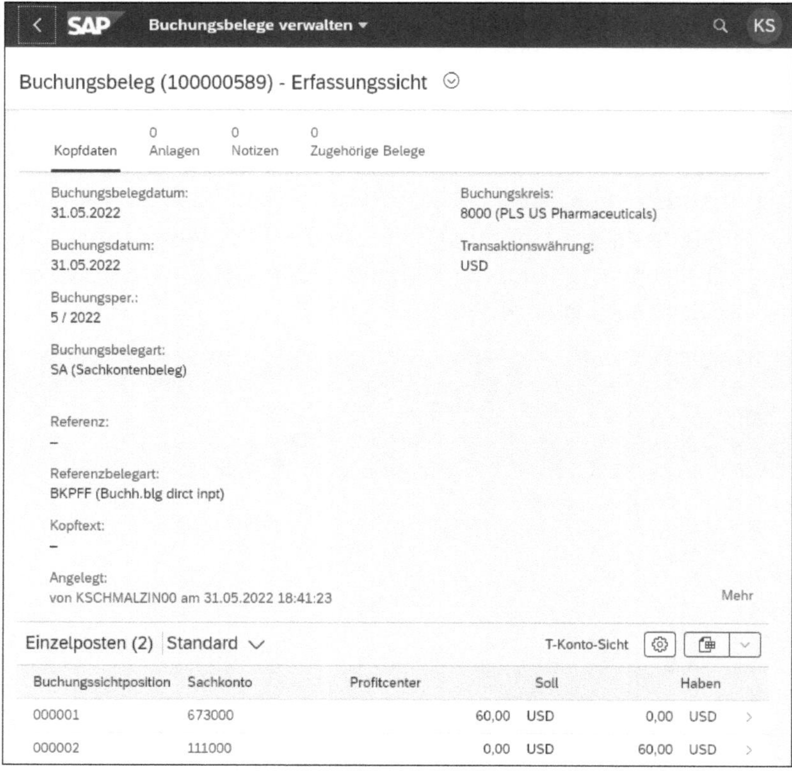

Abbildung 3.69 Buchungsbeleg anzeigen

Ergebnisobjekt anzeigen

In Abbildung 3.70 sehen Sie die Positionsdetails zur GuV-Position. Der Button **Ergebnisobjekt ansehen** am rechten unteren Bildrand deutet darauf hin, dass ein Ergebnisobjekt für die GuV-Position erzeugt worden ist. Auf diesen Button klicken Sie nun.

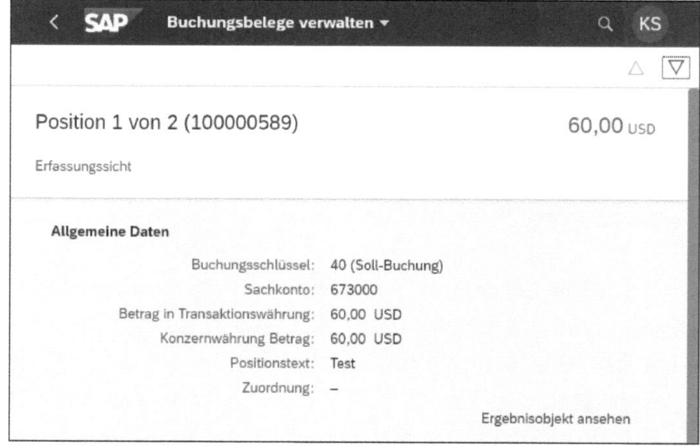

Abbildung 3.70 Buchungsbelegposition anzeigen

In Abbildung 3.71 werden alle Merkmale, die Sie dem Ergebnisobjekt zugeordnet haben, sowie alle Merkmale, die zum Ergebnisobjekt abgeleitet wurden, angezeigt.

Zuordnung zu einem Ergebnisobjekt

Land:	Warengruppe:	Artikel:	Buchungskreis:
DE	02	785	8000
Kunde:	Kostenrechnungskreis:	Profitcenter:	Werk:
PWC2000	8000	8111100	8000
Segment:	Auftragsgrund:		
8100	002		

Schließen

Abbildung 3.71 Ergebnisobjekt anzeigen

3.3.2 Merkmale aus Vorgängerbelegen und Stammdaten ableiten

Merkmale aus Vorgängerbeleg ableiten

Der Großteil der Merkmale wird von Vorgängerbelegen oder über Stammdaten abgeleitet, so z. B. die Merkmale für die Umsätze und die Kosten des Umsatzes. Für diese GuV-Positionen wird der Großteil der Merkmale aus dem Kundenauftrag abgeleitet. In Abbildung 3.72 sehen Sie in Kundenauftrag 1006063 den Auftraggeber, den Warenempfänger und das Material, das an den Kunden verkauft wird.

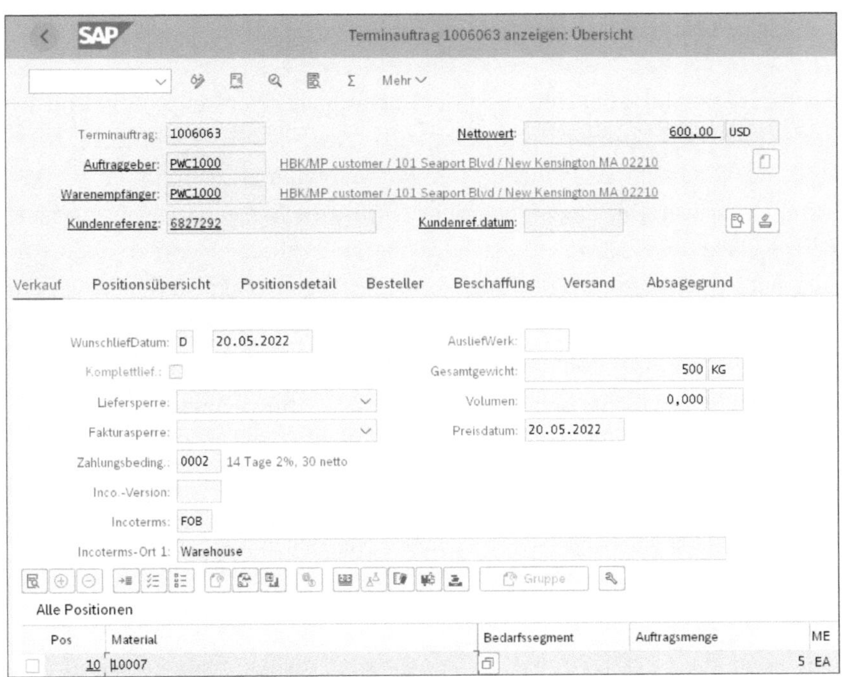

Abbildung 3.72 Kundenauftrag anzeigen

Merkmale im Kopf des Kundenauftrags anzeigen

Im Kopf des Kundenauftrags in Abbildung 3.73 sind weitere Informationen zu finden, wie die Verkaufsorganisation und andere wichtige Verkaufsdaten. Alle diese Felder können dem Ergebnisbereich als Merkmale zugeordnet werden, wenn sie für die Auswertungen von Bedeutung sind.

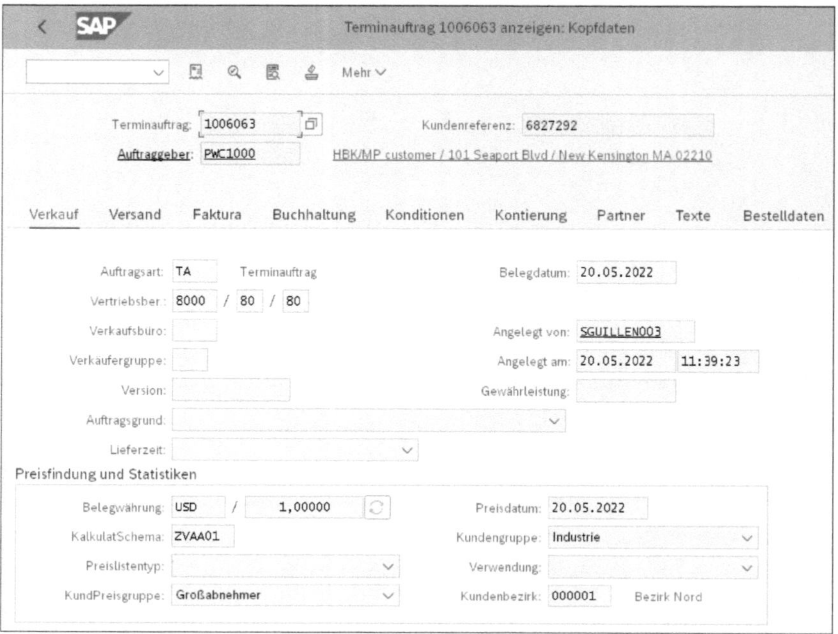

Abbildung 3.73 Kopfdaten im Kundenauftrag anzeigen

Einzelposten der Margenanalyse anzeigen

Nach der Erstellung der Lieferung, der Buchung des Warenausgangs und der Erstellung der Faktura zum Kundenauftrag wurde ein Ergebnisobjekt erstellt, das Sie sich in den Einzelposten der Margenanalyse in Abbildung 3.74 anzeigen lassen. Der Einzelpostenbericht für die Margenanalyse zeigt alle Belege, die den Selektionskriterien im oberen Bildbereich entsprechen, sortiert nach Buchungskreis und Sachkonto, an. Unsere Faktura wurde u. a. auf das Konto 410900 (IC Revenue) gebucht. Der Buchhaltungsbeleg zur Faktura ist 9000000152 am unteren Bildrand.

Merkmale des Ergebnisobjekt anzeigen

Scrollen Sie nach rechts, sehen Sie die dem Beleg zugeordneten Merkmale in Abbildung 3.75, wie z. B. den Auftraggeber, das Material, den Warenempfänger und das Werk. Im Einzelpostenbericht der Margenanalyse können alle dem Ergebnisobjekt zugeordneten Merkmale angezeigt werden.

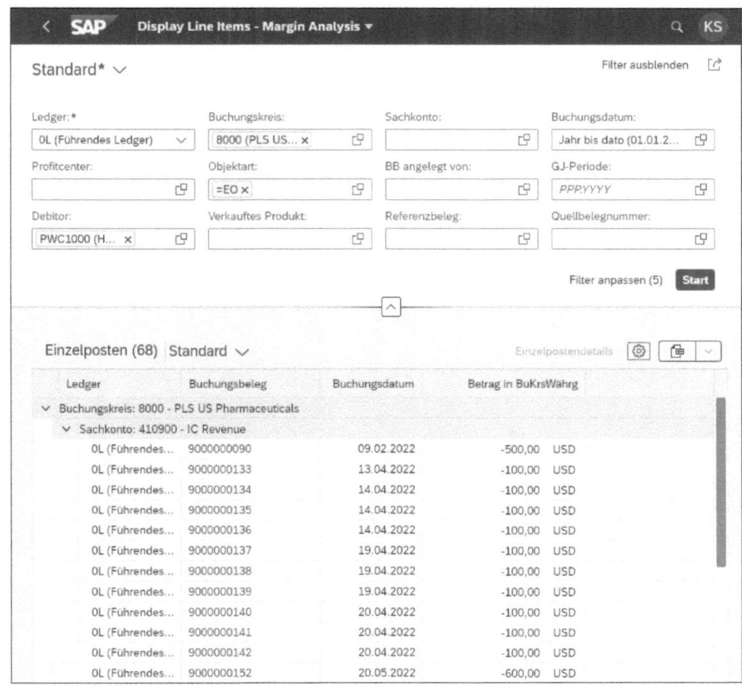

Abbildung 3.74 Ergebnisrechnungsbelege anzeigen

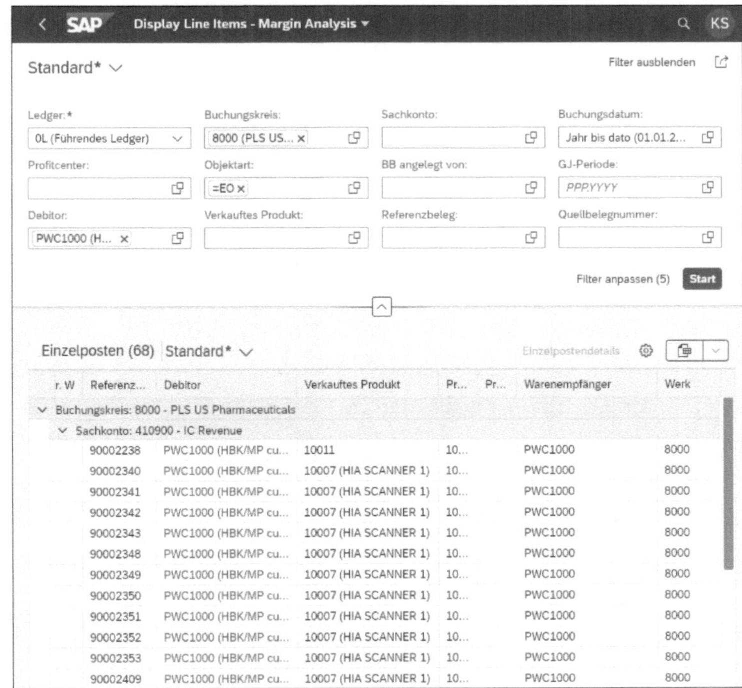

Abbildung 3.75 Merkmale im Ergebnisrechnungsbeleg anzeigen

Ergebnisobjekt anzeigen

Wenn Sie auf den Buchhaltungsbeleg 9000000152 in Abbildung 3.74 klicken, sehen Sie dessen Details. In der GuV-Position des Belegs in Abbildung 3.76 sehen Sie am unteren rechten Bildrand anhand des Buttons **Ergebnisobjekt ansehen**, dass ein Ergebnisobjekt für den Beleg erzeugt wurde. Die Merkmale, die zu dieser Belegposition abgeleitet wurden, werden in Abbildung 3.75 angezeigt.

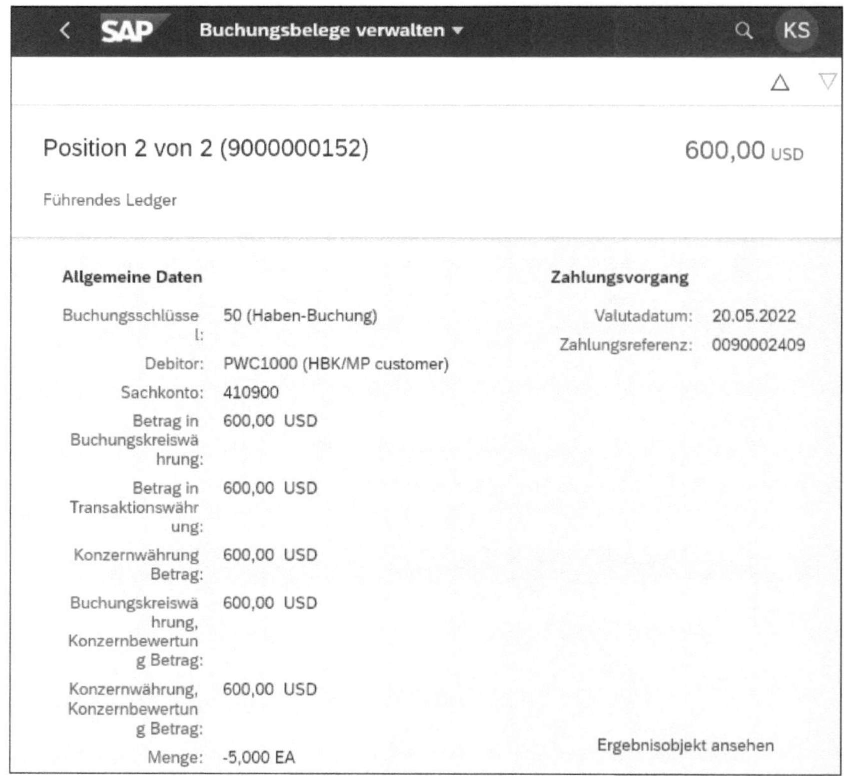

Abbildung 3.76 Belegposition anzeigen

3.3.3 Merkmale über Substitution ergänzen

Substitution anlegen

Sowohl in der Finanzbuchhaltung als auch im Controlling besteht die Möglichkeit, mit Substitutionen zu arbeiten. Substitutionen geben die Möglichkeit, Merkmale im Beleg anzureichern oder Merkmale zu überschreiben. Substitutionen werden über Transaktion GGB1 angelegt.

Sie legen nun eine Substitution im Bereich **Kostenrechnung** und **Belegzeile** über den Button [Substitution] an (siehe Abbildung 3.77). Im rechten Bildbereich vergeben Sie einen Namen für die Substitution, in unserem Beispiel »Z001« für »Substitution Ergebnisobjekt«.

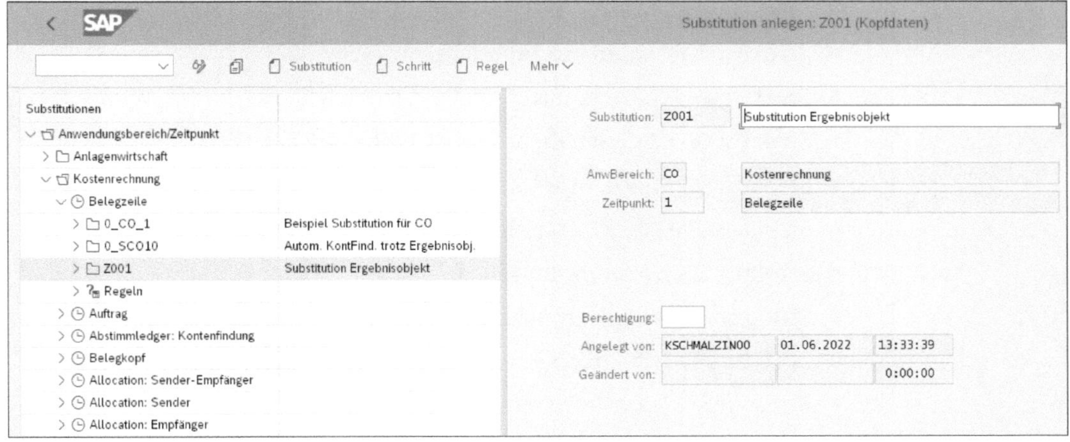

Abbildung 3.77 Substitution anlegen

Schritt in der Substitution anlegen

Nach der Anlage der Substitution legen Sie über den Button Schritt einen Schritt an, der die Voraussetzungen und die Regeln für die zu substituierenden Felder enthält. In Abbildung 3.78 legen Sie den Schritt 001 (Substitution Ergebnisobjekt) an.

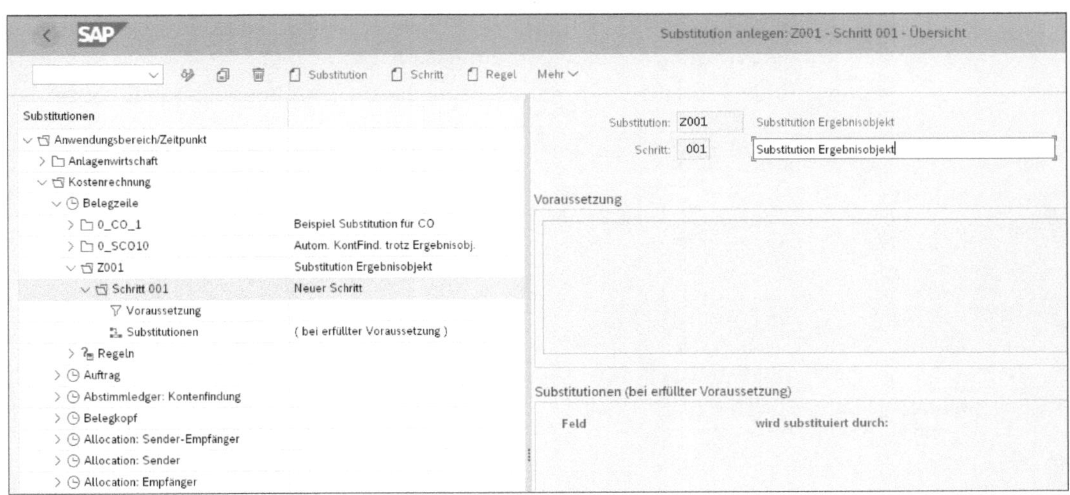

Abbildung 3.78 Schritt in der Substitution anlegen

Voraussetzung für die Substitution anlegen

Im nächsten Schritt legen Sie die Voraussetzung an, die definiert, wann oder unter welchen Voraussetzungen die Substitution aktiviert wird. In unserem Beispiel möchten Sie eine Voraussetzung anlegen, die für alle Belege mit dem Kontierungsobjekt **Ergebnisobjekt** greift. In Abbildung 3.79 suchen Sie auf der Registerkarte **Tabellenfelder** nach dem Ergebnisobjekt, das in der Struktur COBL (Kontierungsblock) abgelegt ist. Auf der Registerkarte **Tabellenfelder** haben Sie Zugriff auf eine Vielzahl an Strukturen:

- Struktur AFVC: Auftragsarbeitsvorgang
- Struktur AUFKV: Generierte Tabelle zum View AUFKV
- Struktur CAUFV: Generierte Tabelle zum View CAUFV
- Struktur CBPRV: Geschäftsprozess: CBPR + CBPT
- Struktur CKPHV: View für CKPH + Text + Steuerungsdaten ...
- Struktur COBK: CO-Objekt: Belegkopf
- Struktur COBL: Kontierungsblock
- Struktur CSKSV: Steuerungskennzeichen aus Kostenstellenstammsatz
- Struktur PRPS: PSP-Element (Projektstrukturplanelement) Stammdaten
- Struktur SYST: ABAP-Systemfelder
- Struktur VBAK: Verkaufsbeleg: Kopfdaten
- Struktur VBAP: Verkaufsbeleg: Positionsdaten

Sie können für die Voraussetzung verschiedene Merkmale aus den oben genannten Strukturen wählen. Über einen Doppelklick wird das Merkmal **Ergebnisobjekt** in die Voraussetzung übernommen. Über die Icons im unteren rechten Bildrand legen Sie fest, dass die Voraussetzung für alle Belege greifen soll, die über ein Ergebnisobjekt verfügen. Über den Button <> (**ungleich**) und das Festlegen einer Konstante über Konstante (**leer**) greift die Substitution für alle Belege, die ein Ergebnisobjekt beinhalten.

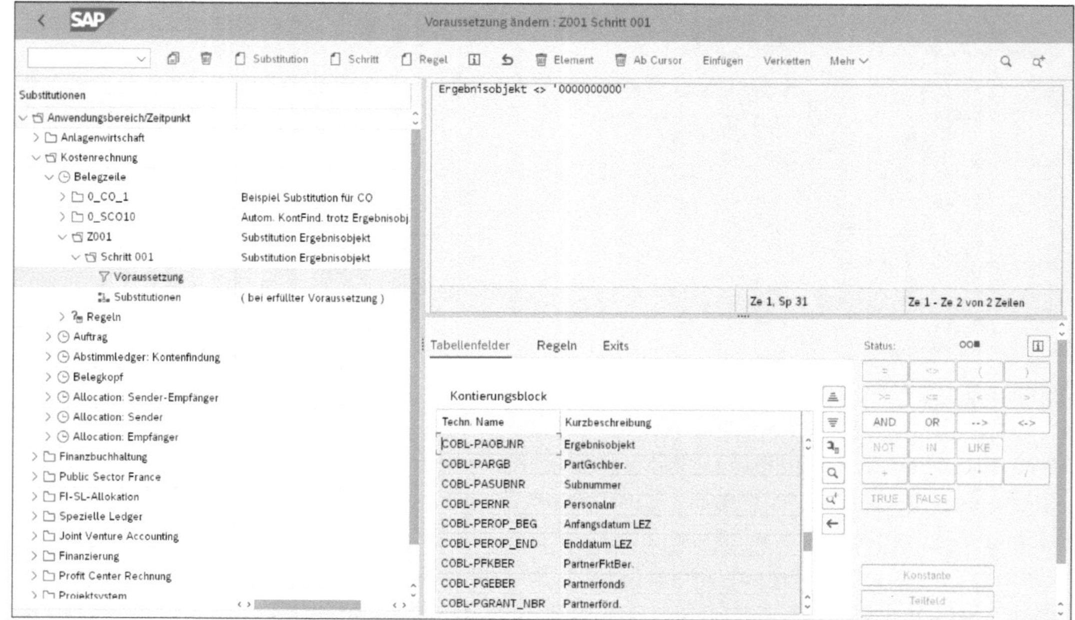

Abbildung 3.79 Voraussetzung anlegen

Zu substitutierende Felder wählen

Nach der Definition der Voraussetzung navigieren Sie im linken Bildbereich zu **Substitutionen** und legen fest, welches Feld substituiert werden soll. Es erscheint das Pop-up-Fenster in Abbildung 3.80, in dem Sie auswählen, welches Feld im Beleg ergänzt oder substituiert werden soll. Über einen Doppelklick wählen Sie in der Tabelle COBL das Feld GSBER (Geschäftsbereich) aus.

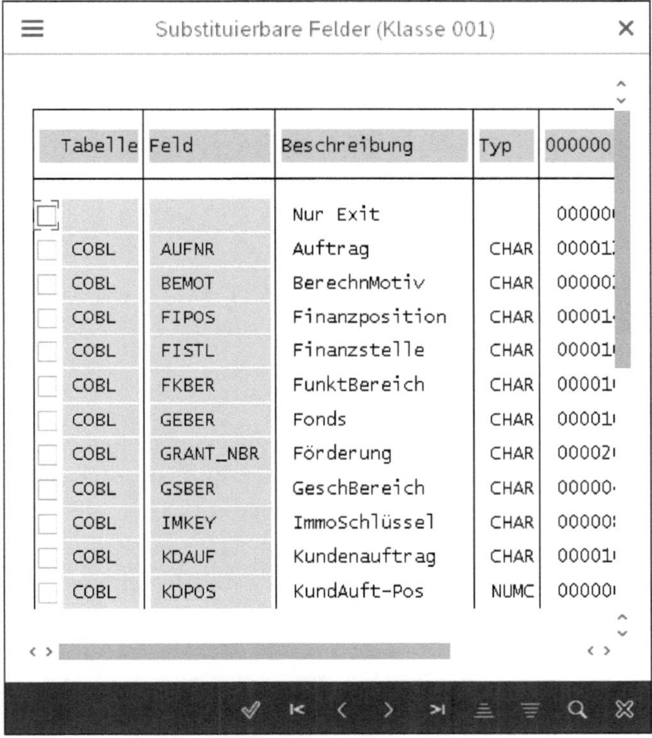

Tabelle	Feld	Beschreibung	Typ	000000
		Nur Exit		00000
COBL	AUFNR	Auftrag	CHAR	00001
COBL	BEMOT	BerechnMotiv	CHAR	00000
COBL	FIPOS	Finanzposition	CHAR	00001
COBL	FISTL	Finanzstelle	CHAR	00001
COBL	FKBER	FunktBereich	CHAR	00001
COBL	GEBER	Fonds	CHAR	00001
COBL	GRANT_NBR	Förderung	CHAR	00002
COBL	GSBER	GeschBereich	CHAR	00000
COBL	IMKEY	ImmoSchlüssel	CHAR	00000
COBL	KDAUF	Kundenauftrag	CHAR	00001
COBL	KDPOS	KundAuft-Pos	NUMC	00000

Abbildung 3.80 Substituierbare Felder auswählen

Substitutionsmethode eingeben

Im nächsten Pop-up-Fenster **Eingabe der Substitutionsmethode** können Sie festlegen, wie das in Abbildung 3.80 ausgewählte Feld substituiert werden soll. Es stehen die folgenden Möglichkeiten zur Auswahl:

- **Konstanter Wert**: Es wird ein konstanter Wert eingegeben, mit dem das Feld im Beleg substituiert werden soll.
- **Exit**: Mithilfe von Entwicklern legen Sie einen User-Exit an, der komplexe Logik dazu enthalten kann, wie das Feld substituiert wird.
- **Feld – Feld Zuweisung**: Sie wählen ein anderes Feld aus (wie z. B. die Kostenstelle), mit dessen Wert das in Abbildung 3.80 gewählte Feld überschrieben werden soll.

In unserem Beispiel in Abbildung 3.81 wählen Sie den Radiobutton **Konstanter Wert** für die Substitution des Feldes COBL-GEBER (Geschäftsbereich) aus und bestätigen Ihre Auswahl mit [↵].

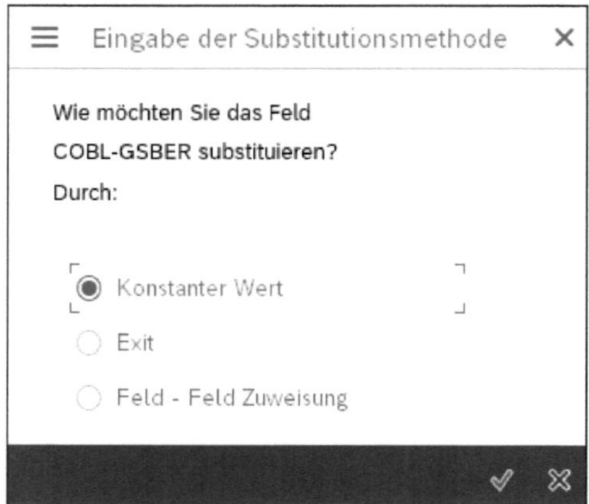

Abbildung 3.81 Substitutionsmethode auswählen

Konstante pflegen

Sie legen fest, dass für alle Belege, die ein Ergebnisobjekt beinhalten, das substituierende Merkmal **GeschBereich** (Geschäftsbereich) mit dem konstanten Wert »1000« gefüllt werden soll (siehe Abbildung 3.82).

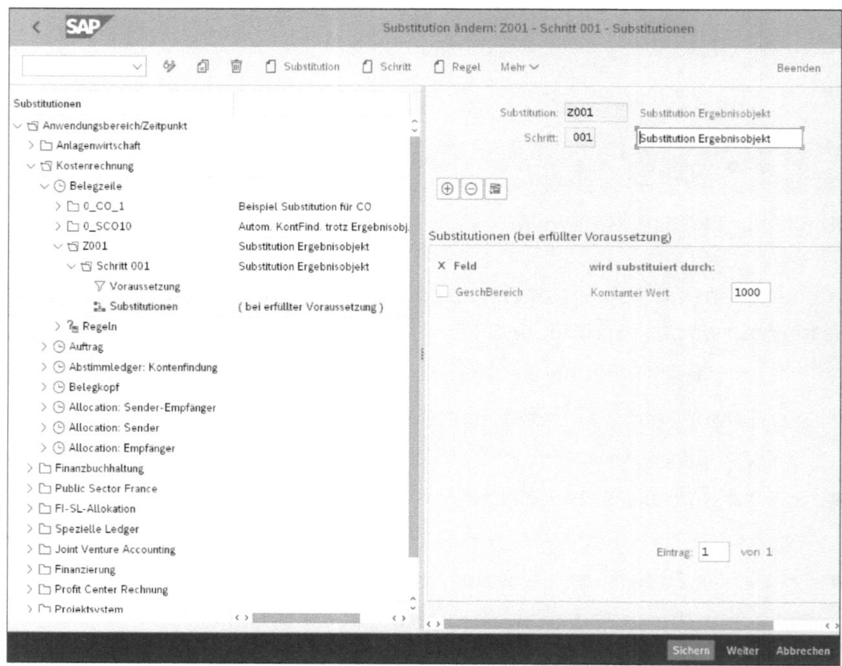

Abbildung 3.82 Substitution pflegen

Substitution transportieren

Substitutionen werden nicht automatisch in den Transport mitaufgenommen. Über **Mehr • Substitutionen • Transport** in Abbildung 3.83 können Sie die Substitution in einen Transport aufnehmen.

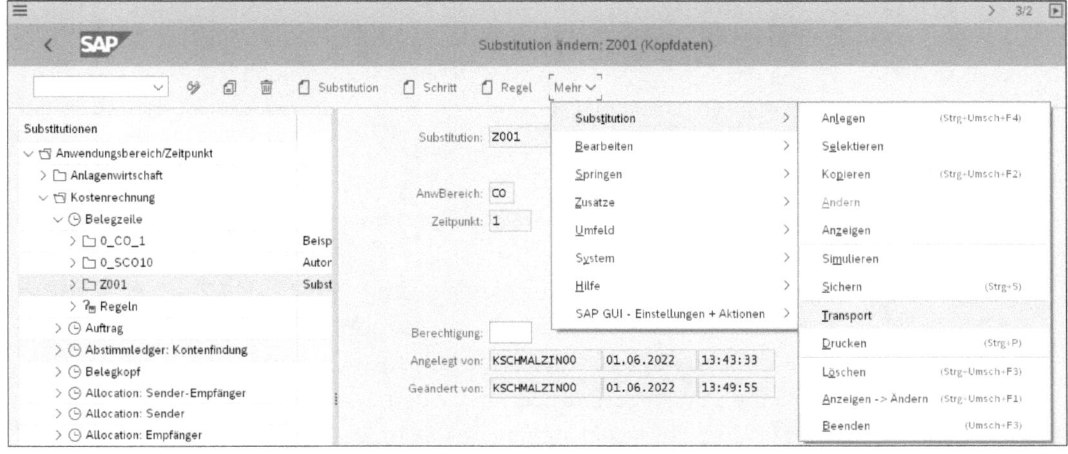

Abbildung 3.83 Substitution transportieren

Für den Transport der Substitution öffnet sich das Bild in Abbildung 3.84. In das Feld **Substitutionsname** tragen Sie den technischen Namen der Substitution »Z001« ein. Sie aktivieren im Bereich **Substitutions-Information** alle Haken und klicken im Anschluss auf den Button (**Ausführen**), woraufhin sich das Pop-up-Fenster für die Abfrage des Workbench-Auftrags öffnet. Wählen Sie den Transport aus, mit dem die Substitution transportiert werden soll, und bestätigen Sie Ihre Eingaben mit ↵.

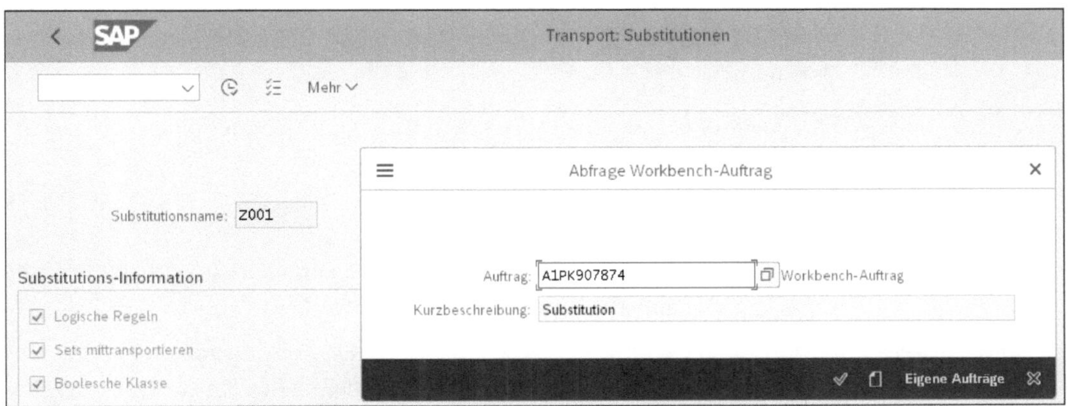

Abbildung 3.84 Substitution in den Workbench-Auftrag aufnehmen

Substitution aktivieren

Um die Substitution zu aktivieren, ist noch ein letzter Schritt im Customizing notwendig. Rufen Sie Transaktion OBBH auf, oder folgen Sie dem

Menüpfad **Controlling • Controlling allgemein • Kontierungslogik • Substitution definieren**. Über [Neue Einträge] aktivieren Sie in Abbildung 3.85 die von uns angelegte Substitution Z001 im **KKrs** (Kostenrechnungskreis) 8000.

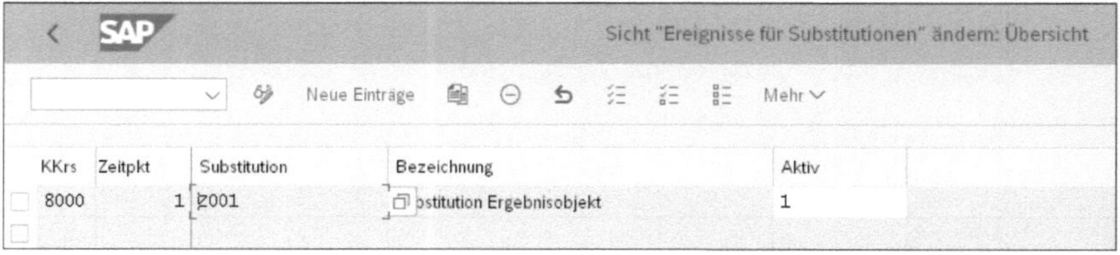

Abbildung 3.85 Substitution im Kostenrechnungskreis aktivieren

Zeitpunkt der Substitution festlegen

Neben dem Kostenrechnungskreis legen Sie auch den Zeitpunkt fest, zu dem die Substitution greifen soll. Der Zeitpunkt wird bei der Anlage der Substitution festgelegt. Sie haben die Substitution Z001 in Abbildung 3.77 auf der Ebene der Belegzeile angelegt, die dem Zeitpunkt 1 entspricht. Neben der Belegzeile als Zeitpunkt stehen die folgenden Zeitpunkte zur Verfügung:

- 0001: Belegzeile
- 0010: Auftrag
- 0060: Abstimmledger: Kontenfindung
- 0100: Belegkopf
- 0500: Allocation: Sender-Empfänger
- 0510: Allocation: Sender
- 0520: Allocation: Empfänger

In der Spalte **Aktiv** aktivieren Sie die Substitution, indem Sie das Kennzeichen **1** für **Aktiv** setzen. Es stehen die folgenden Eingabemöglichkeiten zur Verfügung:

- 0: Inaktiv
- 1: Aktiv
- 2: Aktiv, außer für Batch-Input

Im Anschluss speichern Sie Ihre Einstellungen über einen Klick auf den Button [Sichern]. Die Substitution ist nun einsatzbereit.

Sachkontenbeleg anlegen

Bei der Anlage eines Sachkontenbelegs mit Kontierung auf ein Ergebnisobjekt, wie in Abbildung 3.86 dargestellt, wird dem Beleg der Geschäftsbereich im Bereich **Kontierung** hinzugefügt und steht im Berichtswesen für weitere Auswertungen zur Verfügung.

Abbildung 3.86 Sachkontenbeleg überprüfen

3.4 Zusammenfassung

In diesem Kapitel haben Sie die unterschiedlichen Arten von Merkmalen kennengelernt und gesehen, wie Sie diese Merkmale anlegen. Des Weiteren haben Sie gelernt, wie Sie Ergebnisobjekte mit Merkmalen versorgen und welche Arten von Merkmalsableitungen Ihnen hierzu zur Verfügung stehen.

Im nächsten Kapitel erfahren Sie alles über die Anlage von Wert- und Mengenfeldern, die die Zeilenstruktur der kalkulatorischen Ergebnisrechnung definieren.

Kapitel 4

Customizing der Wert- und Mengenfelder für die kalkulatorische Ergebnisrechnung

Wert- und Mengenfelder gehören zu den Grundeinstellungen für die kalkulatorische Ergebnisrechnung. Die Definition der Wertfelder ist ein konzeptioneller Schritt in der Aktivierung der kalkulatorischen Ergebnisrechnung.

Wie bereits in Kapitel 1, »Einführung in die Ergebnisrechnung«, erwähnt, werden Wert- und Mengenfelder ausschließlich in der kalkulatorischen Ergebnisrechnung verwendet. Wertfelder definieren die Zeilenstruktur in der kalkulatorischen Ergebnisrechnung. Es gibt im SAP-System eine technische Begrenzung für Wertfelder auf 120 Wertfelder, die mithilfe von SAP-Hinweis 1029391 auf 200 Wertfelder erweitert werden kann. SAP empfiehlt nicht, alle Wertfelder zu verwenden, sondern mit einer Kombination aus Wertfeldern und Merkmalen zu arbeiten, um Flexibilität in den Auswertungen in der kalkulatorischen Ergebnisrechnung zu wahren.

In diesem Kapitel lernen Sie, wie Sie Wertfelder und Mengenfelder für die kalkulatorische Ergebnisrechnung im Customizing anlegen und anschließend dem Ergebnisbereich zuordnen.

4.1 Wertfelder konfigurieren

Wertfelder werden nur benötigt, wenn mit der kalkulatorischen Ergebnisrechnung gearbeitet wird. Die kalkulatorische Ergebnisrechnung speichert die Werte nicht auf Konten-/Kostenarten wie die Margenanalyse, sondern auf Wertfeldern. Wertfelder definieren die Zeilenstruktur in der kalkulatorischen Ergebnisrechnung. Im Customizing wird festgelegt, wie die Wertfelder mit Werten versorgt werden. Details dazu werden in Kapitel 6, »Customizing des Werteflusses für die kalkulatorische Ergebnisrechnung«, behandelt.

Wertfeld anlegen

Zur Anlage von Wertfeldern rufen Sie Transaktion KEA5 (Wertfelder bearbeiten: Einstieg) auf, oder Sie folgen dem Customizing-Pfad **Controlling • Er-**

gebnis- und Marktsegmentrechnung • Strukturen • Ergebnisbereich definieren • Wertfelder pflegen. Im Fenster **Wertfelder bearbeiten: Einstieg** können Sie sich zunächst eine Übersicht aller im System bereits vorhandenen Wertfelder anzeigen lassen, um zu entscheiden, welche Wertfelder neu angelegt werden müssen oder welche Wertfelder Sie wiederverwenden können. Aktivieren Sie das Kennzeichen **Alle Wertfelder**, und klicken Sie auf den Button [Anzeigen], um eine Übersicht aller im System vorhandenen Wertfelder zu erhalten (siehe Abbildung 4.1).

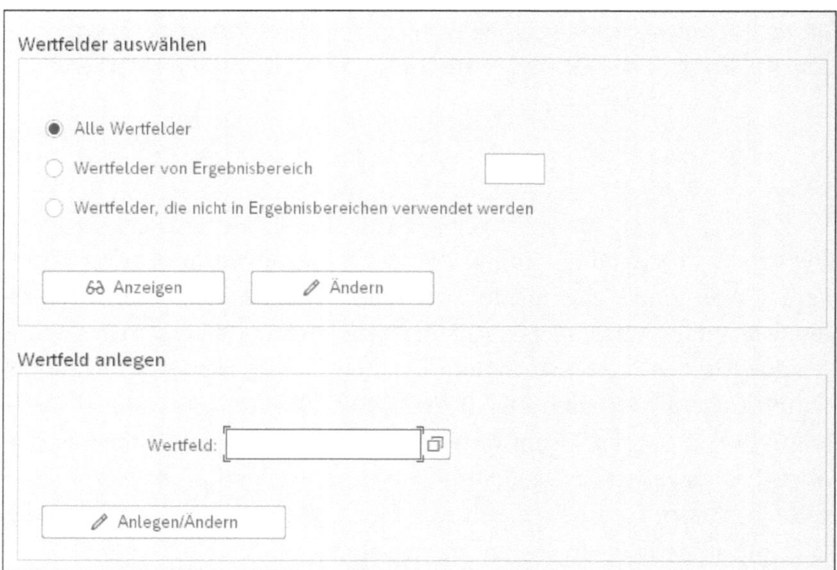

Abbildung 4.1 Wertfelder in SAP S/4HANA anzeigen

Details zum Wertfeld

Sie erhalten eine Listanzeige aller Wertfelder, wie es aus Abbildung 4.2 hervorgeht. Die Listanzeige enthält folgende Spalten:

- **Wertfeld**
  Fünfstelliger technischer Name des Wertfeldes. Alle selbst angelegten Wertfelder beginnen mit VV und drei Zeichen.
- **Bedeutung**
  Beschreibung des Wertfeldes.
- **Kurzwort**
  Kurzbeschreibung des Wertfeldes.
- **Betrag**
  Dieses Feld ist aktiviert, wenn das Wertfeld Beträge speichern soll.
- **Menge**
  Dieses Feld ist aktiviert, wenn das Wertfeld Mengen speichern soll.

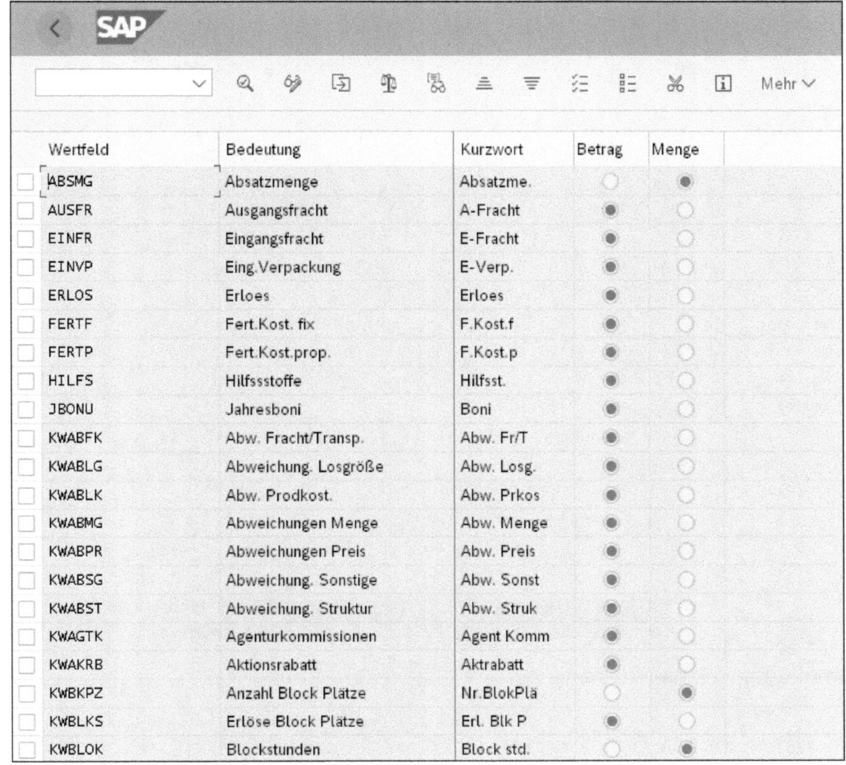

Wertfeld	Bedeutung	Kurzwort	Betrag	Menge
ABSMG	Absatzmenge	Absatzme.	○	●
AUSFR	Ausgangsfracht	A-Fracht	●	○
EINFR	Eingangsfracht	E-Fracht	●	○
EINVP	Eing.Verpackung	E-Verp.	●	○
ERLOS	Erloes	Erloes	●	○
FERTF	Fert.Kost. fix	F.Kost.f	●	○
FERTP	Fert.Kost.prop.	F.Kost.p	●	○
HILFS	Hilfssstoffe	Hilfsst.	●	○
JBONU	Jahresboni	Boni	●	○
KWABFK	Abw. Fracht/Transp.	Abw. Fr/T	●	○
KWABLG	Abweichung. Losgröße	Abw. Losg.	●	○
KWABLK	Abw. Prodkost.	Abw. Prkos	●	○
KWABMG	Abweichungen Menge	Abw. Menge	●	○
KWABPR	Abweichungen Preis	Abw. Preis	●	○
KWABSG	Abweichung. Sonstige	Abw. Sonst	●	○
KWABST	Abweichung. Struktur	Abw. Struk	●	○
KWAGTK	Agenturkommissionen	Agent Komm	●	○
KWAKRB	Aktionsrabatt	Aktrabatt	●	○
KWBKPZ	Anzahl Block Plätze	Nr.BlokPlä	○	●
KWBLKS	Erlöse Block Plätze	Erl. Blk P	●	○
KWBLOK	Blockstunden	Block std.	○	●

Abbildung 4.2 Wertfelder anzeigen

Wertfelder anzeigen

Prüfen Sie die im System angelegten Wertfelder, bevor Sie mit F3 oder < (**Zurück**) zurück zum Fenster **Wertfelder bearbeiten: Einstieg** gehen, und Sie lernen, wie Sie ein eigenes Wertfeld anlegen. Klicken Sie auf [Anlegen/Ändern], und es erscheint ein Pop-up-Fenster wie in Abbildung 4.3, in dem Sie den technischen Namen und die Bedeutung sowie die Art des Wertfeldes festlegen. Legen Sie das Betragswertfeld VV010 mit der Beschreibung **Entsorgung** an, wie in Abbildung 4.4 dargestellt.

Bestätigen Sie Ihre Eingaben mit ↵, und Sie gelangen in das Fenster **Wertfeld VV010 anlegen**, in dem Sie die Kurzbeschreibung eingeben und die Werte, die Sie im Pop-up-Fenster in Abbildung 4.3 gepflegt haben, nochmals überarbeiten können. Auch haben Sie die Möglichkeit, im Bereich **Aggregation** im Feld **Zeit-Aggr.** zulässige Aggregationen festzulegen (siehe Abbildung 4.4). Das Bezugsfeld für die Aggregation ist dabei immer die Periode des Geschäftsjahrs.

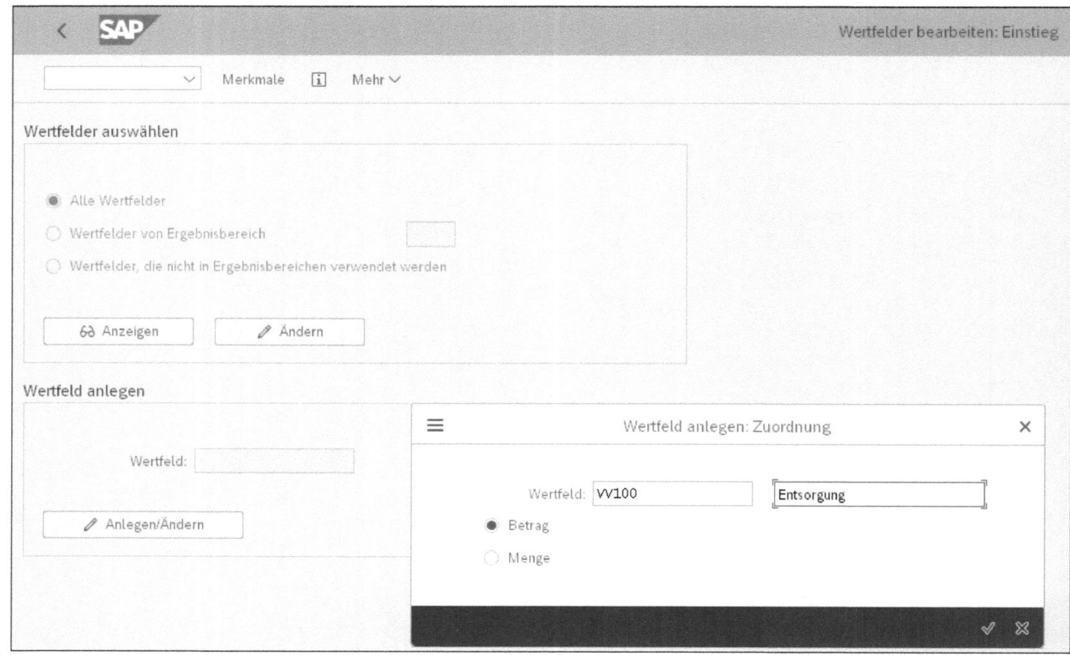

Abbildung 4.3 Wertfeld anlegen

Aggregationen des Wertfeldes

Es stehen die folgenden Aggregationen zur Auswahl:

- **SUM (Summation)**
  Das Wertfeld summiert alle Werte, die gespeichert werden. Dies ist die Standardeinstellung für Wertfelder und empfiehlt sich für alle Betragswertfelder.
- **AVG (Durchschnitt (alle Werte))**
  Das Wertfeld berechnet einen Durchschnitt aller Werte. Dies bietet sich für eine Kennzahl wie z. B. die durchschnittliche Mitarbeiterzahl an.
- **LAS (Letzter Wert)**
  Das Wertfeld speichert nur den letzten Wert. Diese Aggregation kommt z. B. bei der Speicherung eines Zinssatzes oder einer anderen monatlich feststehenden Kennzahl in Betracht.

Wertfeld aktivieren

Nach der Pflege der einzelnen Felder aktivieren Sie das Wertfeld über (**Aktivieren**) und speichern es über (**Sichern**). Nun ist das Wertfeld angelegt, aber noch nicht dem Ergebnisbereich zugeordnet.

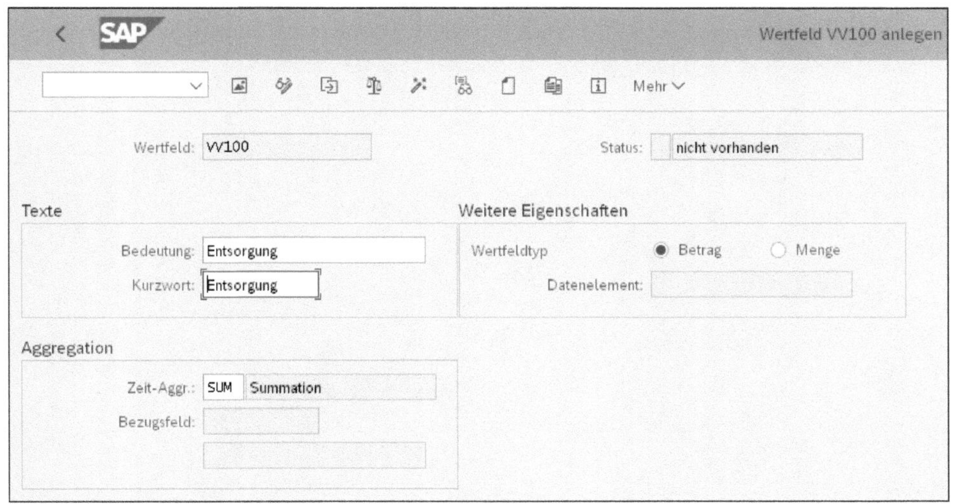

Abbildung 4.4 Bezeichnung des Wertfeldes pflegen

4.2 Mengenfelder konfigurieren

Sowohl in der kalkulatorischen als auch in der Margenanalyse können Mengenfelder, z. B. zur Ableitung der Absatzmenge, in den Beleg übernommen werden.

In der kalkulatorischen Ergebnisrechnung ist die Anlage eines Wertfeldes für Mengen Voraussetzung für die Ableitung einer Menge. Die Anlage eines Mengenwertfeldes erfolgt nach dem gleichen Prinzip wie die Anlage eines Wertfeldes für die Speicherung von Betragswerten.

Mengenwertfeld anlegen

Zur Anlage eines Mengenwertfeldes rufen Sie Transaktion KEA5 (Wertfelder bearbeiten: Einstieg) auf, oder Sie folgen dem Customizing-Pfad **Controlling • Ergebnis- und Marktsegmentrechnung • Strukturen • Ergebnisbereich definieren • Wertfelder pflegen.**

Klicken Sie im Fenster **Wertfelder bearbeiten: Einstieg** auf den Button [Anlegen/Ändern], und es erscheint ein Pop-up-Fenster wie in Abbildung 4.5, in dem Sie den technischen Namen und die Bedeutung sowie die Art des Wertfeldes festlegen. Legen Sie das Mengenwertfeld VVKAR mit der Beschreibung **Karton** an, und bestätigen Sie Ihre Eingaben mit [↵].

Es öffnet sich das Fenster **Wertfeld VVKAR anlegen**. Wie in Abbildung 4.6 können Sie hier die **Bedeutung** (Karton) und das **Kurzwort** (Karton) festlegen. Im Feld **Zeit-Aggr.** bestimmen Sie, ob sich die Mengen im Wertfeld aufsummieren (SUM) oder ob ein Durchschnittswert (AVG) gebildet werden soll.

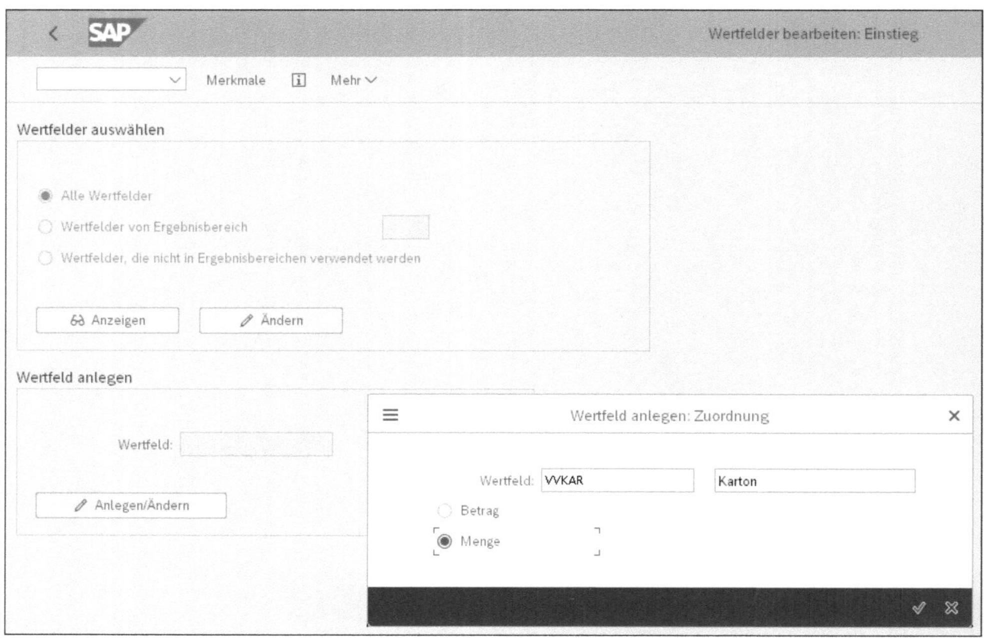

Abbildung 4.5 Mengenfeld anlegen

Mengenwertfeld aktivieren

Aktivieren Sie das Mengenwertfeld über den Button (**Aktivieren**), und speichern Sie das Wertfeld über (**Sichern**). Nun ist das Mengenwertfeld angelegt und kann dem Ergebnisbereich zugeordnet werden.

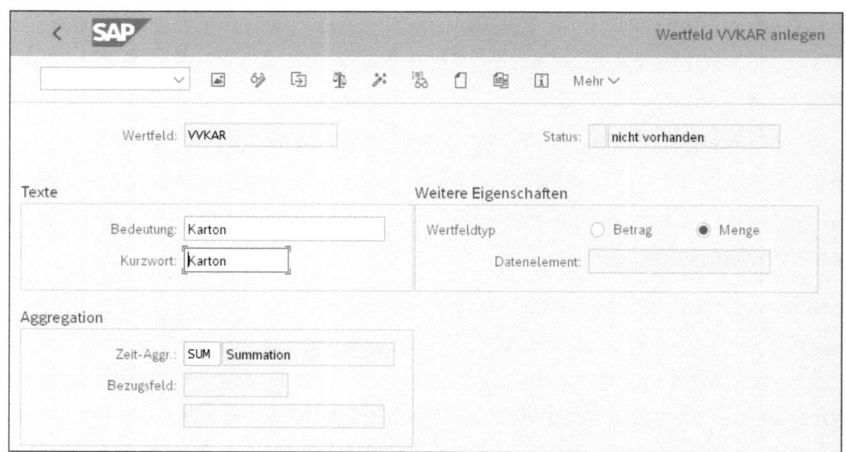

Abbildung 4.6 Mengenfeld pflegen: Details

Zuordnung zum SD-Mengenfeld

Die Mengenwertfelder müssen im Anschluss einer Menge zugeordnet werden. Rufen Sie dazu Transaktion KE4M oder den Customizing-Pfad **Controlling • Ergebnis- und Marktsegmentrechnung • Werteflüsse im Ist • Fakturen übernehmen • Mengenfelder zuordnen** auf.

Im Fenster **Sicht "Zuordnung von SD-Mengenfelder zu CO-PA-Mengenfeldern" ändern** können Sie über **Neue Einträge** zu den nachfolgenden SD-Mengenfeldern CO-PA-Mengenfelder zuordnen (siehe Abbildung 4.7).

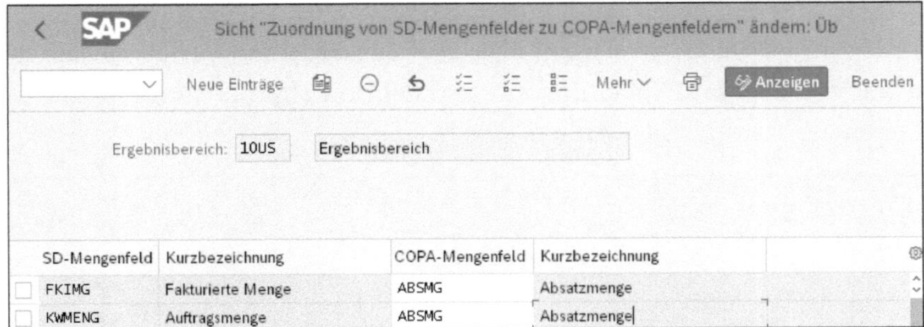

Abbildung 4.7 SD-Mengenfelder zu CO-PA-Mengenfeldern zuordnen

In Tabelle 4.1 sehen Sie eine Übersicht aller zuordenbaren Mengenfelder.

SD-Mengenfeld	Bezeichnung
BRGEW	Bruttogewicht
FKIMG	Fakturierte Menge
FKLMG	Fakturamenge Liefermengeneinheit
KBMENG	Kumulierte bestätigte Menge
KLMENG	Kumulierte bestätigte Menge
KWMENG	Auftragsmenge
LSMENG	Liefersollmenge
NTGEW	Nettogewicht
VOLUM	Volumen

Tabelle 4.1 Übersicht über die SD-Mengenfelder

In Abbildung 4.7 werden die SD-Mengenfelder FKIMG und KWMENG dem CO-PA-Mengenfeld ABSMG zugeordnet. Über die Vorgangsart können Sie die unterschiedlichen Mengen, die in demselben Wertfeld gespeichert sind, später im Beleg unterscheiden.

In folgendem Praxisbeispiel überprüfen Sie die soeben vorgenommenen Einstellungen zur Überleitung der Mengen sowohl in die Margenanalyse als auch in die kalkulatorische Ergebnisrechnung.

Materialstamm anzeigen

Rufen Sie zuerst die Grunddaten des Materialstamms auf, um zu überprüfen, ob eine alternative Mengeneinheit im Materialstamm gepflegt ist. Rufen Sie dazu Transaktion MM03 oder den folgenden Customizing-Pfad auf: **Logistik • Bestandsführung • Umfeld • Auskunft • Material**.

In der Sicht **Grunddaten 1** können Sie über **Zusatzdaten • Mengeneinheiten des Materials**, wie in Abbildung 4.8 dargestellt, die alternativen Mengeneinheiten des Materials überprüfen.

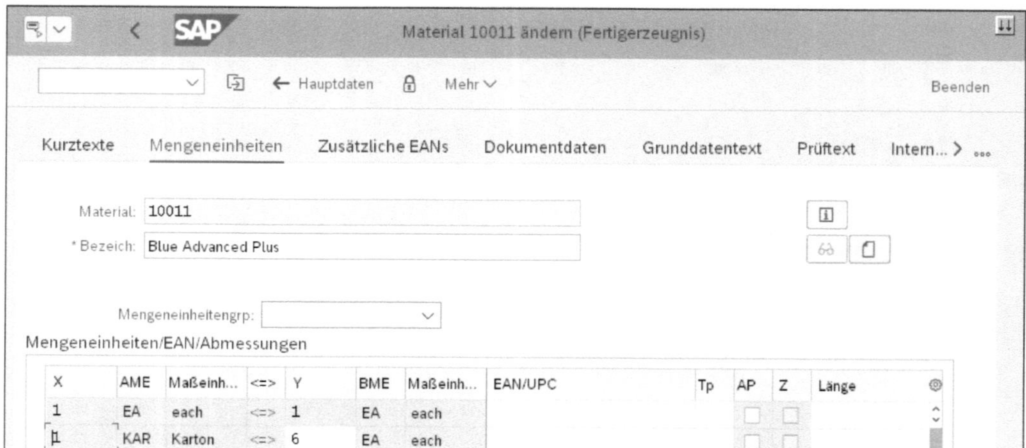

Abbildung 4.8 Alternative Mengeneinheiten im Materialstamm überprüfen

[»]

Mengenfelder

In der Margenanalyse besteht die Möglichkeit, bis zu drei verschiedene Mengenfelder im Ergebnisbereich zu definieren.

In der kalkulatorischen Ergebnisrechnung können bis zu neun Mengenfelder definiert und dem Ergebnisbereich zugeordnet werden. Pro Mengenfeld wird ein Wertfeld mit dem Wertfeldtyp **Menge** angelegt.

4.3 Wert- und Mengenfelder dem Ergebnisbereich zuordnen

Zur Zuordnung des Wert- und Mengenfeldes zum Ergebnisbereich rufen Sie Transaktion KEA0 auf, oder Sie folgen dem Customizing-Pfad **Controlling • Ergebnis- und Marktsegmentrechnung • Strukturen • Ergebnisbereich definieren**. Geben Sie den Ergebnisbereich, dem Sie das Wertfeld zuordnen möchten, in das Feld **Ergebnisbereich** ein.

In unserem Beispiel in Abbildung 4.9 werden Sie das Wertfeld dem Ergebnisbereich US10 zuordnen. Zur Änderung der Datenstrukturen klicken Sie auf [icon] (**Anzeigen <-> Ändern**) und im Anschluss auf [→ Ändern] im Bereich **Datenstruktur**.

Datenstruktur ändern

Es öffnet sich das Fenster **Datenstruktur bearbeiten: Merkmalsbild**. Klicken Sie hier auf die Registerkarte **Wertfelder**, und Sie sehen das Fenster **Datenstruktur bearbeiten: Wertfeldbild**, wie in Abbildung 4.9 dargestellt.

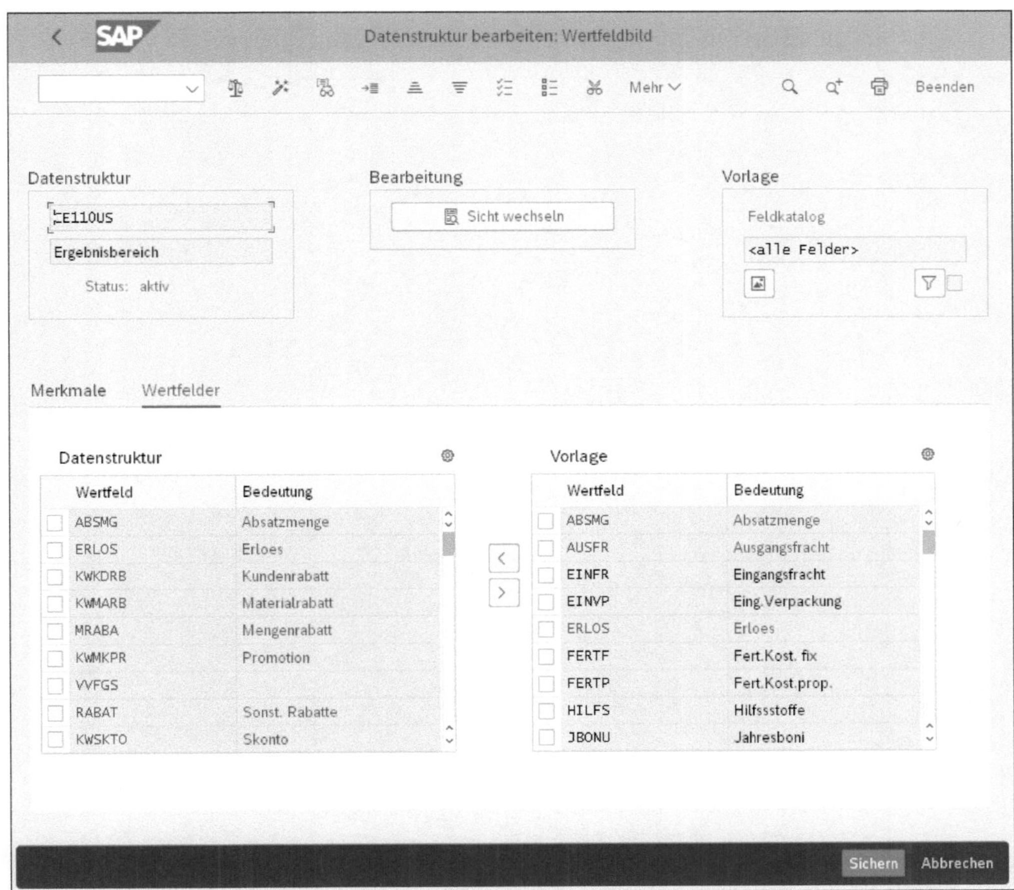

Abbildung 4.9 Datenstruktur des Ergebnisbereichs ändern

Im Fenster **Datenstruktur bearbeiten: Wertfeldbild** sehen Sie eine Übersicht aller dem Ergebnisbereich bereits zugeordneten Mengen- und Wertfelder in der Tabelle **Datenstruktur**. In der Tabelle **Vorlage** sehen Sie alle im System vorhandenen Mengen- und Wertfelder, die dem Ergebnisbereich zugeordnet werden können (siehe Abbildung 4.10). Die Zuordnung der Mengen- und Wertfelder aus der Vorlagetabelle zum Ergebnisbereich erfolgt über die

Buttons [<] (**Felder übernehmen**) und [>] (**Felder zurückstellen**) in der Mitte der Tabellen. Nach der Zuordnung der Mengen- und Wertfelder zum Ergebnisbereich werden diese in der Tabelle **Vorlage** in blauer Schrift dargestellt und können nicht erneut für die Zuordnung ausgewählt werden. Ist ein Mengen- oder Wertfeld dem Ergebnisbereich bereits zugeordnet und im Ergebnisbereich aktiviert, ist es nur sehr schwer möglich, die Zuordnung wieder aufzuheben. Wenn das Mengen-/Wertfeld im Customizing oder in Berichten bereits verwendet wird, muss es erst hier gelöscht werden, bevor es aus dem Ergebnisbereich entfernt werden kann.

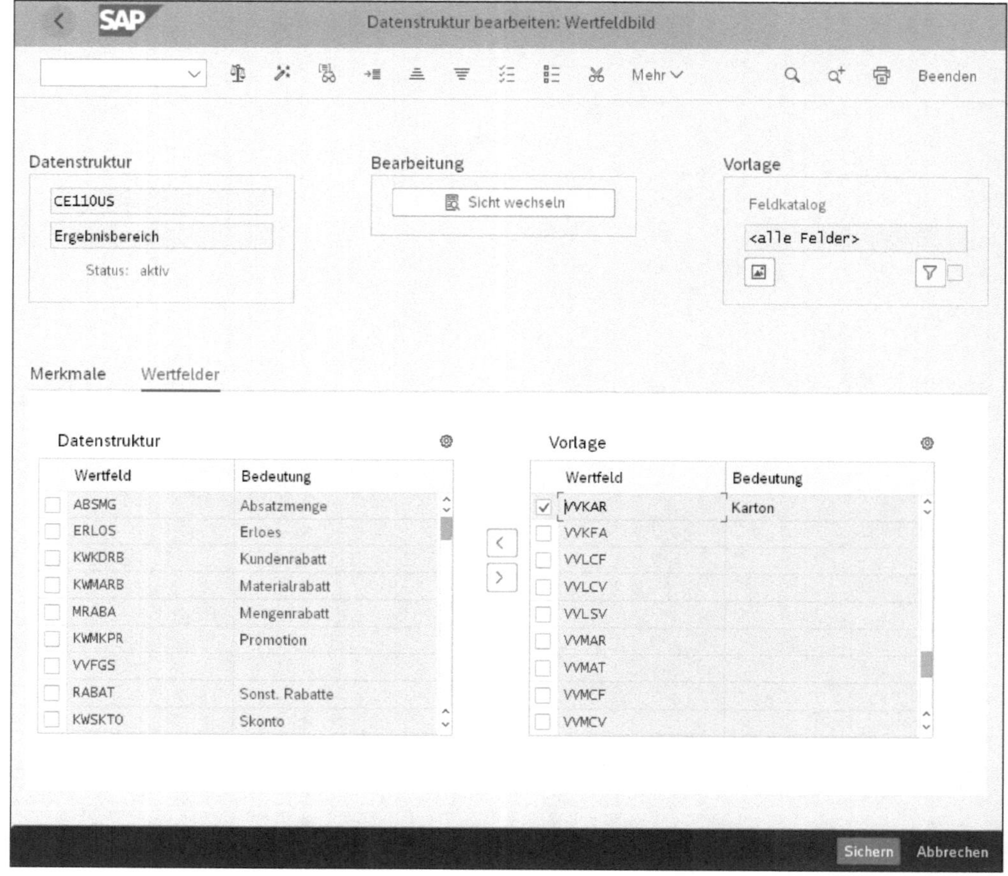

Abbildung 4.10 Mengenfeld hinzufügen

Datenstruktur aktivieren

Nachdem Sie die Mengen-/Wertfelder aus der Vorlagetabelle der Datenstruktur zugeordnet haben, aktivieren Sie die Datenstruktur über [Aktivieren-Symbol] (**Aktivieren**).

Nach dem Aktivieren der Datenstrukturpflege verlassen Sie diese über [F3] oder [<] (**Zurück**).

Ergebnisbereich aktivieren

Es erscheint ein Pop-up-Fenster wie in Abbildung 4.11, in dem gefragt wird, ob die Umgebung des Ergebnisbereichs aktiviert werden soll. Damit der Ergebnisbereich wieder aktiviert wird, ist die Generierung des Ergebnisbereichs erforderlich. Bestätigen Sie deshalb das Pop-up-Fenster mit **Ja**.

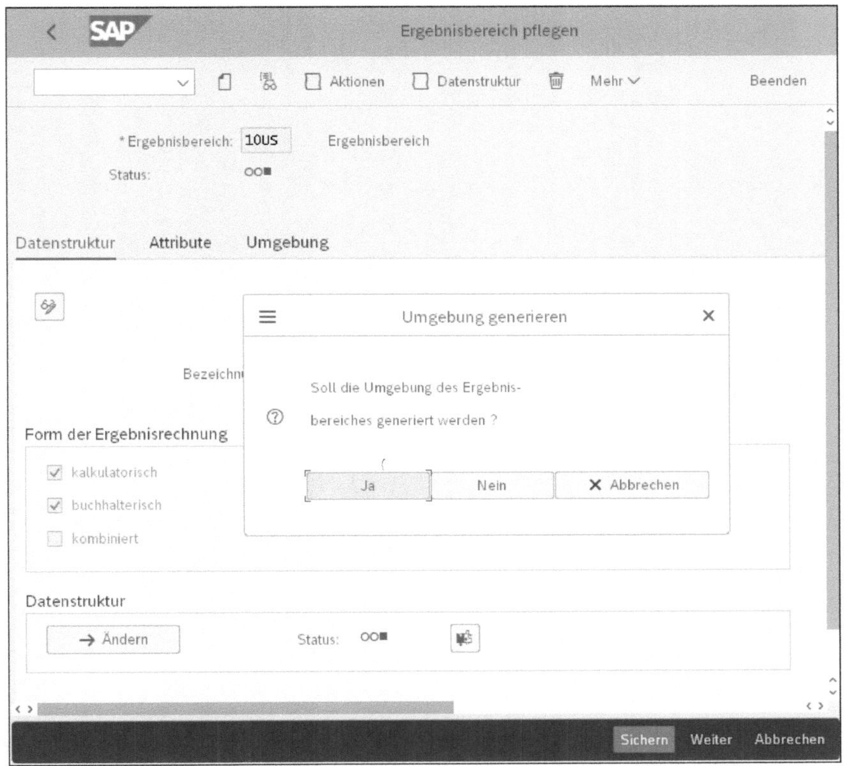

Abbildung 4.11 Ergebnisbereich generieren

Nach der erfolgreichen Generierung des Ergebnisbereichs sollte der Status des Ergebnisbereichs sowie der Datenstruktur grün sein. Ist dies nicht der Fall, können Sie den Ergebnisbereich manuell über die Registerkarte **Umgebung** nachgenerieren. Das Mengen-/Wertfeld ist nun dem Ergebnisbereich zugeordnet und steht Ihnen im Customizing oder in der Definition des Berichts zur Auswahl zur Verfügung.

4.4 Zusammenfassung

In diesem Kapitel haben wir Ihnen gezeigt, wie Sie Wertfelder und Mengenfelder für die kalkulatorische Ergebnisrechnung anlegen und diese dem Ergebnisbereich zuordnen, sodass sie in der kalkulatorischen Ergebnisrechnung zur Verfügung stehen. In Kapitel 6 lernen Sie, wie Sie die Wert- und Mengenfelder in der kalkulatorischen Ergebnisrechnung mit Werten versehen.

Kapitel 5
Customizing des Werteflusses für die Margenanalyse

Nach der Aktivierung des Ergebnisbereichs für die Margenanalyse und die Zuordnung der Wertfelder werden z. B. für Kundenaufträge automatisch Ergebnisobjekte erzeugt. Für alle anderen Prozesse ist jedoch Customizing notwendig. Hierzu ist es wichtig, zu verstehen, wie der Ist-Wertefluss aufgebaut ist und wie die Daten aus vorgelagerten Prozessen in der Finanzbuchhaltung verarbeitet und dargestellt werden.

Die Grundeinstellungen der Ergebnis- und Marktsegmentrechnung (kurz: Ergebnisrechnung, CO-PA) definieren die Basis für die Nutzung von CO-PA. Gleichzeitig legen sie die Struktur von CO-PA fest, d. h., welche Merkmale für Auswertungen zur Verfügung stehen und wie die Ableitung dieser Merkmale erfolgt.

In diesem Kapitel erfahren Sie, wie Sie den Ist-Wertefluss für die Margenanalyse konfigurieren. Der Ist-Wertefluss definiert, wie die Daten in die Finanzbuchhaltung übernommen werden. Ich zeige Ihnen, wie Fakturen, Herstellkosten und Abweichungen in die Margenanalyse übergeleitet werden. Zudem erfahren Sie in diesem Kapitel, wie Gemeinkosten, z. B. Projekte und Kostenstellen, in die Margenanalyse abgerechnet bzw. umgelegt werden können. Außerdem lernen Sie alle neuen Funktionen der Margenanalyse kennen.

5.1 Einführung

Ist-Wertefluss

Der *Ist-Wertefluss* bestimmt, wie die Daten aus den vorgelagerten Prozessen (z. B. Logistik, Vertrieb) in der Finanzbuchhaltung und Margenanalyse ankommen und verarbeitet werden. Mit SAP S/4HANA Finance wurden die Möglichkeiten für die Gestaltung des Ist-Werteflusses für die Margenanalyse stark erweitert. Für das Reporting ist es wichtig zu verstehen, welche Merkmale wie in den Beleg abgeleitet werden, um ein vollständiges und aussagekräftiges Reporting zu ermöglichen.

5.2 Predictive Accounting

Berichte und Analysen in Finanzbuchhaltung und Controlling waren in SAP ERP vorwiegend vergangenheitsorientiert. Am Ende der Periode wurde analysiert, was während der Periode geschehen ist. Mit dem immer stärkeren Wettbewerb und der erhöhten Schnelligkeit am Markt wurde es immer wichtiger zu verstehen, was jetzt passiert. Die Anforderungen an das Echtzeit-Reporting sind immer weiter gewachsen und werden heute sogar als Mindestanforderungen bei der Auswahl eines ERP-Systems genannt.

Continous Accounting

Mit SAP S/4HANA sind wir dem Echtzeit-Reporting, dem sogenannten *Continuous Accounting*, einen bedeutenden Schritt nähergekommen. Das Universal Journal bietet Ihnen eine Echtzeitintegration sowie Analysemöglichkeiten auf höchstem Detaillevel. Doch selbst das genügt nicht mehr – der Markt fordert immer schnellere Entscheidungen. Diese Entscheidungen können jedoch nicht auf Monatsabschlussberichten fundieren, sondern es werden Einblicke in die Zukunft erwartet.

Predictive Accounting

Das *Predictive Accounting* (also das vorausschauende Rechnungswesen) gibt einen Einblick in zukünftige Unternehmensperformance und unterstützt Sie damit bei der Entscheidungsfindung für Ereignisse in der Zukunft.

Es gibt zwei Herangehensweisen im Zusammenhang mit dem Predictive Accounting:

1. **Top-down-Prognose**
   Die *Top-down-Prognose* verwendet mathematische Logik, um historische Daten zu analysieren. Sie ermöglicht die Erstellung einer Prognose für die Zukunft, basierend auf Trends, vergangenen Perioden und Fluktuation. Im SAP-System kann das Machine Learning (ML) für die Top-down-Prognose verwendet werden.
2. **Bottom-up-Prognose**
   Die *Bottom-up-Prognose* basiert auf aktuellen Belegen eines Geschäftsprozesses und sagt deren Ergebnis voraus. Das System erstellt z. B. eine Prognose für die zu erwartenden Umsätze. Die Bottom-up-Prognose wird als Predictive Accounting bezeichnet.

Bottom-up-Prognose in SAP S/4HANA

Mit SAP S/4HANA 1809 hat SAP zwei Funktionen im Predictive Accounting für die Bottom-up-Prognose geschaffen:

- *Kundenauftragsbestand*: Vorhersage der zu erwartenden Umsätze
- *Verbindlichkeiten aus Bestellungen*: Vorhersage der zu erwartenden Kosten

In diesem Kapitel gehen wir näher auf das Customizing des Kundenauftragsbestands zur Anzeige der zu erwartenden Umsätze ein. Voraussetzung für das Predictive Accounting ist die Anlage eines Erweiterungsledgers.

Erweiterungsledger

Das *Erweiterungsledger* ist ein Ledger, das auf Basis eines Standard-Ledgers angelegt wird. Bei der Auswertung eines Erweiterungsledgers werden auch die Buchungen des zugrunde liegenden Ledgers angezeigt. Sie können Buchungen erstellen, die ausschließlich für das Erweiterungsledger relevant sind. Erweiterungsledger werden z. B. für Buchungen, die ausschließlich für die Managementsicht relevant sind, verwendet, ohne dabei die Buchungen der Finanzbuchhaltung zu beeinflussen.

Wertefluss im Predictive Accounting

In Abbildung 5.1 sehen Sie eine Übersicht über den Wertefluss im Predictive Accounting für den Kundenauftragsbestand. Im Vertrieb wird bei der Bestellung ein Kundenauftrag angelegt, der Informationen über die Materialien enthält, die der Kunde in einer bestimmten Menge und zu einem bestimmten Preis bestellt. Das Kalkulationsschema im Kundenauftrag kalkuliert unter Berücksichtigung der Produktions- und Beschaffungskosten einen Deckungsbeitrag. Zu diesem Zeitpunkt entstehen keinerlei Buchungen in der Finanzbuchhaltung. Nach der Anlage des Kundenauftrags wird, abhängig von der Verfügbarkeit, eine Lieferung erstellt und ein Warenausgang gebucht. Die Warenausgangsbuchung löst eine Buchung in der Finanzbuchhaltung aus. Mit Bezug zur Lieferung wird dann eine Faktura erstellt, die die Kosten an den Kunden fakturiert und somit eine Erlösbuchung und eine Forderungsbuchung erstellt.

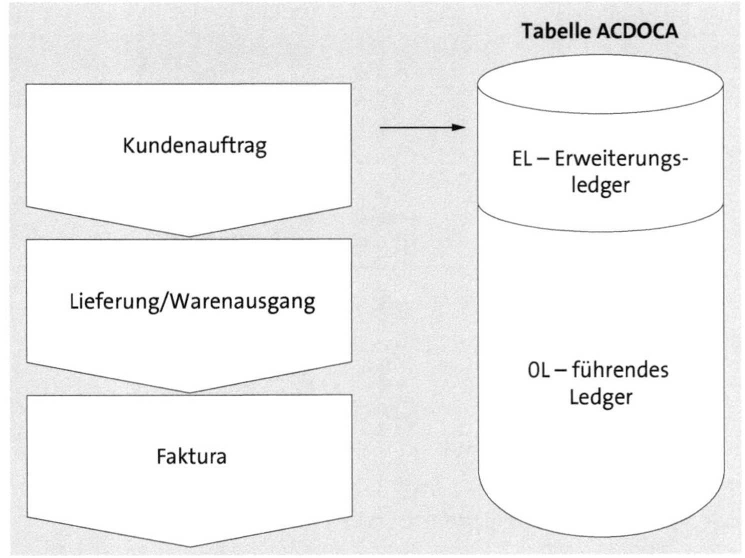

Abbildung 5.1 Wertefluss im Predictive Accounting für den Kundenauftragsbestand

Belege im Erweiterungsledger

Die Faktura löst wiederum einen Buchhaltungsbeleg aus. All diese Finanzbuchhaltungsbelege werden in das führende Ledger 0L und, je nach Einstellungen, in parallele Ledger gebucht. Keiner dieser Belege wird in das Erweiterungsledger gebucht. Mit dem Predictive Accounting haben Sie nun die Möglichkeit, bei der Anlage eines Kundenauftrags die zu erwartenden Umsätze, die Materialkosten und damit auch den Deckungsbeitrag in ein Erweiterungsledger zu buchen. Sie können sich die GuV und die Bilanz für das Erweiterungsledger anzeigen lassen und sehen in diesem Bericht alle Buchungen des Erweiterungsledgers und des zugrunde liegenden Ledgers, das in unserem Beispiel dem Ledger 0L entspricht.

Der Bericht gibt Ihnen somit einen Ausblick in die Zukunft und zeigt die Erlöse und Kosten an, bevor diese gebucht sind.

Erweiterungsledger anlegen

Ein Erweiterungsledger legen Sie im Customizing der Finanzbuchhaltung über den folgenden Pfad an: **Finanzwesen • Grundeinstellung Finanzwesen • Bücher • Ledger • Einstellungen für Ledger und Währungstypen definieren**. In Abbildung 5.2 wurde das Erweiterungsledger EL angelegt. Für ein Erweiterungsledger für das Predictive Accounting müssen die folgenden Einstellungen vorgenommen werden:

- Ledger-Typ: **Erweiterungsledger**
- Erweiterungsledgerart: **Einzelposten mit technischen Nummern/ Löschen nicht möglich** oder Erweiterungsledgerart P
- Zugrunde liegendes Ledger: **führendes** oder **paralleles Ledger**; in Abbildung 5.2 wurde das Ledger 0L als zugrunde liegendes Ledger gewählt.

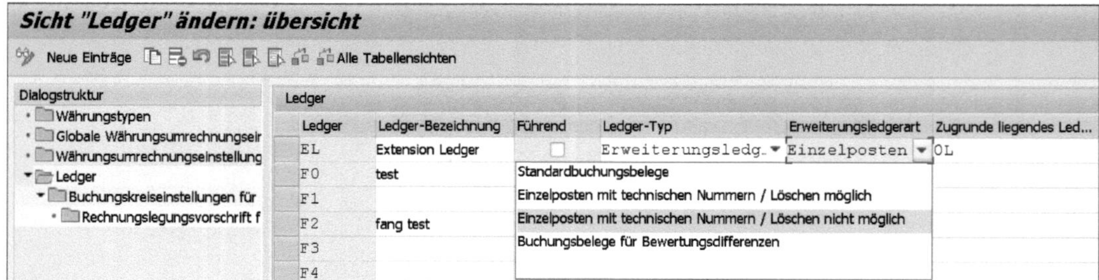

Abbildung 5.2 Erweiterungsledger anlegen

Erweiterungsledger zuordnen

Sie müssen das Erweiterungsledger den Buchungskreisen, in denen das Predictive Accounting aktiviert werden soll, sowie einer Ledger-Gruppe zuordnen. Für die Zuordnung der Ledger-Gruppen wählen Sie dieselben Ledger-Gruppen wie für das zugrunde liegende Ledger.

Im nächsten Schritt ordnen Sie das Erweiterungsledger in dem folgenden Customizing-Pfad für die Anwendung im Predictive Accounting zu: **Finanzwesen • Predictive Accounting • Vorhersage-Ledger definieren**.

Verfügbarkeitskontrolle im Erweiterungsledger

Über einen Klick auf **Neue Einträge** können Sie das in Abbildung 5.1 angelegte Erweiterungsledger der Tabelle in Abbildung 5.2 zuordnen. Haben Sie das Erweiterungsledger mit den falschen Merkmalen angelegt, können Sie dies nicht als Vorhersage-Ledger zuordnen (siehe Abbildung 5.3). Arbeiten Sie mit dem Predictive Accounting für Bestellungen, können Sie über den Button **Für Verfügbarkeitskontrolle relevant** definieren, dass das Predictive Accounting die Verfügbarkeitskontrolle mit in Betracht zieht. Diesen Button können Sie nur für ein Erweiterungsledger nutzen. Arbeiten Sie mit mehreren Erweiterungsledgern in Ihrem System, müssen Sie festlegen, für welches Erweiterungsledger dieser Button verwendet werden soll.

Sicht "Vorhersage-Ledger prüfen" ändern: Übersicht

Neue Einträge

Vorhersage-Ledger prüfen

Ledger	Ledger-Bezeichnung	Für Verfügbarkeitskontrolle relevant
EL	Extension Ledger	☑

Abbildung 5.3 Vorhersage-Ledger definieren

Erweiterungsledger aktivieren

Nach der Anlage des Erweiterungsledgers und dessen Aktivierung für das Predictive Accounting aktivieren Sie nun das Predictive Accounting für den Kundenauftragsbestand. Die Aktivierung erfolgt im Customizing über den folgenden Pfad: **Finanzwesen • Predictive Accounting • Predictive Accounting für Verkaufsprozesse aktivieren**.

Predictive Accounting aktivieren

In unserem Beispiel aktivieren Sie das Predictive Accounting für den Kundenauftragsbestand im Kostenrechnungskreis 9000 (siehe Abbildung 5.4).

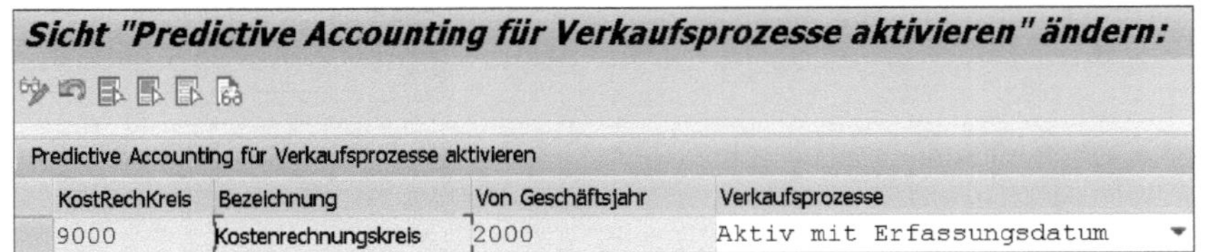

Sicht "Predictive Accounting für Verkaufsprozesse aktivieren" ändern:

Predictive Accounting für Verkaufsprozesse aktivieren

KostRechKreis	Bezeichnung	Von Geschäftsjahr	Verkaufsprozesse
9000	Kostenrechnungskreis	2000	Aktiv mit Erfassungsdatum

Abbildung 5.4 Predictive Accounting für den Kundenauftragsbestand im Kostenrechnungskreis aktivieren

Predictive Accounting für Bestellungen

Auch können Sie das Predictive Accounting für Bestellungen aktivieren um zukünftige Kosten im Erweiterungsledger anzuzeigen. Zusätzlich haben Sie die Möglichkeit, die Verfügbarkeitskontrolle im Predictive Accounting zu berücksichtigen. Bestellobligos werden dabei in das Erweiterungsledger gebucht, und bei Wareneingang werden diese Buchungen aufgelöst. Auf diese Weise können Sie zukünftige Kosten in Ihrem Berichtswesen berücksichtigen.

Sie kennen bestimmt die Einstellungen zur Fakturaüberleitung oder zur Übernahme des Kundenauftragsbestands aus der kalkulatorischen Ergebnisrechnung, und Sie definieren pro Konditionsart des Kalkulationsschemas, welche Werte in die kalkulatorische Ergebnisrechnung übernommen werden sollen. Für die Übernahme des Kundenauftragsbestands im Predictive Accounting müssen hingegen Verkaufsbelegarten und Kundenauftragspositionen für die Überleitung im Customizing gepflegt werden.

Nach der Pflege der Verkaufsbelegarten pflegen Sie nun die Kundenauftragspositionstypen für die Übernahme. Die Pflege der Kundenauftragspositionstypen erfolgt im Customizing über den Pfad **Finanzwesen • Predictive Accounting • Predictive Accounting für Kundenauftragspositionen aktivieren**.

Kundenauftragsbestand in Erweiterungsledger überleiten

Nun wird für alle Kundenaufträge mit Positionstyp TAN der Kundenauftragsbestand in das Erweiterungsledger übergeleitet. Sie können über **Mehr • Fehlende Positionstypen holen** alle im System aktiven Positionstypen einblenden und diese einzeln im Bereich **Predictive Acctg für Kundenauftragspositionstypen aktivieren** für die Übernahme des Kundenauftragsbestands aktivieren (siehe Abbildung 5.5).

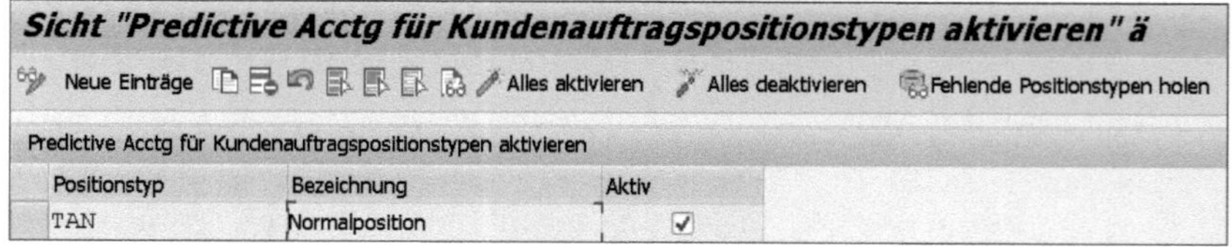

Abbildung 5.5 Kundenauftragspositionen für die Übernahme des Kundenauftragsbestands aktivieren

Kontenfindung

Neben diesen Customizing-Einstellungen stellen Sie sicher, dass alle in der Kontenfindung der Faktura verwendeten Sachkonten als Kostenarten angelegt sind. Es werden nur die Werte in das Erweiterungsledger übergeleitet, die auf eine Kostenart gebucht werden.

In Abbildung 5.6 sehen Sie einen Kundenauftrag mit der Kundenauftragsart TA und dem Positionstyp TAN. Sie sehen die Kundenauftragsposition 10 mit Material ASD000987 und mit einem Konditionswert von 500,00 EUR pro Stück. Mit diesem Kundenauftrag sollen 100 Stück verkauft werden, also beläuft sich der Bruttoumsatz auf 50.000,00 EUR.

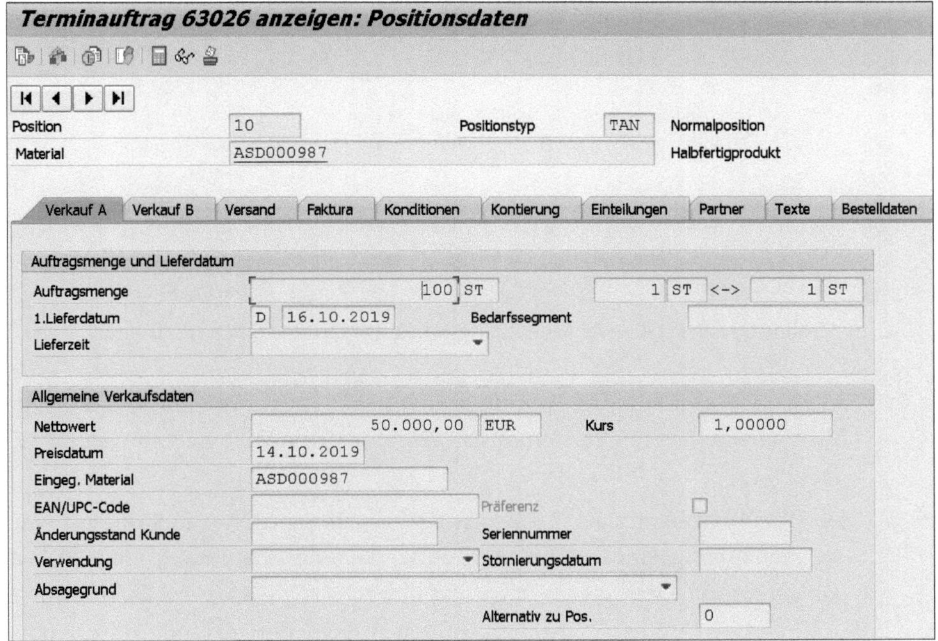

Abbildung 5.6 Kundenauftragsposition anzeigen

Belegfluss des Kundenauftrags

Mit dem Speichern des Kundenauftrags sollen Belege im Erweiterungsledger für die Übernahme des Kundenauftragsbestands angelegt werden. Im Belegfluss des Kundenauftrags sehen Sie die Belege für das Predictive Accounting leider nicht. Daher prüfen Sie das Universal Journal auf Belege im Erweiterungsledger EL und im Buchungskreis 9000.

Predictive-Accounting-Beleg analysieren

In Abbildung 5.7 sehen Sie den Predictive-Accounting-Beleg, der beim Speichern des Kundenauftrags angelegt wurde. Sie sehen in der Spalte **Konto**, dass auch für die Forderung (Sachkonto 140000) eine Belegzeile angelegt wurde. Das bedeutet, dass Sie sich nicht nur eine zukünftige GuV, sondern auch eine Bilanz mit zukünftigen Werten anzeigen lassen können. Werten Sie Ihre Berichte für GuV und Bilanz im Erweiterungsledger aus, um die Belege des Predictive Accountings zu berücksichtigen. In Abbildung 5.7 sehen Sie auch, dass ein Ergebnisobjekt für die Belegzeile mit der Umsatzbuchung (Sachkonto 800000) angelegt wurde. Dies bedeutet, dass alle Merkmale für den zukünftigen Umsatz ebenso abgeleitet wurden. Neu in SAP S/4HANA

2020 wurde eingeführt, dass, falls Änderungen an einer Zeile im Kundenauftrag vorgenommen werden, nur diese Änderungen in das Erweiterungsledger weitergeleitet werden und nicht mehr der komplette Beleg gecancelt und neu erstellt wird.

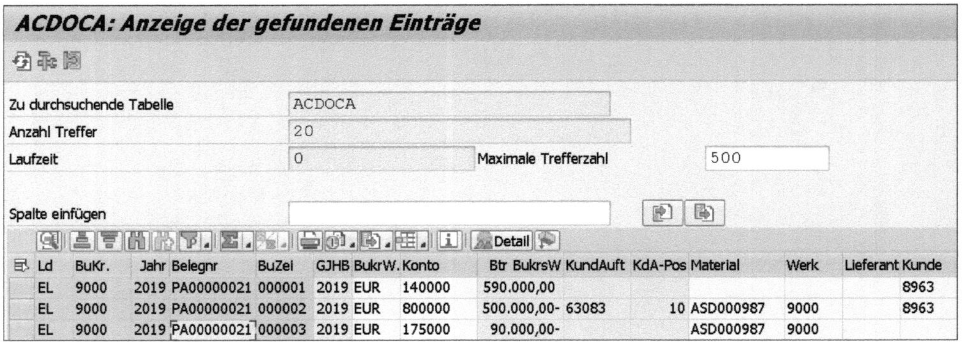

Ld	BuKr.	Jahr	Belegnr	BuZei	GJHB	BukrW.	Konto	Btr BukrsW	KundAuft	KdA-Pos	Material	Werk	Lieferant	Kunde
EL	9000	2019	PA00000021	000001	2019	EUR	140000	590.000,00						8963
EL	9000	2019	PA00000021	000002	2019	EUR	800000	500.000,00-	63083	10	ASD000987	9000		8963
EL	9000	2019	PA00000021	000003	2019	EUR	175000	90.000,00-			ASD000987	9000		

Abbildung 5.7 Predictive-Accounting-Beleg in Tabelle ACDOCA anzeigen

Wird der Warenausgang zum Kundenauftrag gebucht und die Faktura zum Kundenauftrag erstellt, werden die Werte im Predictive Accounting aufgelöst.

Kundenauftragsbestände auswerten

Für die Auswertung der Kundenauftragsbestände steht die SAP-Fiori-App **Kundenauftragseingang** zur Verfügung, die eine Analyse der zukünftigen Umsätze und Deckungsbeiträge detailliert und visualisiert darstellt. Die App wertet Kundenauftragseingänge auf Basis der folgenden Merkmale aus:

- **Kundenauftragsselektion**
  Sie können zwischen den Anzeigen **Alle eingehenden Aufträge** oder **Verbleibende Aufträge** wechseln.
- **Vorhersage-Ledger**
  Das Vorhersage-Ledger ist das Erweiterungsledger, das dem Predictive Accounting zugeordnet ist (EL).
- **Kostenrechnungskreis**
  Hierbei geht es um den Kostenrechnungskreis, in dem das Predictive Accounting aktiviert ist (9000).
- **Bilanz-& und GuV-Strukt.**
  Wählen Sie eine Bilanz- und GuV-Struktur, der alle Konten des Kundenauftragsprozesses zugeordnet sind. Sind die Konten nicht der von Ihnen ausgewählten Bilanz- und GuV-Struktur zugeordnet, werden diese im Bericht auch nicht angezeigt, was zu einem falschen Berichtsergebnis führen kann.

Sie können weitere Einschränkungen für die Selektion des Berichts in Abbildung 5.8 pflegen. Über einen Klick auf den Button Start stoßen Sie die Auswertung des Berichts an.

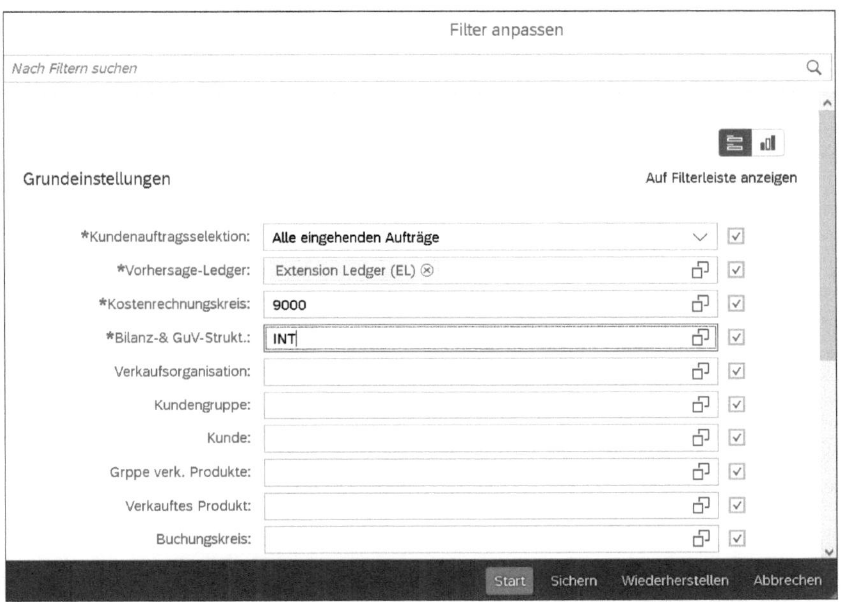

Abbildung 5.8 Kundenauftragseingänge auswerten mit der SAP-Fiori-App »Kundenauftragseingang«

Kundenauftragsbestand ermitteln

In der App in Abbildung 5.9 sehen Sie eine Übersicht über alle Kundenauftragspositionen, die in den Bericht eingehen, sowie einige Kennzahlen zum Überblick im oberen Bildbereich. Sie haben vielfältige Möglichkeiten, um den Bericht zu sortieren oder mit Diagrammen visualisiert darzustellen. In unserem Testsystem sind leider nicht ausreichend Daten für eine aussagekräftige Darstellung der Visualisierungen vorhanden.

Das Predictive Accounting visualisiert Ereignisse im Unternehmen, bevor diese realisiert sind, und gibt Ihnen die Möglichkeit, entsprechend zu reagieren und vorausschauend Entscheidungen zu treffen. Wurde im Customizing z. B. die Erlöskontenfindung nicht richtig gepflegt oder ist zum Zeitpunkt des Speicherns keine Materialkalkulation vorhanden, obwohl der COGS-Split aktiviert ist, kann das System keinen Beleg für das Erweiterungsledger erstellen. Mit der SAP-Fiori-App **Predictive Accounting überwachen** können Sie überwachen, welche Belege übergeleitet wurden und welche nicht und entsprechende Gegenmaßnahmen einleiten.

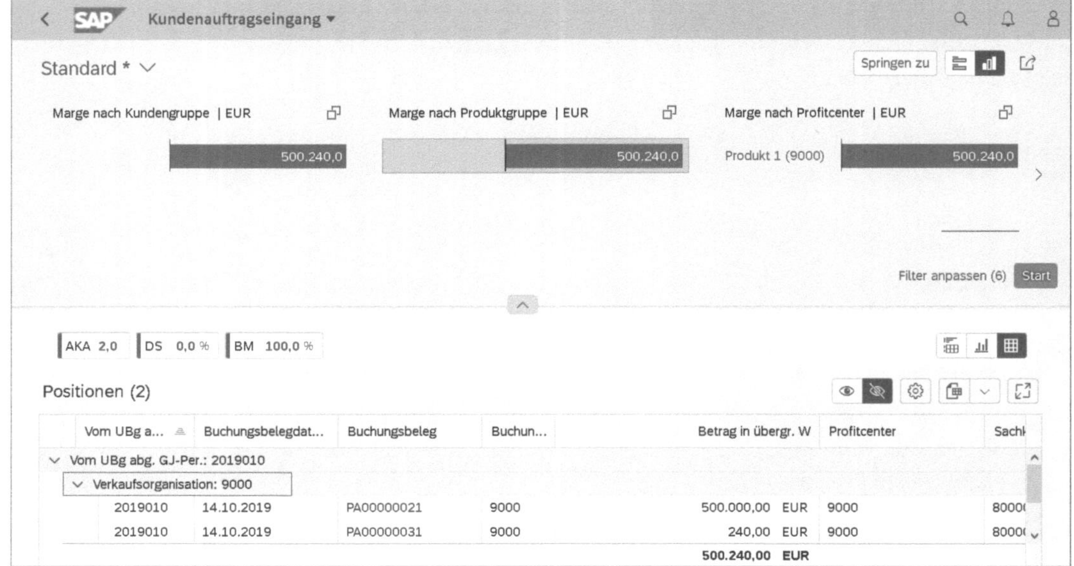

Abbildung 5.9 SAP-Fiori-App »Kundenauftragseingang« anzeigen

Alle Belege, die nicht an das Erweiterungsledger weitergeleitet werden, können mit hoher Wahrscheinlichkeit auch nicht an das führende Ledger und somit in die Finanzbuchhaltung gebucht werden. In Kapitel 8, »Reporting«, erfahren Sie mehr über die SAP-Fiori-App **Predictive Accounting überwachen**.

[»]

Kundenauftragsbestand

Der Kundenauftragsbestand lässt sich sowohl mengen- als auch wertmäßig in der Margenanalyse ausweisen. Für die Ausweisung des Kundenauftragsbestands in der Margenanalyse ist die Anlage eines Erweiterungsledgers notwendig.

5.3 Überleitung von Fakturen

Kundenauftrag anlegen

Die Überleitung von Fakturen geht von der Erstellung eines Kundenauftrags in der SAP-Komponente SD (Vertrieb) aus. Bei der Anlage eines Kundenauftrags im SAP-System legen Sie den Auftraggeber und den Warenempfänger im Kopf des Kundenauftrags fest (siehe Abbildung 5.10). In den Positionsdaten legen Sie fest, welche Materialien in welcher Menge an den Kunden geliefert werden sollen.

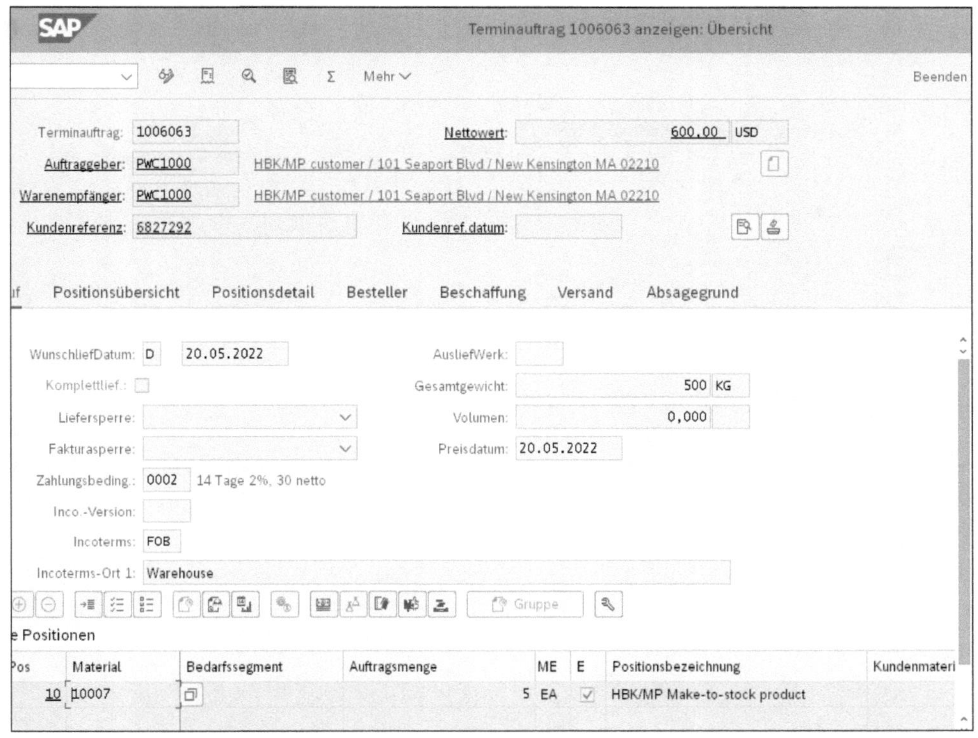

Abbildung 5.10 Positionen im Kundenauftrag anzeigen

Belegfluss anzeigen

Mit Bezug zum Kundenauftrag wird die Lieferung angelegt. Zur Lieferung wird der Warenausgang gebucht, was die Erstellung eines Finanzbuchhaltungsbelegs auslöst. Nach der Anlage der Lieferung und nach der Buchung des Warenausgangs wird mit Bezug zur Lieferung die Faktura angelegt, die wiederum einen Finanzbuchhaltungsbeleg erstellt. Über den Button (**Belegfluss anzeigen**) können Sie sehen, welche Belege zum Kundenauftrag bereits erstellt wurden und ebenfalls direkt in die verknüpften Belege abspringen. In Abbildung 5.11 sehen Sie den Belegfluss zum Kundenauftrag 1006063. Für diesen Kundenauftrag wurden die folgenden Belege bereits erstellt:

- Auslieferung
- Kommissionierauftrag (Logistikbeleg der die Menge, den Lagerort usw. bestimmt)
- Warenlieferung (beinhaltet den Finanzbuchhaltungsbeleg für den Warenausgang)
- Faktura
- Finanzbuchhaltungsbeleg zur Faktura

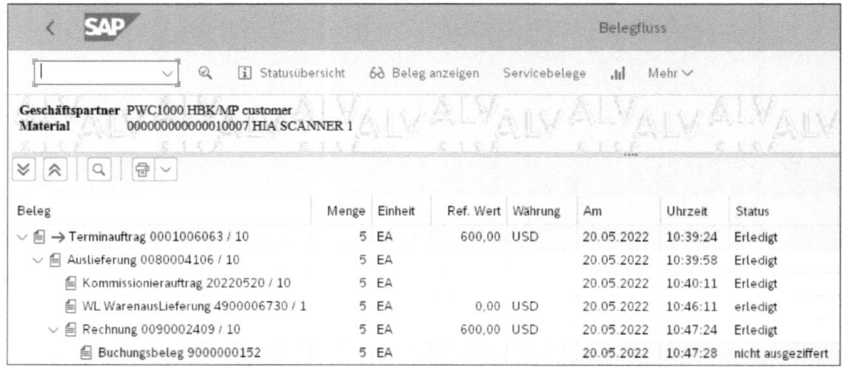

Abbildung 5.11 Belegfluss zum Kundenauftrag anzeigen

SAP-Fiori-App »Belegfluss anzeigen«

In SAP S/4HANA gibt es eine neue SAP-Fiori-App **Belegfluss anzeigen** (siehe Abbildung 5.12), in der Sie sich ebenfalls den Belegfluss anzeigen lassen können.

Abbildung 5.12 SAP-Fiori-App »Belegfluss anzeigen«

Selektionskriterien pflegen

In den Selektionskriterien der SAP-Fiori-App in Abbildung 5.13 wählen Sie zuerst die Belegart aus, für die Sie den Belegfluss anzeigen möchten. Sie sehen, dass neben dem Kundenauftrag (in der SAP-Fiori-App **Verkaufsbeleg**) der Belegfluss auch für andere Belegarten angezeigt werden kann. In unserem Beispiel lassen wir uns den Belegfluss des Kundenauftrags aus Abbildung 5.11 anzeigen.

Operativen Belegfluss anzeigen

Das Bild ist in zwei Teile untergliedert. In Abbildung 5.14 sehen Sie den operativen Belegfluss, der die Belegkette darstellt.

Hauptbuchbelegfluss anzeigen

In Abbildung 5.15 sehen Sie den Hauptbuchbelegfluss. Dieser zeigt die im operativen Belegfluss erstellten Finanzbuchhaltungsbelege. In unserem Beispiel handelt es sich dabei um den Finanzbuchhaltungsbeleg für den Warenausgang und für die Faktura.

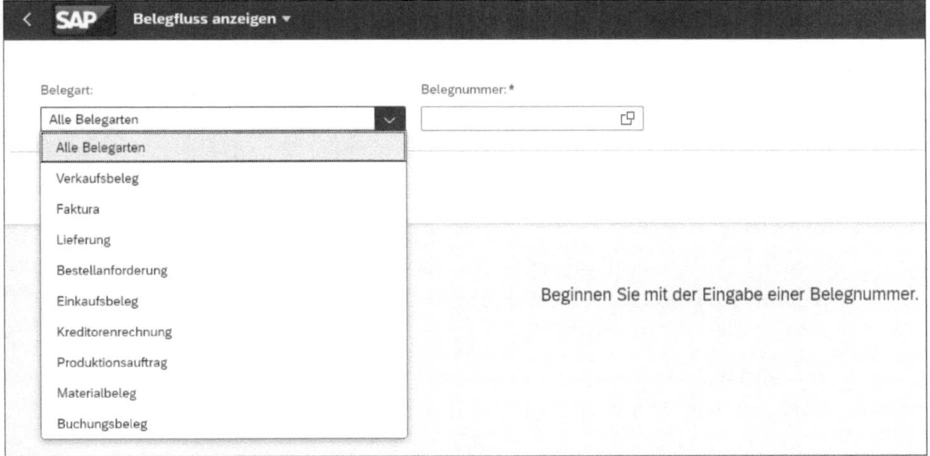

Abbildung 5.13 SAP-Fiori-App »Belegfluss anzeigen«: Selektionskriterien

Abbildung 5.14 Operativen Belegfluss anzeigen

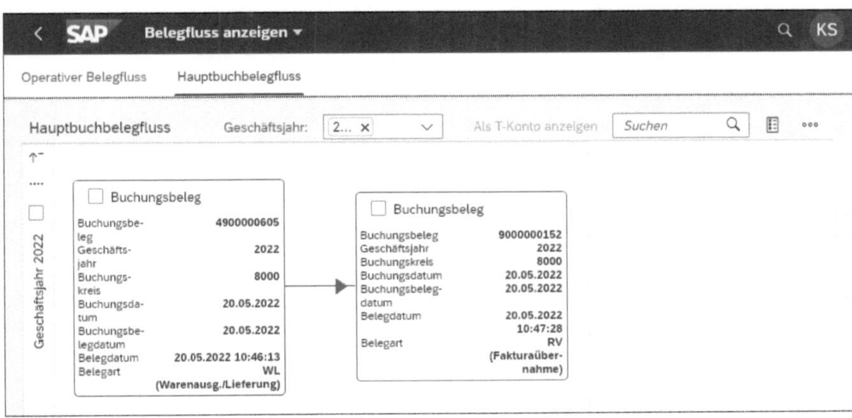

Abbildung 5.15 Hauptbuchbelegfluss anzeigen

Details zum Buchhaltungsbeleg anzeigen

Über den Button [Als T-Konto anzeigen] lassen Sie sich die Details zum Buchhaltungsbeleg anzeigen. Sie markieren dafür den Buchhaltungsbeleg der Faktura und klicken anschließend auf den Button [Als T-Konto anzeigen]. In Abbildung 5.16 sehen Sie den Buchhaltungsbeleg der Faktura. Im linken Bildbereich **Buchungsbelege** sehen Sie den Buchhaltungsbeleg für jedes im Buchungskreis aktive Ledger. In unserem Beispiel sind im Buchungskreis fünf Ledger aktiv, weshalb fünf Buchhaltungsbelege angezeigt werden. Sie markieren, welchen Buchhaltungsbeleg Sie im rechten Bildbereich **Auswirkungen auf das Rechnungswesen** in der T-Kontensicht anzeigen möchten. In unserem Beispiel wählen Sie den Buchhaltungsbeleg 9000000152 im Ledger 0L aus. Die erzeugte Buchung hat im Soll 600 USD auf das Konto 121000 (Forderungen Intercompany-Kunden) und im Haben 600 USD auf das Konto 410900 (Umsatzerlöse Intercompany) gebucht.

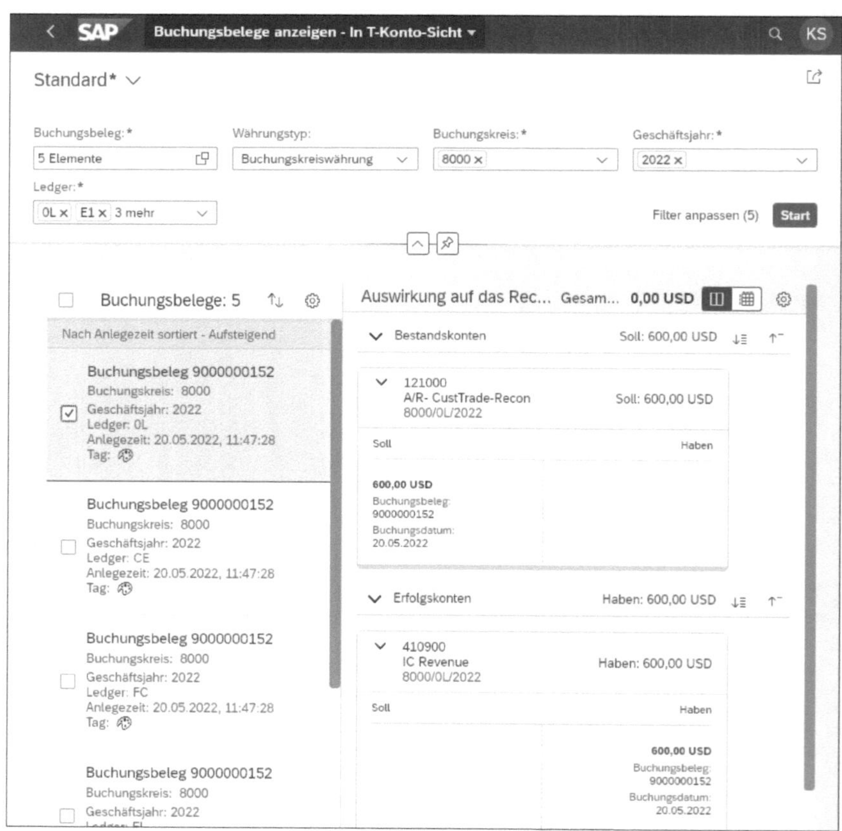

Abbildung 5.16 Buchungsbeleg der Faktura anzeigen

Preisermittlung im Kundenauftrag

Wie wird im Kundenauftrag jedoch der Preis ermittelt, der dem Kunden in Rechnung zu stellen ist? Mit der Eingabe des Materials und der bestellten Menge wird im Kundenauftrag die Preisermittlung getriggert. Markieren

Sie in Abbildung 5.17 im Kundenauftrag die Position 10, und klicken Sie auf den Button (**PosKonditionen**). Sie sind nun zurück im Kundenauftragsbild aus Abbildung 5.10.

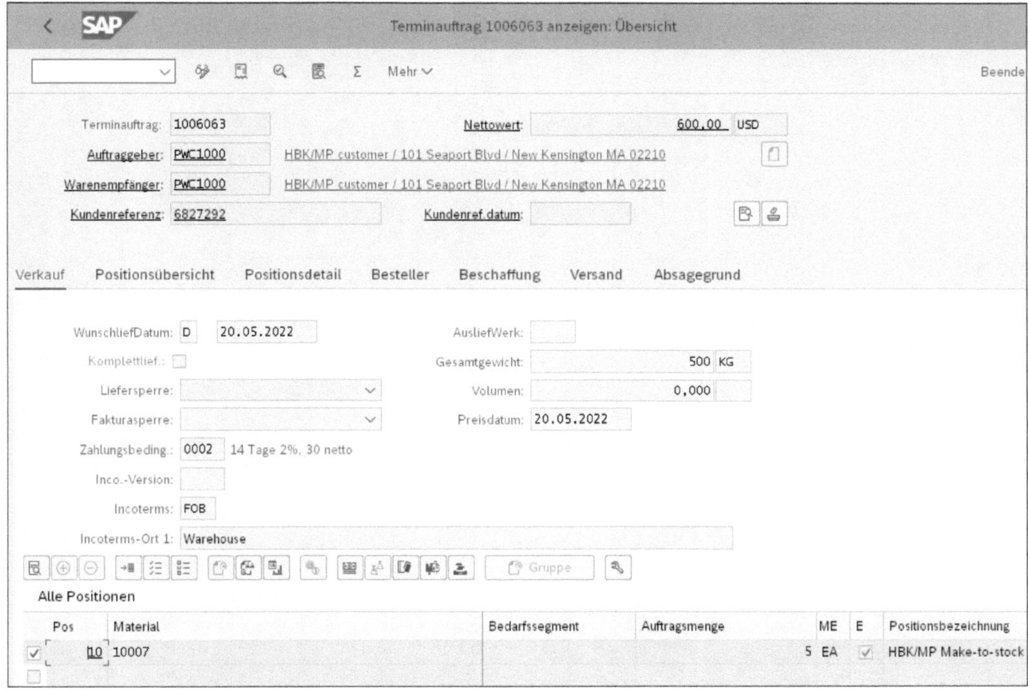

Abbildung 5.17 Position 10 im Kundenauftrag markieren

Konditionen zur Preisermittlung

Anschließend gelangen Sie in eine Übersicht der zur Preisermittlung angewandten Konditionen (siehe Abbildung 5.18). In unserem Beispiel sind die folgenden Konditionen zur Preisermittlung vorhanden:

- ZPR1: Preis laut Preisliste
- AZWR: Anzahlung/Verrechnung
- SKTO: Skonto (statistische Kondition, basierend auf der im Kundenauftrag hinterlegten Zahlungsbedingung)
- VPRS: Verrechnungspreis laut Preissteuerung im Materialstamm

Preisermittlung im Kundenauftrag

Jede Kondition stellt dabei ein Preiselement dar. Das Kalkulationsschema ist in der Kundenauftragsart, und die Konditionswerte sind als Stammdaten im Vertrieb in der Konditionspflege hinterlegt. Es gibt auch Rechenkonditionen, die die Werte anhand einer Formel errechnen (z. B. prozentualer Zuschlag), oder manuelle Konditionen, denen Sie in der Kalkulation manuell einen Wert zuweisen können.

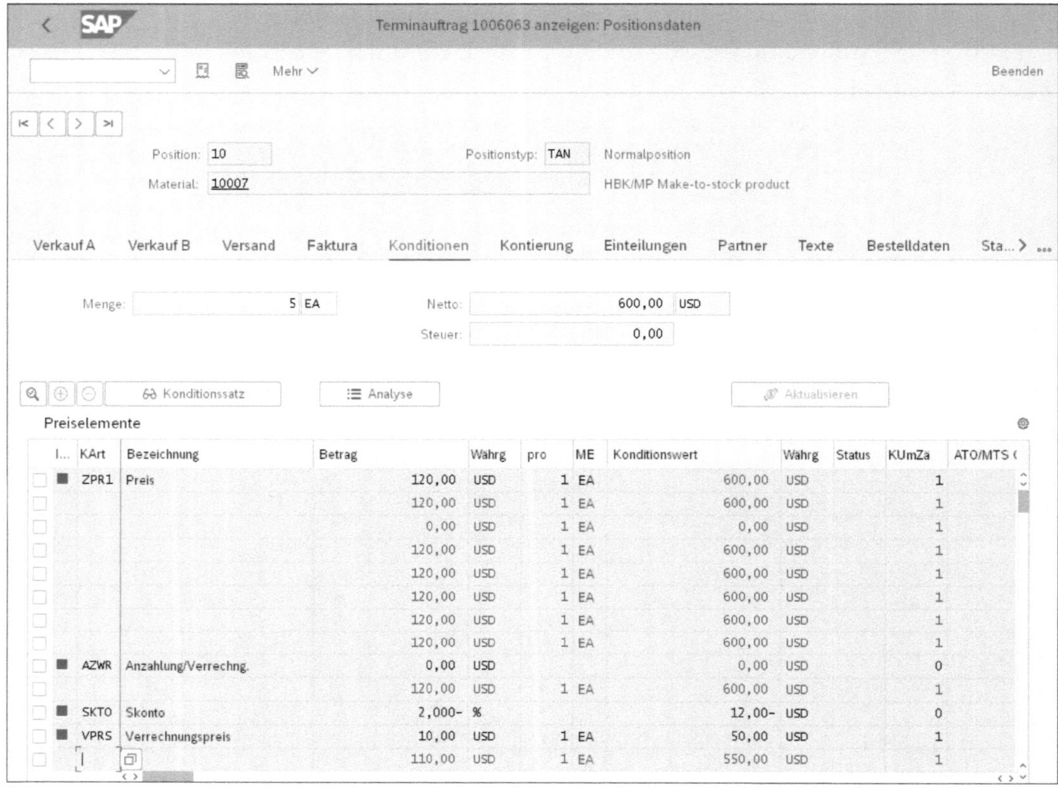

Abbildung 5.18 Konditionen zur Kundenauftragsposition anzeigen

Faktura in der Margenanalyse

In der Margenanalyse wird ein Ergebnisrechnungsbeleg für die Faktura mit Buchen der Faktura erzeugt, ebenso wie der Finanzbuchhaltungsbeleg. Wird eine Faktura in SD (Vertrieb) erzeugt, kann der Finanzbuchhaltungsbeleg automatisch beim Speichern der Faktura erzeugt werden. Über die SD-Kontenfindung werden die FI-Konten ermittelt und bebucht.

Sachkonten in der SD-Kontenfindung

Voraussetzung für die automatische Erstellung eines Ergebnisrechnungsbelegs in der Margenanalyse ist die korrekte Anlage des GuV-Sachkontos für die Umsatzerlöse. In SAP S/4HANA gibt es keine Kostenarten mehr; diese wurden in die Sachkonten integriert. Die GuV-Sachkonten, die in der SD-Kontenfindung verwendet werden, müssen mit einem der folgenden Kostenartentypen angelegt werden:

- 11: Erlöse
- 12: Erlösschmälerung

Die Kostenart wird im Sachkontenstamm auf der Registerkarte **Steuerungsdaten** hinterlegt. Nun überprüfen Sie die Kostenart der in Abbildung 5.16 angezeigten Faktura. In Abbildung 5.19 sehen Sie den Kostenartentyp 11 (Erlöse) im Bereich **Kontoeinstellungen am Kostenrechnungskreis 8000 PLS Controlling Area**. Dies bedeutet, dass bei der Buchung der Faktura auch ein Ergebnisobjekt erzeugt wurde, das Sie später in diesem Kapitel überprüfen.

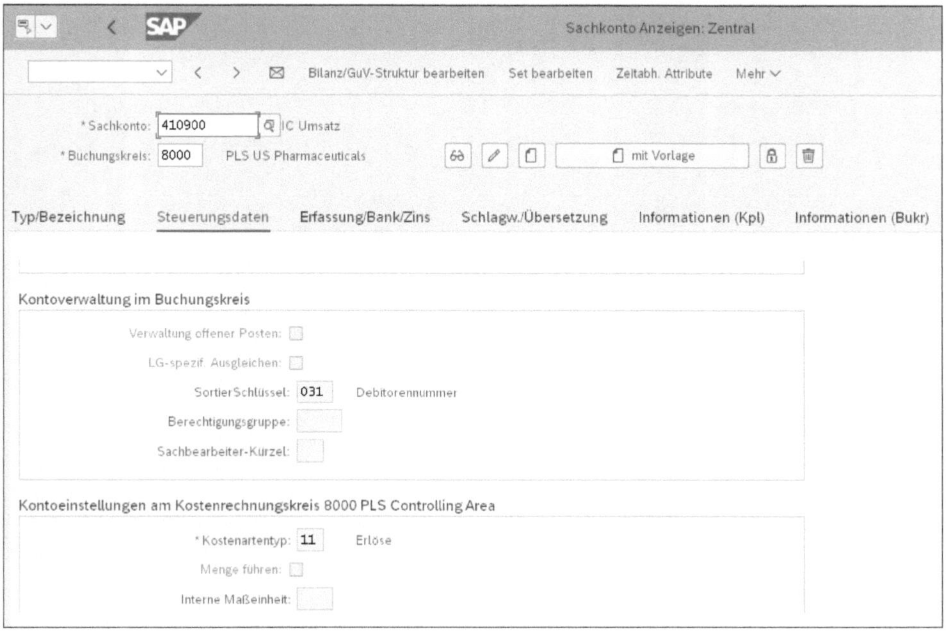

Abbildung 5.19 Sachkontenstamm des Erlöskontos überprüfen

Preisfindung im Vertrieb

Die Preisfindung in SD erfolgt anhand der Konditionstechnik. Konditionen stellen eine Reihe von Bedingungen dar, die für die Ermittlung des Preises verantwortlich sind. Zum Beispiel ermittelt das System automatisch den Bruttopreis und die Zu- und Abschläge, die für einen bestimmten Kunden nach den Regeln der Preisfindung relevant sind. Konditionen werden im Customizing eingerichtet.

Details der Kondition ZPR1 (Preis)

In Abbildung 5.20 sehen Sie die Details für die Kondition ZPR1 (Preis). Diese Kondition entspricht dem Bruttopreis. Wichtig für die Ermittlung des FI-Kontos ist der **Kontoschlüssel**, der im Bereich **Kontofindung** im unteren Teil der Abbildung hinterlegt ist. Der Kondition ZPR1 ist der Kontoschlüssel ERL (Erlös) zugeordnet. Dieser Kontoschlüssel wird in der automatischen Kontenfindung verwendet.

Statistische Konditionen in die Finanzbuchhaltung überleiten

In SAP S/4HANA gibt es eine Änderung in der SD-Kontenfindung, um die Überleitung von statistischen Konditionen in die Finanzbuchhaltung zu ermöglichen. Was ist eine statistische Kondition? Eine statistische Kondition ermöglicht in der Preisfindung Kosten, wie z. B. Skonto, zu berücksichtigen und somit zu gewährleisten, dass inklusive aller Rabatte in der Preisfindung immer noch eine positive Marge erzielt wird.

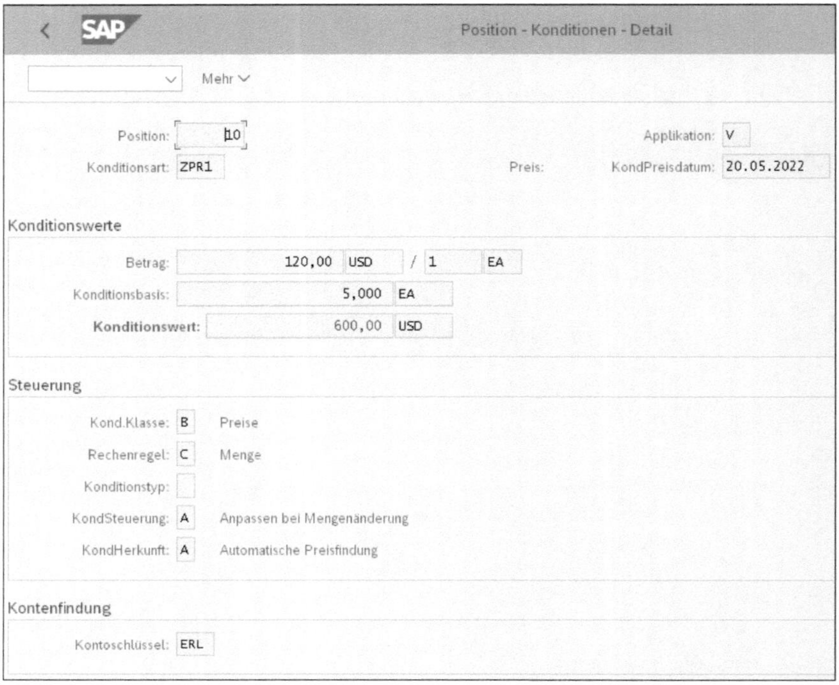

Abbildung 5.20 Konditionsdetails: Preiskondition ZPR1 anzeigen

Diese Kosten fallen nicht zum Zeitpunkt der Buchung der Faktura an. Es ist möglich, dass diese Kosten überhaupt nicht anfallen. Daher werden die statistischen Konditionen auch nicht in die Finanzbuchhaltung in das führende Ledger übergeleitet, sondern sind über ein Erweiterungsledger, ähnlich wie die Erlöse und Kosten des Predictive Accountings, auswertbar. In Abbildung 5.21 sehen Sie die Konditionsdetails der statistischen Kondition SPRO. Für die Kondition ist sowohl das Merkmal **Statistisch** als auch das Merkmal **Kontenfindungsrelev.** gesetzt. Da die statistische Kondition als kontenfindungsrelevant gekennzeichnet ist, muss in der Kontenfindung auch ein Konto hinterlegt werden. Es reicht nicht aus, sowohl ein GuV-Konto für das Skonto als auch ein Konto für die Gegenbuchung (Rückstellungskonto) zu hinterlegen, damit ein vollständiger Buchhaltungsbeleg erstellt werden kann.

SD-Kontenfindung

Über Transaktion VKOA (Sachkonten zuordnen) oder über den folgenden Customizing-Pfad können Sie die SD-Kontenfindung aufrufen: **Vertrieb • Grundfunktionen • Kontierung/Kalkulation • Erlöskontenfindung • Sachkonten zuordnen**. In Abbildung 5.22 sehen Sie eine Übersicht der Tabellen, die die Merkmale bestimmen, auf Basis derer die Sachkontenpflege vorgenommen werden kann. Über das Customizing können Sie weitere Tabellen anlegen, falls der Detailgrad der Standardtabellen nicht ausreicht.

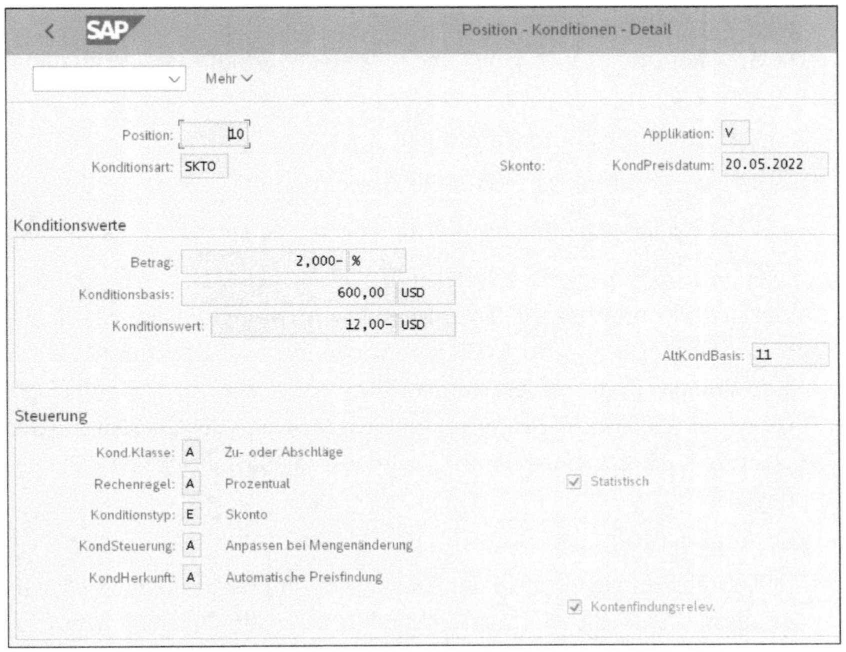

Abbildung 5.21 Konditionsdetails: statistische Kondition SKTO anzeigen

Sachkonten zuordnen

Sachkonten zuordnen

TabellenNr	Bezeichnung
001	GrpDebitor/GrpMaterial/KtoSchl
002	GrpDebitor/KtoSchl
003	GrpMaterial/KtoSchl
004	allgemein
005	KtoSchl
015	Buchungskreis/Konditionskontraktart
016	Buchungskreis / Kontraktprozessvariante / Kontenschlüssel
017	Verkaufsorganisation/Positionstyp/Kontoschlüssel
495	Belegtyp/Konditionsart/Eigen-Fremd/Kontoschlüssel
496	Kond.-art/Ktoschl
497	Belegtyp/Kond.-art/Ktoschl
498	Belegtyp/Kond.-art/Eigen-Fremd/Leist.-art/Ktoschl
499	Belegtyp/Kond.-art/Eigen-Fremd/Leist.-art/Katal.-gr./Ktoschl

Abbildung 5.22 SD-Kontenfindung anzeigen

Detailpflege in der SD-Kontenfindung

Per Doppelklick auf eine der Tabellen in Abbildung 5.22 gelangen Sie in die Detailpflege, in der die Sachkonten hinterlegt werden können. Abbildung 5.23 zeigt Ihnen die Detailpflege der Tabelle 005 (KtoSchl). Die Tabelle enthält die folgenden Spalten:

- **Applikation (Apl)**

  Die Applikation bestimmt die Verwendung der Kondition. V steht dabei für Vertrieb.

- **Konditionsart für Kontenfindung (K.Art.)**

  Es gibt zwei Konditionsarten für die Kontenfindung:

  - KOFI für Fakturen ohne Kontierungsobjekt
  - KOFK für Fakturen mit Kontierungsobjekt

  KOFI ist die Konditionsart, die verwendet wird, wenn für Fakturen ein Ergebnisobjekt erzeugt wird. KOFK wird verwendet, wenn Fakturen z. B. auf einen Innenauftrag kontiert werden. Dies ist z. B. der Fall, wenn die SAP-Komponente CS (Kundenservice) im Einsatz ist. Für die Überleitung der Fakturen in die Ergebnisrechnung wird also die Konditionsart KOFI gepflegt.

- **Kontenplan (KtPl)**

  Der Kontenplan legt fest, wo das Sachkonto hinterlegt ist. Im Beispiel in Abbildung 5.23 ist dies der Kontenplan 8100, der dem Beispielbuchungskreis 8000 zugeordnet ist.

- **Verkaufsorganisation (VkOrg)**

  Die Verkaufsorganisation ist ein Organisationselement aus SD, das den Verantwortungsbereich für den Vertrieb bestimmter Produkte oder Dienstleistungen klassifiziert. Die Verkaufsorganisation wird einem Buchungskreis zugeordnet. Der Verkaufsorganisation können beliebig viele Vertriebswege und Sparten zugeordnet werden, die für die Detaillierung der Preisfindung angewandt werden können.

- **Kontoschlüssel (KtoSl)**

  Der Kontoschlüssel wird aus der Kondition übernommen (siehe Abbildung 5.20).

- **Sachkonto**

  Das Sachkonto ist das Erlöskonto, auf das der Erlös gebucht werden soll. Für die Sachkonten, die in der Erlöskontenfindung verwendet werden, muss im Stamm der Kostenartentyp 11 (Erlöse) oder 12 (Erlösschmälerung) hinterlegt werden.

- **Rückstellungskonto (RückstellgKonto)**

  Abhängig von den Einstellungen der Kondition kann mit der Kondition auch eine Rückstellung gebucht werden. Dies wird z. B. für Bonuskonditionen oft angewandt.

Erlöskontenfindung

In Abbildung 5.23 ist die Erlöskontenfindung für die Applikation Vertrieb V, für den Kontenplan 8100, für die Verkaufsorganisation 8100 und für den Kontoschlüssel ERL und ERS (statistische Kondition für Skonto) gepflegt. Sind all diese Bedingungen erfüllt, wird das Sachkonto 410900 (IC Erlöse) und das Sachkonto 422000 (Skonto) gefunden.

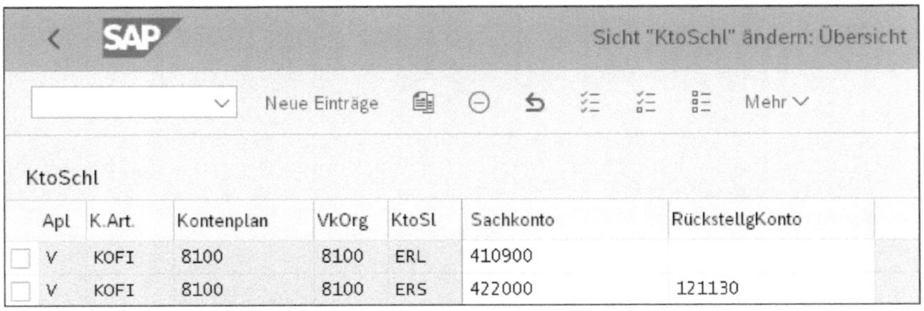

SAP Sicht "KtoSchl" ändern: Übersicht

Neue Einträge Mehr

KtoSchl

Apl	K.Art.	Kontenplan	VkOrg	KtoSl	Sachkonto	RückstellgKonto
V	KOFI	8100	8100	ERL	410900	
V	KOFI	8100	8100	ERS	422000	121130

Abbildung 5.23 Sachkonten in der SD-Kontenfindung zuordnen

Kontierungsanalyse einer Faktura

Ist eine Faktura gebucht, kann über **Umfeld • Kontierungsanalyse • Erlöskonten** die Kontenfindung analysiert werden. Dies ist besonders hilfreich, falls die Kontenfindung nicht erfolgreich war. Im linken Bildbereich **Schema** sehen Sie die Erlöskonten, die in der Faktura gefunden wurden (siehe Abbildung 5.24). Es sind alle Konditionen aufgelistet, die in der Preisfindung der Faktura vorhanden sind. Im vorliegenden Beispiel handelt es sich um die Kondition ZPR1 (Bruttopreis) und die Kondition SKTO (Skonto). Klicken Sie auf den Ordner **ZPR1**, öffnen sich die unterschiedlichen Zugriffsfolgen.

Zugriffsfolge im Fakturabeleg

Die Zugriffsfolgen bestimmen den Detailgrad, nach dem ein Preis für eine Kondition gepflegt werden kann. Das System sucht von der detailliertesten zur einfachsten Zugriffsfolge oder zu der im Customizing festgelegten Zugriffsfolge. In Abbildung 5.24 sehen Sie im rechten Bildbereich **Detail zu Zugriff** die Merkmale als Bedingung für die Preisfindung, die in der Faktura erfüllt sind. In unserem Beispiel wird ein Sachkonto 410000 für die Preiskondition ZPR1 anhand der Zugriffsfolge 040 gefunden.

Statistische Kondition SKTO

Für die statistische Kondition SKTO sieht die Kontenfindungsanalyse ähnlich aus. In Abbildung 5.25 sehen Sie im rechten Bildbereich **Zugriffsdetails** die Merkmale als Bedingung für die Preisfindung, die in der Faktura erfüllt sind. In unserem Beispiel werden das Sachkonto 422000 und das Rückstellungskonto 121130 für die Preiskondition SKTO (im linken Bildschirmrand) anhand der Zugriffsfolge 050 gefunden.

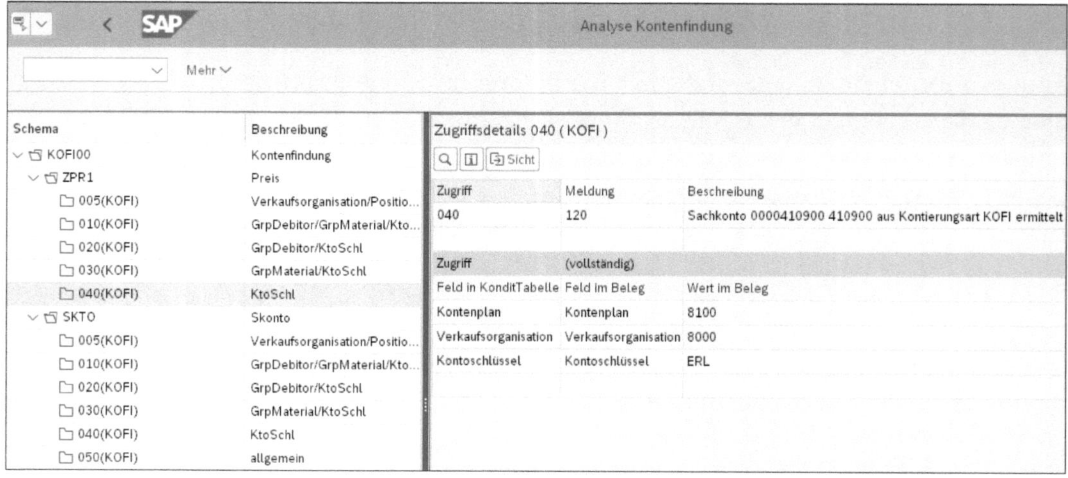

Abbildung 5.24 Kontenfindungsanalyse für die Kondition ZPR1

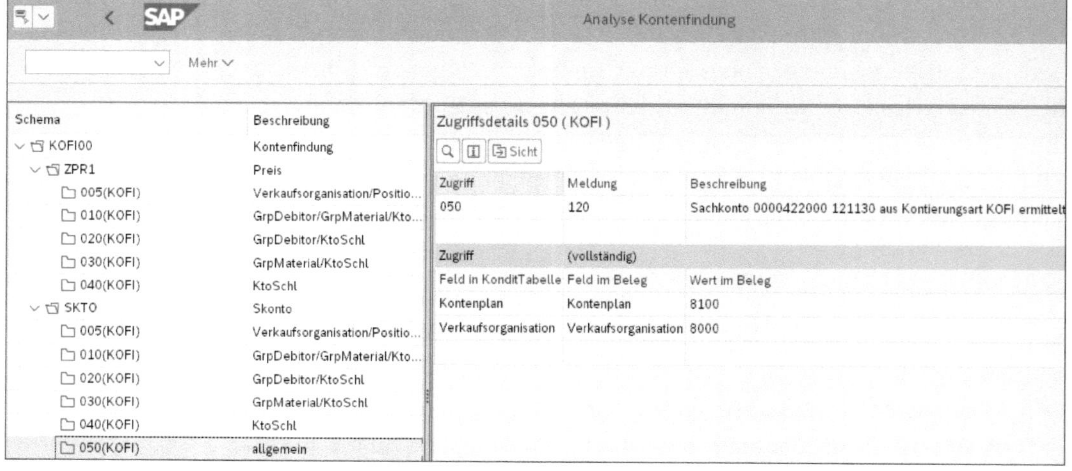

Abbildung 5.25 Kontenfindungsanalyse für SKTO

Kontenfindung bei der Faktura

Die Kontenfindung steuert also, welche Konten bei Buchung der Faktura gefunden werden. Eine korrekte Pflege der Stammdaten ist dabei sehr wichtig, damit die richtige Preiskondition gefunden werden kann. Bei der Überleitung der Faktura nach FI werden in der Margenanalyse sämtliche Merkmale abgeleitet, die in der Faktura oder im Kundenauftrag vorhanden sind und dem Ergebnisbereich zugeordnet sind. Über den Button Rechnungswesen können Sie sich die Finanzbuchhaltungsbelege zur Faktura anzeigen lassen (siehe Abbildung 5.26).

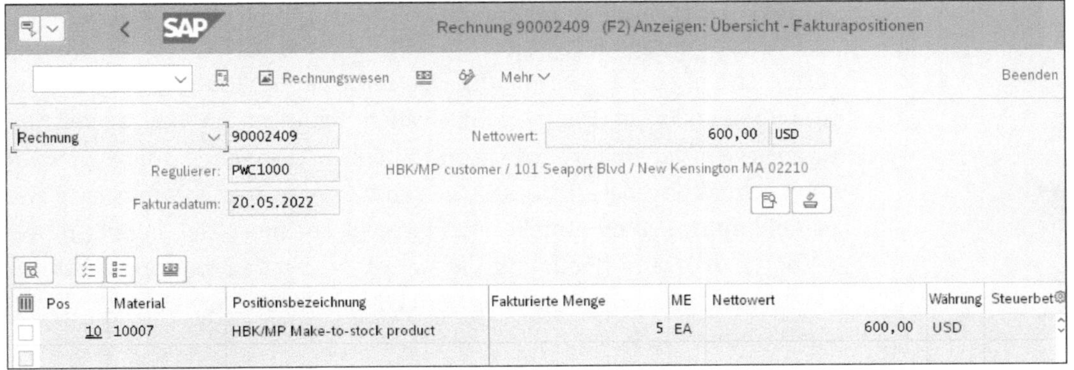

Abbildung 5.26 Faktura anzeigen

Belege zur Faktura

In Abbildung 5.27 sehen Sie, dass drei Belege zur Faktura angelegt worden sind. In Tabelle 5.1 sind diese noch einmal aufgelistet.

Belegnummer	Belegobjekt	Kommentar
9000000152	Buchhaltungsbeleg	Buchhaltungsbeleg zur Faktura, gebucht in alle aktiven Ledger (außer Erweiterungsledger)
TA000004A0	Buchhaltungsbeleg	Buchhaltungsbeleg mit statistischen Konditionen, gebucht in das Erweiterungsledger
A0000MC500	Kostenrechnungsbeleg	technischer Beleg für die Tabellen im Controlling

Tabelle 5.1 Zur Faktura angelegte Belege

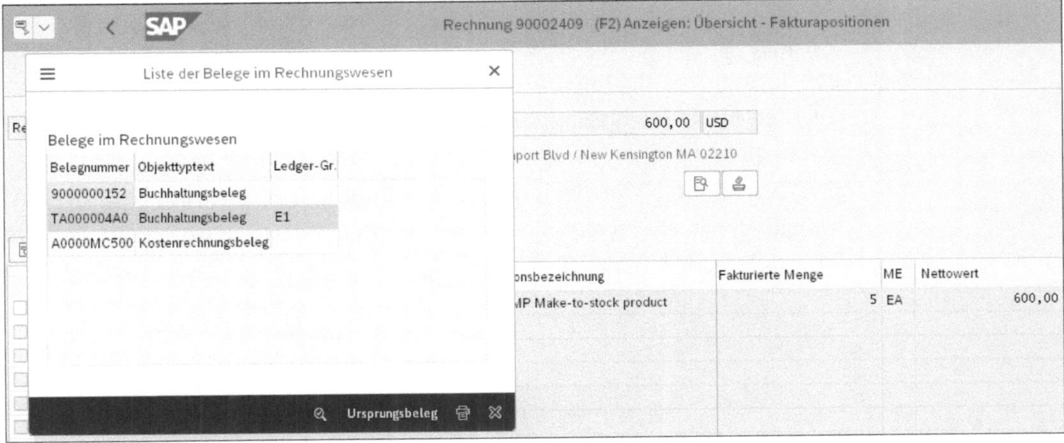

Abbildung 5.27 Rechnungswesenbelege zur Faktura anzeigen

Details zum Beleg anzeigen

Schauen wir uns nun die Details zu jedem Beleg an. Der Buchhaltungsbeleg zur Faktura verwendet für gewöhnlich die Belegart RV, der die externe Nummernvergabe zugeordnet ist, damit die Nummerierung mit der Faktura übereinstimmt. Dies vereinfacht dem Benutzer die Analyse der Fakturabelege in der Finanzbuchhaltung erheblich. Über einen Doppelklick auf den Buchhaltungsbeleg 9000000152 sehen Sie den Buchhaltungsbeleg, wie in Abbildung 5.28 dargestellt. Wir haben denselben Beleg bereits in der T-Kontenanalyse in Abbildung 5.16 analysiert. Über einen Doppelklick auf die Position 2 im Beleg (GuV-Position) können Sie sich die Details zur Umsatzbuchung anschauen.

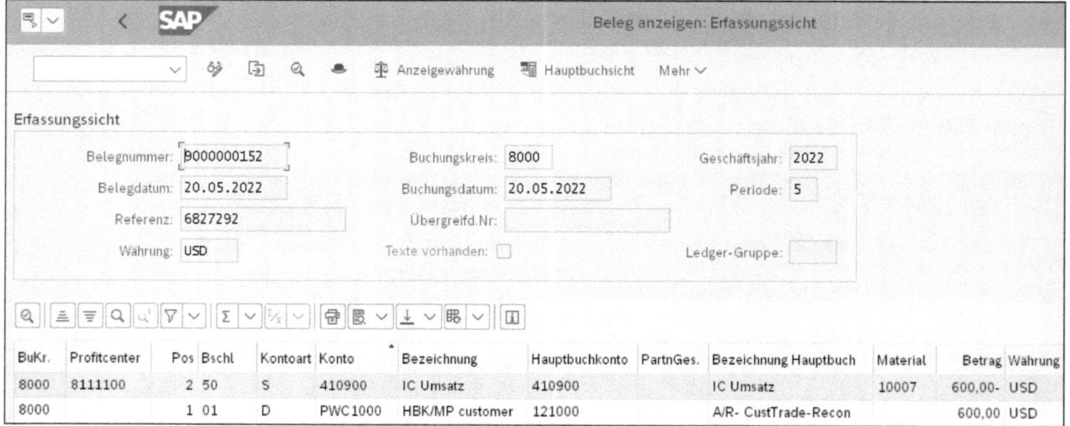

BuKr.	Profitcenter	Pos	Bschl	Kontoart	Konto	Bezeichnung	Hauptbuchkonto	PartnGes.	Bezeichnung Hauptbuch	Material	Betrag	Währung
8000	8111100	2	50	S	410900	IC Umsatz	410900		IC Umsatz	10007	600,00-	USD
8000		1	01	D	PWC1000	HBK/MP customer	121000		A/R- CustTrade-Recon		600,00	USD

Abbildung 5.28 Finanzbuchhaltungsbeleg anzeigen

Kontierung auf ein Ergebnisobjekt

In Abbildung 5.29 sind die Details der Belegposition 2 zu sehen. Im Bereich **Kontierungen** finden Sie das Feld **Ergebnisobjekt**. Falls ein Ergebnisobjekt angelegt worden ist, können Sie über einen Klick auf dieses Icon die zum Ergebnisobjekt abgeleiteten Merkmale überprüfen.

Ergebnisobjekt anzeigen

Klicken Sie nun auf das Ergebnisobjekt, und es öffnet sich das Pop-up-Fenster **Kontierung auf Ergebnisobjekt**, wie in Abbildung 5.30 dargestellt. Im rechten Bildbereich sehen Sie eine Auflistung aller Merkmale, die dem Ergebnisbereich zugeordnet sind und die bei der Buchung abgeleiteten Werte. Sie können diese Werte mit dem in Abbildung 5.6 dargestellten Kundenauftrag abgleichen. Scrollen Sie am rechten Bildende nach unten, um weitere abgeleitete Merkmale zu analysieren.

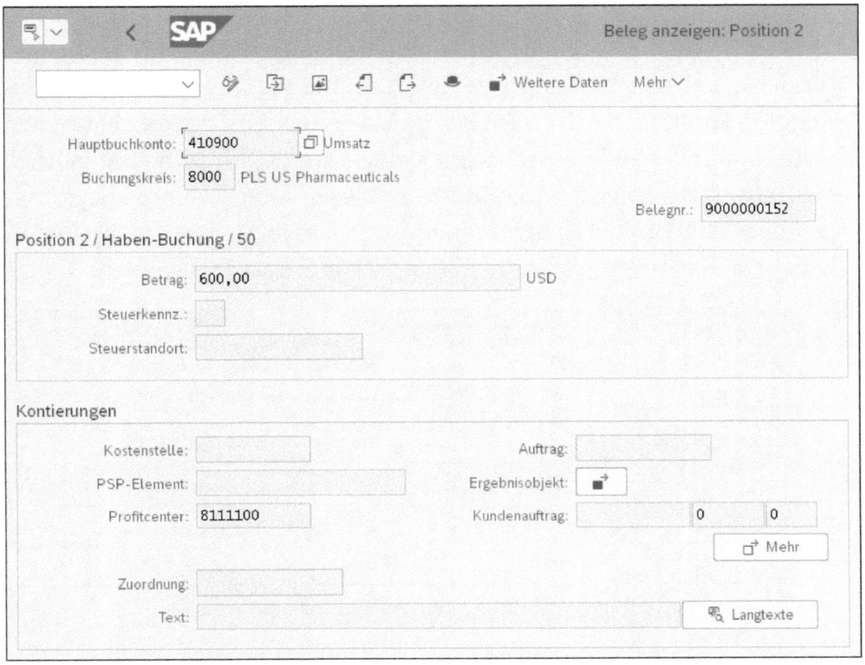

Beleg anzeigen: Position 2
Weitere Daten
Mehr
Hauptbuchkonto: 410900
Umsatz
Buchungskreis: 8000
PLS US Pharmaceuticals
Belegnr.: 9000000152
Position 2 / Haben-Buchung / 50
Betrag: 600,00
USD
Steuerkennz.:
Steuerstandort:
Kontierungen
Kostenstelle:
Auftrag:
PSP-Element:
Ergebnisobjekt:
Profitcenter: 8111100
Kundenauftrag:
0
0
Mehr
Zuordnung:
Text:
Langtexte

Abbildung 5.29 GuV-Position im Beleg analysieren

Kontierung auf Ergebnisobjekt
Erfassungshilfen
Zentrale Erfassungshilfen
Meine Erfassungshilfen
Merkmal
Merkmalswert
Text
Kunde
PWC1000
HBK/MP customer
Artikel
10007
HIA SCANNER 1
Fakturaart
F2
Rechnung
Kundenauftrag
1006063
KundAuft-Pos
10
Auftrag
Buchungskreis
8000
PLS US Pharmaceutical
Werk
8000
PLS Pharmaceutical
GeschBereich
FunktBereich
Segment
8100
Verkaufsorg.
8000
Vertriebsweg
80
Sparte
80
PSP-Element
Weiter
Abbrechen

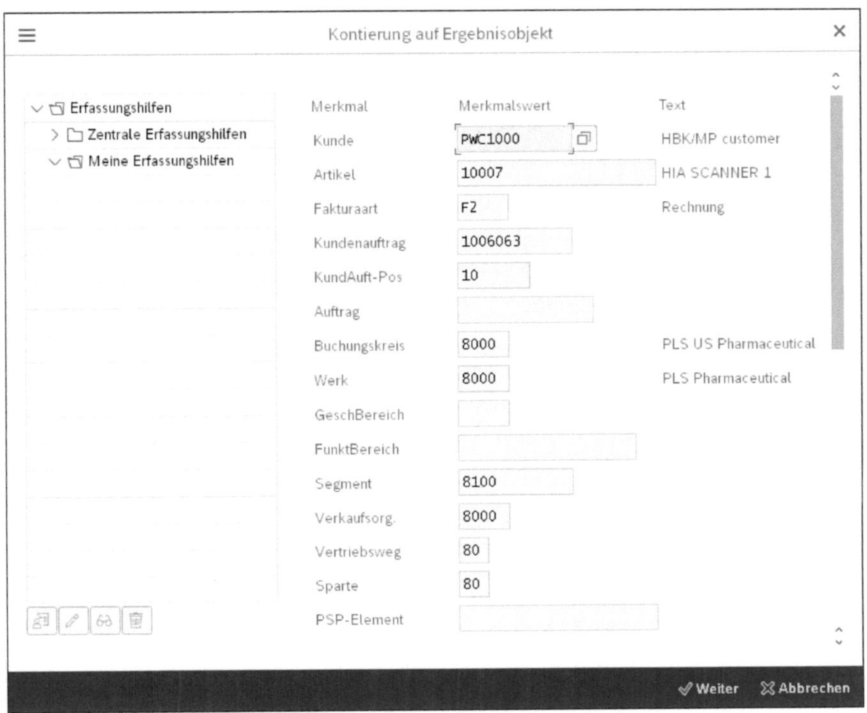

Abbildung 5.30 Kontierung auf das Ergebnisobjekt anzeigen

Beleg im Erweiterungsledger anzeigen

Als Nächstes klicken Sie in Abbildung 5.27 auf den Buchhaltungsbeleg TA000004A0. Dies ist ein Beleg, der ausschließlich im Erweiterungsledger für die statistische Kondition im Kundenauftrag erzeugt wurde. In Abbildung 5.31 können Sie sich diesen Beleg anzeigen lassen. Der Beleg hat keinen Belegkopf und erstellt ausschließlich einen Eintrag im Universal Journal, nicht aber in der Belegkopftabelle BKPF. Der Beleg ist auch keiner Belegart zugeordnet, sondern die Belegnummernvergabe erfolgt automatisch, und es können diesen Belegen keine Nummernkreise zugeordnet werden.

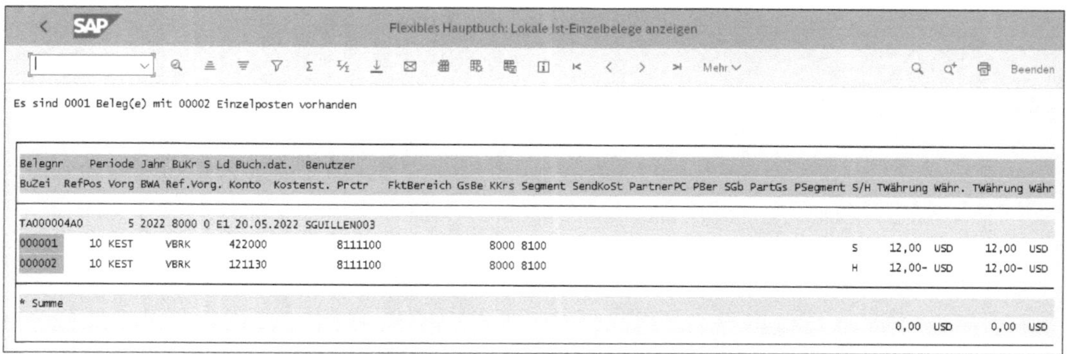

Abbildung 5.31 Beleg im Erweiterungsledger anzeigen

Kostenrechnungsbeleg anzeigen

Nun klicken Sie in Abbildung 5.27 auf den Kostenrechnungsbeleg A0000MC500. Warum wird ein Kostenrechnungsbeleg erzeugt, wenn das Universal Journal die Belege der Finanzbuchhaltung und des Controllings miteinander kombiniert? Dieser Beleg wird aus technischen Gründen erstellt, da noch nicht alle Transaktionen auf die neue Tabellenstruktur umgestellt sind. Der Kostenrechnungsbeleg stellt sicher, dass alle Funktionen und Berichte im Controlling immer noch ausgeführt werden können. In Abbildung 5.32 sehen Sie den Kostenrechnungsbeleg. Dieser zeigt auch, dass ein Ergebnisobjekt (7109) angelegt wurde.

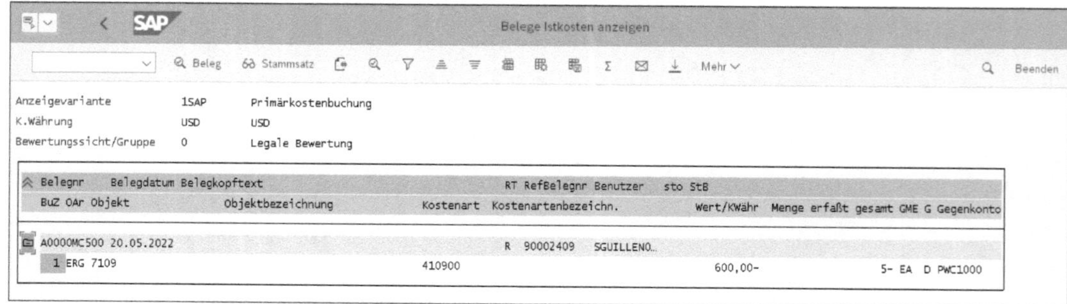

Abbildung 5.32 Kostenrechnungsbeleg anzeigen

Universal Journal anzeigen

Über Transaktion SE16N können Sie sich alle Finanzbuchhaltungsbelege, die mit der Faktura erstellt wurden, anzeigen. Um alle Belege zur Faktura anzuzeigen, geben Sie die Fakturanummer in das entsprechende Feld ein.

In Abbildung 5.33 sehen Sie sowohl die Belegnummer der Finanzbuchhaltung als auch die Belegnummer des Erweiterungsledgers für die statistische Kondition, aber auch noch eine dritte Belegnummer PA00000EM0. Dies ist ebenfalls ein Beleg des Erweiterungsledgers. Dieser Beleg storniert die Kundenauftragsbestandsbuchung im Predictive Accounting, da die Faktura nun gebucht wurde.

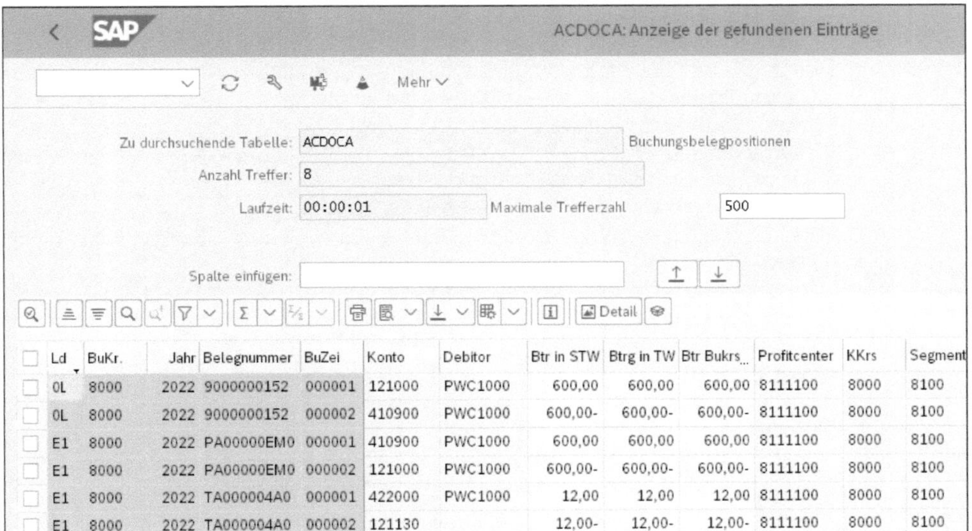

Ld	BuKr.	Jahr	Belegnummer	BuZei	Konto	Debitor	Btr in STW	Btrg in TW	Btr Bukrs...	Profitcenter	KKrs	Segment
0L	8000	2022	9000000152	000001	121000	PWC1000	600,00	600,00	600,00	8111100	8000	8100
0L	8000	2022	9000000152	000002	410900	PWC1000	600,00-	600,00-	600,00-	8111100	8000	8100
E1	8000	2022	PA00000EM0	000001	410900	PWC1000	600,00	600,00	600,00	8111100	8000	8100
E1	8000	2022	PA00000EM0	000002	121000	PWC1000	600,00-	600,00-	600,00-	8111100	8000	8100
E1	8000	2022	TA000004A0	000001	422000	PWC1000	12,00	12,00	12,00	8111100	8000	8100
E1	8000	2022	TA000004A0	000002	121130		12,00-	12,00-	12,00-	8111100	8000	8100

Abbildung 5.33 Belege zur Faktura im Universal Journal anzeigen

[«]

Fakturaüberleitung

In der Margenanalyse wird beim Buchen des Finanzbuchhaltungsbelegs auch das Ergebnisobjekt erstellt. Es sind keine separaten Customizing-Einstellungen notwendig, um Fakturen in die Margenanalyse überzuleiten.

Die Margenanalyse ermöglicht auch die Überleitung von statistischen Konditionen in ein Erweiterungsledger.

5.4 Herstellkosten in der Margenanalyse

Warenausgangsbuchung

Die Herstellkosten in der Margenanalyse werden zum Zeitpunkt des Warenausgangs gebucht. Wird ein Warenausgang zur Lieferung gebucht, wird ein Finanzbuchhaltungsbeleg erstellt und gleichzeitig auch ein Ergebnisobjekt, das mit SAP S/4HANA Finance in den Buchhaltungsbeleg integriert ist. Vor SAP S/4HANA Finance wurden mit der Warenausgangsbuchung ein Finanzbuchhaltungsbeleg, ein Controlling-Beleg und ein Beleg der Margenanalyse erstellt. Diese drei Belege sind mit SAP S/4HANA Finance in einem Beleg im Universal Journal (Datenbanktabelle ACDOCA) verschmolzen.

In Abbildung 5.34 sehen Sie die Aufteilung der Werte auf FI-Sachkonten in der Margenanalyse.

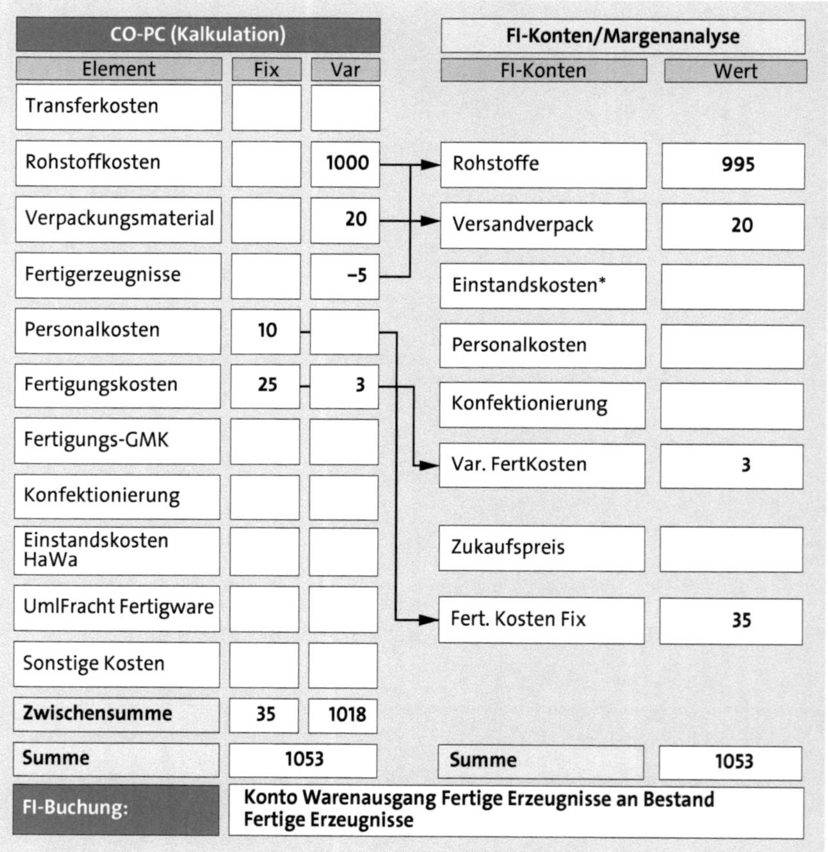

Abbildung 5.34 Warenausgangsbuchung in der Margenanalyse

Split bei der Warenausgangsbuchung

Dieses Konto ermittelt das System aus dem Vorgang GBB-VAX in der Materialkontenfindung. Mit SAP S/4HANA Finance haben Sie die Möglichkeit, die Warenausgangsbuchung analog den Kostenkomponenten des Elementeschemas der Kalkulation zu splitten. Im nächsten Abschnitt erfahren Sie, wie Sie den Split der Warenausgangsbuchung im Customizing konfigurieren.

Herstellkosten in CO-PA

In der Margenanalyse wird bei der Warenausgangsbuchung zur Lieferung ein Ergebnisobjekt erstellt.

Die Buchung der Herstellkosten ist einer der größten Unterschiede zwischen der Margenanalyse und der kalkulatorischen Ergebnisrechnung und führt zu Abstimmungsschwierigkeiten der kalkulatorischen Ergebnisrechnung mit der Finanzbuchhaltung.

5.5 Split der Umsatzkosten

Der Split der Kosten des Umsatzes in die einzelnen Kostenbestandteile analog zu den Komponenten des Elementeschemas wird mit SAP S/4HANA Finance ermöglicht. Ursprünglich wird der Warenausgang zur Lieferung auf ein Konto für jede Bewertungsklasse gebucht. Dieses Konto ist in der MM-Kontenfindung in der Kontomodifikationskonstante `GBB-VAX` hinterlegt. Mit SAP S/4HANA Finance können Sie diese Kosten in die Komponenten des Elementeschemas der zur Bestandsbewertung verwendeten Kalkulation aufteilen.

Aufteilungsschema anlegen

Nutzen Sie den folgenden Customizing-Pfad, um die Aufteilung der Kosten des Umsatzes zu definieren: **Finanzwesen • Hauptbuchhaltung • Periodische Arbeiten • Integration • Materialwirtschaft • Konten für Aufteilung der Kosten des Umsatzes definieren**.

Über **Neue Einträge** können Sie ein neues Aufteilungsschema anlegen, das einem Kostenrechnungskreis und Elementeschema zugeordnet werden muss. Der Kontenplan ermittelt sich automatisch aus dem Kostenrechnungskreis. In Abbildung 5.35 sehen Sie das Aufteilungsschema Z8000, das dem Kostenrechnungskreis 8000 zugeordnet ist. In Abbildung 5.35 gibt es ein weiteres Kennzeichen: **Buchhalt. Auft.** (Kontengesteuerte Aufteilung). Über dieses Kennzeichen wird festgelegt, ob die kontengesteuerte Aufteilung für alle Bewegungen erfolgen soll, die auf das hinterlegte Quellkonto gebucht werden. Mit allen Bewegungen sind jegliche Warenbewegungen wie etwa Warenausgang zur Lieferung und Umlagerung gemeint. Ist das Kennzeichen nicht gesetzt, erfolgt die Aufteilung des Quellkontos nur für Bewegungen zu Kundenaufträgen. In unserem Beispiel setzen Sie das Kennzeichen, so, dass die Aufsplittung der Kosten für alle Warenbewegungen erfolgt.

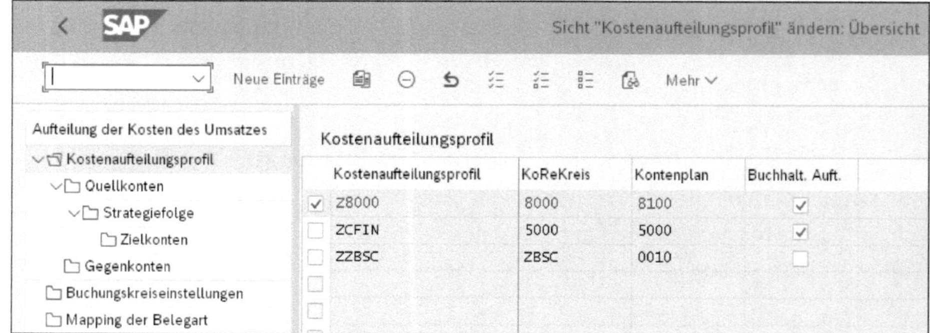

Abbildung 5.35 Kostenaufteilungsprofil anlegen

Detaillierte Umsatzkosten zuordnen

Nach der Anlage des Kostenaufteilungsprofils navigieren Sie im linken Bildbereich in den Ordner **Quellkonten**. In Abbildung 5.36 haben Sie das Quellkonto 510100 (Bestandsveränderung) hinterlegt. Dies ist das Konto, das in unserem System beim Warenausgang zur Lieferung bebucht wird. Dieses Konto möchten Sie bei der Warenausgangsbuchung in die einzelnen Kostenelemente der Kalkulation aufteilen. In der Spalte **BewertungSicht** können Sie pro Konto eine unterschiedliche Bewertungssicht hinterlegen. Dies erlaubt eine unterschiedliche Aufteilung der Kosten des Umsatzes pro Bewertungssicht (z. B. **Legale Bewertung**, **Konzernbewertung** usw.).

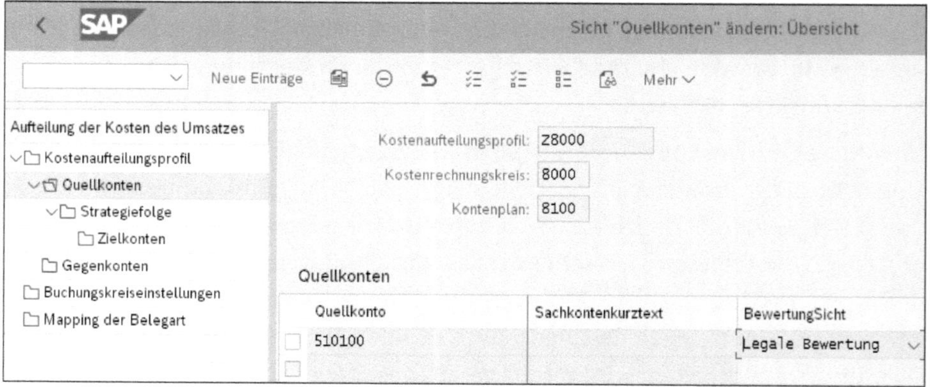

Abbildung 5.36 Quellkonten zuordnen

Strategiefolge pflegen

Navigieren Sie nun in den Ordner **Strategiefolge** im linken Bildbereich. Pro Quellkonto muss eine Strategiefolge angelegt werden. Die Strategiefolge bestimmt, nach welcher Kalkulation zuerst gesucht werden soll. Sie legen die Strategiefolge zum Quellkonto 510100 an (siehe Abbildung 5.37). Die Strategie ist die 001. Dies ist die erste Strategiefolge, die bei der Suche zur Aufteilung einer Kalkulation durchlaufen wird. Ist die Suche in der Strategiefolge 001 erfolglos, sucht das System in der nächsten Strategiefolge. Wird in keiner der zugeordneten Strategiefolgen eine Kalkulation gefunden, erfolgt keine Aufteilung der Kosten des Umsatzes. Im Bereich **Details** in Abbildung 5.37 legen Sie die Strategieart fest. Die Strategieart bestimmt, nach welcher Kalkulation gesucht werden soll. Es stehen die folgenden Auswahlmöglichkeiten zur Verfügung:

- **Freigegebene Kalkulationen**
  Das System sucht nach einer freigegebenen Kalkulation zum Zeitpunkt der Buchung des Warenausgangs zur Lieferung. Wird keine freigegebene Kalkulation gefunden, erfolgt keine Splittung der Kosten des Umsatzes.
- **Zukünftige freigegebene Kalkulationen**
  Das System sucht nach einer freigegebenen Kalkulation in der Zukunft. Erfolgt z. B. eine Warenausgangsbuchung am 01. Oktober, und ist keine freigegebene Kalkulation am 01. Oktober vorhanden, sucht das System nach der nächsten, in der Zukunft freigegebenen Kalkulation.
- **Laufende Plankalkulation**
  Das System übernimmt die laufende Plankalkulation aus dem Materialstamm.
- **Zukünftige Plankalkulation**
  Das System liest die zukünftige Plankalkulation aus dem Materialstamm, unabhängig von der Gültigkeit.

Strategieart festlegen

In unserem Beispiel in Abbildung 5.37 wählen Sie die Strategieart Laufende Plankalkulation. Sie können das Kennzeichen **Nachbewerteten Verbrauch mit Ist-Kostenschichtung splitten** setzen, wenn Sie mit der Ist-Kalkulation im Material-Ledger arbeiten. Die Aufteilung der Kosten erfolgt dann anstelle der Plankalkulation mit der Ist-Kosten-Deltaschichtung. Die Ist-Kosten-Deltaschichtung ist die Differenz zwischen der beim Warenausgang verwendeten Ist-Kostenschichtung und der Ist-Kostenschichtung auf Basis der aktuellen Ist-Kalkulation. Wird dieses Kennzeichen nicht gesetzt, erfolgt die Aufteilung der Kosten mit der Plankalkulation.

Zielkonten pflegen

Nach der Pflege der Strategiefolgen navigieren Sie im linken Bildbereich in den Ordner **Zielkonten**. In diesem Bereich ordnen Sie jedem Kostenelement aus dem Elementeschema ein Sachkonto zu. Das Sachkonto sollte mit Kostenartentyp 01 (Primärkosten) angelegt sein. Die Zielkonten definieren die Aufteilung der Kosten des Umsatzes bei der Buchung des Warenausgangs zur Lieferung. Für ein Kostenelement müssen Sie das Kennzeichen in der Spalte **Vorschl** (Vorschlagskonto für nicht zugeordnete Kostenelemente) aktivieren. In Abbildung 5.38 wurde dieses Kennzeichen zum Konto 511100 aktiviert. Alle Kosten, die beim Aufteilen der Kalkulation keinem Sachkonto zugeordnet werden können, werden diesem Vorschlagskonto zugeordnet.

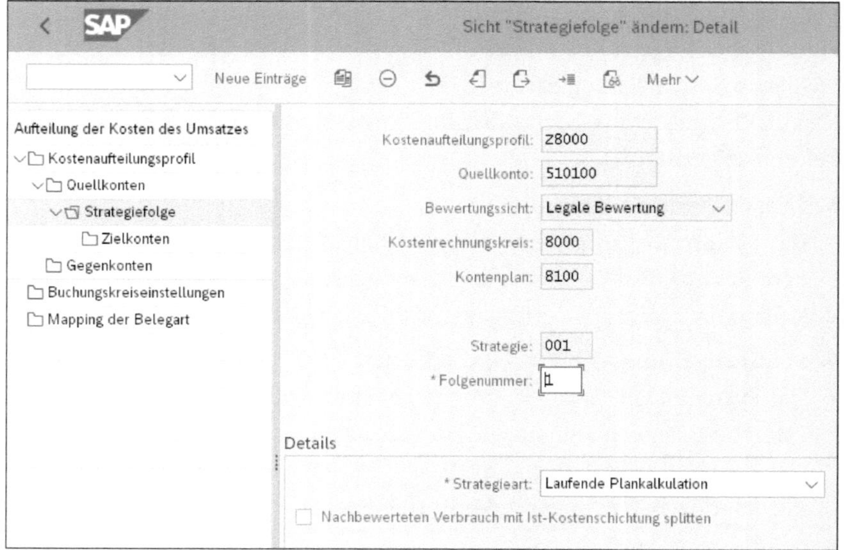

Abbildung 5.37 Strategiefolge anlegen

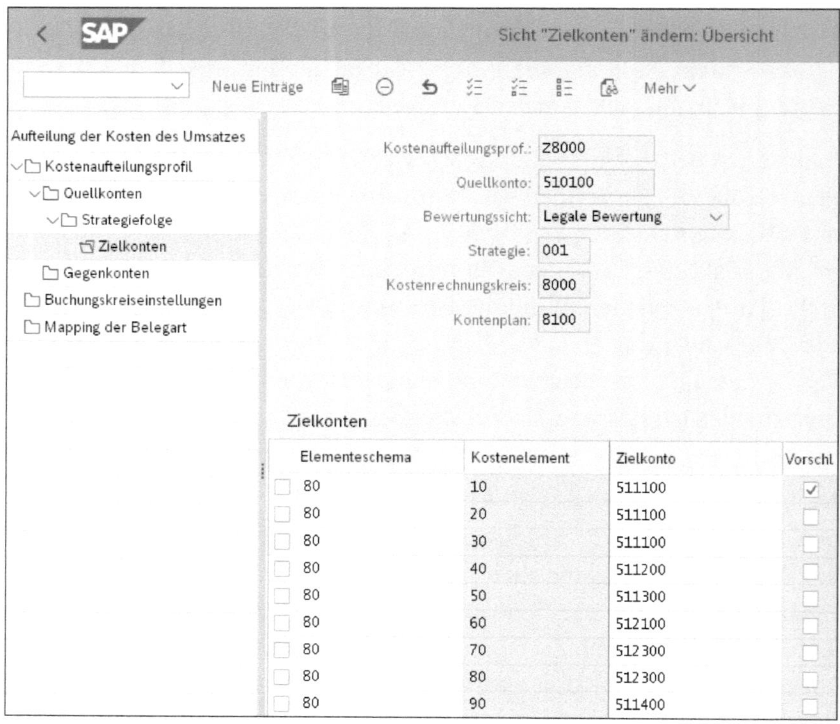

Elementeschema	Kostenelement	Zielkonto	Vorschl
80	10	511100	✓
80	20	511100	
80	30	511100	
80	40	511200	
80	50	511300	
80	60	512100	
80	70	512300	
80	80	512300	
80	90	511400	

Abbildung 5.38 Zielkonten zuordnen

Gegenkonto pflegen

Im linken Bildbereich gibt es den Ordner **Gegenkonten**. In diesem Ordner bestimmen Sie, ob das ursprüngliche Umsatzkostenkonto nicht ausgeglichen werden und die Kosten auf einem Gegenkonto angegeben werden sollen. Dies ist z. B. erforderlich, wenn Sie über Berichte verfügen, mit denen die ursprünglich gebuchten Kosten mit den Ist-Kosten des Material-Ledgers verglichen werden. Da wir in unserem Beispiel nicht mit der Ist-Kostenkalkulation im Material-Ledger arbeiten, pflegen wir hier in Abbildung 5.39 keine Daten.

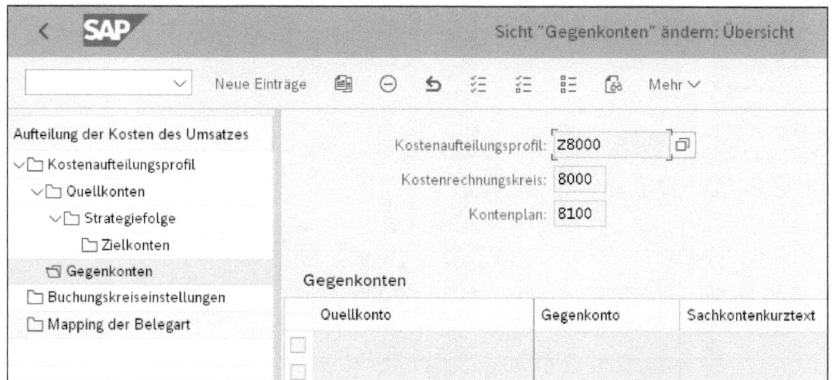

Abbildung 5.39 Gegenkonten zuordnen/pflegen

Buchungskreiseinstellung pflegen

Navigieren Sie nun in den Ordner **Buchungskreiseinstellungen** im linken Bildbereich. Über die Buchungskreiseinstellungen wird das Kostenaufteilungsprofil auf der Ebene des Buchungskreises aktiviert. In unserem Beispiel wird das Kostenaufteilungsprofil Z8000 für die Buchungskreise 8000 und 8100 (in der gleichnamigen Spalte) mit dem Datum 01.01.2020 (in der Spalte **Gültig ab**) aktiviert (siehe Abbildung 5.40).

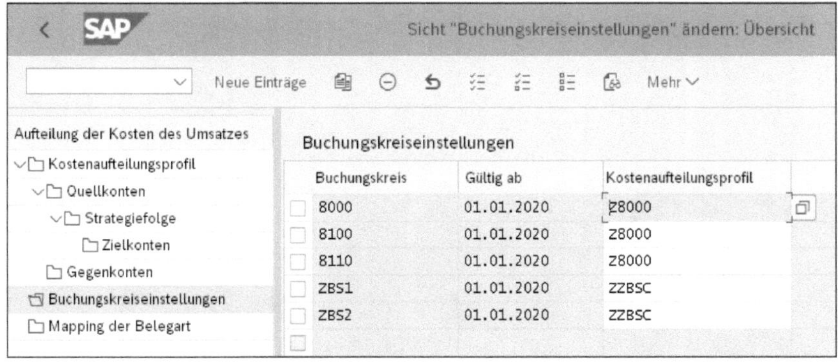

Abbildung 5.40 Buchungskreiseinstellungen pflegen

Mapping der Belegart pflegen

Darüber hinaus finden Sie im linken Bildbereich den Ordner **Mapping der Belegart**. In diesem Bereich können Sie eine Belegart festlegen, mit der die Aufteilung der Kosten des Umsatzes gebucht werden soll. In unserem Beispiel in Abbildung 5.41 nehmen wir hier keine Einstellungen vor. Die Buchung der Aufteilung der Kosten des Umsatzes erfolgt mit der gleichen Belegart wie der Warenausgang zur Lieferung. Speichern Sie nun das Kostenaufteilungsprofil über den Button Sichern.

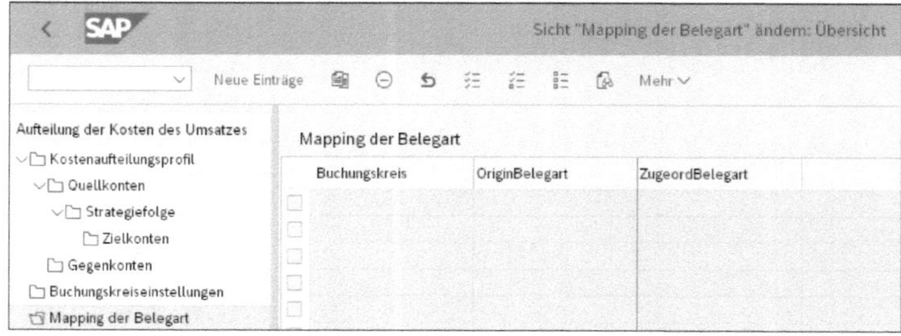

Abbildung 5.41 Mapping der Belegart

Kundenauftrag anlegen

Nun legen Sie einen Kundenauftrag an, um die von uns gepflegten Einstellungen in der Ergebnisrechnung im Universal Journal zu überprüfen. Die Aufteilung der Kosten des Umsatzes in der Ergebnisrechnung im Universal Journal ist bereits nach der Warenausgangsbuchung zur Lieferung zu sehen. Sie legen nun einen Kundenauftrag mit dem Material 10011 an (siehe Abbildung 5.42).

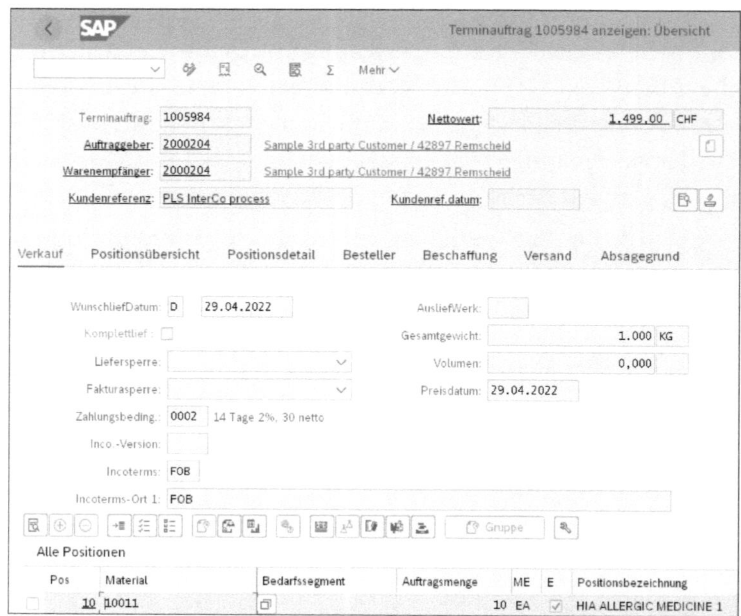

Abbildung 5.42 Kundenauftrag anlegen

Materialkalkulation anzeigen

Werfen Sie nun einen Blick auf die Materialkalkulation des Materials 10011 im Werk 8000 (siehe Abbildung 5.43). Im unteren Bildbereich **Kostenelemente in Buchungskreis-Währung** sehen Sie die Aufteilung der Herstellkosten in die Komponenten des Elementeschemas. Den einzelnen Elementen wurden Zielkonten bzw. die GuV-Konten zugeordnet (siehe Abbildung 5.38 weiter vorne).

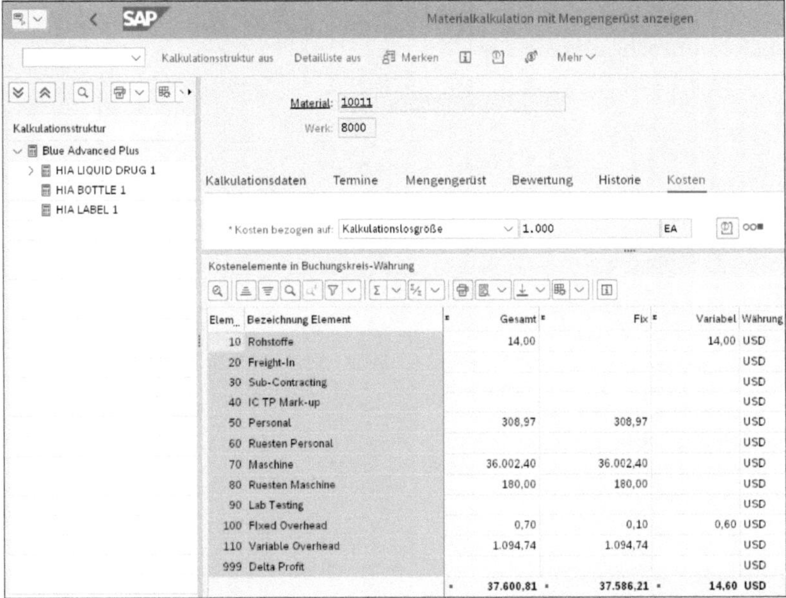

Abbildung 5.43 Materialkalkulation anzeigen

Auslieferung anlegen

Nun legen Sie in Abbildung 5.44 die Auslieferung zum Kundenauftrag an. Bei der Erstellung der Auslieferung findet keine Buchung statt.

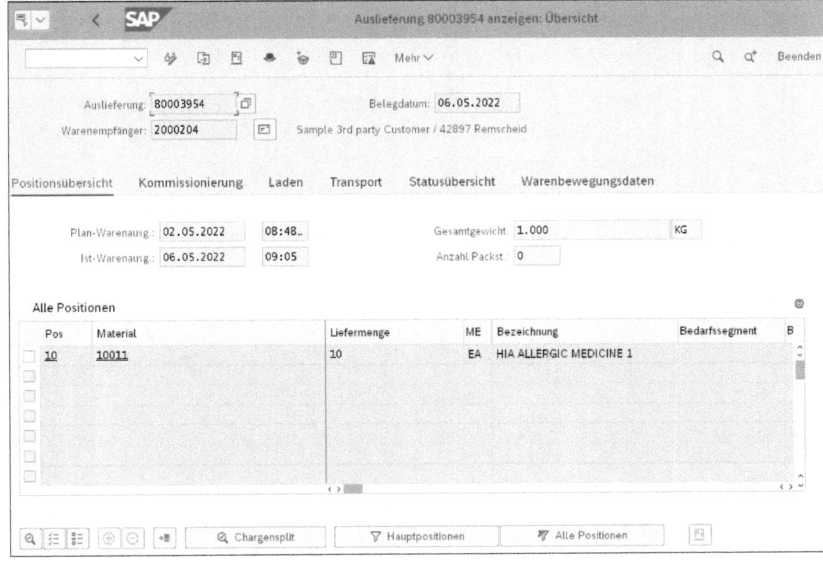

Abbildung 5.44 Auslieferung anlegen

Rechnungswesenbelege zur Auslieferung

Nach der Anlage der Auslieferung buchen Sie den Warenausgang. In Abbildung 5.45 sehen Sie die zur Auslieferung erzeugten Rechnungswesenbelege. Es wurden insgesamt fünf Belege erstellt:

- zwei Buchhaltungsbelege
- zwei Kostenrechnungsbelege
- ein Material-Ledger-Beleg

Abbildung 5.45 Rechnungswesenbelege zur Auslieferung

Warenausgangsbuchung anzeigen

Sehen Sie sich nun den in Abbildung 5.46 gezeigten Buchhaltungsbeleg 49000000533 an. Die Buchung sieht wie eine herkömmliche Warenausgangsbuchung aus, wie wir sie von SAP her kennen: »COGS an Bestand« (= Standardpreis des Materials, multipliziert mit der verkauften Menge).

Abbildung 5.46 Buchhaltungsbeleg 49000000533 anzeigen

Aufteilung des Warenausgangs anzeigen

Nun sehen Sie sich den in Abbildung 5.47 gezeigten Buchhaltungsbeleg 49000000534 an. Die Buchung teilt den Warenausgangsbetrag in die Kostenkomponenten analog dem Elementeschema auf. Das Warenausgangskonto 510100, das in Abbildung 5.46 im Soll bebucht wurde, wird nun in Abbildung 5.47 im Haben bebucht. Somit beträgt der Saldo auf dem Warenausgangskonto, das auch in der Materialkostenfindung hinterlegt ist, null.

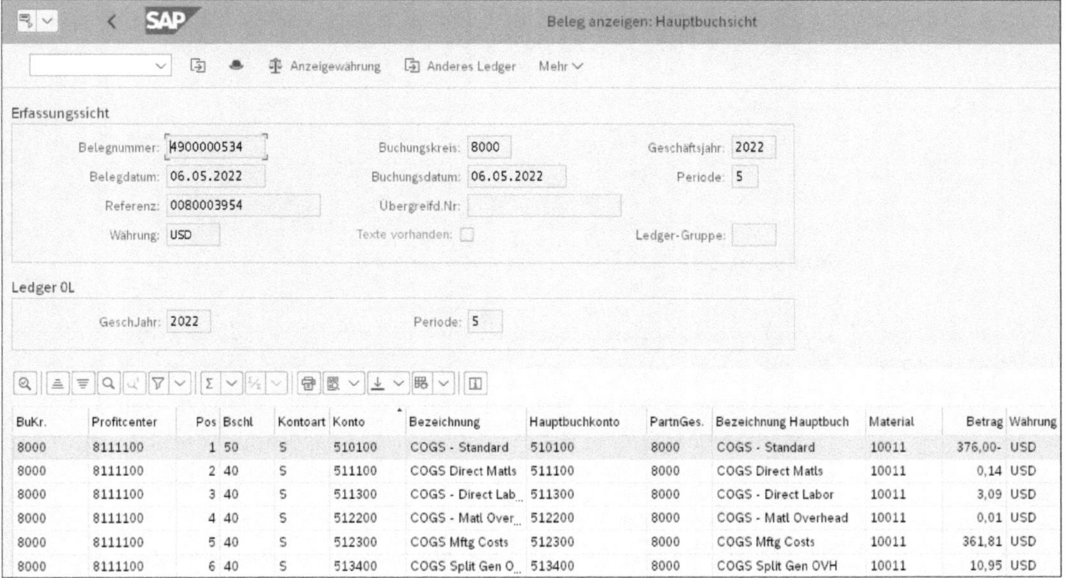

Abbildung 5.47 Buchhaltungsbelege 49000000534 anzeigen

Kostenrechnungsbelege zur Warenausgangsbuchung

Die beiden Kostenrechnungsbelege werden aus technischen Gründen erstellt, damit die ursprünglichen Transaktionen und Berichte in der Kostenrechnung in SAP S/4HANA immer noch Werte anzeigen, da noch nicht alle Transaktionen und Berichte auf die neue Tabellenstruktur umgeschrieben sind. Auf die Details der Kostenrechnungsbelege gehen wir allerdings nicht ein, da dies im Rahmen dieses Buches zu weit führen würde.

Material-Ledger-Beleg zur Warenausgangsbuchung

Zusätzlich zu den Buchhaltungsbelegen und den Kostenrechnungsbelegen wurde ein Material-Ledger-Beleg erstellt. Sie haben in unserem System das Material-Ledger aktiviert. Somit wird für jede Buchung mit Material auch ein Material-Ledger-Beleg erstellt. Der Material-Ledger Beleg ermöglicht die Anzeige der Materialbewegung und die Analyse der Materialien in der Materialpreisanalyse in Abbildung 5.48. Die Materialpreisanalyse teilt den Betrag der Warenausgangsbuchung ebenfalls in die Kostenkomponenten auf.

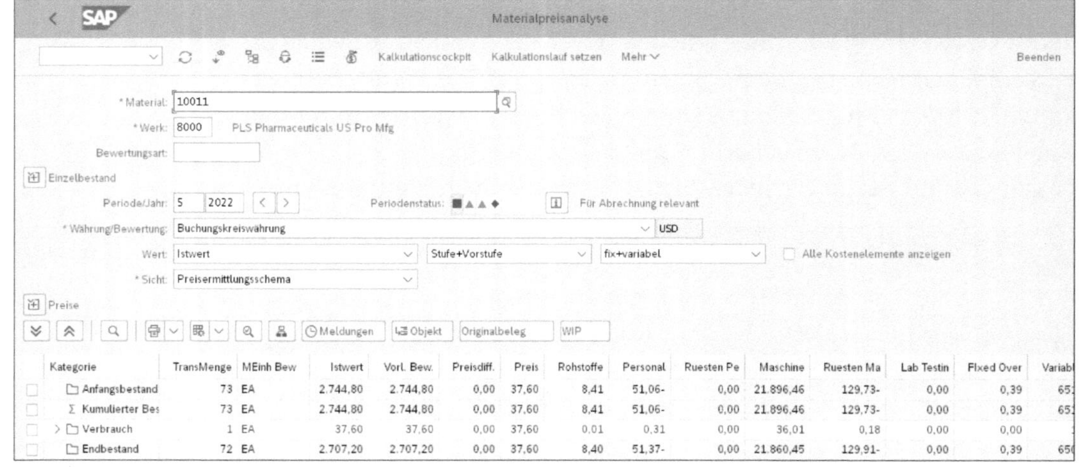

Abbildung 5.48 Materialpreisanalyse anzeigen

Warenausgangsbeleg im Universal Journal anzeigen

Doch handelt es sich tatsächlich auch um alle Belege, die bei der Warenausgangsbuchung erzeugt wurden? In Transaktion SE16N lassen Sie sich im Universal Journal, der Datenbanktabelle ACDOCA, anzeigen, welche Belege zum Warenausgang erstellt wurden. In den Selektionskriterien schränken Sie auf den Buchungskreis (8000) und die Referenzbelegnummer ein. Für die Referenzbelegnummer geben Sie die Materialbelegnummer an, mit der der Warenausgang zur Lieferung gebucht wurde (4900006460).

Belege im Erweiterungsledger

In Abbildung 5.49 sehen Sie, dass zusätzlich zu den Finanzbuchhaltungsbelegen aus Abbildung 5.45 noch Belege im Erweiterungsledger E1 erstellt worden sind. Die Belegnummern wurden technisch erstellt; es besteht keine Möglichkeit für Erweiterungsledger-Belege, einen Nummernkreis zu vergeben. Die Belege im Erweiterungsledger korrigieren die Predictive Accounting-Kosten des Umsatzes, die bei der Erstellung des Kundenauftragsbestands in das Erweiterungsledger gebucht wurden. Da die Warenausgangslieferung erfolgt ist, werden im Predictive Accounting keine zukünftigen Kosten des Umsatzes für den Kundenauftrag aus Abbildung 5.42 mehr angezeigt. Lediglich vorausschauende Umsätze werden für den Kundenauftrag noch angezeigt, bis die Fakturierung des Kundenauftrags erfolgt ist.

COGS-Split

Der COGS-Split ermöglicht es, die Kosten des Umsatzes in der Margenanalyse in die einzelnen Kostenbestandteile gemäß dem Elementeschema der Materialkalkulation zu splitten.

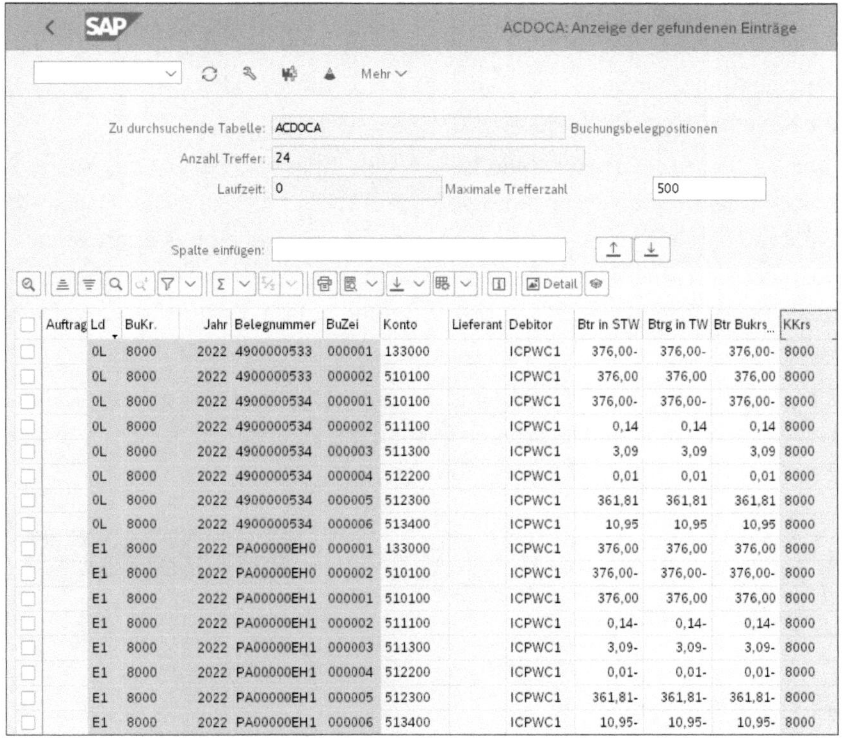

Auftrag	Ld	BuKr.	Jahr	Belegnummer	BuZei	Konto	Lieferant	Debitor	Btr in STW	Btrg in TW	Btr Bukrs...	KKrs
	0L	8000	2022	4900000533	000001	133000		ICPWC1	376,00-	376,00-	376,00-	8000
	0L	8000	2022	4900000533	000002	510100		ICPWC1	376,00	376,00	376,00	8000
	0L	8000	2022	4900000534	000001	510100		ICPWC1	376,00-	376,00-	376,00-	8000
	0L	8000	2022	4900000534	000002	511100		ICPWC1	0,14	0,14	0,14	8000
	0L	8000	2022	4900000534	000003	511300		ICPWC1	3,09	3,09	3,09	8000
	0L	8000	2022	4900000534	000004	512200		ICPWC1	0,01	0,01	0,01	8000
	0L	8000	2022	4900000534	000005	512300		ICPWC1	361,81	361,81	361,81	8000
	0L	8000	2022	4900000534	000006	513400		ICPWC1	10,95	10,95	10,95	8000
	E1	8000	2022	PA00000EH0	000001	133000		ICPWC1	376,00	376,00	376,00	8000
	E1	8000	2022	PA00000EH0	000002	510100		ICPWC1	376,00-	376,00-	376,00-	8000
	E1	8000	2022	PA00000EH1	000001	510100		ICPWC1	376,00	376,00	376,00	8000
	E1	8000	2022	PA00000EH1	000002	511100		ICPWC1	0,14-	0,14-	0,14-	8000
	E1	8000	2022	PA00000EH1	000003	511300		ICPWC1	3,09-	3,09-	3,09-	8000
	E1	8000	2022	PA00000EH1	000004	512200		ICPWC1	0,01-	0,01-	0,01-	8000
	E1	8000	2022	PA00000EH1	000005	512300		ICPWC1	361,81-	361,81-	361,81-	8000
	E1	8000	2022	PA00000EH1	000006	513400		ICPWC1	10,95-	10,95-	10,95-	8000

Abbildung 5.49 Belege im Universal Journal anzeigen

5.6 Abweichungsermittlung

Es wurden bereits mehrfach Abweichungen und die Abweichungsermittlung erwähnt. Im Folgenden erkläre ich Ihnen, wie es zu Abweichungen kommt und wie diese in der Ergebnisrechnung dargestellt werden.

In einem Unternehmen gibt es eine Vielzahl verschiedener Kostenstellen. Es werden die Kosten aus Komponenten, wie der Anlagenbuchhaltung, der Hauptbuchhaltung usw., auf Kostenstellen kontiert, und somit die betreffenden Kostenstellen mit Kosten bebucht. Im herkömmlichen SAP-System wurde beim Bebuchen einer Kostenstelle ein Controlling-Beleg erstellt. In SAP S/4HANA Finance sind der Finanzbuchhaltungsbeleg und der Controlling-Beleg in einem Beleg verschmolzen und im Universal Journal (Tabelle ACDOCA) abgespeichert.

Kostenstellen der Produktion

Wie in Abbildung 5.50 dargestellt, empfangen die Kostenstellen der Produktion Primärkosten (Kosten, die den Kostenstellen direkt zugeordnet werden können), wie z. B. Lohnkosten, Abschreibungen usw. Die Kostenstellen der Produktion empfangen auch Kosten von anderen Kostenstellen im Unternehmen, nämlich Kosten, die nicht direkt den Produktionskostenstellen zugeordnet werden können. Diese Kosten werden als Sekundärkosten bezeichnet und über Verrechnungen wie z. B. Umlagen oder Verteilungen auf die Kostenstelle gebucht.

Verrechnungskostenstellen

Eine Verrechnungskostenstelle ist z. B. eine Kostenstelle, auf der Energiekosten gesammelt werden. Energie kann z. B. über die Größe der Fläche auf die Kostenstellen umgelegt werden. Darüber hinaus gibt es auch Servicekostenstellen wie etwa Lagerkostenstellen. Die Lagerkosten können z. B. über die Ausbringungsmenge pro Maschine auf die Kostenstellen verteilt werden.

Ziel sollte es sein, die Gesamtkosten der Produktion auf das Herstellprodukt zu verteilen. Im Planungsprozess werden die zu erwartenden Gesamtkosten der Produktion pro Kostenstelle ermittelt.

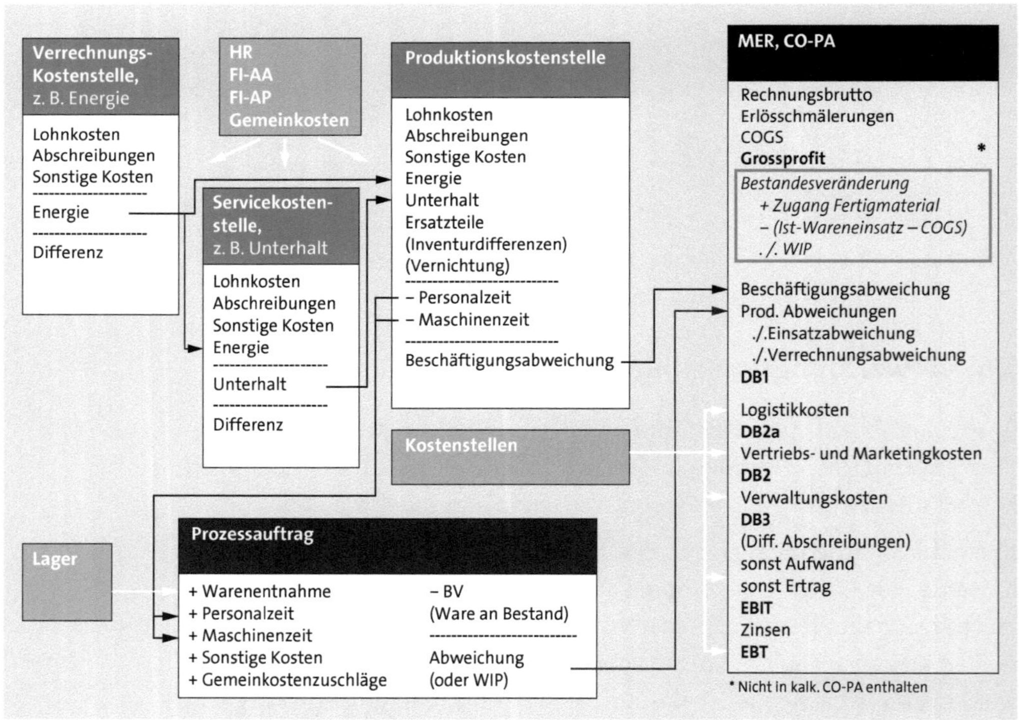

Abbildung 5.50 Wertefluss in der Abweichungsermittlung

Tarifermittlung

Anhand der Gesamtkosten, der Ausbringungsmenge und der Personalstunden werden die Tarife ermittelt. Dabei wird davon ausgegangen, dass sich die Kostenstelle zu 100 % entlastet. Die Tarife können manuell ermittelt werden, das SAP-System bietet aber auch eine automatische Tarifermittlung an.

Diese Tarife werden in der Materialkalkulation der Herstellprodukte herangezogen. Im Arbeitsplan ist festgelegt, wie viele Stunden Maschinenzeit oder Personalzeit in die Herstellung des Produkts eingehen. Die Materialkosten und die Kosten für die Arbeitszeit/Maschinenzeit und eventuelle Gemeinkostenzuschläge ergeben die Herstellkosten für das Fertigprodukt.

Herstellkosten

Die Herstellkosten entsprechen dem Standardpreis eines Produkts und werden in den Materialstamm fortgeschrieben.

Wird ein Prozessauftrag oder Fertigungsauftrag angelegt, werden die Stückliste und der Arbeitsplan aufgelöst und die Soll-Kosten des Auftrags bestimmt. Über die Materialentnahme und Rückmeldung von Zeiten auf den Prozessauftrag/Fertigungsauftrag wird der Auftrag mit Kosten belastet. Ist die Produktion des Auftrags abgeschlossen, wird der Wareneingang des erstellten Produkts zurück an das Lager gebucht. Die Warenbewegung für die Lieferung des Fertigprodukts an das Lager wird mit dem Standardpreis (oder dem Preis laut Preissteuerung im Materialstamm) bewertet.

Abweichungen auf Auftrag

Bleibt auf dem Auftrag ein Saldo zurück, spricht man von Abweichungen. Die Summe der Ist-Kosten entspricht nicht den kalkulierten Herstellkosten. Dies kann mehrere Gründe haben, wie z. B. Mehr- oder Minderverbrauch der Einsatzmaterialien, Mehr- oder Minderaufwand der Arbeitszeit oder Preisschwankungen der Einsatzmaterialien.

In Abbildung 5.51 ist der Wertefluss in der Produktion stark vereinfacht dargestellt.

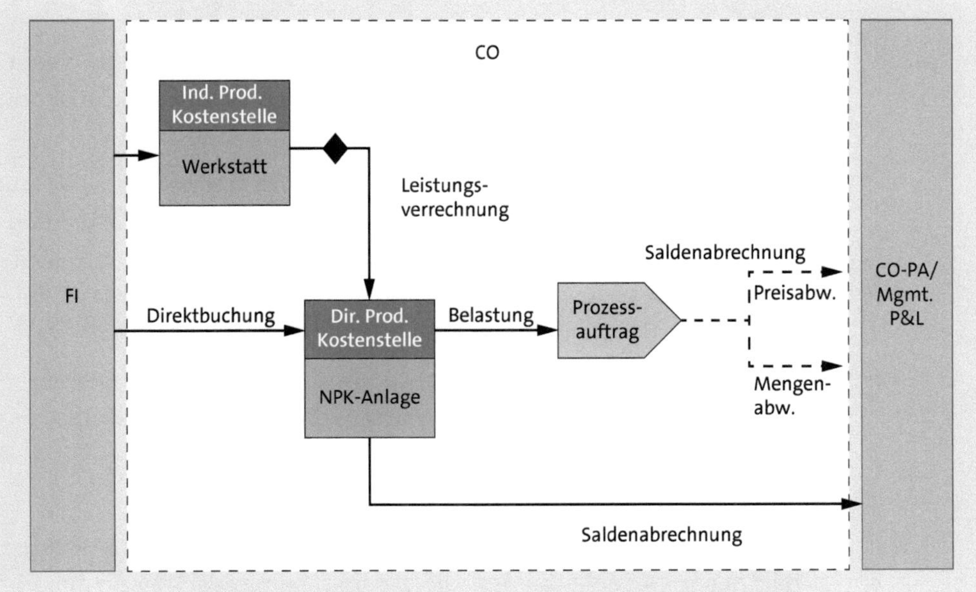

Abbildung 5.51 Standardisierter Wertefluss in der Produktion (vereinfacht)

Ware in Arbeit

Am Monatsende wird auf den Fertigungs-/Prozessaufträgen eine Ermittlung der Ware in Arbeit durchgeführt. Auf allen Aufträgen, die weder den Status **technisch abgeschlossen** (TABG) noch **geliefert** (GLFT) haben, wird Ware in Arbeit ermittelt. Mit der Abrechnung der Aufträge wird eine ergebnisneutrale Buchung erzeugt, die die Ist-Kosten im Auftrag in der Bilanz als Ware in Arbeit aktiviert.

Abweichungsermittlung

In den bereits gelieferten oder abgeschlossenen Aufträgen werden die Abweichungen ermittelt. Das System ermittelt die Art der Abweichungen. Das SAP-System verwendet dazu eine Reihe von Standardabweichungskategorien, die die Abweichungen in Abweichungen der Verrechnungsseite und in Abweichungen der Einsatzseite unterteilen. Mit der Abrechnung der Aufträge wird in der Finanzbuchhaltung eine Preisdifferenz gebucht und das Bestandsveränderungskonto korrigiert. Diese Buchung ist ergebnisneutral. Im herkömmlichen SAP-System hat das System bei der Buchung der Abweichungen in der Finanzbuchhaltung auf das Konto, das in der MM-Kontenfindung der Kontomodifikation PRD–PRF hinterlegt ist, zurückgegriffen.

Aufteilung von Preisdifferenzen

In der Finanzbuchhaltung war es bisher nicht möglich, die Preisdifferenzen analog den Abweichungskategorien aufzuteilen. SAP S/4HANA ermöglicht die Aufteilung der Preisdifferenzen analog den SAP-Standardabweichungskategorien auf verschiedene Sachkonten, was die Analyse und das Reporting sehr stark erleichtert.

Lernen Sie nun, wie Sie die Abweichungsermittlung in Ihrem Unternehmen konfigurieren und wie Sie die Abrechnung für die Margenanalyse einrichten.

Abweichungsschlüssel anlegen

Damit die Abweichungen auf einem Fertigungsauftrag/Prozessauftrag ermittelt werden können, muss dieser einem Abweichungsschlüssel zugeordnet sein.

Zur Anlage eines Abweichungsschlüssels rufen Sie Transaktion OKV1 auf, oder Sie folgen dem Customizing-Pfad **Controlling • Produktkosten-Controlling • Kostenträgerrechnung • Auftragsbezogenes Produkt-Controlling • Periodenabschluss • Abweichungsermittlung • Abweichungsschlüssel definieren**.

Sie können über **Neue Einträge** einen Abweichungsschlüssel anlegen (siehe Abbildung 5.52). Im Abweichungsschlüssel können Sie zwei Häkchen setzen:

- **Ausschuss**

  Im Bereich **Abw.Ermittlung** (Abweichungsermittlung) können Sie das Häkchen vor **Ausschuß** setzen. Dies bewirkt, dass bei der Abweichungsermittlung der Wert für den Ausschuss ermittelt und von der Gesamtabweichung abgezogen wird. Voraussetzung dafür ist, dass der Ausschuss korrekt in der Fertigung zurückgemeldet wird.

- **Einzelpost. Schreiben**

  Im Bereich **Fortschreibung** können Sie das Häkchen vor **Einzelpost. schreiben** (Einzelposten schreiben) setzen, was dazu führt, dass bei der Ermittlung der Abweichung ein zusätzlicher Beleg mit den Informationen erstellt wird, wer die Abweichungen wann ermittelt hat und welche Abweichungen sich verändert haben. In der Regel wird dieses Häkchen jedoch nicht gesetzt.

Abbildung 5.52 Abweichungsschlüssel anlegen

Abweichungsschlüssel im Werk hinterlegen

Nach der Anlage des Abweichungsschlüssels können Sie diesen über Transaktion OKVW oder über den folgenden Customizing-Pfad als Vorschlagswert im Werk hinterlegen: **Controlling • Produktkosten-Controlling • Kostenträgerrechnung • Auftragsbezogenes Produkt-Controlling • Periodenabschluss • Abweichungsermittlung • Abweichungsschlüssel pro Werk vorschlagen**.

Abweichungsschlüssel als Vorschlagswert

Wie in Abbildung 5.53 dargestellt, hinterlegen Sie den Abweichungsschlüssel 000001 in den Werken 8000, 8001 und 8002. Bei der Anlage eines Materialstammsatzes oder eines Fertigungs-/Prozessauftrags wird dieser Abweichungsschlüssel als Vorschlagswert in den Stamm übernommen und kann manuell überschrieben werden. Die Pflege des Vorschlagswertes stellt sicher, dass alle Aufträge mit einem Abweichungsschlüssel versorgt werden und Abweichungen zum Monatsende ermittelt werden können.

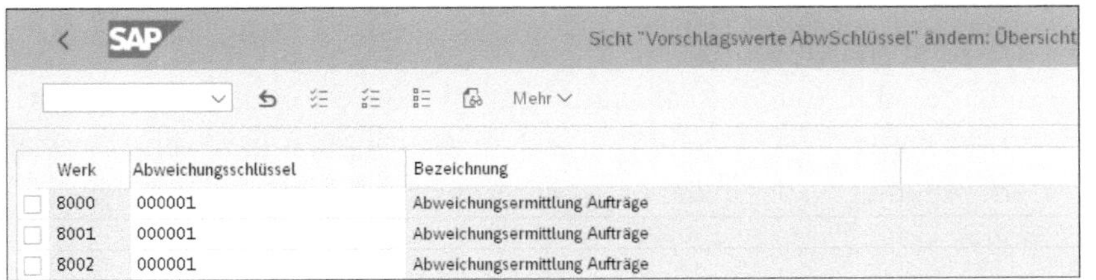

Werk	Abweichungsschlüssel	Bezeichnung
8000	000001	Abweichungsermittlung Aufträge
8001	000001	Abweichungsermittlung Aufträge
8002	000001	Abweichungsermittlung Aufträge

Abbildung 5.53 Abweichungsschlüssel als Vorschlagswert im Werk hinterlegen

Abweichungsvarianten

Über Transaktion OKVG oder über den Customizing-Pfad **Controlling • Produktkosten-Controlling • Kostenträgerrechnung • Auftragsbezogenes Produkt-Controlling • Periodenabschluss • Abweichungsermittlung • Abweichungsvarianten überprüfen** legen Sie fest, welche Abweichungskategorien im Abweichungsschlüssel aktiviert sind (siehe Abbildung 5.54). Es wird empfohlen, alle Abweichungskategorien zu aktivieren. Entstehen Abweichungen in einer nicht aktivieren Abweichungskategorie, werden diese Abweichungen der Restabweichung zugeordnet. Das SAP-System unterscheidet die Abweichungskategorien in zwei Bereiche.

Abweichungen der Einsatzseite

Zum einen gibt es die Abweichungen der Einsatzseite:

- **Ausschussabweichung**
  Die Ausschussabweichung bestimmt den Wert von ungeplantem Ausschuss. Ausschuss muss in der Rückmeldung zum Auftrag separat erfasst werden, damit das System Ausschuss erkennen kann.
- **Einsatzpreisabweichung**
  Die Einsatzpreisabweichung bestimmt die Abweichung von Preisen von Einsatzmaterialien und Leistungen. Die Abweichung wird aus der Differenz zwischen Soll-Kosten und Ist-Kosten ermittelt.
- **Strukturabweichung**
  Die Strukturabweichung wird aus der Differenz zwischen Soll-Kosten und Ist-Kosten ermittelt, wenn eine von der Stückliste abweichende Einsatzkomponente (z. B. Material) verwendet wird.
- **Einsatzmengenabweichung**
  Die Einsatzmengenabweichung stellt die Differenz von Soll-Kosten und Ist-Kosten dar, wenn es eine Differenz zwischen geplanten und aktuell eingesetzten Mengen gibt.
- **Einsatzrestabweichung**
  Alle Abweichungen der Einsatzseite, die keiner der oben genannten Einsatzabweichungen zugeordnet werden können, werden der Einsatzrestabweichung zugeordnet.

Abweichungen der Verrechnungsseite

Zum anderen werden die Abweichungen der Verrechnungsseite unterschieden:

- **Mischpreisabweichung**
  Falls Sie mit Mischpreiskalkulationen arbeiten, ermittelt die Mischpreisabweichung die Abweichung zwischen dem Standardpreis und der Materialkalkulation der in der Produktion ausgewählten Beschaffungsalternative.

- **Verrechnungspreisabweichung**
  Eine Verrechnungspreisabweichung entsteht nur, wenn die Fertigprodukte mit einem vom Standardpreis abweichenden Preis an das Lager geliefert werden (z. B. gleitender Durchschnittspreis).
- **Losgrößenabweichung**
  Losgrößenabweichungen entstehen, wenn sich die Ist-Mengen von den geplanten Mengen unterscheiden. Sie ergeben sich dadurch, dass sich ein Teil der Gesamtkosten bei der Änderung der Herstellmenge nicht verändert.
- **Restabweichung**
  Alle Abweichungskosten, die keiner der oben genannten Abweichungskategorien zugeordnet werden können, werden der Restabweichung zugewiesen.

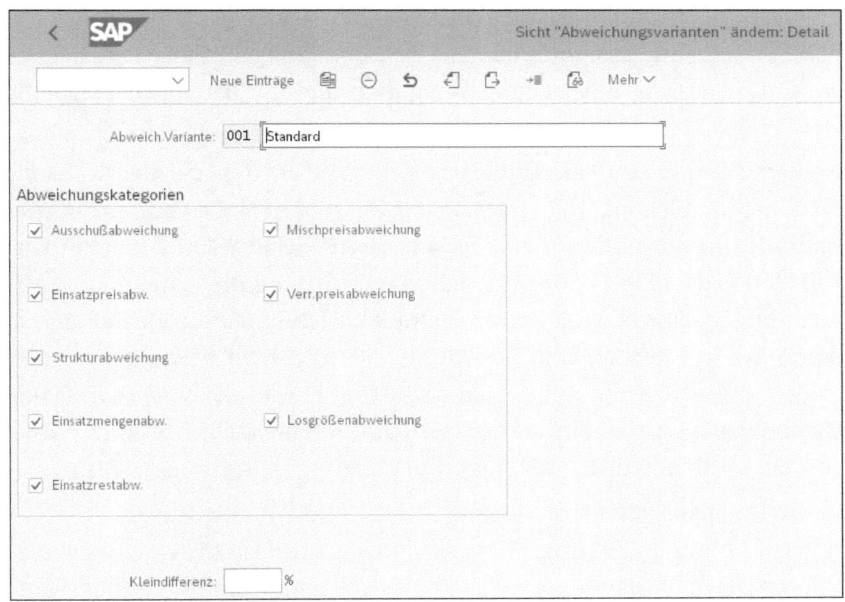

Abbildung 5.54 Abweichungsvarianten aktivieren

Soll-Version anlegen

Für die Abweichungsermittlung muss im Kostenrechnungskreis eine Soll-Version festgelegt werden, die bestimmt, wie die Abweichungen ermittelt werden. Zur Anlage einer Soll-Version rufen Sie Transaktion OKV6 auf, oder Sie folgen dem Customizing-Pfad **Controlling • Produktkosten-Controlling • Kostenträgerrechnung • Auftragsbezogenes Produkt-Controlling • Periodenabschluss • Abweichungsermittlung • Sollversionen festlegen**.

Über **Neue Einträge** können Sie für den Kostenrechnungskreis (8000) verschiedene Soll-Versionen anlegen (siehe Abbildung 5.55).

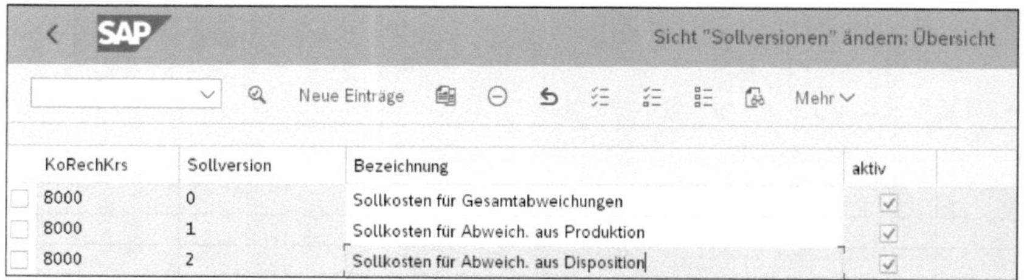

KoRechKrs	Sollversion	Bezeichnung	aktiv
8000	0	Sollkosten für Gesamtabweichungen	☑
8000	1	Sollkosten für Abweich. aus Produktion	☑
8000	2	Sollkosten für Abweich. aus Disposition	☑

Abbildung 5.55 Soll-Versionen im Kostenrechnungskreis anlegen

Die Soll-Versionen legen fest, auf welche Arten Sie die Abweichungen ermitteln können (welche Kosten/Kalkulationsvariante als Basis für die Abweichungsermittlung herangezogen wird).

Details der Soll-Version festlegen

In der Soll-Version legen Sie im Detail fest, welche Abweichungsvariante für die Abweichungsermittlung angewandt werden soll. Sie haben in Abbildung 5.56 für die Soll-Version 0 die Abweichungsvariante 001 zugeordnet. Diese Abweichungsvariante haben Sie in Abbildung 5.54 angelegt. Sie bestimmt, in welche Abweichungskategorien die Abweichungen aufgeteilt werden.

Zu analysierende Kosten festlegen

Im Bereich **zu kontrollierende Kosten** geben Sie an, dass Sie die Ist-Kosten analysieren möchten. Im Bereich **Sollkosten** geben Sie die Vergleichsgröße für die Ist-Kosten an, die für die Soll-Version 0 in der Regel die laufende Plankalkulation darstellt. Für die Abweichungsermittlung, die später mit der Abrechnung an FI weitergeleitet wird, empfehle ich Ihnen die Einstellungen, die in der Soll-Version 0 in Abbildung 5.56 dargestellt sind, da diese den Saldo der Aufträge auf null setzen und damit eine einfachere Analyse der Daten möglich ist. Bei Einsatz der kalkulatorischen Ergebnisrechnung können nur so die Werte mit der Finanzbuchhaltung abgestimmt werden.

Detailansicht der Soll-Version

In der Detailansicht der Soll-Version 1 für Abweichungen aus der Produktion in Abbildung 5.57 haben Sie als Soll-Kosten die Plankosten/Vorkalkulation ausgewählt. Bei der Abweichungsermittlung werden die Plankalkulation oder die Vorkalkulation des Fertigungs-/Prozessauftrags als Vergleichskosten herangezogen.

Zusätzliche Soll-Versionen

Sie haben die Möglichkeit, weitere Soll-Versionen anzulegen und diese mit alternativen Materialkalkulationen zu vergleichen. Dazu wählen Sie im Bereich **Sollkosten** der Detailansicht der Soll-Version **Alternative Materialkalkulation** aus und legen die Kalkulationsvariante fest, deren Kalkulationen zur Ermittlung der Abweichung herangezogen werden sollen.

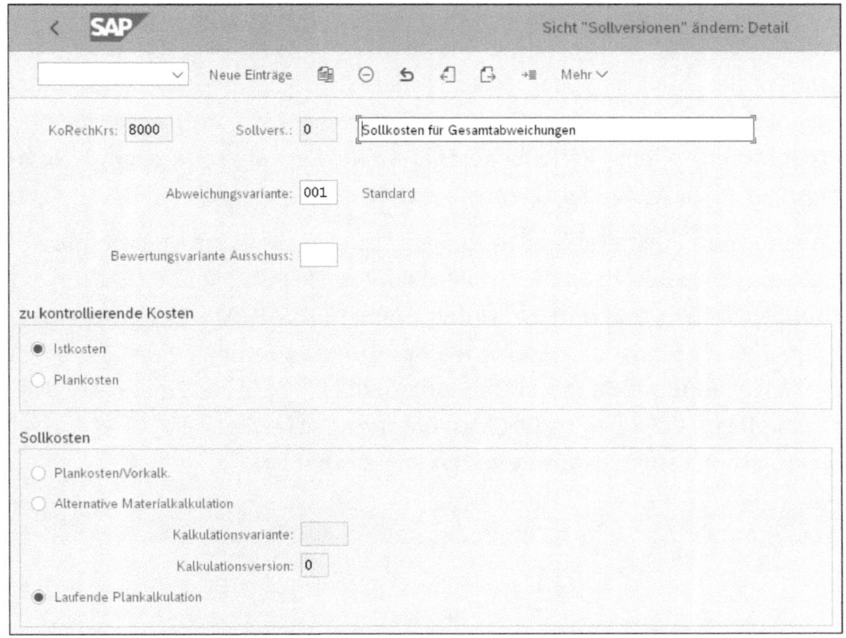

Abbildung 5.56 Detailansicht der Soll-Version für Gesamtabweichungen

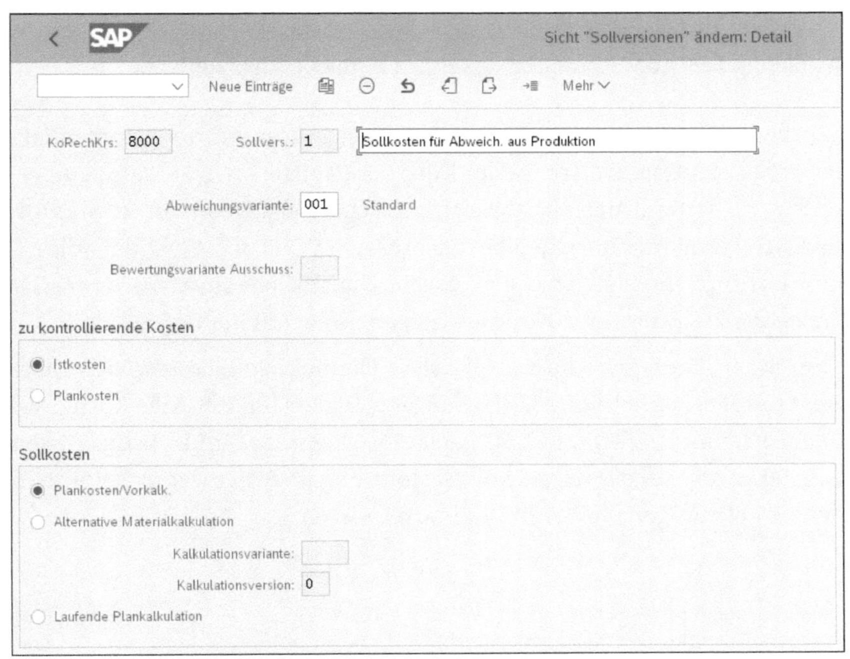

Abbildung 5.57 Detailansicht der Soll-Kosten für die Abweichung aus der Produktion

Nummernkreis zuordnen

Bevor Sie eine Abweichungsermittlung vornehmen können, müssen Sie den Abweichungsbelegen einen Nummernkreis zuordnen. Rufen Sie dazu Transaktion KANK auf, oder folgen Sie dem Customizing-Pfad **Controlling • Produktkosten-Controlling • Kostenträgerrechnung • Auftragsbezogenes Produkt-Controlling • Periodenabschluss • Abweichungsermittlung • Nummernkreise für Abweichungsbelege festlegen**.

Geben Sie im Einstiegsbild den Kostenrechnungskreis ein, in dem die Abweichungen ermittelt werden sollen. Klicken Sie dann auf den Button [✎] **Gruppen ändern**, und ordnen Sie dem Element KVAR (Abweichungsermittlung) über den Button [⁂] **Element einer Gruppe zuordnen** eine Gruppe zu (siehe Abbildung 5.58). Wechseln Sie dann über [F3] in das Einstiegsbild **Intervallpflege: CO-Beleg** zurück, und überprüfen Sie über [✎ Intervalle], ob die Gruppe einem Nummernkreis zugeordnet ist.

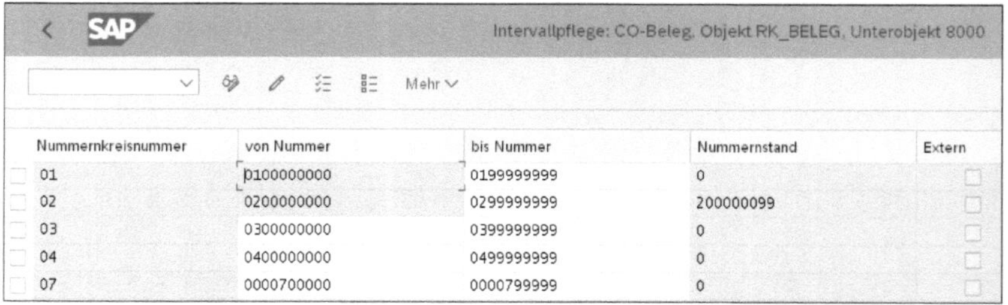

Nummernkreisnummer	von Nummer	bis Nummer	Nummernstand	Extern
01	0100000000	0199999999	0	
02	0200000000	0299999999	200000099	
03	0300000000	0399999999	0	
04	0400000000	0499999999	0	
07	0000700000	0000799999	0	

Abbildung 5.58 Abweichungsbelege einem Nummernkreis zuordnen

Abweichungsschlüssel im Prozessauftrag

Nun sind alle Voraussetzungen für die Abweichungsermittlung vorhanden. Im Prozessauftrag können Sie im Kopf der Registerkarte **Steuerung** überprüfen, ob dem Auftrag ein Abweichungsschlüssel zugeordnet ist. Sie können sich Fertigungsaufträge über Transaktion COR3 oder über den folgenden Customizing-Pfad anzeigen lassen: **Logistik • Produktion -Prozess • Prozessauftrag • Prozessauftrag • Anzeigen** (siehe Abbildung 5.59).

Kosten im Fertigungsauftrag

Über **Mehr • Springen • Kosten • Analyse** kann ein Soll-Ist-Vergleich angezeigt werden. In Abbildung 5.60 sehen Sie z. B., dass für Rohstoffe Kosten auf dem Sachkonto 521110 0.10 USD geplant wurden, aber im Ist keine Kosten angefallen sind. In der Abweichungsermittlung wird dies wahrscheinlich in den Abweichungen der Einsatzseite ausgewiesen.

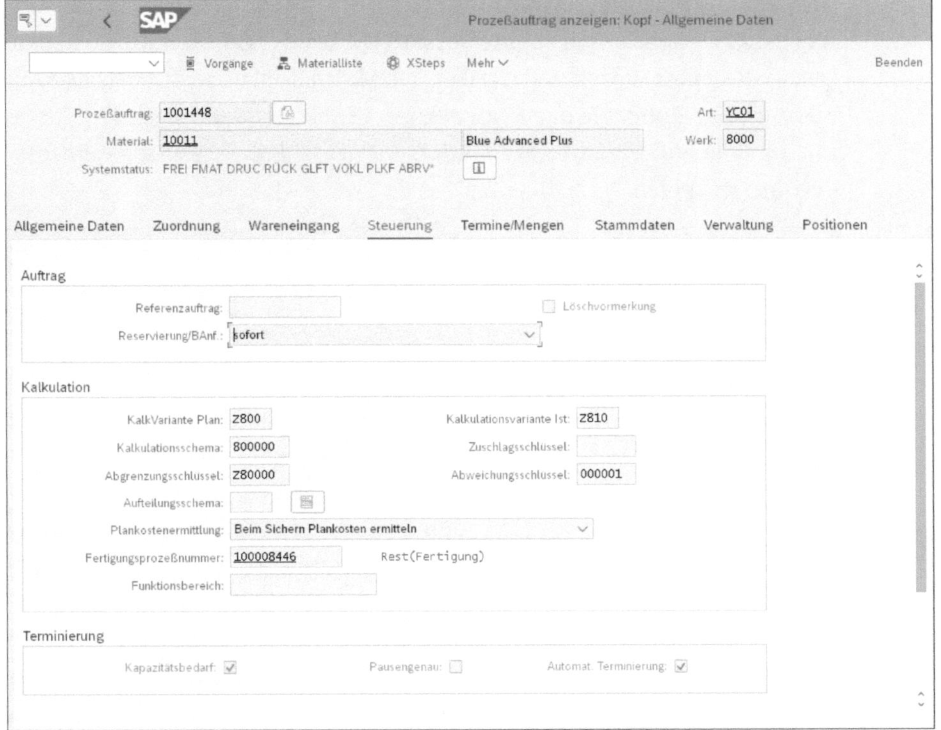

Abbildung 5.59 Fertigungsauftrag anzeigen

Soll/Ist - Vergleich

Auftrag 1001448 HIA ALLERGIC MEDICINE 1
Auftragsart YC01
Werk 8000 PLS Pharmaceuticals US Pro Mfg
Material 10011 Blue Advanced Plus

Planmenge 8 EA each
Istmenge 8 EA each

Sollversion 0

kumulierte Daten
Legale Bewertung
Buchungskreis-/Objektwährung

Kostenart	K...	Herkunft	Sollkosten gesamt	Istkosten gesamt	Soll/Ist-Abweichung	Soll/Ist-Abw.(%)	Währung
522100		8000/10011	300,81-	300,80-	0,01		USD
522599			0,00	169,65-	169,65-		USD
521310		8000100001/8000	2,45	2,45	0,00		USD
521410		8000100001/8010	288,00	288,00	0,00		USD
521420		8000100001/8020	180,00	180,00	0,00		USD
521440		8000100001	0,00	0,00	0,00		USD
			▪ **169,64**	▪ **0,00**	▪ **169,64-**		**USD**
521110		8000/30021	0,05	0,00	0,05-	100,00-	USD
521110		8000/30019	0,05	0,00	0,05-	100,00-	USD
521140		8000/20009	0,06	0,00	0,06-	100,00-	USD
Rohstoffe			▪ **0,16**	▪ **0,00**	▪ **0,16-**		**USD**
			▪▪ **169,80**	▪▪ **0,00**	▪▪ **169,80-**		**USD**

Abbildung 5.60 Soll-Ist-Vergleich im Prozessauftrag anzeigen

Status des Fertigungsauftrags

Um in der Abweichungsermittlung berücksichtigt zu werden, muss der Auftrag den Status **technisch abgeschlossen** (TECO) oder **geliefert** (GLFT) haben. Den Status eines Prozessauftrags können Sie im Kopf überprüfen (siehe Abbildung 5.61). Rufen Sie dazu Transaktion COR3 oder den folgenden Customizing-Pfad auf: **Logistik • Produktion – Prozess• Prozessauftrag • Prozessauftrag • Anzeigen**.

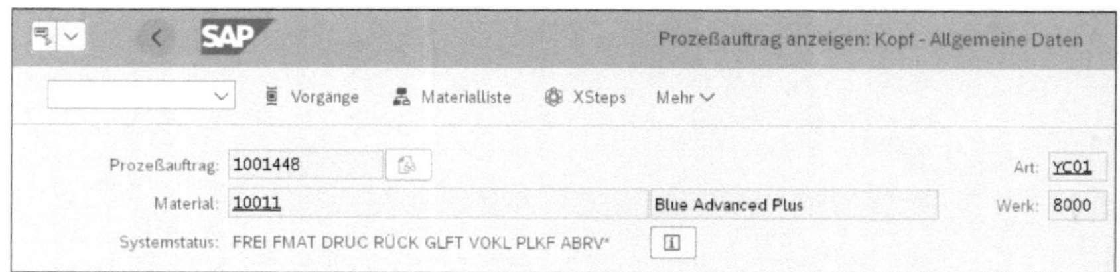

Abbildung 5.61 Status des Fertigungsauftrags überprüfen

Abweichungsermittlung ausführen

Über Transaktion KKS2 oder über den Customizing-Pfad **Rechnungswesen • Controlling • Produktkosten-Controlling • Kostenträgerrechnung • Auftragsbezogenes Produkt-Controlling • Periodenabschluss • Einzelfunktionen • Abweichungen • Einzelverarbeitung** können Sie die Abweichungsermittlung für einen einzelnen Auftrag vornehmen. Für die Sammelverarbeitung der Abweichungsermittlung können Sie Transaktion KKS1H nutzen. Sie können die Transaktion über den folgenden Customizing-Pfad aufrufen: **Rechnungswesen • Controlling • Produktkosten-Controlling • Kostenträgerrechnung • Auftragsbezogenes Produkt-Controlling • Periodenabschluss • Einzelfunktionen • Abweichungen • HANA-basierte Sammelverarbeitung**.

SAP-Fiori-Apps für die Abweichungsermittlung

Für sowohl die Einzelverarbeitung als auch die Sammelverarbeitung gibt es eine SAP-Fiori-App. In Abbildung 5.62 sehen Sie die SAP-Fiori-App für die Sammelverarbeitung der Abweichungsermittlung.

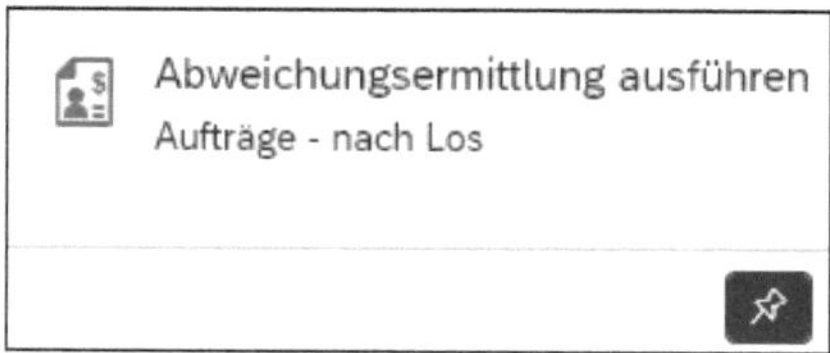

Abbildung 5.62 SAP-Fiori-App für die Sammelverarbeitung der Abweichungsermittlung

Abweichungen analysieren

In Abbildung 5.63 haben Sie die Abweichungsermittlung für den Auftrag 1001448 mit der Soll-Version 0 ausgeführt. Wie im Soll-Ist-Vergleich in Abbildung 5.60 bereits festgestellt, gibt es eine Strukturabweichung in Höhe von 0,16 USD. Eine Strukturabweichung tritt auf, wenn z. B. eine andere Produktionsversion produziert wird oder die Fertigung auf einer abweichenden Maschine (Arbeitsplatz) ausgeführt wird. Für Losgrößen zeigt Abbildung 5.63 auch eine Abweichung an. Es scheint, als erfolgte die Produktion für eine abweichende Losgröße (im Vergleich zur Losgröße, die in der Kalkulation verwendet wurde). Die Gesamtabweichung des Auftrags beträgt 169,65 USD und ist in verschiedene Abweichungskategorien aufgeteilt, wie Sie im oberen Bereich von Abbildung 5.63 sehen. Die Abweichungsermittlung muss im Echtlauf durchgeführt werden, damit die Abweichungen in der Abrechnung der Aufträge abgerechnet werden können.

Periode: 5 Geschäftsjahr 2022 Meldungen: 2 Währung: USD
* Version: (0) Währung des Buchungskreises

Werk	Kostenträger	Abweichung	Einsatzpreisabweich.	Strukturabweichung	Einsatzmengenabweich.	Einsatzrestabweichung	Losgrößenabweichung	Verrechpreisabweich.
8000	AUF 1001448	169,65	0,00	0,16-	0,00	0,00	178,56	0,01

Abweichungen Sollkosten

Kostenart	Herkunft	Sollkosten gesamt	Istkosten gesamt	Kontrollkosten gesamt	Ware in Arbeit	Ausschuß	Abweichung
521110	8000/30019	0,05	0,00	0,00	0,00	0,00	0,05-
521110	8000/30021	0,05	0,00	0,00	0,00	0,00	0,05-
521140	8000/20009	0,06	0,00	0,00	0,00	0,00	0,06-
521310	8000100001/8000	2,45	2,45	2,45	0,00	0,00	0,00
521410	8000100001/8010	288,00	288,00	288,00	0,00	0,00	0,00
521420	8000100001/8020	180,00	180,00	180,00	0,00	0,00	0,00
Belastung		**470,61**	**470,45**	**470,45**	**0,00**	**0,00**	**0,16-**
522100	8000/10011	300,81	300,80	0,00	0,00	0,00	8,75-
Lieferung		**300,81**	**300,80**	**0,00**	**0,00**	**0,00**	**8,75-**

Abbildung 5.63 Abweichungsermittlung ausführen

Ergebnisschema anlegen

Um die Abweichungen abrechnen zu können, muss im Customizing ein Ergebnisschema angelegt werden. Über Transaktion KEI1 oder über den Customizing-Pfad **Controlling • Ergebnis- und Marktsegmentrechnung • Werteflüsse im Ist • Produktionsabweichungen abrechnen • Ergebnisschema für Abweichungsabrechnung definieren** können Sie ein Ergebnisschema definieren. Über **Neue Einträge** legen Sie, wie in Abbildung 5.64, ein neues Ergebnisschema an.

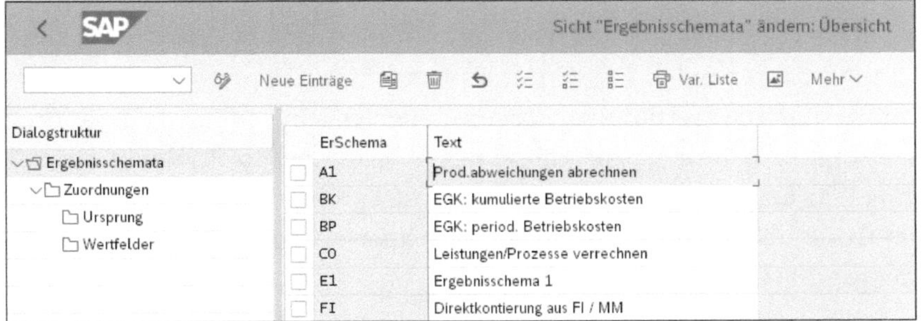

Abbildung 5.64 Ergebnisschema für die Abweichungen anlegen

Zeilenstruktur Ergebnisschema pflegen

Markieren Sie das angelegte Ergebnisschema (in unserem Beispiel A1), und navigieren Sie im linken Bildbereich **Dialogstruktur** in den Ordner **Zuordnungen**. Über **Neue Einträge** können Sie neue Zeilen anlegen. Für die Abrechnung der Abweichungskategorien müssen Sie pro Abweichungskategorie mindestens eine Zeile anlegen (siehe Abbildung 5.65).

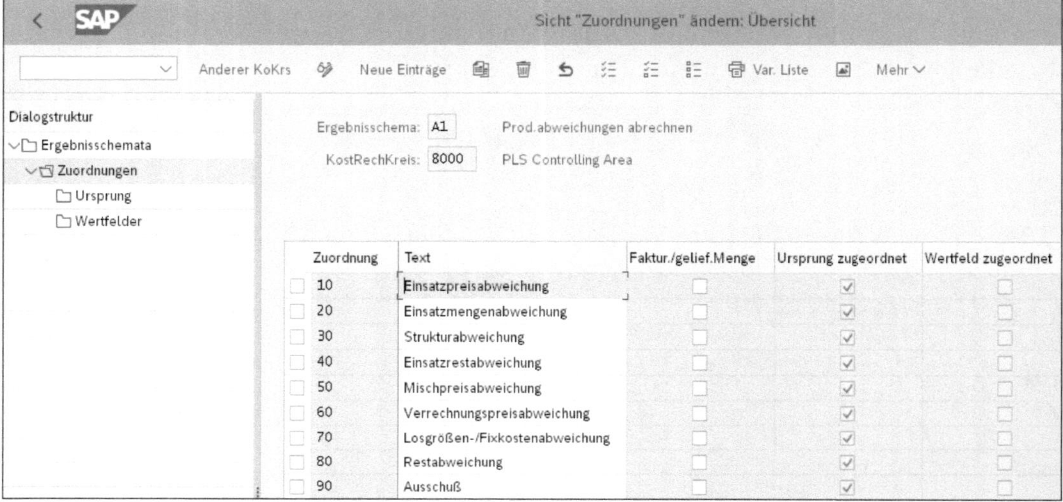

Abbildung 5.65 Zuordnungen im Ergebnisschema anlegen

Ursprung im Ergebnisschema pflegen

Markieren Sie eine der Zuordnungszeilen, und navigieren Sie im linken Bildbereich **Dialogstruktur** in den Ordner **Ursprung**. Im Bereich **Kostenart** legen Sie fest, welche Kostenarten in der Abrechnung der im Bereich **Ursprung** festgelegten Abrechnungskategorie abgerechnet werden. Sie möchten alle Kostenarten, für die eine Einsatzpreisabweichung ermittelt wurde, abrechnen. Daher legen Sie als Intervall für die Kostenart 0 bis Z fest. Im Bereich **Ursprung** aktivieren Sie Abweichungen auf Fertigungsaufträgen und wählen die Abweichungskategorie aus, die Sie mit der Zuordnungszeile abrechnen möchten. Im Beispiel in Abbildung 5.66 wurde ABPR (Einsatzpreisabweichung) ausgewählt.

Zuordnung des Ergebnisschemas zum Abrechnungsprofil

Nach der Pflege des Ergebnisschemas muss dieses einem Abrechnungsprofil zugeordnet werden. Das Abrechnungsprofil wird in der Auftragsart hinterlegt und ist daher automatisch jedem neu angelegten Fertigungsauftrag zugeordnet. Folgen Sie zur Anlage des Abrechnungsprofils dem Customizing-Pfad **Controlling • Ergebnis- und Marktsegmentrechnung • Werteflüsse im Ist • Produktionsabweichungen abrechnen • Ergebnisschema • Abrechnungsprofil zuordnen**.

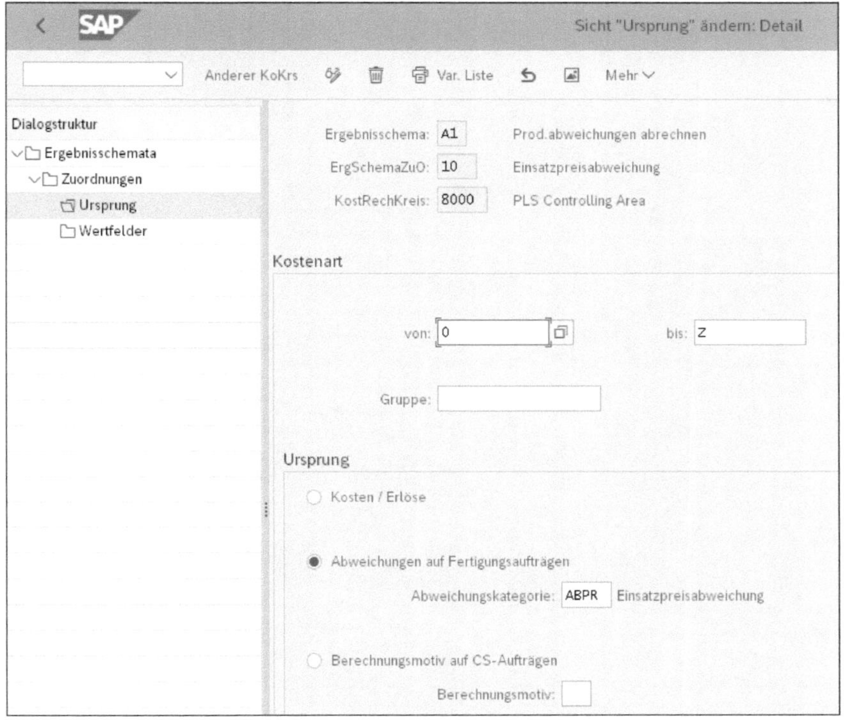

Abbildung 5.66 Ursprung im Ergebnisschema zuordnen

Wählen Sie aus der Liste der Abrechnungsprofile das Abrechnungsprofil aus, das den in Ihrem System verwendeten Fertigungs-/Prozessauftragsarten zugeordnet ist. Im Bereich **Vorschlagswerte** ordnen Sie das soeben angelegte Ergebnisschema A1 (**Prod. Abweichungen abrechnen**) im Feld **Ergebnisschema** zu (siehe Abbildung 5.67).

Kontierungsvorschlag pflegen

Als **Kontierungsvorschlag** pflegen Sie MAT, da die Abweichungen an das Material abgerechnet werden und nicht etwa auf die Kostenstelle.

Mit SAP S/4HANA gibt es eine neue Funktionalität, die es erlaubt, die Abrechnung der Fertigungsaufträge gemäß den Abweichungskategorien auf verschiedene Sachkonten abzurechnen. Diese Funktionalität steht für die Margenanalyse zur Verfügung.

Aufteilung der Preisdifferenzen

Für die Aufteilung der Preisdifferenzen gemäß den Abweichungskategorien in der Finanzbuchhaltung rufen Sie den folgenden Customizing-Pfad auf: **Finanzwesen (neu) • Hauptbuchhaltung (neu) • Periodische Arbeiten • Integration • Materialwirtschaft • Konten für Aufteilung der Preisdifferenzen definieren**.

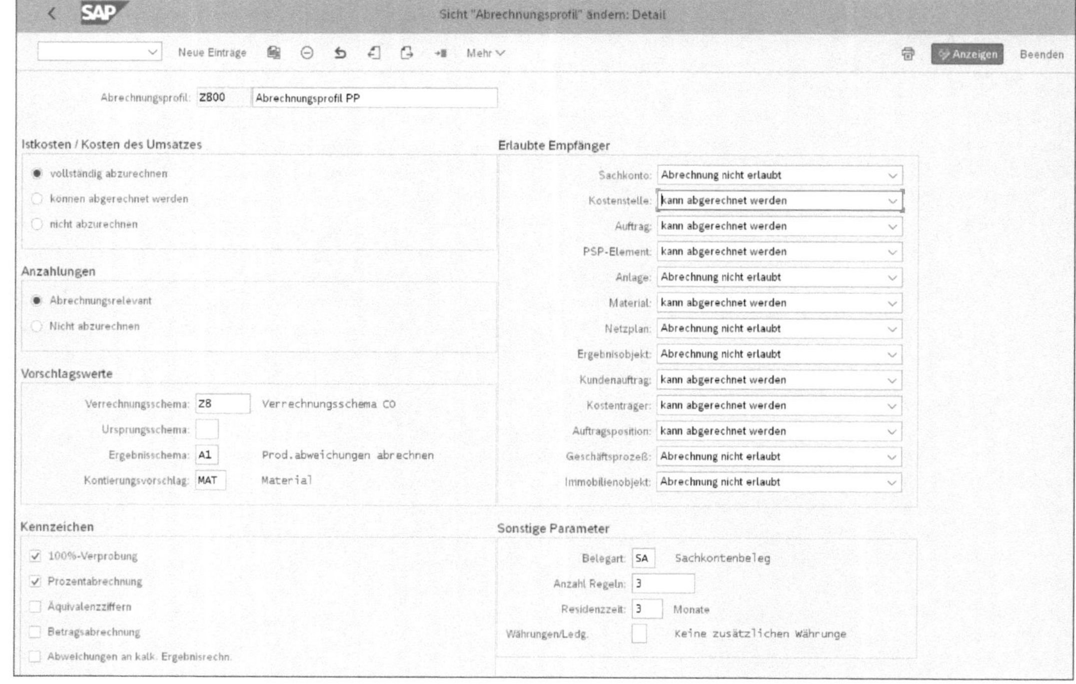

Abbildung 5.67 Abrechnungsprofil pflegen

Aufteilungsschema anlegen

Über **Neue Einträge** legen Sie ein Aufteilungsschema an (8000SPLIT), das dem Kostenrechnungskreis zugeordnet ist (siehe Abbildung 5.68).

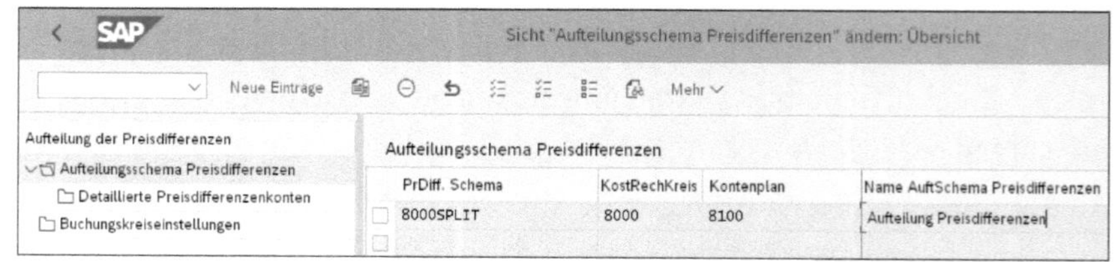

Abbildung 5.68 Aufteilungsschema für die Preisdifferenzen anlegen

Markieren Sie das soeben angelegte Aufteilungsschema, und navigieren Sie im linken Bildbereich in **Aufteilung der Preisdifferenzen** in den Ordner **Detaillierte Preisdifferenzenkonten**.

Zuordnung Sachkonto zur Abweichungskategorie

Über **Neue Einträge** können Sie pro Abweichungskategorie ein separates Sachkonto zuordnen. In der Spalte **AKat** (Abweichungskategorie) ordnen Sie jeder Zeile eine Abweichungskategorie zu. Zusätzlich müssen Sie ein Kostenartenintervall oder eine Kostenartengruppe hinterlegen, für die die Abrechnung gemäß Abweichungskategorie erfolgen soll. Über die Kostenarten haben Sie die Möglichkeit, die Abweichungen weiter zu differenzieren.

So können Sie die Einsatzpreisabweichung z. B. in **Einsatzpreisabweichung Material** und **Einsatzpreisabweichung Personal** differenzieren. Jeder Zeile wird nun ein Sachkonto zugeordnet, mit dem die Preisdifferenzen im System verbucht werden.

Kennzeichen »Vorschlag« aktivieren

Wie in Abbildung 5.69 dargestellt, haben Sie pro Zeile eine Abweichungskategorie gepflegt und ein Sachkonto in der Spalte **Zielkonto** hinterlegt. Für eine der Zeilen müssen Sie in der Spalte **Vorschlag** (hier nicht zu sehen) das Häkchen setzen. Dies bewirkt, dass diese Abweichung auf das Sachkonto, das in der Zeile mit dem gesetzten Häkchen in der Spalte **Vorschlag** hinterlegt ist, gebucht wird, falls eine der Kostenarten keiner Zeile im Aufteilungsschema zugeordnet werden kann.

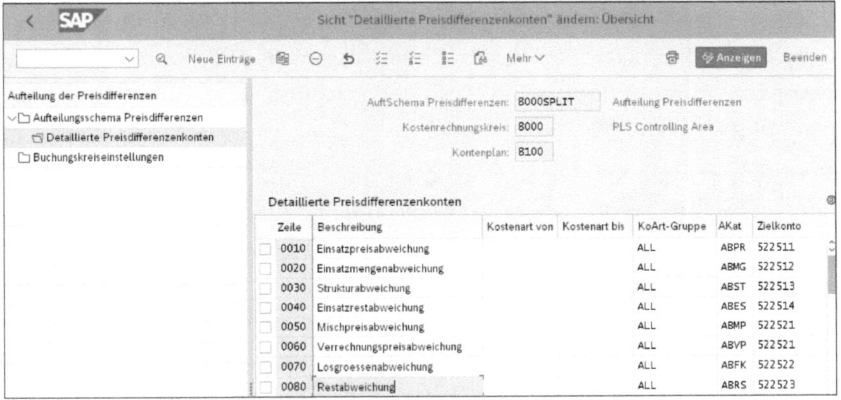

Abbildung 5.69 Preisdifferenzenkonten für die Abweichungsabrechnung pflegen

Nach der Pflege der Abweichungskategorien und der Zuordnung der Konten navigieren Sie im linken Bildbereich **Aufteilung der Preisdifferenzen** in den Ordner **Buchungskreiseinstellungen**. Über **Neue Einträge** können Sie das Aufteilungsschema einem Buchungskreis zuordnen.

Aufteilungsschema zuordnen

Sie haben das Aufteilungsschema 8000SPLIT in Abbildung 5.70 den Buchungskreisen 8000, 8100 und 8110 zugeordnet. Pflegen Sie auch eine Gültigkeit, ab der die Aufteilung der Preisdifferenzen bei Abrechnung der Aufträge erfolgen soll.

Ohne die Pflege eines Aufteilungsschemas für Preisdifferenzen werden die Preisdifferenzen auf das Konto, das in der Materialkontenfindung zum Vorgang PRD-PRF hinterlegt ist, abgerechnet. Ein Eintrag in der Materialkontenfindung für den Vorgang PRD-PRF ist notwendig, auch wenn Sie ein Aufteilungsschema für Preisdifferenzen anlegen und dem Buchungskreis zuordnen.

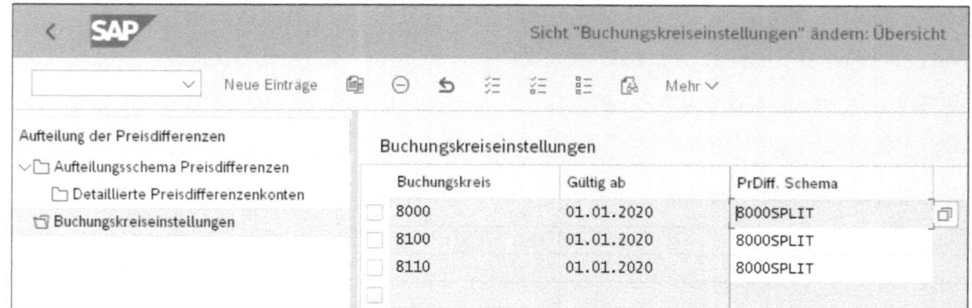

Abbildung 5.70 Aufteilungsschema einem Buchungskreis zuordnen

Auftrag abrechnen

Nun haben Sie alle Einstellungen für die Abrechnung der Abweichungen vorgenommen. Mit Transaktion KO88 oder über den Aufruf des folgenden Customizing-Pfads können Sie den Auftrag abrechnen: **Rechnungswesen • Controlling • Produktkosten-Controlling • Kostenträgerrechnung • Auftragsbezogenes Produkt-Controlling • Periodenabschluss • Einzelfunktionen • Abrechnung Einzelverarbeitung**.

Natürlich können Sie die Aufträge über die Sammelverarbeitung abrechnen. Rufen Sie dazu Transaktion CO88H oder den Customizing-Pfad **Rechnungswesen • Controlling • Produktkosten-Controlling • Kostenträgerrechnung • Auftragsbezogenes Produkt-Controlling • Periodenabschluss • Einzelfunktionen • HANA-basierte Sammelverarbeitung** auf. Anstelle der SAP-GUI-Transaktionen können Sie die Abrechnung der Fertigungsaufträge auch über SAP-Fiori-Apps für die Auftragsabrechnung ausführen. Die SAP-Fiori-Apps unterscheiden sich in der Funktionalität nicht von den ursprünglichen SAP-GUI-Transaktionen.

Belege der Abrechnungsermittlung

Die Abrechnung der Fertigungsaufträge erfolgt auf der Monatsebene. Bei der Abrechnung des Auftrags 1001204 werden, wie Sie in Abbildung 5.71 sehen, verschiedene Belege erstellt:

- **Buchhaltungsbeleg**: Buchhaltungsbeleg für die Abrechnung des Fertigungsauftrags. Dieser enthält entweder die Preisdifferenzenbuchung aus der Abweichungsermittlung oder die Buchung für Ware in Arbeit, abhängig vom Status des Fertigungsauftrags. Die Ware in Arbeit hat keinen Einfluss auf die Margenanalyse.
- **Kostenrechnungsbeleg**: Dieser Beleg wird aus technischen Gründen erstellt. Im Customizing ist kein Nummernkreis für den Kostenrechnungsbeleg zu pflegen. Da noch nicht alle Transaktionen und Berichte auf das Universal Journal umgestellt sind, werden bei der Ausführung von Controlling-Transaktionen immer noch Kostenrechnungsbelege erzeugt.

- **Material-Ledger**: Da wir in unserem System das Material-Ledger aktiviert haben, wird bei allen Buchungen mit Materialbezug ein Material-Ledger-Beleg erstellt.

Detailliste - abgerechnete Werte

Sender	Kurztext Sender	Empfänger	Wert/KW/Lg	Inform.	Text Empf.	K.Währ
AUF 1001204	HIA ALLERGIC MEDICINE 2	ERG 0000007565	411,87	Abweichungen		USD
		MAT 8000/10012	411,87			USD

Liste der Belege im Rechnungswesen

Belege im Rechnungswesen

Belegnummer	Objekttyptext
0100000769	Buchhaltungsbeleg
A0000MX900	Kostenrechnungsbeleg
1000006830	Material-Ledger

Ursprungsbeleg

Abbildung 5.71 Belege bei der Auftragsabrechnung

Buchung aus der Abrechnung analysieren

Lassen Sie uns nun einen Blick auf die Buchungen aus der Abrechnung der Abweichungen werfen. Über die SAP-Fiori-App **Buchungsbelege anzeigen – In T-Konto-Sicht** lassen Sie sich den Buchhaltungsbeleg aus Abbildung 5.71 anzeigen, Sie könnten sich diesen Beleg auch über einen Doppelklick auf die Buchhaltungsbelegnummer in Abbildung 5.71 anzeigen lassen. In Abbildung 5.72 pflegen Sie die Selektionskriterien für die Anzeige des Buchhaltungsbelegs in der T-Kontensicht. Über **Start** wird die SAP-Fiori-App ausgeführt.

Abbildung 5.72 Selektionskriterien für die Buchhaltungsbeleganzeige in T-Kontensicht pflegen

Buchhaltungsbeleg der Abrechnung

In Abbildung 5.73 sehen Sie den Buchhaltungsbeleg der Abrechnung der Abweichungsermittlung, aufgeteilt auf die bebuchten Sachkonten.

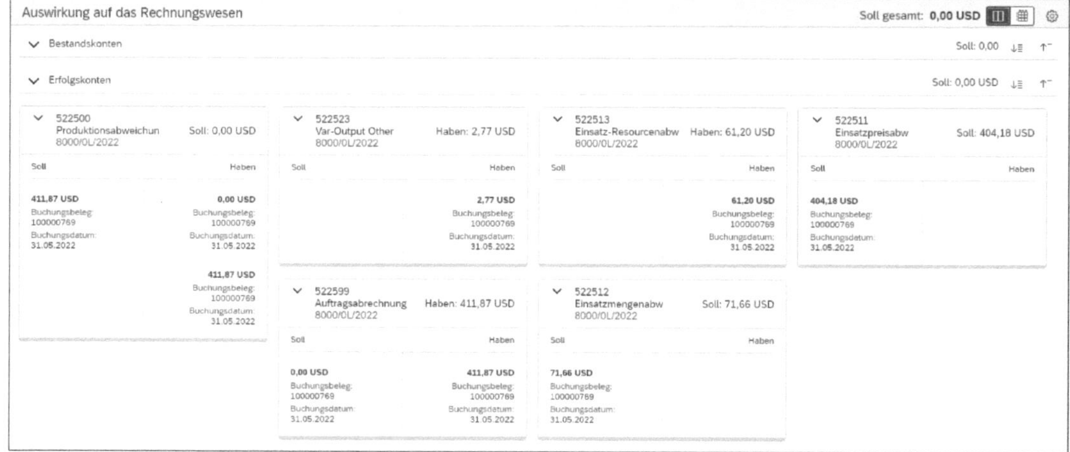

Abbildung 5.73 Buchhaltungsbeleg der Abrechnung von Abweichungen anzeigen

Buchung ohne Aufteilungsschema

Die Buchung ohne Aufteilungsschema, wie Sie sie aus SAP ERP kennen, sehen Sie in Tabelle 5.2. Diese Buchung wird auch in Abbildung 5.73 in den T-Konten widergespiegelt.

Buchungsschlüssel	Sachkonto	Wert
Haben	Auftragsabrechnung	(411,87)
Soll	Produktionsabweichung	411,87

Tabelle 5.2 Abweichungsbuchung in SAP ERP

Buchung mit Aufteilungsschema

Diese Buchung mit der Aufteilung der Preisdifferenzen auf die verschiedenen Abweichungskategorien sehen Sie auch in Abbildung 5.73. Die Buchung ist auch in Tabelle 5.3 dargestellt.

Buchungsschlüssel	Sachkonto	Wert
Haben	Produktionsabweichung	(411,87)
Haben	Var-Output Other	(2,77)
Soll	Einsatz-Ressourcenabweichung	(61,20)

Tabelle 5.3 Abweichungsbuchung in SAP S/4HANA Finance mit Aufteilung der Preisdifferenzen analog den Abweichungskategorien

Buchungsschlüssel	Sachkonto	Wert
Soll	Einsatzpreisabweichung	404,18
Soll	Einsatzmengenabweichung	71,66

Tabelle 5.3 Abweichungsbuchung in SAP S/4HANA Finance mit Aufteilung der Preisdifferenzen analog den Abweichungskategorien (Forts.)

Die Werte der Abweichungen entsprechen den in der Abweichungsermittlung ermittelten Werten.

Universal Journal anzeigen

In Transaktion SE16N können Sie sich den Finanzbuchhaltungsbeleg im Universal Journal anzeigen lassen (siehe Abbildung 5.74). In der Spalte **Erg...** (Ergebnisobjekt) sehen Sie, dass ein Ergebnisobjekt erstellt wurde. Es wurden alle Merkmale aus dem Beleg abgeleitet, die dem Ergebnisbereich zugeordnet sind.

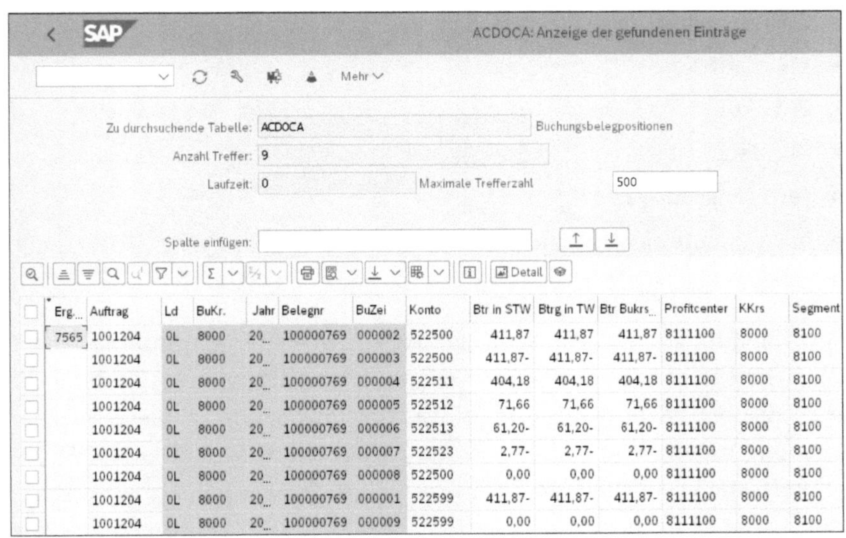

Erg...	Auftrag	Ld	BuKr.	Jahr	Belegnr	BuZei	Konto	Btr in STW	Btrg in TW	Btr Bukrs...	Profitcenter	KKrs	Segment
7565	1001204	0L	8000	20...	100000769	000002	522500	411,87	411,87	411,87	8111100	8000	8100
	1001204	0L	8000	20...	100000769	000003	522500	411,87-	411,87-	411,87-	8111100	8000	8100
	1001204	0L	8000	20...	100000769	000004	522511	404,18	404,18	404,18	8111100	8000	8100
	1001204	0L	8000	20...	100000769	000005	522512	71,66	71,66	71,66	8111100	8000	8100
	1001204	0L	8000	20...	100000769	000006	522513	61,20-	61,20-	61,20-	8111100	8000	8100
	1001204	0L	8000	20...	100000769	000007	522523	2,77-	2,77-	2,77-	8111100	8000	8100
	1001204	0L	8000	20...	100000769	000008	522500	0,00	0,00	0,00	8111100	8000	8100
	1001204	0L	8000	20...	100000769	000001	522599	411,87-	411,87-	411,87-	8111100	8000	8100
	1001204	0L	8000	20...	100000769	000009	522599	0,00	0,00	0,00	8111100	8000	8100

Abbildung 5.74 Abrechnungsbeleg im Universal Journal anzeigen

Abweichungsermittlung

In der Margenanalyse können die Preisdifferenzen bei der Abrechnung der Fertigungsaufträge auf unterschiedliche Sachkonten je Abweichungskategorie gebucht werden.

5.7 Ableitung für Belegzeilen ohne Ergebnisobjekt

Ableitung von Merkmalen ohne Ergebnisobjekt

In der Margenanalyse können Sie die Ableitung von Merkmalen der Margenanalyse für Belegzeilen ohne Ergebnisobjekt aktivieren. Voraussetzung für die Ableitung von Merkmalen auf Belegzeilen ohne Kontierungsobjekte ist, dass Sie die Margenanalyse aktiviert haben. Sie können die Merkmalsableitung für Belegzeilen ohne Ergebnisobjekt im Customizing über den folgenden Pfad aktivieren: **Controlling • Ergebnis- und Marktsegmentrechnung • Stammdaten • Ableitung für Belegzeilen ohne Ergebnisobjekt aktivieren**.

Es erscheint ein Pop-up-Fenster, in dem Sie den Ergebnisbereich, in dem die Ableitung aktiviert werden soll, und die Art der Ergebnisrechnung eintragen.

Zulässige Kontierungsobjekte für Ableitung

In Abbildung 5.75 sehen Sie, dass die Ableitung für die folgenden Kontierungsobjekte zulässig ist:

- Kostenstellen
- Innenaufträge
- Projekte
- Kundenaufträge
- Fertigungsaufträge
- Instandhaltungsaufträge
- Serviceaufträge

Die Ableitung der Merkmale erfolgt auf einem echten Controlling-Objekt (Kostenstelle, Innenauftrag). Zum Beispiel können Sie eine Merkmalsableitung auf der Basis der Kostenstelle in der Ergebnisrechnung anlegen. Bei der Buchung in eine Kostenstelle werden diese Merkmale abgeleitet. Die Buchung in die Kostenstelle erfolgt als echte Buchung; die Ableitung der Merkmale ist im Universal Journal statisch. Die Ableitung für Belegzeilen ohne Ergebnisobjekt funktioniert auch bei der Buchung auf Kontierungsobjekte mit Abrechnungsvorschrift an die Margenanalyse, z. B. wenn Sie eine Buchung auf einen Innenauftrag mit Abrechnungsvorschrift ERG (Ergebnisobjekt) erfassen. Dann werden die Merkmale aus dem Innenauftrag bereits bei der Buchung noch vor der Abrechnung des Innenauftrags abgeleitet. Man spricht hier auch vom *Continuous Accounting*.

Ableitung für Kostenstellen

Für Kostenstellen kann die Ableitung für GuV-Konten, die als Primärkosten oder Sekundärkosten angelegt sind, aktiviert werden. In der Spalte **Kstellenart** (Kostenstellenart) können Sie einschränken, für welche Kostenstellenarten eine Ableitung von Merkmalen für Belegzeilen ohne Ergebnisobjekt erfolgen soll. Pflegen Sie keinen spezifischen Eintrag wie in unserem Beispiel in Abbildung 5.75, wird die Ableitung für Belegzeilen ohne Ergebnisobjekt für alle Kostenstellen aktiviert.

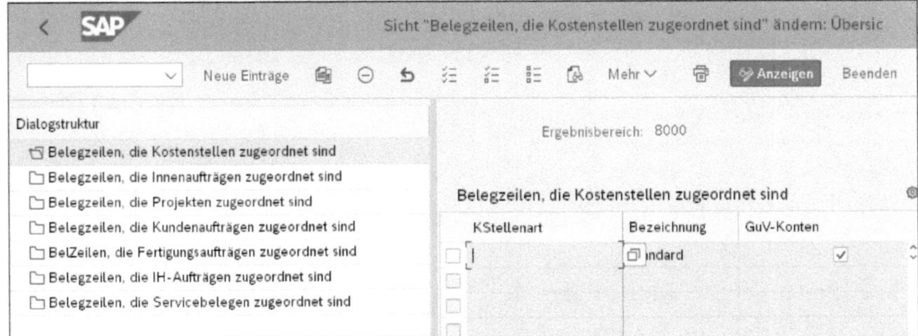

Abbildung 5.75 Ableitung für die Kostenstellen aktivieren

Ableitung für Innenaufträge

Für Innenaufträge und sämtliche weiteren Kontierungsobjekte kann die Ableitung auch für Bestandskonten aktiviert werden (siehe Abbildung 5.76, Abbildung 5.77 und Abbildung 5.78). Somit können Sie die Werte und Merkmale für Bestandskonten statistisch in der Hauptbuchzeile darstellen.

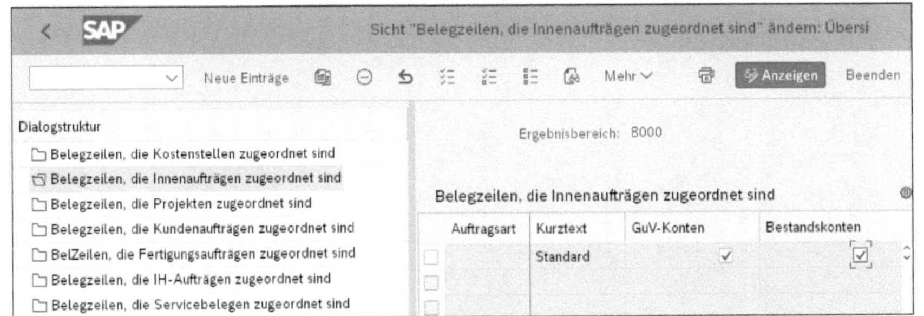

Abbildung 5.76 Ableitung für Innenaufträge aktivieren

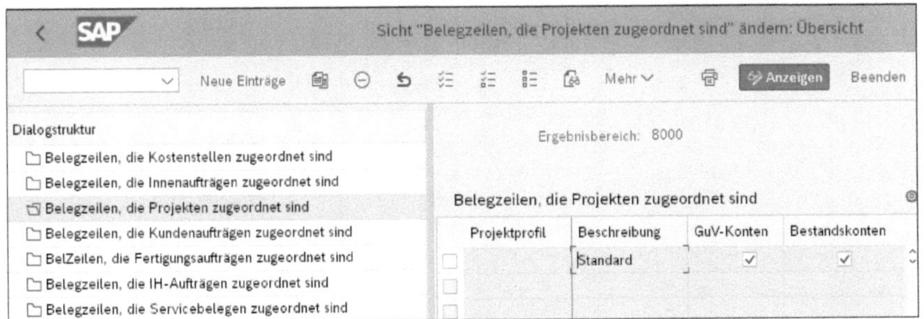

Abbildung 5.77 Ableitung für Projekte aktivieren

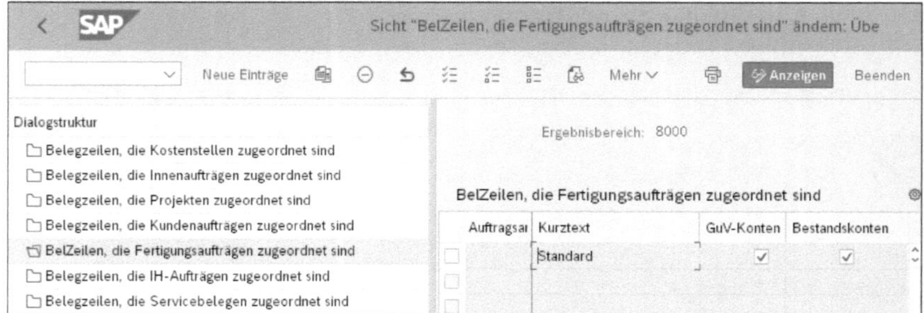

Abbildung 5.78 Ableitung für Fertigungsaufträge aktivieren

Ableitung von Merkmalen für Bestandskonten

Die Ableitung von Merkmalen für Bestandskonten funktioniert nur für Bestandskonten für Material und für Bestandskonten in der Anlagenbuchhaltung. Diese Bilanzkonten müssen im Sachkontenstamm auf der Registerkarte **Steuerungsdaten** im Bereich **Kontoeinstellungen am Kostenrechnungskreis 8000 PLS Controlling Area** den Haken **Kontierung erfassen** aktiviert haben (siehe Abbildung 5.79). Dieser Haken ist kann nur für Bestandskonten für das Material, die in der Materialkontenfindung hinterlegt sind, und für Anlagenkonten gesetzt werden.

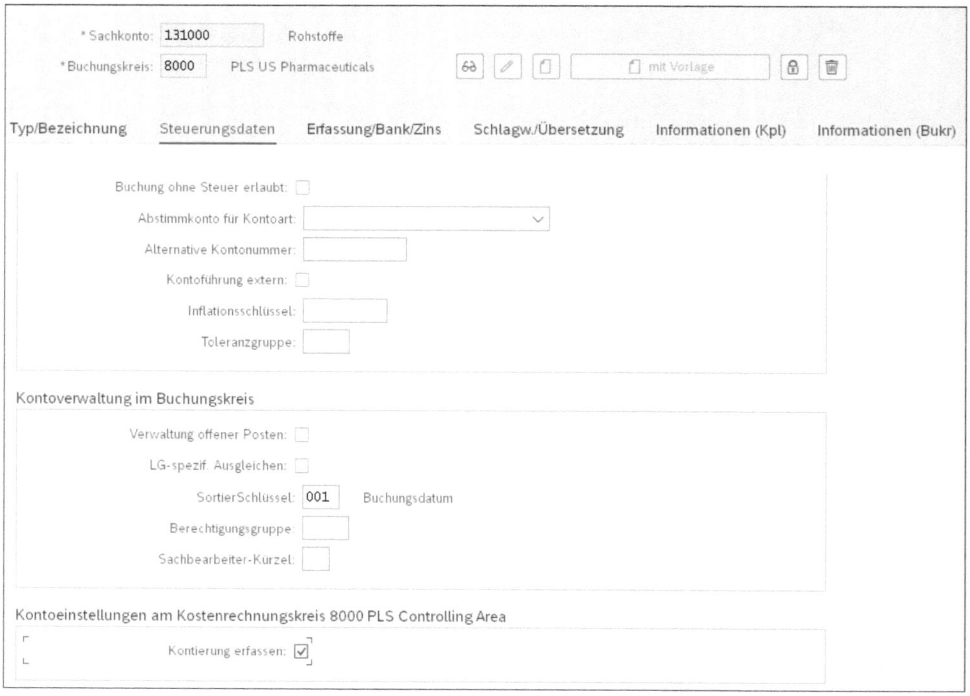

Abbildung 5.79 Einstellung der Bestandskonten überprüfen

Speichern Sie Ihre nun Ihre Einstellungen für die Ableitung für Belegzeilen ohne Ergebnisobjekt über den Button Sichern.

Abrechnungsvorschrift anlegen

Zunächst legen Sie einen Innenauftrag mit Abrechnungsvorschrift auf dem Ergebnisobjekt an. Rufen Sie hierzu die SAP-Fiori-App **Innenaufträge verwalten** aus Abbildung 5.80 auf.

Abbildung 5.80 SAP-Fiori-App »Innenaufträge verwalten«

Innenauftrag anlegen

In den Selektionskriterien in Abbildung 5.81 können Sie über den Button Anlegen einen Innenauftrag anlegen und diesen freigeben, damit Sie diesen bebuchen können.

Abbildung 5.81 Innenauftrag über die SAP-Fiori-App »Innenaufträge verwalten« anlegen

Abrechnungsvorschrift Innenauftrag pflegen

In Abbildung 5.82 pflegen Sie die Abrechnungsvorschrift für den Innenauftrag. Bei einer Abrechnung auf ERG (Ergebnisobjekt) öffnet sich das Pop-up-Fenster **Kontierung auf Ergebnisobjekt**. Das Pop-up-Fenster gibt Ihnen die Möglichkeit, für alle dem Ergebnisbereich zugeordneten Merkmale einen Wert zu pflegen, die bei der Abrechnung des Innenauftrags in den Abrechnungsbeleg übernommen werden. In unserem Beispiel pflegen Sie die folgenden Felder:

- **Kunde**: IC5001
- **Buchungskreis**: 8000
- **Werk**: 8000
- **Verkaufsorg.**: 8000

- **Vertriebsweg**: 10
- **Spalte**: 10

Bestätigen Sie die Pflege der Merkmale mit [↵], und Sie kommen zurück zur Pflege der Abrechnungsvorschrift des Innenauftrags. Im nächsten Schritt legen Sie eine Sachkontenbuchung mit Kontierung auf den Innenauftrag an. Unsere Erwartung ist, dass mindestens die Merkmale, die Sie in der Abrechnungsvorschrift des Innenauftrags in Abbildung 5.82 gepflegt haben, mit in den Beleg abgeleitet werden.

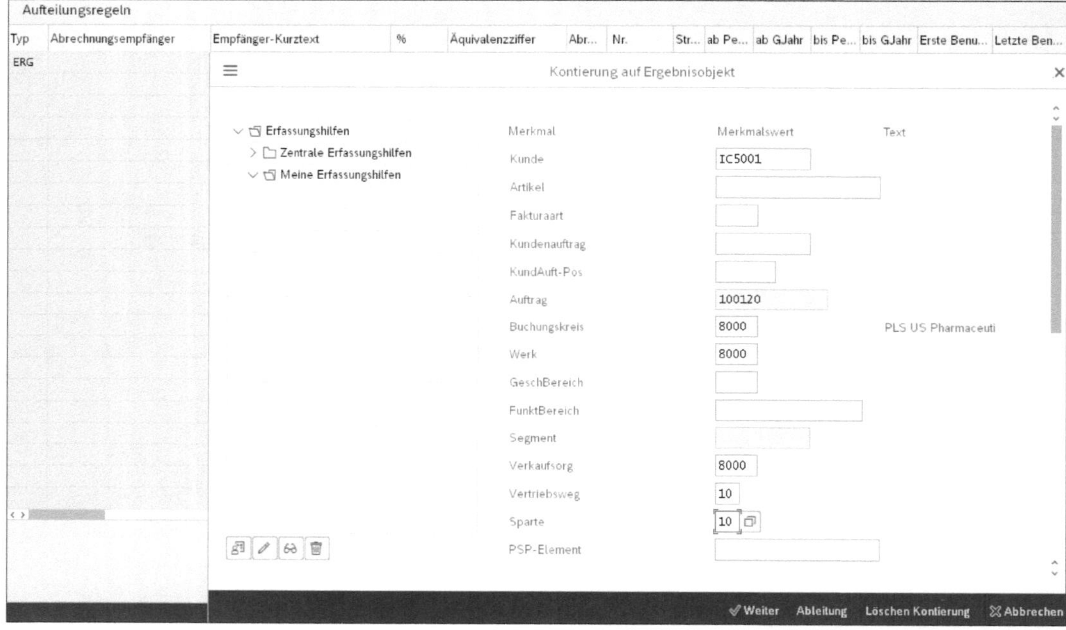

Abbildung 5.82 Kontierung auf das Ergebnisobjekt in der Abrechnungsvorschrift des Innenauftrags pflegen

Sachkontenbuchung anlegen

In Abbildung 5.83 legen Sie eine Sachkontenbuchung mit Kontierung auf dem soeben angelegten und freigegebenen Innenauftrag 100120 an.

Buchhaltungsbeleg anzeigen

In Abbildung 5.84 schauen Sie sich den gebuchten Buchhaltungsbeleg an und lassen sich die Details der Position mit der Kontierung auf dem Innenauftrag anzeigen. Es ist kein Ergebnisobjekt in der Buchung zu sehen. Wäre ein Ergebnisobjekt vorhanden, hätten Sie die Möglichkeit, über einen Klick auf das Ergebnisobjekt die Kontierung mit allen Merkmalen anzuzeigen.

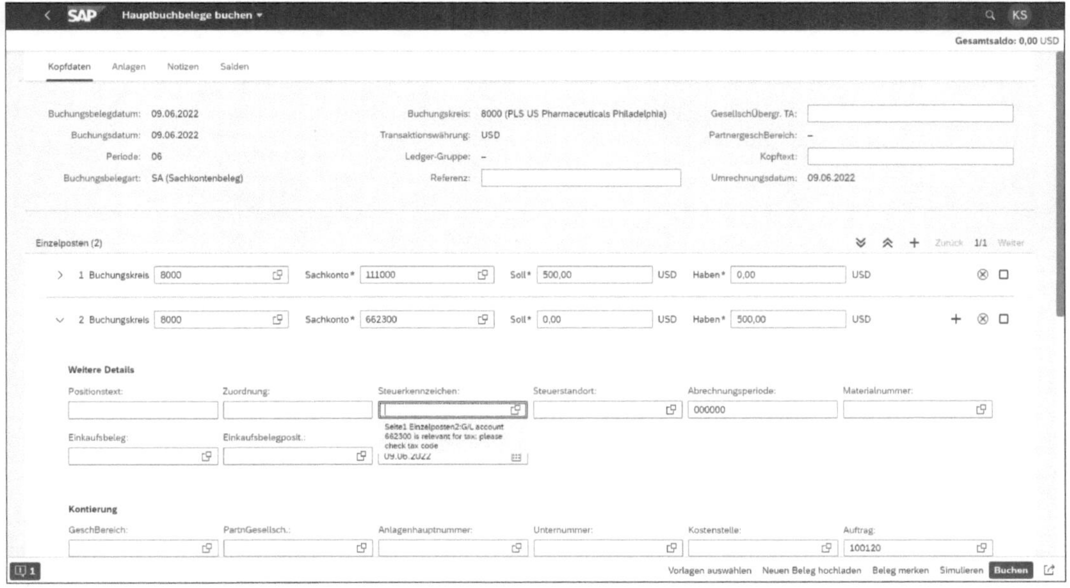

Abbildung 5.83 Sachkontenbuchung mit Kontierung auf dem Innenauftrag anlegen

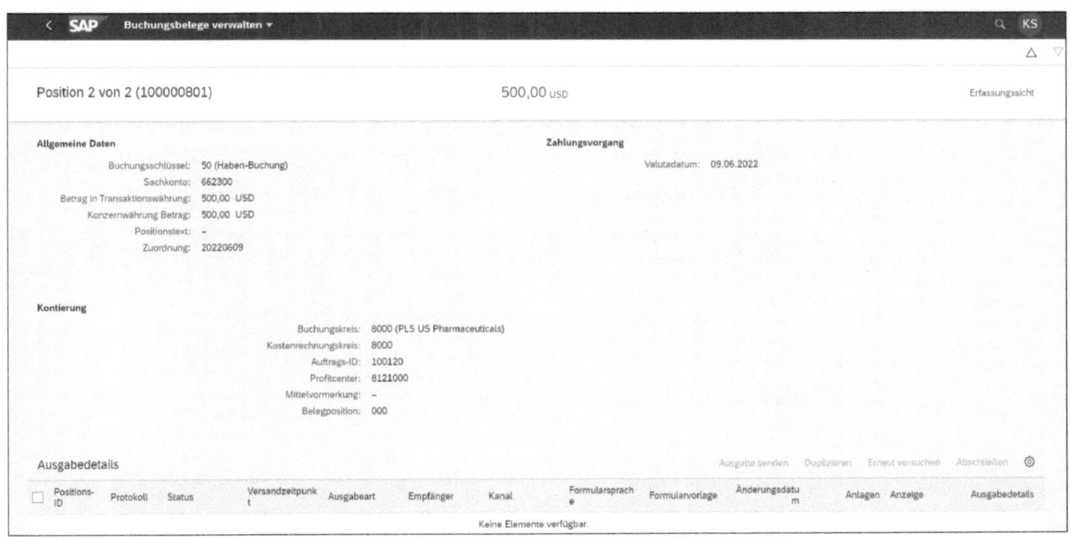

Abbildung 5.84 Buchhaltungsbeleg anzeigen

Beleg im Universal Journal anzeigen

Schauen Sie sich nun das Ergebnis der Buchung im Universal Journal an. In Abbildung 5.85 können Sie sehen, dass für die Belegzeilen mit der Innenauftragskontierung ein Ergebnisobjekt abgeleitet wurde. Somit sind Ihre Customizing-Einstellungen korrekt, und alle Merkmale, die Sie in Abbildung 5.82 gepflegt haben, wurden ebenfalls in die Buchung übernommen.

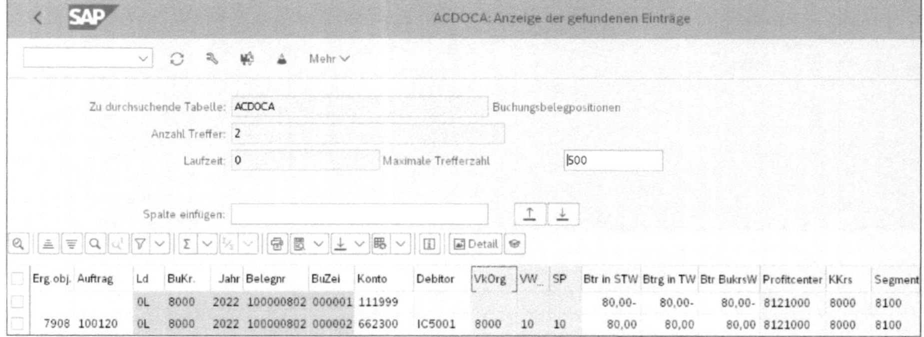

Abbildung 5.85 Buchhaltungsbeleg im Universal Journal anzeigen

Merkmalsableitung für Kostenstellen

Alternativ kann die Ableitung für Belegzeilen ohne Ergebnisobjekte auch über die Pflege von Merkmalsableitungen für Kontierungsobjekte im Controlling gepflegt werden. In unserem Beispiel legen Sie eine Merkmalsableitung für die Kostenstelle an. Für jede Kostenstellenbuchung soll ein Land abgeleitet werden, sodass Sie sich einen Kostenbericht nach Ländern anschauen können. Grundvoraussetzung hierzu ist, dass zuvor die Customizing-Einstellungen in Abbildung 5.75 durchgeführt worden sind. Sie legen eine Merkmalsableitung über Transaktion KEDR oder über den folgenden Customizing-Pfad an: **Controlling • Ergebnis- und Marktsegmentrechnung • Stammdaten • Merkmalsableitung definieren**.

Über den Button [ ] (**Neu Anlegen**) legen Sie eine Merkmalsableitung für die Kostenstelle an. Im Pop-up-Fenster **Schritt anlegen** in Abbildung 5.86 wählen Sie **Ableitungsregel** und bestätigen Ihre Eingaben mit [↵].

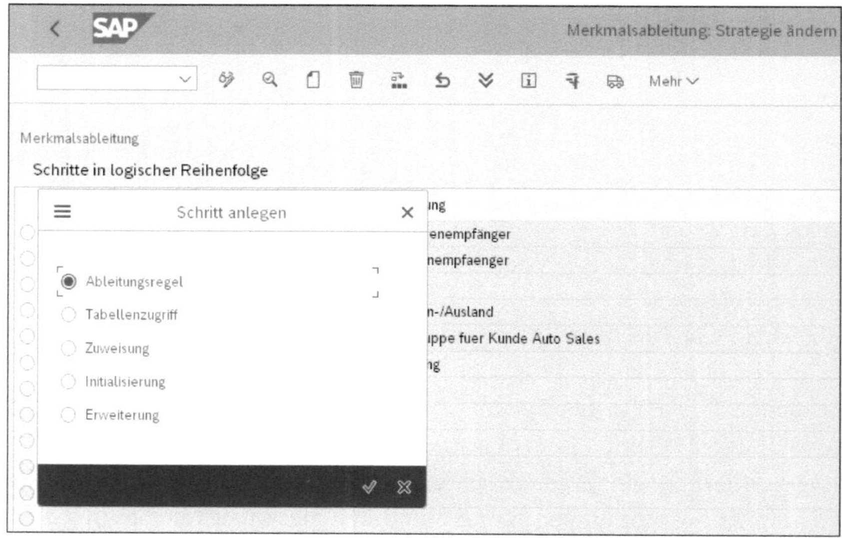

Abbildung 5.86 Merkmalsableitung für die Kostenstelle anlegen

Regeln für Ableitung festlegen

Im nächsten Bild in Abbildung 5.87 definieren Sie die Regeln, nach denen eine Ableitung erfolgen soll. In Abbildung 5.87 legen Sie fest, dass für die Kostenstellen (COPA_KOSTL) ein Land (LAND1) abgeleitet werden soll. Wird das Merkmal Kostenstelle (COPA_KOSTL) in der Regeldefinition verwendet, ist es zwingend notwendig den Kostenrechnungskreis (KOKRS) auch der Regeldefinition zuzuordnen. Nach der Pflege der Quell- und Zielfelder pflegen Sie nun die Regeleinträge über den Button [Regeleinträge pflegen].

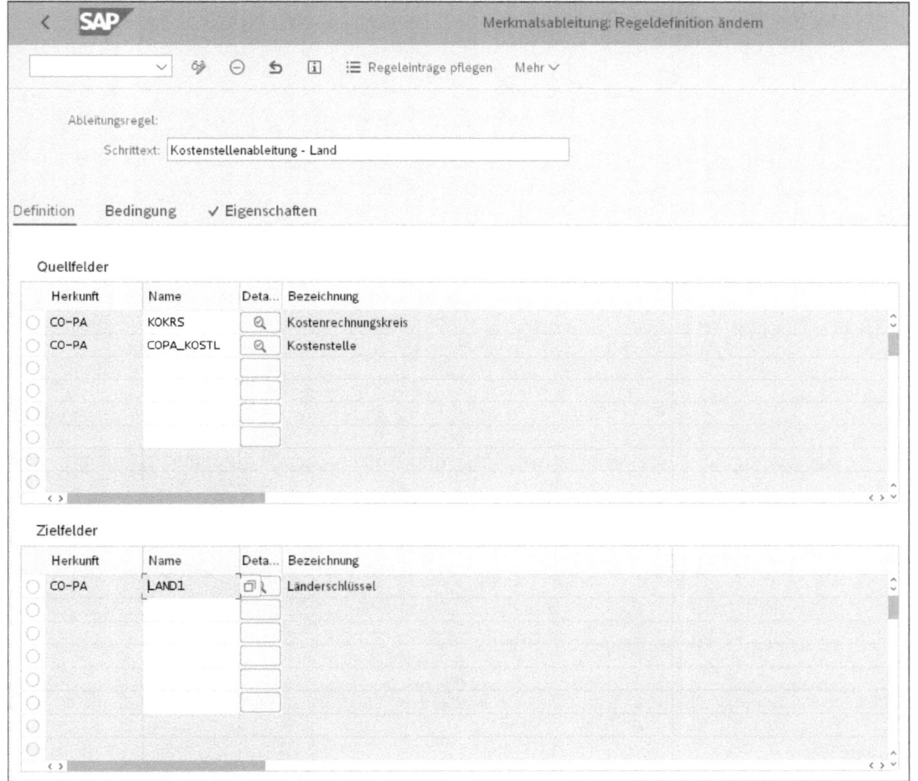

Abbildung 5.87 Regeldefinition für die Merkmalsableitung pflegen

Ableitung für Kostenstellen festlegen

In Abbildung 5.88 legen Sie fest, dass für die Kostenstelle 8000500002 im Kostenrechnungskreis 8000 das Land US abgeleitet werden soll.

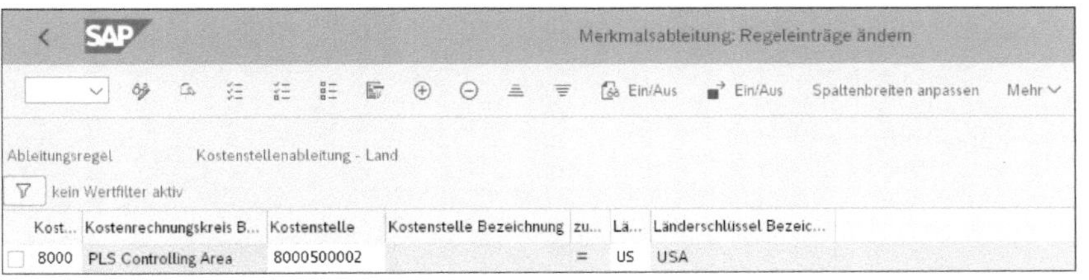

Abbildung 5.88 Regeleinträge für die Merkmalsableitung pflegen

Sachkontenbuchung überprüfen

Nun legen Sie eine Sachkontenbuchung auf der Kostenstelle 8000500002 an und überprüfen, ob das Merkmal **Land** abgeleitet wird (siehe Abbildung 5.88).

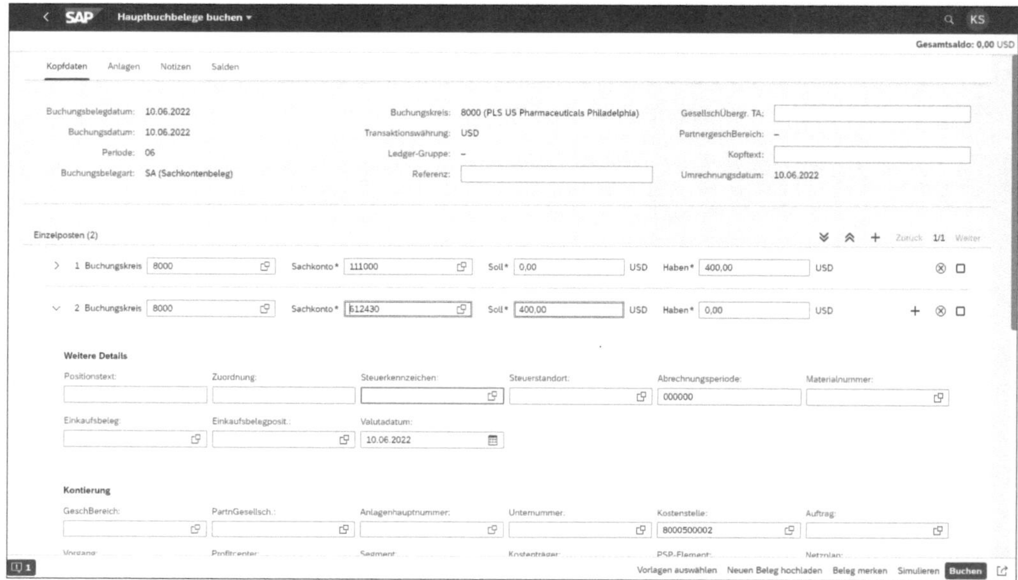

Abbildung 5.89 Sachkontenbuchung mit Kontierung auf die Kostenstelle anlegen

Ergebnisobjekt im Buchhaltungsbeleg

In Abbildung 5.90 sehen Sie, dass kein Ergebnisobjekt in der Belegposition mit Kontierung auf die Kostenstelle erstellt wurde. Wäre ein Ergebnisobjekt erstellt worden, würden Sie ein Icon **Ergebnisobjekt** sehen, das die Merkmalskontierung im Detail anzeigt.

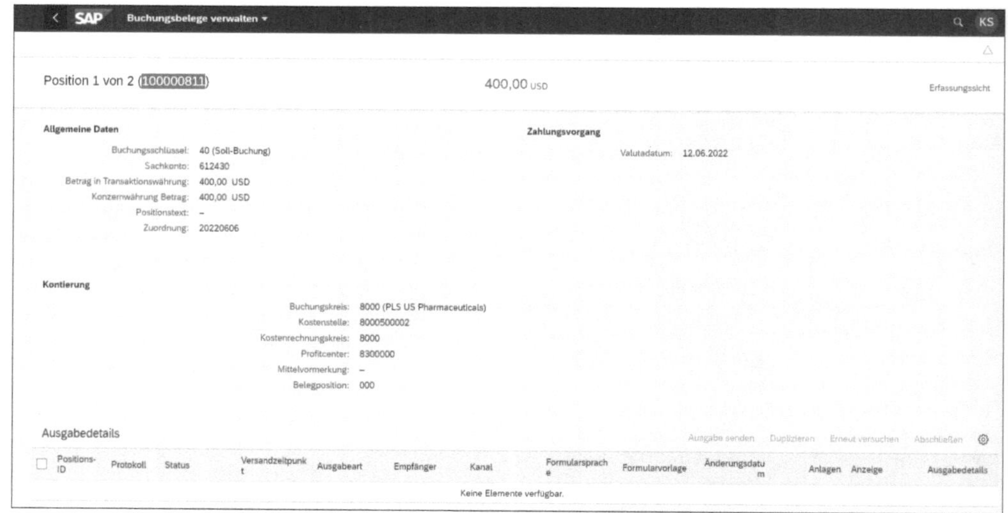

Abbildung 5.90 Belegposition mit der Kostenstellenkontierung überprüfen

Ergebnisbojekt im Universal Journal

Nun überprüfen Sie die Ableitung des Merkmals LAND1 im Universal Journal. In Abbildung 5.91 sehen Sie, dass für den Beleg 100000811 sowohl ein Ergebnisobjekt erstellt als auch das Merkmal LAND1 = US gemäß den Einstellungen in der Merkmalsableitung in Abbildung 5.88 abgeleitet wurde.

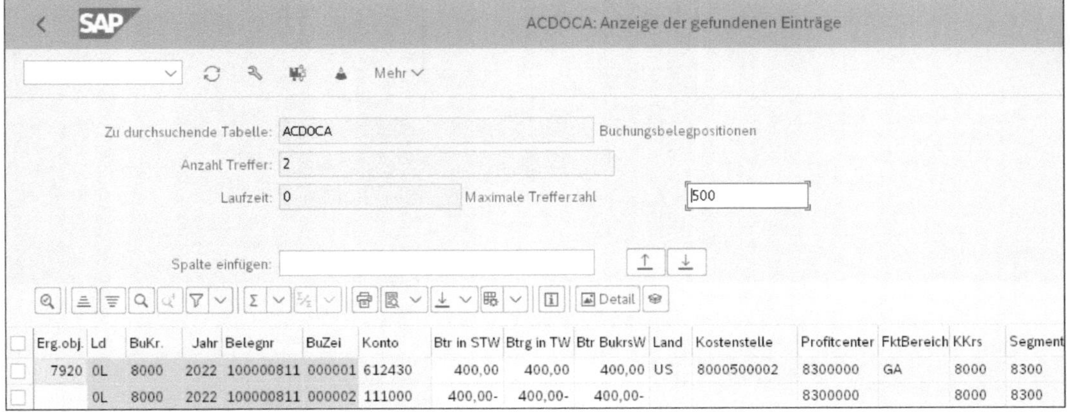

Erg.obj.	Ld	BuKr.	Jahr	Belegnr	BuZei	Konto	Btr in STW	Btrg in TW	Btr BukrsW	Land	Kostenstelle	Profitcenter	FktBereich	KKrs	Segment
7920	0L	8000	2022	100000811	000001	612430	400,00	400,00	400,00	US	8000500002	8300000	GA	8000	8300
	0L	8000	2022	100000811	000002	111000	400,00-	400,00-	400,00-			8300000		8000	8300

Abbildung 5.91 Beleg in ACDOCA überprüfen

Merkmale im Bericht auswerten

Auswerten können Sie die abgeleiteten Merkmale über Berichte, die auf dem Universal Journal basieren. Die Ableitung von Merkmalen vor der Abrechnung und vor dem Monatsabschluss ermöglicht Ihnen eine detaillierte Echtzeitanalyse auf der Merkmalsebene und erspart Ihnen viel Zeit beim Monatsabschluss.

5.8 Abrechnung Projekte/PSP-Elemente

Zukünftig werden in SAP S/4HANA die Innenaufträge nicht mehr weiterentwickelt. Es wird die Verwendung von Projekten und PSP-Elementen empfohlen, wie es in SAP Hinweis 2865342 (Innenaufträge in SAP S/4HANA, On-Premise-Edition) beschrieben ist. Daher gehen wir in diesem Kapitel auf die Abrechnung von Projekten ein, die sehr der Abrechnung von Innenaufträgen ähnelt.

Projekte abrechnen

Ebenso wie Fertigungs- und Prozessaufträge müssen sämtliche Projekte und PSP-Elemente zum Monatsende abgerechnet werden. Projekte und PSP-Elemente können auf mehrere Empfänger abgerechnet werden, wie z. B. Finanzbuchhaltung, Ergebnisrechnung und/oder auf Kostenstellen. In Abbildung 5.92 ist der Wertefluss der Abrechnung dargestellt.

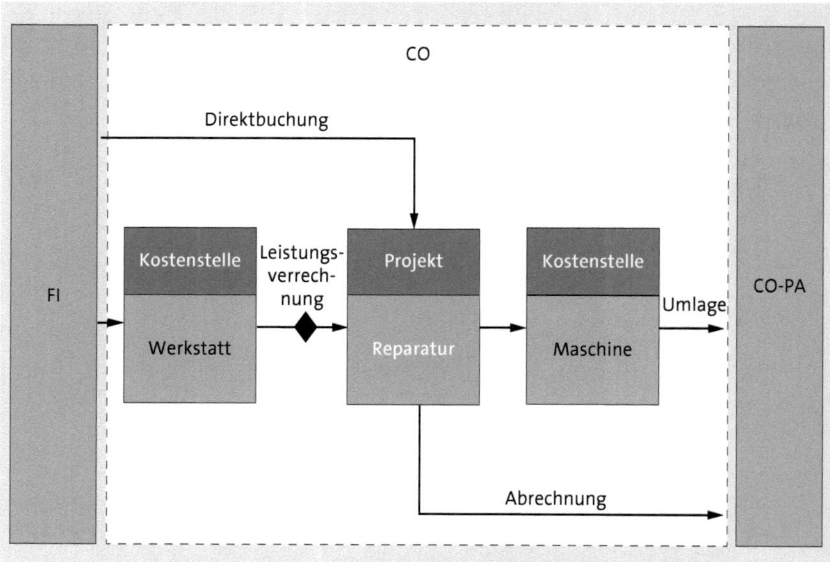

Abbildung 5.92 Standardisierter Wertefluss bei der Projektabrechnung (vereinfacht)

5.8.1 Verrechnungsschema pflegen

Wie für Innenaufträge wird für die Abrechnung von Projekten auch ein *Verrechnungsschema* benötigt. Die Anlage des Verrechnungsschemas erfolgt über den folgenden Customizing-Pfad: **Projektsystem • Kosten • Automatische und periodische Verrechnungen • Abrechnung • Abrechnungsprofile • Abrechnungsschema anlegen**.

Zweck des Verrechnungsschemas

Ein Verrechnungsschema ist erforderlich, um ein Projekt/WBS-Element abrechnen zu können. Im Verrechnungsschema pflegen Sie die Regeln, welche Kostenarten in der Abrechnung berücksichtigt werden und welche Empfänger für das Projekt/WBS-Element zulässig sein sollen. Über einen Klick auf **Neue Einträge** oder über die Taste [F5] können Sie ein neues Verrechnungsschema anlegen. Über die Taste [F6] oder über den Button (**Kopieren**) können Sie ein bestehendes Verrechnungsschema kopieren. In Abbildung 5.93 haben Sie das Verrechnungsschema Z1 (Verrechnungsschema CO angelegt).

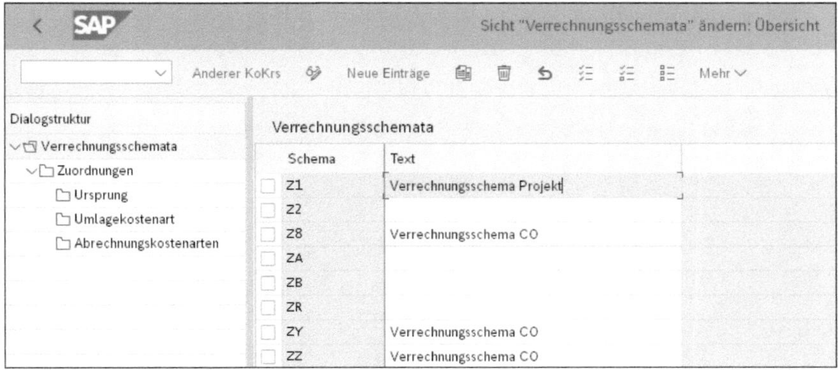

Abbildung 5.93 Verrechnungsschema anlegen

5.8.2 Zuordnungen im Verrechnungsschema anlegen

Im nächsten Schritt legen Sie die **Zuordnungen** an. Die Zuordnungen stellen die Struktur dar, in der die Kosten abgerechnet werden sollen. Es besteht die Möglichkeit, zu jeder Zuordnung eine unterschiedliche Sekundärkostenart für die Abrechnung der Kosten sowie für verschiedene Empfänger zuzuordnen. Es ist zu empfehlen, das Verrechnungsschema in Abhängigkeit der verschiedenen Abrechnungskostenarten anzulegen. In unserem Beispiel legen sie ausschließlich eine Zuordnung für die Abrechnung der Kosten an (siehe Abbildung 5.94).

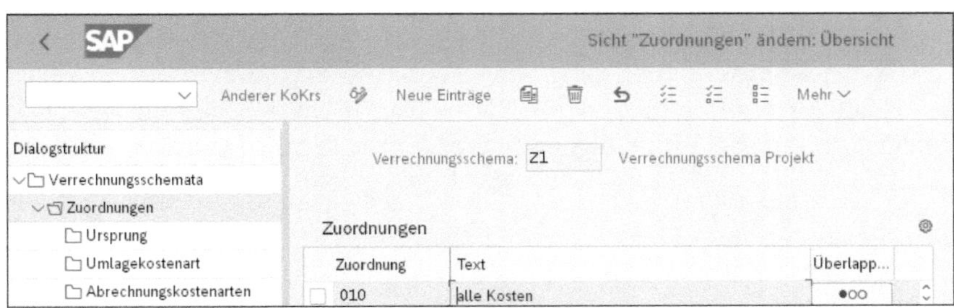

Abbildung 5.94 Zuordnung im Verrechnungsschema anlegen

Ursprung für Zuordnung pflegen

Für jede Zuordnungszeile muss ein Ursprung angelegt werden. Der Ursprung definiert die Kostenarten, Kostenartenintervalle oder Kostenartengruppen, die bei der Abrechnung des Innenauftrags berücksichtigt werden. Markieren Sie die Zeile **Zuordnungen**, die Sie in Abbildung 5.94 sehen, und navigieren Sie im linken Bildbereich in den Ordner **Ursprung**, um die Kostenarten zuzuordnen.

Nun pflegen Sie das Kostenartenintervall 0 bis Z für den Ursprung. Das bedeutet, dass Sie alle Kosten auf dem Innenauftrag mit der gleichen Sekundärkostenart abrechnen möchten (siehe Abbildung 5.95). Beim Speichern des Verrechnungsschemas prüft das SAP-System, ob keine Kostenart dem Verrechnungsschema doppelt zugeordnet ist.

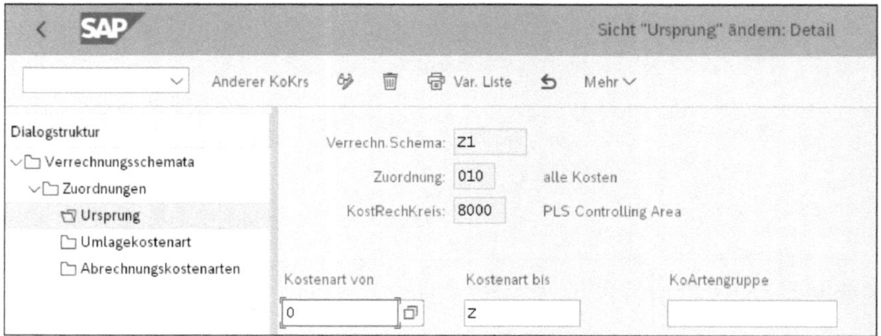

Abbildung 5.95 Ursprung im Verrechnungsschema pflegen

5.8.3 Empfängerobjekte und Abrechnungskostenart im Verrechnungsschema pflegen

Nach der Pflege des Ursprungs gehen Sie zurück zu den Zuordnungen und navigieren in den Ordner **Abrechnungskostenarten** im linken Bildbereich, um die möglichen Empfängerobjekte und die Abrechnungskostenart zu pflegen. Sie haben die Möglichkeit, kostenartengerecht abzurechnen, d. h., dass das System die Primärkostenart für die Abrechnung verwendet. Möchten Sie mit einer Sekundärkostenart abrechnen, müssen Sie ein Sachkonto mit dem Kostenartentyp 21 (Abrechnung) anlegen.

Empfängerobjekte zuordnen

Die möglichen Empfängerobjekte werden in der Spalte **Empfängertyp** festgelegt. Es können z. B. die folgenden Empfängertypen zugeordnet werden:

- KST: Kostenstelle
- AUF: Innenauftrag
- ERG: Ergebnisobjekt
- PSP: PSP-Element

Im Beispiel in Abbildung 5.96 wurde als Empfängertyp ERG (Ergebnisobjekt) eingegeben und der Haken bei **Kostenartengerecht** gesetzt. Dies bedeutet, dass die Abrechnung der Kosten nicht mit einer Sekundärkostenart, sondern mit der Ursprungskostenart stattfindet. So wurden z. B. 100 USD mit dem Konto 612300 und 400 USD mit dem Konto 643000 gebucht und eben diese Konten für die Abrechnung des Projekts/PSP-Elements verwendet.

Mehrere Empfängertypen pflegen

Auch können Sie mehrere Empfängertypen pflegen. Dies ermöglicht es Ihnen, die Kosten in der Abrechnung zu splitten. So können Sie z. B. 50 % der Kosten auf die Kostenstelle und 50 % der Kosten auf das PSP-Element abrechnen. Diese Aufteilungsregeln pflegen Sie in der Abrechnungsvorschrift des Innenauftrags.

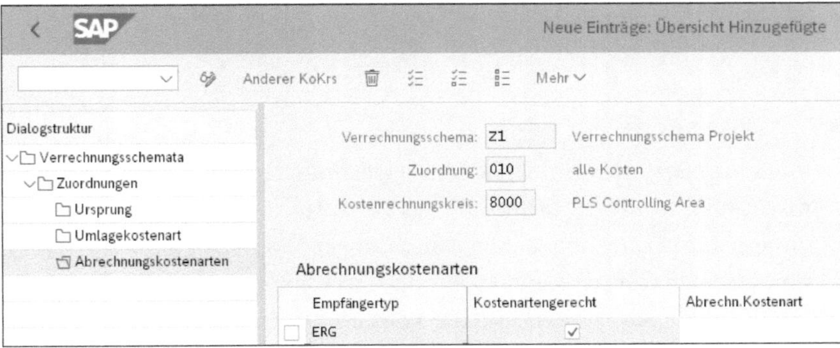

Abbildung 5.96 Abrechnungskostenarten pflegen

Mit der Zuordnung des Ursprungs und der Abrechnungskostenarten ist die Pflege des Verrechnungsschemas komplett.

5.8.4 Abrechnungsprofil für Projekt pflegen

Damit die Abrechnung eines Projekts möglich ist, muss ein *Abrechnungsprofil* angelegt werden, das im Anschluss der Projektdefinition zugeordnet wird. Die Anlage des Abrechnungsprofils erfolgt über den folgenden Customizing-Pfad: **Projektsystem • Kosten • Automatische und periodische Verrechnungen • Abrechnung • Abrechnungsprofile • Abrechnungsprofil anlegen.**

In unserem Beispiel in Abbildung 5.97 legen Sie das Abrechnungsprofil Z0001 (Abrechnungsprofil PSP) an.

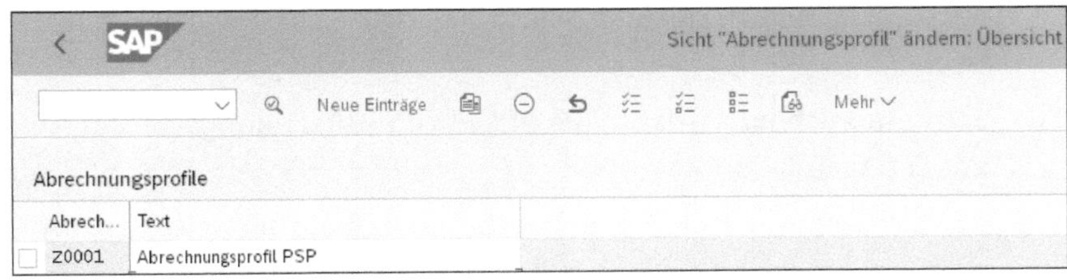

Abbildung 5.97 Abrechnungsprofil Z0001 anlegen

Details des Abrechnungsprofils pflegen

In Abbildung 5.98 pflegen Sie die Details des Abrechnungsprofils. Das Abrechnungsprofil ist in mehrere Bereiche unterteilt:

- **Istkosten/Kosten des Umsatzes**

  In diesem Bereich definieren Sie, ob das Projekt/WBS-Element abgerechnet werden muss, abgerechnet oder nicht abgerechnet werden kann.

- **Anzahlungen**

  In diesem Bereich definieren Sie, ob Anzahlungen an Anlagen im Bau abgerechnet werden. Dieses Kennzeichen ist nur relevant, wenn das Abrechnungsprofil für die Abrechnung von Anzahlungen im Bau verwendet wird.

- **Vorschlagswerte**

  In diesem Bereich können Sie ein Verrechnungsschema und ein Ergebnisschema zuordnen. Sie ordnen das Verrechnungsschema zu, das Sie in diesem Kapitel angelegt haben. Jedes Projekt bzw. WBS-Element muss einem Verrechnungsschema zugeordnet werden, um die Abrechnung zu ermöglichen. Sie können im Feld **Kontierungsvorschlag** einen Empfängertyp zuordnen. Da unser Verrechnungsschema ausschließlich die Abrechnung am Ergebnisobjekt zulässt, wählen Sie dieses als Kontierungsvorschlag im Abrechnungsprofil aus. Bei der Anlage einer Abrechnungsvorschrift wird diese mit dem Empfängertyp ERG automatisch vorbelegt.

- **Kennzeichen**

  Im Bereich **Kennzeichen** können Sie verschiedene Einstellungen vornehmen:

  - **100%-Verprobung** überprüft, ob 100 % der Gesamtkosten abgerechnet werden. Ist dies nicht der Fall, wird eine Warnmeldung ausgegeben. Ist dieses Kennzeichen nicht gesetzt, wird eine Warnmeldung nur ausgegeben, wenn > 100 % der Gesamtkosten abgerechnet werden.
  - **Prozentabrechnung** erlaubt die Pflege der Abrechnungsvorschrift in %.
  - **Äquivalenzziffern** erlaubt die Pflege von Abrechnungsvorschriften mit Äquivalenzziffern zur proportionalen Abrechnung der Innenaufträge.
  - **Betragsabrechnung** erlaubt die Pflege von Abrechnungsvorschriften mit Beträgen.
  - **Abweichungen an kalk. Ergebnisrechn.** erlaubt die Überleitung der Abweichungskategorien aus der Abrechnung von Fertigungs- und Prozessaufträgen an die kalkulatorische Ergebnisrechnung.

- **Erlaubte Empfänger**

  Im Bereich **Erlaubte Empfänger** wird definiert, an welche Empfänger der Innenauftrag abgerechnet werden muss, kann oder nicht abgerechnet werden kann. Voraussetzung dazu ist, dass der Empfängertyp im Verrechnungsschema hinterlegt ist.

- **Sonstige Parameter**
  In diesem Bereich können Sie eine separate Belegart für die Abrechnung pflegen. Wird hier keine Belegart gepflegt, erfolgt die Abrechnung mit der SAP-Standardbelegart SA (Sachkontenbuchung). Zusätzlich zur Belegart können Sie auch die Residenzzeit für die Archivierung der Innenaufträge pflegen.

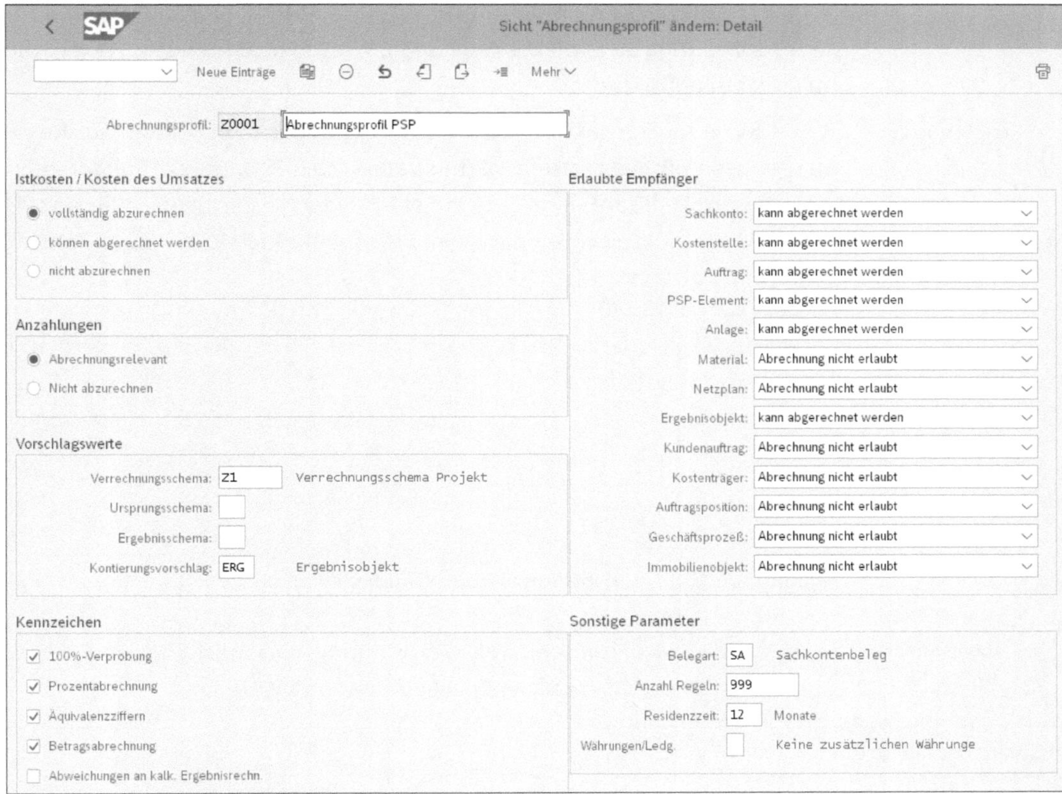

Abbildung 5.98 Details des Abrechnungsprofils pflegen

Abrechnungsprofil zur Projektstruktur zuordnen

Nach der Pflege des Abrechnungsprofils muss dieses einer Projektstruktur zugeordnet werden. Die Zuordnung des Abrechnungsprofils zur Projektstruktur erfolgt über den Customizing-Pfad **Projektsystem • Kosten • Automatische und periodische Verrechnungen • Abrechnung • Vorschlags-Abrechnungsprofil für Projektdefinition festlegen**.

Sie sehen in dem sich öffnenden Bild eine Übersicht aller Projektprofile. Sie hinterlegen nun das soeben angelegte Abrechnungsprofil Z0001 dem Projektprofil 0000001 (Standard-Projektprofil), siehe Abbildung 5.99. Bei der Anlage eines Projekts mit dem Projektprofil 0000001 wird diesem automatisch das Abrechnungsprofil Z001 zugeordnet.

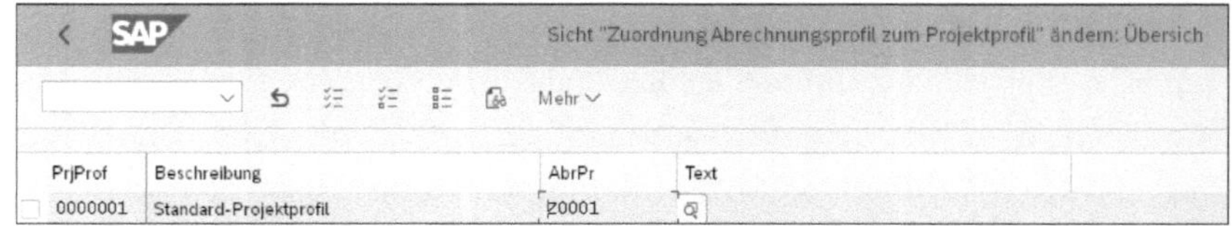

Abbildung 5.99 Abrechnungsprofil einem Projektprofil zuordnen

Nach der Anlage des Abrechnungsprofils und dessen Zuordnung zum Projektprofil können Sie Projekte abrechnen. Wie das funktioniert, erfahren Sie im folgenden Abschnitt.

Projekt anlegen

Rufen Sie nun Transaktion CJ20N auf, folgen Sie dem Menüpfad: **Rechnungswesen • Projektsystem • Grunddaten • CJ20N – Projekt Builder**, oder rufen Sie direkt die SAP-Fiori-App **Project-Builder** auf, die in Abbildung 5.100 zu sehen ist. Im Project Builder legen Sie nun ein Projekt mit dem Projektprofil 0000001 an.

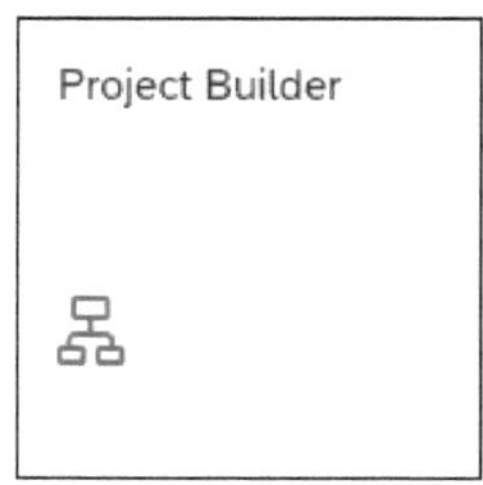

Abbildung 5.100 SAP-Fiori-App »Project Builder«

Abrechnungsvorschrift anlegen

Über **Mehr • Bearbeiten • Kosten • Abrechnungsvorschrift** können Sie eine Abrechnungsvorschrift anlegen (siehe Abbildung 5.101).

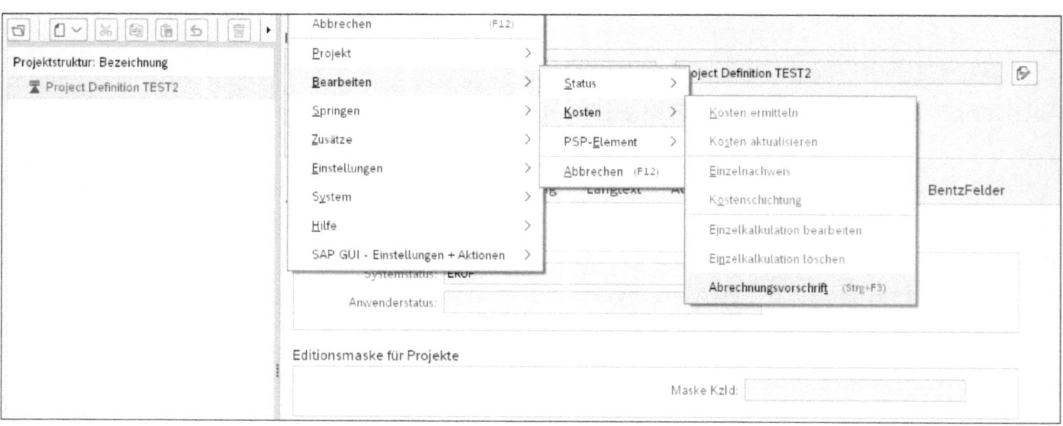

Abbildung 5.101 Abrechnungsvorschrift für ein Projekt anlegen

Kontierung auf Ergebnisobjekt pflegen

Wie in Abbildung 5.102 dargestellt, legen Sie eine Abrechnungsvorschrift an die Ergebnisrechnung an. Geben Sie in der Spalte **Typ** (Empfängertyp) »ERG« als Empfänger ein. Bestätigen Sie Ihre Eingaben mit [↵], und es öffnet sich im rechten Bildbereich das Pop-up-Fenster **Kontierung auf Ergebnisobjekt**. Sie sehen alle dem Ergebnisbereich zugeordneten Merkmale, die Sie manuell mit Werten füllen können. Der Ergebnisrechnungsbeleg wird dann mit diesen Merkmalen angereichert. Nach der Abrechnung des Projekts kann an der Merkmalszuordnung keine Änderung mehr vorgenommen werden.

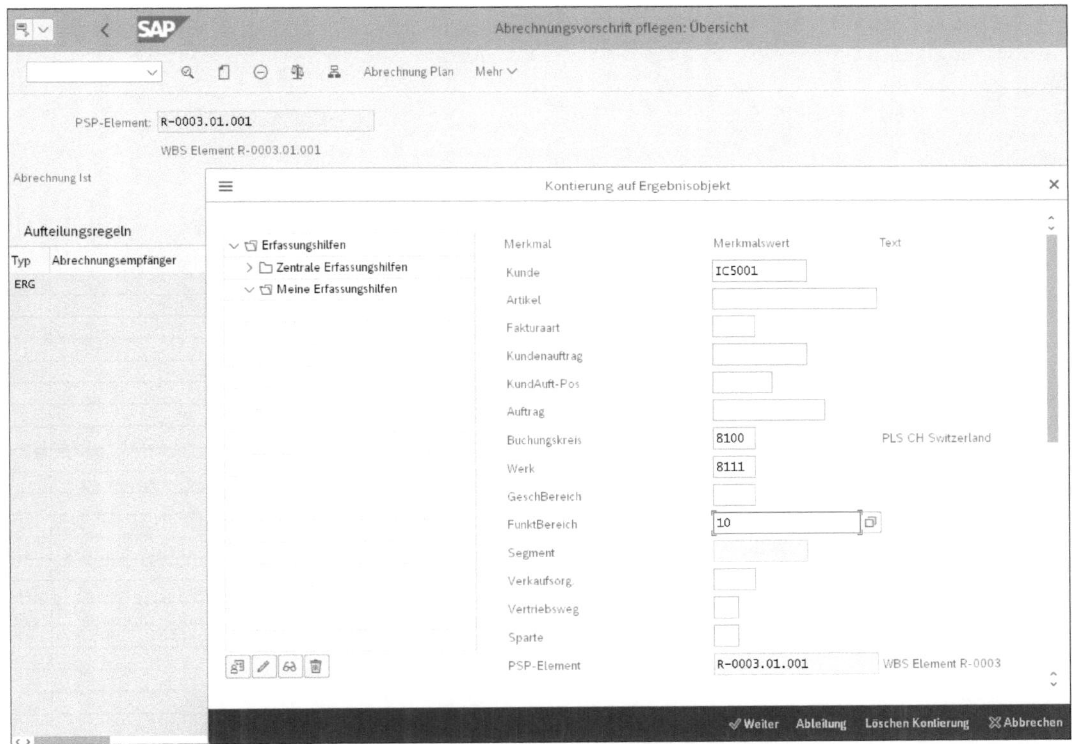

Abbildung 5.102 Projekt mit der Abrechnungsvorschrift ERG anlegen

Projekt abrechnen

Nach dem Speichern und der Bebuchung des angelegten Projekts können Sie dieses abrechnen. Projekte werden periodisch abgerechnet, um deren Kosten auf den finalen Empfänger zu verrechnen. Zur *Abrechnung eines Projekts* rufen Sie die SAP-Fiori-App **Abrechnung ausführen Projekte Istdaten** auf. Es steht auch eine SAP Fiori-App zur Einzelabrechnung von Projekten zur Verfügung. In Abbildung 5.103 rechnen Sie alle Projekte für die Abrechnungsperiode 5/2022 ab. Es besteht die Möglichkeit, die Abrechnung im Testlauf durchzuführen. Die Abrechnung wird über den Button [Ausführen] ausgeführt.

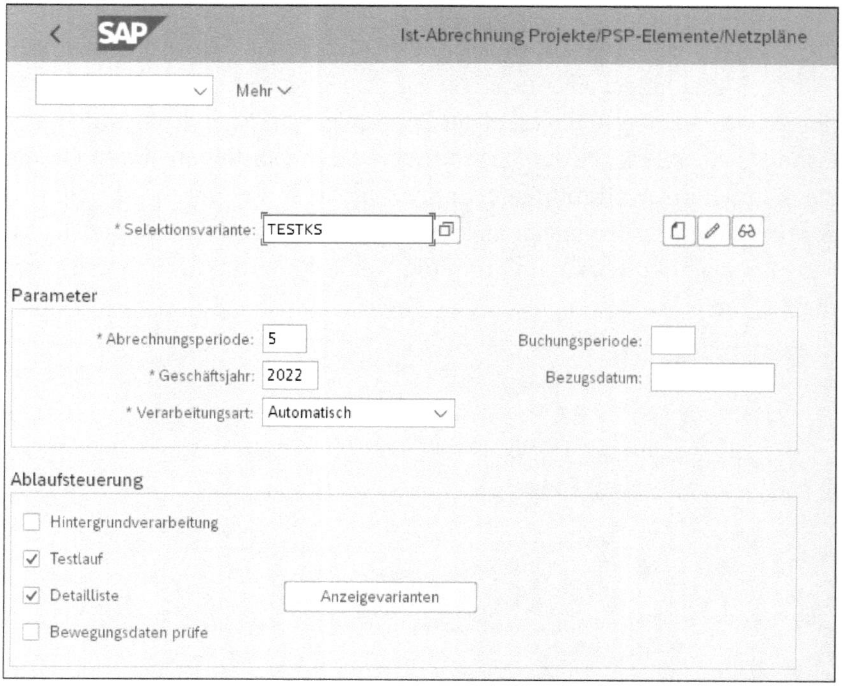

Ist-Abrechnung Projekte/PSP-Elemente/Netzpläne

Mehr

* Selektionsvariante: TESTKS

Parameter

* Abrechnungsperiode: 5
* Geschäftsjahr: 2022
* Verarbeitungsart: Automatisch
Buchungsperiode:
Bezugsdatum:

Ablaufsteuerung

- [ ] Hintergrundverarbeitung
- [x] Testlauf
- [x] Detailliste
- [ ] Bewegungsdaten prüfe

Anzeigevarianten

Abbildung 5.103 Projekte abrechnen

Es öffnet sich das Bild **Ist-Abrechnung Projekt/PSP-Element/Netzplan Detailliste**, wie Sie es in Abbildung 5.104 sehen können. Die Liste zeigt das Senderobjekt, in unserem Fall das PSP-Element und das Empfängerobjekt, in unserem Fall das Ergebnisobjekt. Von diesem Bild aus können Sie weitere Detailanalysen ausführen, wie z. B. die Abrechnungsvorschrift zu analysieren oder die erzeugten Rechnungswesenbelege zu überprüfen.

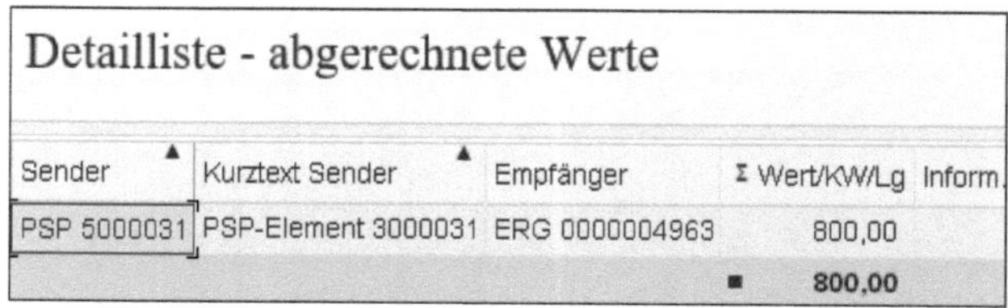

Detailliste - abgerechnete Werte

Sender	Kurztext Sender	Empfänger	Σ Wert/KW/Lg	Inform.
PSP 5000031	PSP-Element 3000031	ERG 0000004963	800,00	
			■ 800,00	

Abbildung 5.104 Detailliste Projektabrechnung anzeigen

Wie Sie sehen, wurde die Abrechnung vorgenommen. Indem Sie auf den Button Rechnungswesenbelege am rechten oberen Bildschirmrand klicken, können Sie nun einen Blick auf die erzeugten Belege werfen. Es wurde sowohl ein Buchhaltungsbeleg als auch ein Kostenrechnungsbeleg erzeugt (siehe Abbildung 5.105).

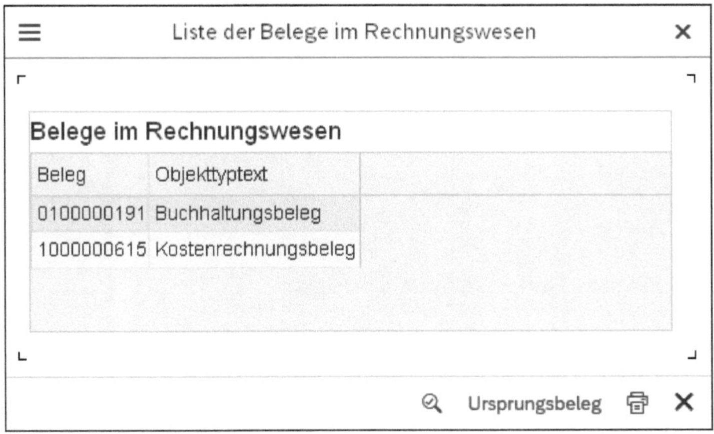
Liste der Belege im Rechnungswesen

Belege im Rechnungswesen

Beleg	Objekttyptext
0100000191	Buchhaltungsbeleg
1000000615	Kostenrechnungsbeleg

Abbildung 5.105 Rechnungswesenbelege zur Abrechnung anzeigen

Abrechnungsbeleg anzeigen

Lassen Sie sich den Finanzbuchhaltungsbeleg anzeigen (siehe Abbildung 5.106). Das System bucht einen Abrechnungsbeleg mit der Ursprungskostenart. Der Saldo des Belegs ist 0. Es ist ein Finanzbuchhaltungsbeleg erstellt worden, da SAP S/4HANA die Finanzbuchhaltungs- und Controlling-Belege im Universal Journal ineinander integriert. Es gibt im Ist keine reinen Finanzbuchhaltungs- und/oder Controlling-Belege mehr.

Erfassungssicht

Belegnummer: 100000191 | Buchungskreis: US10 | Geschäftsjahr: 2022

Belegdatum: 25.06.2022 | Buchungsdatum: 03.07.2022 | Periode: 9

Referenz: | Übergreifd.Nr:

Währung: USD | Texte vorhanden: ☐ | Ledger-Gruppe:

Ledger 0L

GeschJahr: 2022 | Periode: 9

Konto

B...	Pos	BS	S	Konto	Bezeichnung	Betrag	Währg	St	Vor	LPos
US10	1	50		8150400	Telephone	800,00-	USD		CO1	000001
	2	40		8150400	Telephone	800,00	USD		CO1	000002

Abbildung 5.106 Finanzbuchhaltungsbeleg der Auftragsabrechnung anzeigen

Beleg im Universal Journal anzeigen

Lassen Sie sich den Beleg im Universal Journal (Tabelle ACDOCA) anzeigen (siehe Abbildung 5.107). Sie sehen, dass dem Beleg ein Ergebnisobjekt zugeordnet ist. Dies zeigt, dass eine Abrechnung an die Margenanalyse erfolgt ist.

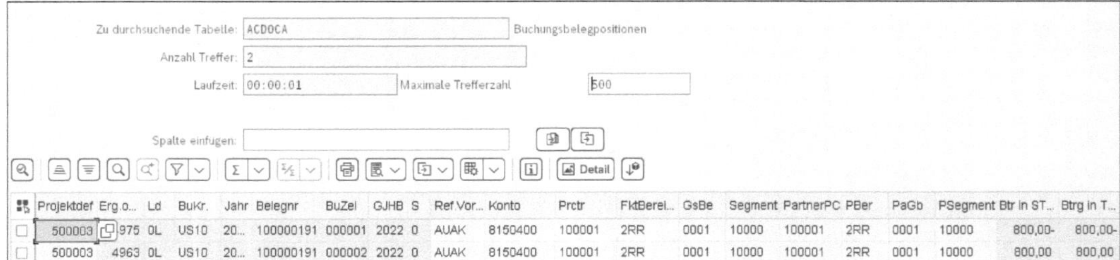

Projektdef	Erg.o...	Ld	BuKr.	Jahr	Belegnr	BuZei	GJHB	S	Ref.Vor...	Konto	Prctr	FktBereI...	GsBe	Segment	PartnerPC	PBer	PaGb	PSegment	Btr in ST...	Btrg in T...
500003	975	0L	US10	20...	100000191	000001	2022	0	AUAK	8150400	100001	2RR	0001	10000	100001	2RR	0001	10000	800,00-	800,00-
500003	4963	0L	US10	20...	100000191	000002	2022	0	AUAK	8150400	100001	2RR	0001	10000	100001	2RR	0001	10000	800,00	800,00

Abbildung 5.107 Beleg im Universal Journal anzeigen

Abrechnung Projekte und PSP-Elemente

In der Margenanalyse steuert das Verrechnungsschema die Abrechnung von Projekten bzw. PSP-Elementen.

5.9 Kostenstellenumlage

Kostenstellenumlagen legen das am Monatsende auf den Kostenstellen bestehende Saldo auf in der Kostenstellenumlage spezifizierte Empfänger um.

Arten von Kostenstellen

Dabei gibt es zwei Arten von Kostenstellen, die umgelegt werden:

- **Vorkostenstellen/Hilfskostenstellen**
  Vorkostenstellen bzw. Hilfskostenstellen sind Kostenstellen, die ihre Kosten durch Sekundärkostenverrechnungen auf andere Empfänger verteilen. Dies sind z. B. Kostenstellen der Produktion, wie Maschinenkostenstellen oder Personalkostenstellen. Im Idealfall werden diese Kosten zu 100 % entlastet, wenn die Plankosten den Ist-Kosten entsprechen und es nicht zu Abweichungen in der Produktion gekommen ist. Gibt es jedoch Abweichungen, bleibt ein Saldo auf den Vorkostenstellen/Hilfskostenstellen zurück, der abgerechnet werden muss. Alternativ kann auch ein Ist-Tarif auf den Kostenstellen ermittelt werden, und die Prozessaufträge können mit dem Delta aus Ist-Tarif und Plantarif nachbelastet werden. Auf diese Weise werden die Kostenstellen zu 100 % entlastet. Es bleibt kein Saldo auf den Kostenstellen zurück. Daher muss auch keine Kostenstellenumlage in die Ergebnisrechnung erfolgen.

- **Gemeinkostenstellen**
  Gemeinkostenstellen sind z. B. Verwaltungskostenstellen oder Vertriebskostenstellen. Diese Kostenstellen verrechnen in der Regel keine Kosten über Sekundärkostenverrechnungen auf andere Kostenstellen und werden zu 100 % an die Ergebnisrechnung abgerechnet.

Vor der Anlage einer Kostenstellenumlage sollten Sie sich über die folgenden Parameter Gedanken machen:

Parameter für die Kostenstellenumlage

- **Sender**
  Von welcher Kostenstelle oder Kostenstellengruppe möchten Sie die Kosten verrechnen?
- **Kostenart**
  Welche Kostenart oder Kostenartengruppe möchten Sie von der Senderkostenstelle verrechnen? Meine Empfehlung lautet, immer mit Gruppen zu arbeiten, da diese im Nachgang einfacher angepasst werden können und – falls die Gruppe im Umlagezyklus mehrfach verwendet wird – die Anpassung an nur einer Stelle notwendig ist.
- **Empfänger**
  Nachdem Sie die Senderkostenstelle und die Senderkostenarten festgelegt haben, machen Sie sich Gedanken, welches Objekt die Kosten in der Ergebnisrechnung empfangen soll. Die Anzahl der Empfänger ergibt sich dann aus der Kombination aller Ausprägungen (zehn Kunden und zehn Warengruppen ergeben 100 Ergebnisobjekte). Neben den Merkmalen und deren Ausprägungen müssen Sie für die kalkulatorische Ergebnisrechnung zusätzlich das Empfängerwertfeld festlegen.
- **Umlagekostenart**
  Für die Umlage der Kosten in die Ergebnisrechnung müssen Sie ein Sachkonto mit der Sachkontenart **Sekundärkosten** anlegen, wie es aus Abbildung 5.108 hervorgeht.

Auf der Registerkarte **Steuerungsdaten** ordnen Sie dem Sachkonto den Kostenartentyp 42 (Umlage) zu (siehe Abbildung 5.109).

Universelle Verrechnungen anlegen

Mit SAP S/4HANA 1809 wurden die Umlagen in der SAP-Fiori-App **Verrechnungen verwalten** zusammengefügt und harmonisiert. Mit SAP S/4HANA 1909 weitet sich die Harmonisierung der Umlagen aus. Die Harmonisierung der Umlagen wird als *universelle Verrechnungen* bezeichnet. Es gibt nun für jeden Typ Umlage (z. B. Kostenstellen, Margenanalyse und Profit-Center) nur noch zwei SAP-Fiori-Apps: **Verrechnungen verwalten** und **Verrechnungen ausführen**. Diese SAP-Fiori-Apps machen die hohe Anzahl an Transaktionen obsolet. Die universellen Verrechnungen bieten auch einen Down- und Upload von Segmenten und Umlagezyklen nach Excel an.

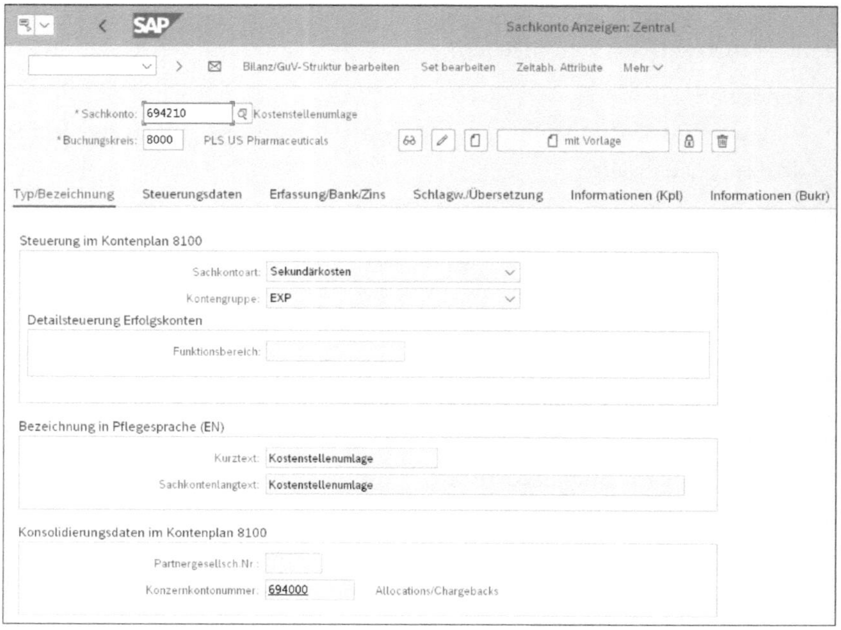

Abbildung 5.108 Sachkontoart Sekundärkosten wählen

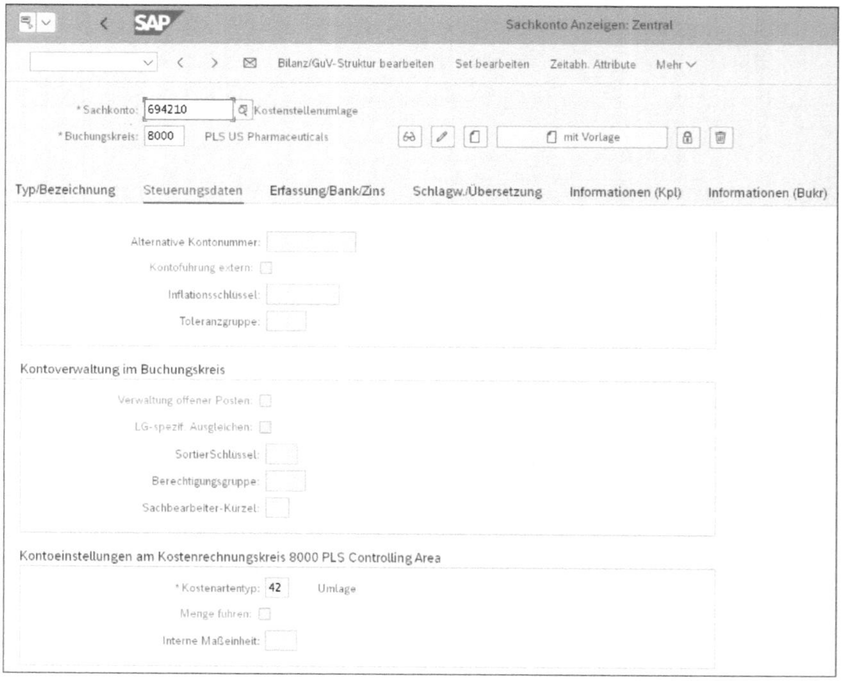

Abbildung 5.109 Kostenartentyp 42 auswählen

Die universellen Verrechnungen sollen die folgenden Herausforderungen meistern:

Vorteile der Universellen Verrechnungen

- **Transparenz**
  Es können in verschiedenen Modulen für unterschiedliche Zwecke Umlagen und Verrechnungen angelegt werden. Es ist sehr schwer, den Überblick zu behalten, welche Umlagen wo und mit welchen Sendern/Empfängern angelegt sind. Die universellen Verrechnungen fassen alle Umlagen und Verrechnungen in einer SAP-Fiori-App zusammen. Sie erhalten damit einen Überblick aller bestehenden Umlagen und Verrechnungen in Ihrem Unternehmen und können diese nach bestimmten Kriterien sortieren und analysieren.
- **Rückverfolgbarkeit**
  Es soll ein Überblick über die Verrechnungen geschaffen werden, der die verschiedenen Verrechnungsmodelle grafisch darstellt. Es soll sowohl eine grafische Darstellung der Verrechnungen vor deren Ausführung als auch nach deren Ausführung zur Rückverfolgbarkeit der umgelegten Kosten geben. Im Folgenden erklären wir Ihnen, wie Sie eine Kostenstellenumlage mit der Funktionalität der universellen Verrechnung anlegen können.

Kostenstellenumlagen

Neben der direkten Leistungsverrechnung, der Abgrenzungsberechnung und den Zuschlägen gibt es eine Reihe von *Umlagen*, die am Monatsende ausgeführt werden können, um die Kosten verursachungsgerecht zu verteilen. Für diese Umlagen muss ein Zyklus mit Segmenten angelegt werden.

Im Zyklus wird bestimmt, welche Kostenarten (Kostenarten, Kostenartenintervalle oder Kostenartengruppen) als Senderobjekte einer Kostenstelle an einen Empfänger (Kostenstelle, Innenauftrag usw.) verrechnet werden.

Kostenstellenumlagen müssen im Customizing angelegt werden, bis das System als produktiv gekennzeichnet ist; dann lässt das System die Anlage von Umlagezyklen ohne Customizing zu. Es ist jedoch empfehlenswert, jeden Umlagezyklus ausgiebig in einem Testsystem zu testen, bevor dieser im Produktivsystem ausgeführt wird.

Umlagezyklus anlegen

Erfahren Sie nun, wie Sie einen Umlagezyklus anlegen und ausführen. In unserem Beispiel legen Sie einen Zyklus für die Abrechnung von Marketingkosten in Abhängigkeit der Umsätze an.

Rufen Sie die SAP-Fiori-App **Verrechnungen verwalten** in Abbildung 5.110 auf.

Abbildung 5.110 SAP-Fiori-App »Verrechnungen verwalten«

Verrechnungskontext für Umlagezyklus festlegen

Über Anlegen können Sie einen neuen Umlagezyklus anlegen. Ein Umlagezyklus wird in einem Kostenrechnungskreis angelegt und hat ein Gültigkeitsdatum. Nach der Eingabe des Buchungskreises im Bild **Neuen Zyklus anlegen** wird der Kostenrechnungskreis von diesem abgeleitet (siehe Abbildung 5.111). Da es nur noch eine SAP-Fiori-App für die Anlage der verschiedenen Verrechnungen gibt, müssen Sie im Feld **Verrechnungskontext** auswählen, welches Kontierungsobjekt Sie umlegen möchten. In unserem Beispiel möchten Sie eine Kostenstellenumlage anlegen. Daher wählen Sie im Feld **Verrechnungskontext** die Option **Kostenstelle** und im Feld **Verrechnungsart** die Option **Umlage** aus. Auch legen Sie fest, dass Sie die Ist-Daten umlegen möchten und wählen daher im **Feld Ist/Plan** die Option **Ist** aus.

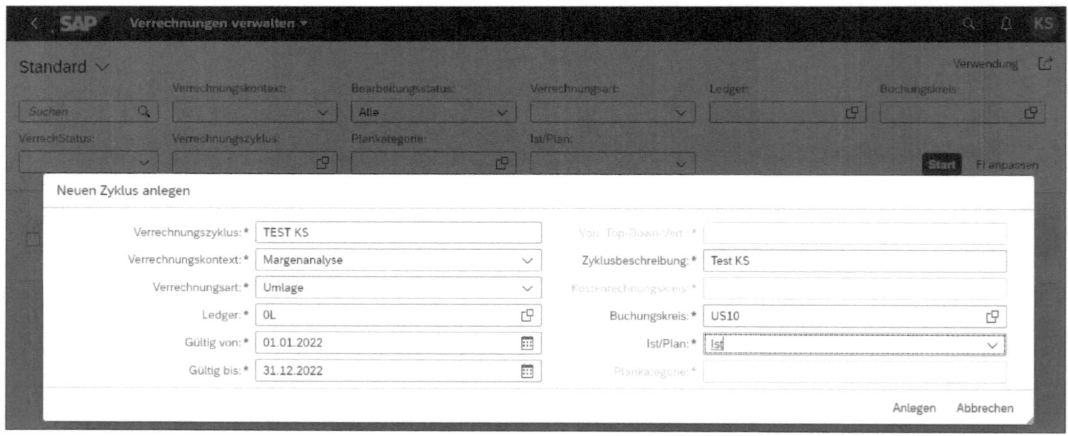

Abbildung 5.111 Kopfdaten für den Umlagezyklus anlegen

Ledger in der Kostenstellenumlage

Im Bild gibt es auch ein Feld für Ledger, das auf eine zukünftige, in SAP S/4HANA 2021, On-Premise-Version, noch nicht voll ausgeprägte Funktionalität hinweist. Zukünftig soll es möglich sein, die Kostenstellenumlage in Abhängigkeit des Ledgers auszuführen. Dies gibt Ihnen die Möglichkeit, für verschiedene Rechnungslegungen unterschiedliche Umlagen anzulegen und auszuführen. In unserem Beispiel pflegen Sie im Feld **Ledger** das Ledger

OL. Unabhängig von unserem Eintrag in diesem Feld werden die Kosten in alle aktiven Ledger gebucht.

Gültigkeitszeitraum Umlagezyklus

Der Umlagezyklus kann nur innerhalb des Gültigkeitszeitraums ausgeführt werden. Das Gültig-bis-Datum kann allerdings im Nachhinein angepasst werden. Es empfiehlt sich, einen Umlagezyklus pro Geschäftsjahr und einen Buchungskreis anzulegen. Umlagezyklen können auch kopiert werden, sodass Sie nicht jedes Jahr mit der Anlage ganz von vorne anfangen müssen. Mit einem Umlagezyklus können Sie alle Gemeinkosten umlegen. Die Segmente, die nach der Anlage des Umlagekopfes angelegt werden, bestimmen die Sender und Empfänger. Die Reihenfolge der Segmente spielt dabei eine wichtige Rolle für die korrekte Umlage der Kosten, da die Segmente in der Reihenfolge, in der sie angelegt wurden, ausgeführt werden.

Klicken Sie nun auf [Anlegen], um dem Zyklus Segmente zuordnen zu können.

Segmente zum Umlagezyklus anlegen

Über den Button [Anlegen] im Bereich **Segmente** in Abbildung 5.112 können Sie ein Segment zum Umlagezyklus anlegen. Sender- und Empfängerregeln werden in Segmenten gepflegt. Ein Zyklus kann mehrere Segmente haben, wobei die Reihenfolge der Segmente von hoher Bedeutung ist, da das System die Segmente in der Reihenfolge, wie sie dem Zyklus zugeordnet sind, ausführt.

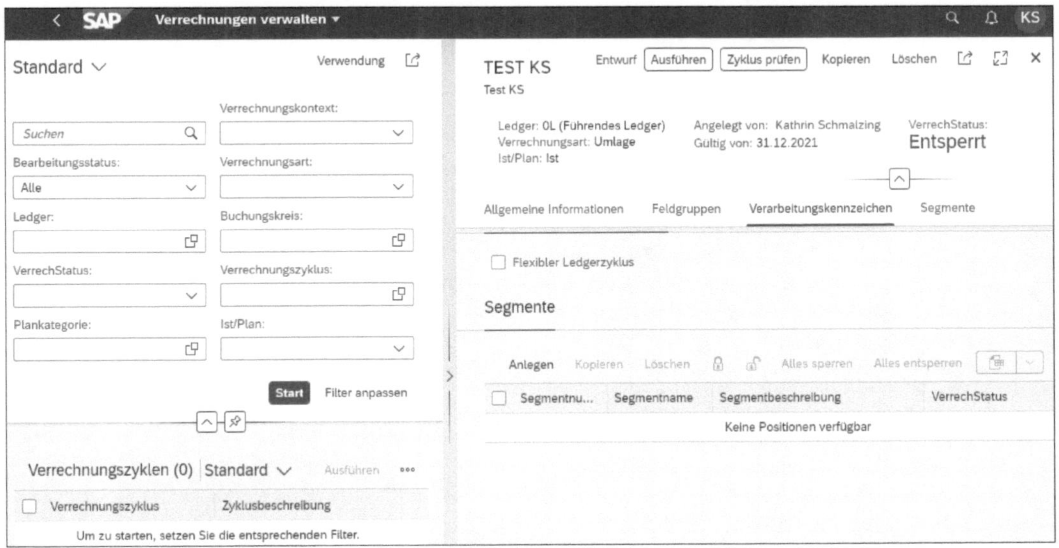

Abbildung 5.112 Segment im Umlagezyklus anlegen

Segmentname pflegen

In Abbildung 5.113 legen Sie den technischen Namen, der bis zu zehn Zeichen lang sein kann, und die Beschreibung an, in unserem Beispiel geben Sie in das Feld **Segementname** »Test_01« und in das Feld **Segmentbeschreibung** »Margenanalyse« ein.

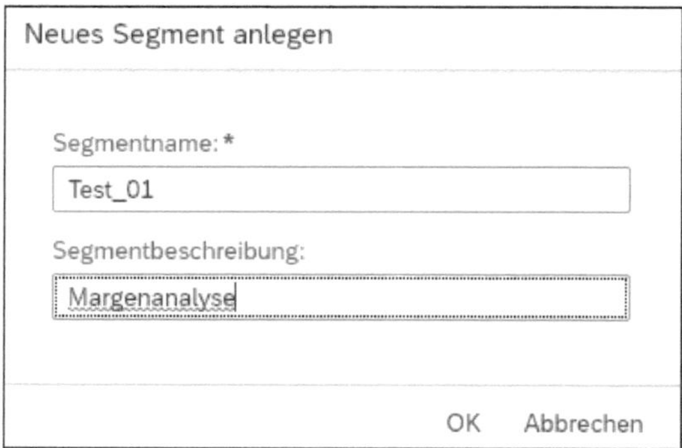

Abbildung 5.113 Segmentname und -beschreibung festlegen

Regeln im Segment des Umlagezyklus festlegen

In unserem Beispiel in Abbildung 5.114 legen Sie die Sachkosten von der Marketingkostenstelle anhand der Materialien und Kunden um. Auf der Registerkarte **Regeln** hinterlegen Sie die Umlagekostenart. Dabei handelt es sich um ein Sachkonto mit dem Kostenartentyp 42 (Umlage). Der Kostenartentyp wird bei Anlage des Sachkontos im Sachkontenstamm gepflegt. Anstelle einer Umlagekostenart kann auch ein Verrechnungsschema hinterlegt werden.

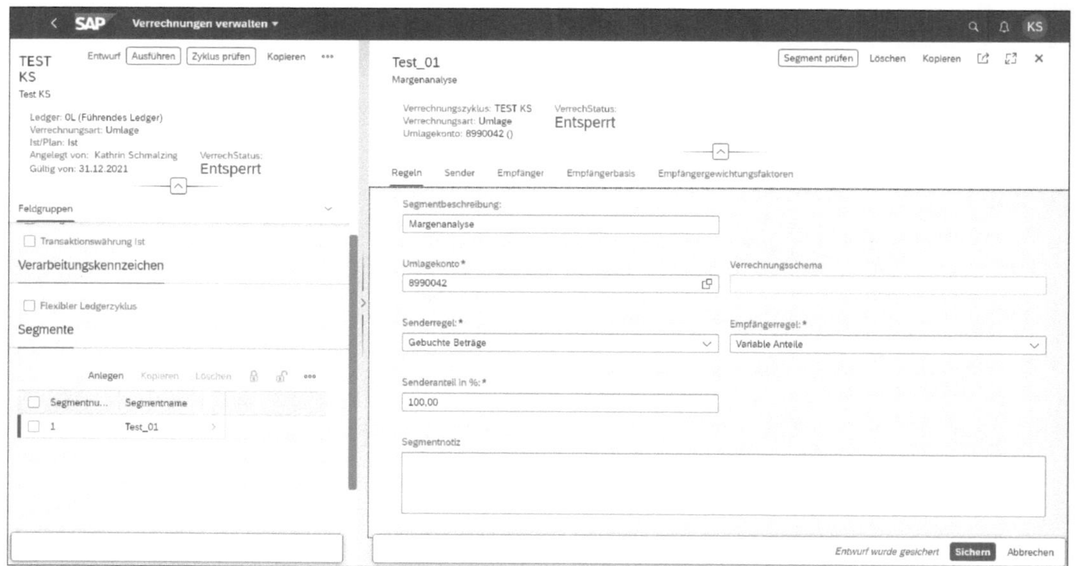

Abbildung 5.114 Regeln im Segment festlegen

Verrechnungsschema im Umlagezyklus

Sie legen das Verrechnungsschema im Customizing über Transaktion KSES oder über den folgenden Customizing-Pfad an: **Controlling • Kostenstellenrechnung • Istbuchungen • Periodenabschluss • Umlage • Verrechnungsschemata definieren**. Mit dem Verrechnungsschema können Sie pro Kostenart/Kostenartengruppe eine separate Umlagekostenart hinterlegen, z. B. für die Personalkosten die separate Umlagekostenart **Umlage Personalkostenarten**. Auf diese Weise können Sie die Umlage mit detaillierteren Informationen anlegen.

Im Feld **Senderwerte** legen Sie die Senderregeln fest. Die Senderregeln bestimmen, welcher Anteil an Kosten wie an den Empfänger weiterverrechnet wird. Im Beispiel wählen Sie die Senderregel **Gebuchte Beträge**. Sie können zwischen den folgenden Senderregeln wählen:

- **Gebuchte Beträge**
  Alle Werte, die auf dem Sender des Segments gebucht sind, werden an den gepflegten Empfänger verrechnet.
- **Feste Beträge**
  Nur feste Beträge werden vom Senderobjekt an den im Segment gepflegten Empfänger verrechnet.
- **Feste Tarife**
  Es wird ein fester Tarif pro Senderobjekt gepflegt, der mit der Empfängerbezugsbasis im Segment multipliziert wird. Der errechnete Betrag wird auf dem Sender entlastet und auf dem Empfänger belastet.

Im Feld **Anteil in %** bestimmen Sie, wie viel Prozent der Senderkosten weiterverrechnet werden. Beträgt der Anteil z. B. 70 %, werden nur 70 % der Kosten an den Empfänger weiterverrechnet. Beim Speichern des Zyklus führt das System eine Prüfung durch, die sicherstellt, dass nicht mehr als 100 % der Kosten pro Sender verrechnet werden. Falls mehr als 100 % der Kosten pro Sender verrechnet werden, gibt das System eine Fehlermeldung aus.

Empfängerbezugsbasis pflegen

Im Bereich **Empfängerbasis** legen Sie die Empfängerwerte fest, die die Ermittlung der Empfängerbezugsbasis bestimmen. In Abbildung 5.114 wählen Sie **Variable Anteile** als Empfängerregel. Es stehen die folgenden Auswahlmöglichkeiten für die Empfängerbezugsbasis zur Verfügung:

- **Variable Anteile**
  Die Empfängerbezugsbasis errechnet automatisch den an den Empfänger zu verrechnenden Betrag.
- **Feste Beträge**
  Es werden feste Beträge vom Sender an den Empfänger verrechnet; diese werden auf der Registerkarte **Empfängerbasis** gepflegt.
- **Feste Prozentsätze**
  Die Beträge für die Verrechnung der Senderwerte an den Empfänger werden anhand fester Prozentsätzen berechnet; diese Prozentsätze werden auf der Registerkarte **Empfängerbasis** gepflegt.

- **Feste Anteile**
  Es werden feste Anteile vom Sender an den Empfänger verrechnet. Diese Anteile werden auf der Registerkarte **Empfängerbasis** gepflegt.

Beispiel für die Empfängerbasis »Feste Anteile«

Im Segment des Umlagezyklus können Sie feste Anteile als Empfängerbasis auswählen. Auf der Registerkarte **Empfängerbasis** pflegen Sie feste Anteile per Empfängerobjekt. Das könnte z. B. sein:

- Kostenstelle A: fester Anteil 1.000 EUR
- Kostenstelle B: fester Anteil 5.000 EUR
- Kostenstelle C: fester Anteil 2.000 EUR
- Wert auf dem Sender: 10.000 EUR

Die Kalkulation der zu verrechnenden Werte erfolgt wie im Folgenden dargestellt:

Empfängerwert = Senderwert × feste Anteile des Empfängerobjekts ÷ Summe der festen Anteile

Nach dieser Rechenregel ergeben sich die folgenden zu verrechnenden Werte:

- Kostenstelle A: 10.000 × 1.000 ÷ 8.000 = 1.250 EUR
- Kostenstelle B: 10.000 × 5.000 ÷ 8.000 = 6.250 EUR
- Kostenstelle C: 10.000 × 2.000 ÷ 8.000 = 2.500 EUR

Nach der Pflege der Sender- und Empfängerregeln können Sie auf die Registerkarte **Sender** springen (siehe Abbildung 5.115). Der *Sender* kann eine einzelne Kostenstelle, ein Kostenstellenintervall oder eine Kostenstellengruppe darstellen. Wir empfehlen grundsätzlich, mit Kostenstellengruppen und Kostenstellenartengruppen zu arbeiten, da diese später einfacher angepasst werden können. Anstelle der Anpassung von verschiedenen Segmenten genügt die Anpassung der Gruppe. Zusätzlich zur Kostenstelle müssen Sie als Sender eine **Kontonummer** (Konto, Kontengruppe oder Kontointervall) auswählen.

Empfänger pflegen

Auf der nächsten Registerkarte **Empfänger** können Sie verschiedene Merkmale, die in der Margenanalyse verfügbar sind, über [Hinzufügen] auswählen. Die hier im Segment zur Verfügung stehenden Empfänger werden in den Einstellungen des Ergebnisbereichs definiert. Sie aktivieren in Abbildung 5.116 die Kennzeichen **Debitor** und **Verkauftes Produkt** und bestätigen Ihre Auswahl mit [↵].

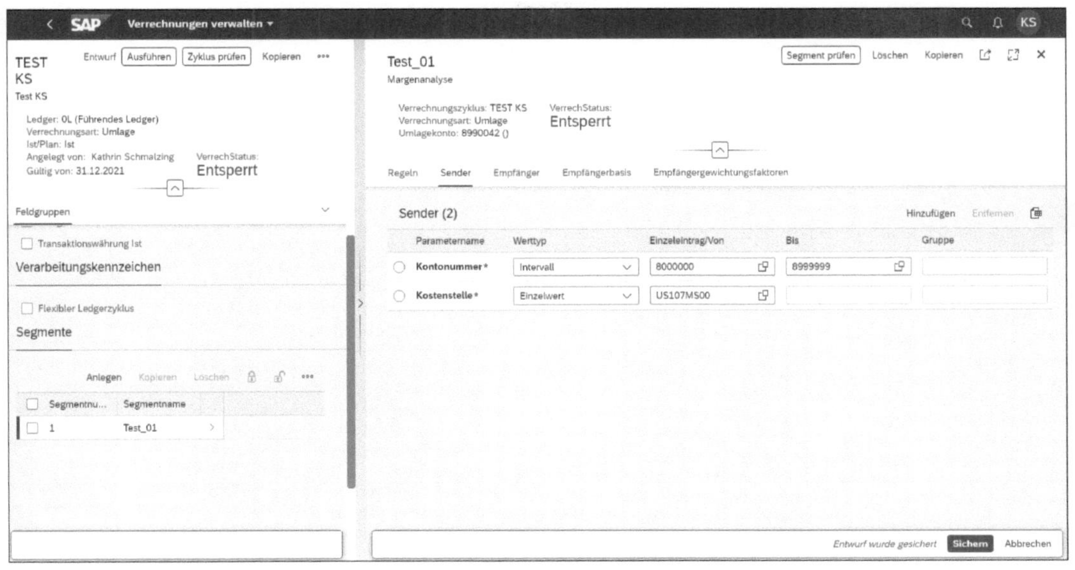

Abbildung 5.115 Senderwerte im Umlagezyklus pflegen

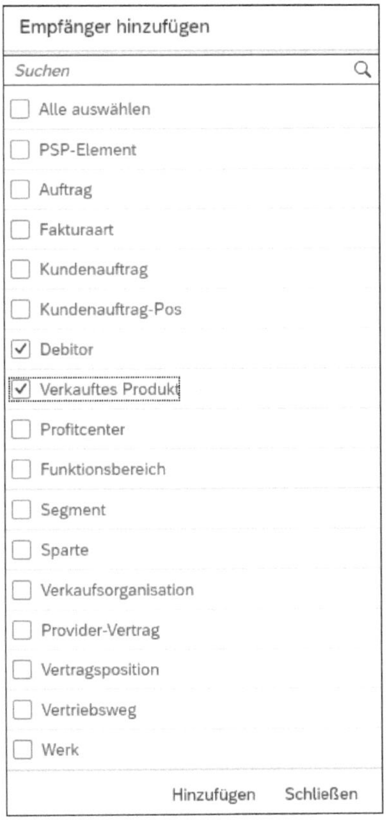

Empfänger hinzufügen

Suchen

- [ ] Alle auswählen
- [ ] PSP-Element
- [ ] Auftrag
- [ ] Fakturaart
- [ ] Kundenauftrag
- [ ] Kundenauftrag-Pos
- [x] Debitor
- [x] Verkauftes Produkt
- [ ] Profitcenter
- [ ] Funktionsbereich
- [ ] Segment
- [ ] Sparte
- [ ] Verkaufsorganisation
- [ ] Provider-Vertrag
- [ ] Vertragsposition
- [ ] Vertriebsweg
- [ ] Werk

Hinzufügen Schließen

Abbildung 5.116 Empfänger hinzufügen

In Abbildung 5.117 legen Sie die Werte für den Debitor und das verkaufte Produkt fest, auf die die Kosten umgelegt werden sollen.

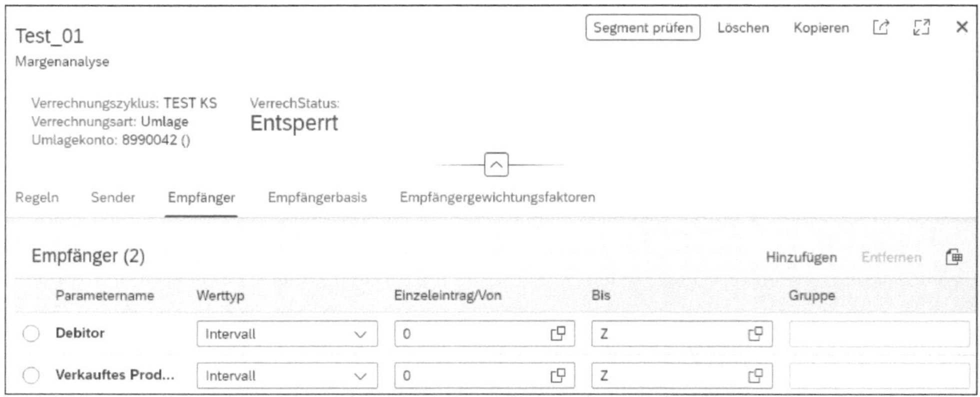

Abbildung 5.117 Werte für die Empfänger festlegen

Empfängerbasis pflegen

Auf der Registerkarte **Empfängerbasis** werden, abhängig von der Empfängerregel, unterschiedliche Felder in Abbildung 5.118 abgebildet. Da Sie die variablen Anteile gewählt haben, wählen Sie aus, welche Kontonummern für die Aufteilung der Kosten nach Debitor und verkauftem Material gewählt werden sollen. Das Konto muss mit beiden Merkmalen bebucht sein, damit eine Aufteilung der variablen Anteile erfolgen kann.

Abbildung 5.118 Empfängerbasis im Umlagezyklus pflegen

In Abhängigkeit der Empfängerregel stehen im Register Empfängerbasis die folgenden Eingabemöglichkeiten zur Auswahl (diese passen sich in Abhängigkeit der gewählten Empfängerregel dynamisch an):

- **Variable Anteile**
  Abhängig von der Art des variablen Anteils muss hier die statistische Kennzahl, die Leistungsart, gepflegt werden.
- **Feste Beträge**
  Es müssen feste Beträge pro Empfängerobjekt gepflegt werden.
- **Feste Prozentsätze**
  Es müssen feste Prozentsätze pro Empfängerobjekt gepflegt werden.
- **Feste Anteile**
  Es müssen feste Anteile pro Empfängerobjekt gepflegt werden.

Empfängergewichtungsfaktoren pflegen

Nach der Eingabe der Empfängerbasis wechseln Sie in Abbildung 5.119 auf die Registerkarte **Empfängergewichtungsfaktoren**, auf der Sie für jede Merkmalskombination der ausgewählten Merkmale einen Eintrag sehen können. Diese Registerkarte gibt Ihnen die Möglichkeit, eine unterschiedliche Gewichtung für verschiedene Merkmalskombinationen festzulegen.

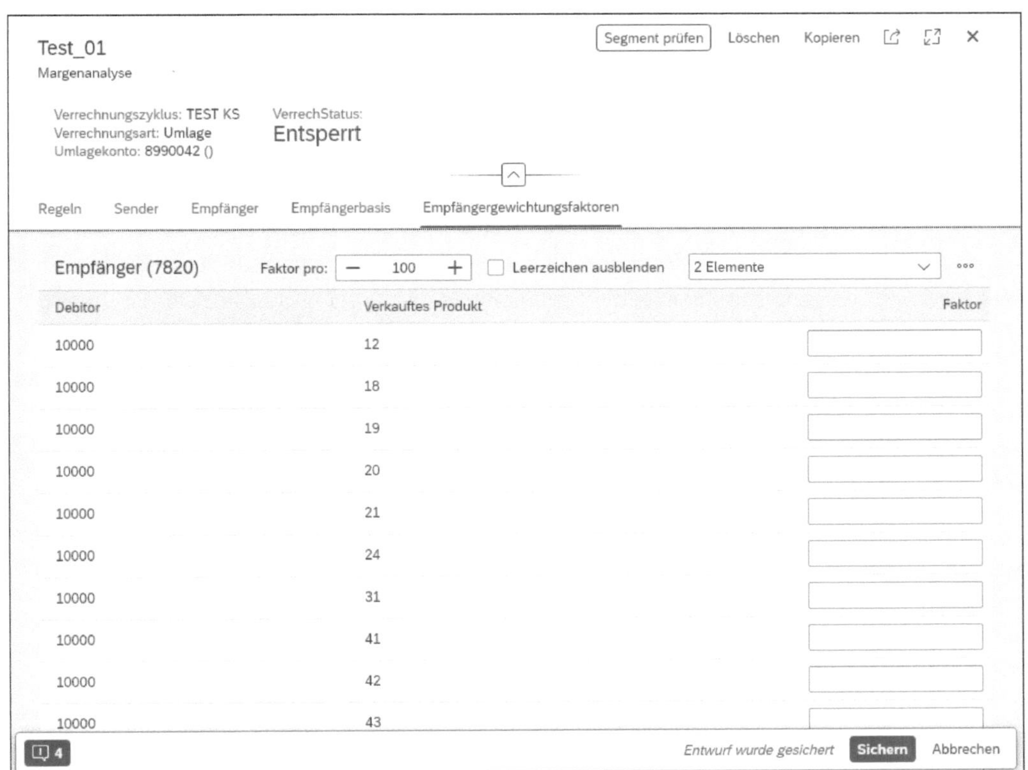

Abbildung 5.119 Empfängergewichtungsfaktoren festlegen

Umlagezyklus ausführen

Nach dem Speichern des Umlagezyklus können Sie diesen in Abbildung 5.120 über den Button Ausführen direkt ausführen.

Abbildung 5.120 Umlagezyklus ausführen

Umlagezyklus im Testlauf oder Echtlauf ausführen

In Abbildung 5.121 haben Sie die Möglichkeit, einen Echtlauf oder einen Testlauf auszuführen. Sie führen in unserem Beispiel über [Testlauf] einen solchen aus.

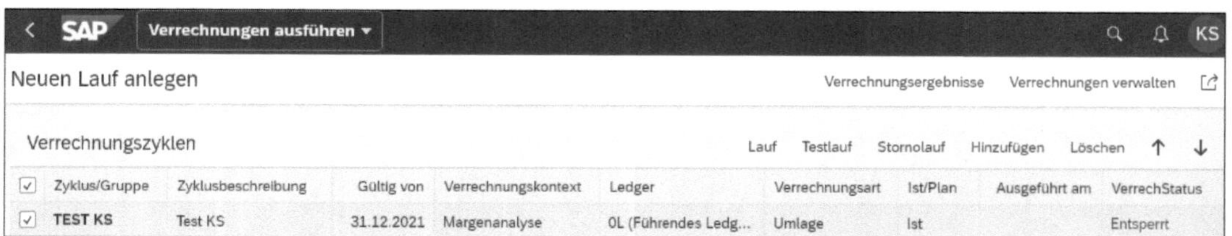

Abbildung 5.121 Verrechnungen ausführen

Tragen Sie die Periode und das Geschäftsjahr, in dem der Zyklus ausgeführt werden soll, sowie die Bezeichnung des Laufs in das Selektionsbild ein. In Abbildung 5.122 pflegen Sie die Periode 1 bis 12 und das Geschäftsjahr 2022. Über den Button [OK] im rechten unteren Bildschirmrand wird der Zyklus ausgeführt.

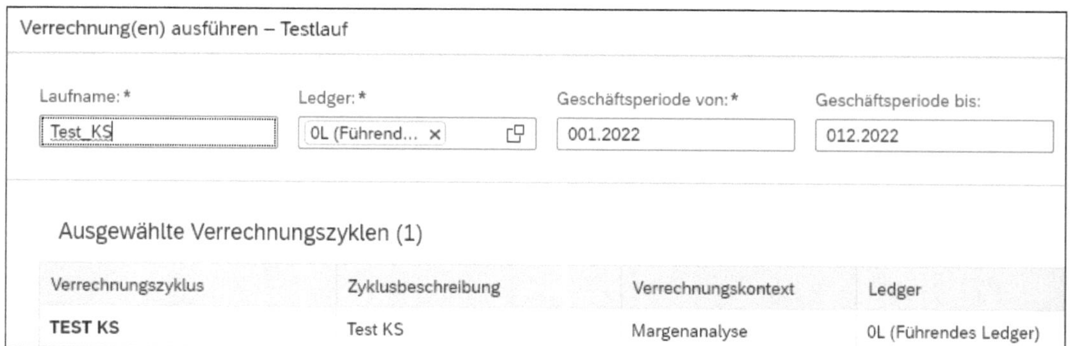

Abbildung 5.122 Laufdetails festlegen

Abgeschlossene Läufe anzeigen

Nachdem der Lauf ausgeführt wurde, ändert sich die Bildschirmleiste im oberen Bildschirmbereich. Klicken Sie hier auf **Abgeschlossene Läufe anzei-**

gen. Nach einem Klick auf **Start** sehen Sie alle abgeschlossenen Zyklen. Über einen Klick auf den Zyklus, den Sie soeben ausgeführt haben, sehen Sie in Abbildung 5.123 das Verrechnungsergebnis, ein Protokoll der Ausführung sowie die Anzahl der Sender und Empfänger des Zyklus. In unserem Beispiel liegt ein Sender vor.

Abbildung 5.123 Testlaufergebnisse überprüfen

Empfänger prüfen

Prüfen Sie den Empfänger in Abbildung 5.124, so sehen Sie, dass ein Empfänger gefunden wurde. Scheinbar gibt es nur eine Kombination von verkauftem Material und Debitor in unserem Testsystem.

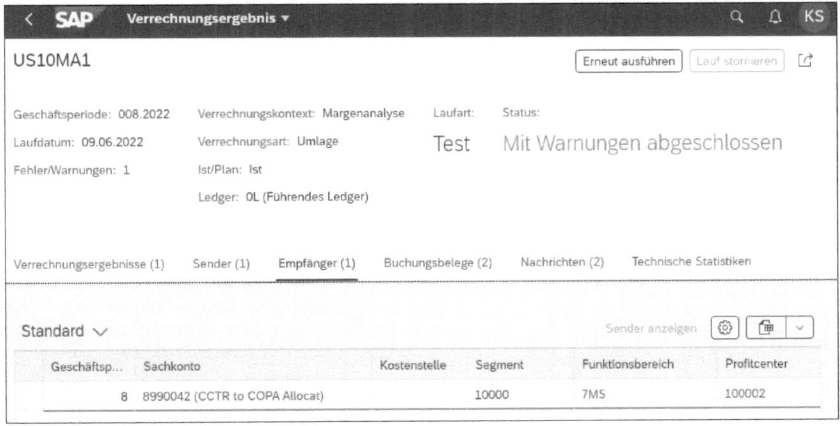

Abbildung 5.124 Empfänger im Testlauf überprüfen

Simulation der Buchungsbelege prüfen

Nach der Überprüfung der Sender und Empfänger im Testlauf wechseln Sie in Abbildung 5.125 auf die Registerkarte **Buchungsbelege** und überprüfen die Simulation der Belege, die bei der Durchführung der Umlage im Echtlauf gebucht werden.

Abbildung 5.125 Buchungsbelege im Testlauf überprüfen

Umlagezyklus im Echtlauf ausführen

Nach der Überprüfung des Testlaufs und der Buchungsbelege im Testlauf führen Sie den Lauf im Echtlauf aus und überprüfen die Buchungsbelege in Abbildung 5.126. Es wurde ein Buchungsbeleg mit vier Positionen erstellt. Die Positionen, die in Abbildung 5.125 nicht angezeigt wurden, sind die Positionen mit dem Zero-Balancing-Account, da der Dokumentensplit im Testlauf nicht überprüft wird.

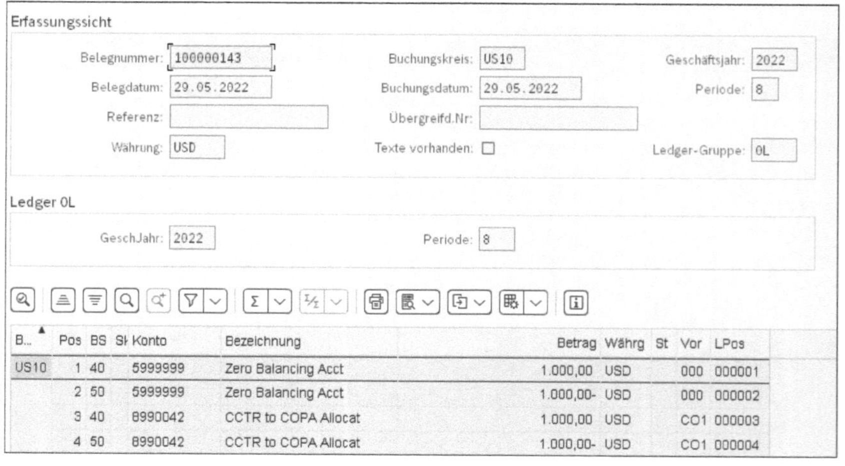

Abbildung 5.126 Buchungsbeleg anzeigen

Buchungsbeleg prüfen

In Abbildung 5.127 zeigen Sie den Buchungsbeleg im Detail an und sehen, dass im Beleg ein Ergebnisobjekt erstellt wurde, das alle Merkmalskombinationen des Belegs enthält.

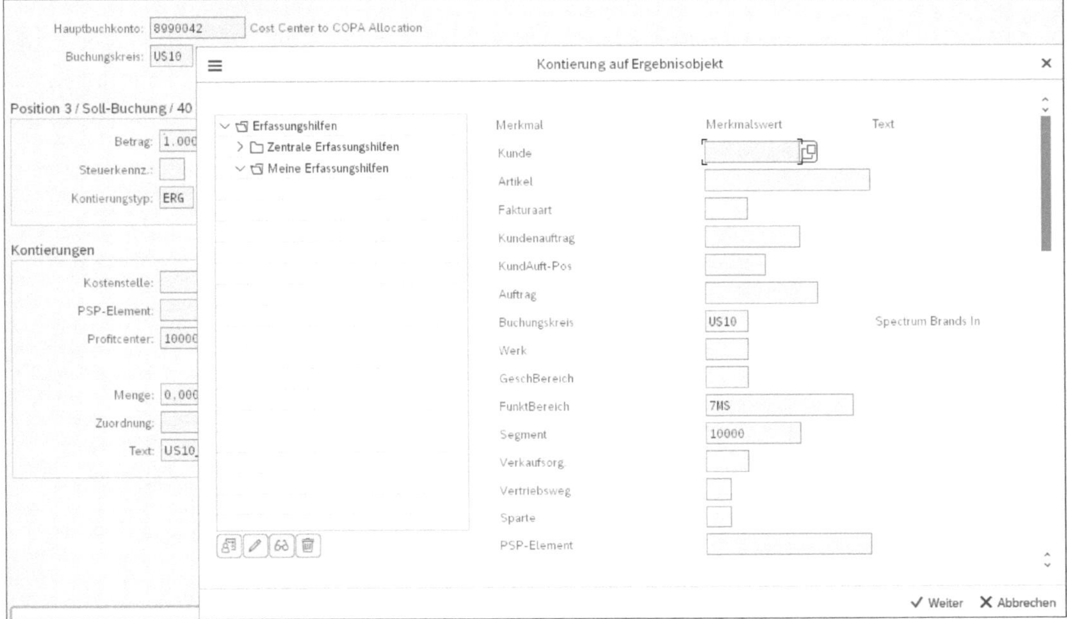

Abbildung 5.127 Buchungsbeleg überprüfen

Verrechnungszyklus simulieren

Über die SAP-Fiori-App **Verrechnungsfluss** können Sie die Ergebnisse des Verrechnungszyklus simulieren.

Kostenstellenumlage

Für die Margenanalyse werden Umlagen über die universellen Verrechnungen angelegt.

5.10 Direktkontierung

Die *Direktkontierung* dient dazu, Werte direkt auf das Ergebnisobjekt zu kontieren. Es erfolgt keine Kontierung auf Kostenstelle oder auf den Innenauftrag, sondern direkt in die Ergebnisrechnung. Die Direktkontierung wird z. B. für Verschrottungsbuchungen angewandt. Bei der Kontierung der Verschrottung auf die Kostenstelle verlieren Sie durch die Umlage der Kosten an die Ergebnisrechnung die Information über das Material. Wählen Sie allerdings eine Direktkontierung für die Verschrottungskosten, können Informationen über das Material und die Menge an die Ergebnisrechnung weitergegeben werden. Es sind keine Customizing-Einstellungen für die Direktkontierung in die Margenanalyse zu pflegen.

Kontierung auf Ergebnisobjekt

Beim Buchen des Belegs haben Sie die Möglichkeit, wenn es die Feldstatusgruppe erlaubt, als kostenrechnungsrelevante Kontierung das Ergebnisobjekt zu wählen (siehe Abbildung 5.128). Es öffnet sich ein Pop-up-Fenster **Kontierung auf Ergebnisobjekt**, in dem Sie den Beleg um sämtliche Merkmale des Ergebnisbereichs anreichern können.

Zuordnung zu einem Ergebnisobjekt

Land:	Warengruppe:	Verkaufsbüro:	Artikel:
DE	YBF02		F1000-L1
Fakturaart:	Kundenauftrag:	Position:	Marke:
Kunde:	Kostenträger:	PartnerPrctr:	Profitcenter:
100003			
Auftrag:	Sparte:	Verkaufsorganisation:	Vertriebsweg:
	10		
Werk:	Kostenstelle:	Funktionsbereich:	Segment:
Warenempfänger:	Servicebeleg:	Servicebelegposition:	Servicebelegart:
Lösungsauftrag:	Lösungsauftragspos.:	Auftragsgrund:	:
Positionstyp:	PSP-Element:		

Ableiten | Ableiten und schließen | Löschen | Abbrechen

Abbildung 5.128 FI-Beleg manuell auf das Ergebnisobjekt kontieren

Buchhaltungsbeleg analysieren

Schauen Sie sich den gebuchten Finanzbuchhaltungsbeleg in Abbildung 5.129 an, dann sehen Sie, dass ein Ergebnisobjekt erzeugt wurden.

Wird das Konto automatisch, z. B. über einen Vorgang der Materialwirtschaft, bebucht, müssen Sie zusätzlich zum Ergebnisschema und der Feldstatusgruppe im Sachkonto die automatische Kontierungsfindung pflegen.

Default-Kontierung pflegen

Rufen Sie dazu Transaktion OKB9 auf, oder folgen Sie dem Customizing-Pfad **Controlling • Ergebnis- und Marktsegmentrechnung • Werteflüsse im Ist • Direktkontierung aus FI/MM • Automatische Kontierungsfindung**.

Über **Neue Einträge** können Sie einen Eintrag für die Kostenart 400085 im Buchungskreis 8000 pflegen (siehe Abbildung 5.130). Anstatt eine Kostenstelle zu hinterlegen, setzen Sie das Häkchen in der Spalte **ErgObj** (Ergebnisobjekt). Dies bewirkt, dass dieses Konto zukünftig direkt auf ein Ergebnisobjekt kontiert wird.

Abbildung 5.129 Buchhaltungsbeleg anzeigen

Sicht "Defaultkontierung" ändern: Übersicht

Neue Einträge   Mehr

Dialogstruktur
- Defaultkontierung
  - Detail pro Geschäftsbereich / B
  - Detail pro Profit Center

BuKr	Kostenart	Gs...	Kostenst.	Auftrag	ErgObj	Prctr	D...	Detail KontZuordnung
8000	400085	☐			☑			
8000	521110	☐			☑			
8000	521111	☐	8000400001		☐			

Abbildung 5.130 Automatische Kontierungsfindung pflegen

Direktkontierung

In der Margenanalyse stellen Sie ausschließlich sicher, dass die Feldstatusgruppe des Sachkontos eine Kontierung auf ein Ergebnisobjekt erlaubt.

Wird das Konto, für das eine Direktkontierung erfolgen soll, indirekt über einen MM-Vorgang bebucht, müssen Sie für dieses Konto für die Margenanalyse eine Default-Kontierung pflegen.

5.11 Zusammenfassung

In diesem Kapitel haben Sie gelernt, wie die Ist-Werte für die Ergebnisrechnung abgeleitet werden. Vom Predictive Accounting, einer neuen Funktionalität in SAP S/4HANA, über die Überleitung der Fakturen und die Buchung der Herstellkosten bis hin zur Abrechnung der Gemeinkosten haben Sie alle Funktionen der Margenanalyse kennengelernt. Im nächsten Kapitel lernen Sie den Wertefluss der kalkulatorischen Ergebnisrechnung kennen und wie Sie diesen customizen.

Kapitel 6
Customizing des Werteflusses für die kalkulatorische Ergebnisrechnung

Der Ist-Wertefluss bestimmt, wie die Daten aus vorgelagerten Prozessen in der kalkulatorischen Ergebnisrechnung verarbeitet und dargestellt werden. Doch wie setzen Sie den Ist-Wertefluss korrekt auf? Welche Darstellungsmöglichkeiten bietet das kalkulatorische CO-PA? Dies erfahren Sie in diesem Kapitel.

Die Grundeinstellungen der Ergebnis- und Marktsegmentrechnung (kurz: Ergebnisrechnung, CO-PA) definieren die Basis für die Nutzung von CO-PA. Gleichzeitig legen sie die Struktur von CO-PA fest, d. h., welche Merkmale für Auswertungen zur Verfügung stehen und wie die Ableitung dieser Merkmale erfolgt. Für die kalkulatorische Ergebnisrechnung legen die Wertfelder außerdem die Zeilenstruktur fest.

In diesem Kapitel erfahren Sie, wie Sie den Ist-Wertefluss für die kalkulatorische Ergebnisrechnung aufsetzen. Der Ist-Wertefluss definiert, wie die Daten in die Ergebnisrechnung übernommen werden. Ich zeige Ihnen, wie Sie die Fakturen, Herstellkosten und Abweichungen in die Ergebnisrechnung überleiten können. Zudem erfahren Sie in diesem Kapitel, wie Gemeinkosten, etwa Innenaufträge und Kostenstellen, nach CO-PA abgerechnet bzw. umgelegt werden können. Ich beschreibe die notwendigen Customizing-Einstellungen im Detail. In der kalkulatorischen Ergebnisrechnung gibt es keine Neuerungen mit SAP S/4HANA; die Customizing-Einstellungen unterscheiden sich nicht von denen in SAP ERP.

6.1 Einführung

Ist-Wertefluss

Der *Ist-Wertefluss* bestimmt, wie die Daten aus den vorgelagerten Prozessen (z. B. Logistik, Vertrieb) in der Ergebnisrechnung ankommen und verarbeitet werden.

Abstimmung mit der Finanzbuchhaltung

In der kalkulatorischen Ergebnisrechnung ist die Definition der Ist-Werteflüsse ein sehr wichtiger Prozess, um so die Abstimmung mit der Finanzbuchhaltung zu gewährleisten. In der Ergebnisrechnung fließen alle Informationen zur Erstellung einer Ergebnisrechnung zusammen, allerdings unter der Voraussetzung, dass Sie es mit korrekten und transparenten Werteflüssen zu tun haben. CO-PA selbst erzeugt jedoch keine Ist-Daten. Vielmehr werden diese aus den angrenzenden Komponenten übernommen.

Prozesse in vorgelagerten SAP-Komponenten

Im Customizing von CO-PA können Sie zwar die Schnittstellen zu anderen Komponenten, wie z. B. dem Vertrieb (SD), beeinflussen, aber die Voraussetzung für die Definition sind sauber aufgesetzte Prozesse in den Belegfluss auslösenden Komponenten. Es ist wichtig, dass diese verstanden und in der Konzeption von CO-PA berücksichtigt werden. Herausforderungen in der Abstimmung von CO-PA mit der Finanzbuchhaltung sind nicht selten. Der Grund dafür sind oft unsauber aufgesetzte Prozesse in den vorgelagerten SAP-Komponenten.

In Abbildung 6.1 und Abbildung 6.2 sehen Sie ein Beispiel für die Analyse und das Aufsetzen der kalkulatorischen Ergebnisrechnung.

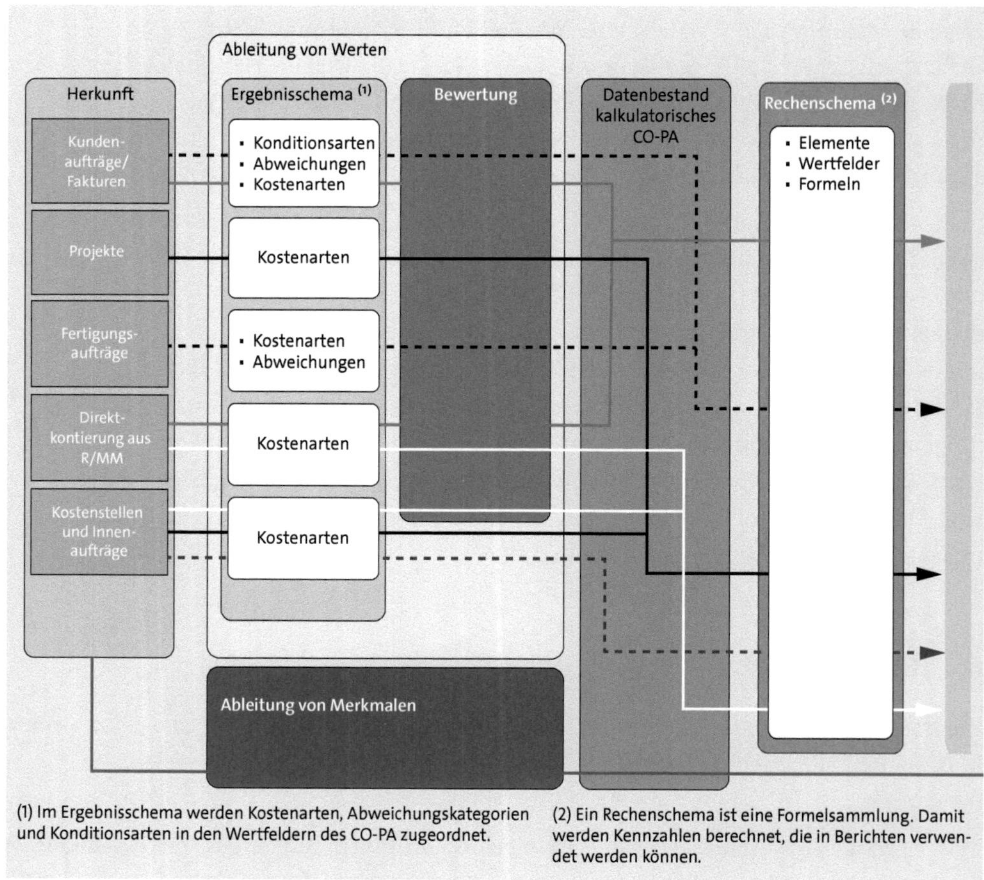

Abbildung 6.1 Vorgelagerte Prozesse in der kalkulatorischen Ergebnisrechnung

Es ist wichtig, die Werteflüsse und Prozesse vor dem Aufsetzen der Ergebnisrechnung zu verstehen, um eine Abstimmbarkeit mit der Finanzbuchhaltung zu ermöglichen. Wie die Ergebnisse in der Ergebnisrechnung ankommen, bestimmen Sie durch das Aufsetzen der Werteflüsse. Die Struktur der kalkulatorischen Ergebnisrechnung legen Sie hingegen in den Grundeinstellungen fest.

Reporting

	Kunde	Produkt	BU	Legal-einheit
Absatzmenge	✓	✓	✓	✓
Brutto-Umsatz	✓	✓	✓	✓
Rabatte/Erlösschmäl.	✓	✓	✓	✓
Skonti	✓	✓	✓	✓
Provisionen/Boni	✓	✓	✓	✓
Netto-Umsatz	✓	✓	✓	✓
Materialkosten variabel	✓	✓	✓	✓
Materialkosten fix	✓	✓	✓	✓
Abweichungen Mat.	✓	✓	✓	✓
Deckungsbeitrag 1	(✓)	✓	✓	✓
Fertigungskosten variabel	✓	✓		
Fertigungskosten fix	✓	✓	✓	✓
Abw. Fertigung	–	✓	✓	✓
Deckungsbeitrag 2	(✓)	✓	✓	✓
F&E-Kosten			✓	✓
Marketingkosten			✓	✓
Deckungsbeitrag 3			✓	✓
Sonst. Bewertungen/Abw.				✓
GK Vertrieb			✓	✓
GK Verwaltung			✓	✓
Sonst. Gemeinkosten				✓
Operatives Ergebnis				✓
Außerordentl. Ergebnis				✓
Neutrales Ergebnis				✓
Gesamtergebnis				✓

Abbildung 6.2 Beispiel für einen Bericht in der kalkulatorischen Ergebnisrechnung

Datenanreicherung in CO-PA

In diesem Kapitel stelle ich Ihnen die Customizing-Transaktionen und Einstellungen vor, die Ihnen zur Datenanreicherung von CO-PA zur Verfügung stehen. Dabei gehe ich zu Beginn jedes Abschnitts auch auf die vorgelagerten Prozesse ein, die Sie verstehen müssen, um die Analyse zu vereinfachen und die Qualität der Ergebnisberichte zu verbessern.

6.2 Kundenauftragsbestand

Der *Kundenauftragsbestand* ermöglicht die Darstellung einer Tendenz oder Prognose über den sich in der Pipeline befindenden Kundenauftragsbestand, der in den Ergebnisberichten dargestellt werden kann.

Darstellung des Kundenauftragsbestands

Der Kundenauftragsbestand wird auf denselben Wertfeldern wie die Erlöse dargestellt, aber in einer separaten Vorgangsart abgespeichert. Mit der Übernahme der Auftragseingänge haben Sie die Möglichkeit, vorausschauend Aussagen über die Ergebnisentwicklung zu treffen und frühzeitig Gegenmaßnahmen zu ergreifen.

Kundenauftragsbestand ermitteln

Die Ermittlung des Kundenauftragsbestands geht von der Erstellung eines Kundenauftrags in der SAP-Komponente SD (Vertrieb) aus. Bei der Anlage eines Kundenauftrags im SAP-System legen Sie den Auftraggeber und den Warenempfänger im Kopf des Kundenauftrags fest (siehe Abbildung 6.3). In den Positionsdaten legen Sie fest, welche Materialien in welcher Menge an den Kunden geliefert werden sollen.

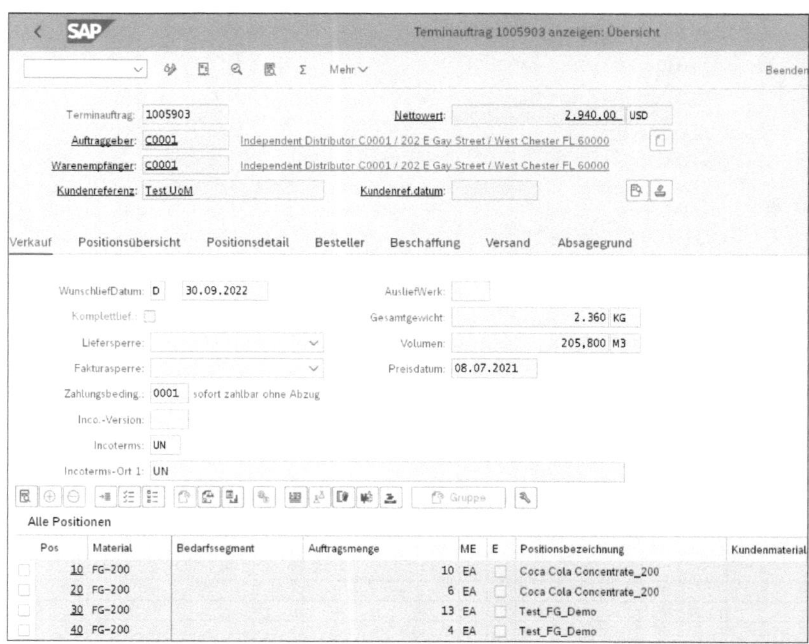

Abbildung 6.3 Positionen im Kundenauftrag anzeigen

Mit der Eingabe des Materials und der bestellten Menge wird im Kundenauftrag die Preisermittlung getriggert. Markieren Sie im Kundenauftrag eine Position, und klicken Sie auf den Button (**PosKonditionen**). Dadurch gelangen Sie in eine Übersicht der zur Preisermittlung angewandten Konditionen (siehe Abbildung 6.4).

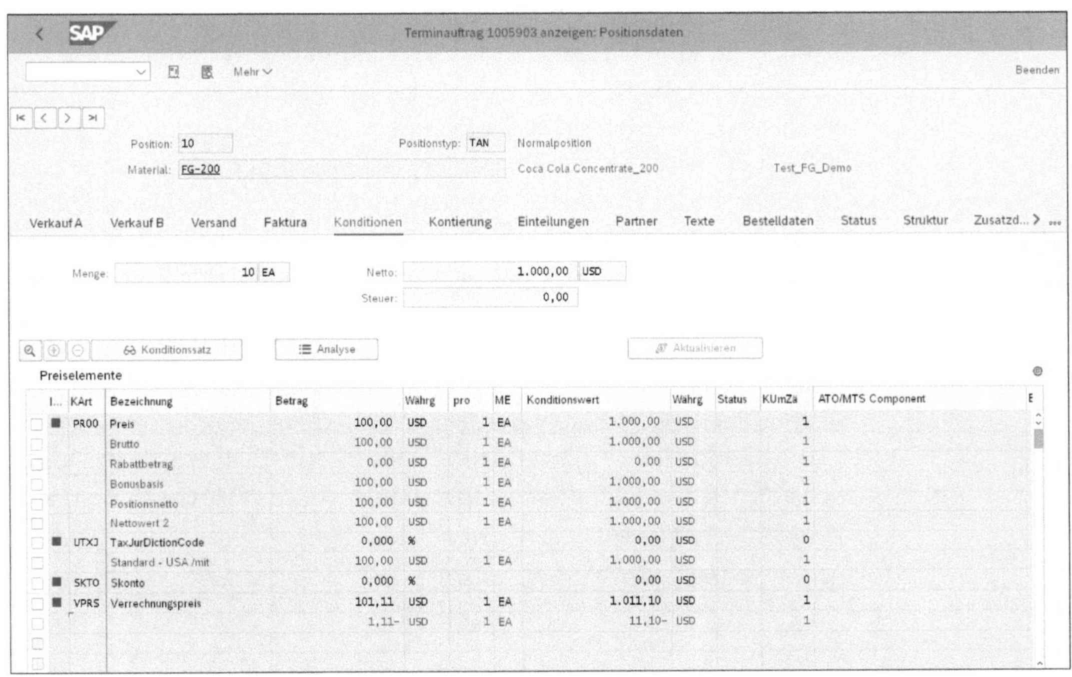

Abbildung 6.4 Konditionen zur Kundenauftragsposition anzeigen

Preisermittlung im Kundenauftrag

Jede Kondition stellt dabei ein Preiselement dar. Das Kalkulationsschema ist in der Kundenauftragsart hinterlegt. Die Konditionswerte werden als Stammdaten im Vertrieb in der Konditionspflege hinterlegt. Es gibt auch Rechenkonditionen, die die Werte anhand einer Formel errechnen (z. B. prozentualer Zuschlag), oder manuelle Konditionen; diesen Konditionen können Sie in der Kalkulation manuell einen Wert zuweisen.

Sowohl für die Übernahme des Kundenauftragsbestands als auch für die Übernahme der SD-Fakturen in das kalkulatorische CO-PA muss jeder Kondition ein Wertfeld zugewiesen werden.

Kundenauftragsbestand übernehmen

Für die Übernahme des Kundenauftragsbestands in die kalkulatorische Ergebnisrechnung sind Customizing-Einstellungen erforderlich. Rufen Sie Transaktion KE4I auf, oder folgen Sie dem Customizing-Pfad **Controlling • Ergebnis- und Marktsegmentrechnung • Werteflüsse im Ist • Kundenauftragseingänge übernehmen • Wertfelder zuordnen • Zuordnungspflege SD-Konditionen -> CO-PA-Wertfelder**.

Im Fenster **Sicht "CO-PA: Zuordnung SD-Konditionen zu Wertfeldern" ändern: Übersicht** können Sie jeder Konditionsart, die in Ihrem Unternehmen in einem Kalkulationsschema angewandt wird, ein Wertfeld zuordnen. Über **Neue Einträge** können Sie neue Zeilen hinzufügen.

Vorzeichenübernahme

Sie sehen in Abbildung 6.5 eine Spalte **Vorz. Übernah...** (Vorzeichenübernahme). Im Regelfall werden alle Werte mit positiven Vorzeichen in den Wertfeldern geführt. In Ausnahmefällen ist es allerdings notwendig, dass Sie die vorzeichengerechte Übernahme von Konditionswerten nach CO-PA aktivieren. Dieses Kennzeichen sollten Sie jedoch nur in Ausnahmefällen nutzen, z. B. wenn mehrere Konditionsarten in einem Wertfeld mit unterschiedlichen Vorzeichen saldiert werden sollen (z. B. Gewinnzuschlag oder Verlustabschlag) oder wenn eine Kondition mit unterschiedlichen Vorzeichen in ein Wertfeld einfließt (z. B. bei der Verwendung von Bonusabsprachen). Die Kondition B002 (Materialbonus) in Abbildung 6.5 ist z. B. eine Kondition, die unterschiedliche Vorzeichen tragen kann. Daher ist die Aktivierung des Kennzeichens **Vorz. Übernah...** für diese Kondition erforderlich. Durch Setzen dieses Kennzeichens gewährleisten Sie, dass auch bei positiven und negativen Konditionswerten immer der korrekte Gesamtwert ausgewiesen werden kann.

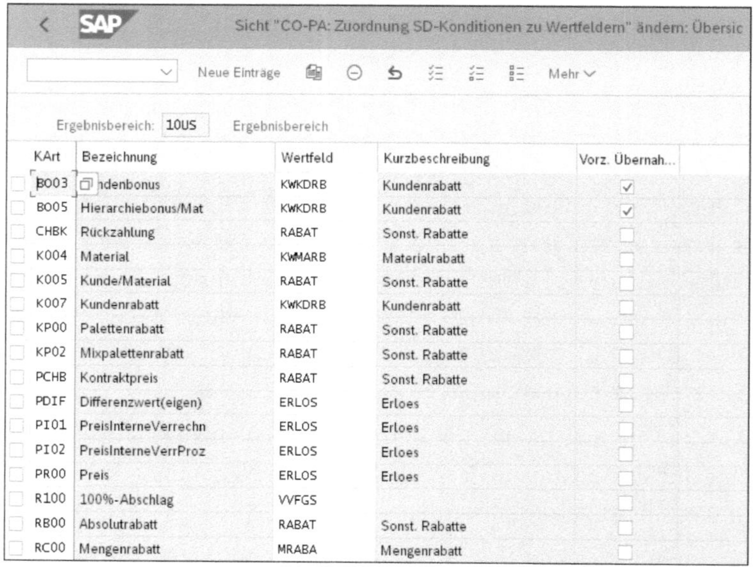

KArt	Bezeichnung	Wertfeld	Kurzbeschreibung	Vorz. Übernah...
B003	ndenbonus	KWKDRB	Kundenrabatt	☑
B005	Hierarchiebonus/Mat	KWKDRB	Kundenrabatt	☑
CHBK	Rückzahlung	RABAT	Sonst. Rabatte	☐
K004	Material	KWMARB	Materialrabatt	☐
K005	Kunde/Material	RABAT	Sonst. Rabatte	☐
K007	Kundenrabatt	KWKDRB	Kundenrabatt	☐
KP00	Palettenrabatt	RABAT	Sonst. Rabatte	☐
KP02	Mixpalettenrabatt	RABAT	Sonst. Rabatte	☐
PCHB	Kontraktpreis	RABAT	Sonst. Rabatte	☐
PDIF	Differenzwert(eigen)	ERLOS	Erloes	☐
PI01	PreisInterneVerrechn	ERLOS	Erloes	☐
PI02	PreisInterneVerrProz	ERLOS	Erloes	☐
PR00	Preis	ERLOS	Erloes	☐
R100	100%-Abschlag	VVFGS		☐
RB00	Absolutrabatt	RABAT	Sonst. Rabatte	☐
RC00	Mengenrabatt	MRABA	Mengenrabatt	☐

Abbildung 6.5 Konditionen zu Wertfeldern zuordnen

Menge des Kundenauftragsbestands

Neben den Preiskonditionen können Sie auch die Menge des Kundenauftragsbestands in die kalkulatorische Ergebnisrechnung übernehmen. Es können verschiedene Mengenfelder aus SD (Vertrieb) übernommen werden.

Übernahme der Mengenfelder

Zur Übernahme der Mengenfelder rufen Sie Transaktion KE4M oder den folgenden Customizing-Pfad auf: **Controlling • Ergebnis- und Marktsegmentrechnung • Werteflüsse im Ist • Kundenauftragseingänge übernehmen • Mengenfelder zuordnen**.

In Abbildung 6.6 können Sie im Fenster **Sicht "Zuordnung von SD-Mengenfelder zu COPA-Mengenfeldern" ändern: Übersicht** über **Neue Einträge** neue Zeilen hinzufügen.

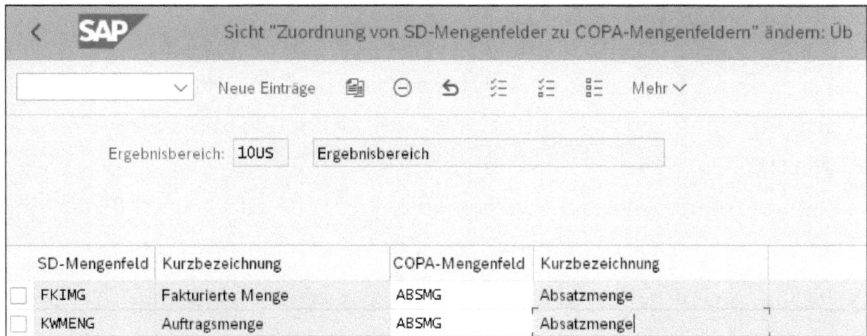

Abbildung 6.6 SD-Mengenfelder zu CO-PA-Mengenfeldern zuordnen

Folgende Mengenfelder können nach CO-PA übernommen werden:

- **BRGEW (Bruttogewicht)**
  Übernahme des Bruttogewichts der Materialien aus dem Kundenauftrag. Das System errechnet das Bruttogewicht aus den Grunddaten des Materialstamms.
- **FKIMG (Fakturierte Menge)**
  Die fakturierte Menge zieht sich das System aus der Kundenfaktura, wenn der Kundenauftrag fakturiert wurde. Es empfiehlt sich, diese Menge als Absatzmenge in das kalkulatorische CO-PA zu übernehmen.
- **FKLMG (Fakturamenge LME)**
  Die Fakturamenge in der Lagermengeneinheit wird aus der Kundenrechnung übernommen. Die Mengeneinheit im Vertrieb kann von der Mengeneinheit am Lager abweichen. Die Lagermengeneinheit entspricht der Basismengeneinheit aus dem Materialstamm.
- **KBMENG (Kum.bestätigte Menge)**
  Die kumulierte bestätigte Menge in der Vertriebsmengeneinheit ist die Menge aus dem Kundenauftrag, die durch die Verfügbarkeitsprüfung bestätigt wurde.
- **KLMENG (Kum.bestätigte Menge)**
  Die kumulierte bestätigte Menge in der Standardmengeneinheit ist die Menge aus dem Kundenauftrag, die durch die Verfügbarkeitsprüfung bestätigt wurde.
- **KWMENG (Auftragsmenge)**
  Die kumulierte Auftragsmenge in der Vertriebsmengeneinheit ist die Auftragsmenge aus dem Kundenauftrag.

- **LSMENG (Liefersollmenge)**
  Die Liefersollmenge ist die für Lieferungen relevante Menge in einem Kundenauftrag, die zur Lieferung bestätigt ist.
- **NTGEW (Nettogewicht)**
  Das Nettogewicht entspricht dem Bruttogewicht minus dem Gewicht der Verpackung. Es wird als Vorschlagswert aus den Grunddaten des Materialstamms entnommen und mit der Auftragsmenge multipliziert.
- **VOLUM (Volumen)**
  Das Volumen wird aus der Auftragsmenge der Position, multipliziert mit dem Volumen aus den Grunddaten des Materialstamms, errechnet.

Kundenauftragseingang aktivieren

Nach der Zuordnung der SD-Konditionen und SD-Mengenfelder zu CO-PA-Wert- und Mengenfeldern muss die Übernahme der Kundenauftragsbestände in CO-PA aktiviert werden. Rufen Sie dazu Transaktion KEKF auf, oder folgen Sie dem Customizing-Pfad **Controlling • Ergebnis- und Marktsegmentrechnung • Werteflüsse im Ist • Kundenauftragseingänge übernehmen • Kundenauftragseingänge aktivieren**.

In Abbildung 6.7 sehen Sie im Fenster **Sicht "CO-PA: Aktivkennzeichen Auftragseingang" ändern: Übersicht** eine Übersicht aller Kostenrechnungskreise (**KKrs**) mit deren Gültigkeitsbeginn (**ab GJahr**) und zugeordnetem Ergebnisbereich (**Erg....**). Zur Aktivsetzung der Kundenauftragseingangsübernahme müssen Sie diese in der Spalte **KAEing** (Kundenauftragseingang) aktivieren.

Es stehen die folgenden Eingabemöglichkeiten zur Verfügung:

- **Blank/keine Eingabe: nicht aktiv**
  Ist kein Eintrag in der Spalte **KAEing** gepflegt, ist die Übernahme des Kundenauftragseingangs nicht aktiviert.
- **1 (aktiv mit Erfassungsdatum)**
  Mit der Erfassung und Speicherung des Kundenauftrags wird der Auftragseingang in die Periode der Erfassung nach CO-PA übergeleitet.
- **2 (aktiv mit Lieferdatum/Termin Faktur.plan auf Basis KWMENG)**
  In der Periode des Lieferdatums wird die kumulierte Auftragsmenge nach CO-PA übergeleitet.
- **3 (aktiv mit Lieferdatum/Termin Faktur.plan auf Basis KBMENG)**
  In der Periode des durch die Verfügbarkeitsprüfung bestätigten Lieferdatums wird die kumulierte Auftragsmenge nach CO-PA übergeleitet.

Auftragseingang trotz Endfaktura

In Abbildung 6.7 sehen Sie die Spalte **AE trotz Endfaktur.** (Auftragseingang trotz Endfaktura). Ist das Häkchen in dieser Spalte gesetzt, wird die Kundenauftragsmenge bei einer Änderung der Menge im Kundenauftrag fortgeschrieben, auch wenn die Kundenauftragsposition bereits endfakturiert ist. Im SAP-Standard wird der Kundenauftragsbestand bei der Endfakturierung nicht angepasst, sondern nur, wenn das Häkchen in der Spalte **AE trotz Endfaktur** gesetzt ist.

Wechselkurs für Auftragsänderungen

Die Spalte **hist. Kurs AE** (historischer Wechselkurs Auftragsänderungen) können Sie aktivieren, wenn Sie für die Umrechnung des Auftragsbestands immer den Kurs der Auftragsanlage verwenden möchten. Im SAP-Standard wird ansonsten immer der zum Buchungsdatum gültige Umrechnungskurs verwendet, falls kein Kurs für die Buchhaltung im Kundenauftrag fixiert wurde. Wenn Sie beim Ändern der Auftragsmenge keine Buchungen durch geänderte Umrechnungskurse wünschen, sollten Sie dieses Häkchen setzen.

Kundenauftragseingang mit Erfassungsdatum

Im Beispiel für den Kostenrechnungskreis 1000 (Controlling Area 1000), der dem Ergebnisbereich 10US zugeordnet ist, aktivieren Sie die Übernahme für den Kundenauftragseingang mit Erfassungsdatum. Zusätzlich setzen Sie das Häkchen **AE trotz Endfaktura**. Die in diesem Abschnitt vorgenommenen Einstellungen zur Übernahme des Kundenauftragsbestands haben nur Auswirkungen auf das kalkulatorische CO-PA.

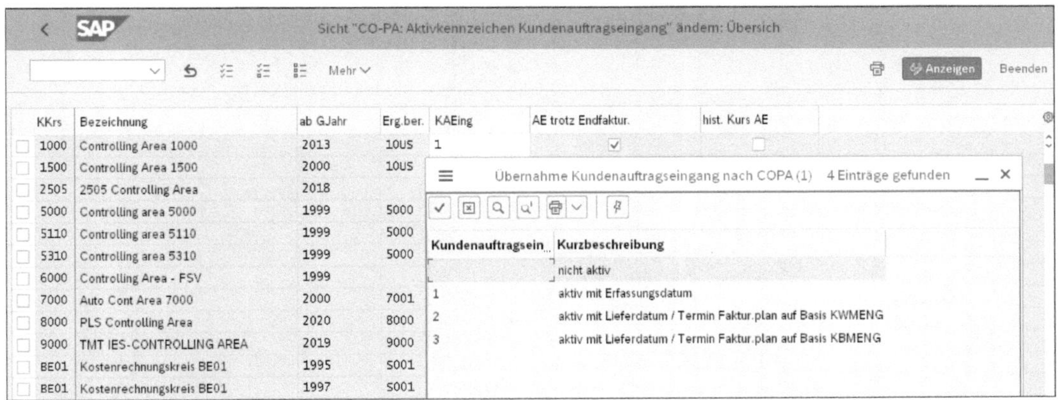

Abbildung 6.7 Kundenauftragseingänge aktivieren

Vorgangsart für Übernahme

Die Übernahme der Kundenauftragseingänge erfolgt mit der Vorgangsart A. Voraussetzung für die Übernahme ist, dass Sie die Vorgangsart A einem Nummernkreisintervall zugeordnet haben. Nehmen Sie die Zuordnung des Nummernkreisintervalls über den folgenden Customizing-Pfad vor: **Controlling • Ergebnis- und Marktsegmentrechnung • Werteflüsse im Ist • Vorbereitungen • Nummernvergabe für Istbuchungen einrichten**.

In Abbildung 6.8 sehen Sie den Beleg der kalkulatorischen Ergebnisrechnung, der beim Speichern des Kundenauftrags aus Abbildung 6.3 weiter vorne entstanden ist. Sie können sich diesen Beleg über Transaktion KE24 oder über den Customizing-Pfad **Rechnungswesen • Controlling • Ergebnis- und Marktsegmentrechnung • Infosystem • Einzelpostenliste anzeigen • Ist** anzeigen lassen. Die Liste können Sie über die Vorgangsart A für die Übernahme von Kundenauftragseingängen abgrenzen.

Kundenauftragsbestand im Beleg

Die Menge ist (wie in Abbildung 6.6 weiter vorne festgelegt) im Wertfeld KWMENG abgelegt.

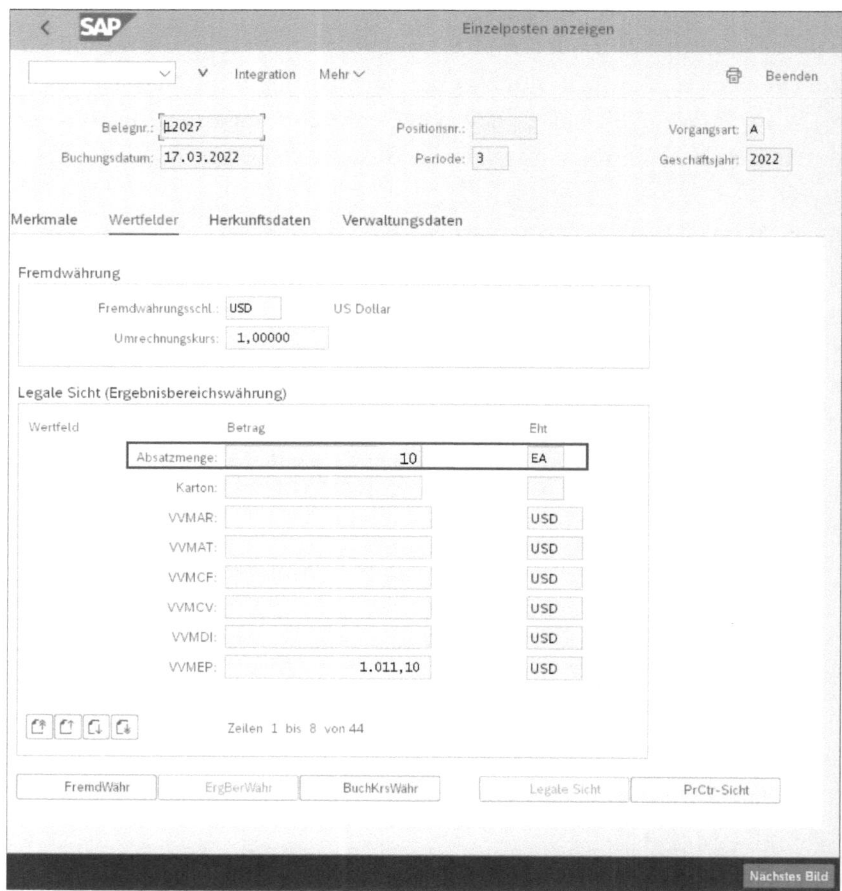

Abbildung 6.8 Beleg zum Kundenauftragseingang: Menge anzeigen

Der Wert des Kundenauftragseingangs ist, wie in Abbildung 6.5 festgelegt, im Wertfeld ERLOS (Erlös) abgespeichert. Da der Preisnachlass im Kundenauftrag gleich null ist, wird kein Wert übernommen. In Abbildung 6.9 sehen Sie die Übernahme des Erlöses, der mit dem Wert in Kondition PR00 im Kundenauftrag in Abbildung 6.4 übereinstimmt.

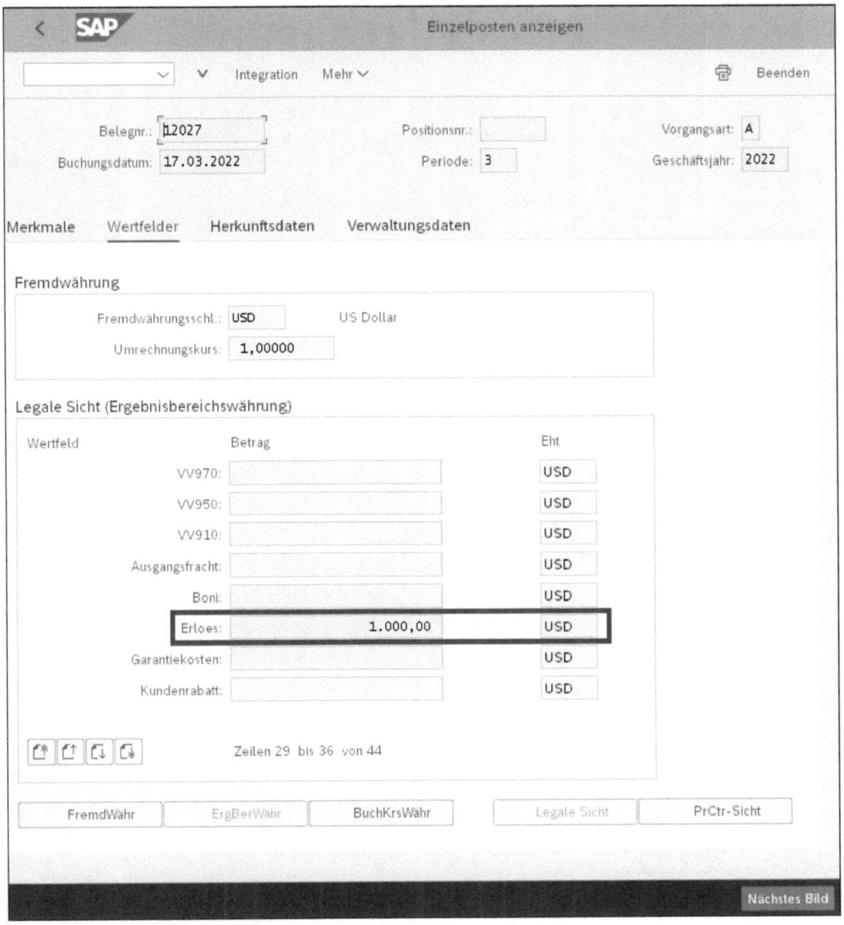

SAP Einzelposten anzeigen

Integration Mehr Beenden

Belegnr.: 12027 Positionsnr.: Vorgangsart: A

Buchungsdatum: 17.03.2022 Periode: 3 Geschäftsjahr: 2022

Merkmale Wertfelder Herkunftsdaten Verwaltungsdaten

Fremdwährung

Fremdwährungsschl.: USD US Dollar

Umrechnungskurs: 1,00000

Legale Sicht (Ergebnisbereichswährung)

Wertfeld	Betrag	Eht
VV970:		USD
VV950:		USD
VV910:		USD
Ausgangsfracht:		USD
Boni:		USD
Erloes:	1.000,00	USD
Garantiekosten:		USD
Kundenrabatt:		USD

Zeilen 29 bis 36 von 44

FremdWähr ErgBerWähr BuchKrsWähr Legale Sicht PrCtr-Sicht

Nächstes Bild

Abbildung 6.9 Beleg zum Kundenauftragseingang: Erlös anzeigen

Verrechnungspreis übernehmen

Zusätzlich zum Erlös wird auch der Verrechnungspreis (VPRS) übernommen. Dieser wird entsprechend den Einstellungen zur Übernahme oder Auflösung der Materialkalkulation in seine Bestandteile gesplittet. In unserem Beispiel in Abbildung 6.10 werden die gesamten Materialkosten in das Wertfeld **VVMEP** übernommen. Über einen Klick auf den Button Integration können Sie in die im Beleg vorhandenen Stammdaten, z. B. Debitoren oder Material, sowie in den Ursprungsbeleg verzweigen, der die Buchung ausgelöst hat; in diesem Fall ist dies der Kundenauftrag.

Nach der erfolgreichen Übernahme aller Auftragseingänge nach CO-PA können Sie diese auswerten und analysieren. Beachten Sie, dass Sie die Werte der Kundenauftragseingänge im Berichtswesen in andere Spalten steuern, um diese von den Fakturen zu separieren. Eine Abgrenzung erreichen Sie über das Merkmal **Vorgangsart**.

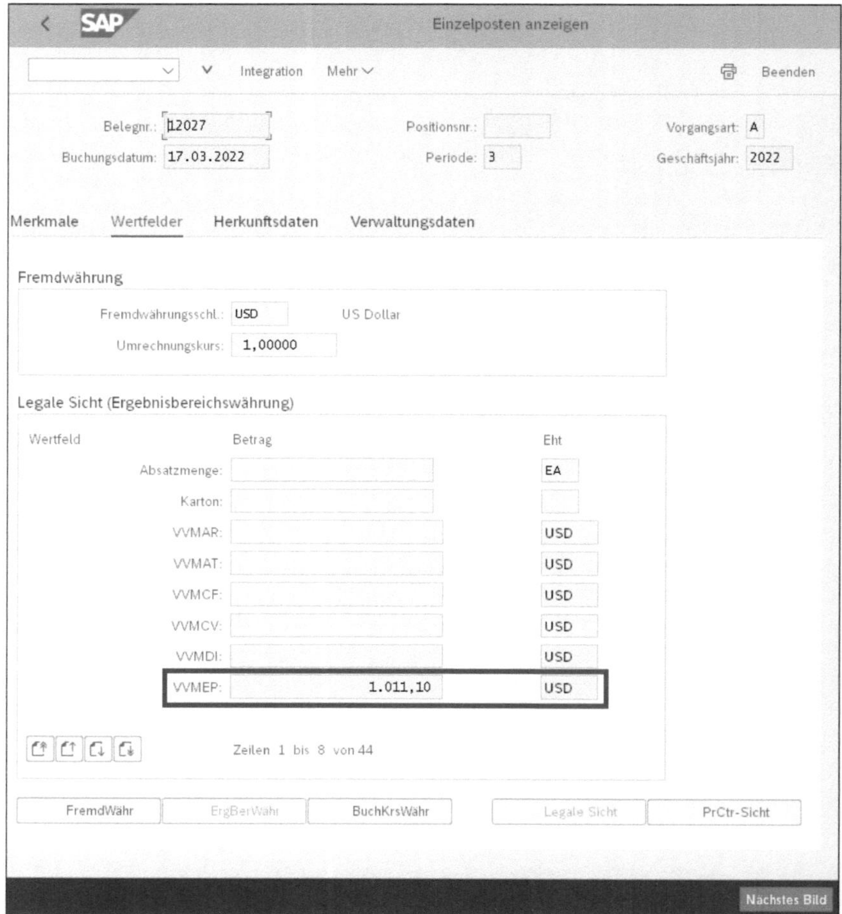

Abbildung 6.10 Belege zum Kundenauftragseingang: Materialkosten anzeigen

[»]

Kundenauftragsbestand

Der Kundenauftragsbestand lässt sich sowohl mengen- als auch wertmäßig in der kalkulatorischen Ergebnisrechnung ausweisen.

6.3 Fakturaüberleitung

Faktura im kalkulatorischen CO-PA

In der kalkulatorischen Ergebnisrechnung wird ein Ergebnisrechnungsbeleg für die Faktura ebenfalls mit dem Buchen der Faktura erzeugt. Da die kalkulatorische Ergebnisrechnung nicht mit FI-Konten, sondern mit Wertfeldern arbeitet, müssen die SD-Konditionen im Customizing den Wertfeldern zugeordnet werden.

Preisfindung im Vertrieb

Die Preisfindung in SD erfolgt anhand der Konditionstechnik. Konditionen stellen eine Reihe von Bedingungen dar, die für die Ermittlung des Preises verantwortlich sind. Zum Beispiel ermittelt das System automatisch den Bruttopreis und die Zu- und Abschläge, die für einen bestimmten Kunden nach den Regeln der Preisfindung relevant sind. Konditionen werden im Customizing eingerichtet. In Abbildung 6.11 sehen Sie die Details für die Kondition PR00 (Preis). Diese Kondition ist eine SAP-Standardkondition, die dem Bruttopreis entspricht. Wichtig für die Ermittlung des FI-Kontos ist der **Kontoschlüssel**, der im Bereich **Kontenfindung** im unteren Teil der Abbildung hinterlegt ist. Der Kondition PR00 ist der Kontoschlüssel ERL (Erlös) zugeordnet. Dieser Kontoschlüssel wird in der automatischen Kontenfindung verwendet.

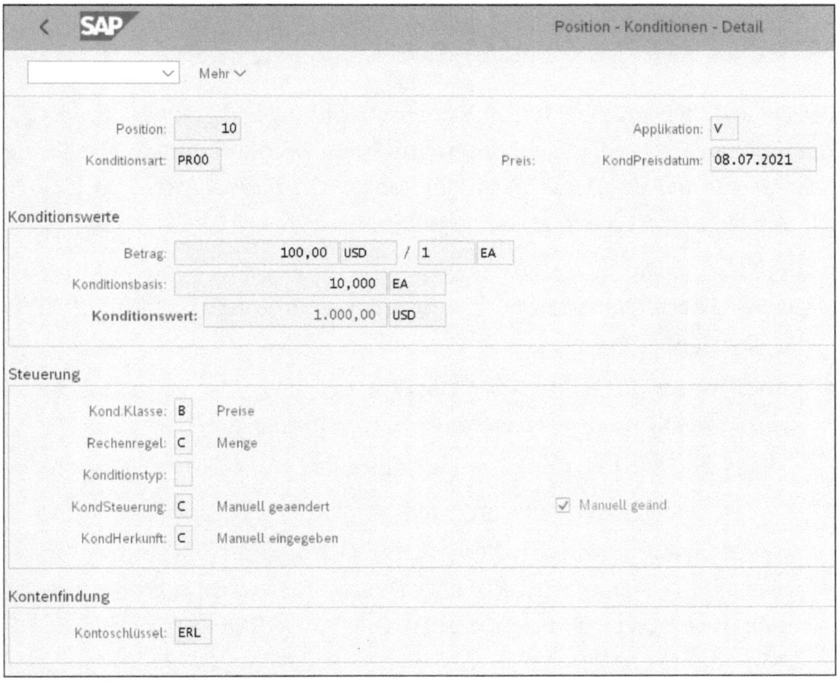

Abbildung 6.11 Konditionsdetails anzeigen

SD-Kontenfindung

Über Transaktion VKOA oder den folgenden Customizing-Pfad können Sie die SD-Kontenfindung aufrufen: **Vertrieb • Grundfunktionen • Kontierung/ Kalkulation • Erlöskontenfindung • Sachkonten zuordnen**. In Abbildung 6.12 sehen Sie eine Übersicht der Tabellen, die die Merkmale bestimmen, auf Basis derer die Sachkontenpflege vorgenommen werden kann. Über das Customizing können Sie weitere Tabellen anlegen, falls der Detailgrad der Standardtabellen nicht ausreicht.

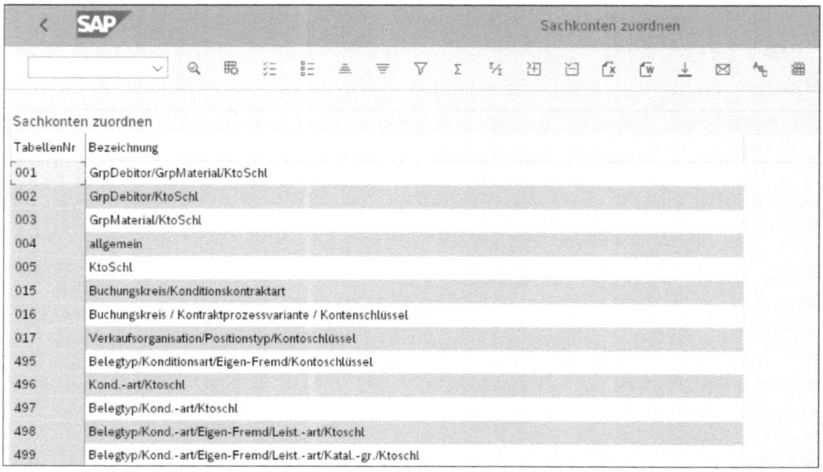

Sachkonten zuordnen

TabellenNr	Bezeichnung
001	GrpDebitor/GrpMaterial/KtoSchl
002	GrpDebitor/KtoSchl
003	GrpMaterial/KtoSchl
004	allgemein
005	KtoSchl
015	Buchungskreis/Konditionskontraktart
016	Buchungskreis / Kontraktprozessvariante / Kontenschlüssel
017	Verkaufsorganisation/Positionstyp/Kontoschlüssel
495	Belegtyp/Konditionsart/Eigen-Fremd/Kontoschlüssel
496	Kond.-art/Ktoschl
497	Belegtyp/Kond.-art/Ktoschl
498	Belegtyp/Kond.-art/Eigen-Fremd/Leist.-art/Ktoschl
499	Belegtyp/Kond.-art/Eigen-Fremd/Leist.-art/Katal.-gr./Ktoschl

Abbildung 6.12 SD-Kontenfindung anzeigen

Per Doppelklick auf eine der Tabellen in Abbildung 6.12 gelangen Sie in die Detailpflege, in der die Sachkonten hinterlegt werden können. Abbildung 6.13 zeigt Ihnen die Detailpflege der Tabelle **GrpMaterial/KtoSchl** (0003). Die Tabelle enthält die folgenden Spalten:

- **Applikation (Apl)**
  Die Applikation bestimmt die Verwendung der Kondition. V steht dabei für Vertrieb.
- **Konditionsart für Kontenfindung (K.Art.)**
  Es gibt zwei Konditionsarten für die Kontenfindung:
  - KOFI für Fakturen ohne Kontierungsobjekt
  - KOFK für Fakturen mit Kontierungsobjekt

  KOFI ist die Konditionsart, die verwendet wird, wenn für Fakturen ein Ergebnisobjekt erzeugt wird. KOFK wird verwendet, wenn Fakturen z. B. auf einen Innenauftrag kontiert werden. Dies ist z. B. der Fall, wenn die SAP-Komponente CS (Kundenservice) im Einsatz ist. Für die Überleitung der Fakturen in die Ergebnisrechnung wird also die Konditionsart KOFI gepflegt.
- **Kontenplan (KtPl)**
  Der Kontenplan legt fest, wo das Sachkonto hinterlegt ist. Im Beispiel in Abbildung 6.13 ist dies der Kontenplan 0010, der dem Beispielbuchungskreis US10 zugeordnet ist.
- **Verkaufsorganisation (VkOrg)**
  Die Verkaufsorganisation ist ein Organisationselement aus SD, das den Verantwortungsbereich für den Vertrieb bestimmter Produkte oder Dienstleistungen klassifiziert. Die Verkaufsorganisation wird einem Bu-

chungskreis zugeordnet. Der Verkaufsorganisation können beliebig viele Vertriebswege und Sparten zugeordnet werden, die für die Detaillierung der Preisfindung angewandt werden können.

- **Kontierungsgruppe Material (KGrM)**
  Die Kontierungsgruppe **Material** ist ein Merkmal, das im Materialstamm in der Sicht **Vertrieb: VerkOrg 2** gepflegt werden kann. Die Kontierungsgruppe **Material** wird z. B. verwendet, um für Handelswaren, Fertigerzeugnisse oder Leistungen in der Kontenfindung unterschiedliche Erlöskonten hinterlegen zu können. Im Kundenstamm kann in den Vertriebsdaten im Bereich **Faktura** eine Kontierungsgruppe Debitor hinterlegt werden. Diese kann bei der Kontenfindung für die Erlöskonten z. B. für die Detaillierung der Umsätze in Dritte und Intercompany verwendet werden.
- **Kontoschlüssel (KtoSl)**
  Der Kontoschlüssel wird aus der Kondition übernommen (siehe Abbildung 6.11).
- **Sachkonto**
  Das Sachkonto ist das Erlöskonto, auf das der Erlös gebucht werden soll. Für die Sachkonten, die in der Erlöskontenfindung verwendet werden, muss im Stamm der Kostenartentyp 11 (Erlöse) oder 12 (Erlösschmälerung) hinterlegt werden. Die Hinterlegung des Kostenartentyps erfolgt mit SAP S/4HANA Finance im Sachkontenstamm des Kontos auf der Registerkarte **Steuerung** im Bereich **Kontoeinstellungen am Kostenrechnungskreis**.
- **Rückstellungskonto (RückstellgKonto)**
  Abhängig von den Einstellungen der Kondition kann mit der Kondition auch eine Rückstellung gebucht werden. Dies wird z. B. für Bonuskonditionen oft angewandt.

Erlöskontenfindung

In Abbildung 6.13 ist die Erlöskontenfindung für die Applikation V (Vertrieb), den Kontenplan 0010, die Verkaufsorganisation 1100, die Kontierungsgruppen **Material 01, 02** und **03** und den Kontoschlüssel ERL gepflegt.

SAP Sicht "GrpMaterial/KtoSchl" ändern: Übersicht

Neue Einträge Mehr

GrpMaterial/KtoSchl

Apl	K.Art.	Kontenplan	VkOrg	KGrM	KtoSl	Sachkonto	RückstellgKonto
V	KOFI	0010	1100	01	ERL	410000	
V	KOFI	0010	1100	01	YG1	440040	
V	KOFI	0010	1100	02	ERL	410000	
V	KOFI	0010	1100	03	ERL	410000	

Abbildung 6.13 Sachkonten in der SD-Kontenfindung zuordnen

Sind all diese Bedingungen erfüllt, wird das Sachkonto 410000 (Erlöse) gefunden.

Kontierungsanalyse einer Faktura

Ist eine Faktura gebucht, kann über **Umfeld • Kontierungsanalyse • Erlöskonten** die Kontenfindung analysiert werden. Dies ist besonders hilfreich, falls die Kontenfindung nicht erfolgreich war. Im linken Bildbereich **Schema** sehen Sie die Erlöskonten, die in der Faktura gefunden wurden.

Es sind alle Konditionen aufgelistet, die in der Preisfindung der Faktura vorhanden sind. Im vorliegenden Beispiel ist das die Kondition PR00 (Bruttopreis). Klicken Sie auf den Ordner **PR00**, öffnen sich die unterschiedlichen Zugriffsfolgen. Die Zugriffsfolgen bestimmen den Detailgrad, nach dem ein Preis für eine Kondition gepflegt werden kann. Das System sucht von der detailliertesten zur einfachsten Zugriffsfolge. In Abbildung 6.14 sehen Sie im rechten Bildbereich **Detail zu Zugriff** die Merkmale als Bedingung für die Preisfindung, die in der Faktura erfüllt sind. In unserem Beispiel wird ein Sachkonto 410000 für die Preiskondition PR00 anhand der Zugriffsfolge (040) gefunden.

Kontenfindung bei der Faktura

Die Kontenfindung steuert also, welche Konten bei der Buchung der Faktura gefunden werden. Eine korrekte Pflege der Stammdaten ist dabei sehr wichtig, damit die richtige Preiskondition gefunden werden kann und der Aufwand für die Nachbearbeitung von Fakturen, die nicht nach FI übergeleitet werden können, gering gehalten wird. Bei der Überleitung der Faktura nach FI werden sämtliche Merkmale abgeleitet, die in der Faktura oder in dem Kundenauftrag vorhanden und dem Ergebnisbereich zugeordnet sind.

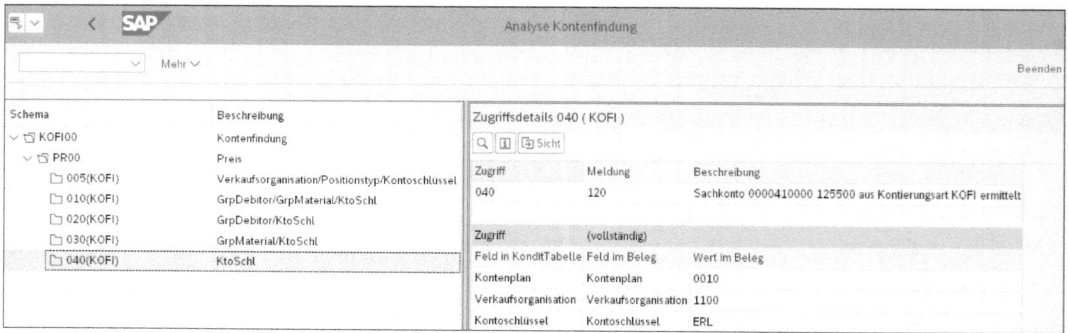

Abbildung 6.14 Kontenfindung analysieren

In der kalkulatorischen Ergebnisrechnung werden mit dem Umsatzerlös der Fakturen die damit verbundenen Kosten des Umsatzes nach CO-PA übergeleitet.

Umsatzkostenverfahren

Das kalkulatorische CO-PA unterstützt damit ausschließlich die Darstellung der Werte nach dem Umsatzkostenverfahren.

Eine Darstellung der Ergebnisse nach dem Gesamtkostenverfahren ist nicht möglich.

Kosten des Umsatzes

Die Überleitung der COGS gemeinsam mit den Umsatzwerten stellt in der kalkulatorischen Ergebnisrechnung besonders eine Herausforderung für die Darstellung der auf dem Weg befindlichen Ware (Ware unterwegs) dar. Der Warenausgang ist in der Finanzbuchhaltung bereits verbucht, wird aber nicht in der kalkulatorischen Ergebnisrechnung dargestellt. Dies kann zu einer Herausforderung in der Abstimmung des kalkulatorischen CO-PA mit der Finanzbuchhaltung führen.

Abstimmung mit der Finanzbuchhaltung

In Abbildung 6.15 sehen Sie verschiedene Szenarien, die die Abstimmung des kalkulatorischen CO-PA mit der Finanzbuchhaltung erläutern. Es werden insgesamt vier Szenarien vorgestellt, wobei lediglich Fall a und Fall d eine Abstimmung von CO-PA mit der Finanzbuchhaltung gewährleisten. Fall a tritt ein, wenn Warenausgang und Fakturabuchung immer in demselben Monat erfolgen. Um sicherzustellen, dass Warenausgang und Erlös immer in demselben Monat erfolgen, buchen viele Unternehmen den Warenausgang auf ein Bilanzkonto für »Ware unterwegs«, das zum Zeitpunkt der Fakturabuchung aufgelöst wird und eine Bestandsveränderung bucht. Abhängig von den Incoterms ist dies buchhalterisch aber nicht immer korrekt. Daher empfiehlt es sich, zum Monatsende einen Bericht auszuwerten, der anzeigt, ob Warenausgänge ohne Faktura im System gebucht sind, die abgegrenzt werden müssen.

Bewertungsmoment

Für die Abstimmbarkeit der Kosten des Umsatzes ist das Bewertungsmoment für die Ableitung der Kosten des Umsatzes bei der Überleitung der Faktura wichtig. Um die Abstimmung zu erleichtern, muss das Bewertungsmoment **Warenausgangsdatum** gewählt werden (siehe Abbildung 6.15).

Da in der kalkulatorischen Ergebnisrechnung nicht mit Sachkonten gearbeitet wird, müssen die Erlöse auf Wertfelder übergeleitet werden. Die Werte der SD-Fakturen werden analog den Werten der Kundenauftragseingänge nach CO-PA übernommen. Das SAP-System greift hier auf die Zuordnung der Konditionen zu den Wertfeldern der SD-Fakturen zurück.

»Ware unterwegs« muss abgegrenzt werden, aufgrund des Bewertungsmoments kommt es weiterhin zu Differenzen (Fall c).

Anwendungsfall	Datum	FI (VA: Warenausgang)	CO-PA (VA: Faktura)	Abgleich FI/CO-PA*
Fall a Warenausgang und Faktura in einem Monat	**August = WA + F**	Erlös- und Umsatzkostenbuchung	Erlös- und Umsatzkostenbuchung	✓
Fall b FI bucht **keine** Abgrenzung der unterwegs befindlichen Ware	**August = WA**	Umsatzkosten	–	✗
	September = F	Erlösbuchung	Erlös- und Umsatzkostenbuchung	✗
Fall c FI bucht eine Abgrenzung der unterwegs befindlichen Ware	**August = WA**	Abgrenzung von unterwegs befindlicher Ware	–	✓
	September = F	Erlösbuchung + Auflösung der Abgrenzung (= Umsatzkosten zum Zeitpunkt des **Warenausgangs**)	Erlös- und Umsatzkostenbuchung (= Umsatzkosten zum Zeitpunkt der **Faktura**)	✗
Anwendungsfall	**Datum**	**FI (VA: Warenausgang)**	**CO-PA (VA: Warenausgang)**	**Abgleich FI/CO-PA***
Fall d Umstellung des Bewertungsmoments CO-PA auf Warenausgangsdatum und **Abgrenzung in FI**	**August = WA**	Abgrenzung von unterwegs befindlicher Ware	–	✓
	September = F	Erlösbuchung + Auflösung der Abgrenzung (= Umsatzkosten zum Zeitpunkt des **Warenausgangs**)	Erlösbuchung + Umsatzkosten zum Zeitpunkt des **Warenausgangs**	✓

✗ weist auf eine Differenz zwischen FI und CO-PA hin F = Faktura VA = Vorgangsart WA = Warenausgang

✓ FI- und CO-PA-Werte stimmen überein

Abbildung 6.15 Szenarien für die Abstimmung der Ware unterwegs mit CO-PA

Konditionen zu Wertfeldern zuordnen

Für die Zuordnung der SD-Konditionen zu Wertfeldern rufen Sie Transaktion KE4I auf, oder Sie folgen dem Customizing-Pfad **Controlling • Ergebnis- und Marktsegmentrechnung • Werteflüsse im Ist • Fakturen übernehmen • Wertfelder zuordnen • Zuordnungspflege SD-Konditionen → CO-PA-Wertfelder**.

Sprechen Sie sich mit Ihren Kollegen aus dem Vertrieb ab, um in Erfahrung zu bringen, mit welchen Konditionen gearbeitet wird. Alle in Abbildung 6.16 nicht zugeordneten Konditionen werden nicht nach CO-PA übergeleitet, was zu Abstimmungsschwierigkeiten mit der Finanzbuchhaltung führen kann.

Über **Neue Einträge** können Sie neue Konditionen zu Wertfeldern zuordnen. In der Spalte **KArt** geben Sie die Konditionsart ein und ordnen in der Spalte **Wertfeld** das CO-PA-Wertfeld zu.

Vorzeichenübernahme

Es gibt Konditionen, die sowohl negative als auch positive Werte tragen können, wie z. B. Bonuskonditionen. Damit der Wert mit dem korrekten Vorzeichen nach CO-PA übernommen wird, müssen Sie für diese Konditionen in der Spalte **Vorz. Über...** (Vorzeichenübernahme) ein Häkchen setzen.

Statistische Kosten übernehmen

Das kalkulatorische CO-PA erlaubt auch die Übernahme von statistischen Kosten. So gibt es z. B. eine statistische Kondition für Skonto. In der Finanzbuchhaltung werden Skonti erst mit dem Eingang der Zahlung gebucht. In der Zuordnung der Konditionen zu Wertfeldern können Sie die Kondition **Skonto** auch einem Wertfeld zuordnen und mit der Faktura nach CO-PA überleiten. Bei der Abstimmung des kalkulatorischen CO-PA mit der Finanzbuchhaltung ist dann zu beachten, dass nur die Differenz zwischen dem echten Skonto (in der Finanzbuchhaltung gebucht) und dem statistischen Skonto (mit der Faktura in der kalkulatorischen Ergebnisrechnung gebucht) in die kalkulatorische Ergebnisrechnung übergeleitet wird. Die Überleitung des statistischen Skontos ist z. B. sinnvoll, wenn Sie Skonto auf der Kunden- und auf der Materialebene auswerten möchten.

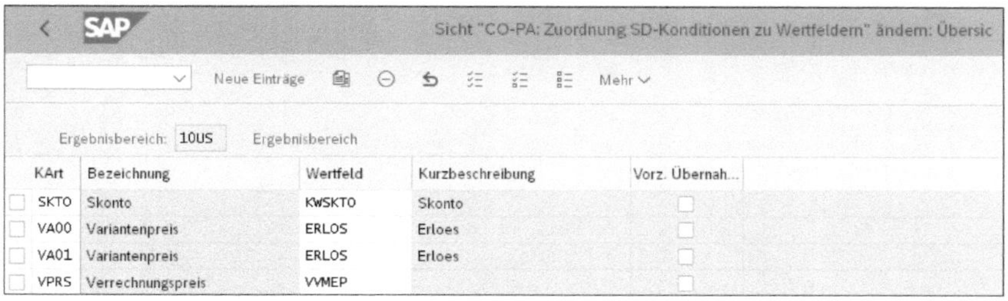

Sicht "CO-PA: Zuordnung SD-Konditionen zu Wertfeldern" ändern: Übersic

Neue Einträge Mehr

Ergebnisbereich: 10US Ergebnisbereich

KArt	Bezeichnung	Wertfeld	Kurzbeschreibung	Vorz. Übernah...
SKTO	Skonto	KWSKTO	Skonto	☐
VA00	Variantenpreis	ERLOS	Erloes	☐
VA01	Variantenpreis	ERLOS	Erloes	☐
VPRS	Verrechnungspreis	VVMEP		☐

Abbildung 6.16 Konditionen zu CO-PA-Wertfeldern zuordnen

Mengenfelder übernehmen

Neben Werten können Sie auch Mengen in die kalkulatorische Ergebnisrechnung übernehmen. Rufen Sie für die Übernahme der Mengen Transaktion KE4M auf, oder folgen Sie dem Customizing-Pfad **Controlling • Ergebnis- und Marktsegmentrechnung • Werteflüsse im Ist • Fakturen übernehmen • Mengenfelder zuordnen**.

Über **Neue Einträge** können Sie SD-Mengenfelder zu CO-PA-Mengenfeldern zuordnen. Es stehen Ihnen die folgenden SD-Mengenfelder zur Auswahl bereit:

- `BRGEW` (Bruttogewicht)
- `FKIMG` (Fakturierte Menge)
- `FKLMG` (Fakturamenge LME (in Liefermengeneinheit))
- `KBMENG` (Kum. bestätigte Menge)
- `KLMENG` (Kum. bestätigte Menge (in Liefermengeneinheit))
- `KWMENG` (Auftragsmenge)
- `LSMENG` (Liefersollmenge)
- `NTGEW` (Nettogewicht)
- `VOLUM` (Volumen)

Alle Mengen werden aus dem Kundenauftrag abgeleitet. Die Werte im Kundenauftrag werden mit Vorschlagswerten aus dem Materialstamm gefüllt und können im Kundenauftrag manuell angepasst werden.

In Abbildung 6.17 haben Sie das SD-Mengenfeld **Fakturierte Menge** (FKIMG) dem Mengenfeld **Absatzmenge** (ABSMG) zugeordnet. Dieses Mengenfeld wird bei der Überleitung der Fakturen nach CO-PA gefüllt. Das SD-Mengenfeld **Auftragsmenge** (KWMENG) wird ebenso dem Mengenfeld **Absatzmenge** (ABSMG) zugeordnet. Dieses Mengenfeld wird bei der Überleitung der Kundenauftragsbestände nach CO-PA gefüllt.

Vorgangsart für Mengenübernahme

Die Kundenauftragsbestände werden mit der Vorgangsart A gebucht und die Fakturen mit der Vorgangsart F. Auf diese Weise ist sichergestellt, dass die Mengen nicht überschrieben werden.

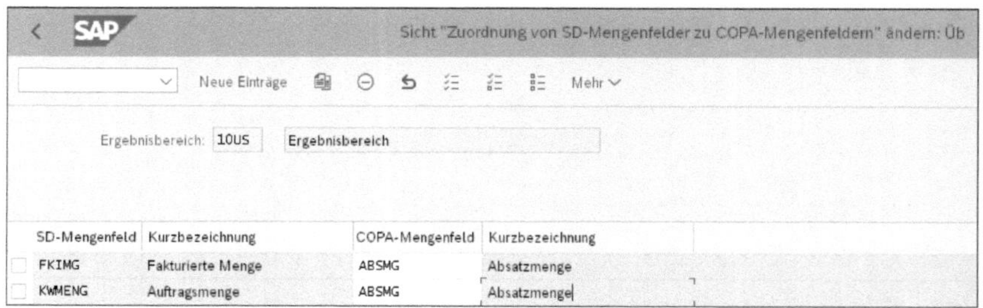

Abbildung 6.17 SD-Mengenfelder zu CO-PA-Mengenfeldern zuordnen

Belege zur Faktura

Nach der Erstellung der Faktura und einer erfolgreichen Überleitung an die Finanzbuchhaltung können Sie sich über Transaktion VF03, die SAP-Fiori-App **Fakturen anzeigen** oder über den folgenden Customizing-Pfad die Belege zur Faktura ansehen: **Logistik • Vertrieb • Versand und Transport • Fakturierung • Faktura • Anzeigen**. Nach der Eingabe der Belegnummer für die Faktura klicken Sie auf [Rechnungswesen...] am oberen Bildschirmrand, um sich alle zur Faktura erstellten Finanzbuchhaltungs- und Ergebnisrechnungsbelege anzuschauen. Per Doppelklick auf den Ergebnisrechnungsbeleg gelangen Sie in den Ergebnisrechnungsbeleg (siehe Abbildung 6.18). Auf der Registerkarte **Merkmale** sehen Sie eine Übersicht über alle Merkmale, die aus dem Kundenauftrag und aus der Faktura abgeleitet wurden. Es werden die Merkmale abgeleitet, die dem Ergebnisbereich zugeordnet wurden. Über [Symbole] (**Erste Seite / Vorige Seite / Nächste Seite / Letzte Seite**) können Sie auf der Registerkarte **Merkmale** navigieren und sich weitere Merkmale des Belegs anzeigen lassen.

Auf der Registerkarte **Wertfelder** sehen Sie die Wertfelder und Mengenfelder, die mit der Überleitung der Faktura gefüllt wurden. Wie Sie in Abbildung 6.19 sehen, hat das Wertfeld **Erloes** den Wert 10.000,00 aus der Kondition PR00 erhalten. Über [Icons] (**Erste Seite / Vorige Seite / Nächste Seite / Letzte Seite**) können Sie auf der Registerkarte navigieren und sich die Absatzmenge und die Kosten des Umsatzes anzeigen lassen, die ebenfalls mit Werten gefüllt wurden.

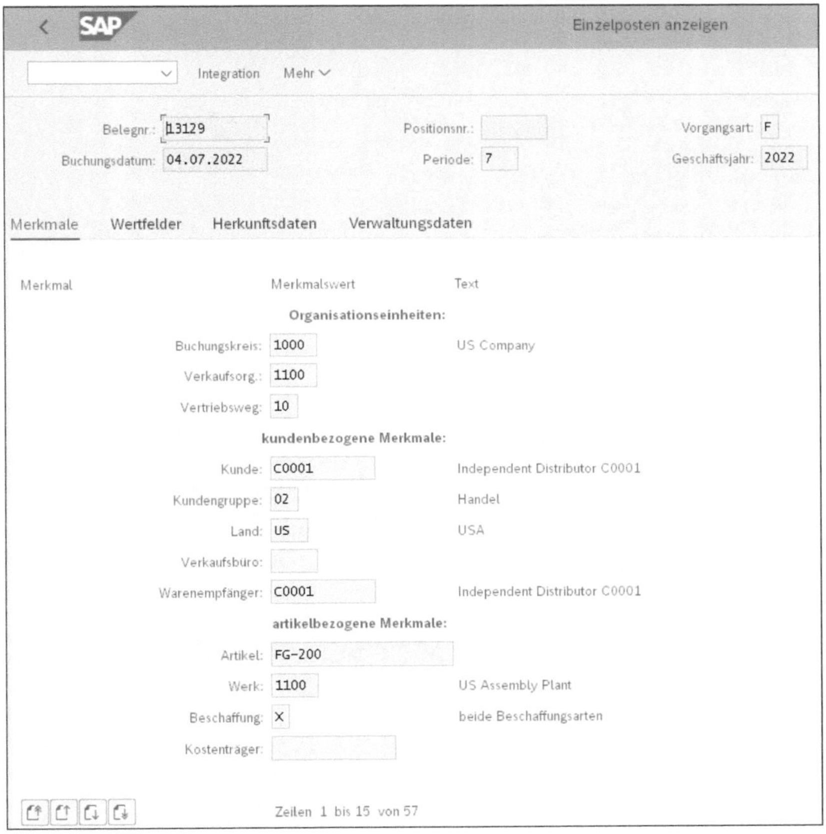

Einzelposten anzeigen

Integration Mehr

Belegnr.: 13129 | Positionsnr.: | Vorgangsart: F
Buchungsdatum: 04.07.2022 | Periode: 7 | Geschäftsjahr: 2022

Merkmale | Wertfelder | Herkunftsdaten | Verwaltungsdaten

Merkmal	Merkmalswert	Text
Organisationseinheiten:		
Buchungskreis:	1000	US Company
Verkaufsorg.:	1100	
Vertriebsweg:	10	
kundenbezogene Merkmale:		
Kunde:	C0001	Independent Distributor C0001
Kundengruppe:	02	Handel
Land:	US	USA
Verkaufsbüro:		
Warenempfänger:	C0001	Independent Distributor C0001
artikelbezogene Merkmale:		
Artikel:	FG-200	
Werk:	1100	US Assembly Plant
Beschaffung:	X	beide Beschaffungsarten
Kostenträger:		

Zeilen 1 bis 15 von 57

Abbildung 6.18 Merkmale im Beleg der kalkulatorischen Ergebnisrechnung anzeigen

Integration anzeigen

Wie in Abbildung 6.20 dargestellt, können Sie sich über einen Klick auf [Integration] zur Faktura relevante Belege und Stammdaten anzeigen lassen. So können Sie Merkmalsableitungen und Wertfelder überprüfen.

FiBu-Beleg anzeigen

Wechseln Sie mit [F3] oder über [<] (**zurück**) zurück zur Belegübersicht, und lassen Sie sich per Doppelklick den Finanzbuchhaltungsbeleg anzeigen. Im Finanzbuchhaltungsbeleg können Sie überprüfen, ob die korrekten Konten analog der Erlöskontenfindung bebucht wurden. Mit der Erstellung des Finanzbuchhaltungsbelegs wurden keine Kosten des Umsatzes verbucht. Die Bestandsveränderung wurde mit der Warenausgangsbuchung zur Lieferung gebucht. Mit der Buchung des Umsatzes wurde jedoch die Absatzmenge verbucht.

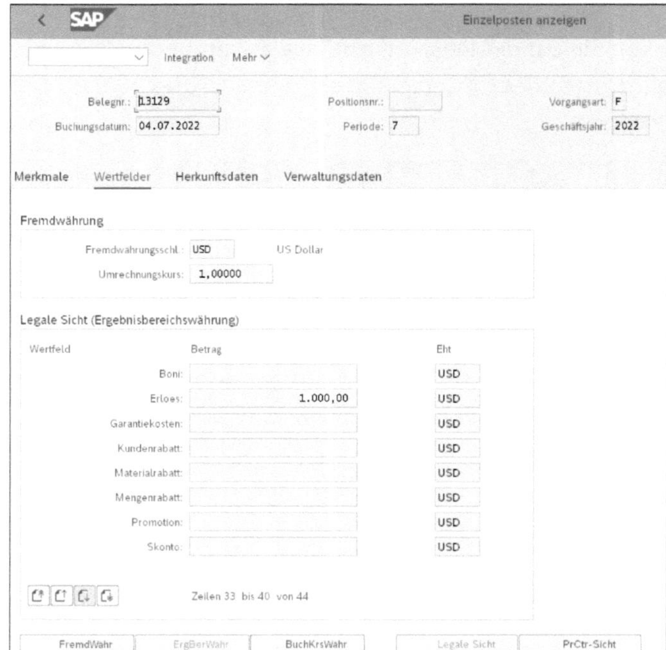

Abbildung 6.19 Wertfelder im Beleg der kalkulatorischen Ergebnisrechnung anzeigen

Abbildung 6.20 Integration in der kalkulatorischen Ergebnisrechnung anzeigen

Merkmale anzeigen

Per Doppelklick auf die Buchungszeile mit dem Erlöskonto 410000 (Sales Revenues) sehen Sie den Button [Ergebnisobjekt:]. Dieser Button sagt aus, dass eine Kontierung auf das Ergebnisobjekt erfolgt ist. Mit einem Klick auf diesen Button können Sie sich alle Merkmale, die aus dem Kundenauftrag und der Faktura sowie aus den relevanten Stammdaten abgeleitet wurden, anzeigen lassen. In der kalkulatorischen Ergebnisrechnung werden mit dem Erlös auch die Mengen und die Kosten des Umsatzes nach CO-PA übergeleitet. Dies bringt Herausforderungen bei der Abstimmung mit der Finanzbuchhaltung mit sich.

Gut- und Lastschriften

Aus technischen Gründen sind die Absatzmenge sowie der Verrechnungspreis in jeder Faktura enthalten, ebenso bei Gut- und Lastschriften, obwohl keine Warenbewegung erfolgt. Bei der Erstellung des Belegs für die kalkulatorische Ergebnisrechnung führt dies zur Ableitung der Absatzmenge und der Kosten des Umsatzes. Die Ausweisung der Absatzmenge und der Kosten des Umsatzes in CO-PA, z. B. für Gut- und Lastschriften, ist jedoch nicht korrekt, da keine Warenbewegung erfolgt ist.

Wertfelder zurücksetzen

Über Transaktion KE4W oder über den Customizing-Pfad **Controlling • Ergebnis- und Marktsegmentrechnung • Werteflüsse im Ist • Fakturen übernehmen • Wert-/Mengenfelder zurücksetzen** können Sie sicherstellen, dass z. B. für Gut- und Lastschriften weder die Absatzmenge noch die Kosten des Umsatzes in die kalkulatorische Ergebnisrechnung übergeleitet werden.

Mit einem Klick auf den Button [Neue Einträge] können Sie neue Einträge pflegen. In die Spalte **FKArt** geben Sie die Fakturaart ein, für die Sie Wertfelder zurücksetzen möchten. Im SAP-Standard werden die Fakturaart G2 für Gutschriften und die Fakturaart L2 für Lastschriften verwendet. In die Spalte **Wertfeld** geben Sie das Mengenfeld für die Absatzmenge und das Wertfeld für die Ableitung der Kosten des Umsatzes ein. Wie in Abbildung 6.21 dargestellt, setzen Sie die Wertfelder `VVMEP` (Materialeinzelkosten) und `ABSMG` (Absatzmenge) zurück, indem Sie das Häkchen in der Spalte **zurücksetzen** setzen.

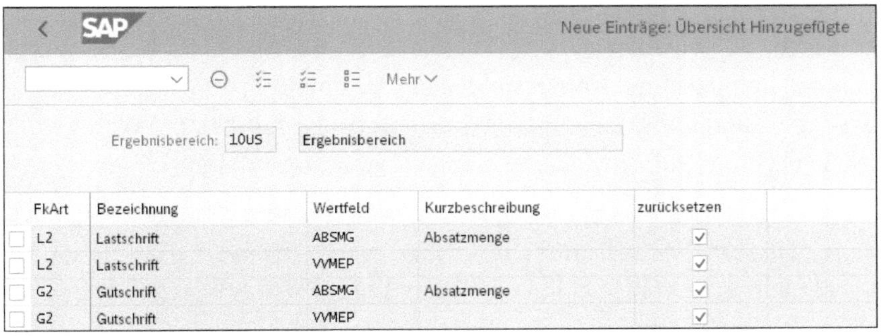

SAP — Neue Einträge: Übersicht Hinzugefügte

Mehr

Ergebnisbereich: 10US Ergebnisbereich

FkArt	Bezeichnung	Wertfeld	Kurzbeschreibung	zurücksetzen
L2	Lastschrift	ABSMG	Absatzmenge	✓
L2	Lastschrift	VVMEP		✓
G2	Gutschrift	ABSMG	Absatzmenge	✓
G2	Gutschrift	VVMEP		✓

Abbildung 6.21 Wert- und Mengenfelder zurücksetzen

In Abbildung 6.22 sehen Sie eine Gutschrift für ein Stück des Materials **Summit FG-200**. Am linken oberen Bildrand finden Sie die Fakturaart **Gutschrift**.

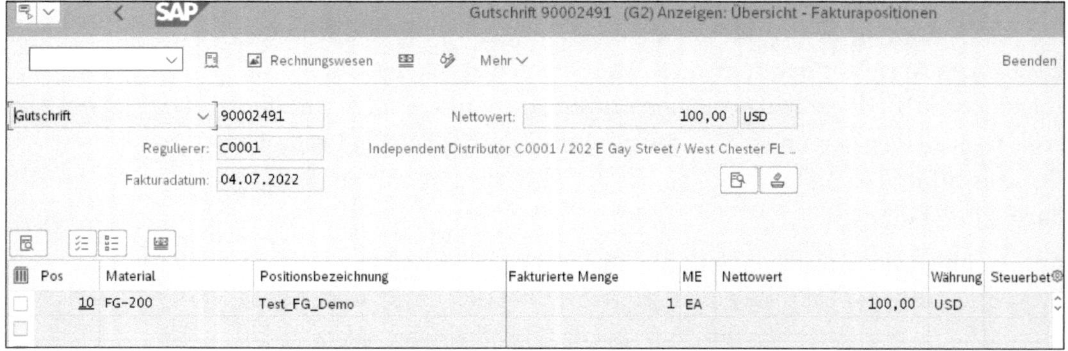

Abbildung 6.22 Gutschrift anzeigen

FiBu-Beleg anzeigen

Über [Rechnungswesen...] können Sie sich den Finanzbuchhaltungsbeleg anzeigen lassen. In Abbildung 6.23 sehen Sie die Buchung der Gutschrift.

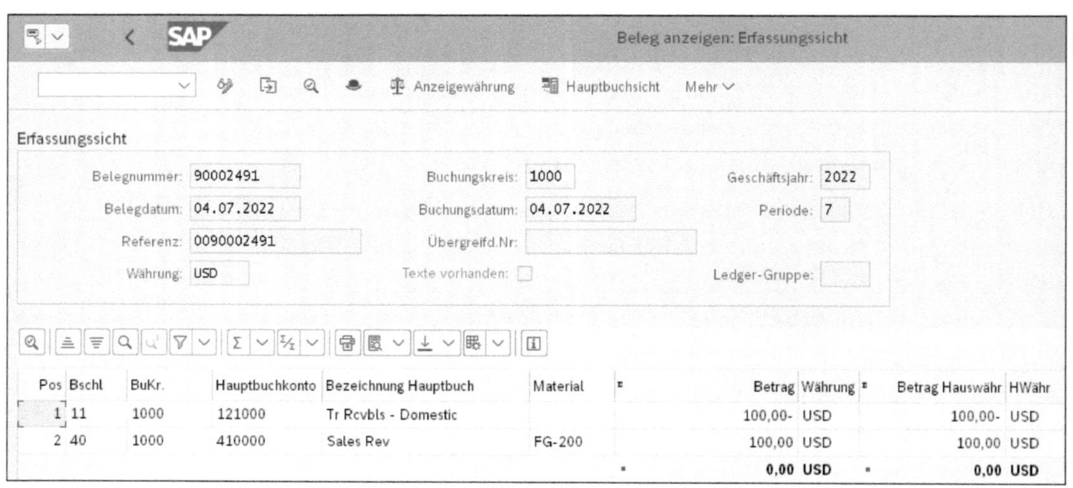

Abbildung 6.23 Finanzbuchhaltungsbeleg für die Gutschrift anzeigen

Mengenfelder anzeigen

Lassen Sie sich nun den Beleg der kalkulatorischen Ergebnisrechnung anzeigen. Auf der Registerkarte **Wertfelder** (siehe Abbildung 6.24) überprüfen Sie das Mengenfeld **Absatzmenge**, das korrekterweise mit keinem Wert gefüllt ist, da bei einer Gutschrift keine Mengenbewegung entsteht.

Über [Schaltflächen] (**Erste Seite** / **Vorige Seite** / **Nächste Seite** / **Letzte Seite**) navigieren Sie zum Wertfeld **Erloes**. In Abbildung 6.25 sehen Sie, dass für den Erlös der korrekte Wert in Höhe von 1.200,00 USD in das Wertfeld **Erloes** abgeleitet wurde. Der Erlös wurde korrekterweise mit einem negativen Vorzeichen abgespeichert, da es sich um eine Gutschrift handelt.

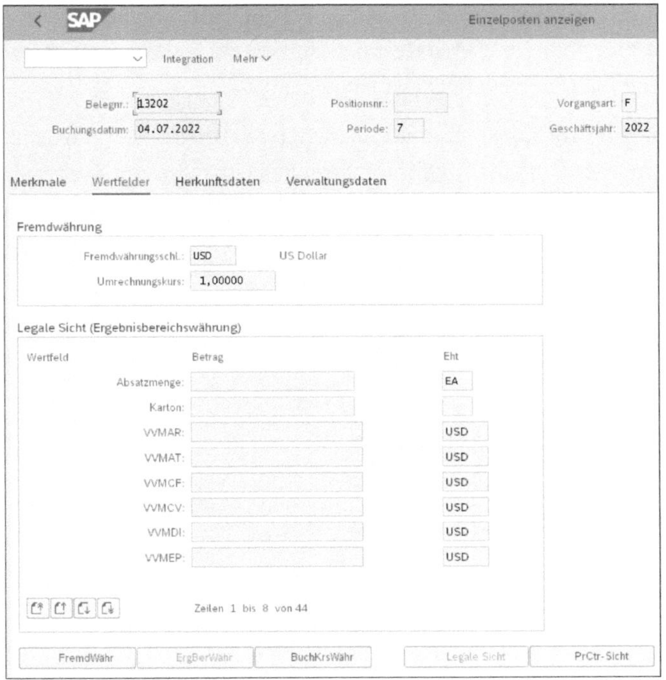

Abbildung 6.24 Das Wertfeld »Absatzmenge« überprüfen

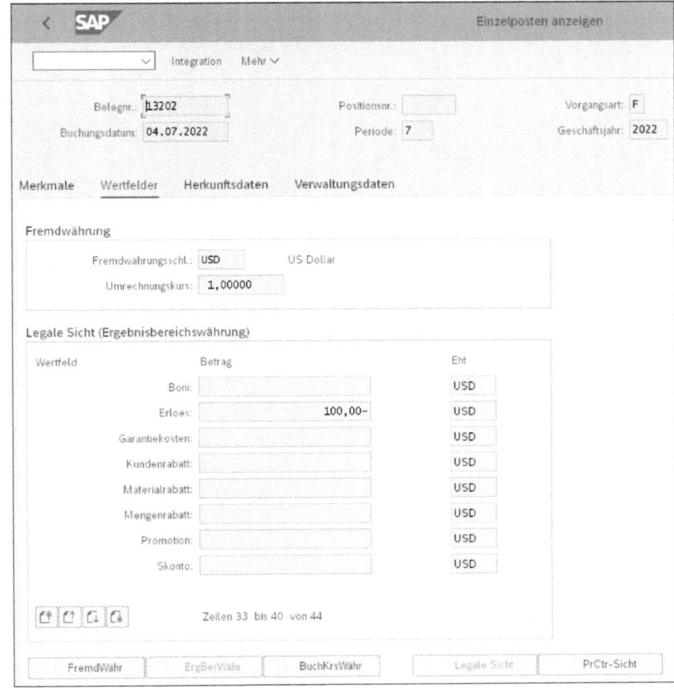

Abbildung 6.25 Das Wertfeld »Erloes« überprüfen

Navigieren Sie nun über (**Erste Seite / Vorige Seite / Nächste Seite / Letzte Seite**)zum Wertfeld für die Materialeinzelkosten, in das die Kosten des Umsatzes einer Faktura abgeleitet werden.

In Abbildung 6.26 sehen Sie, dass auch dieses Wertfeld zurückgesetzt wurde, da mit der Buchung der Gutschrift keine Kosten des Umsatzes entstehen.

Abbildung 6.26 Das Wertfeld »VVMEP« überprüfen

[«]

Fakturaüberleitung

In der kalkulatorischen Ergebnisrechnung werden Fakturen über die Zuordnung von SD-Konditionen zu Wertfeldern an die kalkulatorische Ergebnisrechnung übergeleitet. Mit den Erlösen werden auch die Kosten des Umsatzes in die kalkulatorische Ergebnisrechnung übergeleitet, was Herausforderungen in der Abstimmung mit der Finanzbuchhaltung mit sich bringt.

6.4 Herstellkosten in CO-PA

Das kalkulatorische CO-PA unterstützt ausschließlich das Umsatzkostenverfahren.

Warenausgangsbuchung

Wird ein Warenausgang zur Lieferung gebucht, wird ein Finanzbuchhaltungsbeleg erstellt und gleichzeitig auch ein Ergebnisobjekt, das mit SAP S/4HANA Finance in den Buchhaltungsbeleg integriert ist.

Kosten des Umsatzes

In der kalkulatorischen Ergebnisrechnung werden die Herstellkosten mit der Faktura nach CO-PA übergeleitet. Dies stellt, wie bereits in Abschnitt 5.3, »Überleitung von Fakturen«, erwähnt, eine Herausforderung bei der Abstimmung mit der Finanzbuchhaltung dar. In der Faktura entspricht die Kondition VPRS (Verrechnungspreis) den Herstellkosten. Sie wird bei Anlage des Kundenauftrags aus dem Preis laut Preissteuerung im Materialstamm ermittelt. Die Kondition VPRS wird bei der Zuordnung der SD-Konditionen zu Wertfeldern (Transaktion KE4I) einem Wertfeld für Materialkosten zugeordnet. Bei der Buchung des Warenausgangs zur Lieferung wird der Finanzbuchhaltungsbeleg erstellt und der Warenausgang mit dem Wert des zur Warenausgangsbuchung gültigen Standardpreises oder gleitenden Durchschnittspreises gebucht (abhängig von der Preissteuerung im Materialstamm). Mit der Buchung der Faktura wird der Beleg für die kalkulatorische Ergebnisrechnung erstellt, und die Herstellkosten/Kosten des Umsatzes werden mit der Faktura nach CO-PA übergeleitet.

Umsatzkostenverfahren und Gesamtkostenverfahren

In Abbildung 6.27 sehen Sie einen Vergleich der Darstellung des Umsatzkostenverfahrens in der Finanzbuchhaltung, in der die Bestandsveränderungen und die Kosten der Produktion in der Periode dargestellt werden, in der sie anfallen, mit der Darstellung des Umsatzkostenverfahrens im kalkulatorischen CO-PA, bei dem die Herstellkosten des Umsatzes in der Periode dargestellt werden, in der die Erlöse gebucht werden. Die Kosten der Produktion werden im kalkulatorischen CO-PA über die Abweichungsermittlung, über die Abrechnung von Innenaufträgen und über Kostenstellenumlagen dargestellt.

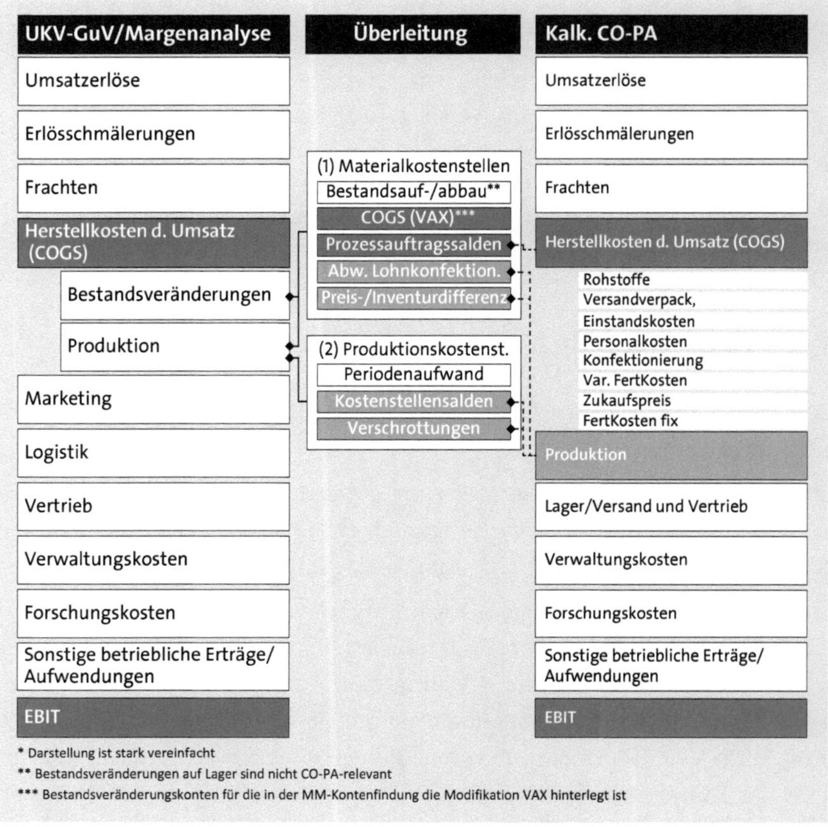

Abbildung 6.27 Herstellkosten in das kalkulatorische CO-PA überleiten

Überleitung nach dem Gesamtkostenverfahren

In der Spalte **Überleitung** sehen Sie eine Erläuterung dazu, wie die Bestandsveränderungen und die Kosten der Produktion in der Finanzbuchhaltung mit der kalkulatorischen Ergebnisrechnung abgestimmt werden können. Dabei müssen Sie folgende Kostenkomponenten berücksichtigen:

- **COGS (VAX)**
  Grundsätzlich entsprechen die COGS (Cost of Goods Sold = Kosten des Umsatzes), die mit der Faktura in die kalkulatorische Ergebnisrechnung übergeleitet werden, den Warenausgangsbuchungen. Diese werden in der Finanzbuchhaltung mit dem Konto, das in der MM-Kontenfindung hinter dem Vorgang GBB – VAX hinterlegt ist, verbucht.
- **Prozessauftragssalden/Fertigungsauftragssalden**
  Die Salden auf den Prozessaufträgen/Fertigungsaufträgen werden abhängig vom Auftragsstatus entweder als Ware in Arbeit ergebnisneutral an die Finanzbuchhaltung oder als Abweichungen der Einsatz- oder Verrechnungsseite an das kalkulatorische CO-PA abgerechnet. In der Finanz-

buchhaltung werden diese Abweichungen als Preisdifferenz verbucht, die als Gegenkonto die Bestandsveränderungen korrigiert.

- **Abweichung Lohnkonfektionierung**
  Kosten für die Lohnfertigung werden im SAP-System auf eine Kostenstelle kontiert, die dann über eine Kostenstellenumlage nach CO-PA abgerechnet wird.
- **Preis-/Inventurdifferenz**
  Preisdifferenzen, die z. B. bei der Umbewertung von Beständen durch die Neubestimmung des Standardpreises entstehen, und Inventurdifferenzen werden im SAP-System in der Regel auf pro Buchungskreis und/oder Profit-Center verschiedene Kostenstellen kontiert und über eine Kostenstellenumlage in die kalkulatorische Ergebnisrechnung abgerechnet.
- **Kostenstellensalden Produktion**
  Auf den Kostenstellen der Produktion werden die Kosten für Personal, Materialgemeinkosten und Abschreibungen für die in der Produktion eingesetzten Maschinen geplant und im Ist gebucht. Auf der Kostenstelle werden pro Leistungsart Tarife geplant, die den Preis für eine gewisse Leistung darstellen, z. B. 1 Stunde Personal = 20 Euro. Im Arbeitsplan ist die Arbeitszeit zur Herstellung eines bestimmten Produkts hinterlegt. In der Produktion dieses Produkts wird die Arbeitszeit auf den Fertigungsauftrag zurückgemeldet. Dabei wird die Kostenstelle um die Anzahl der rückgemeldeten Stunden mal dem Tarif entlastet. Am Monatsende bleibt auf den Kostenstellen meist ein Saldo zurück. Dieser Saldo (Differenz aus Be- und Entlastungen) wird über eine Kostenstellenumlage nach CO-PA abgerechnet.
- **Verschrottungen**
  Verschrottungen werden im SAP-System wie Inventurdifferenzen über eine Default-Kontierung auf Kostenstelle oder Innenauftrag verbucht. Am Monatsende werden diese Kosten über eine Kostenstellenumlage oder eine Auftragsabrechnung in die kalkulatorische Ergebnisrechnung abgerechnet.

Buchungsbeispiel

In Abbildung 6.28 können Sie anhand eines Buchungsbeispiels nachvollziehen, wie die Buchung der Herstellkosten im kalkulatorischen CO-PA erfolgt. Diese Darstellung kann, abhängig von der Branche und dem individuellen Unternehmen, stark variieren. Dabei ist der Wertefluss vom Einkauf des Produkts bis hin zum Verkauf mit Buchungssätzen dargestellt. Im oberen Abschnitt der Abbildung sehen Sie die Buchungen in der Finanzbuchhaltung, dargestellt in T-Konten, während Sie im unteren Teil der Abbildung sehen, wie die Buchungen in der GuV des kalkulatorischen CO-PA dargestellt werden.

Darstellung der Warenausgangsbuchung

In Abbildung 6.30 sehen Sie, wie eine Warenausgangsbuchung eines Fertigerzeugnisses, für das eine Kalkulation in CO-PC existiert, in der kalkulatorischen Ergebnisrechnung dargestellt werden kann. Der linke Bereich der jeweiligen Abbildung zeigt, aufgeteilt in die einzelnen Kostenelemente, die Kalkulation eines Fertigprodukts.

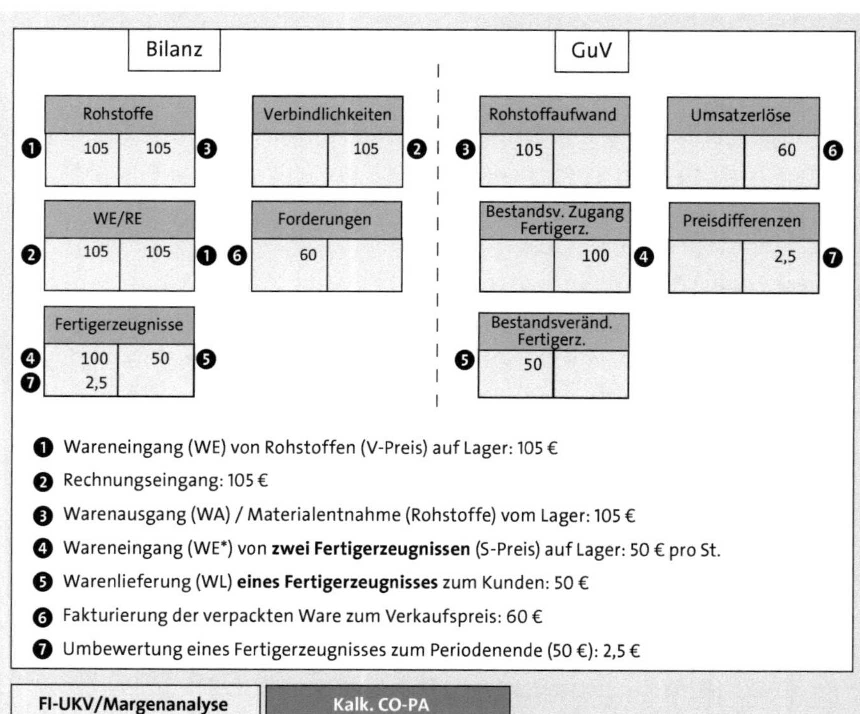

FI-UKV/Margenanalyse	
Umsatzerlöse	
Umsatzerlöse	❻ 60
Herstellkosten	
Bestandsveränd. Zugang Fertigerzeugnisse	❹ 100
Bestands-veränderungen Fertigerzeugnisse	❺ −50
Materialaufwand Rohstoffe	❸ −105
Preisdifferenzen Umb	❼ 2,5
Overhead Kosten	
EBIT	**7,5**

Kalk. CO-PA	
Umsatzerlöse	
Umsatzerlöse	❻ 60
Herstellkosten	
COGS	❻ −50
Einsatzpreisabw.**	❸ −5
Preisdifferenzen	❼ 2,5
Overhead Kosten	
EBIT	**7,5**

Abbildung 6.28 Buchungsbeispiel für die Herstellkosten

In Abbildung 6.29 sehen Sie die Aufteilung der Kostenkomponenten der Kalkulation auf Wertfelder im kalkulatorischen CO-PA.

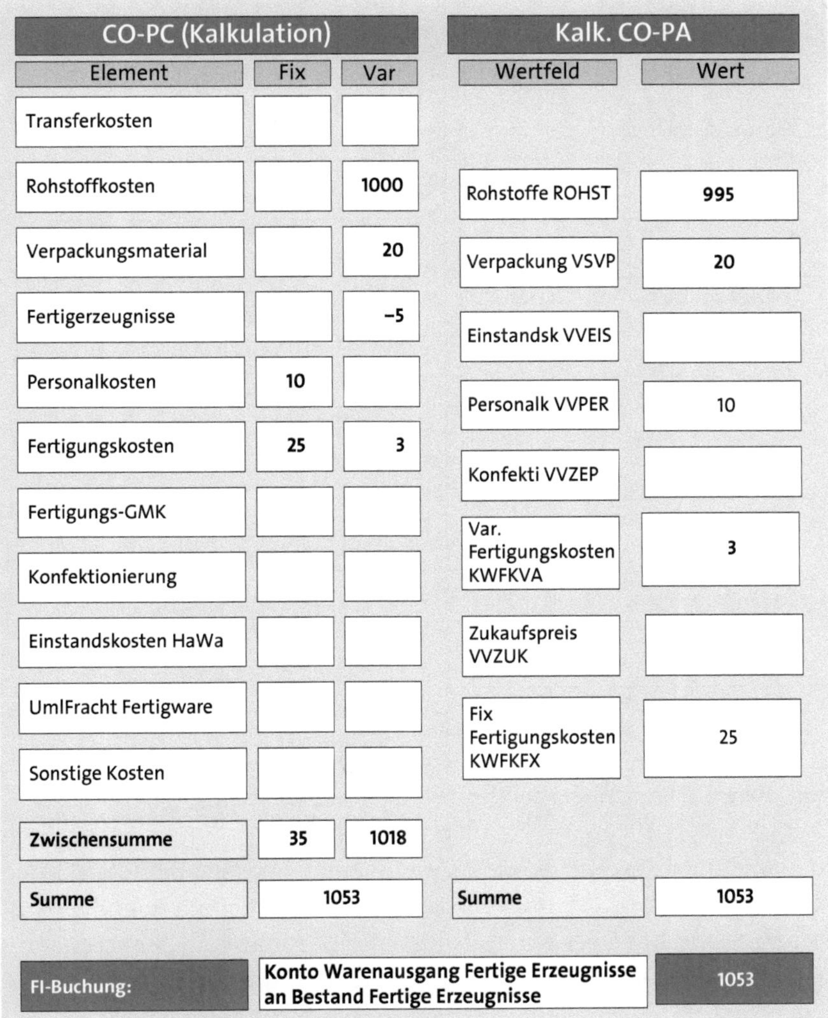

Abbildung 6.29 Darstellung der Warenausgangsbuchung im kalkulatorischen CO-PA

In Abbildung 6.30 sehen Sie die Aufteilung der Werte auf FI-Sachkonten.

Split bei der Warenausgangsbuchung

Dieses Konto ermittelt das System aus dem Vorgang GBB – VAX in der Materialkontenfindung.

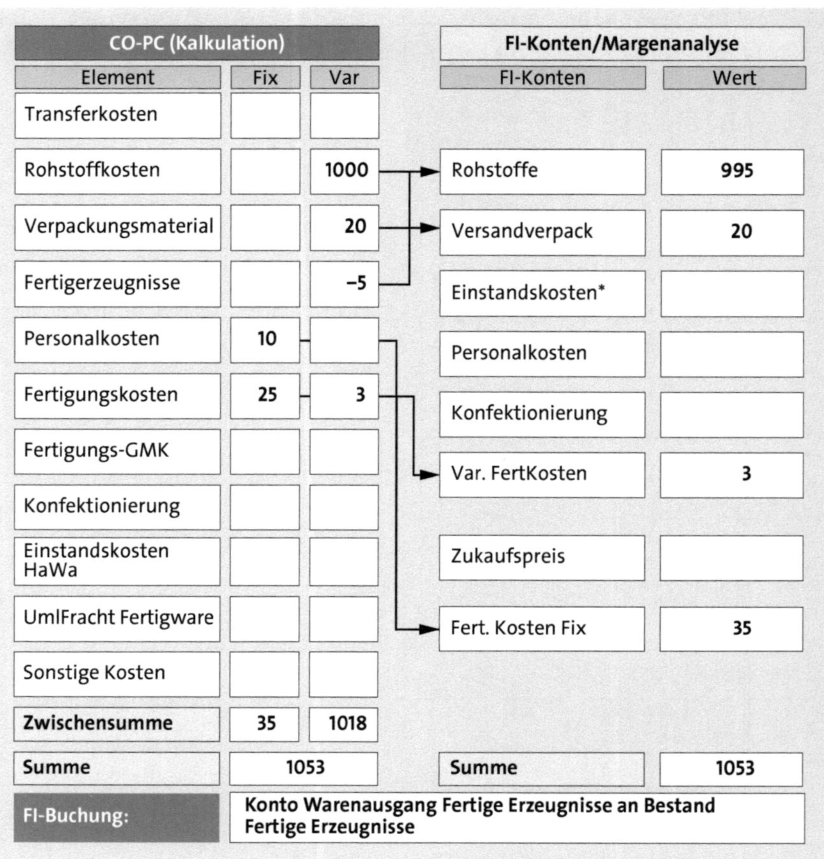

Abbildung 6.30 Aufteilung der Herstellkosten auf Sachkonten

Werteflussanalyse

In Abbildung 6.31 sehen Sie eine Zusammenfassung aller Einflussfaktoren bzw. Komponenten der Herstellkosten in der kalkulatorischen Ergebnisrechnung, die Ihnen bei dem Aufsetzen der Werteflüsse in der kalkulatorischen Ergebnisrechnung oder bei der Durchführung einer Werteflussanalyse behilflich sind, um eine Abstimmung des kalkulatorischen CO-PA mit der Finanzbuchhaltung zu ermöglichen:

- **Abstimmprozess**
  Es ist empfehlenswert, eine Checkliste für die Abstimmung der Finanzbuchhaltung mit der kalkulatorischen Ergebnisrechnung anzulegen, die den Ursprung der Kosten auf die einzelnen Wertfelder sehr detailliert darlegt. Auf diese Checkliste können Sie zum Monatsabschluss zur Erleichterung und Beschleunigung der Abstimmung zurückgreifen.

Abbildung 6.31 Einflussfaktoren auf die kalkulatorische Ergebnisrechnung

- **Stammdatenpflege**
  Für eine korrekte Ermittlung der Herstellkosten ist eine saubere Stammdatenpflege Voraussetzung. Die Kalkulation der Fertigprodukte erfolgt auf der Basis von Stammdaten – z. B. Stücklisten und Arbeitsplänen. Je sorgfältiger diese gepflegt sind, desto weniger Abweichungen erstehen bei der Produktion, und desto eindeutiger können die Herstellkosten in der kalkulatorischen Ergebnisrechnung mit der Finanzbuchhaltung abgestimmt werden.
- **Bewertungsmoment**
  Mit der Bewertung der Absatzmenge durch verschiedene Kalkulationsvarianten in der kalkulatorischen Ergebnisrechnung können Sie auch das Bewertungsmoment festlegen. Das Bewertungsmoment definiert, mit welchem Gültigkeitsdatum die Kalkulation aufgelöst wird. Es stehen mehrere Bewertungsmomente zur Auswahl, für die Gewährleistung einer Abstimmung der Herstellkosten mit der Finanzbuchhaltung wählen Sie das Bewertungsmoment **Warenausgangsdatum**. Abhängig von den Prozessen in der Logistik sind eine Analyse und Abgrenzung der sich auf dem Weg befindlichen Ware (Ware unterwegs) erforderlich. Dies ist z. B. der Fall, wenn eine Warenausgangsbuchung im Monat September erfolgt und der Erlös erst im Oktober gebucht wird. Im kalkulatorischen CO-PA werden die Herstellkosten im Oktober mit dem Erlös gebucht, was zu Diskrepanzen mit der Finanzbuchhaltung führt.

- **Kalkulationsvariante**
  Im kalkulatorischen CO-PA können Sie die Herstellkosten mit verschiedenen Kalkulationsvarianten bewerten. Um eine Abstimmung mit der Finanzbuchhaltung zu gewährleisten, ist es wichtig, die Kalkulationsvariante, die zur Kalkulation des Standardpreises genutzt wird, in der Bewertung der Herstellkosten zu verwenden.

  Für eine einfachere Abstimmung der Herstellkosten in der kalkulatorischen Ergebnisrechnung empfiehlt es sich, alle Verkaufsprodukte mit Standardpreis zu bewerten.
- **Direktkontierung FI/MM**
  Einzelne Kosten können über die Direktkontierung direkt auf ein Wertfeld im kalkulatorischen CO-PA gebucht werden. Dies wird oft für Kosten wie Aufwand/Ertrag aus Verschrottung und Preisdifferenzen angewandt, ebenso für Sondereinzelkosten wie Frachtkosten oder Verpackungskosten. Für die Abstimmung bzw. die Werteflussanalyse ist es empfehlenswert, eine Dokumentation darüber zu erstellen, welche Kosten auf welches Wertfeld direkt kontiert werden.
- **Prozessaufträge/Fertigungsaufträge**
  Vor der Abrechnung der Prozessaufträge/Fertigungsaufträge wird die Ware in Arbeit ermittelt. Alle Prozessaufträge/Fertigungsaufträge, die weder den Status **technisch abgeschlossen** (TABG) noch **geliefert** (GLFT) haben, werden als Ware in Arbeit gekennzeichnet. Bei der Abrechnung des Prozessauftrags/Fertigungsauftrags wird der Saldo des Auftrags in der Bilanz als Ware in Arbeit aktiviert. Die FI-Buchung, die bei der Abrechnung eines Auftrags mit Ware in Arbeit erzeugt wird, ist ergebnisneutral.

  Hat der Auftrag den Status TABG oder GLFT, wird eine Abweichungsermittlung ausgeführt. Die Abweichungsermittlung analysiert den Saldo des Auftrags und teilt diesen in unterschiedliche Abweichungskategorien ein. Mit der Abrechnung des Auftrags wird dieser Saldo in der kalkulatorischen Ergebnisrechnung auf Wertfeldern fortgeschrieben, und in der Finanzbuchhaltung werden Preisdifferenzen verbucht. Das Gegenkonto ist das Bestandsveränderungskonto. Es handelt sich dabei also wie bei der Ware in Arbeit um eine ergebnisneutrale Buchung.
- **Kostenstellen**
  Die Kostenstellen der Produktion weisen am Monatsende meist einen Saldo auf. Der Saldo entspricht der Differenz aus Belastungen und Entlastungen, die über eine Kostenstellenumlage in das kalkulatorische CO-PA abgerechnet werden. Ähnlich wie bei den Direktkontierungen empfiehlt sich eine Aufstellung der Sender und Empfänger der Kostenstellenumlagen, um eine schnelle Abstimmung zu gewährleisten.

Die Tarife auf den Kostenstellen sollten Sie unter Umständen anpassen, wenn der Saldo auf den Kostenstellen sehr hoch ist. Sie sollten analysieren, ob eine Ist-Rückmeldung der Stunden erfolgt. Oft findet man in der Praxis einige Aufträge, zu denen die Rückmeldung vergessen wurde.

Weitere Gemeinkostenstellen, auf denen keine Sekundärkostenverrechnungen erfolgen, wie z. B. Verwaltungskostenstellen, werden zu 100 % an das Ergebnis abgerechnet.

- **User-Exit**
  Es gibt einen User-Exit für die Bewertung der Absatzmenge bei der Überleitung von Fakturen an das kalkulatorische CO-PA. Dieser User-Exit COPA00002 erlaubt es, in die Bewertung einzugreifen. Viele Unternehmen sind sich nicht bewusst, dass dieser User-Exit im System aktiv ist. Deshalb sollten Sie überprüfen, ob dieser User-Exit im Einsatz ist, und seine Notwendigkeit eventuell infrage stellen.
- **Fakturierung**
  Außerdem sollten Sie überprüfen, ob alle Konditionen, die in SD verwendet werden, einem Wertfeld zugeordnet sind. Statistische Konditionen sollten auf einem separaten Wertfeld fortgeschrieben werden, um echte Werte nicht mit statistischen Werten zu vermischen.

  Neben der Analyse der Konditionen empfiehlt sich eine Analyse der Fakturaarten. Für Fakturaarten, denen keine Warenbewegung zugrunde liegt, müssen die Wertfelder für die Absatzmenge und die Überleitung der Herstellkosten zurückgesetzt werden.
- **Sondersachverhalte**
  Es gibt einige Sonderprozesse im SAP-System, die eine besondere Betrachtung in der kalkulatorischen Ergebnisrechnung erfordern. Dazu gehören z. B. die Funktion der Werke im Ausland oder die buchungskreisübergreifenden Buchungen. In diesen Prozessen werden meist Fertigprodukte in nicht produzierende Werke umgelagert. Über Sonderbeschaffungsschlüssel können Sie dennoch einen Split der Herstellkosten im verkaufenden Werk darstellen.

Herstellkosten in CO-PA

Im kalkulatorischen CO-PA werden die Herstellkosten mit der Faktura zum Zeitpunkt der Erlösbuchung in die Ergebnisrechnung übergeleitet.

Die Buchung der Herstellkosten ist einer der größten Unterschiede zwischen Margenanalyse und kalkulatorischer Ergebnisrechnung und führt zu Abstimmungsschwierigkeiten.

6.5 Kalkulation nach CO-PA übernehmen

In diesem Abschnitt erfahren Sie, wie Kalkulationen in die kalkulatorische Ergebnisrechnung übergeleitet werden können und wie eine Bewertung mit mehreren Kalkulationsvarianten im kalkulatorischen CO-PA erfolgen kann.

6.5.1 Bewertungsstrategie festlegen

Ausschlaggebend für die Definition der Bewertung mit Kalkulationsvarianten in der kalkulatorischen Ergebnisrechnung ist die Festlegung einer Bewertungsstrategie.

Bewertungsstrategie definieren

Zur Festlegung der Bewertungsstrategie rufen Sie Transaktion KE4U auf, oder Sie folgen dem Customizing-Pfad **Controlling • Ergebnis- und Marktsegmentrechnung • Stammdaten • Bewertung • Bewertungsstrategien • Bewertungsstrategie definieren und zuordnen**.

Über **Neue Einträge** können neue Bewertungsstrategien angelegt werden. Wie in Abbildung 6.32 dargestellt, legen Sie im Fenster **Sicht "Bewertungsstrategie" ändern: Übersicht** die Bewertungsstrategie 001 für die Ist-Bewertung an.

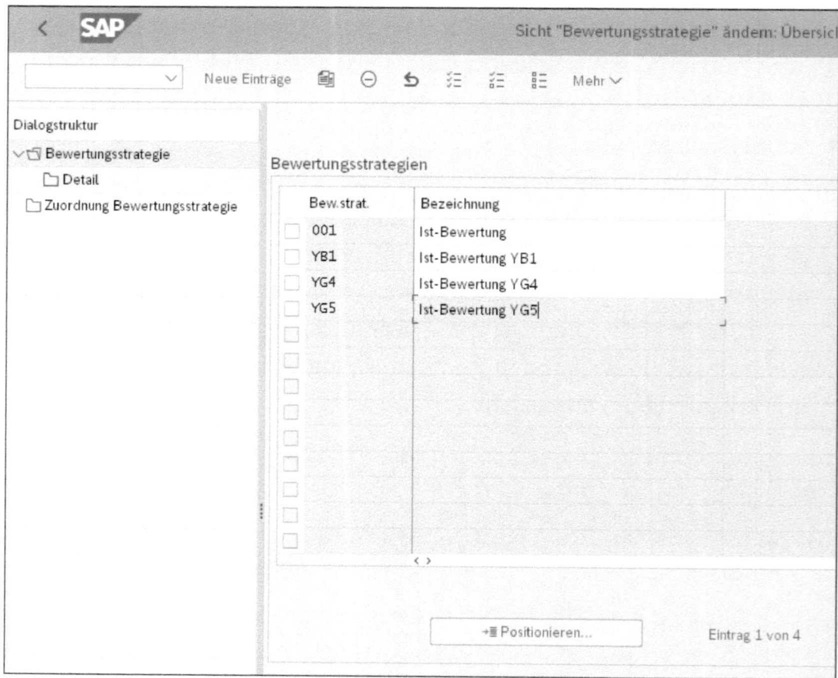

Abbildung 6.32 Bewertungsstrategie anlegen

Arten der Bewertung

Nach der Anlage der Bewertungsstrategie markieren Sie diese und navigieren in den Ordner **Detail** im linken Bildbereich **Dialogstruktur**. Es öffnet sich das Fenster **Sicht "Detail" ändern: Übersicht**. Es können verschiedene Bewertungsstrategien festgelegt werden. Das SAP-System lässt die folgenden Bewertungen standardmäßig zu:

- **Bewertung mit CO-PA-eigenen Konditionen**
  Die Bewertung erfolgt über Konditionen eines SD-Kalkulationsschemas. Jede Kondition wird dabei einem Wertfeld zugeordnet.
- **Bewertung mit einer Materialkalkulation**
  Eine Materialkalkulation oder verschiedene Materialkalkulationen werden zur Bewertung der Absatzmenge herangezogen. Dies ist das am häufigsten angewandte Szenario für die Bewertung von Absatzmengen im kalkulatorischen CO-PA und wird in diesem Abschnitt ausführlich erläutert.
- **Bewertung über benutzerdefinierte Bewertungsroutinen**
  Es steht ein User-Exit zur Verfügung, mit dem die Bewertung nach benutzerdefinierten/kundenspezifischen Anforderungen programmiert werden kann.
- **Bewertung mit einem Transferpreis**
  In der Planung kann die Bewertung von Absatzmengen mit Transferpreisen erfolgen; für die Ist-Bewertung ist dieses Szenario jedoch nicht zugelassen.

Bewertung mit Materialkalkulation

In Abbildung 6.33 sehen Sie, welche Einstellungen notwendig sind, um die Bewertung der Absatzmengen im kalkulatorischen CO-PA mit Materialkalkulationen zu ermöglichen. Setzen Sie das Häkchen in der Spalte **Mat.kalk.** (Materialkalkulation), und geben Sie in der Spalte **Mengenfeld** das Wertfeld ein, auf dem die Absatzmenge fortgeschrieben wird. In unserem Beispiel ist dies das Wertfeld ABSMG (Absatzmenge).

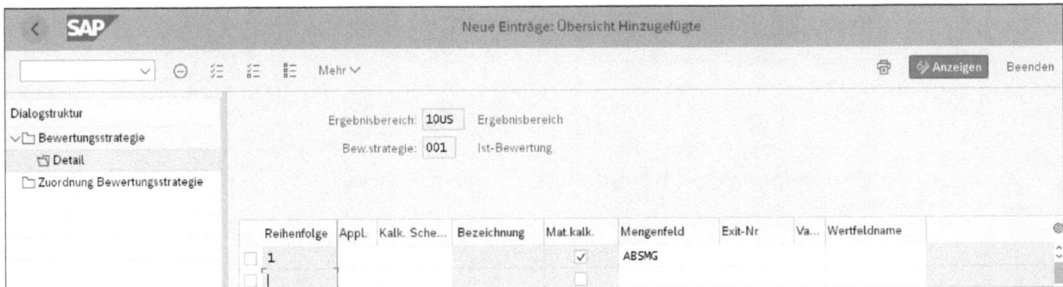

Abbildung 6.33 Details der Bewertungsstrategie pflegen

Navigieren Sie anschließend in den Ordner **Zuordnung Bewertungsstrategie** im linken Bildbereich **Dialogstruktur**.

Zuordnung zum Bezugszeitpunkt

Hier können Sie die soeben angelegte Bewertungsstrategie einem Bezugszeitpunkt zuordnen. Es stehen die folgenden Bezugszeitpunkte zur Auswahl:

- **01 (Ist-Datenübernahme – vorgangsbezogen)**
  Dies bedeutet, dass die Daten der Materialkalkulation bei der Erstellung von Ist-Daten in Echtzeit abgeleitet werden, z. B. bei der Überleitung einer Faktura.
- **02 (Periodische Nachbewertung – Ist)**
  In diesem Fall werden die Daten der Materialkalkulation bei einer Nachbewertung z. B. am Monatsende abgeleitet, etwa bei der Nachbewertung von Fakturen mit Transaktion KE27.
- **03 (Manuelle Planung)**
  Dies bedeutet, dass die Daten der Materialkalkulation bei der Erstellung einer manuellen Planung abgeleitet werden, wie etwa bei der Planung mit Transaktion KEPM.
- **04 (Maschinelle Planung)**
  In diesem Fall werden die Daten der Materialkalkulation bei der Erstellung einer maschinellen Planung, wie z. B. der Übernahme der Plandaten aus einem Vorgängermodul (z. B. der Produktionsplanung), erzeugt.

Im Beispiel aus Abbildung 6.34 legen Sie fest, dass die Ableitung der Daten der Materialkalkulation zum Bewertungszeitpunkt 01 (**Istdatenübernahme für die Vorgangsart F – Faktura**) erfolgen soll.

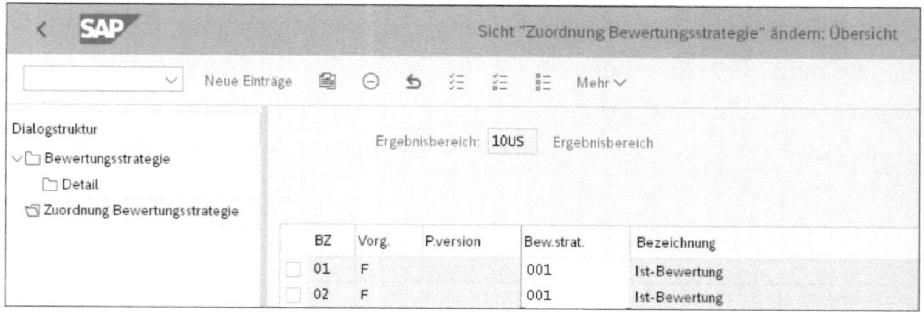

Abbildung 6.34 Bewertungsstrategie zuordnen

Nach der Festlegung und Zuordnung der Bewertungsstrategie legen Sie eine Kalkulationsauswahl an, die z. B. bestimmt, welche Kalkulationsvariante der Bewertungsstrategie zugeordnet wird.

6.5.2 Bewertung mit Materialkalkulation einrichten

Meistens wird in einem Unternehmen mit verschiedenen Kalkulationsvarianten kalkuliert, um verschiedene Wertansätze darzustellen. In der Ergebnisrechnung besteht die Möglichkeit, die Absätze ist-online, also direkt bei Überleitung der Faktura an CO-PA, mit mehreren Kalkulationsvarianten (maximal sechs) zu bewerten.

Voraussetzungen

Um diese Möglichkeit zu nutzen, müssen die folgenden Voraussetzungen erfüllt sein:

- Die Materialien müssen mit diesen Kalkulationsvarianten kalkuliert worden sein.
- Es muss eine Bewertungsstrategie für die Bewertung von Absätzen mit Materialkalkulationen im Customizing der kalkulatorischen Ergebnisrechnung definiert worden sein.
- Die Wertfelder müssen für die einzelnen Kostenelemente der Kalkulationsvarianten angelegt und hinterlegt worden sein.

Zugriff auf Plankalkulationen

Haben Sie alle oben genannten Voraussetzungen erfüllt, müssen Sie den Zugriff auf die Plankalkulationen definieren. Rufen Sie dazu den folgenden Customizing-Pfad auf: **Controlling • Ergebnis- und Marktsegmentrechnung • Stammdaten • Bewertung • Bewertung mit Materialkalkulationen einrichten • Zugriff auf Plankalkulation definieren.**

In der Sicht **"Kalkulationsauswahl" ändern: Übersicht** sehen Sie eine Übersicht über alle im SAP-System vorhandenen Kalkulationsauswahlen. Für jede Kalkulationsvariante, mit der eine Bewertung erfolgen soll, müssen Sie eine Kalkulationsauswahl anlegen. Über einen Klick auf [Neue Einträge] können Sie neue Kalkulationsauswahlen hinzufügen. Sie gelangen in das Bild, das Sie in Abbildung 6.35 sehen. Vergeben Sie einen Schlüssel und eine Bezeichnung für die Kalkulationsauswahl.

Kalkulationsauswahl anlegen

Im Beispiel aus Abbildung 6.35 legen Sie eine Kalkulationsauswahl 001 für die Standardpreiskalkulation an. Bei der Anlage der Kalkulationsauswahl für die Standardpreiskalkulation wählen Sie im Bereich **Materialkalkulation festlegen** die Option **Standardkalkulation übernehmen**. In der Kalkulationsauswahl legen Sie im Bereich **Kalkulationsdaten** fest, welche Kalkulationsvariante und Kalkulationsversion zu welchem Datum selektiert werden soll. Die Kalkulationsvariante tragen Sie in das Feld **Kalkulationsvariante** (PPC1) und die Kalkulationsversion in das Feld **Kalkulationsversion** (1) ein. Als Periodenkennzeichen wählen Sie **freigegebene Plankalkulation passend zum Warenausgangsdatum**, um später die Abstimmung von CO-PA mit der Finanzbuchhaltung zu erleichtern. Dies ist wichtig, da der Warenausgang mit der freigegebenen Plankalkulation zum Zeitpunkt der Buchung in der Finanzbuchhaltung bewertet wird.

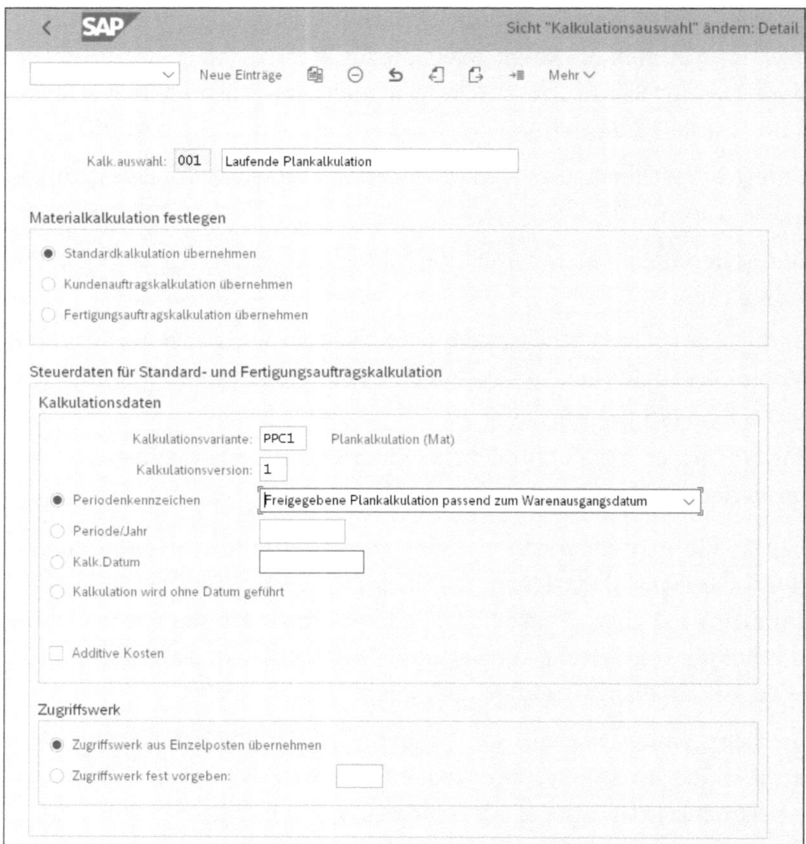

Abbildung 6.35 Kalkulationsauswahl anlegen

Kalkulationsauswahl pflegen

In der Kalkulationsauswahl gibt es weiter unten im Fenster einen Bereich **Zusatzdaten CO-PA** (siehe Abbildung 6.36). Dort können Sie zwischen den beiden folgenden Optionen wählen:

- **Exklusiver Zugriff auf Kalkulation**
  Sind in der Kalkulationsauswahl mehrere Kalkulationen angegeben, mit denen bewertet werden soll, wird nicht mehr nach anderen Bewertungen gesucht, wenn dieses Häkchen gesetzt ist, sondern es erfolgt die exklusive Bewertung mit der Kalkulation laut Kalkulationsauswahl. Folglich darf das Häkchen nicht gesetzt sein, wenn Sie eine Bewertung mit mehreren Kalkulationsvarianten anstreben.
- **Fehlermeldung falls keine Kalkulation vorhanden**
  Das SAP-System gibt bei Überleitung der Faktura eine Fehlermeldung aus, falls keine Kalkulation für diese Kalkulationsauswahl vorhanden ist.

Die Faktura kann nicht nach CO-PA übergeleitet werden und bleibt in der Rechnungswesenschnittstelle hängen. Im SAP-Standard wird nur eine Fehlermeldung ausgegeben, falls für keine Kalkulationsauswahl eine Kalkulation gefunden werden kann. Da Sie eine Datenkonsistenz garantieren möchten und eine Ableitung mit jeder Kalkulationsvariante erforderlich ist, setzen Sie das Häkchen für die Ausgabe der Fehlermeldung.

Speichern Sie die Kalkulationsauswahl über (**Sichern**).

Zusatzdaten CO-PC

☐ Nebenschichtung übernehmen

☐ Übernahme d. Kalkulation in Kostenrechnungskreiswährung

Zusatzdaten CO-PA

☐ Exklusiver Zugriff auf Kalkulation

☐ Fehlermeldung falls keine Kalkulation vorhanden

Zusatzdaten Fertigungsauftragskalkulation

Selektion Fertigungsaufträge:

Elementesicht:

Skalierung:

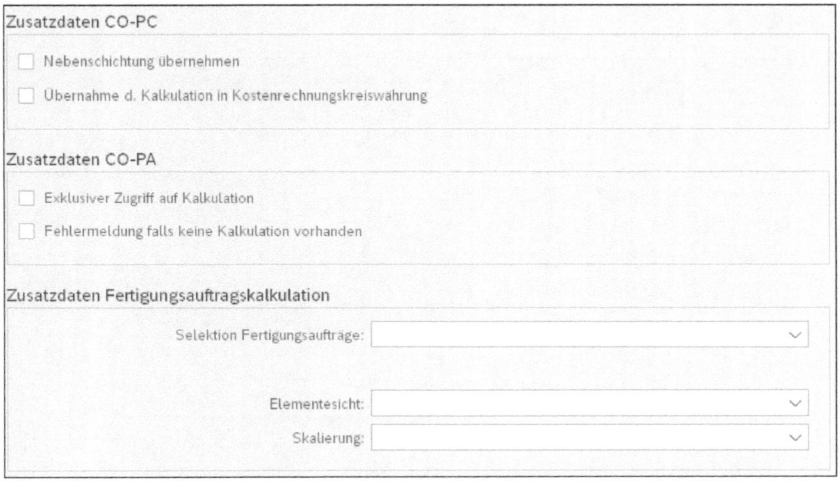

Abbildung 6.36 Zusatzdaten für CO-PC in der Kalkulationsauswahl pflegen

Kalkulationsauswahl zuordnen

Nach der Definition der Kalkulationsauswahlen müssen Sie diese zuordnen, damit sie bei der Überleitung der Fakturen nach CO-PA Anwendung finden. Im SAP-Standard stehen Ihnen drei verschiedene Möglichkeiten der Zuordnung für die Kalkulationsauswahlen zur Verfügung, die miteinander kombinierbar sind. Die Kalkulationsauswahlen werden in der Reihenfolge, wie sie im Customizing angeordnet sind, durchlaufen. Das heißt, dass zuerst die Zuordnung der Kalkulationsauswahlen für die Artikel, dann für die Materialarten und zum Schluss die flexible Zuordnung für Kalkulationsauswahlen durchlaufen wird. Haben Sie eine Zuordnung für einen einzelnen Artikel gepflegt, wird diese übernommen, und die folgenden Zuordnungen werden ignoriert.

Im Folgenden stelle ich Ihnen die einzelnen Zuordnungsmöglichkeiten vor. Die Zuordnung von Kalkulationsauswahlen für die Artikel definieren Sie über Transaktion KE4H (diese Transaktion wurde mit S/4HANA Finance aus dem Customizing-Pfad entfernt, ist aber immer noch funktionstüchtig).

Kalkulationsauswahl für Artikel pflegen

In der **Sicht "Kalkulationsauswahl Artikel" ändern: Übersicht** können Sie über einen Klick auf Neue Einträge die Zuordnungen für einzelne Artikel pflegen. Als Bewertungszeitpunkt (Spalte **BZ**) für die Ist-Datenübernahme wählen Sie **01**. Der Eintrag in der Spalte **Gültig bis** sagt aus, bis wann die Zuordnung für diesen Artikel Gültigkeit hat (siehe Abbildung 6.37). In der Zuordnung für die Artikel und Materialarten können Sie nur drei Kalkulationsauswahlen (**Kalk. 1**, **Kalk. 2** und **Kalk. 3**) eintragen. In der flexiblen Kalkulationsauswahl können Sie hingegen bis zu sechs Kalkulationsauswahlen zuordnen.

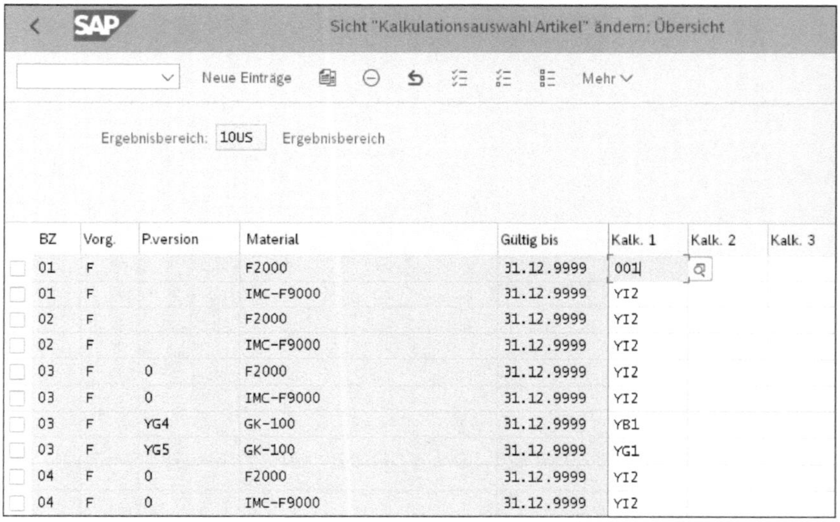

Sicht "Kalkulationsauswahl Artikel" ändern: Übersicht

Neue Einträge Mehr

Ergebnisbereich: 10US Ergebnisbereich

BZ	Vorg.	P.version	Material	Gültig bis	Kalk. 1	Kalk. 2	Kalk. 3
01	F		F2000	31.12.9999	001		
01	F		IMC-F9000	31.12.9999	YI2		
02	F		F2000	31.12.9999	YI2		
02	F		IMC-F9000	31.12.9999	YI2		
03	F	0	F2000	31.12.9999	YI2		
03	F	0	IMC-F9000	31.12.9999	YI2		
03	F	YG4	GK-100	31.12.9999	YB1		
03	F	YG5	GK-100	31.12.9999	YG1		
04	F	0	F2000	31.12.9999	YI2		
04	F	0	IMC-F9000	31.12.9999	YI2		

Abbildung 6.37 Kalkulationsauswahl für Materialien pflegen

Kalkulationsauswahl für Materialart pflegen

Die Zuordnung von Kalkulationsauswahlen für Materialarten erfolgt auf die gleiche Art und Weise wie die Zuordnung von Kalkulationsauswahlen für die Artikel. Rufen Sie dazu Transaktion KE4J auf (auch diese Transaktion wurde mit SAP S/4HANA Finance aus dem Customizing-Pfad entfernt, ist aber immer noch funktionstüchtig).

In der **Sicht "Kalkulationsauswahl Materialart" ändern: Übersicht** können Sie über einen Klick auf Neue Einträge die Zuordnungen für einzelne Materialarten pflegen. Sie gelangen in das Bild **Neue Einträge: Übersicht Hinzugefügte** wie Sie in Abbildung 6.38 sehen. Für die Zuordnung der Kalkulationsauswahl zu den Materialarten gelten die gleichen Bedingungen wie für die Artikel, auch der Aufbau der Tabelle unterscheidet sich nicht vom Aufbau der Tabelle für die Kalkulationsauswahl zum Zuordnen der Artikel.

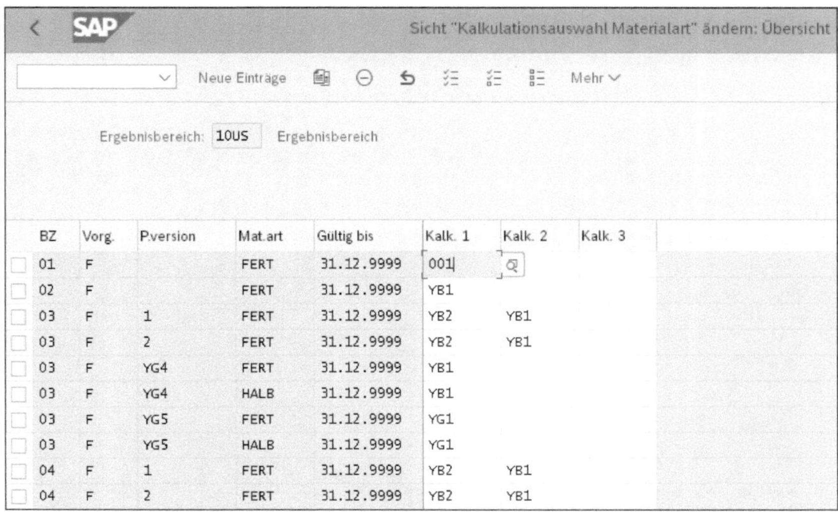

Abbildung 6.38 Kalkulationsauswahl für Materialarten pflegen

Flexible Kalkulationsauswahl pflegen

Die flexible Zuordnung der Kalkulationsauswahl unterscheidet sich allerdings von der Zuordnung zu den Artikeln und Materialarten. Rufen Sie zur Pflege der flexiblen Kalkulationsauswahl den folgenden Customizing-Pfad oder Transaktion KEPC auf: **Controlling • Ergebnis- und Marktsegmentrechnung • Stammdaten • Bewertung • Bewertung mit Materialkalkulationen einrichten • Flexible Zuordnung der Kalkulationsauswahl**.

Quellfelder der Kalkulationsauswahl festlegen

In der Sicht **Flexible Zuordnung der Kalkulationsauswahl: Strategie anzeigen** definieren Sie über einen Klick auf (**Auswählen**) die Quellfelder, für die die Zuordnung der Kalkulationsauswahl erfolgen soll. Fest vorgegebene Felder sind der Bewertungszeitpunkt (BWFKT), die Vorgangsart (VRGAR) und die Planversion (VERSI), und zusätzlich stehen alle dem Ergebnisbereich zugeordneten Merkmale zur Verfügung. Sie haben also die Möglichkeit, sehr differenzierte Zuordnungsregeln festzulegen, aber auch hier gilt: Weniger ist oft mehr, denn die Kalkulationsauswahl sollte schließlich immer noch übersichtlich und nachvollziehbar bleiben.

Zielfelder der Kalkulationsauswahl festlegen

Als Zielfelder wählen Sie die Kalkulationsauswahlen, mit denen die Bewertung erfolgen soll. Ist für einige verkaufsfähige Materialien das Häkchen zu **nicht kalkulieren** im Materialstamm in der Sicht **Kalkulation 2** gesetzt, ist keine Bewertung mit einer Kalkulationsauswahl möglich. Für diese Materialien muss der Wert laut Kondition VPRS (Verrechnungspreis) übernommen werden. Daher müssen Sie für alle kalkulierten Materialien das Feld VALUE_FLD1 (CO-PA Wertfeld, das zurückgesetzt wird), in die Zielfelder mit aufnehmen (siehe Abbildung 6.39). Dies verhindert, dass für kalkulierte Materialien auch der Verrechnungspreis in CO-PA fortgeschrieben wird und so die Herstellkosten doppelt übergeleitet werden.

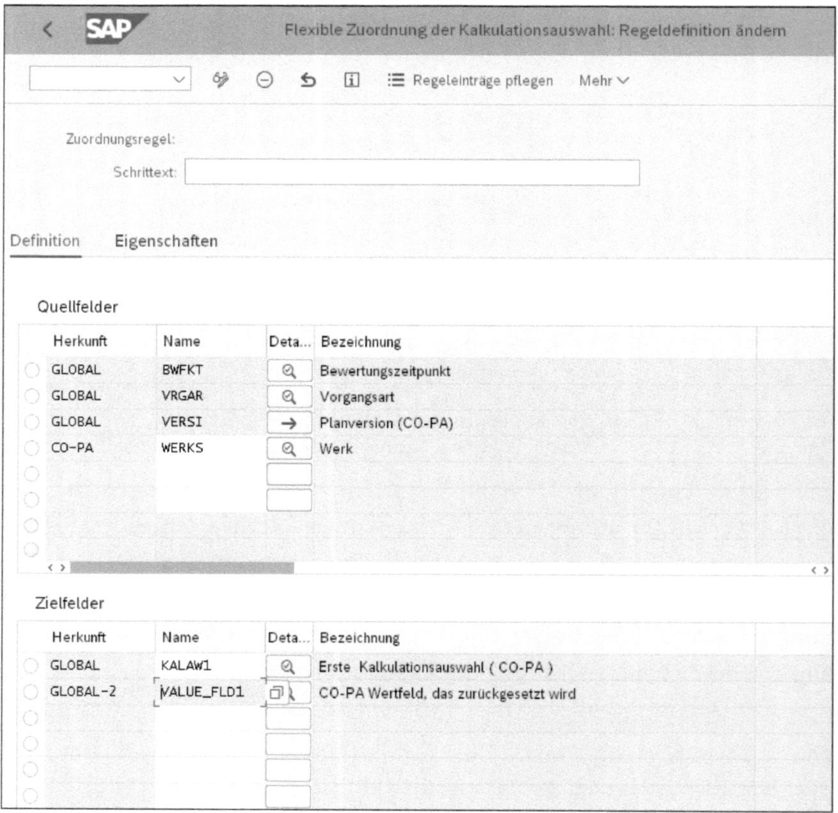

Abbildung 6.39 Flexible Kalkulationsauswahl festlegen

Regeleinträge pflegen

Nach einem Klick auf den Button [Regeleinträge pflegen] öffnet sich ein neues Fenster, in dem Sie die Einträge für die definierten Quell- und Zielfelder pflegen können. In der Spalte **Bewertungszeitpunkt** geben Sie den Zeitpunkt ein, zu dem die Bewertung mit der Kalkulation erfolgen soll. Im Beispiel wählen Sie **01** (Ist-Datenübernahme, vorgangsbezogen); damit erfolgt die Bewertung der Absatzmenge mit den hinterlegten Kalkulationsauswahlen zum Zeitpunkt der Überleitung der Faktura in FI und in CO-PA. In der Spalte **Vorgangsart** wählen Sie **F** (Fakturadaten) für die Bewertung der Fakturen. Für die Bewertung von Ist-Daten lassen Sie die Spalte **Planversion (CO-PA)** leer. In die Spalte **Erste Kalkulationsauswahl** tragen Sie die Kalkulationsauswahl ein, mit der eine Bewertung in CO-PA erfolgen soll (siehe Abbildung 6.40).

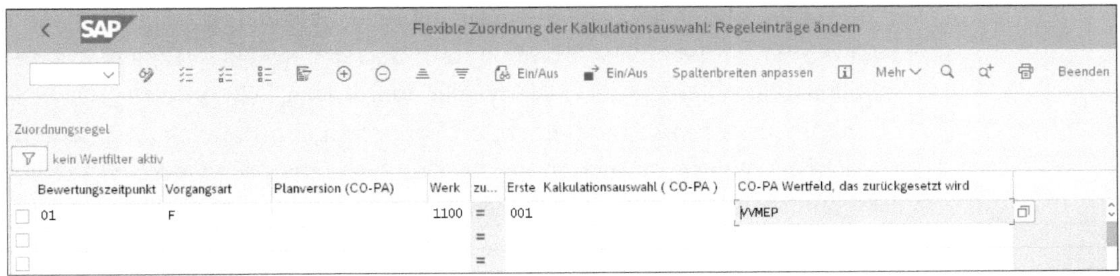

Abbildung 6.40 Flexible Zuordnung der Kalkulationsauswahl pflegen

Die Zuordnung der Kalkulationsauswahl ermöglicht es Ihnen, die Absätze in CO-PA mit unterschiedlichen Wertansätzen für die Herstellkosten zu bewerten. So können Sie z. B. die Deckungsbeiträge für die verschiedenen Wertansätze errechnen und miteinander vergleichen.

Bewertung mit Materialkalkulationen

Die Bewertung der Absatzmenge mit bis zu sechs unterschiedlichen Kalkulationsvarianten steht Ihnen ausschließlich im kalkulatorischen CO-PA zur Verfügung. Über die Zuordnung einer Kalkulationsvariante zu einer Bewertungsstrategie aktivieren Sie die Bewertung der Absatzmenge mit der Materialkalkulation.

Es stehen Ihnen unterschiedliche Möglichkeiten der Zuordnung der Kalkulationsauswahl zur Verfügung. Deren Nutzung ist abhängig von der Komplexität Ihrer Organisationsstruktur und Ihrer Produktpalette. Verkaufen Sie z. B. Handelsware, kalkulieren Sie diese aber nicht, können Sie die Materialart für Handelswaren von der Bewertung mit einer Kalkulationsvariante in der Kalkulationsauswahl für Materialarten ausschließen. Haben Sie Fertigprodukte, die Sie nicht kalkulieren, da es sich z. B. um Auslaufprodukte handelt, können Sie diese von der Bewertung mit Kalkulationsvarianten in der Kalkulationsauswahl für Artikel ausschließen. In der Praxis wird vornehmlich mit der flexiblen Kalkulationsauswahl gearbeitet, da diese es erlaubt, das Wertfeld, das der Kondition VPRS (Verrechnungspreis) zugeordnet ist, zurückzusetzen. Wird dieses Wertfeld bei der Überleitung mit einer Kalkulationsvariante auch mit einem Wert gefüllt, werden die Herstellkosten doppelt nach CO-PA übergeleitet, und die Abstimmung mit der Finanzbuchhaltung wird zusätzlich erschwert.

Wertfelder zuordnen

Wie in der Margenanalyse haben Sie auch in der kalkulatorischen Ergebnisrechnung die Möglichkeit, die Kostenkomponenten des Elementeschemas einem separaten Wertfeld zuzuordnen. Rufen Sie dazu Transaktion KE4R auf, oder folgen Sie dem Customizing-Pfad **Controlling • Ergebnis- und Marktsegmentrechnung • Stammdaten • Bewertung • Bewertung mit Materialkalkulation einrichten • Wertfelder zuordnen**. Die Zuordnung der Kostenkomponenten zu Wertfeldern erfolgt pro Ergebnisbereich und Elementeschema. Wie Sie in Abbildung 6.41 sehen, wird der Arbeitsbereich auf den Ergebnisbereich US10 und das Elementeschema 01 eingeschränkt. Bestätigen Sie Ihre Eingaben mit [↵].

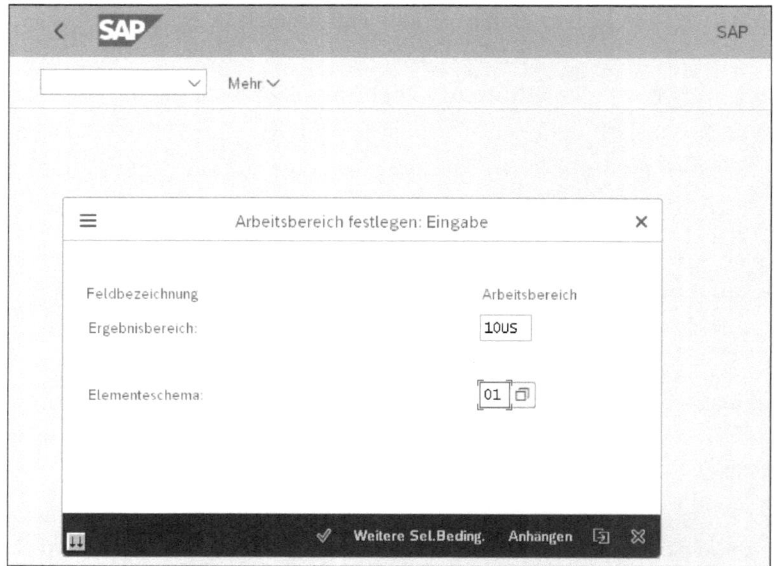

Abbildung 6.41 Arbeitsbereich für die Wertfelderzuordnung festlegen

Nach der Bestätigung Ihrer Eingaben öffnet sich das Fenster **Neue Einträge: Übersicht Hinzugefügte**. In der Spalte **BZ** (Bewertungszeitpunkt) legen Sie den Zeitpunkt für die Ableitung der Werte der Materialkalkulation fest.

Bewertungszeitpunkt festlegen

Die Bewertungszeitpunkte unterscheiden sich nicht von den Zeitpunkten der Kalkulationsauswahlen. Der Bewertungszeitpunkt 01 steht auch hier für die vorgangsbezogenen Ist-Daten. In der Spalte **Ele** (Element) werden alle Kostenkomponenten des Elementeschemas eingetragen. Achten Sie hier auf Vollständigkeit, da ansonsten Kostenteile bei der Überleitung an CO-PA fehlen. Ordnen Sie eine Kostenkomponente, die Werte in der Materialkalkulation trägt, keinem Wertfeld zu, werden diese Werte auch nicht in die kalkulatorische Ergebnisrechnung übergeleitet, und die Werte für die Kosten des Umsatzes sind nicht korrekt.

Fix-/Variabel-Kennzeichen pflegen

In der Spalte **FVKZ** (Fix-/Variabel-Kennzeichen) geben Sie an, welcher Kostenteil in das Wertfeld in der Spalte **Feldname 1** übernommen werden soll. Sie können folgende Beträge übernehmen:

- 1 (Fixe Beträge)
- 2 (Variable Beträge)
- 3 (Summe aus fixen und variablen Beträgen)

Achten Sie darauf, dass für Kostenkomponenten, die sowohl fixe als auch variable Beträge tragen, zwei Einträge gepflegt werden, falls Sie in fixe und variable Beträge unterscheiden möchten.

Wertfelder pflegen

Arbeiten Sie mit mehreren unterschiedlichen Kalkulationsvarianten, müssen Sie für diese in den Spalten **Feldname 2** und **Feldname 3** abweichende Wertfelder pflegen. Dies ist notwendig, da die Wertfelder ansonsten überschrieben werden würden (siehe Abbildung 6.42).

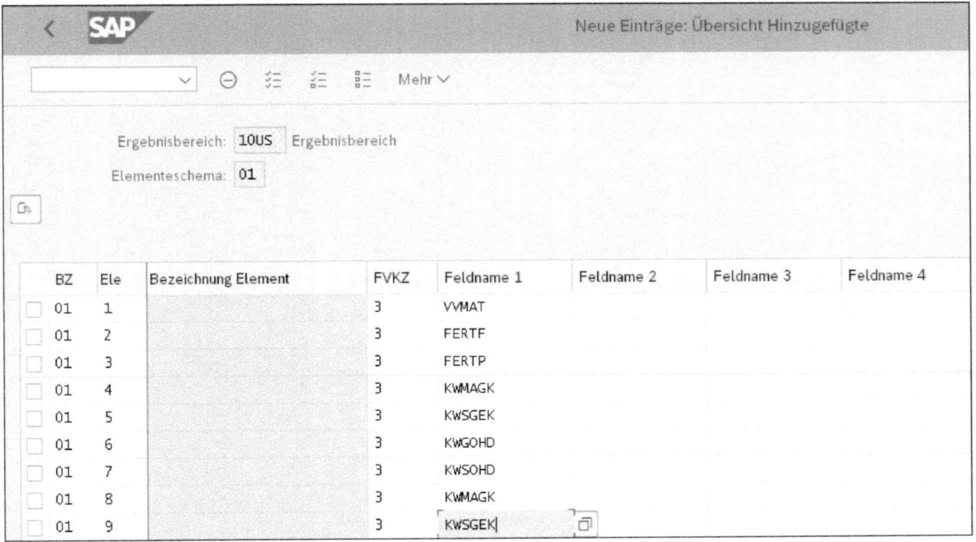

Abbildung 6.42 Wertfelder zu Kostenkomponenten zuordnen

Ergebnisrechnungsbeleg überprüfen

Legen Sie nun einen Kundenauftrag an, und fakturieren Sie diesen. In Abbildung 6.43 sehen Sie, dass die Kosten in die verschiedenen Wertfelder analog dem Elementeschema aufgeteilt wurden. In der Abbildung 6.43 ist das Wertfeld zu VVMAT zu sehen, in welches die Rohstoffkosten übergeleitet wurden.

Buchhaltungsbeleg überprüfen

Überprüfen Sie nun den Buchhaltungsbeleg zum Warenausgang der Faktura in Abbildung 6.44, können Sie die Aufteilung in vier Kostenkomponenten überprüfen und den Wert von 677,13 USD auf Konto 510010 bestätigen.

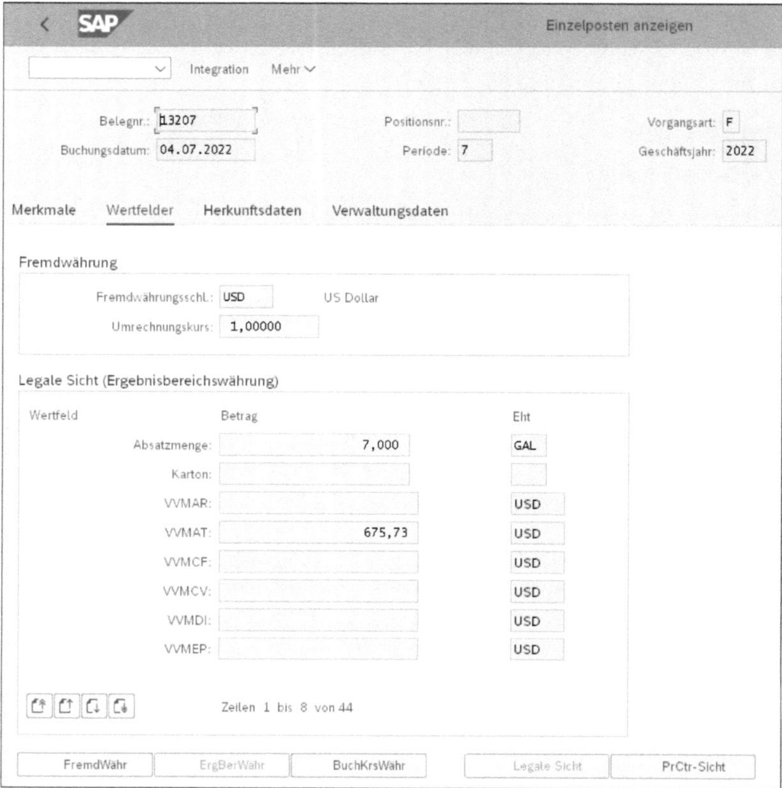

Einzelposten anzeigen

Integration Mehr

Belegnr.: 13207 | Positionsnr.: | Vorgangsart: F
Buchungsdatum: 04.07.2022 | Periode: 7 | Geschäftsjahr: 2022

Merkmale | Wertfelder | Herkunftsdaten | Verwaltungsdaten

Fremdwährung

Fremdwährungsschl.: USD US Dollar
Umrechnungskurs: 1,00000

Legale Sicht (Ergebnisbereichswährung)

Wertfeld	Betrag	Eht
Absatzmenge:	7,000	GAL
Karton:		
VVMAR:		USD
VVMAT:	675,73	USD
VVMCF:		USD
VVMCV:		USD
VVMDI:		USD
VVMEP:		USD

Zeilen 1 bis 8 von 44

FremdWähr | ErgBerWähr | BuchKrsWähr | Legale Sicht | PrCtr-Sicht

Abbildung 6.43 Ergebnisrechnungsbeleg anzeigen

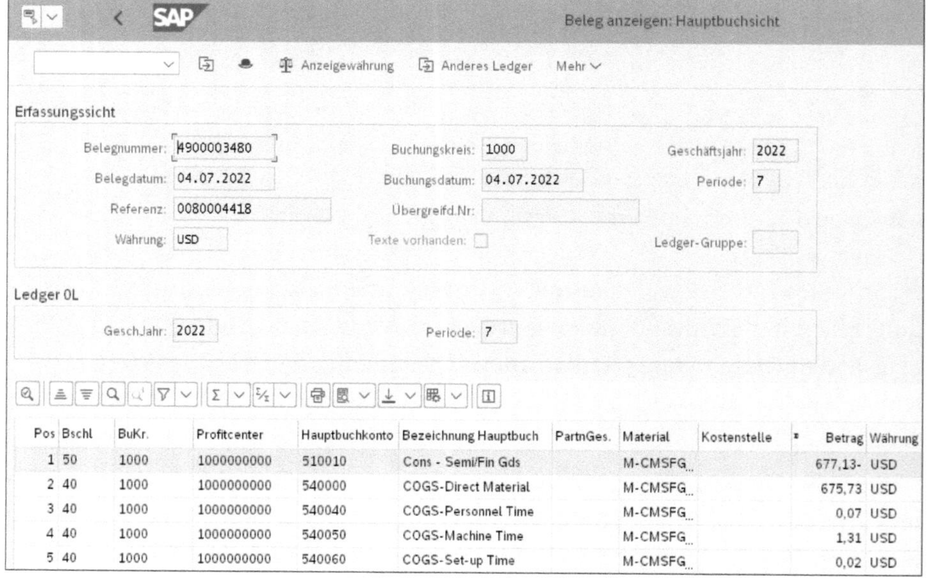

Beleg anzeigen: Hauptbuchsicht

Anzeigewährung Anderes Ledger Mehr

Erfassungssicht

Belegnummer: 4900003480 | Buchungskreis: 1000 | Geschäftsjahr: 2022
Belegdatum: 04.07.2022 | Buchungsdatum: 04.07.2022 | Periode: 7
Referenz: 0080004418 | Übergreifd.Nr:
Währung: USD | Texte vorhanden: | Ledger-Gruppe:

Ledger 0L

GeschJahr: 2022 | Periode: 7

Pos	Bschl	BuKr.	Profitcenter	Hauptbuchkonto	Bezeichnung Hauptbuch	PartnGes.	Material	Kostenstelle	Betrag	Währung
1	50	1000	1000000000	510010	Cons - Semi/Fin Gds		M-CMSFG...		677,13-	USD
2	40	1000	1000000000	540000	COGS-Direct Material		M-CMSFG...		675,73	USD
3	40	1000	1000000000	540040	COGS-Personnel Time		M-CMSFG...		0,07	USD
4	40	1000	1000000000	540050	COGS-Machine Time		M-CMSFG...		1,31	USD
5	40	1000	1000000000	540060	COGS-Set-up Time		M-CMSFG...		0,02	USD

Abbildung 6.44 Buchhaltungsbeleg zum Warenausgang anzeigen

Werfen wir nun einen Blick auf die Materialkalkulation laut Materialstamm (siehe Abbildung 6.45), die einen Preis von 677,13 USD für sieben Gallonen bestätigt.

Materialstamm überprüfen

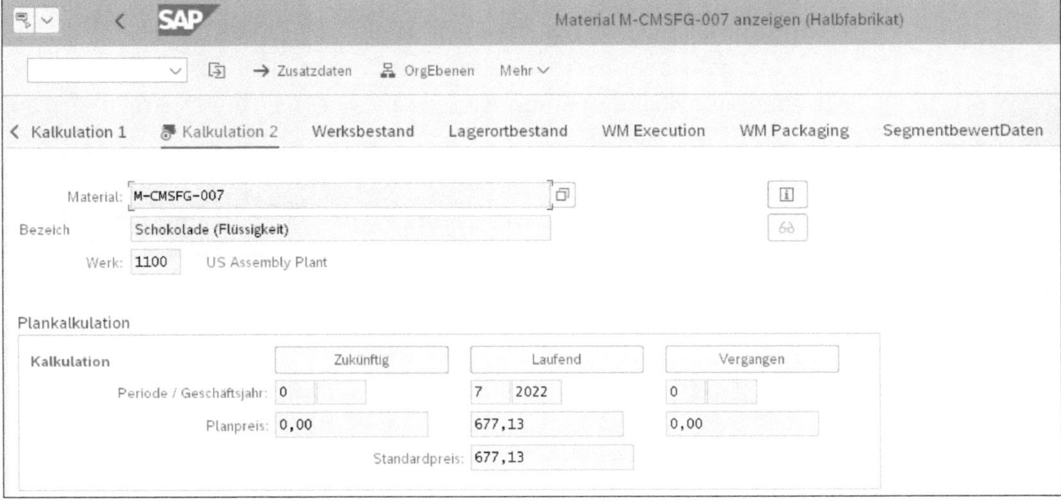

Abbildung 6.45 Materialkalkulation anzeigen

COGS-Split

In der kalkulatorischen Ergebnisrechnung können Sie die Kosten des Umsatzes (COGS) in die Kostenkomponenten gemäß Elementeschema der Materialkalkulation aufteilen.

6.6 Abweichungsermittlung

In diesem Kapitel habe ich bereits mehrfach von Abweichungen und Abweichungsermittlung gesprochen. Im Folgenden erkläre ich Ihnen, wie es zu Abweichungen kommt und wie diese in der Ergebnisrechnung dargestellt werden.

Universal Journal

In einem Unternehmen gibt es eine Vielzahl verschiedener Kostenstellen. Es werden die Kosten aus Komponenten, wie der Anlagenbuchhaltung, der Hauptbuchhaltung usw. auf Kostenstellen kontiert, und so wird die Kostenstelle mit Kosten bebucht. Im herkömmlichen SAP-System wurde beim Buchen einer Kostenstelle ein Controlling-Beleg erstellt. In SAP S/4HANA Finance sind der Finanzbuchhaltungsbeleg und der Controlling-Beleg in einen Beleg verschmolzen und im Universal Journal (Tabelle ACDOCA) abgespeichert.

Kostenstellen der Produktion

Wie in Abbildung 6.46 dargestellt, empfangen die Kostenstellen der Produktion Primärkosten (Kosten, die den Kostenstellen direkt zugeordnet werden können), wie z. B. Lohnkosten, Abschreibungen usw. Die Kostenstellen der Produktion empfangen auch Kosten von anderen Kostenstellen im Unternehmen, nämlich Kosten, die nicht direkt den Produktionskostenstellen zugeordnet werden können. Diese Kosten werden als Sekundärkosten bezeichnet und über Verrechnungen wie z. B. Umlagen oder Verteilungen auf die Kostenstelle gebucht.

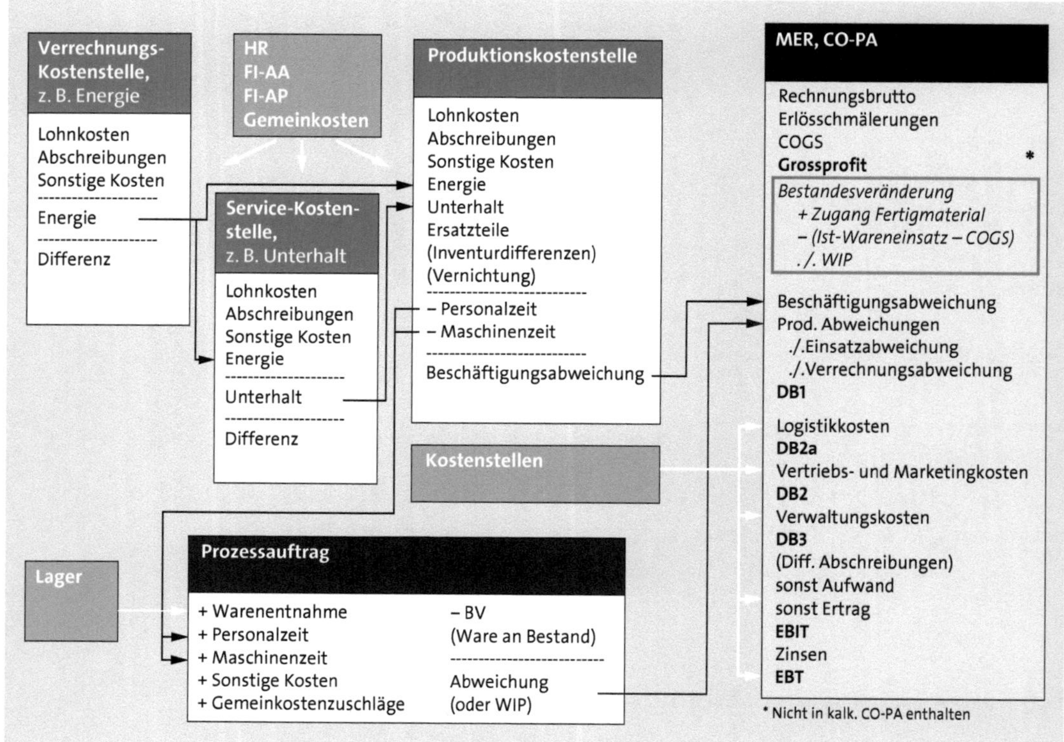

Abbildung 6.46 Wertefluss in der Abweichungsermittlung

Verrechnungskostenstellen

Eine Verrechnungskostenstelle ist z. B. eine Kostenstelle, auf der Energiekosten gesammelt werden. Energie kann z. B. über die Größe der Fläche auf die Kostenstellen umgelegt werden. Darüber hinaus gibt es auch Servicekostenstellen wie etwa Lagerkostenstellen. Die Lagerkosten können z. B. über die Ausbringungsmenge pro Maschine auf die Kostenstellen verteilt werden.

Ziel sollte es sein, die Gesamtkosten der Produktion auf das Herstellprodukt zu verteilen. Im Planungsprozess werden die zu erwartenden Gesamtkosten der Produktion pro Kostenstelle ermittelt.

Anhand der Gesamtkosten, der Ausbringungsmenge und der Personalstunden werden die Tarife ermittelt. Dabei wird davon ausgegangen, dass sich die Kostenstelle zu 100 % entlastet. Die Tarife können manuell ermittelt werden, das SAP-System bietet aber auch eine automatische Tarifermittlung an.

Tarifermittlung

Diese Tarife werden in der Materialkalkulation der Herstellprodukte herangezogen. Im Arbeitsplan ist festgelegt, wie viele Stunden Maschinenzeit oder Personalzeit in die Herstellung des Produkts eingehen. Die Materialkosten und die Kosten für die Arbeitszeit/Maschinenzeit und eventuelle Gemeinkostenzuschläge ergeben die Herstellkosten für das Fertigprodukt.

Herstellkosten

Die Herstellkosten entsprechen dem Standardpreis eines Produkts und werden in den Materialstamm fortgeschrieben.

Wird ein Prozessauftrag oder Fertigungsauftrag angelegt, werden die Stückliste und der Arbeitsplan aufgelöst und die Soll-Kosten des Auftrags bestimmt. Über Materialentnahme und Rückmeldung von Zeiten auf den Prozessauftrag/Fertigungsauftrag wird der Auftrag mit den Kosten belastet. Ist die Produktion des Auftrags abgeschlossen, wird der Wareneingang des erstellten Produkts zurück an das Lager gebucht. Die Warenbewegung für die Lieferung des Fertigprodukts an das Lager wird mit dem Standardpreis (oder dem Preis laut Preissteuerung im Materialstamm) bewertet.

Abweichungen auf Auftrag

Bleibt auf dem Auftrag ein Saldo zurück, spricht man von Abweichungen. Die Summe der Ist-Kosten entspricht nicht den kalkulierten Herstellkosten. Dies kann mehrere Gründe haben, wie z. B. Mehr-/Minderverbrauch der Einsatzmaterialien, Mehr-/Minderaufwand der Arbeitszeit oder Preisschwankungen der Einsatzmaterialien.

In Abbildung 6.47 ist der Wertefluss in der Produktion stark vereinfacht dargestellt.

Ware in Arbeit

Am Monatsende wird auf den Fertigungs-/Prozessaufträgen eine Ermittlung der Ware in Arbeit durchgeführt. Auf allen Aufträgen, die weder den Status TABG (technisch abgeschlossen) noch GLFT (geliefert) haben, wird die Ware in Arbeit ermittelt. Mit der Abrechnung der Aufträge wird eine ergebnisneutrale Buchung erzeugt, die die Ist-Kosten auf dem Auftrag in der Bilanz als Ware in Arbeit aktiviert.

Abweichungsermittlung

Auf Aufträgen, die bereits geliefert oder abgeschlossen sind, werden Abweichungen ermittelt. Das System ermittelt die Art der Abweichungen. Das SAP-System verwendet dazu eine Reihe von Standardabweichungskategorien, die die Abweichungen in Abweichungen der Verrechnungsseite und Abweichungen der Einsatzseite unterteilen.

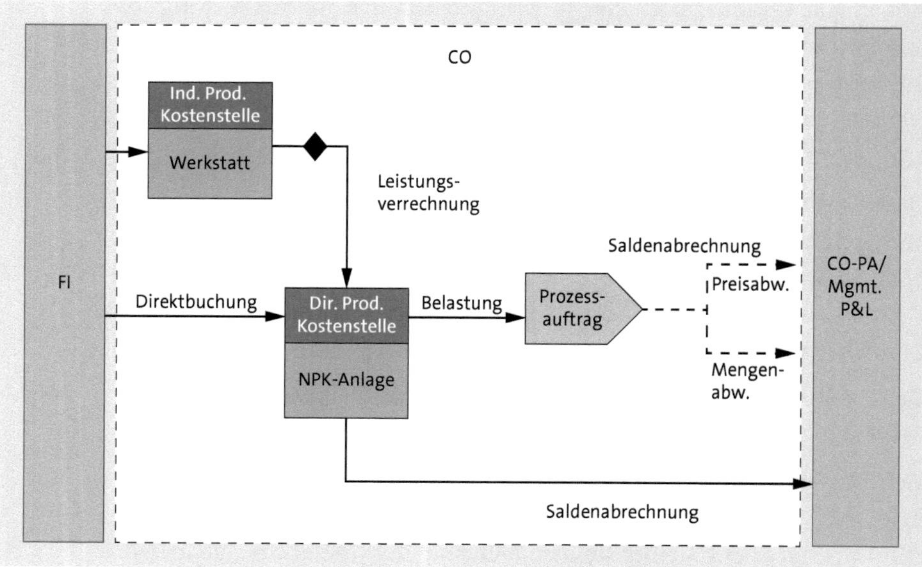

Abbildung 6.47 Standardisierter Wertefluss in der Produktion (vereinfacht)

Mit der Abrechnung der Aufträge wird in der Finanzbuchhaltung eine Preisdifferenz gebucht und das Bestandsveränderungskonto korrigiert. Diese Buchung ist ergebnisneutral. Im herkömmlichen SAP-System hat das System bei der Buchung der Abweichungen in der Finanzbuchhaltung auf das Konto, das in der MM-Kontenfindung der Kontomodifikation PRD – PRF hinterlegt ist, zurückgegriffen.

Beim Einsatz der kalkulatorischen Ergebnisrechnung können die Abweichungen wie bisher analog den Abweichungskategorien auf verschiedene Wertfelder in der Ergebnisrechnung abgerechnet werden.

Lernen Sie nun, wie Sie die Abweichungsermittlung in Ihrem Unternehmen konfigurieren.

Abweichungsschlüssel

Damit Abweichungen auf einem Fertigungsauftrag/Prozessauftrag ermittelt werden können, muss dieser einem Abweichungsschlüssel zugeordnet sein.

Zur Anlage eines Abweichungsschlüssels rufen Sie Transaktion OKV1 auf, oder Sie folgen dem Customizing-Pfad **Controlling • Produktkosten-Controlling • Kostenträgerrechnung • Auftragsbezogenes Produkt-Controlling • Periodenabschluss • Abweichungsermittlung • Abweichungsschlüssel definieren.**

Sie können über **Neue Einträge** einen Abweichungsschlüssel anlegen (siehe Abbildung 6.48). Im Abweichungsschlüssel können Sie zwei Häkchen setzen:

- **Ausschuss**
  Im Bereich **Abw.Ermittlung** (Abweichungsermittlung) können Sie das Häkchen vor **Ausschuß** setzen. Das bewirkt, dass bei der Abweichungsermittlung der Wert für den Ausschuss ermittelt und von der Gesamtabweichung abgezogen wird. Voraussetzung dafür ist, dass der Ausschuss korrekt in der Fertigung zurückgemeldet wird.
- **Einzelpost. schreiben**
  Im Bereich **Fortschreibung** können Sie das Häkchen vor **Einzelpost. schreiben** (Einzelposten schreiben) setzen, was dazu führt, dass bei der Ermittlung der Abweichung ein zusätzlicher Beleg mit den Informationen erstellt wird, wer die Abweichungen wann ermittelt hat und welche Abweichungen sich verändert haben. In der Regel wird dieses Häkchen jedoch nicht gesetzt.

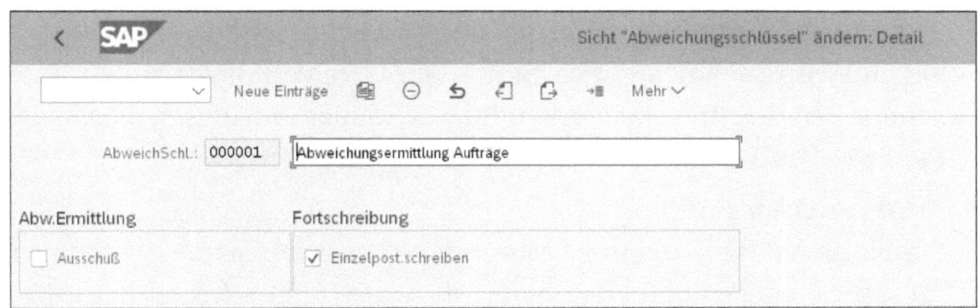

Abbildung 6.48 Abweichungsschlüssel anlegen

Abweichungsschlüssel als Vorschlagswert

Nach der Anlage des Abweichungsschlüssels können Sie diesen über Transaktion OKVW oder über den folgenden Customizing-Pfad als Vorschlagswert im Werk hinterlegen: **Controlling • Produktkosten-Controlling • Kostenträgerrechnung • Auftragsbezogenes Produkt-Controlling • Periodenabschluss • Abweichungsermittlung • Abweichungsschlüssel pro Werk vorschlagen**.

Wie in Abbildung 6.49 dargestellt, hinterlegen Sie den Abweichungsschlüssel 000001 dem Werk 1100. Bei der Anlage eines Materialstammsatzes oder eines Fertigungs-/Prozessauftrags wird dieser Abweichungsschlüssel als Vorschlagswert in den Stamm übernommen und kann manuell überschrieben werden. Die Pflege des Vorschlagswerts stellt sicher, dass alle Aufträge mit einem Abweichungsschlüssel versorgt werden und Abweichungen zum Monatsende ermittelt werden können.

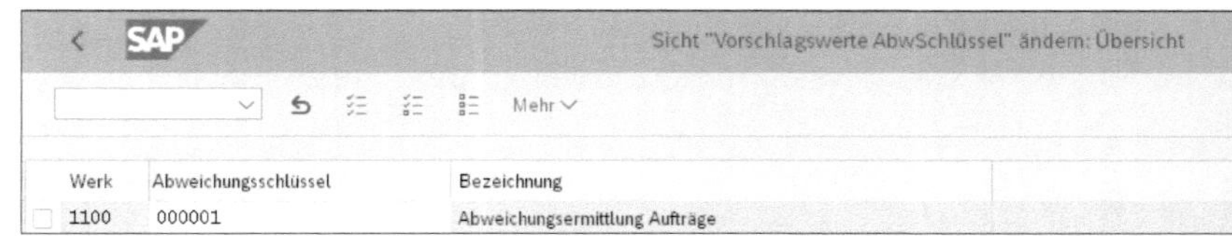

Abbildung 6.49 Abweichungsschlüssel als Vorschlagswert im Werk hinterlegen

Abweichungsvarianten

Über Transaktion OKVG oder über den Customizing-Pfad **Controlling • Produktkosten-Controlling • Kostenträgerrechnung • Auftragsbezogenes Produkt-Controlling • Periodenabschluss • Abweichungsermittlung • Abweichungsvarianten überprüfen** legen Sie fest, welche Abweichungskategorien im Abweichungsschlüssel aktiviert sind (siehe Abbildung 6.50). Es wird empfohlen, alle Abweichungskategorien zu aktivieren. Entstehen Abweichungen in einer Abweichungskategorie, die nicht aktiviert ist, werden diese Abweichungen der Restabweichung zugeordnet. Das SAP-System unterteilt die Abweichungskategorien in zwei Bereiche:

Abweichungen der Einsatzseite

Zum einen gibt es die Abweichungen der Einsatzseite:

- **Ausschussabweichung**
  Die Ausschussabweichung bestimmt den Wert von ungeplantem Ausschuss. Der Ausschuss muss in der Rückmeldung zum Auftrag separat erfasst werden, damit das System diesen erkennen kann.
- **Einsatzpreisabweichung**
  Die Einsatzpreisabweichung bestimmt die Abweichung von Preisen von Einsatzmaterialien und Leistungen. Die Abweichung wird aus der Differenz zwischen Soll-Kosten und Ist-Kosten ermittelt.
- **Strukturabweichung**
  Die Strukturabweichung wird aus der Differenz zwischen Soll-Kosten und Ist-Kosten ermittelt, wenn eine von der Stückliste abweichende Einsatzkomponente (z. B. Material) verwendet wird.
- **Einsatzmengenabweichung**
  Die Einsatzmengenabweichung stellt die Differenz von Soll-Kosten und Ist-Kosten dar, wenn es eine Differenz zwischen geplanten und aktuell eingesetzten Mengen gibt.
- **Einsatzrestabweichung**
  Alle Abweichungen der Einsatzseite, die keiner der oben genannten Einsatzabweichungen zugeordnet werden können, werden der Einsatzrestabweichung zugeordnet.

Abweichungen der Verrechnungsseite

Zum anderen werden die Abweichungen der Verrechnungsseite unterschieden:

- **Mischpreisabweichung**
  Falls Sie mit Mischpreiskalkulationen arbeiten, ermittelt die Mischpreisabweichung die Abweichung zwischen dem Standardpreis und der Materialkalkulation der in der Produktion ausgewählten Beschaffungsalternative.
- **Verrechnungspreisabweichung**
  Eine Verrechnungspreisabweichung entsteht nur, wenn die Fertigprodukte mit einem vom Standardpreis abweichenden Preis an das Lager geliefert werden (z. B. gleitender Durchschnittspreis).
- **Losgrößenabweichung**
  Losgrößenabweichungen entstehen, wenn sich die Ist-Mengen von der geplanten Menge unterscheiden. Sie ergeben sich dadurch, dass sich ein Teil der Gesamtkosten bei der Änderung der Herstellmenge nicht verändert.
- **Restabweichung**
  Alle Abweichungskosten, die keiner der oben genannten Abweichungskategorien zugeordnet werden können, werden der Restabweichung zugewiesen.

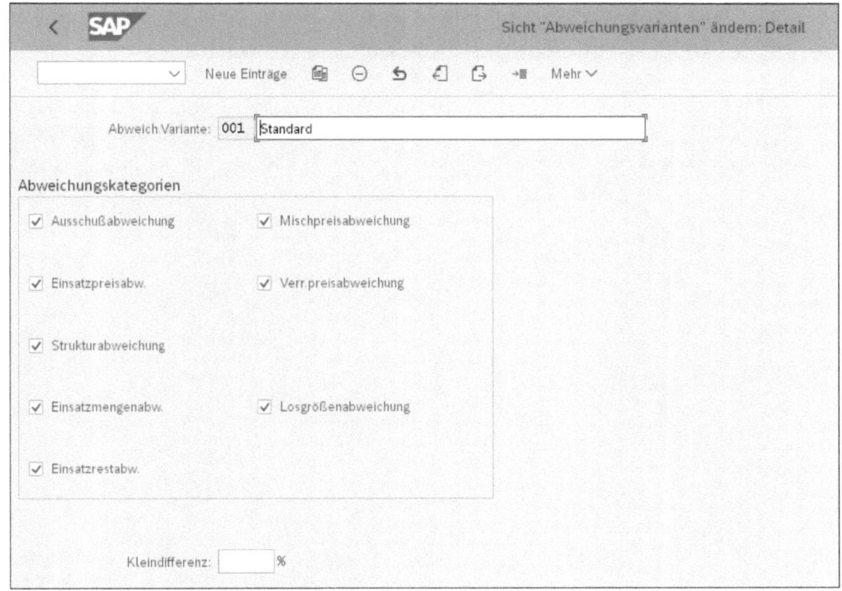

Abbildung 6.50 Abweichungsvarianten aktivieren

Soll-Version anlegen

Für die Abweichungsermittlung muss im Kostenrechnungskreis eine Soll-Version festgelegt werden, die bestimmt, wie die Abweichungen ermittelt werden. Zur Anlage einer Soll-Version rufen Sie Transaktion OKV6 auf, oder Sie folgen dem Customizing-Pfad **Controlling • Produktkosten-Controlling •**

Kostenträgerrechnung • Auftragsbezogenes Produkt-Controlling • Periodenabschluss • Abweichungsermittlung • Sollversionen festlegen.

Über **Neue Einträge** können Sie für den Kostenrechnungskreis (1000) verschiedene Soll-Versionen anlegen (siehe Abbildung 6.51).

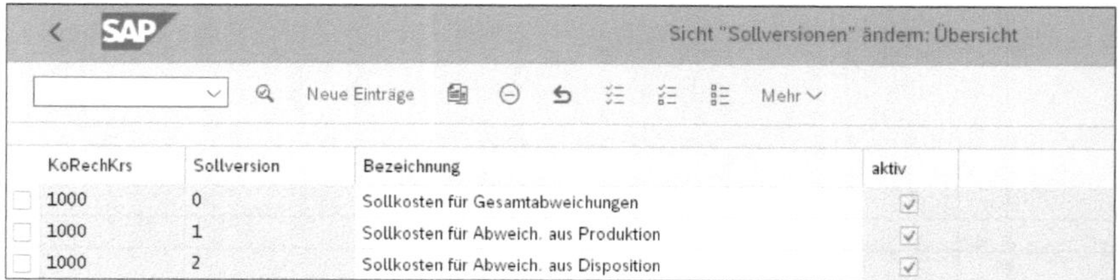

KoRechKrs	Sollversion	Bezeichnung	aktiv
1000	0	Sollkosten für Gesamtabweichungen	☑
1000	1	Sollkosten für Abweich. aus Produktion	☑
1000	2	Sollkosten für Abweich. aus Disposition	☑

Abbildung 6.51 Soll-Versionen im Kostenrechnungskreis anlegen

Die Soll-Versionen legen fest, auf welche Arten Sie die Abweichungen ermitteln können (welche Kosten/Kalkulationsvariante als Basis für die Abweichungsermittlung herangezogen wird).

Details der Soll-Version anlegen

In der Soll-Version legen Sie im Detail fest, welche Abweichungsvariante für die Abweichungsermittlung angewandt werden soll. Sie haben in Abbildung 6.52 für die Soll-Version 0 die Abweichungsvariante 001 zugeordnet. Diese Abweichungsvariante haben Sie in Abbildung 6.50 angelegt. Sie bestimmt, in welche Abweichungskategorien die Abweichungen aufgeteilt werden.

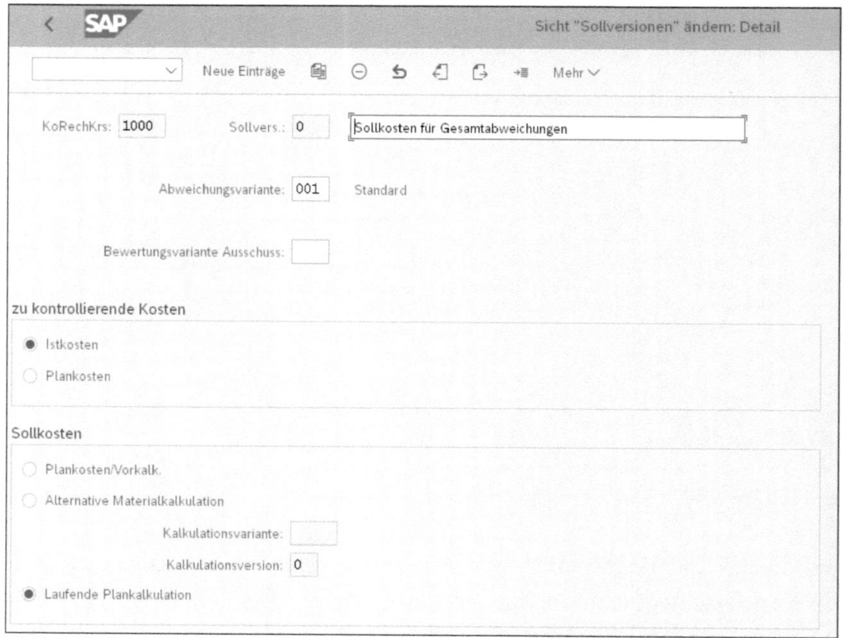

Abbildung 6.52 Detailansicht der Soll-Version für Gesamtabweichungen

Zu kontrollierende Kosten pflegen

Im Bereich **zu kontrollierende Kosten** geben Sie an, dass Sie die Ist-Kosten analysieren möchten. Im Bereich **Sollkosten** geben Sie die Vergleichsgröße für die Ist-Kosten an, die für die Soll-Version 0 in der Regel die laufende Plankalkulation darstellt. Für die Abweichungsermittlung, die später mit der Abrechnung an FI weitergeleitet wird, empfehle ich Ihnen die Einstellungen, die in der Soll-Version 0 in Abbildung 6.51 dargestellt sind, da diese den Saldo der Aufträge auf null setzt und damit eine einfachere Analyse der Daten möglich ist. Bei Einsatz der kalkulatorischen Ergebnisrechnung können nur so die Werte mit der Finanzbuchhaltung abgestimmt werden.

Detailansicht Soll-Version überprüfen

In der Detailansicht der Soll-Version 1 für Abweichungen aus der Produktion in Abbildung 6.53 haben Sie als Soll-Kosten die Plankosten/Vorkalkulation ausgewählt. Bei der Abweichungsermittlung werden die Plankalkulation oder die Vorkalkulation des Fertigungs-/Prozessauftrags als Vergleichskosten herangezogen.

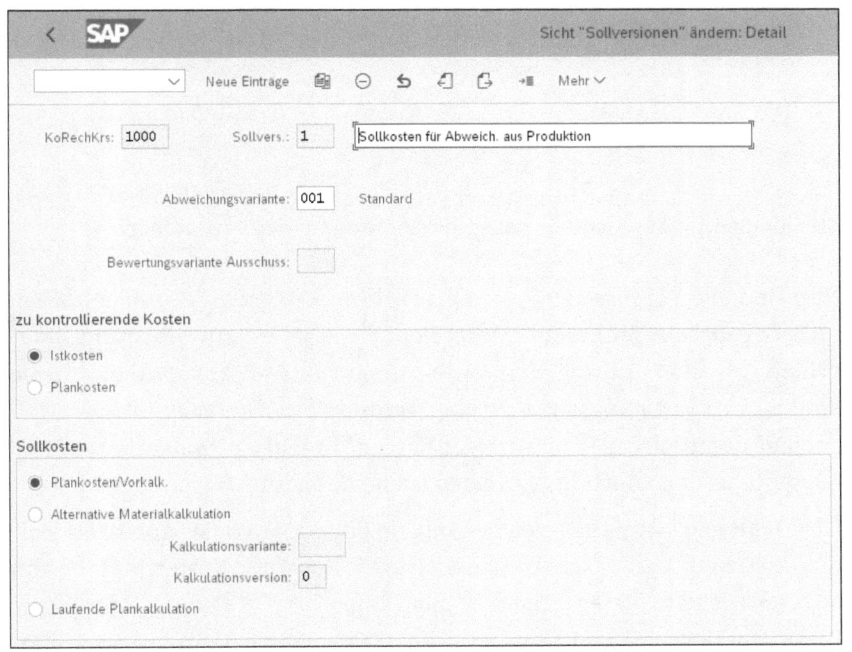

Abbildung 6.53 Detailansicht der Soll-Kosten für Abweichungen aus der Produktion

Zusätzliche Soll-Versionen

Sie haben die Möglichkeit, weitere Soll-Versionen anzulegen und diese mit alternativen Materialkalkulationen zu vergleichen. Dazu wählen Sie im Bereich **Sollkosten** der Detailansicht der Soll-Version **Alternative Materialkalkulation** aus und legen die Kalkulationsvariante fest, deren Kalkulationen zur Ermittlung der Abweichung herangezogen werden sollen.

Nummernkreis festlegen

Bevor Sie eine Abweichungsermittlung vornehmen können, müssen Sie den Abweichungsbelegen einen Nummernkreis zuordnen. Rufen Sie dazu Transaktion KANK auf, oder folgen Sie dem Customizing-Pfad **Controlling • Produktkosten-Controlling • Kostenträgerrechnung • Auftragsbezogenes Produkt-Controlling • Periodenabschluss • Abweichungsermittlung • Nummernkreise für Abweichungsbelege festlegen**.

Nummernkreis Abweichungsbeleg anlegen

Geben Sie im Einstiegsbild den Kostenrechnungskreis ein, in dem die Abweichungen ermittelt werden sollen. Klicken Sie dann auf [✎] (**Gruppen ändern**), und ordnen Sie dem Element KVAR (Abweichungsermittlung) über [icon] (**Element einer Gruppe zuordnen**) eine Gruppe zu (siehe Abbildung 6.54). Wechseln Sie dann über [F3] in das Einstiegsbild **Intervallpflege: CO-Beleg** zurück, und überprüfen Sie über [✎ Intervalle], ob die Gruppe einem Nummernkreis zugeordnet ist.

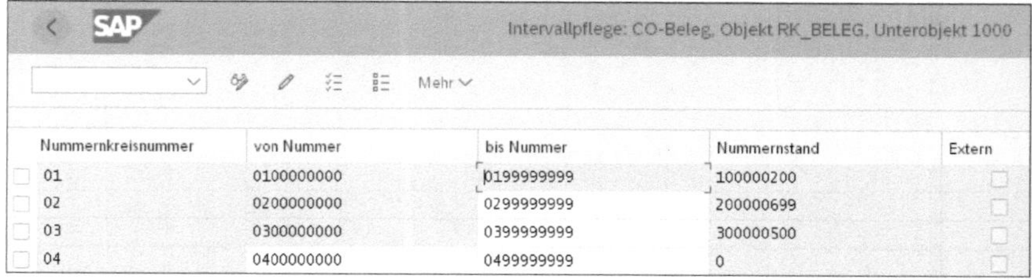

Nummernkreisnummer	von Nummer	bis Nummer	Nummernstand	Extern
01	0100000000	0199999999	100000200	
02	0200000000	0299999999	200000699	
03	0300000000	0399999999	300000500	
04	0400000000	0499999999	0	

Abbildung 6.54 Abweichungsbelege einem Nummernkreis zuordnen

Voraussetzungen für die Abweichungsermittlung

Nun sind alle Voraussetzungen für die Abweichungsermittlung getroffen. Im Fertigungsauftrag können Sie im Kopf der Registerkarte **Steuerung** überprüfen, ob dem Auftrag ein Abweichungsschlüssel zugeordnet ist. Sie können sich Fertigungsaufträge über Transaktion CO03 oder über den folgenden Customizing-Pfad anzeigen lassen: **Logistik • Produktion • Fertigungssteuerung • Auftrag • Anzeigen** (siehe Abbildung 6.55).

Kosten im Fertigungsauftrag

Über **Springen • Kosten • Analyse** kann ein Soll-Ist-Vergleich angezeigt werden. In Abbildung 6.56 sehen Sie z. B., dass für Rohstoffe Kosten in Höhe von 0.02 USD geplant waren und im Ist tatsächlich 99.95 USD verbucht wurden. In der Abweichungsermittlung wird dies wahrscheinlich in den Abweichungen der Einsatzseite ausgewiesen.

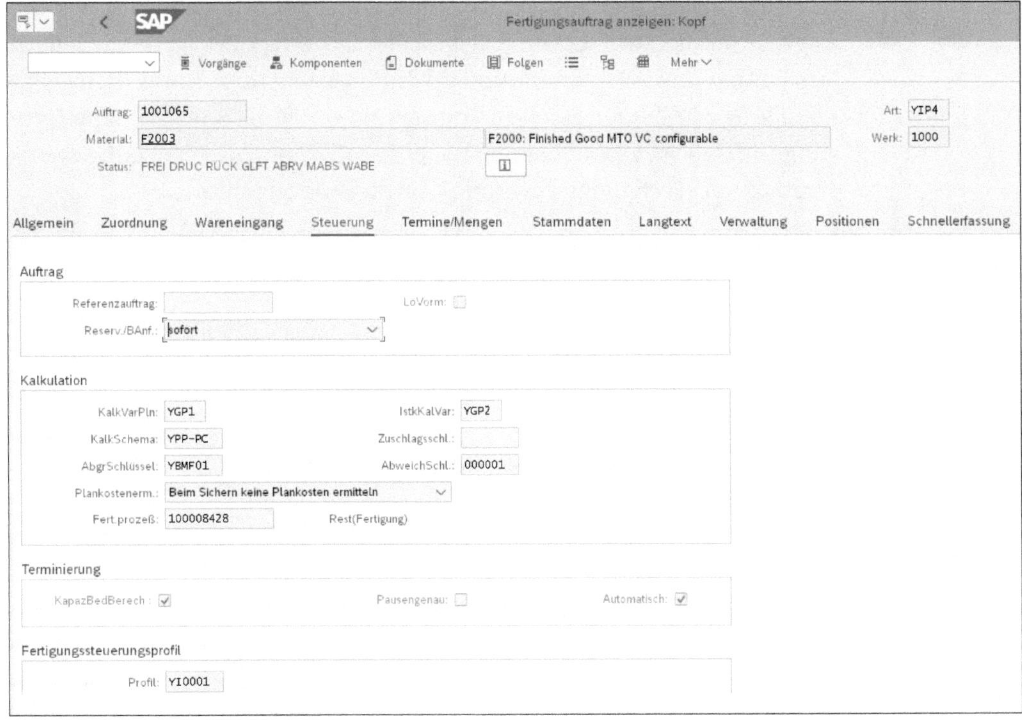

Abbildung 6.55 Fertigungsauftrag anzeigen

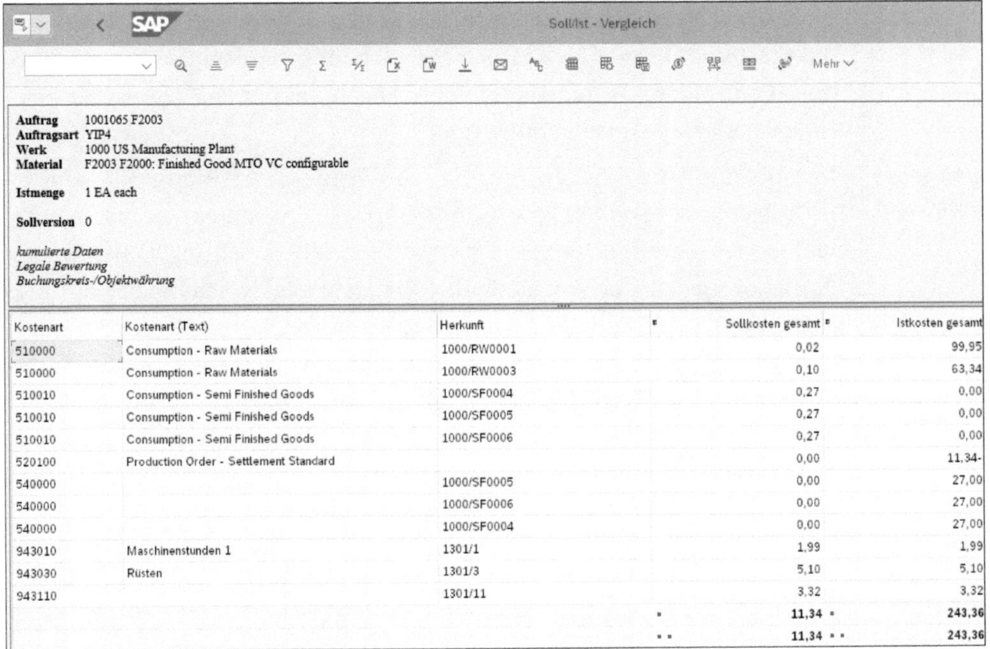

Kostenart	Kostenart (Text)	Herkunft		Sollkosten gesamt		Istkosten gesamt
510000	Consumption - Raw Materials	1000/RW0001		0,02		99,95
510000	Consumption - Raw Materials	1000/RW0003		0,10		63,34
510010	Consumption - Semi Finished Goods	1000/SF0004		0,27		0,00
510010	Consumption - Semi Finished Goods	1000/SF0005		0,27		0,00
510010	Consumption - Semi Finished Goods	1000/SF0006		0,27		0,00
520100	Production Order - Settlement Standard			0,00		11,34-
540000		1000/SF0005		0,00		27,00
540000		1000/SF0006		0,00		27,00
540000		1000/SF0004		0,00		27,00
943010	Maschinenstunden 1	1301/1		1,99		1,99
943030	Rüsten	1301/3		5,10		5,10
943110		1301/11		3,32		3,32
			•	11,34	•	243,36
			••	11,34	••	243,36

Abbildung 6.56 Soll-Ist-Vergleich im Fertigungsauftrag anzeigen

Status im Fertigungsauftrag

Um in der Abweichungsermittlung berücksichtigt zu werden, muss der Auftrag den Status TECO (technisch abgeschlossen) oder GLFT (geliefert) haben. Den Status eines Fertigungsauftrags können Sie im Kopf überprüfen (siehe Abbildung 6.57). Rufen Sie dazu Transaktion CO03, die SAP-Fiori-App **Fertigungsauftrag anzeigen** oder den folgenden Customizing-Pfad auf: **Logistik • Produktion • Fertigungssteuerung • Auftrag • Anzeigen**.

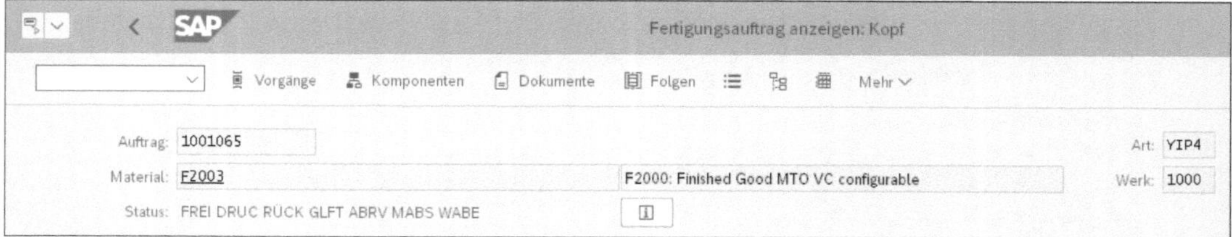

Abbildung 6.57 Status des Fertigungsauftrags überprüfen

Abweichungsermittlung ausführen

Über Transaktion KKS2, die SAP-Fiori-App **Abweichungsermittlung ausführen** oder über den Customizing-Pfad **Rechnungswesen • Controlling • Produktkosten-Controlling • Kostenträgerrechnung • Auftragsbezogenes Produkt-Controlling • Periodenabschluss • Einzelfunktionen • Abweichungen • Einzelverarbeitung** können Sie die Abweichungsermittlung für einen einzelnen Auftrag vornehmen. Für die Sammelverarbeitung der Abweichungsermittlung können Sie Transaktion KKS1H oder die SAP-Fiori-App **Abweichungsermittlung ausführen** nutzen. Sie können die Transaktion über den folgenden Customizing-Pfad aufrufen: **Rechnungswesen • Controlling • Produktkosten-Controlling • Kostenträgerrechnung • Auftragsbezogenes Produkt-Controlling • Periodenabschluss • Einzelfunktionen • Abweichungen • HANA-basierte Sammelverarbeitung**.

Abweichungen analysieren

In Abbildung 6.57 haben Sie die Abweichungsermittlung für Auftrag 1001065 mit der Soll-Version 0 ausgeführt. Wie im Soll-Ist-Vergleich in Abbildung 6.56 bereits festgestellt, gibt es u. a. eine Abweichung im Bereich der Einsatzpreise in Höhe von 132.29 USD. Die Gesamtabweichung des Auftrags beträgt 243.36 USD und ist in verschiedene Abweichungskategorien aufgeteilt, wie Sie im oberen Bereich von Abbildung 6.58 (Sicht **Abweichungsermittlung: Liste (Testlauf)**) sehen. Die Abweichungsermittlung muss im Echtlauf durchgeführt werden, damit die Abweichungen in der Abrechnung der Aufträge abgerechnet werden können.

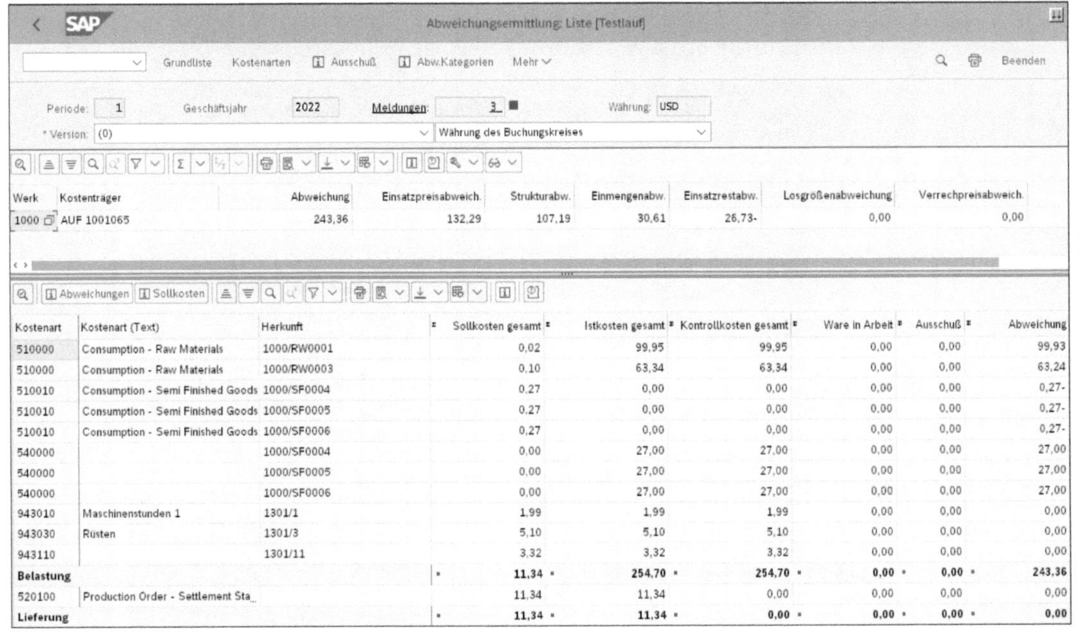

Werk	Kostenträger	Abweichung	Einsatzpreisabweich.	Strukturabw.	Einmengenabw.	Einsatzrestabw.	Losgrößenabweichung	Verrechpreisabweich.
1000	AUF 1001065	243,36	132,29	107,19	30,61	26,73-	0,00	0,00

Kostenart	Kostenart (Text)	Herkunft	Sollkosten gesamt	Istkosten gesamt	Kontrollkosten gesamt	Ware in Arbeit	Ausschuß	Abweichung
510000	Consumption - Raw Materials	1000/RW0001	0,02	99,95	99,95	0,00	0,00	99,93
510000	Consumption - Raw Materials	1000/RW0003	0,10	63,34	63,34	0,00	0,00	63,24
510010	Consumption - Semi Finished Goods	1000/SF0004	0,27	0,00	0,00	0,00	0,00	0,27-
510010	Consumption - Semi Finished Goods	1000/SF0005	0,27	0,00	0,00	0,00	0,00	0,27-
510010	Consumption - Semi Finished Goods	1000/SF0006	0,27	0,00	0,00	0,00	0,00	0,27-
540000		1000/SF0004	0,00	27,00	27,00	0,00	0,00	27,00
540000		1000/SF0005	0,00	27,00	27,00	0,00	0,00	27,00
540000		1000/SF0006	0,00	27,00	27,00	0,00	0,00	27,00
943010	Maschinenstunden 1	1301/1	1,99	1,99	1,99	0,00	0,00	0,00
943030	Rüsten	1301/3	5,10	5,10	5,10	0,00	0,00	0,00
943110		1301/11	3,32	3,32	3,32	0,00	0,00	0,00
Belastung			**11,34**	**254,70**	**254,70**	**0,00**	**0,00**	**243,36**
520100	Production Order - Settlement Sta_		11,34	11,34	0,00	0,00	0,00	0,00
Lieferung			**11,34**	**11,34**	**0,00**	**0,00**	**0,00**	**0,00**

Abbildung 6.58 Abweichungsermittlung ausführen

Ergebnisschema anlegen

Um die Abweichungen abrechnen zu können, muss im Customizing ein Ergebnisschema angelegt werden. Über Transaktion KEI1 oder den Customizing-Pfad **Controlling • Ergebnis- und Marktsegmentrechnung • Werteflüsse im Ist • Produktionsabweichungen abrechnen • Ergebnisschema für Abweichungsabrechnung definieren** können Sie ein Ergebnisschema definieren. Über **Neue Einträge** legen Sie wie in Abbildung 6.59 ein neues Ergebnisschema an.

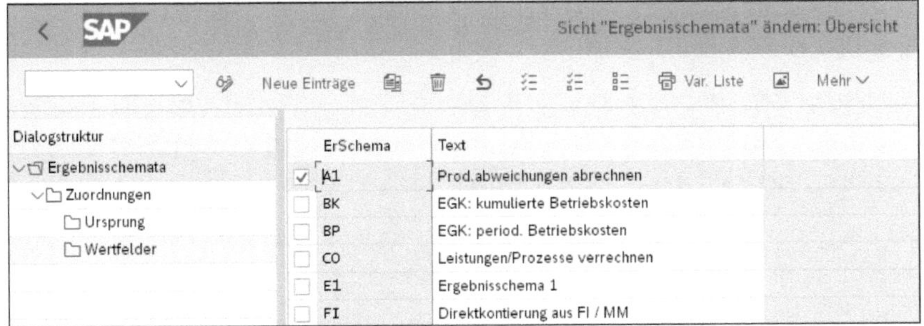

ErSchema	Text
A1	Prod.abweichungen abrechnen
BK	EGK: kumulierte Betriebskosten
BP	EGK: period. Betriebskosten
CO	Leistungen/Prozesse verrechnen
E1	Ergebnisschema 1
FI	Direktkontierung aus FI / MM

Abbildung 6.59 Ergebnisschema für die Abweichungen anlegen

Markieren Sie das angelegte Ergebnisschema, und navigieren Sie im linken Bildbereich **Dialogstruktur** in den Ordner **Zuordnungen** (siehe Abbildung 6.60). Über **Neue Einträge** können Sie neue Zeilen anlegen. Für die Abrechnung der Abweichungskategorien an die kalkulatorische Ergebnisrechnung müssen Sie pro Abweichungskategorie mindestens eine Zeile anlegen.

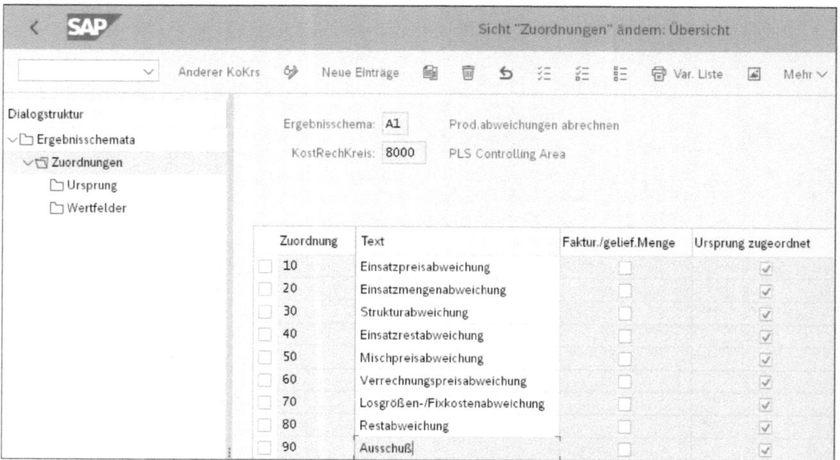

Abbildung 6.60 Zuordnungen im Ergebnisschema anlegen

Markieren Sie eine der Zuordnungszeilen, und navigieren Sie im linken Bildbereich **Dialogstruktur** in den Ordner **Ursprung** (siehe Abbildung 6.61).

Ursprung anlegen

Im Bereich **Kostenart** legen Sie fest, welche Kostenarten in der Abrechnung der im Bereich **Ursprung** festgelegten Abrechnungskategorie abgerechnet werden. Sie möchten alle Kostenarten, für die eine Einsatzpreisabweichung ermittelt wurde, abrechnen; daher geben Sie als Intervall für die Kostenart 0 bis Z ein.

Im Bereich **Ursprung** aktivieren Sie Abweichungen auf Fertigungsaufträgen und wählen die Abweichungskategorie aus, die Sie mit der Zuordnungszeile abrechnen möchten. Im Beispiel in Abbildung 6.60 wurde ABPR (Einsatzpreisabweichung) ausgewählt.

Wertfelder für Ergebnisschema anlegen

Nach der Pflege des Ursprungs navigieren Sie im linken Bildbereich **Dialogstruktur** in den Ordner **Wertfelder**. Über **Neue Einträge** können Sie ein Wertfeld zuordnen, auf das die Abrechnung der Abweichung erfolgen soll.

Sie ordnen, wie es aus Abbildung 6.62 hervorgeht, das Wertfeld `KWABPR` (Abweichungen Preis) für die Abrechnung von Einsatzpreisabweichungen zu. Wiederholen Sie die Zuordnung des Ursprungs und der Wertfelder für alle in Abbildung 6.60 gepflegten Zuordnungen.

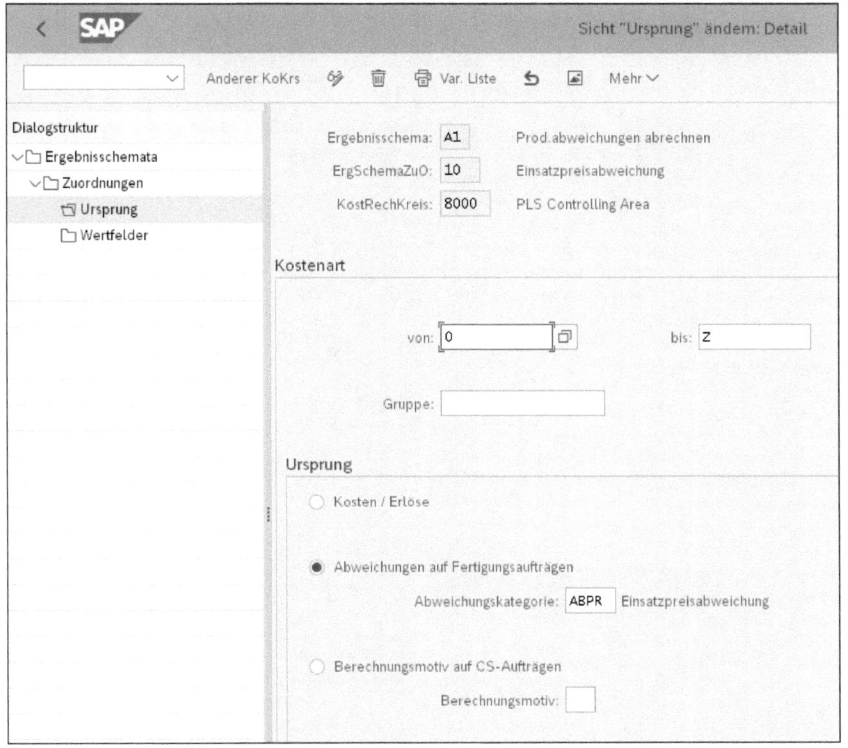

Abbildung 6.61 Ursprung im Ergebnisschema zuordnen

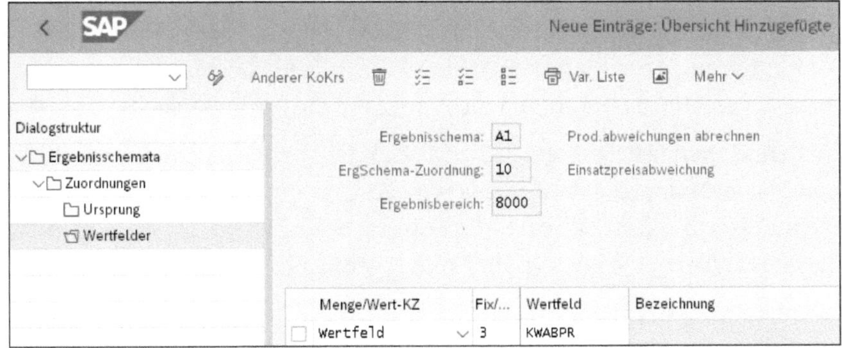

Abbildung 6.62 Wertfeld im Ergebnisschema zuordnen

Abrechnungsprofil pflegen

Nach der Pflege des Ergebnisschemas muss dieses einem Abrechnungsprofil zugeordnet werden. Folgen Sie dazu dem Customizing-Pfad **Controlling • Ergebnis- und Marktsegmentrechnung • Werteflüsse im Ist • Produktionsabweichungen abrechnen • Ergebnisschema • Abrechnungsprofil zuordnen**.

Wählen Sie aus der Liste der Abrechnungsprofile das Abrechnungsprofil aus, das den in Ihrem System verwendeten Fertigungs-/Prozessauftragsarten zugeordnet ist. Im Bereich **Vorschlagswerte** ordnen Sie das soeben angelegte Ergebnisschema ZV (Produktionsabweichungen) im Feld **Ergebnisschema** zu (siehe Abbildung 6.63).

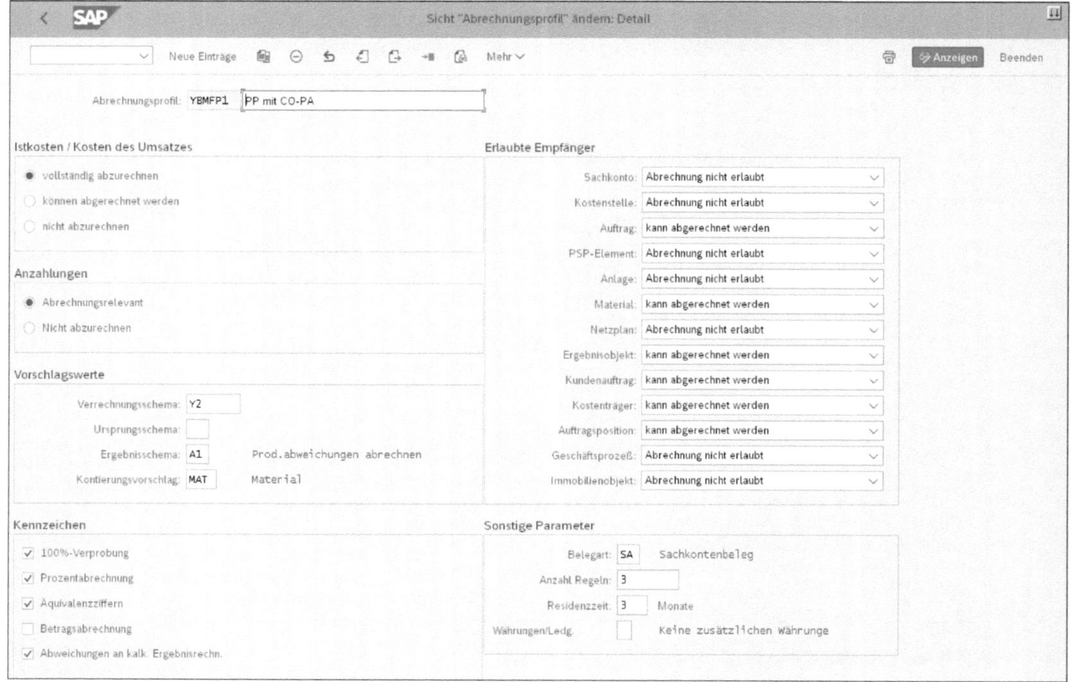

Abbildung 6.63 Abrechnungsprofil pflegen

Als **Kontierungsvorschlag** pflegen Sie MAT, da die Abweichungen an das Material abgerechnet werden und nicht etwa auf die Kostenstelle.

Im Bereich **Kennzeichen** setzen Sie das Häkchen bei **Abweichungen an kalk. Ergebnisrechnung**; dies bewirkt, dass die Abweichungen bei der Auftragsabrechnung an die kalkulatorische Ergebnisrechnung abgerechnet werden. Ist dieses Häkchen nicht gesetzt, wird kein Ergebnisrechnungsbeleg für die kalkulatorische Ergebnisrechnung erstellt.

Nun haben Sie alle Einstellungen für die Abweichungsermittlung und die Abrechnung der Abweichungen an die kalkulatorische Ergebnisrechnung vorgenommen.

Auftrag abrechnen

Mit Transaktion KO88, über die SAP-Fiori-App **Istabrechnung** oder über den Aufruf des folgenden Menüpfads können Sie den Auftrag abrechnen: **Rechnungswesen • Controlling • Produktkosten-Controlling • Kostenträgerrechnung • Auftragsbezogenes Produkt-Controlling • Periodenabschluss • Einzelfunktionen • Abrechnung Einzelverarbeitung**.

Natürlich können Sie die Aufträge über die Sammelverarbeitung abrechnen. Rufen Sie dazu Transaktion CO88H, die SAP-Fiori-App **Aufträge abrechnen** oder den Menüpfad **Rechnungswesen • Controlling • Produktkosten-Controlling • Kostenträgerrechnung • Auftragsbezogenes Produkt-Controlling • Periodenabschluss • Einzelfunktionen • HANA-basierte Sammelverarbeitung** auf.

Die Abrechnung des Auftrags erfolgt auf der Monatsebene. Bei der Abrechnung des Auftrags 1001065 werden, wie Sie in Abbildung 6.64 sehen, verschiedene Belege für die kalkulatorische Ergebnisrechnung erstellt.

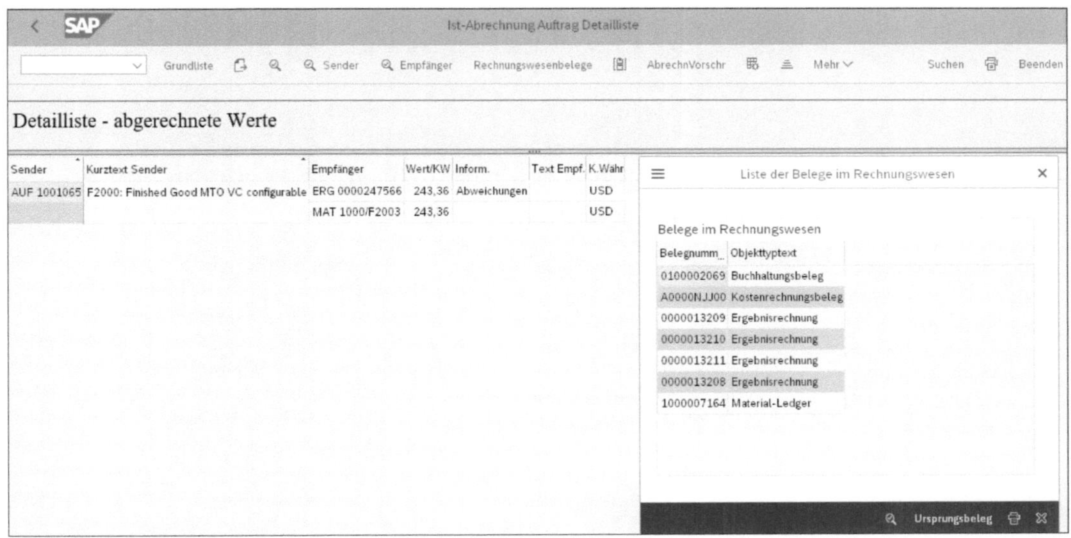

Abbildung 6.64 Belege bei der Auftragsabrechnung

Buchung aus der Abrechnung analysieren

Bei der Abrechnung wurden auch Belege für die kalkulatorische Ergebnisrechnung erstellt. Pro Buchungszeile wird ein Beleg in der kalkulatorischen Ergebnisrechnung erzeugt. In Abbildung 6.65 sehen Sie die Merkmale, die im kalkulatorischen Ergebnisrechnungsbeleg abgeleitet wurden. Die Vorgangsart für die Abrechnung von Aufträgen ist B.

In Abbildung 6.66 sehen Sie das Wertfeld, das über die Abweichungsermittlung bebucht wurde.

Einzelposten anzeigen

Integration Mehr

Belegnr.: 13209 Positionsnr.: Vorgangsart: B

Buchungsdatum: 30.06.2022 Periode: 6 Geschäftsjahr: 2022

Merkmale Wertfelder Herkunftsdaten Verwaltungsdaten

Merkmal	Merkmalswert	Text
Organisationseinheiten:		
Buchungskreis:	1000	US Company
Verkaufsorg.:		
Vertriebsweg:		
kundenbezogene Merkmale:		
Kunde:		
Kundengruppe:		
Land:		
Verkaufsbüro:		
Warenempfänger:		
artikelbezogene Merkmale:		
Artikel:	F2003	F2000: Finished Good MTO VC configurable
Werk:	1000	US Manufacturing Plant
Beschaffung:	E	Eigenfertigung
Kostenträger:		

Zeilen 1 bis 15 von 57

Abbildung 6.65 Merkmale im Ergebnisrechnungsbeleg anzeigen

Abbildung 6.66 Wertfelder im Ergebnisrechnungsbeleg anzeigen

Zum Beleg der kalkulatorischen Ergebnisrechnung können Sie sich über [Integration] im Zusammenhang stehende Belege und Stammdaten anzeigen lassen (siehe Abbildung 6.67).

Integration zum Beleg anzeigen

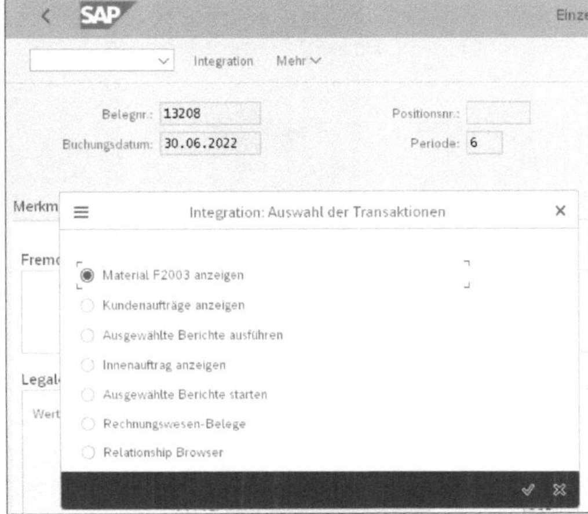

Abbildung 6.67 Belege der kalkulatorischen Ergebnisrechnung anzeigen

[«]

Abweichungsermittlung

In der kalkulatorischen Ergebnisrechnung werden die Abweichungen bei der Abrechnung der Fertigungsaufträge auf verschiedene Wertfelder abgerechnet.

6.7 Projekte/PSP-Elemente abrechnen

Projekte abrechnen

Ebenso wie Fertigungs- und Prozessaufträge müssen sämtliche Projekte und PSP-Elemente zum Monatsende abgerechnet werden. Projekte und PSP-Elemente können auf mehrere Empfänger abgerechnet werden, wie z. B. die Finanzbuchhaltung, die Ergebnisrechnung und/oder Kostenstellen. In Abbildung 6.68 ist der Wertefluss der Projekteabrechnung dargestellt. SAP empfiehlt mit SAP-Hinweis 2865342 (Innenaufträge in SAP S/4HANA, On Premise Edition) die Verwendung von Projekten anstelle von Innenaufträgen. Aus diesem Grund wird in diesem Kapitel nur die Abrechnung von Projekten beschrieben, die Abrechnung von Innenaufträgen erfolgt jedoch auf ähnliche Weise.

Für die Abrechnung von Projekten an die kalkulatorische Ergebnisrechnung bestimmt das Ergebnisschema den Empfänger.

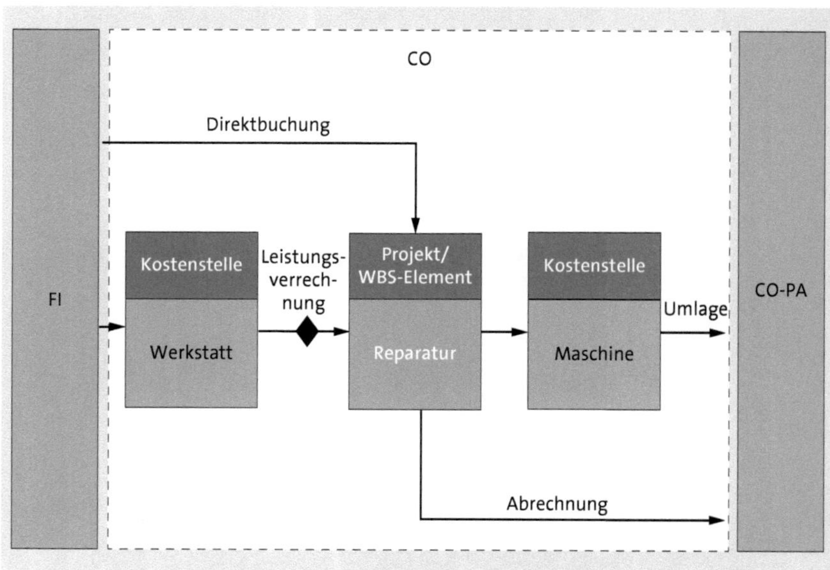

Abbildung 6.68 Standardisierter Wertefluss bei der Auftragsabrechnung (vereinfacht)

Ergebnisschema anlegen

Über Transaktion KEI1 oder den Customizing-Pfad **Controlling • Ergebnis- und Marktsegmentrechnung • Werteflüsse im Ist • Gemeinkosten übernehmen • Gemeinkostenaufträge/Projekte abrechnen • Ergebnisschema für Abrechnung definieren** können Sie ein Ergebnisschema für die Abrechnung eines PSP-Elements an die kalkulatorische Ergebnisrechnung anlegen. Wie Sie in Abbildung 6.69 sehen, können Sie über **Neue Einträge** ein neues Ergebnisschema hinzufügen oder ein existierendes Ergebnisschema anpassen.

Nach der Anlage des Ergebnisschemas markieren Sie dieses und navigieren im linken Bildbereich **Dialogstruktur** in den Ordner **Zuordnungen**.

Im Bereich **Zuordnungen** können Sie über **Neue Einträge** Zeilen für die Abrechnung von Kosten anlegen. Pro Wertfeld, auf das Sie Kosten abrechnen möchten, muss eine Zeile angelegt werden.

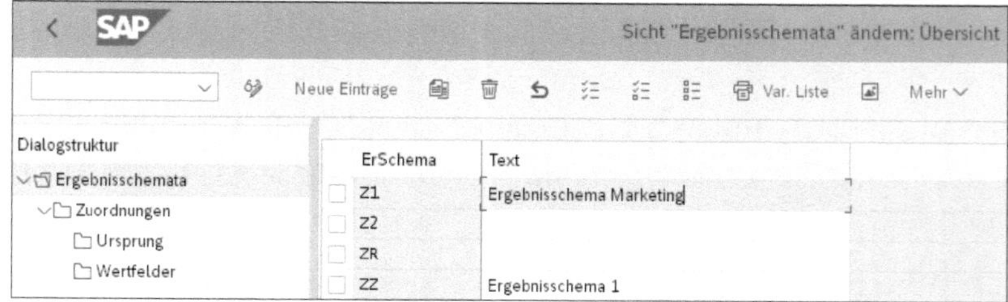

Abbildung 6.69 Ergebnisschema anlegen

Wie in Abbildung 6.70 dargestellt, legen Sie eine Zuordnung für **Marketingkosten** an. Alle auf das PSP-Element gebuchten Werte sollen auf das Wertfeld **Marketing** abgerechnet werden. Nach der Anlage der Zuordnung markieren Sie diese und navigieren im linken Bildbereich **Dialogstruktur** in den Ordner **Ursprung**.

Abbildung 6.70 Zuordnung im Ergebnisschema anlegen

Kostenarten für Abrechnung festlegen

Im Ursprung legen Sie die Kostenart, das Kostenartenintervall oder die Kostenartengruppe fest, deren Kosten bei der Abrechnung der Zuordnung der Marketingkosten berücksichtigt werden sollen. Ordnen Sie die Kostenartengruppe **EXPENSES** zu (siehe Abbildung 6.71), da alle auf das PSP-Element gebuchten Kosten auf das Wertfeld **Marketing** im kalkulatorischen CO-PA abgerechnet werden sollen.

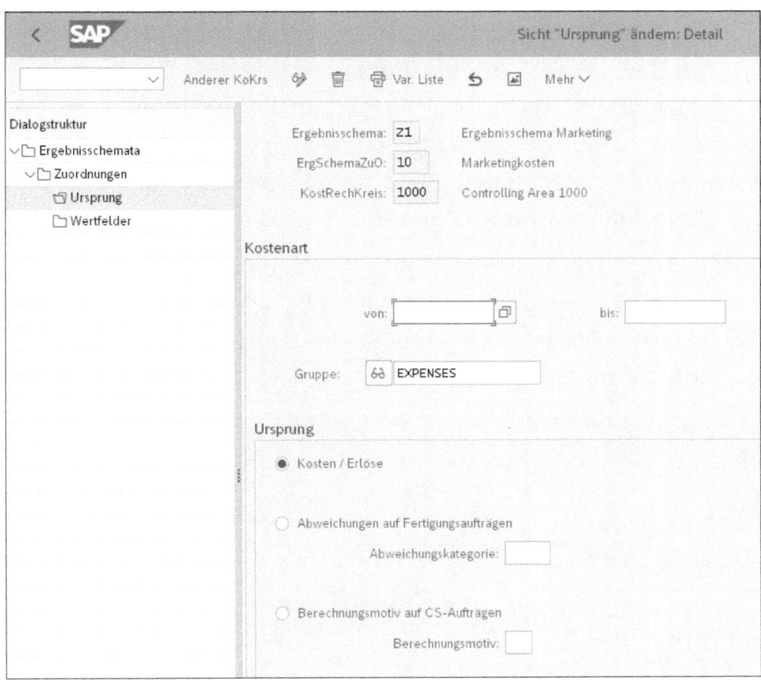

Abbildung 6.71 Ursprung im Ergebnisschema pflegen

Nachdem Sie den Ursprung zugeordnet haben, navigieren Sie im linken Bildbereich **Dialogstruktur** in den Ordner **Wertfelder**.

Wertfeld zuordnen

Über einen Klick auf **Neue Einträge** können Sie der Zuordnung ein Wertfeld zuordnen. Ordnen Sie, wie in Abbildung 6.72 dargestellt, das Wertfeld KWMKPR (Promotion) zu. Es ist möglich, fixe und variable Kosten auf getrennte Wertfelder abzurechnen. Dazu wählen Sie in der Spalte **F** das entsprechende **Fix-/ Variabel**-Kennzeichen aus:

- 1 (Fixe Beträge)
- 2 (Variable Beträge)
- 3 (Summe aus fixen und variablen Beträgen)

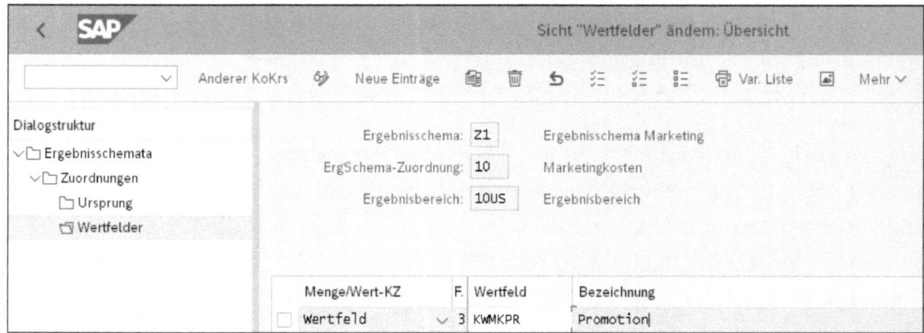

Abbildung 6.72 Wertfeld im Ergebnisschema zuordnen

Verrechnungsschema anlegen

Zusätzlich zu jedem Ergebnisschema muss auch ein Verrechnungsschema angelegt werden, das bestimmt, welche Kosten abgerechnet werden. Zur Anlage eines Verrechnungsschemas folgen Sie dem Customizing-Pfad **Projektsystem • Kosten • Automatische und periodische Verrechnungen • Abrechnung • Verrechnungsschemata pflegen**.

Über **Neue Einträge** können Sie ein neues Verrechnungsschema anlegen. Markieren Sie, wie in Abbildung 6.73 dargestellt, das Verrechnungsschema Z1, das Sie ändern möchten. Navigieren Sie im linken Bildbereich **Dialogstruktur** in den Ordner **Zuordnungen**.

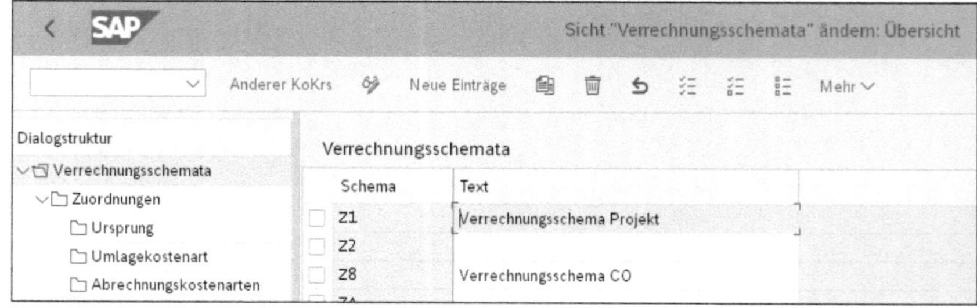

Abbildung 6.73 Verrechnungsschema anlegen

Zuordnung im Verrechnungsschema anlegen

Über **Neue Einträge** können Sie neue Zuordnungen anlegen. Sie legen die Zuordnung 010 (Marketingkosten) an (siehe Abbildung 6.74). Pro Abrechnungskostenart, die Sie für die Abrechnung verwenden möchten, muss eine separate Zuordnungszeile angelegt werden.

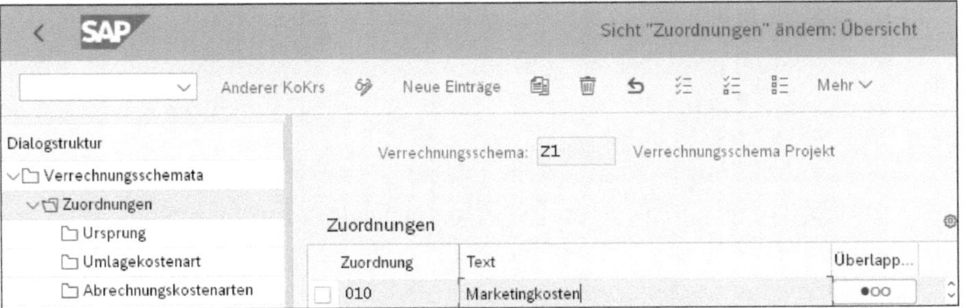

Abbildung 6.74 Zuordnung im Verrechnungsschema anlegen

Navigieren Sie im linken Bildbereich **Dialogstruktur** in den Ordner **Ursprung**.

Wie Sie es in Abbildung 6.75 sehen, ordnen Sie als **Ursprung** wie im Ergebnisschema die Kostenartengruppe **EXPENSES** zu. Der Ursprung bestimmt, welche Kostenart, welches Kostenartenintervall oder welche Kostenartengruppe in der Abrechnung für eine bestimmte Zuordnung berücksichtigt wird.

Navigieren Sie nach der Pflege des Ursprungs in den Ordner **Abrechnungskostenarten** im linken Bildbereich **Dialogstruktur**.

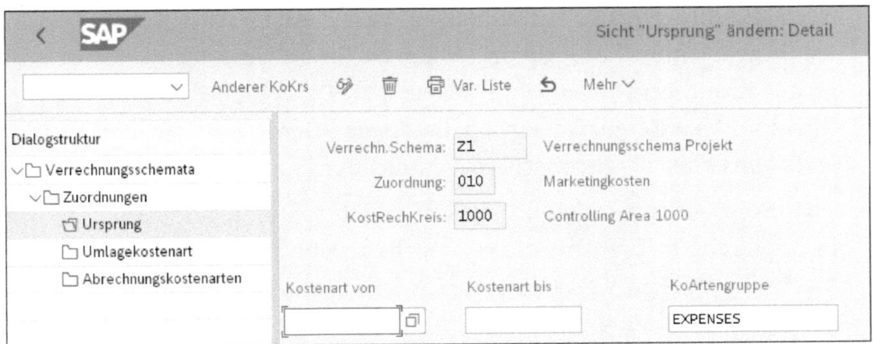

Abbildung 6.75 Ursprung im Verrechnungsschema pflegen

Im Bereich **Abrechnungskostenarten** legen Sie fest, auf welche Empfänger die Kosten des Projekts abgerechnet werden können und mit welcher Abrechnungskostenart dies geschieht.

Empfängertyp festlegen

Es steht eine Vielzahl von Empfängertypen für die Abrechnung von Projekten zur Verfügung, von denen die folgenden am häufigsten verwendet werden:

- ANL (Anlage (Abrechnung auf eine Anlage in der Anlagenbuchhaltung))
- AUF (Auftrag)
- ERG (Ergebnisobjekt (sowohl buchhalterisch als auch kalkulatorisch))
- KST (Kostenstelle)

Wie in Abbildung 6.76 dargestellt, pflegen Sie als Empfängertyp ERG (Ergebnisobjekt) und KST (Kostenstelle). In der Spalte **Abrechn.Kostenart** setzen wir den Haken **kostenartengerecht**, dieser steuert, dass die Abrechnung mit der Ursprungskostenart erfolgt.

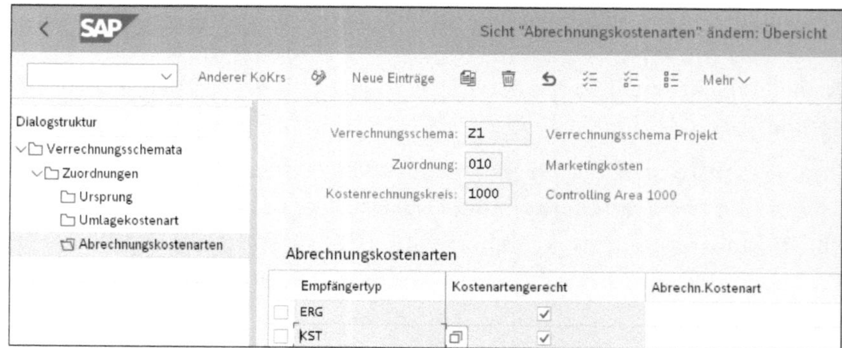

Abbildung 6.76 Abrechnungskostenarten im Verrechnungsschema pflegen

Abrechnungsprofil pflegen

Nach der Anlage des Verrechnungs- und des Ergebnisschemas hinterlegen Sie diese im Abrechnungsprofil. Rufen Sie dazu den folgenden Customizing-Pfad auf: **Controlling • Ergebnis- und Marktsegmentrechnung • Werteflüsse im Ist • Gemeinkosten übernehmen • Gemeinkostenaufträge/Projekte abrechnen • Ergebnisschema • Abrechnungsprofil zuordnen**.

Aufbau des Abrechnungsprofils

Über **Neue Einträge** können Sie ein neues Abrechnungsprofil anlegen. Wie in Abbildung 6.77 legen Sie das Abrechnungsprofil YBOOR1 (Abrechnung Marketing) an. Das Abrechnungsprofil ist in mehrere Bereiche aufgeteilt:

- **Istkosten/Kosten des Umsatzes**
  In diesem Bereich legen Sie fest, ob das Projekt vollständig oder nur teilweise abgerechnet werden soll. Die Standardeinstellung ist **vollständig abzurechnen**. Möchten Sie das Projekt schließen oder eine Löschvormerkung setzen, ist dies nur möglich, wenn der Auftrag vollständig abgerechnet ist.

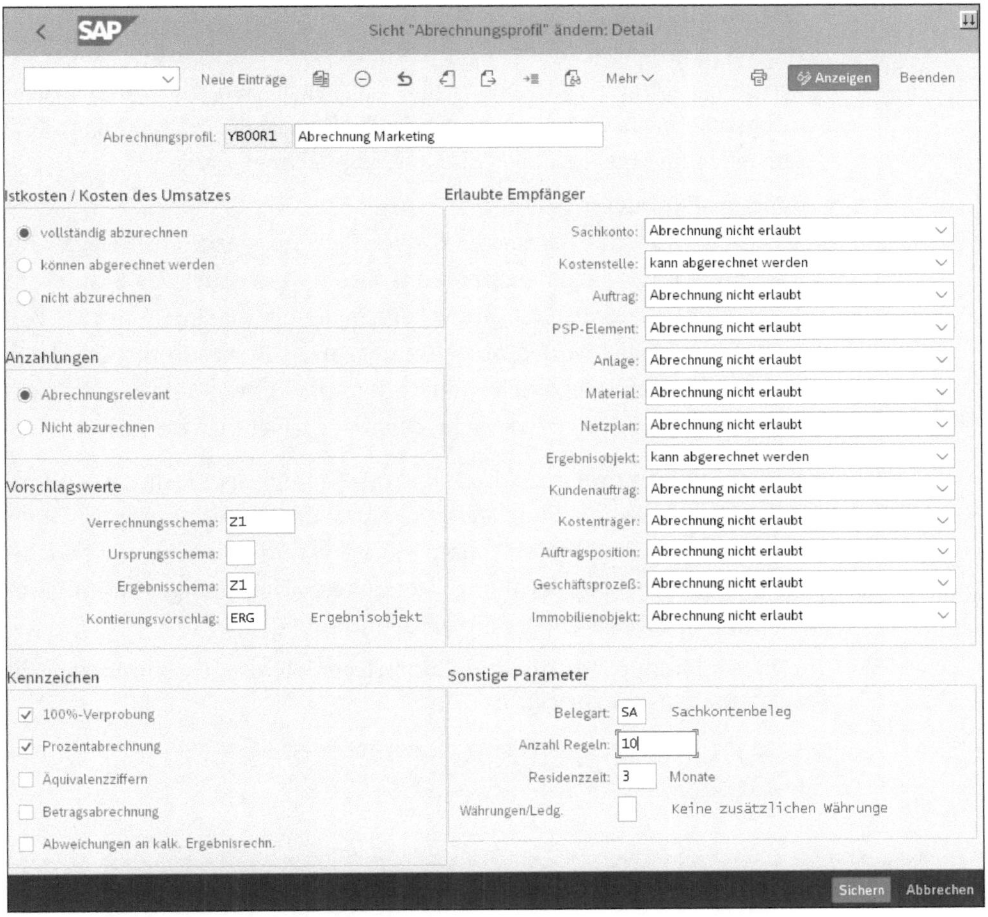

Abbildung 6.77 Abrechnungsprofil anlegen

- **Vorschlagswerte**
  Im Bereich **Vorschlagswerte** hinterlegen Sie das in diesem Abschnitt angelegte Verrechnungsschema Z1 und das Ergebnisschema Z1. Als Kontierungsvorschlag hinterlegen Sie ERG, das bewirkt, dass das System als Empfängertyp in der Abrechnungsregel immer ERG vorschlägt.

- **Kennzeichen**
  Im Bereich **Kennzeichen** legen Sie fest, dass eine Abrechnung mit Prozentangaben erfolgen darf, d. h., Sie könnten z. B. das Projekt zu 50 % an die Kostenstelle und zu 50 % an das Ergebnis abrechnen. Darüber hinaus legen Sie fest, dass bei der Abrechnung eine 100 %-Verprobung erfolgen soll. Dies bedeutet, dass eine Warnmeldung erscheint, wenn das Projekt nicht vollständig abgerechnet wird.

- **Erlaubte Empfänger**
  Im Bereich **Erlaubte Empfänger** definieren Sie, auf welche Empfänger abgerechnet werden kann oder muss. Primär steuert dies das Verrechnungsschema. In unserem Beispiel in Abbildung 6.77 definieren Sie Kostenstelle und Ergebnisobjekt als **kann abgerechnet werden**.
- **Sonstige Parameter**
  Im Bereich **Sonstige Parameter** können Sie eine spezifische Belegart für die Abrechnung eingeben, denn ansonsten verwendet das System im Standard die Belegart **SA. Anzahl Regeln**, die die maximale Anzahl von Aufteilungsregeln in der Abrechnungsvorschrift bestimmt. Die Residenzzeit bestimmt, wie viele Monate der Auftrag beim Setzen der Löschvormerkung im System verbleibt, bevor er gelöscht werden kann.

Abrechnungsprofil zuordnen

Das Abrechnungsprofil muss im Projektprofil hinterlegt sein, dessen Projekte Sie abrechnen möchten. Hinterlegen Sie das Abrechnungsprofil über den Customizing-Pfad **Projektsystem • Kosten • Automatische und periodische Verrechnungen • Abrechnung • Vorschlags-Abrechnungsprofil für Projektdefinition festlegen** in der Projektdefinition.

Wie in Abbildung 6.78 dargestellt, hinterlegen Sie das Abrechnungsprofil ZRD2 im Projektprofil 0000001.

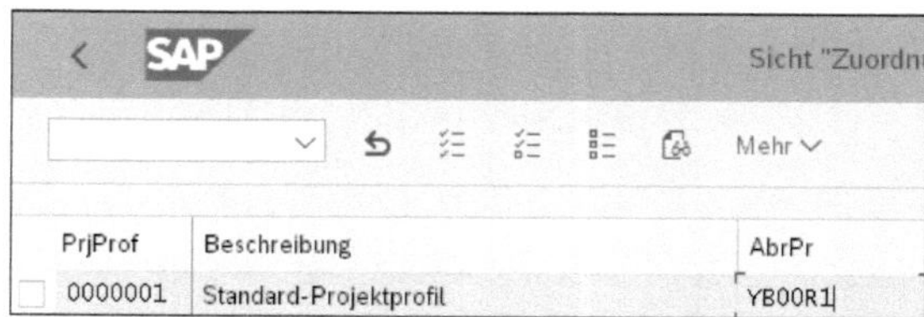

Abbildung 6.78 Abrechnungsprofil in der Projektdefinition hinterlegen

Über Transaktion CJ20N, die SAP-Fiori-App **Project Builder** oder über den Menüpfad **Rechnungswesen • Projektsystem • Projekt • Project Builder** legen Sie ein Projekt mit der Projektdefinition 0000001 an.

Abrechnungsvorschrift anlegen

Über **Mehr • Bearbeiten • Kosten • Abrechnungsvorschrift** im oberen Bildbereich können Sie eine Abrechnungsvorschrift anlegen. Wie in Abbildung 6.79 dargestellt, legen Sie eine Abrechnungsvorschrift an die Ergebnisrechnung an. Geben Sie in der Spalte **Typ** (Empfängertyp) »ERG« als Empfänger ein. Bestätigen Sie Ihre Eingaben mit [↵], und es öffnet sich im rechten Bildbereich das Pop-up-Fenster **Kontierung auf Ergebnisobjekt**. Sie sehen alle dem Ergebnisbereich zugeordneten Merkmale, die Sie manuell mit Werten füllen können. Der Ergebnisrechnungsbeleg wird dann mit diesen Merkmalen angereichert. Nach der Abrechnung des Auftrags kann an der Merkmalszuordnung keine Änderung mehr vorgenommen werden.

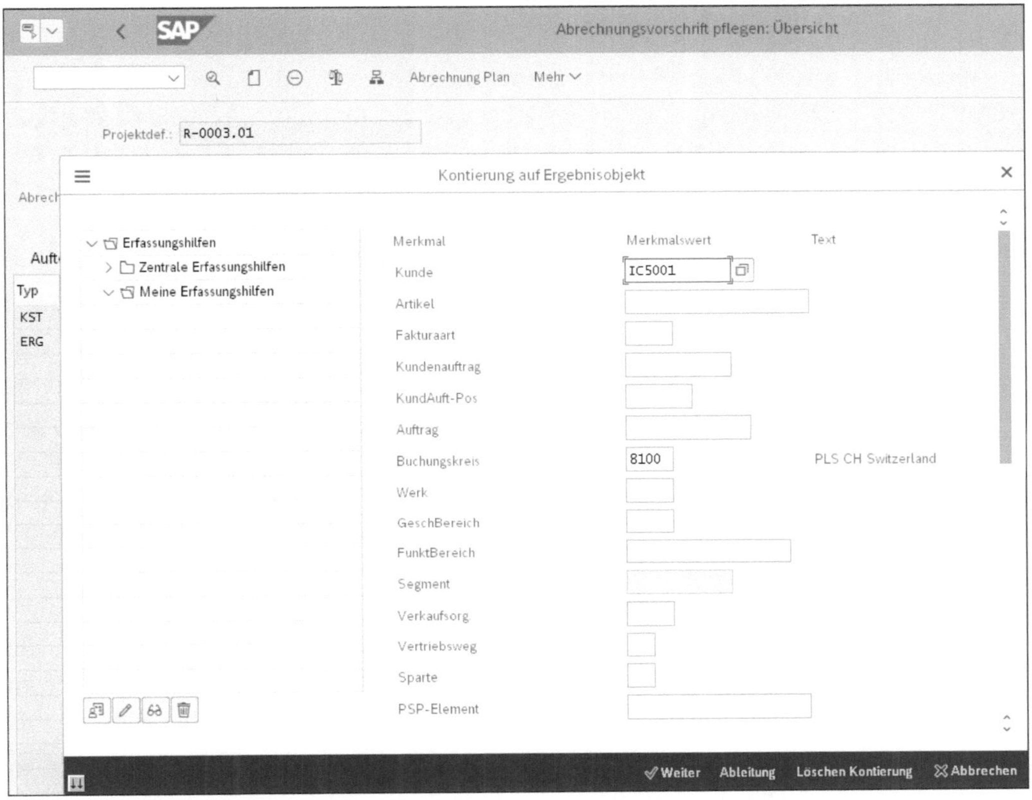

Abbildung 6.79 Projekt/PSP-Element mit der Abrechnungsvorschrift ERG anlegen

Projekt abrechnen

Nach dem Speichern und der Bebuchung des angelegten Projekts/PSP-Elements können Sie dieses abrechnen. Rufen Sie dazu die SAP-Fiori-App **Projekt abrechnen**, Transaktion CJ88 oder den Customizing-Pfad **Rechnungswesen • Controlling • Innenaufträge • Periodenabschluss • Einzelfunktionen • Abrechnung • Einzelverarbeitung** auf. Möchten Sie mehrere Projekte abrechnen, können Sie dies mit der Sammelverarbeitungstransaktion CJ8G tun.

Abrechnungsbeleg anzeigen

Bei der Abrechnung wird sowohl ein Finanzbuchhaltungsbeleg als auch ein Beleg in der kalkulatorischen Ergebnisrechnung erzeugt. Im Beleg der kalkulatorischen Ergebnisrechnung wird das im Ergebnisschema Z1 hinterlegte Wertfeld **Marketing Abteilung** bebucht.

[«]

Projektabrechnung

In der kalkulatorischen Ergebnisrechnung wird die Projektabrechnung über das Ergebnisschema gesteuert.

6.8 Kostenstellenumlage

Universelle Umrechnungen

Mit SAP S/4HANA 1809 wurden die Umlagen für die Kostenstellen in einer SAP-Fiori-App zusammengefügt und harmonisiert. Mit SAP S/4HANA 1909 weitet sich die Harmonisierung der Umlagen aus. Die Harmonisierung der Umlagen bezeichnet man als *universelle Verrechnungen*. Sie sollen die folgenden Herausforderungen meistern:

- **Transparenz**
  Es können in verschiedenen Komponenten für unterschiedliche Zwecke Umlagen und Verrechnungen angelegt werden. Es ist sehr schwer, den Überblick zu behalten, welche Umlagen wo und mit welchen Sendern/Empfängern angelegt sind. Die universellen Verrechnungen fassen alle Umlagen und Verrechnungen in einer SAP-Fiori-App zusammen. Sie erhalten damit einen Überblick aller bestehenden Umlagen und Verrechnungen in Ihrem Unternehmen und können diese nach bestimmten Kriterien sortieren und analysieren.
- **Rückverfolgbarkeit**
  Es soll ein Überblick über die Verrechnungen geschaffen werden, der die verschiedenen Verrechnungsmodelle grafisch darstellt. Es soll sowohl eine grafische Darstellung der Verrechnungen vor deren Ausführung als auch nach deren Ausführung zur Rückverfolgbarkeit der umgelegten Kosten geben.
- **Simulation**
  Der Anwender soll die Möglichkeit erhalten, Verrechnungen vor der Ausführung simulieren zu können. Dadurch kann er z. B. herausfinden, welchen Einfluss die Anpassung einer Verrechnung auf sein Ergebnis haben wird.

Die universellen Verrechnungen sind die Zukunft der Verrechnungen für die Finanzbuchhaltung und das Controlling im SAP-System. Mit den universellen Verrechnungen sollen die Verrechnungen vereinfacht – nicht komplizierter – werden. Das Universal Journal ist dabei die Basis für die Harmonisierung der Verrechnungen. Die Harmonisierung umfasst End-to-End-Finanzprozesse, die sowohl die Finanzbuchhaltung als auch das Controlling betreffen, und soll in weiteren Releases zusätzlich ausgebaut werden. Künftig sollen die Top-down-Verteilung und vorausschauende Daten in die universellen Verrechnungen mit aufgenommen werden. Universelle Verrechnungen stehen für alle Währungstypen in allen Ledgern zur Verfügung. Für die kalkulatorische Ergebnisrechnung wird jedoch eine Anlage der CO-PA-Umlagen über die SAP-Fiori-App **Universelle Verrechnungen** nicht unterstützt, weswegen die Anlage weiterhin über das SAP GUI erfolgt.

Kostenstellenumlagen legen den am Monatsende auf den Kostenstellen bestehende Saldo auf in der Kostenstellenumlage spezifizierte Empfänger um.

Arten von Kostenstellen

Dabei gibt es zwei Arten von Kostenstellen, die umgelegt werden:

- **Vorkostenstellen/Hilfskostenstellen**
  Vorkostenstellen/Hilfskostenstellen sind Kostenstellen, die ihre Kosten durch Sekundärkostenverrechnungen auf andere Empfänger verteilen. Dies sind z. B. Kostenstellen der Produktion, wie Maschinenkostenstellen oder Personalkostenstellen. Im Idealfall werden diese Kosten zu 100 % entlastet, wenn die Plankosten den Ist-Kosten entsprechen und es nicht zu Abweichungen in der Produktion gekommen ist. Gibt es jedoch Abweichungen, bleibt ein Saldo auf den Vorkostenstellen/Hilfskostenstellen zurück, der abgerechnet werden muss. Alternativ kann auch ein Ist-Tarif auf den Kostenstellen ermittelt werden, und die Prozessaufträge können mit dem Delta aus Ist-Tarif und Plantarif nachbelastet werden. Auf diese Weise werden die Kostenstellen zu 100 % entlastet. Es bleibt kein Saldo auf den Kostenstellen zurück; daher muss auch keine Kostenstellenumlage in die Ergebnisrechnung erfolgen.
- **Gemeinkostenstellen**
  Gemeinkostenstellen sind z. B. Verwaltungskostenstellen oder Vertriebskostenstellen. Diese Kostenstellen verrechnen in der Regel keine Kosten über Sekundärkostenverrechnungen auf andere Kostenstellen und werden zu 100 % an die Ergebnisrechnung abgerechnet.

Empfänger

Die Empfänger der Kostenstellenumlagen in der kalkulatorischen Ergebnisrechnung sind ein oder mehrere Wertfelder, angereichert um Merkmale.

Parameter für die Kostenstellenumlage

Vor der Anlage einer Kostenstellenumlage sollten Sie sich über die folgenden Parameter Gedanken machen:

- **Sender**
  Von welcher Kostenstelle oder Kostenstellengruppe möchten Sie die Kosten verrechnen?
- **Kostenart**
  Welche Kostenart oder Kostenartengruppe möchten Sie von der Senderkostenstelle verrechnen? Meine Empfehlung lautet, immer mit Gruppen zu arbeiten, da diese im Nachgang einfacher angepasst werden können und – falls die Gruppe im Umlagezyklus mehrfach verwendet wird – die Anpassung an nur einer Stelle notwendig ist.
- **Empfänger**
  Nachdem Sie die Senderkostenstelle und die Senderkostenarten festgelegt haben, machen Sie sich Gedanken dazu, welches Objekt die Kosten in der Ergebnisrechnung empfangen soll. In der kalkulatorischen Ergebnis-

rechnung müssen Sie die Merkmale und die Merkmalsausprägungen des Empfängers festlegen. Die Anzahl der Empfänger ergibt sich dann aus der Kombination aller Ausprägungen (zehn Kunden und zehn Warengruppen ergeben 100 Ergebnisobjekte). Neben den Merkmalen und deren Ausprägungen müssen Sie für die kalkulatorische Ergebnisrechnung zusätzlich das Empfänger-Wertfeld festlegen.

- **Umlagekostenart**
  Für die Umlage der Kosten in die Ergebnisrechnung müssen Sie ein Sachkonto mit der Sachkontenart **Sekundärkosten** anlegen, wie es aus Abbildung 6.80 hervorgeht.

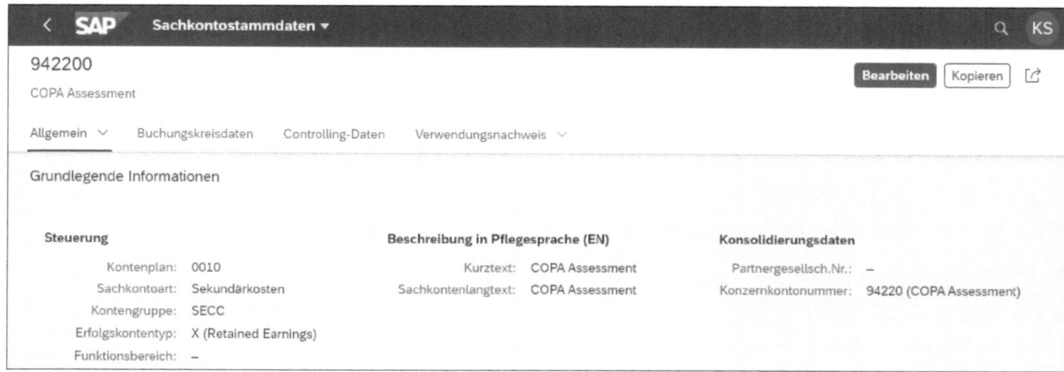

Abbildung 6.80 Sachkontoart »Sekundärkosten« wählen

Auf der Registerkarte **Controlling-Daten** ordnen Sie dem Sachkonto den Kostenartentyp 42 (Umlage) zu (siehe Abbildung 6.81).

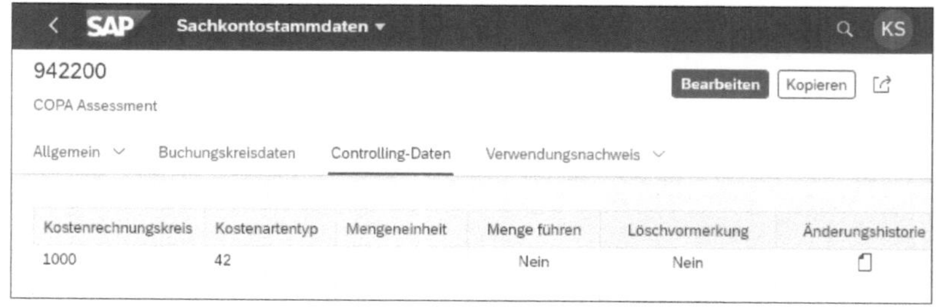

Abbildung 6.81 Kostenartentyp 42 auswählen

Verteilungsschlüssel

Die Kosten können anhand verschiedener Bezugsbasen an die Ergebnisrechnung verrechnet werden. Es stehen die folgenden Bezugsbasen zur Auswahl:

- **Variable Anteile**
  Die zu verrechnenden Kosten werden anhand variabler Anteile auf die Empfänger verteilt. In der kalkulatorischen Ergebnisrechnung wird als

variabler Anteil ein Wertfeld ausgewählt, anhand dessen die Kosten auf den Empfänger verteilt werden.

- **Feste Beträge**
  Die zu verrechnenden Kosten müssen anhand fester Beträge auf die Empfänger aufgeteilt werden. Die Anzahl der Empfänger wird anhand der Merkmalskombinationen ermittelt (z. B. zehn Kunden und zehn Artikel ergeben 100 Ergebnisobjekte).
- **Feste Prozentsätze**
  Die zu verrechnenden Kosten müssen anhand fester Prozentsätze auf die Empfänger aufgeteilt werden. Die Anzahl der Empfänger wird anhand der Merkmalskombinationen ermittelt (z. B. zehn Kunden und zehn Artikel ergeben 100 Ergebnisobjekte).
- **Feste Anteile**
  Die zu verrechnenden Kosten müssen anhand fester Anteile auf die Empfänger aufgeteilt werden. Die Anzahl der Empfänger wird anhand der Merkmalskombinationen ermittelt (z. B. zehn Kunden und zehn Artikel ergeben 100 Ergebnisobjekte).

Kostenstellenumlage anlegen

Zur Anlage einer Kostenstellenumlage für die kalkulatorische Ergebnisrechnung rufen Sie Transaktion KEU1 auf oder folgen dem Customizing-Pfad **Controlling • Ergebnis- und Marktsegmentrechnung • Werteflüsse im Ist • Gemeinkosten übernehmen • Kostenstellen-/Prozesskosten umlegen • Umlage von Kostenstellen-/Prozesskosten definieren • Ist-Umlage anlegen**.

Vergeben Sie im Fenster **CO-PA Ist-Umlagezyklus anlegen: Einstieg** einen technischen Namen für den Zyklus (Test), und definieren Sie ein **Anfangsdatum**. Sie können den Zyklus nur für Monate ab dem Anfangsdatum ausführen. Wie Sie in Abbildung 6.82 sehen, wurde als Anfangsdatum der 01.01.2020 gewählt. Dies bedeutet, dass der Zyklus nicht für die Verrechnung von Werten vor dem Jahr 2020 verwendet werden kann.

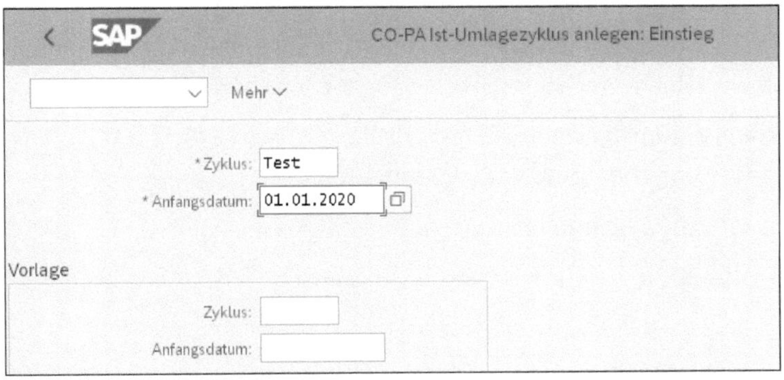

Abbildung 6.82 Umlagezyklus für die Ergebnisrechnung anlegen

Kopf des Umlagezyklus anlegen

Bestätigen Sie Ihre Eingaben mit [↵], und Sie gelangen in das Fenster **CO-PA Ist-Umlagezyklus anlegen: Kopfdaten**. Jeder Zyklus besteht aus einem Kopf (siehe Abbildung 6.83), in dem allgemeine Daten gepflegt werden, und beliebig vielen Segmenten. Im Kopf legen Sie das Datum, bis wann der Zyklus gültig ist (31.12.2022), sowie einen Text für den Zyklus fest (**Umlage Marketingkosten**).

Im Bereich **Kennzeichen** bestimmen Sie die **Senderselektionsart**. Dabei haben Sie die folgenden Auswahlmöglichkeiten:

- **1: Ungesplittete Kosten (die Gesamtkosten)**
  Die Kosten werden mit ihrem Gesamtwert umgelegt. Sie haben nicht die Möglichkeit, die Kosten in fix und variabel zu splitten.
- **2: Gesplittete Kosten (getrennt in fixe und variable Kosten)**
  Sie können die Kosten in fixe und variable Werte splitten und z. B. auf getrennte Wertfelder umlegen. Dies setzt voraus, dass Sie in der Gemeinkostenrechnung mit fixen und variablen Kosten arbeiten.

Bezugsbasis wählen

Setzen Sie das Kennzeichen **kumulierte Bezugsbasis**, werden die Senderwerte aufgrund kumulierter Bezugsbasen verrechnet. Wählen Sie z. B., wie weiter oben in diesem Abschnitt erwähnt, als Verteilungsschlüssel variable Anteile, werden die Beträge bei gesetztem Kennzeichen **kumulierte Bezugsbasis** anhand der kumulierten Werte oder Mengen in variable Anteile verrechnet, auch wenn Sie den Umlagezyklus nur für einen Monat ausführen (z. B. Ausführen des Zyklus für Monat 11 (November), und die Bezugsbasis für die Berechnung der Sendewerte sind die Monate 1 (Januar) bis 11 (November)).

Kostenrechnungskreis zuordnen

Im Bereich **voreingestellte Selektionskriterien** ordnen Sie den Kostenrechnungskreis (**KostRechKreis**) 1000 zu, in dem der Umlagezyklus angelegt werden soll. Da dem Ergebnisbereich mehrere Kostenrechnungskreise zugeordnet werden können, müssen Sie in diesem Fall pro Kostenrechnungskreis einen separaten Umlagezyklus anlegen. Umlagezyklen können auch kopiert werden, was die Arbeit deutlich erleichtert, wenn Sie dem Ergebnisbereich mehrere Kostenrechnungskreise zugeordnet haben.

Form der Ergebnisrechnung festlegen

Im Feld **Form d. ErgRechg.** legen Sie fest, ob Sie den Zyklus für die kalkulatorische oder die Margenanalyse anlegen möchten:

- 1 (kalkulatorische Ergebnisrechnung)
- 2 (Margenanalyse)

Im Folgenden zeige ich Ihnen, wie Sie einen Umlagezyklus für die kalkulatorische Ergebnisrechnung anlegen können.

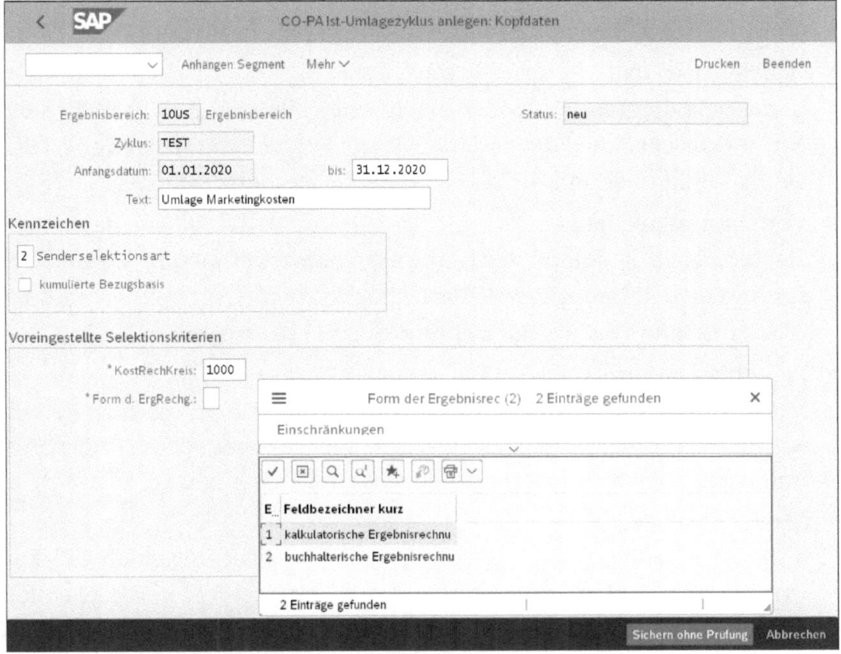

Abbildung 6.83 Kopfdaten des Umlagezyklus für die Ergebnisrechnung anlegen

Segment im Umlagezyklus anlegen

Über Anhängen Segment können Sie dem Umlagezyklus ein Segment zuordnen. Sie können dem Umlagezyklus beliebig viele Segmente zuordnen; dabei spielt die Reihenfolge eine wichtige Rolle. Möchten Sie z. B. die Abschreibungskosten auf ein separates Wertfeld umlegen und die restlichen Kosten der Kostenstelle auf ein anderes Wertfeld, müssen Sie darauf achten, dass das Segment mit der Umlage der Abschreibungskosten vor dem Segment der Umlage mit den Restkosten zugeordnet ist, da das System ansonsten keine Abschreibungskosten zur Umlage findet, da diese schon mit den Restkosten umgelegt wurden.

Segmentkopf

Ein Segment besteht aus verschiedenen Registerkarten. Nach der Anlage des Segmentnamens (001) und der Segmentbezeichnung (Marketing) legen Sie den Segmentkopf an. Der Segmentkopf besteht aus den folgenden Teilen:

- **Umlagekostenart**
  Sachkonto mit dem Sachkontentyp **Sekundärkosten** und dem Kostenartentyp **Umlage** (42). Dies ist das Sachkonto, mit dem die Kosten in die Ergebnisrechnung umgelegt werden.

- **Wertfeld fix**
  In der kalkulatorischen Ergebnisrechnung geben Sie hier das Wertfeld ein, auf das der Anteil der fixen Kosten verrechnet werden soll, falls Sie als Senderselektionsart 2 gewählt haben (gesplittete Kosten).
- **Wertfeld variabel**
  In der kalkulatorischen Ergebnisrechnung geben Sie hier das Wertfeld ein, auf das der Anteil der variablen Kosten verrechnet werden soll, falls Sie als Senderselektionsart 2 gewählt haben (gesplittete Kosten).
- **Verrechnungsschema**
  Sie können mit einem Verrechnungsschema definieren, welche Ursprungskostenarten mit welcher Umlagekostenart verrechnet werden. Dies kann Ihnen die Anlage mehrerer Segmente ersparen.
- **Ergebnisschema**
  Mit dem Ergebnisschema legen Sie fest, welche Ursprungskostenarten auf welches Wertfeld umgelegt werden. Das Ergebnisschema findet also nur in der kalkulatorischen Ergebnisrechnung Anwendung.
- **Senderwerte Regel**
  Im Bereich **Senderwerte** legen Sie fest, ob eines der folgenden Objekte vom Senderobjekt umgelegt wird und zu welchem Anteil in % der Sender entlastet werden soll:
  - gebuchte Beträge
  - feste Beträge
  - feste Tarife

  Wie in Abbildung 6.84 dargestellt, legen Sie fest, dass 100 % der gebuchten Beträge auf dem Sender über die Umlage entlastet werden sollen.
- **Empfängerbezugsbasis**
  In diesem Bereich legen Sie im Feld **Regel** fest, nach welchem Verteilungsschlüssel die Senderwerte auf den Empfänger verteilt werden sollen.

In Abbildung 6.84 haben Sie als Verteilungsschlüssel **variable Anteile** und als **Wertfeld/Kennzahl** das Wertfeld **Absatzmenge** ausgewählt. Das bedeutet, dass die Kosten auf dem Senderobjekt auf den Empfänger anhand der Absatzmenge der auf der Registerkarte **Sender/Empfänger** ausgewählten Merkmale verrechnet werden. Nehmen Sie an, Sie haben nur zwei Materialien, anhand derer die Marketingkosten verteilt werden sollen: Material A hat eine Absatzmenge von 20, und Material B hat eine Absatzmenge von 80. Demnach würde Material A mit 20 % der Marketingkosten und Material B mit 80 % der Marketingkosten belastet.

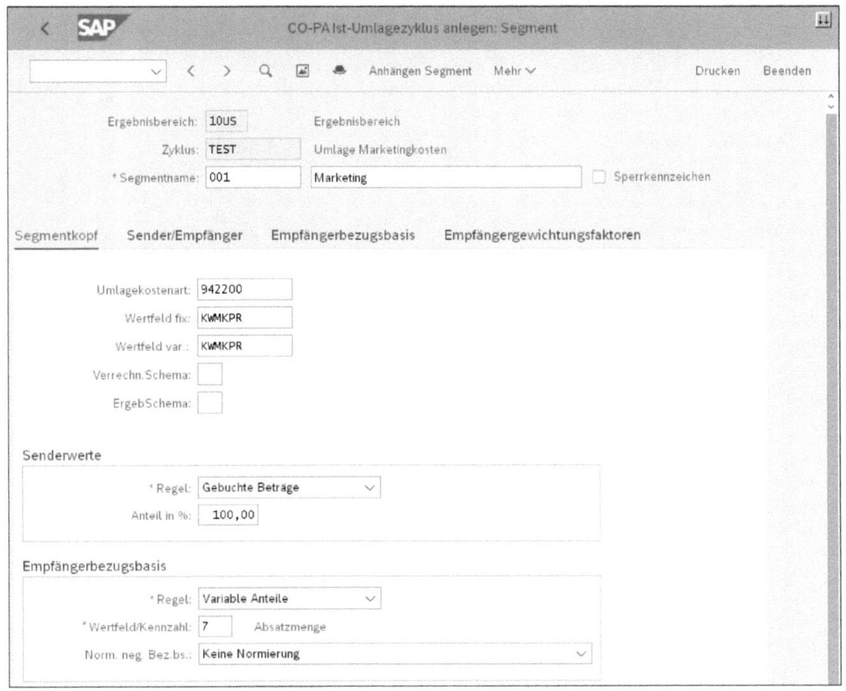

Abbildung 6.84 Segmentkopf für den Umlagezyklus in der kalkulatorischen Ergebnisrechnung anlegen

Normierung negative Bezugsbasis

Im Feld **Norm. neg. Bez.bs.** (Normierung negative Bezugsbasis) wird festgelegt, wie mit negativen Bezugsbasen gerechnet wird. Dieses Feld steht nur bei variablen Anteilen zur Verfügung, da nur in diesem Fall eine negative Bezugsbasis auftreten kann. Die Auswahl von negativen Prozenten, Beträgen oder Anteilen bei allen anderen Formen von Empfängerbezugsbasiswerten ist nicht zulässig.

Sender festlegen

Auf der Registerkarte **Sender/Empfänger** legen Sie im Bereich **Sender** die Senderkostenstelle/Senderkostenstellen und die Kostenarten fest, die verrechnet werden sollen. Wie in Abbildung 6.85 dargestellt, verrechnen Sie die Kosten der Marketingkostenstelle 1601. Als Senderkostenarten haben Sie das Kostenartenintervall 0 bis Z gepflegt, da alle auf der Marketingkostenstelle gebuchten Kosten verrechnet werden sollen.

Empfänger festlegen

Im Bereich **Empfänger** legen Sie die Merkmale und Merkmalsausprägungen fest, auf die eine Verrechnung der Kosten erfolgen soll. Arbeiten Sie mit dem Belegsplit, sollten Sie beachten, dass die Merkmale, die Sie im Belegsplit gewählt haben, bei der Durchführung der Umlage abgeleitet werden können, da die Umlage sonst nicht gebucht werden kann, weil das System aus der Buchung z. B. kein Profit-Center ableiten kann.

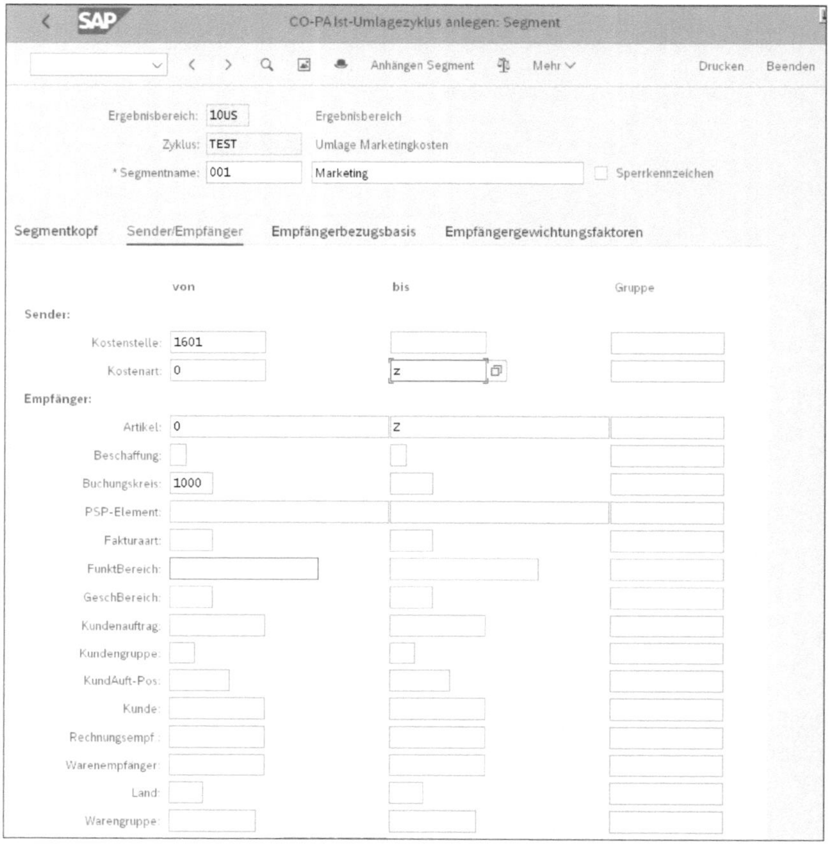

Abbildung 6.85 Sender/Empfänger im Umlagezyklus der kalkulatorischen Ergebnisrechnung pflegen

In diesem Beispiel haben Sie als Empfängermerkmale **Artikel**, **Buchungskreis** und **Profit-Center** (in der Abbildung nicht zu sehen) gewählt.

Empfängerbezugsbasis definieren

Auf der Registerkarte **Empfängerbezugsbasis** werden die auf der Registerkarte **Segmentkopf** vorgenommenen Einstellungen zur Empfängerbezugsbasis wiederholt. Eine Änderung der Empfängerbezugsbasis in diesem Fenster zieht eine Änderung der Empfängerbezugsbasis auf der Registerkarte **Segmentkopf** nach sich. Im Bereich **Selektionskriterien** legen Sie fest, welche **Vorgangsart** für die Bestimmung der variablen Anteile gewählt werden soll. Die Vorgangsart F entspricht den gebuchten Fakturen. Die Vorgangsart B entspricht dem gebuchten Kundenauftragsbestand.

Plan-Ist-Kennzeichen setzen

Im Feld **Plan-Istkennze** bestimmen Sie, ob Plan- oder Ist-Werte für die Verrechnung herangezogen werden sollen:

- 0 (Ist-Daten)
- 1 (Plandaten)

Wie in Abbildung 6.86 dargestellt, legen Sie fest, dass die Ist-Daten von Fakturen, die mit der Vorgangsart F gebucht wurden, als Verrechnungsbasis herangezogen werden.

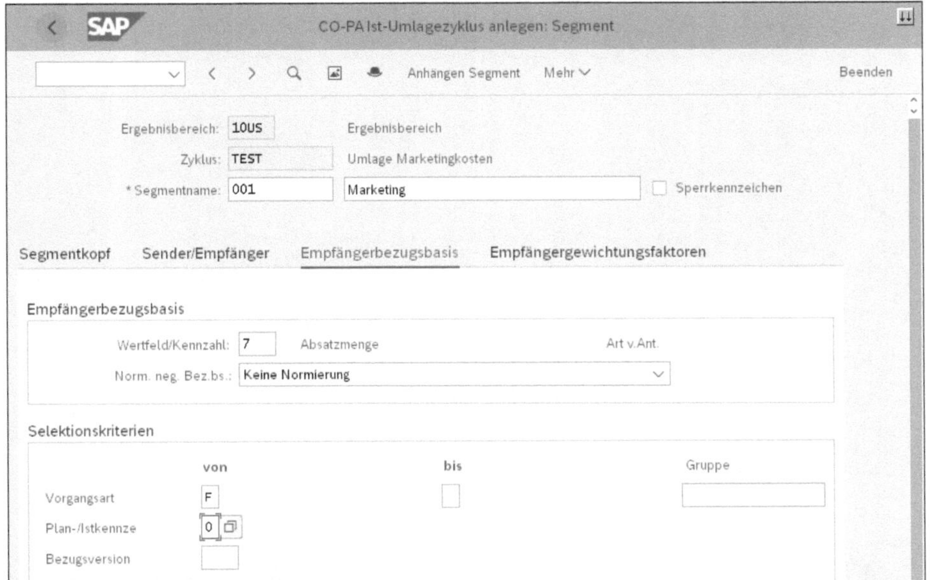

Abbildung 6.86 Empfängerbezugsbasis im Umlagezyklus der kalkulatorischen Ergebnisrechnung pflegen

Bei dem Versuch, auf die Registerkarte **Empfängergewichtungsfaktoren** zu wechseln, erscheint das Pop-up-Fenster **Liste Verteilungskriterien** (siehe Abbildung 6.87).

Darin sehen Sie alle Merkmale, die Sie auf der Registerkarte **Sender/Empfänger** als Empfänger ausgewählt haben. Sie haben die Möglichkeit, für die Merkmale ein Häkchen zu setzen, anhand derer die Verteilung ausgeführt werden soll. Wählen Sie z. B. als Kriterium für die Verteilung zehn Kunden und zehn Artikel, wird die Verteilung anhand der 100 gewählten Kombinationen ausgeführt. Selektieren Sie für dieses Beispiel aus der Liste der Verteilungskriterien lediglich den Artikel.

Auf der Registerkarte **Empfängergewichtungsfaktoren** sehen Sie jede mögliche Kombination entsprechend den zuvor gewählten Verteilungskriterien. In unserem Beispiel in Abbildung 6.88 sehen Sie einen Eintrag pro Artikel.

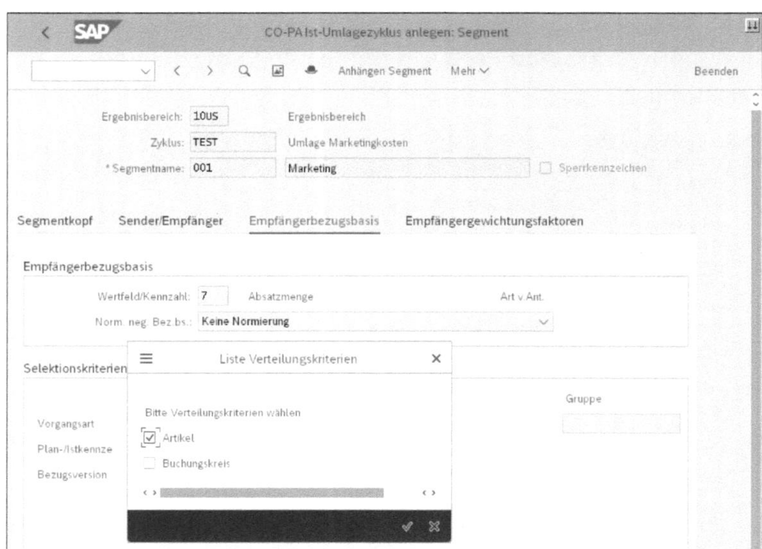

Abbildung 6.87 Liste der Verteilungskriterien für die kalkulatorische Ergebnisrechnung pflegen

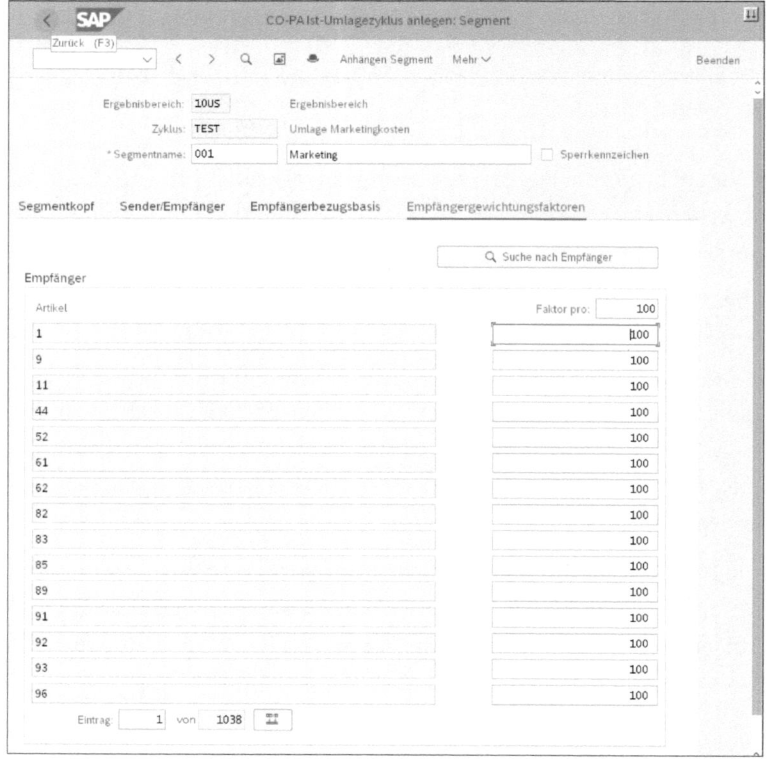

Abbildung 6.88 Empfängergewichtungsfaktoren für Umlagezyklus der kalkulatorischen Ergebnisrechnung festlegen

Ist-Umlagezyklus ausführen

Nach der Anlage der Ist-Umlagezyklen müssen diese ausgeführt werden. Rufen Sie dazu Transaktion KEU5 auf, oder folgen Sie dem Customizing-Pfad **Rechnungswesen • Controlling • Ergebnis- und Marktsegmentrechnung • Istbuchungen • Periodenabschluss • Kostenstellen-/Prozesskosten übernehmen • Umlage**. Im Fenster **Ist-Umlage ausführen: Einstieg** in Abbildung 6.89 wählen Sie, für welche Perioden Sie die Umlage ausführen möchten. Im unteren Bildbereich tragen Sie die Zyklen ein, die das System ausführen soll. Falls Sie mehrere Zyklen pro Kostenrechnungskreis angelegt haben, achten Sie auf die Reihenfolge.

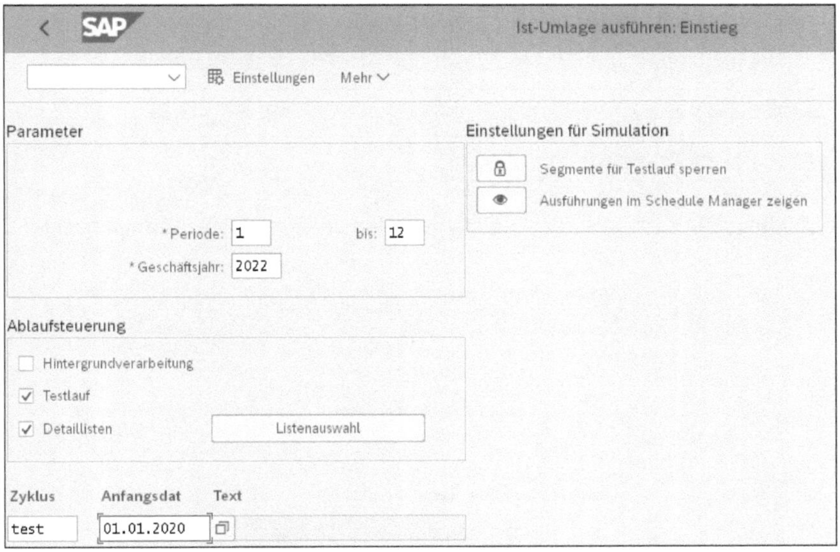

Abbildung 6.89 Umlagezyklen in der Ergebnisrechnung ausführen

Das System durchläuft die Zyklen vom ersten bis zum letzten Eintrag. Die Zyklen können im Testlauf ausgeführt werden. Dazu müssen Sie das Kennzeichen **Testlauf** setzen. Es empfiehlt sich, das Häkchen zu **Detaillisten** zu setzen, denn dadurch wird das Ergebnisprotokoll detaillierter dargestellt. Über den Button Ausführen führen Sie den Zyklus aus.

Nach dem Ausführen der Umlagezyklen öffnet sich das Fenster **Anzeige Ist-Umlage Ergebnisrechnung Grundliste**. In Abbildung 6.90 sehen Sie eine Listanzeige der ausgeführten Zyklen mit der Anzahl der Empfänger und Sender. Über den Button Segmente können Sie sich die Details zu den Segmenten der Umlagezyklen anzeigen lassen.

Beleg anzeigen

Der Umlagezyklus der kalkulatorischen Ergebnisrechnung erzeugt pro Empfänger einen Beleg. Auf der Registerkarte **Merkmale** in Abbildung 6.91 finden Sie alle Merkmale, die in der Umlage zugeordnet wurden, sowie weitere Merkmale, für die eine automatische Ableitung erfolgt ist, wie z. B. die Beschaffungsart aus dem Artikelstamm.

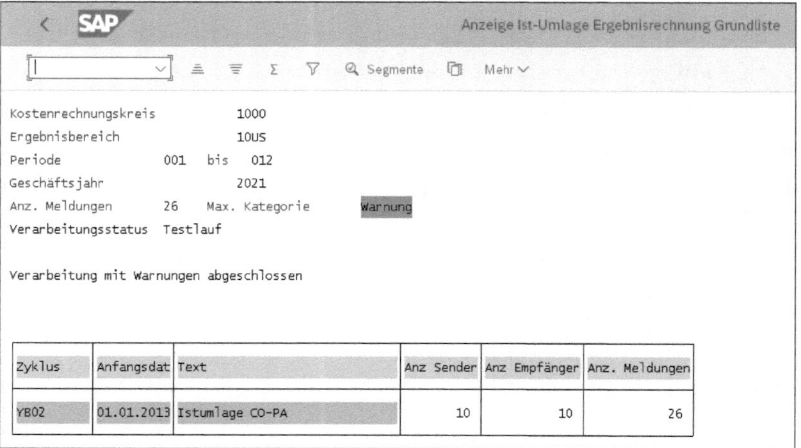

Abbildung 6.90 Testlauf für die Umlagezyklen der Ergebnisrechnung anzeigen

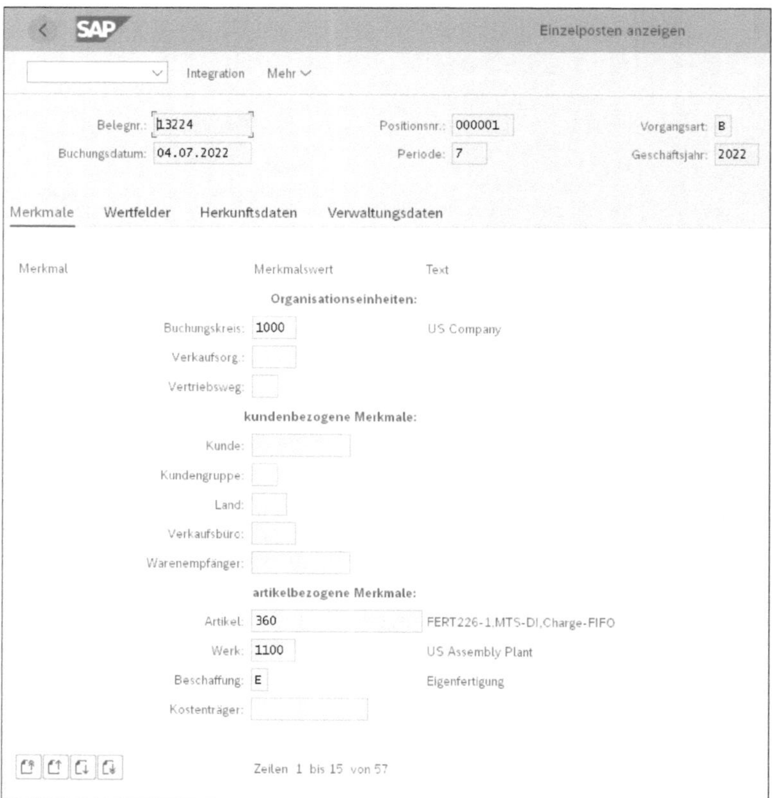

Abbildung 6.91 Merkmale im Beleg der kalkulatorischen Ergebnisrechnung anzeigen

Auf der Registerkarte **Wertfelder** in Abbildung 6.92 werden die verrechneten Werte im Wertfeld **Promotion** ausgewiesen, das Sie im Umlagezyklus definiert haben.

[«]

Kostenstellenumlage

Für die kalkulatorische Ergebnisrechnung werden verschiedene Kostenstellenumlagen angelegt. Im Kopf der Kostenstellenumlage wird festgelegt, für welche Art der Ergebnisrechnung die Umlage angelegt wird.

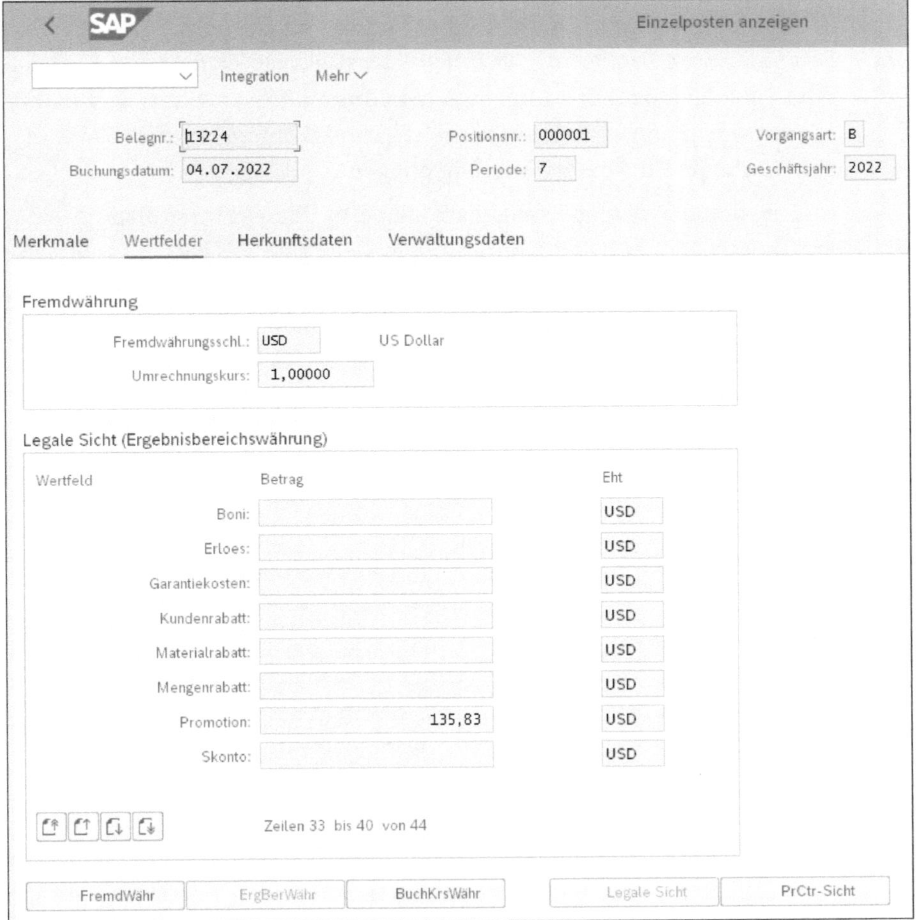

Abbildung 6.92 Wertfelder im Beleg der kalkulatorischen Ergebnisrechnung anzeigen

6.9 Direktkontierung

Die Direktkontierung dient dazu, Werte direkt auf das Ergebnisobjekt zu kontieren. Es erfolgt keine Kontierung auf Kostenstelle oder Innenauftrag, sondern direkt in die Ergebnisrechnung. Die Direktkontierung wird z. B. für Verschrottungsbuchungen angewandt. Bei der Kontierung der Verschrottung auf die Kostenstelle verlieren Sie durch die Umlage der Kosten an die Ergebnisrechnung die Information über das Material. Wählen Sie allerdings eine Direktkontierung für die Verschrottungskosten, können Informationen über das Material und die Menge an die Ergebnisrechnung weitergegeben werden.

Direktkontierung pflegen

Um eine Direktkontierung vorzunehmen, rufen Sie Transaktion KEI2 auf, oder Sie folgen dem Customizing-Pfad **Controlling • Ergebnis- und Marktsegmentrechnung • Werteflüsse im Ist • Direktkontierung aus FI/MM • Ergebnisschema für Direktkontierung pflegen**.

Ergebnisschema ändern

Im Fenster **Sicht "Ergebnisschemata" ändern: Übersicht** markieren Sie das Ergebnisschema FI (Direktkontierung aus FI / MM), das Sie in Abbildung 6.93 sehen. Dieses Ergebnisschema ist in jedem System vorhanden; es wird von SAP ausgeliefert. Navigieren Sie im linken Bildbereich **Dialogstruktur** in den Ordner **Zuordnungen**.

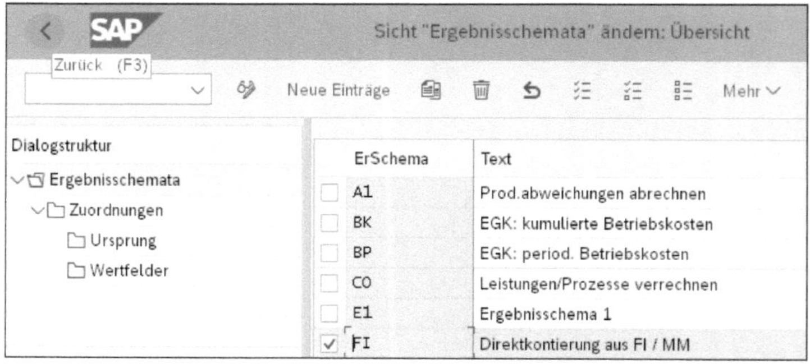

Abbildung 6.93 Ergebnisschema FI für die Direktkontierung aus FI/MM auswählen

Zuordnung anlegen

Im Fenster **Sicht "Zuordnungen" ändern: Übersicht** sehen Sie eine Übersicht über alle bereits angelegten Zuordnungen. Sie können über **Neue Einträge** eine neue Zuordnung anlegen oder eine vorhandene Zuordnung ändern. Wie in Abbildung 6.94 dargestellt, markieren Sie die bestehende Zuordnung 30 (Sonstige Kosten) und navigieren im linken Bildbereich **Dialogstruktur** in den Ordner **Ursprung**.

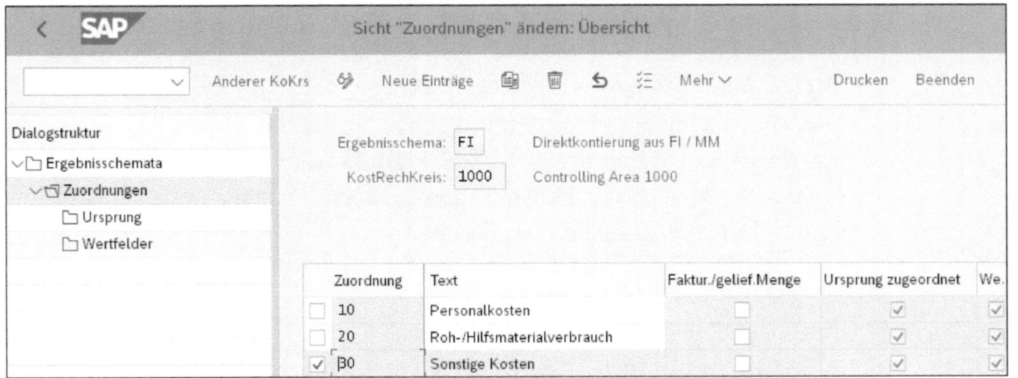

Abbildung 6.94 Zuordnung im Ergebnisschema FI auswählen

Ursprung pflegen

Im Fenster **Sicht "Ursprung" ändern: Detail** ordnen Sie der Zuordnungszeile jene Kostenart oder jenes Kostenartenintervall zu, für das Sie eine Direktkontierung vornehmen möchten (siehe Abbildung 6.95). Im Bereich **Ursprung** wählen Sie **Kosten/Erlöse**. Navigieren Sie nun im linken Bildbereich **Dialogstruktur** in den Ordner **Wertfelder**.

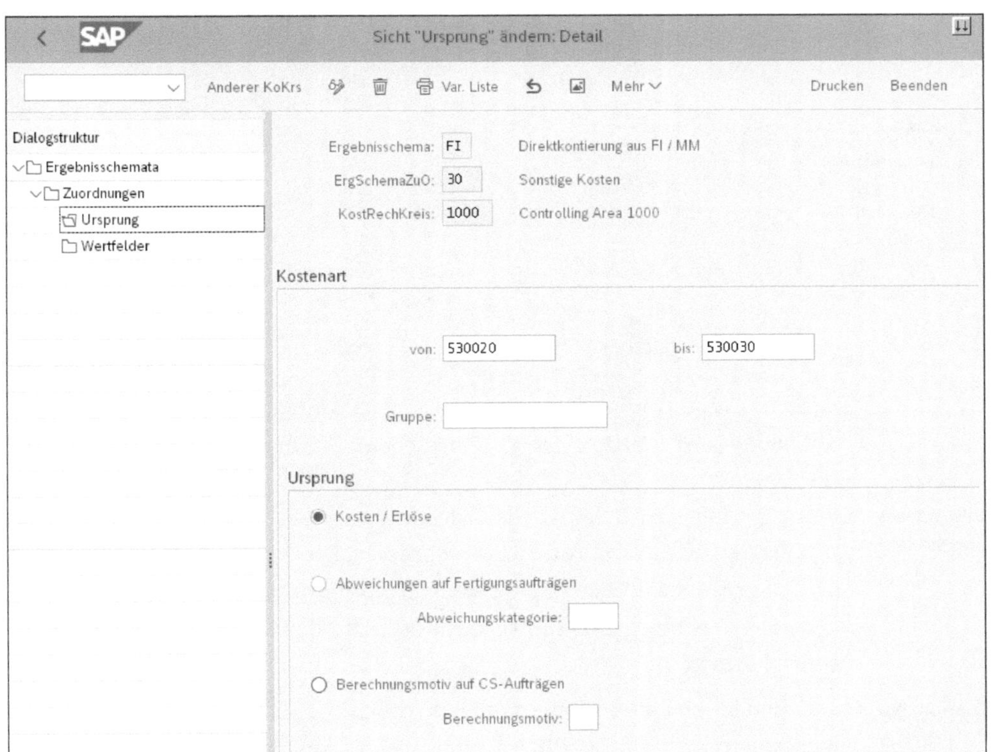

Abbildung 6.95 Ursprung im Ergebnisschema FI pflegen

Wertfeld zuordnen

Im Fenster **Sicht "Wertfelder" ändern: Übersicht** können Sie über **Neue Einträge** ein Wert- und Mengenfeld hinterlegen, auf das der Wert und die Menge des Kontos fortgeschrieben werden. Wie in Abbildung 6.96 ordnen Sie das Wertfeld VWGKR (Verwaltungs-GK) zu. Sie haben die Möglichkeit, in der Spalte **F** zu definieren, ob Sie die Gesamtkosten auf ein Wertfeld buchen oder in variable und fixe Kosten splitten möchten. Pflegen Sie dazu das entsprechende Fix-/Variabel-Kennzeichen:

- 1 (Fixe Beträge)
- 2 (Variable Beträge)
- 3 (Summe aus fixen und variablen Beträgen)

Wie Sie sehen, wurde in Abbildung 6.96 das Kennzeichen 3 für den Gesamtwert hinterlegt.

Feldstatusgruppe anpassen

Nun müssen Sie noch beachten, dass die Feldstatusgruppe des Sachkontos, das Sie dem Ergebnisschema FI zugeordnet haben, eine Kontierung auf das Ergebnisobjekt erlaubt. Die Feldstatusgruppe wird im Sachkonto auf der Registerkarte **Erfassung/Bank/Zins** hinterlegt.

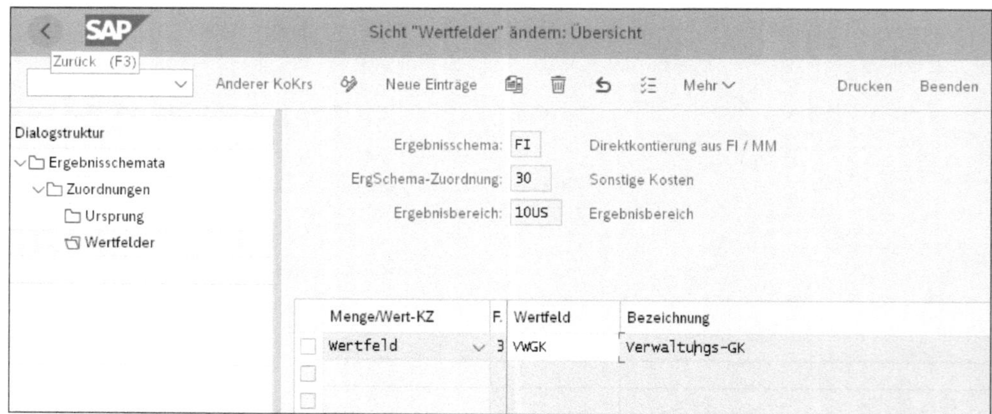

Abbildung 6.96 Wertfeld dem Ergebnisschema FI zuordnen

Kontierung auf das Ergebnisobjekt

Beim Buchen des Belegs haben Sie nun die Möglichkeit, als kostenrechnungsrelevante Kontierung das Ergebnisobjekt zu wählen (siehe Abbildung 6.97). Es öffnet sich das Pop-up-Fenster **Kontierung auf Ergebnisobjekt**, in dem Sie den Beleg um sämtliche Merkmale des Ergebnisbereichs anreichern können.

Relationship Browser

Schauen Sie sich den gebuchten Finanzbuchhaltungsbeleg im Relationship Browser in Abbildung 6.98 an; dann sehen Sie, dass ein Finanzbuchhaltungsbeleg und ein kalkulatorisches Ergebnisobjekt erzeugt wurden.

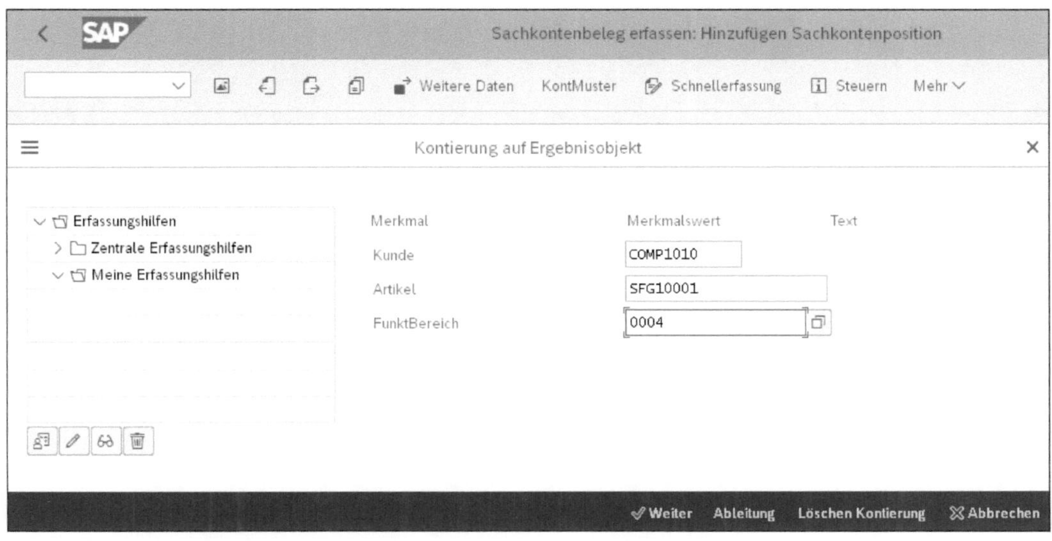

Abbildung 6.97 FI-Beleg manuell auf das Ergebnisobjekt kontieren

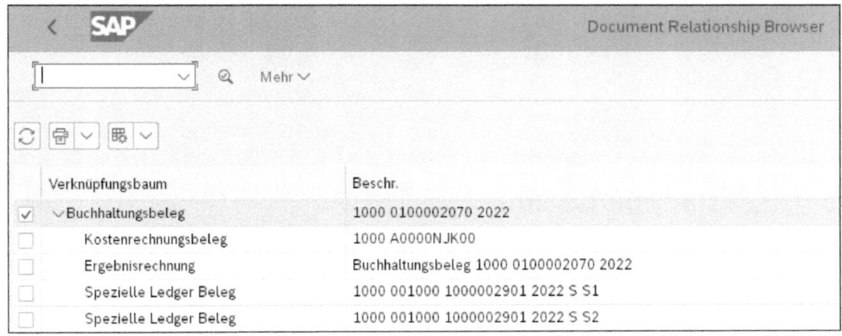

Abbildung 6.98 Buchhaltungsbeleg im Relationship Browser anzeigen

Wird das Konto automatisch z. B. über einen Vorgang der Materialwirtschaft bebucht, müssen Sie zusätzlich zum Ergebnisschema und der Feldstatusgruppe im Sachkonto die automatische Kontierungsfindung pflegen.

Default-Kontierung pflegen

Rufen Sie dazu Transaktion OKB9 auf, oder folgen Sie dem Customizing-Pfad **Controlling • Ergebnis- und Marktsegmentrechnung • Werteflüsse im Ist • Direktkontierung aus FI/MM • Automatische Kontierungsfindung**.

Über **Neue Einträge** können Sie einen Eintrag für die Kostenart 530000 im Buchungskreis 1000 pflegen (siehe Abbildung 6.99). Anstatt eine Kostenstelle zu hinterlegen, setzen Sie das Häkchen in der Spalte **ErgObj** (Ergebnisobjekt). Dies bewirkt, dass dieses Konto zukünftig direkt auf ein Ergebnisobjekt kontiert wird.

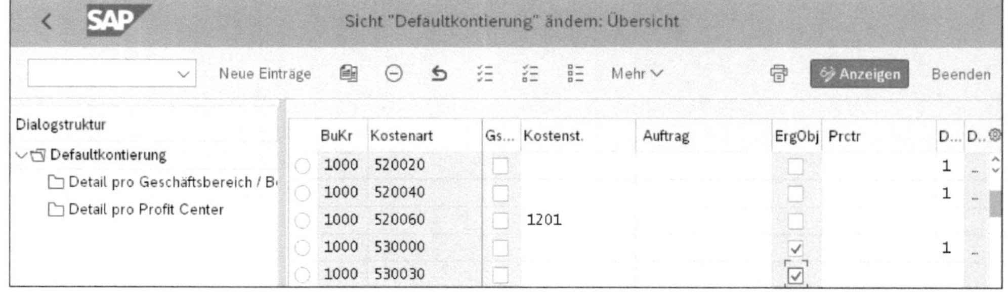

Abbildung 6.99 Automatische Kontierungsfindung pflegen

Direktkontierung

In der kalkulatorischen Ergebnisrechnung pflegen Sie für die Ergebnisrechnung ein Ergebnisschema, in dem Sie das Sachkonto einem Wertfeld zuordnen. Außerdem stellen Sie sicher, dass das Sachkonto in der Feldstatusgruppe eine Kontierung auf ein Ergebnisobjekt erlaubt.

Wird das Konto, für das eine Direktkontierung erfolgen soll, indirekt über einen MM-Vorgang bebucht, müssen Sie für dieses Konto eine Default-Kontierung pflegen.

6.10 Zusammenfassung

In diesem Kapitel haben Sie gelernt, wie die Ist-Werte für die kalkulatorische Ergebnisrechnung eingerichtet und abgeleitet werden. Ich habe die Werteflüsse erläutert, die die Buchungen in der Finanzbuchhaltung und in der kalkulatorischen Ergebnisrechnung erzeugen. Nur wenn die Werteflüsse verstanden werden, können Kontenfindungen und weitere Customizing-Einstellungen für die kalkulatorische Ergebnisrechnung korrekt vorgenommen werden. Mit diesem Kapitel sollten Sie in der Lage sein, Ihre Prozesse so anzupassen, dass die korrekten Werte in der kalkulatorischen Ergebnisrechnung ankommen.

Kapitel 7
Planung

In diesem Kapitel erfahren Sie mehr über die Zukunft der Planung in SAP S/4HANA Finance. Sie lernen, was sich für die Planung der Margenanalyse und der kalkulatorischen Ergebnisrechnung verändert und wie sich die Änderungen der Planungsstrategie mittelfristig auf die Ergebnisrechnung auswirken.

Mit SAP S/4HANA Finance ändert sich die Strategie für die Planung im SAP-System. Dies hat vor allem Auswirkungen auf die Margenanalyse sowie für die Komponenten Finanzbuchhaltung und Controlling im SAP-System. Für die Planung in der kalkulatorischen Ergebnisrechnung sind keine Änderungen zu erwarten; die Planung wird über die herkömmlichen Transaktionen zur Planung der kalkulatorischen Ergebnisrechnung ausgeführt.

Dieses Kapitel ist in zwei Teile gegliedert: Der erste Teil beschäftigt sich mit den Änderungen der Planungsstrategie in SAP S/4HANA Finance und mit den Auswirkungen auf die Margenanalyse. Im zweiten Teil lernen Sie, wie Sie eine Planung in der kalkulatorischen Ergebnisrechnung durchführen.

7.1 Was ändert sich für die Planung mit SAP S/4HANA Finance?

Deaktivierte Planungsfunktionen

In SAP S/4HANA Finance sind die Planungsfunktionen in der Finanzbuchhaltung (Bilanz und Gewinn- und Verlustrechnung, GuV) sowie im Controlling (Kostenstelle, Innenaufträge und Projekte) deaktiviert. Über SAP-Hinweis 2253067 (Reaktivierung G/L-Planung) können Sie die Planungstransaktionen aktivieren. In zukünftigen Releases wird dies aber nach Aussage von SAP nicht mehr möglich sein.

Die Planung ist künftig in SAP Analytics Cloud angesiedelt. SAP Analytics Cloud ermöglicht Anwendern die dynamischen Visualisierungen von Echtzeitdaten und unterstützt durch leicht zu bedienende, integrierte Simulations- und Prognosemethoden sowohl klassische Analysen als auch herausfordernde Planungsanforderungen. SAP Analytics Cloud integriert die

Planung mit dem Reporting, das vielfältige Gestaltungsmodelle wie z. B. Dashboards und den SAP Digital Boardroom unterstützt.

Weiterführende Literatur zur Planung mit SAP Analytics Cloud

Weitere Informationen zu den Planungsfunktionen in SAP Analytics Cloud finden Sie in dem Buch »Unternehmensplanung mit SAP Analytics Cloud« von Holger Handel, das 2021 im Rheinwerk Verlag erschienen ist.

Die Integration von SAP Analytics Cloud mit SAP S/4HANA erfolgt in Echtzeit sowohl für Stammdaten als auch für Bewegungsdaten. Die Planungsdaten können nach SAP S/4HANA zurückgeschrieben werden. Die Plandaten in SAP S/4HANA werden in die Datenbanktabelle ACDOCP (Einzelposten Planung) zurückgeschrieben. Es handelt sich dabei um das Universal Journal für die Planung mit vergleichbar vielen Merkmalen wie die Datenbanktabelle ACDOCA (Buchungsbelegpositionen).

Planungstemplates

SAP Analytics Cloud bietet eine Reihe von Planungstemplates für:

- Kostenstellenplanung
- Umsatzplanung
- COGS-Planung
- Bilanz und GuV-Planung
- Produktkostenplanung
- Liquiditätsplanung
- Projektplanung
- Investitionsplanung

Kostensimulator

Eine zusätzliche neue Funktion ist der Kostensimulator. Er kann genutzt werden, um die Kosten anhand verschiedener Kriterien zu simulieren. Sie haben die Möglichkeit, die Kosten anhand verschiedenster Kriterien zu verteilen. Die verschiedenen Szenarien können Sie simulieren und speichern, bevor Sie sich entscheiden, welches Szenario Sie in der Planung ausführen möchten.

Vorteile der neuen Planungsfunktionen

Die Änderungen in der Planungsstrategie in SAP S/4HANA bringen die folgenden Vorteile mit sich:

- Die Bedienung ist intuitiv; die SAP Analytics Cloud ist von Anwendern flexibel gestaltbar.
- Der Planungsprozess erfolgt integriert und zentralisiert.
- Mit den Simulationsmöglichkeiten und der einheitlichen Datenplattform ist die Simulation von End-to-End-Prozessen möglich.

- Es besteht die Möglichkeit der Anpassung der Planung an geänderte Rahmenbedingungen.
- Die Entscheidungsfindung wird durch eine bessere Datenqualität vereinfacht.
- Die Planung wird beschleunigt, da die Replikation von Daten nicht mehr notwendig ist.
- Planungsdaten aus unterschiedlichen Datenquellen können integriert werden. Es besteht die Möglichkeit, die Plandaten über Flat Files in SAP Analytics Cloud hochzuladen.
- Eine flexible Versionierung über private und öffentliche Versionen ist möglich.
- Die Anwendung von Machine Learning ermöglicht es, Muster und Ausreißer automatisch aufzudecken und Erkenntnisse schneller in Aktionen umzusetzen.
- Vorausschauende Analysen und Prognosen ermöglichen ein rechtzeitiges Reagieren auf Marktveränderungen.

Wie sich all diese Vorteile auf die Arbeitsweise mit SAP Analytics Cloud auswirken, lernen Sie im nächsten Abschnitt.

7.2 Planung in der Margenanalyse

Die Planung in der Margenanalyse findet zukünftig ausschließlich in SAP Analytics Cloud statt. Die verschiedenen Planungsmodelle können alle Merkmale des Universal Journals enthalten. Zusätzlich können in SAP Analytics Cloud separate Merkmale und Hierarchien, die nur für die Planung relevant sind, angelegt werden (z. B. neues Produkt).

7.2.1 Architektur von SAP Analytics Cloud

SAP Analytics Cloud ist eine SaaS-Lösung (Software-as-a-Service). In Abbildung 7.1 ist die Cloud-Architektur dargestellt. In SAP Analytics Cloud werden Business Intelligence (BI), erweiterte Analysen, vorausschauende Analysen und die Unternehmensplanung miteinander integriert. Sie haben die Möglichkeit, Daten von SAP S/4HANA und aus externen Quellen in SAP Analytics Cloud zu kombinieren und hierzu Visualisierungen zu erstellen.

Komponenten in SAP Analytics Cloud

Neben der Planungskomponente hat SAP Analytics Cloud auch eine Reporting-Komponente, die mit Machine Learning arbeitet und so die vorausschauende Analyse verfeinert. SAP Analytics Cloud ermöglicht auch die Erstellung von komplexen Dashboards. Mit dem SAP Digital Boardroom können interaktive Dashboards für die C-Suite erstellt werden.

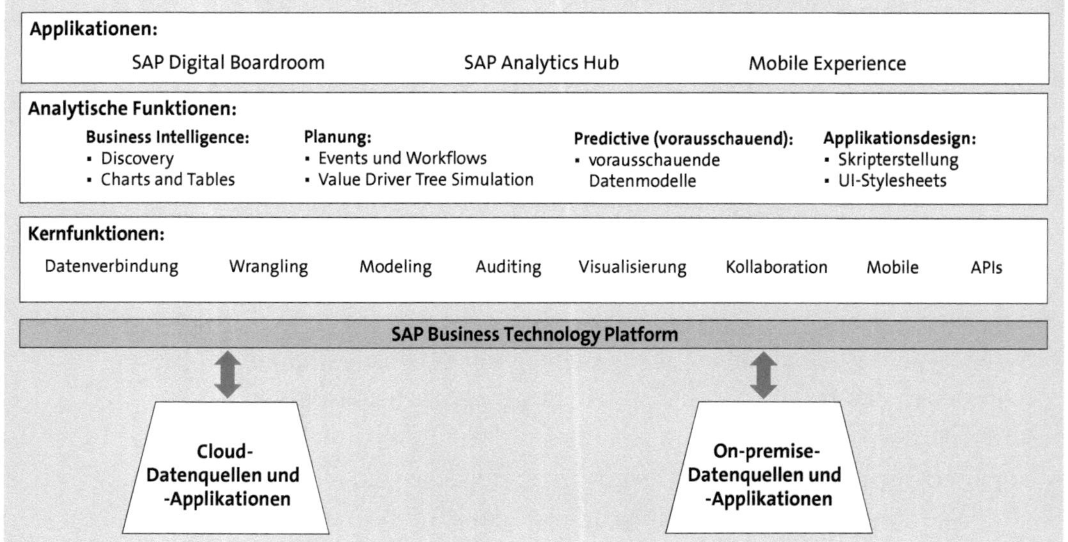

Abbildung 7.1 SAP-Cloud-Architektur

Wie in Abbildung 7.2 dargestellt, können mit SAP Analytics Cloud sowohl Daten in near Realtime aus SAP S/4HANA als auch von externen Datenquellen via Flat File Load empfangen werden.

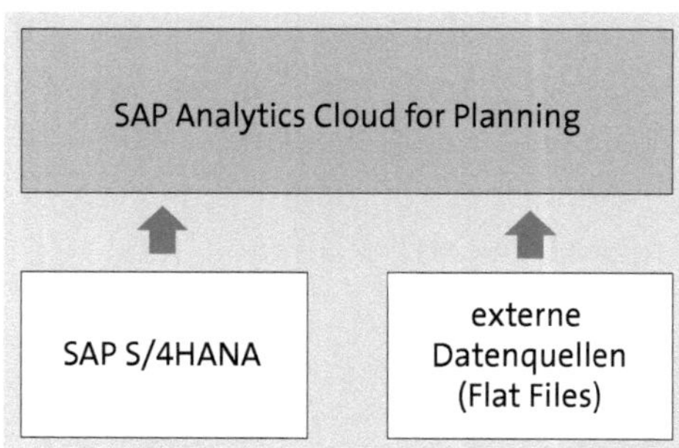

Abbildung 7.2 SAP Analytics Cloud: Datenversorgung

7.2.2 Planungsprozess in SAP Analytics Cloud

Strategische Planung und Jahresplanung

Der typische Planungsprozess in einem Unternehmen ist in Abbildung 7.3 dargestellt. Für die strategische Planung wird für gewöhnlich ein Zeitraum von drei bis fünf Jahren angenommen, und die strategische Planung findet auf einer aggregierten Ebene statt. Die Jahresplanung wird für einen Zeitraum von 12 bis 18 Monaten ausgeführt; der Detailgrad der Jahresplanung ist sehr hoch. Die Jahresplanung findet für gewöhnlich auf der Kunden- und auf der Materialebene statt, und der Forecast wird auf der Monatsebene durchgeführt. Hierzu wird die Jahresplanung mit Trends und Details aus dem Ist angepasst. All diese Planungsprozesse können mit SAP Analytics Cloud durchgeführt werden, und das Reporting von Plan, Forecast und Ist sowie deren Vergleich können in SAP Analytics Cloud stattfinden.

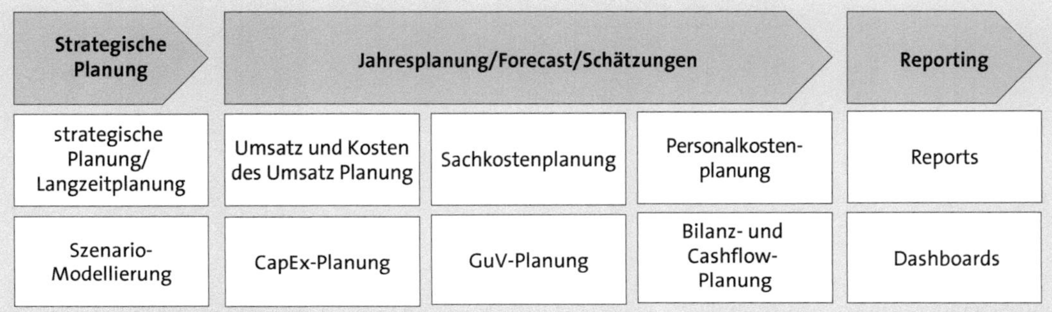

Abbildung 7.3 Planungszyklus in einem Unternehmen

Schritte des Planungsprozesses

In SAP Analytics Cloud erfolgt der Planungsprozess gemäß den in Abbildung 7.4 dargestellten Schritten:

- **Stammdaten und Bewegungsdaten laden**
  Stammdaten und Bewegungsdaten, die für das Erstellen der Planung benötigt werden, werden von SAP S/4HANA oder per Flat File nach SAP Analytics Cloud geladen. Stammdaten sind z. B. Sachkonten, Materialien, Preiskonditionen usw.

  Mit Bewegungsdaten werden Ist-Daten geladen, die als Vorlage bzw. Start für die Planung dienen.
- **Plandaten Input**
  Eingabe der Plandaten in SAP-Analytics-Cloud-Storys/Input-Files.
- **Durchführung von Kalkulationen und Umlagen**
  Durchführung von Kalkulationen in der Planung, wie z. B. Trendanalysen, Planumlagen, Kalkulation von Personalnebenkosten usw., die bei der Definition der Planungsstorys festgelegt wurden.
- **Validierung und Reporting**
  Reports für die Validierung in sowohl grafischer als auch numerischer Darstellung. Die Reports sollen helfen, Fehler in der Planung aufzudecken, bevor die Planungsdaten in Schritt 5 an weitere Planungsmodelle weitergegeben werden.

- **Datentransfer in andere Planungsmodelle**
  Nach der Eingabe der Planung und der Validierung dieser können die Daten in andere Planungsmodelle transferiert werden. So kann z. B. die Umsatzplanung an die Bilanz- und GuV-Planung weitergegeben werden, sodass in der GuV die Umsatzwerte und in der Bilanz die Kundenforderungen als Gegenposition dargestellt werden.

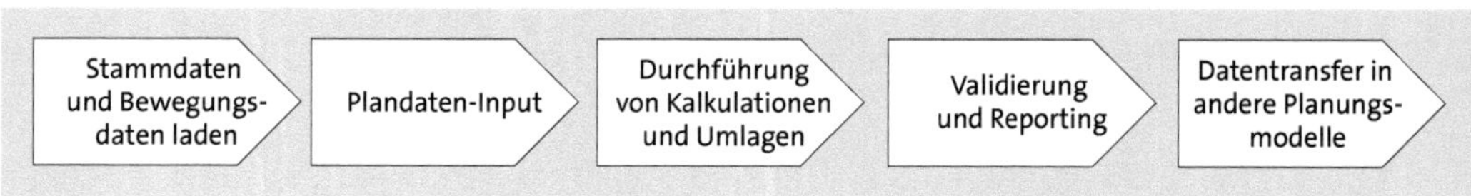

Abbildung 7.4 Planungsprozess in SAP Analytics Cloud

7.2.3 Datenmodelle und Storys

Datenmodelle in SAP Analytics Cloud

SAP Analytics Cloud arbeitet mit verschiedenen Datenmodellen, in denen die Storys angelegt werden, die zur Eingabe von Plandaten dienen. In Abbildung 7.5 ist dargestellt, wie die Daten nach SAP Analytics Cloud fließen:

- Stammdaten und Ist-Daten von SAP S/4HANA
- Mengenplanung und Forecast von SAP Integrated Business Planning

In SAP Analytics Cloud werden Datenmodelle angelegt, die verschiedene Eingabeformulare für die Planung enthalten, wie z. B.:

- Eingabeformular für CapEx (Investitionen) bzw. OpEx (Betriebsausgaben), deren Plandaten an die GuV- und Bilanzplanung übergeben werden.
- Eingabeformular für die Umsätze und die Kosten des Umsatzes, deren Plandaten ebenfalls an die GuV- und die Bilanzplanung übergeben werden.
- Eingabeformular für die Personalkosten, die an die Opex-Planung übergeben werden.
- Das Berichtswesen, wie GuV und Bilanz, werden hauptsächlich automatisch aus verschiedenen Eingabeformularen mit Daten befüllt.

Dimensionen in SAP Analytics Cloud

Für das Datenmodell werden die Merkmale, Stammdaten und Dimensionen festgelegt, die zur Eingabe der Plandaten vorhanden sein müssen. Dabei werden die meisten Dimensionen vom Quellsystem an SAP Analytics Cloud übergeben. Nur wenige Dimensionen werden direkt in SAP Analytics Cloud gepflegt, wie z. B. eine Dimension für neue Produkte oder eine Produkthierarchie, die ausschließlich in der Planung verwendet wird.

Eingabeformular Planung

Im Eingabeformular in Abbildung 7.6 findet die Headcount-Planung und die Verteilung von Mitarbeitern auf den Kostenstellen statt. Meist werden die Daten von einem HR-System über eine direkte Schnittstelle oder über ein Flat File nach SAP Analytics Cloud geladen.

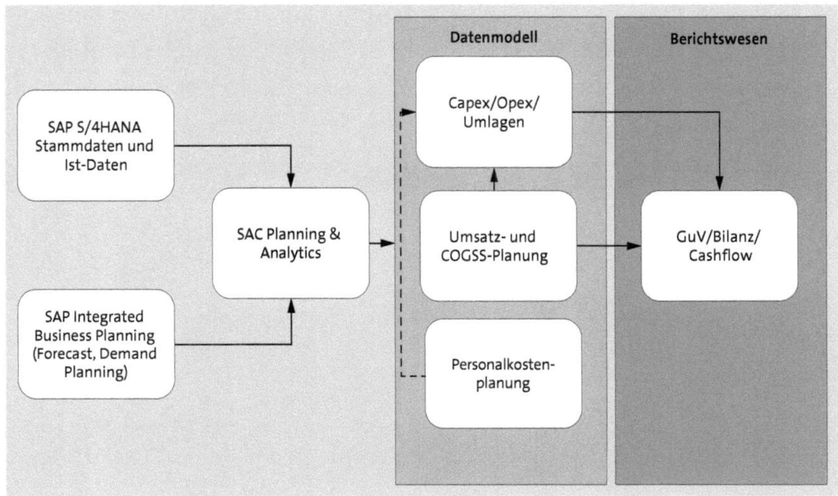

Abbildung 7.5 Datenmodelle in SAP Analytics Cloud

SAP Stories | Employee Costs

File Edit Tools Display Publish Data | Employee Loading | 1 / 12

Version (1) PLAN_WIP2 | Plan Year (1) 2021 | Date (1) 2021 | Cost Center (2) 1500223010 (1500_OH_ENG_M...

Transfer Employee Costs – Transfer Employee Costs | Accept/Confirm Employee Tra... | Distribute – Distribute

Employee Loading Percentage by Cost Center

								Version	PLAN_WIP2		
								Date	Jan (2021)	Feb (2021)	Mar (2021)
								Account/Chart of Accou...	Percentage Cost	Percentage Cost	Percentage Cost
Employee	Start Date	Employee Ti...	Source Cost Cen...	Cost Center	Location	Partner Cost Cent...	Activity Type	Employee Type			
EMPL9			1500223010	1500223010	PMI	#	Existing	EXEMPT	100 %	100 %	100 %
				1500223014	PMI	1500223010	Existing	EXEMPT	–	–	80 %
OPEN11			1500223010	1500223010	PMI	#	Open	EXEMPT	–	100 %	100 %
EMPL10			1500223010	1500223010	PMI	#	Existing	EXEMPT	100 %	100 %	100 %
EMPL11			1500223010	1500223010	PMI	#	Existing	EXEMPT	100 %	100 %	100 %
EMPL12			1500223010	1500223010	PMI	#	Existing	EXEMPT	100 %	100 %	100 %
EMPL13			1500223010	1500223010	PMI	#	Existing	EXEMPT	100 %	100 %	100 %
EMPL14			1500223010	1500223010	PMI	#	Existing	EXEMPT	100 %	100 %	100 %
				1500223014	PMI	1500223010	Existing	EXEMPT	–	–	–
EMPL15			1500223010	1500223010	PMI	#	Existing	EXEMPT	100 %	100 %	100 %
EMPL16			1500223010	1500223010	PMI	#	Existing	EXEMPT	100 %	100 %	100 %
EMPL17			1500223010	1500223010	PMI	#	Existing	EXEMPT	100 %	100 %	100 %
EMPL18			1500223010	1500223010	PMI	#	Existing	EXEMPT	100 %	100 %	100 %

Abbildung 7.6 Eingabeformular: Headcount/Mitarbeiterzahl pro Kostenstelle

Über dieses Eingabeformular werden auch Zu- und Abgänge geplant. Nach der Fertigstellung der Planung können diese Daten an die Sachkostenplanung übergeben werden.

Personalnebenkosten-Planung in SAP Analytics Cloud

Für die Personalkosten findet in SAP Analytics Cloud meist auch eine komplexe Berechnung der Personalnebenkosten über die Definition von Formeln statt. In Abbildung 7.7 sehen Sie beispielhaft ein Eingabeformular für die Personalnebenkosten, die auf der Basis der direkten Personalkosten berechnet werden.

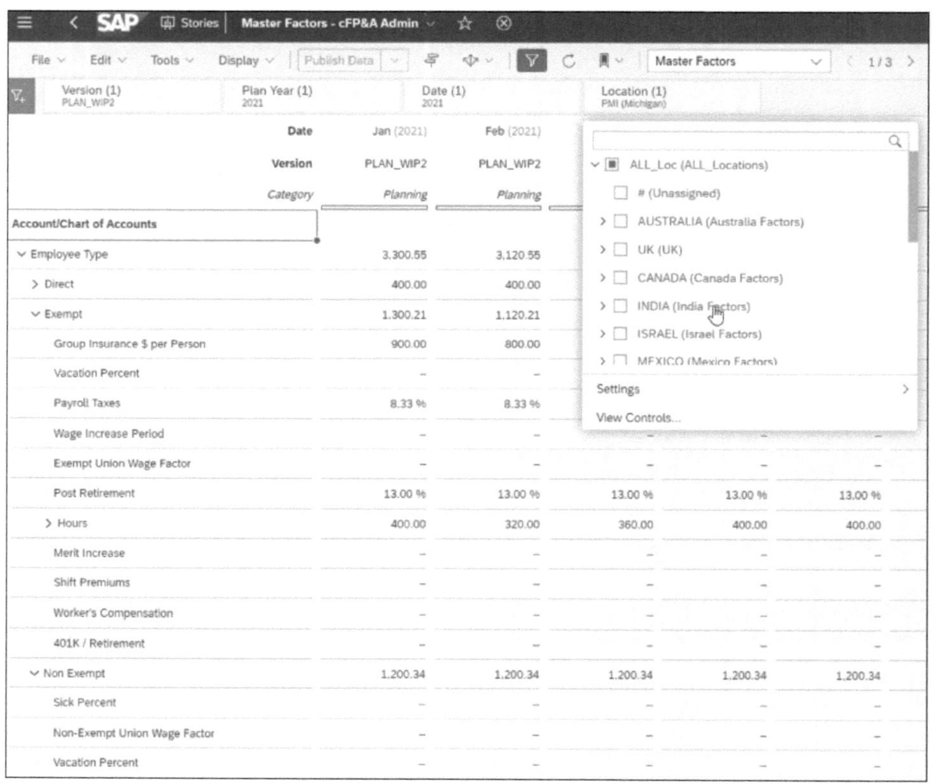

Abbildung 7.7 Eingabeformular: Personalnebenkosten

Neben den Eingabeformularen für Plandaten hat SAP Analytics Cloud auch ein umfangreiches Berichtswesen. In Abbildung 7.8 sehen Sie eine Trendanalyse für die Ist-Daten des Net Revenue. Die Daten sind mit vorausschauenden Daten angereichert, die es ermöglichen, bessere Aussagen über die nahe Zukunft zu treffen und schneller auf Trends zu reagieren.

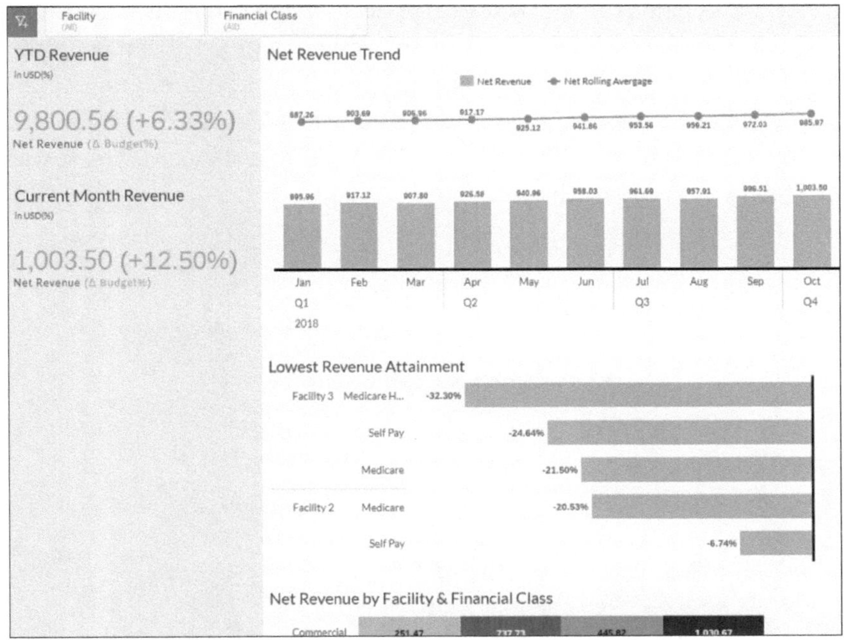

Abbildung 7.8 Net Revenue: Ist-Kosten-Trendanalyse

In SAP Analytics Cloud kann auch mit Dashboards gearbeitet werden, die verschiedene Kennzahlen und Grafiken in einem Bild darstellen (siehe Abbildung 7.9).

Dashboards in SAP Analtyics Cloud

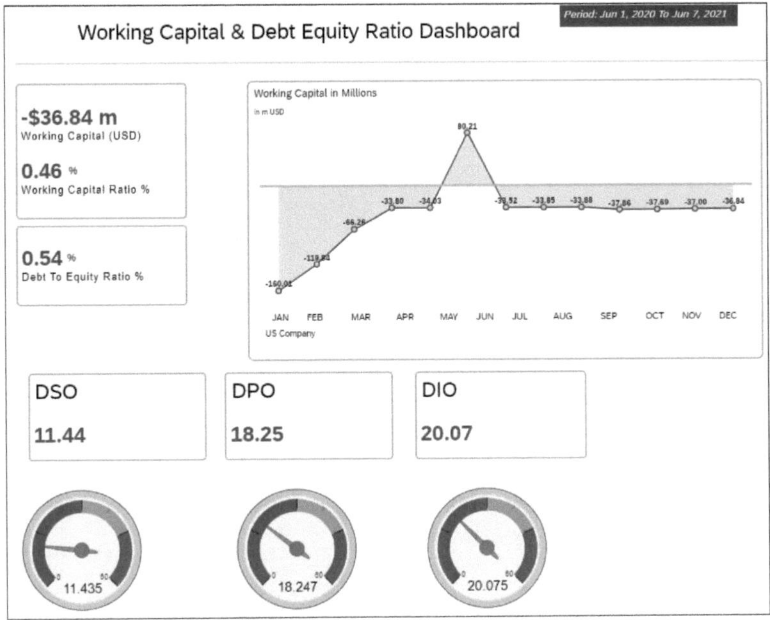

Abbildung 7.9 Übersicht: Working Capital & Debt Equity Ratio Dashboard

Smart Insights in SAP Analytics Cloud

Neben Dashboards können in SAP Analytics Cloud über die Funktion Smart Insights Abweichungen und deren Hintergründe ermittelt werden (siehe Abbildung 7.10). Über Machine Learning ist es möglich zu ermitteln, warum die betreffende Abweichung entstanden ist. Über Visualisierung und das Hinzufügen von Text kann schneller und leichter verstanden werden, was im Unternehmen vor sich geht.

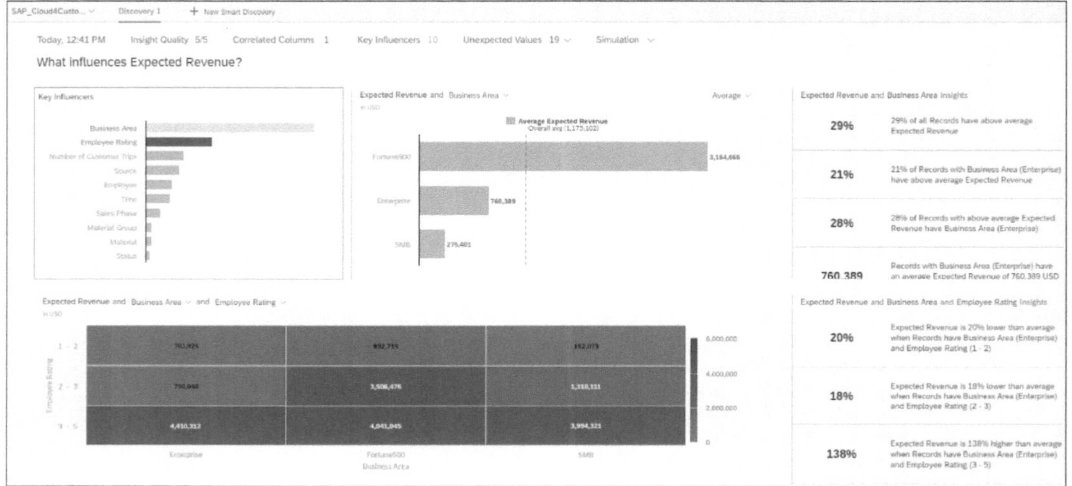

Abbildung 7.10 Smart Insights: Umsatzplanung

Smart Discovery in SAP Analytics Cloud

Neben Smart Insights gibt es in SAP Analytics Cloud auch Smart Discovery. Smart Discovery verwendet auch Machine Learning, um Daten zu analysieren und hilfreiche Einblicke in Kennzahlen wie Umsatz usw. zu liefern. Über wenige Klicks können Sie Einblicke in die Haupteinwirkungen der Abweichungen erhalten. Zusätzlich können Einflüsse von anderen Variablen und Datenanomalien erkannt werden.

7.2.4 Planungshilfen

In SAP Analytics Cloud gibt es vielfältige Funktionen, die als Planungshilfen bezeichnet werden und die die Planung effektiver gestalten. In diesem Abschnitt stelle ich Ihnen die wichtigsten Planungshilfen vor:

- **Member on the Fly**
  In SAP Analytics Cloud können Stammdaten angelegt werden, die in SAP S/4HANA nicht vorhanden sind. Dieses Feature wird für neue Materialien oder für neue Kunden verwendet.

- **Value Driver Trees**
  Diese Funktionalität ist out of the box in SAP Analytics Cloud vorhanden und erlaubt es Ihnen, bei der Planungserstellung Was-wäre-wenn-Szenarios zu entwerfen. In Abbildung 7.11 ist beispielhaft ein Value Driver Tree für die Kennzahl Deckungsbeitrag/Gross Margin dargestellt. Der Value Driver Tree stellt Abhängigkeiten von Maßnahmen dar und simuliert den Effekt von verschiedenen Maßnahmen.

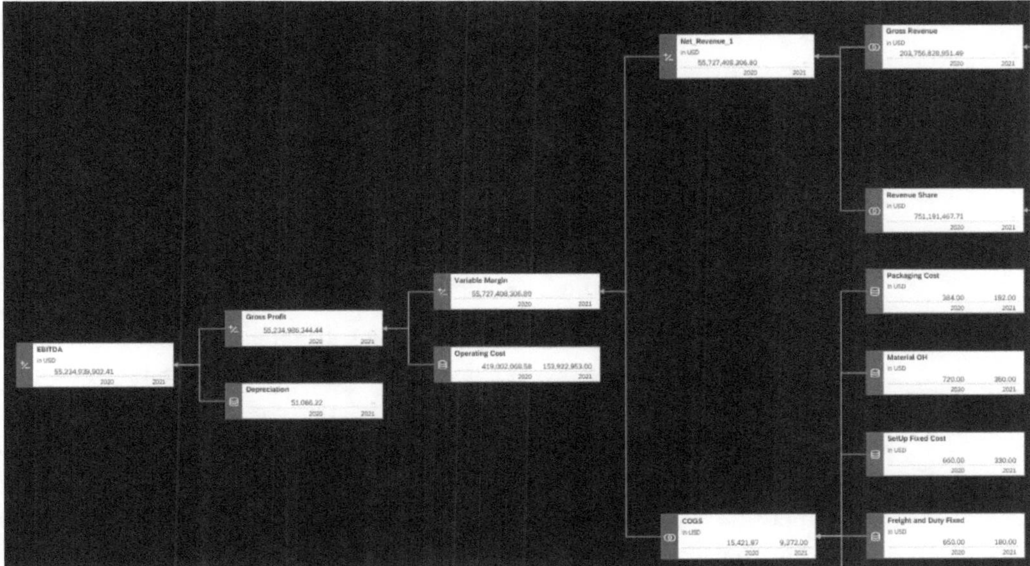

Abbildung 7.11 Value Driver Tree für Gross Margin/Deckungsbeitrag

- **Vorausschauende Planung**
  Wenn historische Daten nach SAP Analytics Cloud geladen werden, können mithilfe von Machine Learning Trends ermittelt und ein Forecast erstellt werden.
- **Forecast/Rolling Forecast**
  SAP Analytics Cloud ermöglicht die Erstellung eines auf Ist-Daten basierenden Forecasts, aktualisiert mit Trends. Im Rolling Forecast kann die Datenreichweite nach Belieben eingeschränkt werden.
- **Advanced Planning**
  Das Advanced Planning beinhaltet drei verschiedene Funktionalitäten:
  - Spreading:
    Das Spreading erlaubt es, Kosten, die auf einem höheren Hierarchielevel geplant wurden, an niedrigere Hierarchielevel zu verteilen. Die Kosten werden gleichmäßig auf die niedrigeren Hierarchiestufen verteilt, wenn das Spreading maschinell durchgeführt wird.

- Distributing:
  Das Distributing erlaubt es, Kosten auf derselben Hierarchiestufe mit wenigen Klicks auf andere Merkmale zu verteilen.
- Assigning:
  Das Assigning erlaubt das Hinzufügen oder Ersetzen von Werten in der Planung. Das System verteilt die Werte gemäß einer selbst definierten Logik.

7.3 Planung in der kalkulatorischen Ergebnisrechnung

Nummernvergabe für die Plandatenerfassung einrichten

Um überhaupt Plandaten erfassen zu können, müssen Sie zuvor die Nummernvergabe für die Plandatenerfassung einrichten. Rufen Sie dazu Transaktion KEN2 (Intervallpflege Planeinzelposten) oder den folgenden Customizing-Pfad auf: **Controlling • Ergebnis- und Marktsegmentrechnung • Planung • Vorbereitungen • Nummernvergabe für Plandaten einrichten**.

Die Pflege der Nummernvergabe erfolgt in Abhängigkeit des Ergebnisbereichs. Klicken Sie im Fenster **Intervallpflege: Planeinzelposten** auf den Button ✎ (**Gruppen ändern**). Sie gelangen daraufhin in das Fenster Gruppenpflege: Nummernkreis COPA_PLAN Unterobjekt US10 (siehe Abbildung 7.12). Vergewissern Sie sich, dass alle Vorgangsarten einer Gruppe zugeordnet sind. Wechseln Sie anschließend mit F3 zurück in das Fenster **Intervallpflege: Planeinzelposten**.

Nummernkreis zuordnen

Klicken Sie dann auf den Button ✎ Intervalle, um der Gruppe einen Nummernkreis zuzuordnen. Ordnen Sie, wie in Abbildung 7.13 dargestellt, der Gruppe 01 die Nummernkreise 0000000001–0999999999 zu. Speichern Sie Ihre Eingaben über einen Klick auf den Button Sichern. Nummernkreisintervalle sollten generell nicht transportiert werden, um einen Schiefstand des Nummernstands zu vermeiden. Sie können im Produktivsystem die Nummernkreisintervalle mit Transaktion KEN2 pflegen. Das SAP-System fragt dabei keinen Customizing-Auftrag ab.

Version für die Plandatenerfassung

Nach der Anlage der Nummernkreise überprüfen Sie, ob und welche Versionen für die Erfassung von Plandaten zugelassen sind. Nutzen Sie den Customizing-Pfad **Controlling • Ergebnis- und Marktsegmentrechnung • Planung • Vorbereitungen • Versionen pflegen**, um die vorhandenen Versionen zu überprüfen. Im Fenster **Allgemeine Versionsdefinition** sehen Sie im rechten Bildbereich **Allgemeine Versionsübersicht** eine Übersicht aller im System vorhandenen Versionen (siehe Abbildung 7.14). Bei allen für die Planung zugelassenen Versionen ist das Kennzeichen in der Spalte **Plan** aktiviert.

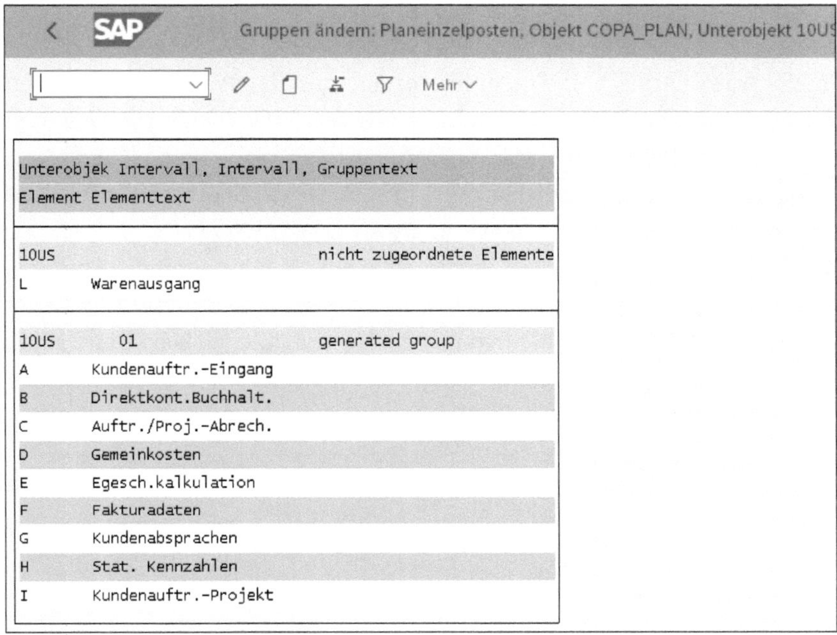

Gruppen ändern: Planeinzelposten, Objekt COPA_PLAN, Unterobjekt 10US

Mehr

Unterobjek	Intervall,	Intervall, Gruppentext
Element	Elementtext	
10US		nicht zugeordnete Elemente
L	Warenausgang	
10US	01	generated group
A	Kundenauftr.-Eingang	
B	Direktkont.Buchhalt.	
C	Auftr./Proj.-Abrech.	
D	Gemeinkosten	
E	Egesch.kalkulation	
F	Fakturadaten	
G	Kundenabsprachen	
H	Stat. Kennzahlen	
I	Kundenauftr.-Projekt	

Abbildung 7.12 Vorgangsarten einer Gruppe zur Plandatenpflege zuordnen

Intervallpflege: Planeinzelposten, Objekt COPA_PLAN, Unterobjekt 10US

Mehr

Nummernkreisnummer	von Nummer	bis Nummer	Nummernstand
01	0000000001	0999999999	0

Abbildung 7.13 Intervallpflege für die Gruppe vornehmen

Allgemeine Versionsdefinition

Mehr — Beenden

Dialogstruktur
- Allgemeine Versionsdefinition
  - Einstellungen im Ergebnisbereich
  - Einstellungen Profit-Center-Rechnung
  - Einstellungen im Kostenrechnungskreis
    - Einstellungen pro Geschäftsjahr
    - Deltaversion: Vorgänge aus Referenzversion
  - Einstellungen Fortschrittsanalyse (Projekte)

Allgemeine Versionsübersicht

Version	Bezeichnung	Plan	Ist	WIP/ErgErm	Abweichung
0	Plan/Ist - Version	☑	☑	☑	☑
1	Planversion Änderung 1	☑	☐	☑	☑
2	Planversion Änderung 2	☑	☐	☐	☑
3	Istkosten vs. Sollkalkulation	☑	☐	☐	☑
4		☑	☐	☑	☑
5	Plan/Ist - Version	☑	☐	☐	☑
6	Plan/Ist - Version	☑	☐	☐	☑

Abbildung 7.14 Allgemeine Versionsübersicht prüfen

Version für die Planung anlegen

Dies heißt jedoch noch nicht, dass die betreffende Version auch im Ergebnisbereich für die Planung verfügbar ist. Markieren Sie die Version, die Sie in der kalkulatorischen Ergebnisrechnung für die Planung verwenden möchten, und navigieren Sie im linken Bildbereich **Dialogstruktur** in den Ordner **Einstellungen im Ergebnisbereich**. Ist die Version bereits für die Verwendung im Ergebnisbereich angelegt, sehen Sie das Fenster **Sicht "Einstellungen im Ergebnisbereich" ändern: Detail**. Ist die Version noch nicht für den Ergebnisbereich angelegt, erhalten Sie eine Meldung mit der Frage, ob Sie die Version im Ergebnisbereich anlegen möchten. Es öffnet sich das in Abbildung 7.15 dargestellte Fenster. In der Version pflegen Sie die einzelnen Merkmale. Wie das geht, wurde bereits in Abschnitt 2.4, »Versionen«, ausführlich beschrieben.

Abbildung 7.15 Version in den Ergebnisbereich übernehmen

Grundeinstellungen für die Planung vornehmen

Nun haben Sie die Grundeinstellungen für die Erfassung von Plandaten vorgenommen. In der kalkulatorischen Ergebnisrechnung haben Sie die Möglichkeit, ganz flexibel verschiedene Planungslayouts anzulegen, um Ihre Planung so einfach wie möglich zu gestalten. Im Folgenden erfahren Sie, wie Sie ein Planungslayout anlegen und wie Sie den Excel-Upload in der Planung verwenden.

Beschränkung der Datenzellen beim Excel-Upload

Beachten Sie, dass es für den Excel-Upload eine technische Beschränkung von 9.999 Datenzellen gibt, die bei einer detaillierten Merkmalsplanung schnell erreicht ist (siehe SAP-Hinweis 1386177 – Planungsprozessor: Max. 9.999 Datenzellen im Übersichtsbild).

Planungslayout anlegen

Um ein Planungslayout für die Planung in der Ergebnisrechnung anzulegen, nutzen Sie Transaktion KEPM (Planungseinstieg: Gesamtübersicht) oder den folgenden Customizing-Pfad im Anwendungsmenü: **Rechnungswesen • Controlling • Ergebnis- und Marktsegmentrechnung • Planung • Plandaten bearbeiten**.

Im Fenster **Planungseinstieg: Gesamtübersicht** können Sie im Bereich **Planungsebenen** über einen rechten Mausklick auf das Feld **Planungsebenen** eine Planungsebene anlegen. Mit der Planungsebene legen Sie die Merkmale fest, die in der Planung zur Verfügung stehen sollen. Es öffnet sich das Pop-up-Fenster **Planungsebene: Anlegen** (siehe Abbildung 7.16). Vergeben Sie dort im Feld **Planungsebene** einen Schlüssel (hier: »Z001«) und eine Bezeichnung, und bestätigen Sie Ihre Eingaben mit einem Klick auf ✔ (**Weiter**) oder mit der Taste ↵.

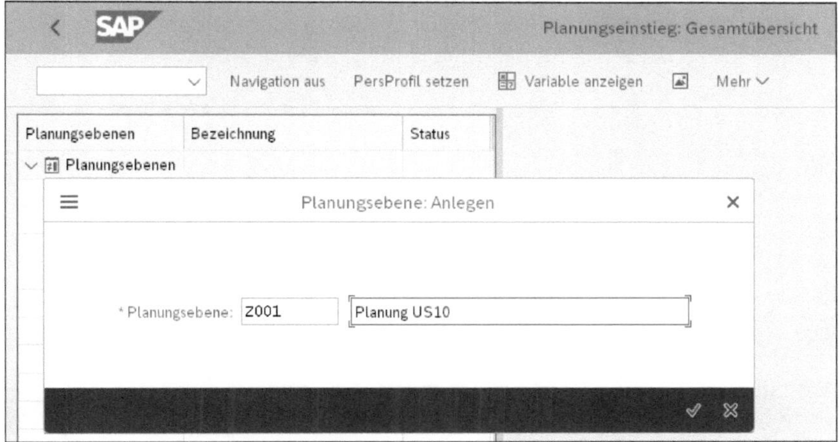

Abbildung 7.16 Planungsebene anlegen

Merkmale für die Planung auswählen

Wählen Sie anschließend die Merkmale, die Sie für die Planung benötigen, aus dem Merkmalsvorrat im rechten Bereich der Registerkarte **Merkmale** aus (siehe Abbildung 7.17). Speichern Sie schließlich die Planungsebene über einen Klick auf den Button Sichern. Im Beispiel wurden die Merkmale **Periode/Jahr**, **Version**, **Vorgangsart**, **Buchungskreis**, **Kunde** und **Artikel** ausgewählt.

Der Buchungskreis wurde in der Selektion auf 1000 eingeschränkt (siehe Abbildung 7.18). Dies bedeutet, dass nur Plandaten für den Buchungskreis 1000 mit diesem Planungspaket gespeichert werden können.

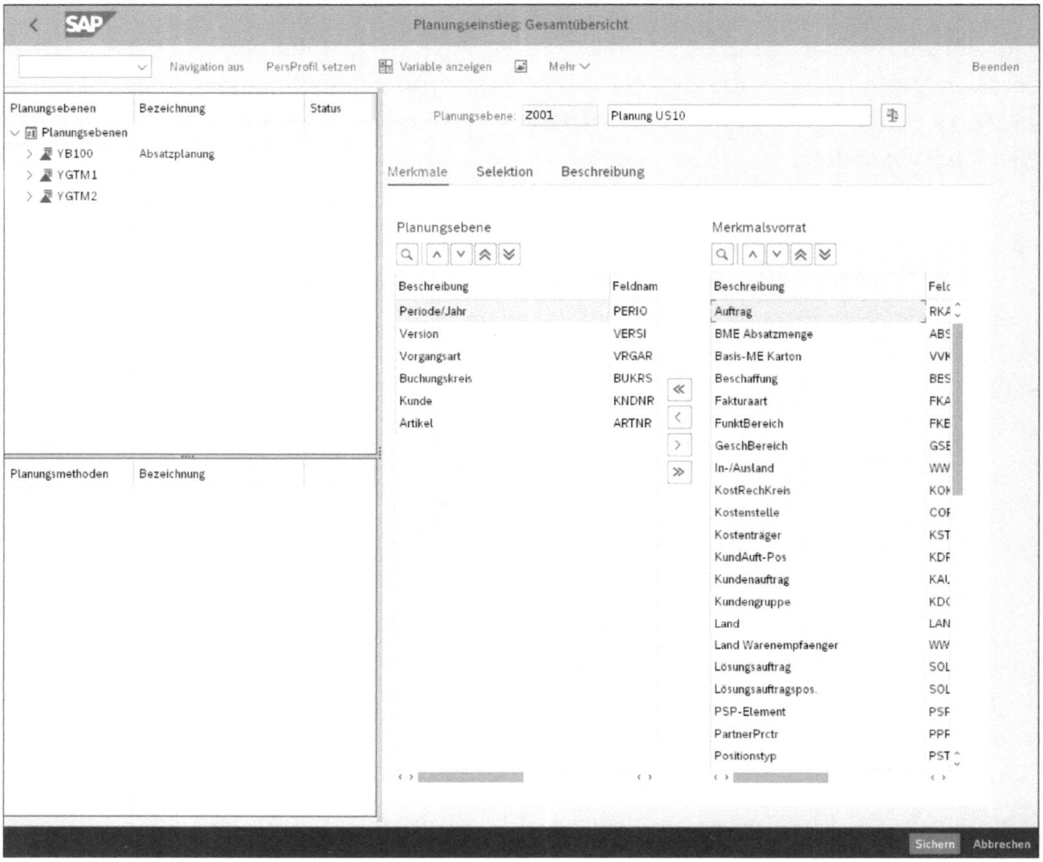

Abbildung 7.17 Merkmale für die Planungsebene festlegen

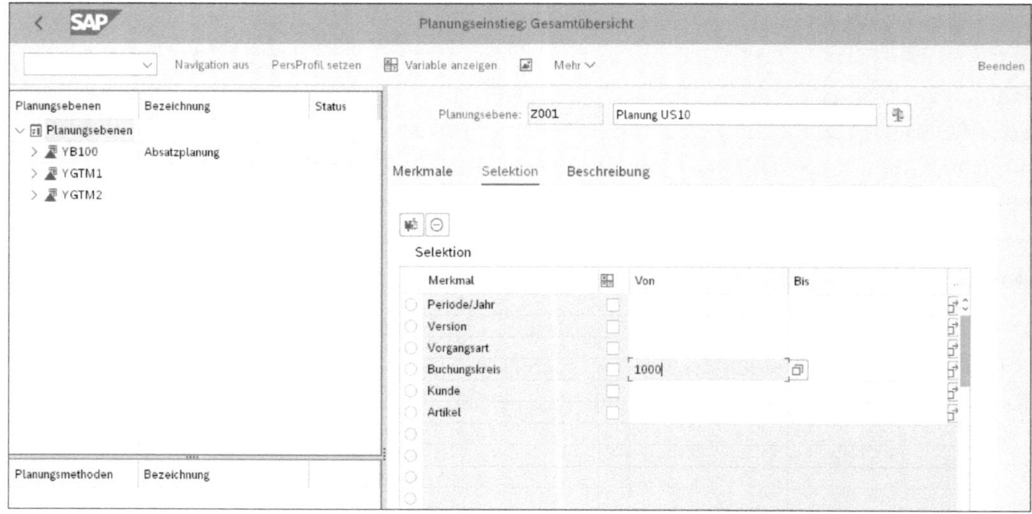

Abbildung 7.18 Selektion in der Planungsebene einschränken

Planungspaket anlegen

Nach dem Sicherungsvorgang entspricht das Bild wieder dem Einstiegsbild. Über einen rechten Mausklick auf die angelegte Planungsebene im linken oberen Bereich **Planungsebenen** legen Sie ein Planungspaket analog zu Ihrer Planungsebene an (siehe Abbildung 7.19).

Vergeben Sie einen Schlüssel (hier: »Z001«) und eine Bezeichnung für das Planungspaket, und bestätigen Sie Ihre Eingaben mit [↵]. Im Planungspaket schränken Sie die Selektion der in der Planungsebene ausgewählten Merkmale auf der Registerkarte **Selektion** ein.

Wie Sie in Abbildung 7.15 weiter vorne sehen, wurde in diesem Beispiel die Selektion auf die Version 0 (Ist-/Planversion) und auf die Vorgangsart F eingeschränkt. Die Einschränkung der Selektion auf den Buchungskreis wurde aus der Planungsebene übernommen und kann im Planungspaket nicht angepasst werden. Für das Merkmal **Periode/Jahr** soll eine Variable angelegt werden.

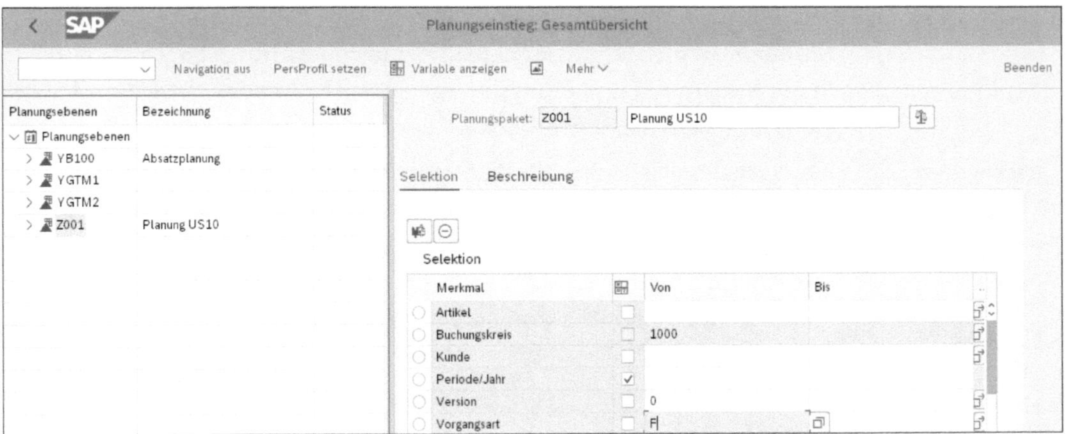

Abbildung 7.19 Selektion im Planungspaket einschränken

Variable anlegen

Über **Mehr • Bearbeiten • Variable • Variable definieren** können Sie eine Variable z. B. für die Selektion des Merkmals **Periode/Jahr** anlegen. In der Spalte **Merkmal** können Sie über die [F4]-Hilfe das Merkmal, das Sie als Variable anlegen möchten, auswählen. Es stehen alle dem Ergebnisbereich zugeordneten Merkmale zur Verfügung. Wählen Sie das Merkmal **Periode/Jahr** (siehe Abbildung 7.20). In der Spalte **Variable** legen Sie einen Alias für die Variable an. Dieser muss mit dem $-Zeichen beginnen, wie z. B. $PJ. In der Spalte **Bezeichnung** können Sie eine Bezeichnung für die Variable frei vergeben, bevor Sie in die Spalten **Wert von** und **Wert bis** die Merkmalswerte eingeben, die für die Selektion zur Verfügung stehen sollen. Speichern Sie die Variable mit einem Klick auf [Definition sichern].

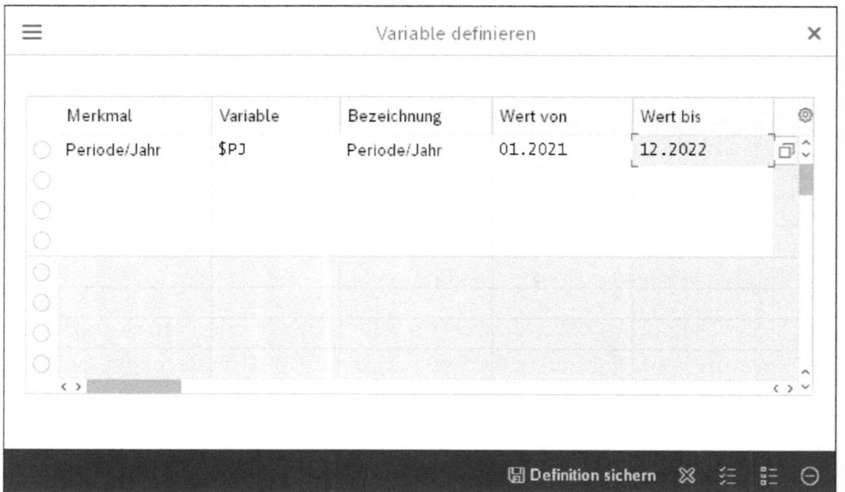

Abbildung 7.20 Variable für die Selektion anlegen

Nachdem Sie die Merkmale bearbeitet und die von Ihnen angelegte Variable in der Selektion des Planungspakets eingegeben haben, speichern Sie das Planungspaket über einen Klick auf den Button Sichern.

Planungsmethode anlegen

Als Nächstes legen Sie die Planungsmethoden fest, die Sie verwenden möchten. Im linken unteren Bereich des Fensters sehen Sie mehrere Planungsmethoden. Nachdem Sie die Plandaten erfasst haben, können Sie weitere Planungsmethoden anlegen, mit denen Sie die erfassten Plandaten anreichern oder bearbeiten können, wie z. B. die Perioden- oder die Top-down-Verteilung.

Parametergruppe anlegen

Über einen rechten Mausklick auf **Plandaten erfassen** können Sie eine Parametergruppe anlegen (siehe Abbildung 7.21). Vergeben Sie im Feld **Parametergruppe** einen Schlüssel und eine Bezeichnung, und bestätigen Sie Ihre Eingaben mit einem Klick auf ✓ (**Weiter**) oder mit der [↵]-Taste.

Details für die Parametergruppe festlegen

In der Parametergruppe legen Sie einige Größen fest, wie z. B. die Erfassungswährung. Wie Sie in Abbildung 7.22 sehen, wurde USD als Erfassungswährung festgelegt. Dies entspricht der Ergebnisbereichswährung, im Beispiel dem Ergebnisbereich US10. In den Details der Parametergruppe legen Sie auch fest, ob Sie Nullzeilen unterdrücken möchten. Abhängig von der Anzahl der Merkmale, die Sie für die Planung verwenden, empfiehlt es sich, die Nullunterdrückung zu aktivieren.

Planungslayout anlegen

Zur Anlage des Planungslayouts, das den Zeilen- und Spaltenaufbau der Eingabemaske vorgibt, tragen Sie in das Feld **Layout** einen technischen Namen für das Layout ein, in unserem Beispiel »Z001«.

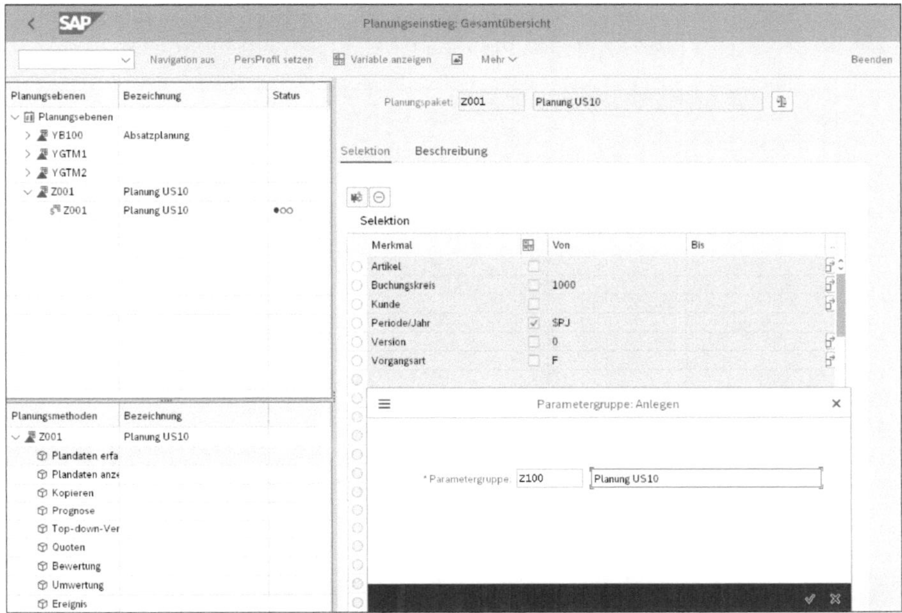

Abbildung 7.21 Parametergruppe anlegen

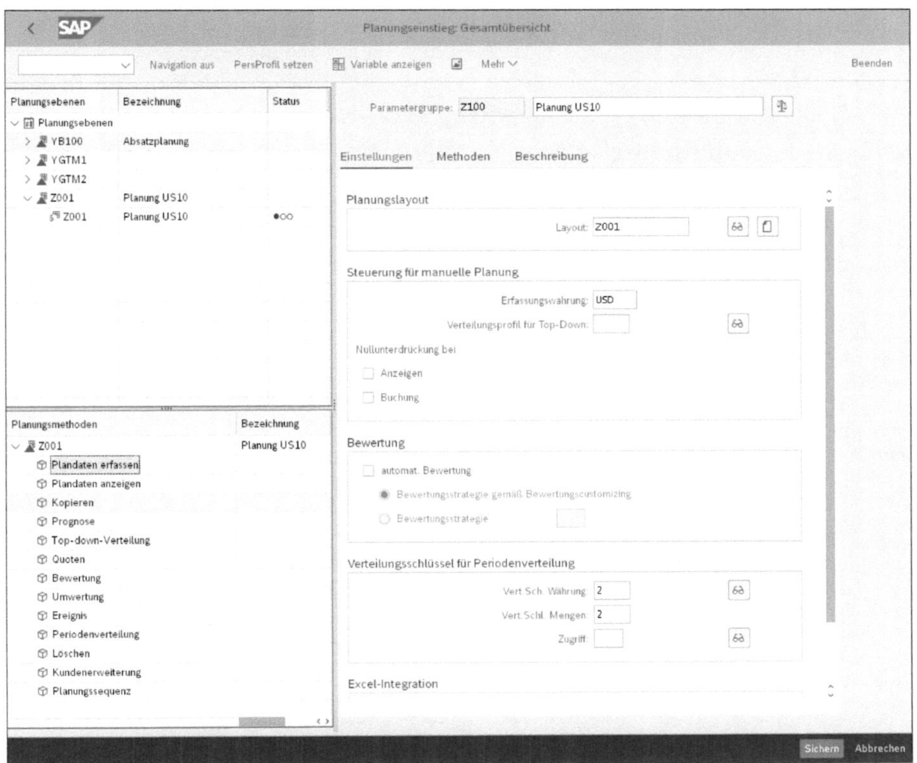

Abbildung 7.22 Details für die Parametergruppe pflegen

Klicken Sie nun auf [icon] (**Anlegen**), um das Planungslayout anzulegen. Es öffnet sich das Fenster **Anlegen Planungslayout** (siehe Abbildung 7.23).

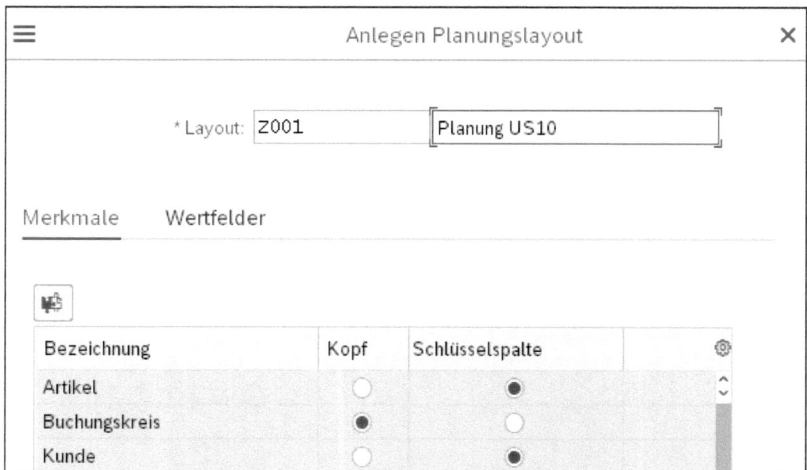

Abbildung 7.23 Kopf/Schlüsselspalten für das Planungslayout festlegen

Auf der Registerkarte **Merkmale** sehen Sie eine Übersicht aller dem Planungspaket zugeordneten Merkmale. Sie können nun festlegen, welches Merkmal im Kopf der Eingabemaske oder in der Schlüsselspalte vorhanden sein soll.

Wertfelder zuordnen

Wechseln Sie nun auf die Registerkarte **Wertfelder**. In Abbildung 7.24 sehen Sie eine Auflistung aller dem Ergebnisbereich zugeordneten Wertfelder. Sie können die Wertfelder auswählen, die Sie planen möchten. Diese stehen sodann als Spalten in der Eingabemaske für die Planung zur Verfügung. Für dieses Beispiel wählen Sie die folgenden Wertfelder aus:

- Absatzmenge
- Erlös
- Verrechnungswert

Planung ausführen

Speichern Sie Ihre Einstellungen. Sie gelangen automatisch in die Gesamtübersicht des Planungseinstiegs zurück (siehe Abbildung 7.22). Dort können Sie über einen Klick mit der rechten Maustaste auf das Feld **Plandaten erfassen** über **Methode ausführen** Ihr soeben angelegtes Planungslayout aufrufen.

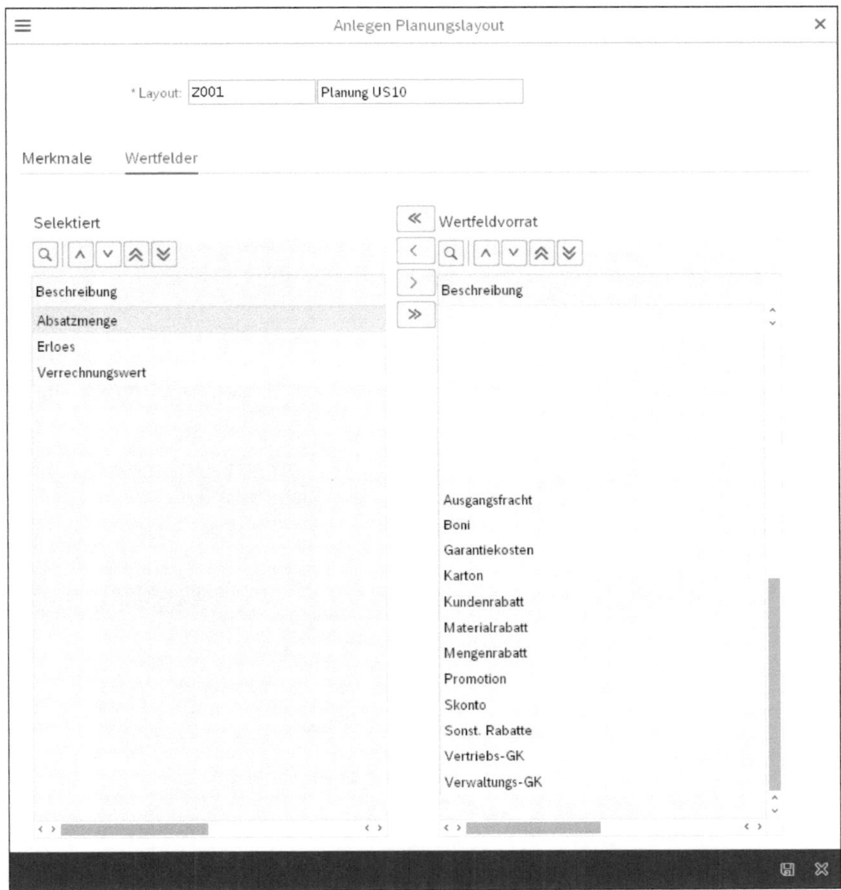

Abbildung 7.24 Wertfelder für die Eingabe von Planungsdaten auswählen

Plandaten erfassen

Nun öffnet sich das von Ihnen zuvor definierte Planungslayout zur Erfassung von Plandaten (siehe Abbildung 7.25).

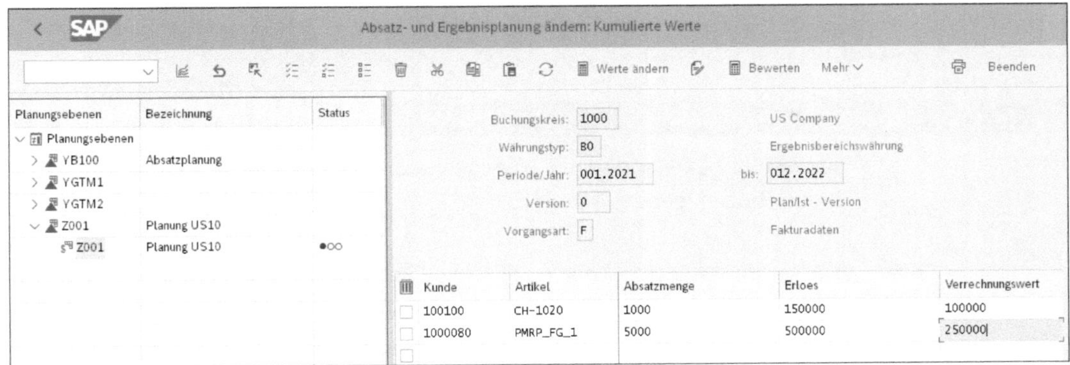

Abbildung 7.25 Plandaten für die kalkulatorische Ergebnisrechnung erfassen

Excel-Integration

Haben Sie in der Parametergruppe die Excel-Integration aktiviert, müssen Sie darauf achten, dass Sie die Makros in Excel aktivieren (siehe Abbildung 7.26).

Abbildung 7.26 Excel-Integration in der Parametergruppe aktivieren

Bevor Sie Eingaben im Excel-Layout vornehmen können, müssen Sie noch den Blattschutz auf der Registerkarte **Überprüfen** in Excel aufheben (siehe Abbildung 7.27).

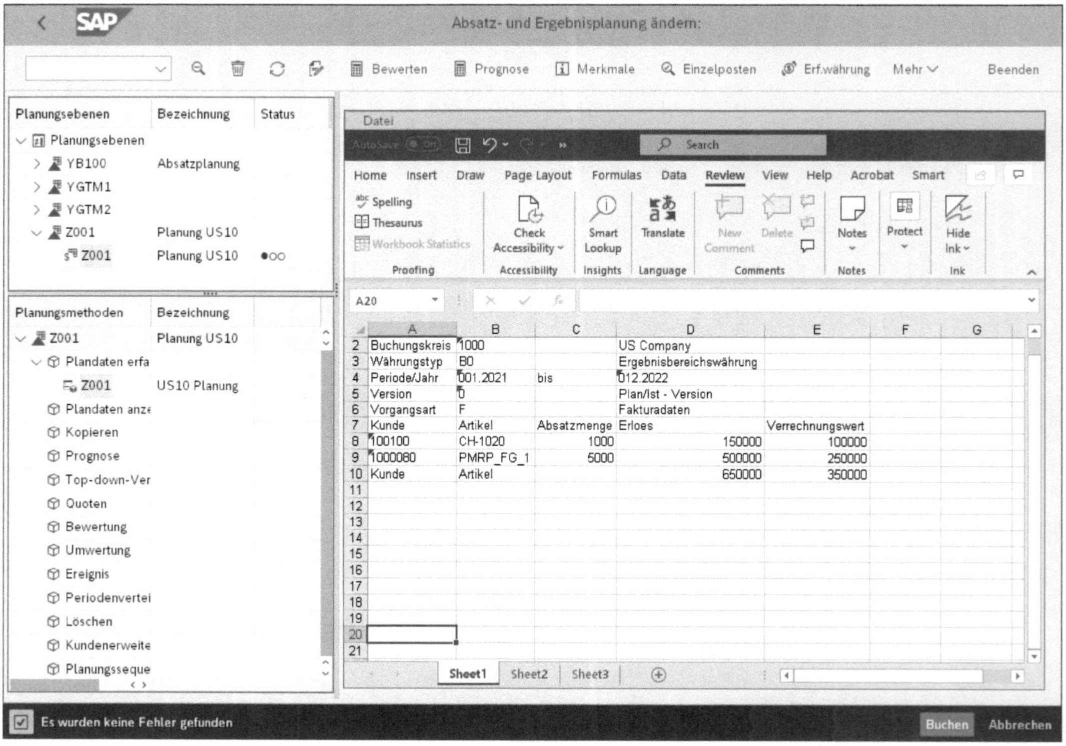

Abbildung 7.27 Plandaten für die kalkulatorische Ergebnisrechnung mit Excel-Integration eingeben

Im Anschluss daran können Sie Ihre Plandaten eingeben oder die Datei in Excel speichern und dort weiterverarbeiten. Geben Sie die Plandaten ein, und vergessen Sie nicht, diese über den Button Buchen zu speichern.

Excel-Upload von Plandaten

Entscheiden Sie sich für eine Erfassung der Plandaten offline in Excel, können Sie die Datei im TXT-Format über Transaktion KE13N uploaden. Sie rufen Transaktion KE13N (Flexibler Upload) über den folgenden Customizing-Pfad auf: **Rechnungswesen • Controlling • Ergebnis- und Marktsegmentrechnung • Planung • Planungsintegration • Excel-Upload • Ausführen**. Es ist möglich, eine Datei oder mehrere Dateien auf einmal upzuloaden. Geben Sie im Fenster **Flexibler Upload** das Planungslayout an, damit das System erkennt, in welchem Spalten- und Zeilenformat der Upload erfolgt (siehe Abbildung 7.28). Hier bestimmen Sie außerdem das Format für die Dezimaldarstellung. Nach dem Ausführen der Transaktion über [F8] erscheint ein ausführliches Protokoll, in dem Sie sehen, ob der Upload erfolgreich war.

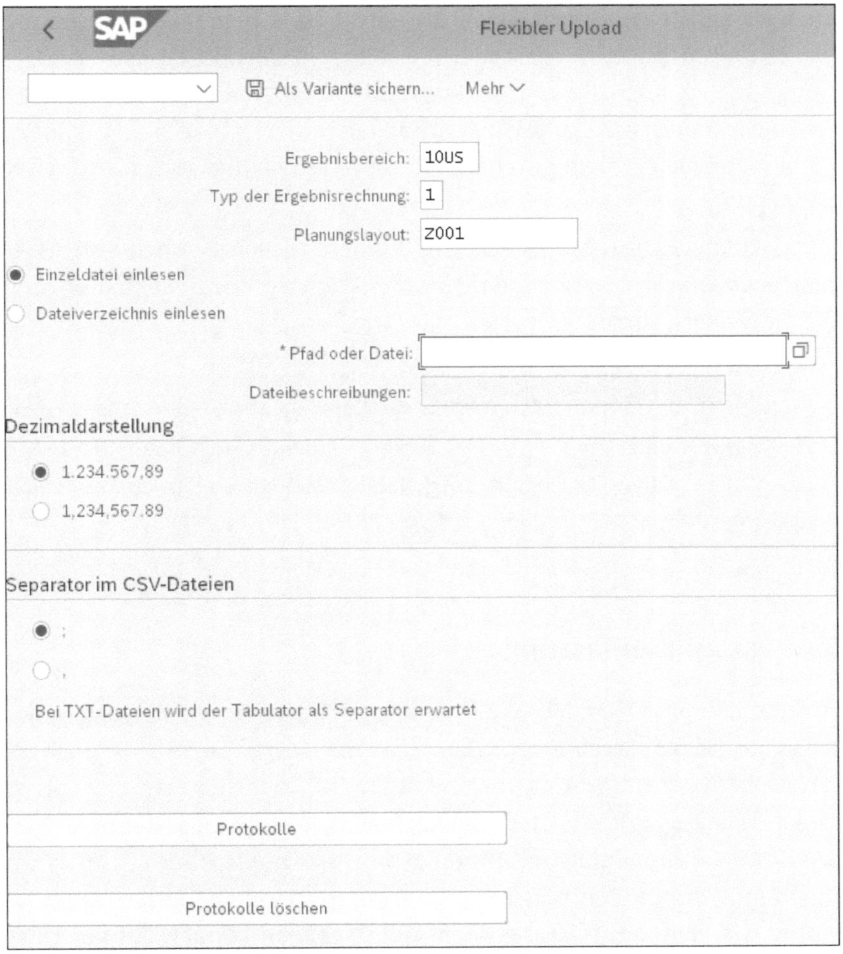

Abbildung 7.28 Selektionen für den flexiblen Upload pflegen

Mithilfe der flexiblen Gestaltung von Planungslayouts können Sie verschiedene Layouts einfach anlegen. Reichen die hier bislang dargestellten Funktionen nicht aus, haben Sie die Möglichkeit, über das Customizing mithilfe des Report Painters komplexere Planungslayouts zu gestalten.

Komplexe Planungslayouts pflegen

Die Pflege der komplexeren Planungslayouts erfolgt über den folgenden Customizing-Pfad oder über Transaktion KE14: **Controlling • Ergebnis- und Marktsegmentrechnung • Planung • Manuelle Plandatenerfassung • Planungslayout definieren.**

Planungsintegration mit anderen SAP-Komponenten

In der kalkulatorischen Ergebnisrechnung können auch Daten aus anderen Komponenten übernommen werden, wie z. B. aus dem Gemeinkostencontrolling (Kostenstellen und Innenaufträge). Diese Funktionen stehen Ihnen auch weiterhin zur Verfügung. In der kalkulatorischen Ergebnisrechnung war es auch möglich, Daten aus der Logistik zu übernehmen. Da sich die Planung der Absatzmengen (SOP-Standard-/Absatzgrobplanung) mit SAP S/4HANA ändern wird, gehe ich davon aus, dass diese Funktionen zukünftig nicht mehr zur Verfügung stehen und gehe deshalb hier auch nicht weiter darauf ein.

Die kalkulatorische Ergebnisrechnung erlaubte es auch, Plandaten an die Finanzbuchhaltung zu übergeben. Diese Funktion wurde mit der Einführung des Universal Journals deaktiviert.

[»]

Planungsfunktionen in der kalkulatorischen Ergebnisrechnung

Die Planungsfunktionen in der kalkulatorischen Ergebnisrechnung bleiben mit SAP S/4HANA Finance weitestgehend bestehen. Die Funktionen der Planungsintegration fallen jedoch weg oder werden überarbeitet.

7.4 Zusammenfassung

In diesem Kapitel haben Sie die Unterschiede zwischen der Planung in der kalkulatorischen Ergebnisrechnung und der Margenanalyse kennengelernt. Durch die Einführung von SAP Analytics Clouds for Planning ändert sich der Planungsprozess für die Finanzbuchhaltung und das Controlling in SAP S/4HANA fundamental. Planungsprozesse werden in SAP Analytics Cloud for Planning zentralisiert und integriert, mit dem Ziel der Vereinfachung des Planungsprozesses. Plan- und Ist-Daten können auf verschiedenste Weise analysiert werden. Außerdem bestehen umfangreiche Möglichkeiten der Visualisierung sowie der komplexen Kalkulation von Plandaten. Die Erstellung von Planungslayouts und Formeln in SAP Analytics Cloud findet nicht über gewöhnliches Customizing statt. Hierzu ist ein spezielles Skillset erforderlich, weshalb ich in diesem Buch nicht detailliert auf die Erstellung von Eingabeformularen eingehe.

Für die kalkulatorische Ergebnisrechnung gibt es keine Änderungen am Planungsprozess. Da SAP nicht vorsieht, die kalkulatorische Ergebnisrechnung weiterzuentwickeln, sind auch keine Änderungen oder Verbesserungen der Planungsfunktionen der kalkulatorischen Ergebnisrechnung zu erwarten.

Kapitel 8
Reporting

In diesem Kapitel erfahren Sie mehr über die Reporting-Möglichkeiten in CO-PA mit SAP S/4HANA Finance. Sie lernen die unterschiedlichen neuen Reporting-Möglichkeiten für die Margenanalyse kennen sowie die Reporting-Möglichkeiten der kalkulatorischen Ergebnisrechnung.

SAP S/4HANA Finance bietet Ihnen neue Möglichkeiten für das Reporting. Die Reports sind nun benutzerfreundlicher und ermöglichen die Analyse großer Datenmengen – von einem groben bis hin zu einem sehr detaillierten Level. Ähnlich wie in der Planung betreffen die Änderungen ausschließlich die Margenanalyse. Die Reporting-Funktionen in der kalkulatorischen Ergebnisrechnung sind hingegen weitestgehend unverändert. Hier besteht die wesentliche Verbesserung darin, dass sich die Performance durch die SAP-HANA-Datenbank spürbar verbessert hat und lange Laufzeiten vermieden werden.

Aus diesen Gründen besteht dieses Kapitel (ebenso wie Kapitel 7, »Planung«) aus zwei Teilen: Der erste Teil widmet sich der Reporting-Strategie in SAP S/4HANA Finance und deren Auswirkungen auf die Margenanalyse sowie deren Reporting-Funktionen. Der zweite Teil widmet sich den Reporting-Funktionen in der kalkulatorischen Ergebnisrechnung.

8.1 Übersicht des Reportings in der Ergebnisrechnung

Mit SAP S/4HANA Finance gibt es neue Reporting-Funktionen in Finanzbuchhaltung und Controlling, die durch die Neustrukturierung der Tabellen in SAP S/4HANA Finance entstanden sind. Im Folgenden lernen Sie die drei wichtigsten Neuerungen im Reporting von SAP S/4HANA Finance kennen:

- SAP-Fiori-Apps
- SAP-Fiori-Lighthouse-Apps
- SAP Analytics Cloud

SAP-Fiori-Apps

SAP-Fiori-Apps können sowohl auf Mobilgeräten als auch auf Desktop-Rechnern ausgeführt werden. Mit jedem Release von SAP S/4HANA Finance werden mehr Transaktionen in SAP-Fiori-Apps umgewandelt. SAP Fiori ist aufgabenbasiert gestaltet: Pro Aufgabe, wie z. B. das Verarbeiten von Eingangsrechnungen, werden die zur Bewältigung dieser Aufgabe notwendigen Transaktionen zusammengefasst. Die SAP-Fiori-Apps können benutzerspezifisch gruppiert werden, sodass dem betreffenden Mitarbeiter die einzelnen Aufgabenblöcke zugeordnet werden können und ihm damit alle von ihm benötigten Transaktionen gesammelt zur Verfügung stehen. Die SAP-Fiori-Apps werden aufgrund ihres Aussehens auch als *Kacheln* bezeichnet (siehe Abbildung 8.1). Die Apps sind benutzerfreundlich gestaltet und erlauben eine intuitive Bedienung.

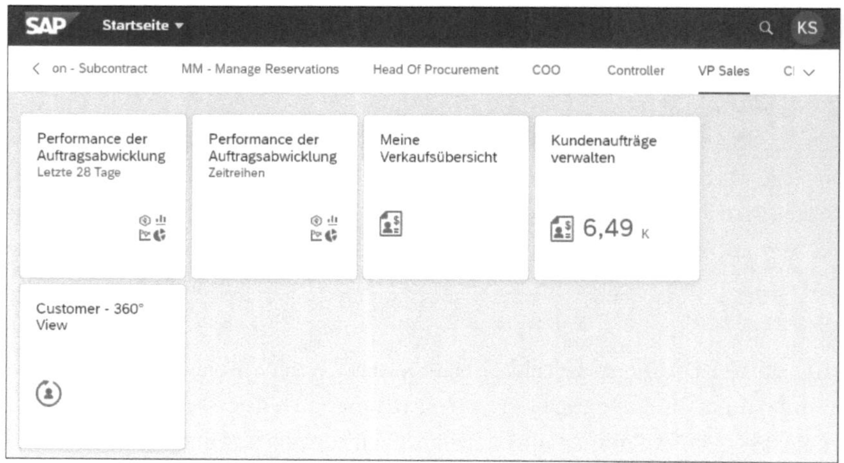

Abbildung 8.1 Beispiele für SAP-Fiori-Apps für die Benutzerrolle »VP Sales«

Komplexe Themen visualisieren

In den einzelnen Apps ist ein Drill-down zu detaillierteren Informationen möglich. Auch bieten SAP-Fiori-Apps einen visuellen Überblick über komplexe Themen, wie z. B. dem Status des Monatsabschlusses. Sie können von einer Übersichtsgrafik, abhängig von Ihren Berechtigungen, bis hin zum Einzelbeleg navigieren. Die Prozesse werden mit SAP-Fiori-Apps vereinfacht, da die einzelnen Prozessschritte übersichtlich dargestellt werden.

SAP-Fiori-App »Bruttomarge«

In Abbildung 8.2 sehen Sie eine grafische Darstellung in der SAP-Fiori-App **Bruttomarge Vermutet/Ist**, die eine Übersicht über die zu erwarteten Erlöse und Margen gibt. Im oberen Bildbereich dieser SAP-Fiori-App finden Sie verschiedene grafische Darstellungen. Die drei Grafiken im oberen Bildbereich können Sie auf den kompletten Bildbereich vergrößern. Die Ermittlung der Kennzahlen erfolgt über semantische Tags, die Sie in Kapitel 5, »Customizing des Werteflusses für die Margenanalyse«, kennengelernt haben. Voraussetzung für die Anzeige von Werten im Bericht ist die Zuordnung der semantischen Tags im Customizing.

Abbildung 8.2 SAP-Fiori-App »Bruttomarge«: grafische Darstellung

Unter den Übersichtsgrafiken der zu erwarteten Marge sehen Sie im unteren Bildbereich die Plan- und Ist-Marge im Vergleich über den in den Selektionskriterien gewählten Zeitraum.

Ansicht anpassen

Zusätzlich zu den Grafiken in Abbildung 8.2 sehen Sie im unteren Bildbereich der SAP-Fiori-App **Bruttomarge** die Einzelposten (siehe Abbildung 8.3). Das System ermöglicht dabei einen Drill-down bis hin zum Einzelbeleg der Buchhaltung.

SAP-Fiori-Lighthouse-Apps

Die zweite wesentliche Neuerung im Reporting von Finanzbuchhaltung und Controlling sind die SAP-Fiori-Lighthouse-Apps. SAP S/4HANA Finance liefert einige vorgefertigte SAP-Fiori-Lighthouse-Apps aus, die ausgewählte Geschäftsprozesse vereinfachen sollen und die Benutzerfreundlichkeit erhöhen. SAP-Fiori-Lighthouse-Apps erleichtern die Arbeit und versprechen einen Anstieg der Prozesseffizienz. In Abbildung 8.4 sehen Sie beispielhaft die SAP-Fiori-Lighthouse-App **Belegfluss anzeigen**. In dieser SAP-Fiori-App können Sie für eine Belegnummer den Belegfluss anzeigen und in den Einzelbeleg abspringen.

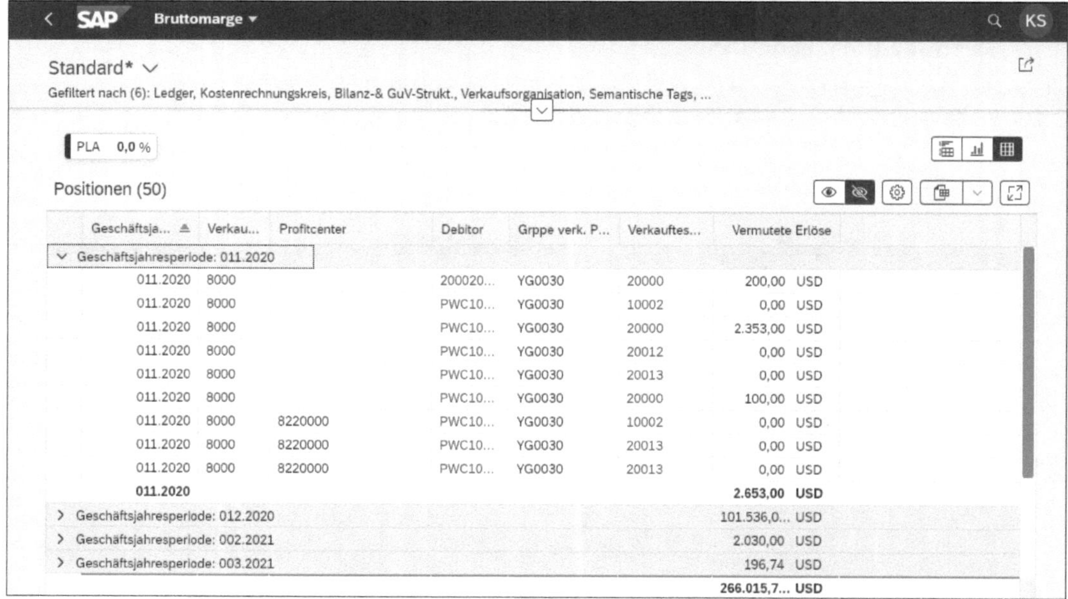

Abbildung 8.3 Einzelpositionen der SAP-Fiori-App »Bruttomarge«

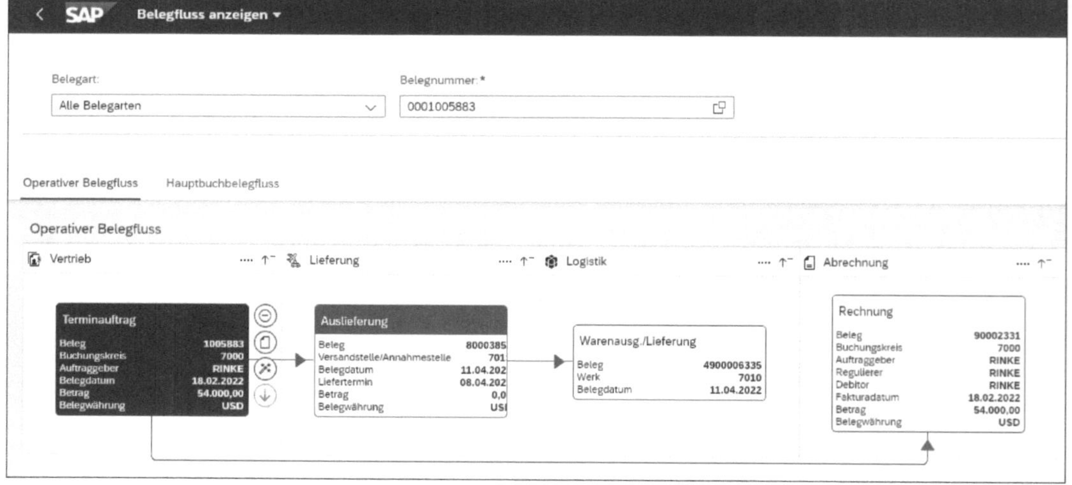

Abbildung 8.4 Operativen Belegfluss anzeigen

Auf der Registerkarte **Hauptbuchbelegfluss** können Sie sich die Buchhaltungsbelege bzw. den Buchhaltungsbelegfluss zu den Logistikbelegen anzeigen lassen und ebenfalls in den Ursprungsbeleg abspringen (siehe Abbildung 8.5).

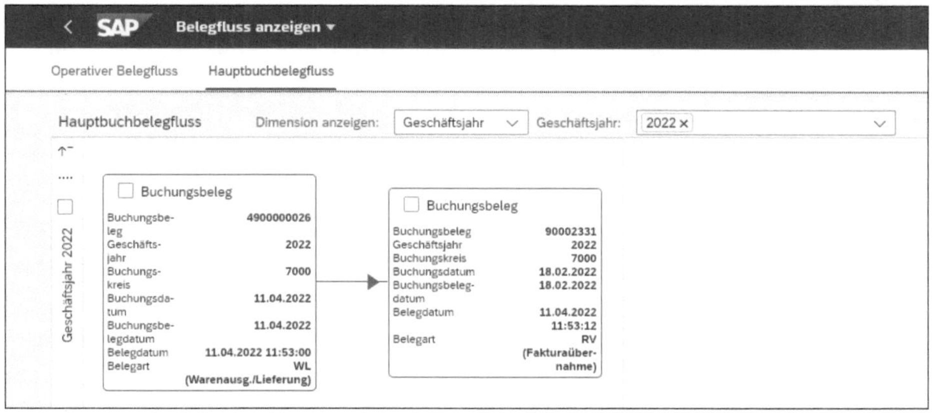

Abbildung 8.5 Hauptbuchbelegfluss anzeigen

SAP Analytics Cloud

SAP Analytics Cloud ist, wie es der Name bereits aussagt, ein Cloud-Produkt, das verschiedene Funktionen wie Business Intelligence (BI), erweiterte Analysen, vorausschauende Analysen und Unternehmensplanung in einer Lösung miteinander verbindet. SAP Analytics Cloud ermöglicht die effiziente Modellierung und Aufbereitung von Daten aus verschiedenen Systemen und bietet die Möglichkeit, große Datenmengen zu verarbeiten und zu modellieren. In SAP Analytics Cloud können sowohl die Daten der Margenanalyse als auch die Daten der kalkulatorischen Ergebnisrechnung verarbeitet werden.

Reporting in der Margenanalyse

Die Zukunft für das Reporting und die Verarbeitungen von Transaktionen im SAP-System sind SAP-Fiori-Apps. Mit jedem Release werden neue SAP-Fiori-Apps eingeführt. Viele Funktionen befinden sich noch in der Entwicklung und kommen erst mit den nächsten Releases auf den Markt. Die Margenanalyse profitiert von der gemeinsamen Datenbank mit den Finanzbuchhaltungs- und Controlling-Transaktionen. In SAP Analytics Cloud können die Daten der Margenanalyse flexibel ausgewertet und in Berichten verarbeitet werden.

8.2 Reporting in der Margenanalyse

Integration in das Universal Journal

Das Reporting in der Margenanalyse ist durch die Integration der Werte und Merkmale der Margenanalyse in das Universal Journal sehr viel flexibler geworden. Mit SAP S/4HANA ändert sich das Berichtswesen für alle SAP Module (z. B. SD, MM, etc.) durch den Weggang von SAP-GUI-Transaktionen zu den SAP-Fiori-Apps. Die Integration der Finanzbuchhaltung und des Controllings eröffnet zusätzlich neue Möglichkeiten im Reporting der Margenanalyse.

8.2.1 Predictive Accounting

Reporting von vorausschauenden Werten

Das Predictive (das vorausschauende) Accounting ist eine neue Funktionalität in der Margenanalyse, die in SAP ERP der kalkulatorischen Ergebnisrechnung vorbehalten war. In Kapitel 5 wurden die notwendigen Einstellungen für das Predictive Accounting in der Margenanalyse bereits beschrieben, und im nächsten Abschnitt lernen Sie, wie Sie vorausschauende Daten auswerten können.

Predictive-Accounting-Beleg anzeigen

Predictive-Accounting-Belege können direkt im Universal Journal, auf der Datenbanktabelle angezeit werden. Im Produktivsystem hat man jedoch selten Zugang zu den Datenbanktabellen, weshalb es eine separate SAP-Fiori-App **Predictive-Accounting-Beleg anzeigen** gibt. In den Selektionskriterien der SAP-Fiori-App hinterlegen Sie die Belegnummer des Predictive-Accounting-Beleg, das Geschäftsjahr, das Erweiterungsledger für die Fortschreibung der Predictive-Accounting-Belege sowie den Buchungskreis. Über **Start** können Sie sich den Beleg wie in Abbildung 8.6 dargestellt, anzeigen.

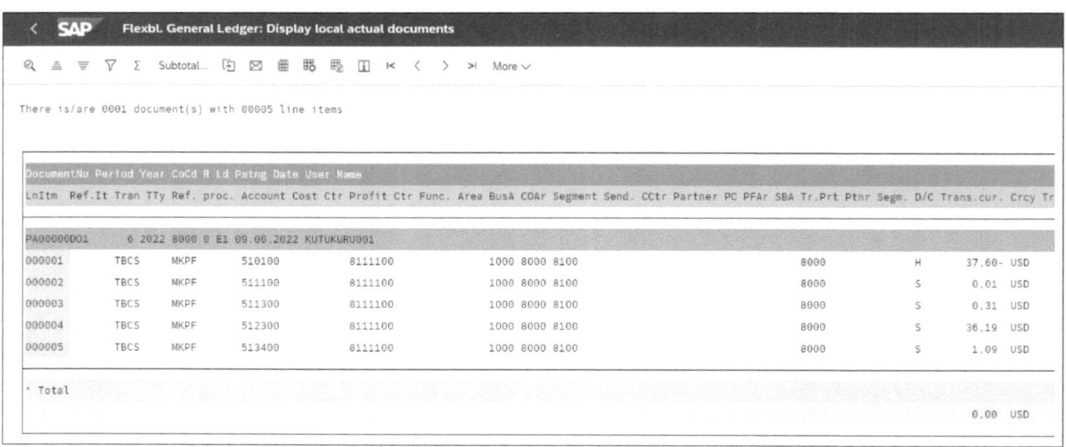

Abbildung 8.6 Predictive-Accounting-Beleg anzeigen

Die Darstellung des Belegs ähnelt der Darstellung eines Kostenrechnungsbelegs in SAP ERP. Predictive-Accounting-Belege haben keinen Belegkopf, es ist kein Eintrag in der Datenbanktabelle BKPF – Belegkopf für Buchhaltung zu finden. Die Belegnummernvergabe für die Predictive-Accounting-Belege erfolgt automatisch vom System. Es besteht keine Möglichkeit, einen Nummernkreis für Predictive-Accounting-Belege zu vergeben.

Predictive-Accounting-Beleg Merkmale anzeigen

Über (**Layout ändern**) können zusätzliche Merkmale für den Predictive-Accounting-Beleg eingeblendet werden. Über (**Feld hinzufügen**) in Abbildung 8.7 können Sie zusätzliche Merkmale in Form von Spalten in der Ansicht einblenden. Über (**Feld ausblenden**) können Sie Spalten bzw. Merkmale ausblenden. Mit (**Übernehmen**) werden Ihre Anpassungen in die Predictive-Accounting-Beleg Anzeige übernommen.

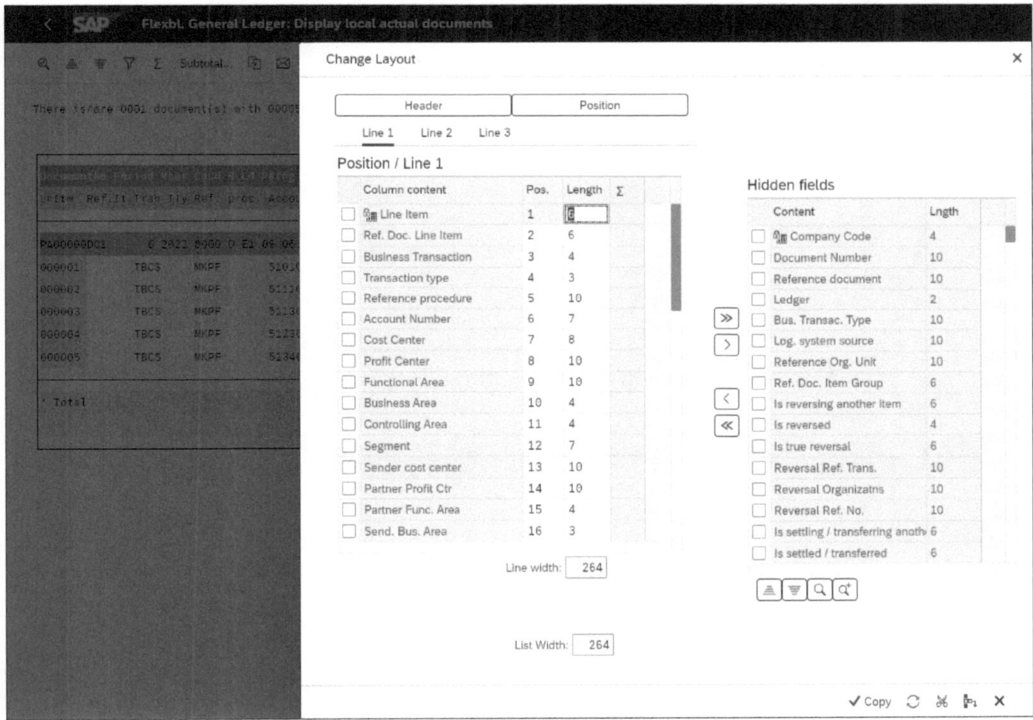

Abbildung 8.7 Predictive-Accounting-Beleg Ansicht anpassen

T-Kontensicht

In Abbildung 8.8 sehen Sie, dass Predictive-Accounting-Belege auch in der T-Kontensicht angezeigt werden können.

SAP-Fiori-App »Buchungsbelege verwalten«

In Abbildung 8.9 lassen wir uns einen Predictive-Accounting-Beleg in der SAP-Fiori-App **Buchungsbelege verwalten** anzeigen. Sie sehen im Bereich **Kopfdaten** sind Werte gepflegt, die Sie normalerweise im Belegkopf sehen würden. Die Buchungsbelegart zum Beispiel wird aus dem Folgebeleg (der aktuellen Ist-Buchung) abgeleitet, die zum Zeitpunkt der Erstellung des Predictive-Accounting-Belegs noch nicht gebucht ist.

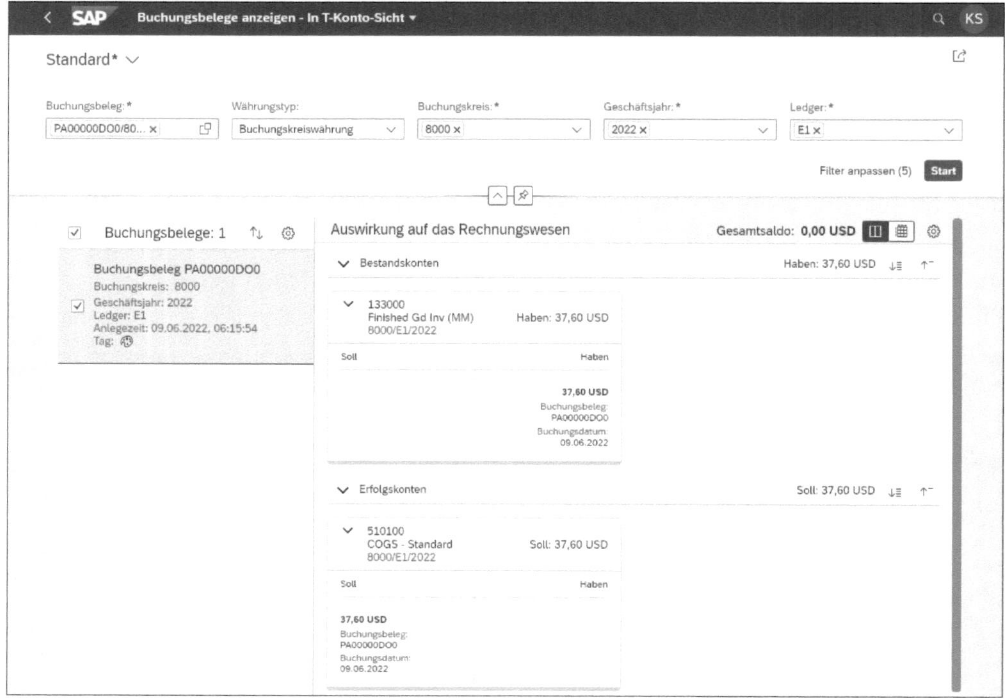

Abbildung 8.8 Predictive-Accounting-Beleg in T-Kontensicht anzeigen

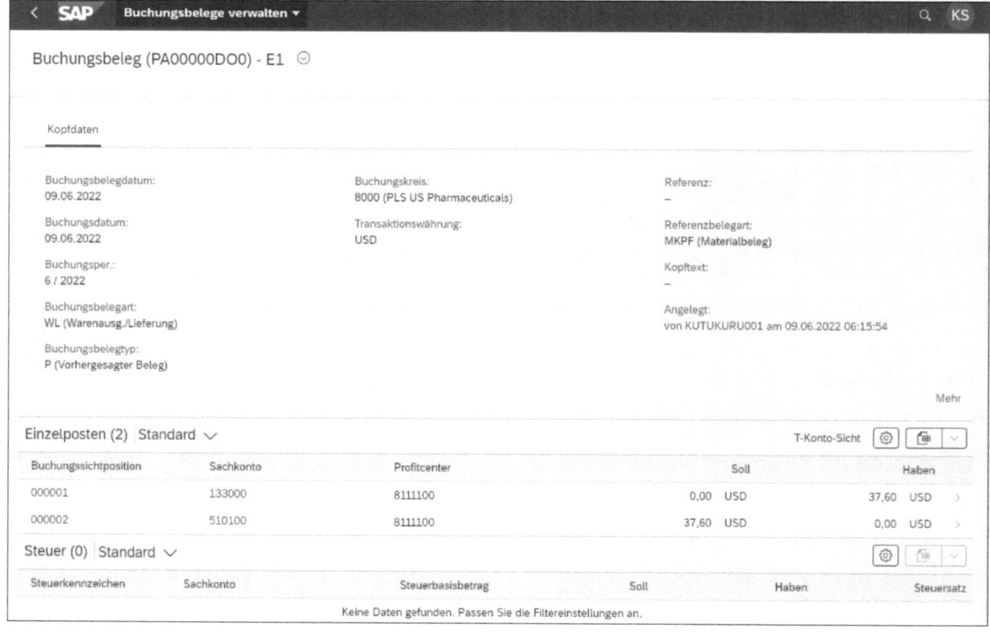

Abbildung 8.9 Predictive-Accounting-Beleg in SAP-Fiori-App »Buchungsbelege verwalten« anzeigen

Predictive-Accounting-Beleg in BKPF anzeigen

Zur Bestätigung, dass der Predictive-Accounting-Beleg ohne Buchungsbelegart und anderen Werten, wie Kopftext im SAP System abgeleitet wird, lassen wir uns in Abbildung 8.10 den Predictive-Accounting-Beleg in der Datenbanktabelle BKPF – Belegkopf für Buchhaltung anzeigen. Wie Sie am unteren Bildschirmrand sehen, wird kein Eintrag für den Predictive-Accounting-Beleg gefunden.

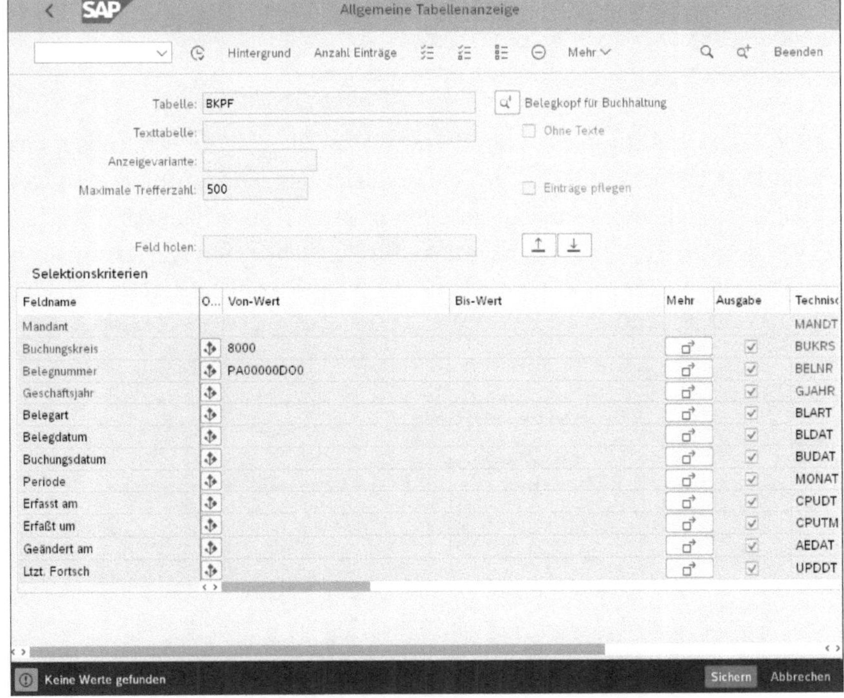

Abbildung 8.10 Predictive-Accounting-Beleg in der Datenbanktabelle BKPF anzeigen

GuV und Bilanz mit Kundenauftragseingängen anzeigen

Kundenauftragseingangsbericht

Sie können jede GuV und Bilanz in der SAP-Fiori-App für das Vorhersage-Ledger auswerten und erhalten somit GuV sowie Bilanz mit vorausschauenden Werten. Das Ledger, das Sie in den Selektionskriterien eingeben, ist das Predictive (vorausschauende) Ledger, für das Sie die Customizing-Einstellungen des Predictive Accountings gepflegt haben. In der SAP-Fiori-App **Bilanz/GuV Multidimensional** können Sie zwei Vergleichsledger in den Selektionskriterien auswählen (siehe Abbildung 8.11).

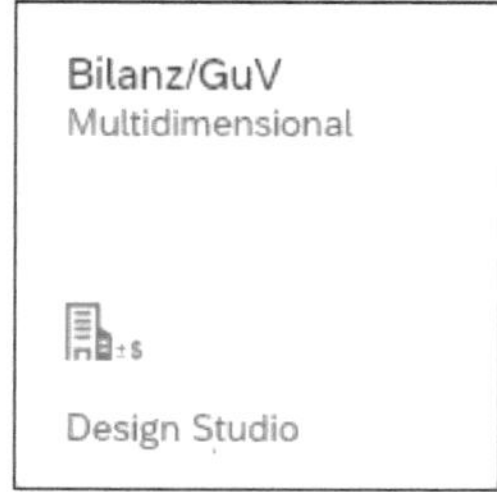

Abbildung 8.11 SAP-Fiori-App »Bilanz/GuV Multidimensional« mit Vergleichsledgern anzeigen

Vorhersage-Ledger auswerten

In den Selektionskriterien in Abbildung 8.12 wählen Sie im Feld **Ledger** das Vorhersage-Ledger E1 aus und im Feld **Vergleichsledger** das führende Ledger 0L. Dies ermöglicht es uns, GuV und Bilanz mit vorausschauenden Werten im Vergleich zu GuV und Bilanz mit tatsächlich gebuchten Werten anzuzeigen. Über [↵] oder per Klick auf den Button **Ok** werten Sie den Bericht aus.

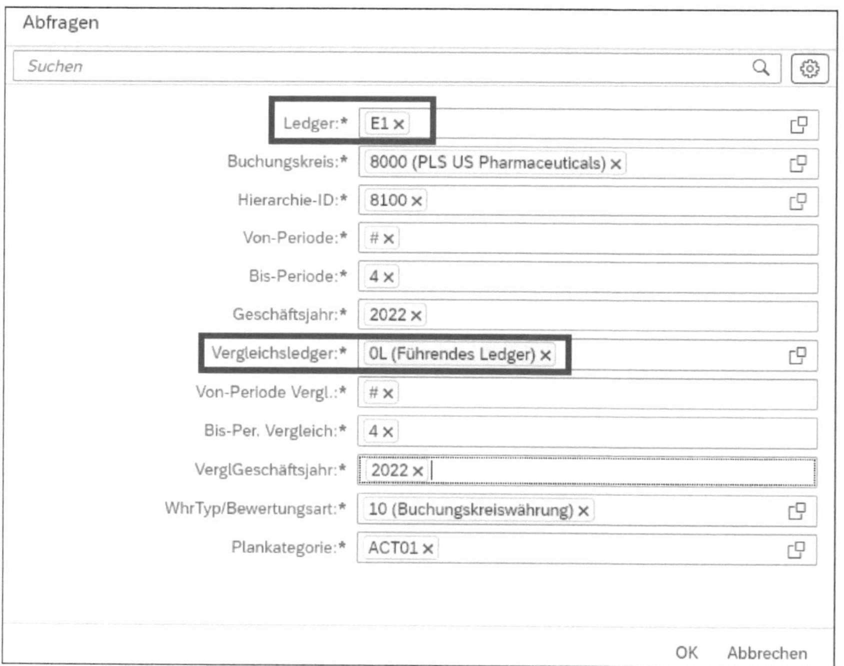

Abbildung 8.12 Selektionskriterien für GuV und Bilanz

In Abbildung 8.13 sehen Sie unterschiedliche Werte im Vorhersage-Ledger im Vergleich zum führenden Ledger. Das Umsatzkonto 401000 weist in der Spalte **Periodensaldo** (in der die Werte des Vorhersage-Ledgers gezeigt werden) einen höheren Wert aus als in der Spalte **Vergleichssaldo** (in der die Werte des führenden Ledgers dargestellt werden).

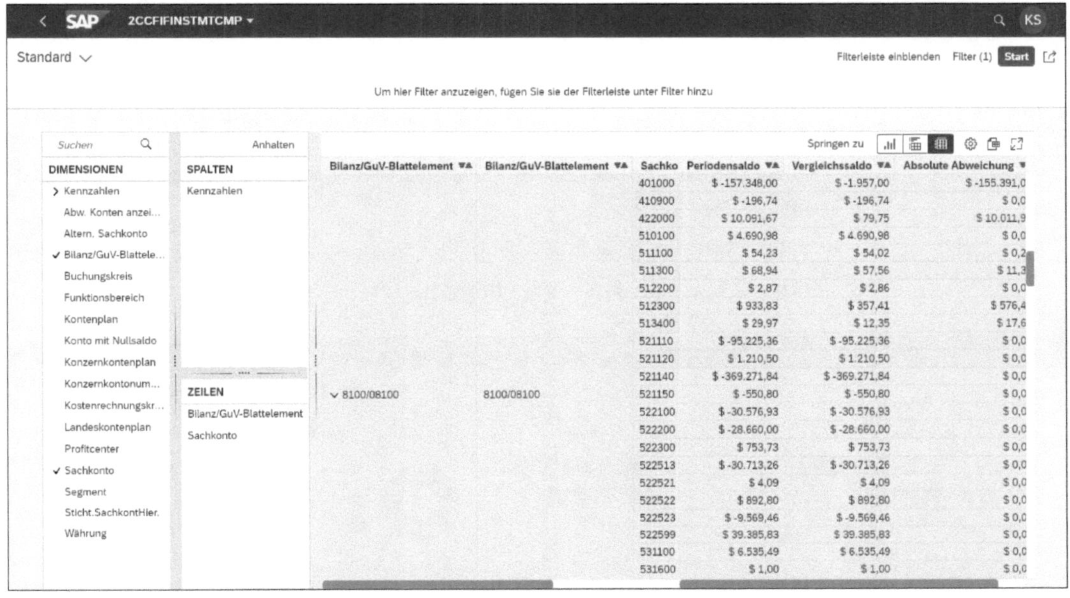

Abbildung 8.13 GuV und Bilanz für verschiedene Ledger anzeigen

In allen Finanzbuchhaltungsberichten können Sie das Vorhersage-Ledger auswerten und somit vorausschauende Zahlen analysieren.

Vorausschauende Zahlen analysieren

Predictive Accounting überwachen

In der Überleitung von vorausschauenden Belegen kann es zu Fehlern kommen, z. B. wenn das Material keine gültige Standardpreiskalkulation verwendet oder ein Fehler in der Kontenfindung auftritt. Die in Abbildung 8.14 gezeigte SAP-Fiori-App **Predictive Accounting überwachen** widmet sich ausschließlich der Analyse der fehlerhaften Predictive-Accounting-Belege.

Predictive Accounting überwachen

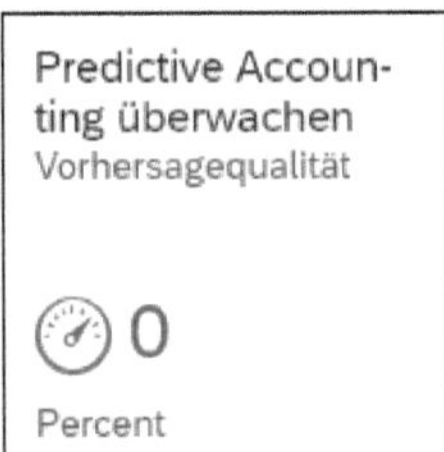

Abbildung 8.14 SAP-Fiori-App »Predictive Accounting überwachen«

In Abbildung 8.15 sehen Sie eine Übersicht aller fehlerhaften Predictive-Accounting-Belege. Am oberen Bildrand finden Sie Grafiken mit unterschiedlichen Kennzahlen, die im Folgenden von links nach rechts beschrieben werden:

Fehlerhafte Predictive Accounting-Belege analysieren

- Fehlerhafte Kundenaufträge, gruppiert nach Fehlermeldung
- Status der Kundenaufträge mit fehlerhaften Predictive-Accounting-Belegen
- Fehlerhafte Kundenauftrage nach Simulationsschritt. (Wo ist der Fehler aufgetreten – bei der Simulation des Warenausgangs oder bei der Simulation der Faktura?)
- Fehlerhafte Kundenaufträge nach Datum; in unserem Beispiel in Abbildung 8.15 ist ein Anstieg an fehlerhaften Belegen zu erkennen

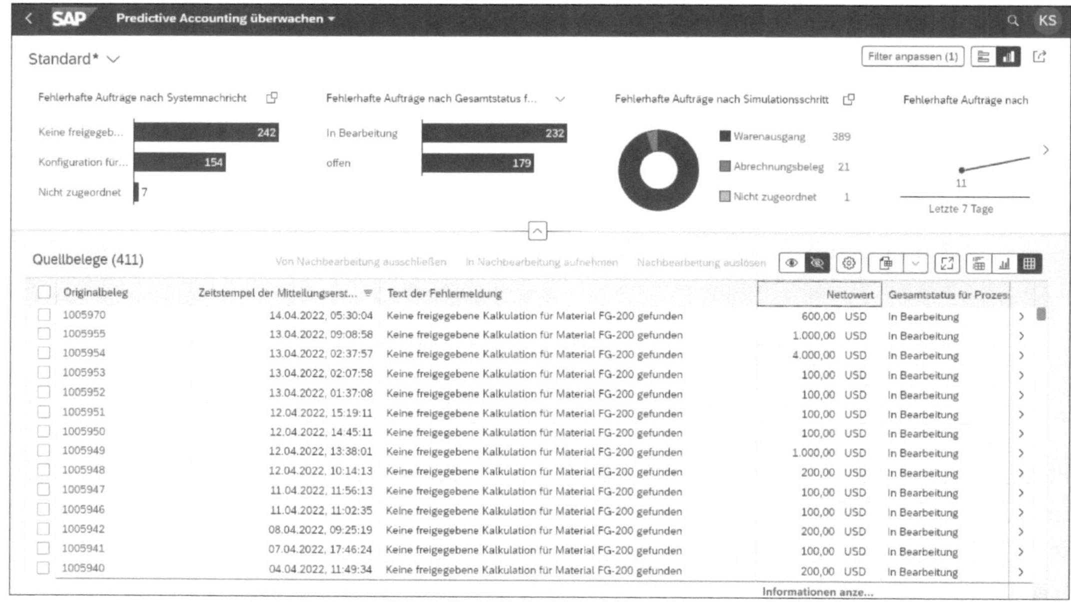

Abbildung 8.15 Übersicht der fehlerhaften Predictive-Accounting-Belege

Am unteren Bildrand werden die fehlerhaften Belege angezeigt. Über einen Klick auf [>] (**Details**) am rechten Bildrand können Sie sich die Details des fehlerhaften Belegs anzeigen lassen.

Fehlerursache feststellen

In Abbildung 8.16 sehen Sie die Details eines fehlerhaften Predictive-Accounting-Belegs und die Fehlerursache. In unserem Beispiel ist die Ursache für das Fehlen einer freigegebenen Kalkulation dargestellt. Es wurde im System der COGS-Split bei der Buchung des Warenausgangs zum Kundenauftrag aktiviert – weshalb das System nicht den Standardpreis in das Predictive Accounting überleitet, aber eine freigegebene Kalkulation sucht. Die Kalkulation muss zum Belegdatum bestehen. Wenn Sie zu einem Datum nach dem Belegdatum eine Kalkulation anlegen und diese freigeben, kann der Beleg nicht übergeleitet werden, da das System eine freigegebene Kalkulation zum Belegdatum erwartet.

Überleitung Predictive-Accounting-Beleg anstoßen

Stellen Sie die Fehlermeldung am Tag der Belegerstellung fest, können Sie eine Kalkulation mit dem Belegdatum freigeben und die Überleitung des Predictive-Accounting-Belegs über den Button [Nachbearbeitung auslösen] (Nachbearbeitung auslösen) erneut anstoßen. Auch besteht die Möglichkeit, einen Batch-Job für die Nachbearbeitung einzuplanen, was die Pflege der fehlerhaften Predictive-Accounting-Belege erleichtern kann.

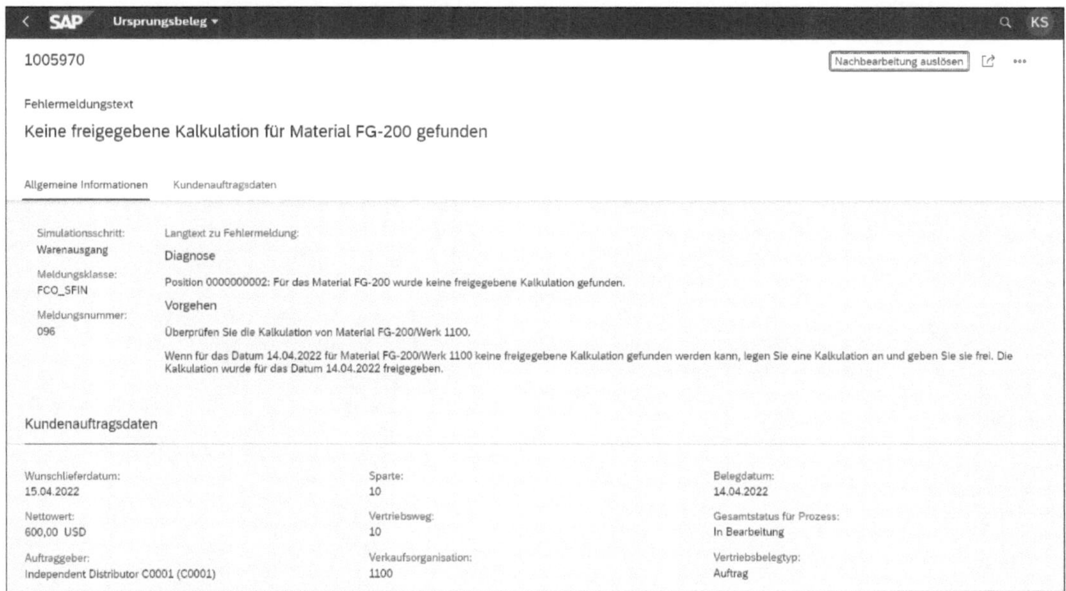

Abbildung 8.16 Fehlerhaften Predictive-Accounting-Beleg anzeigen

Predictive-Accounting-Monitor auswerten

Im Predictive-Accounting-Monitor sehen Sie auch eine Systemnachricht unter der Rubrik **Nicht zugeordnet** in Abbildung 8.17. Wenn Sie auf den Balken **Nicht zugeordnet** in der Grafik klicken, wird am unteren Bildrand der relevante fehlerhafte Beleg angezeigt. Über den [>] (**Details**) am rechten Bildrand können Sie in den fehlerhaften Beleg abspringen.

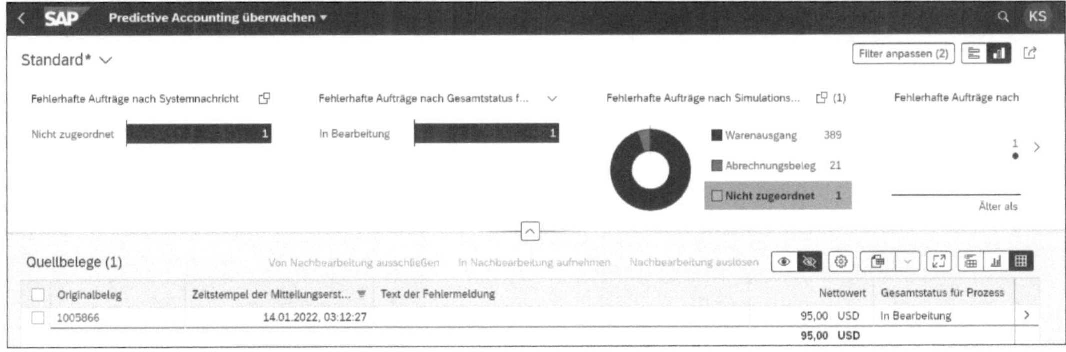

Abbildung 8.17 Quellbelege nach Systemnachricht einschränken

Grund für die Fehlermeldung analysieren

In Abbildung 8.18 sehen Sie den Grund für die Fehlermeldung. Es ist ein Fehler in der Kontenfindung für das Steuerkennzeichen O0 aufgetreten. Nach der Pflege des Kontos für das Steuerkennzeichen O0 kann der Beleg erfolgreich über den Button Nachbearbeitung auslösen (Nachbearbeitung auslösen) in das Vorhersage-Ledger übergeleitet werden.

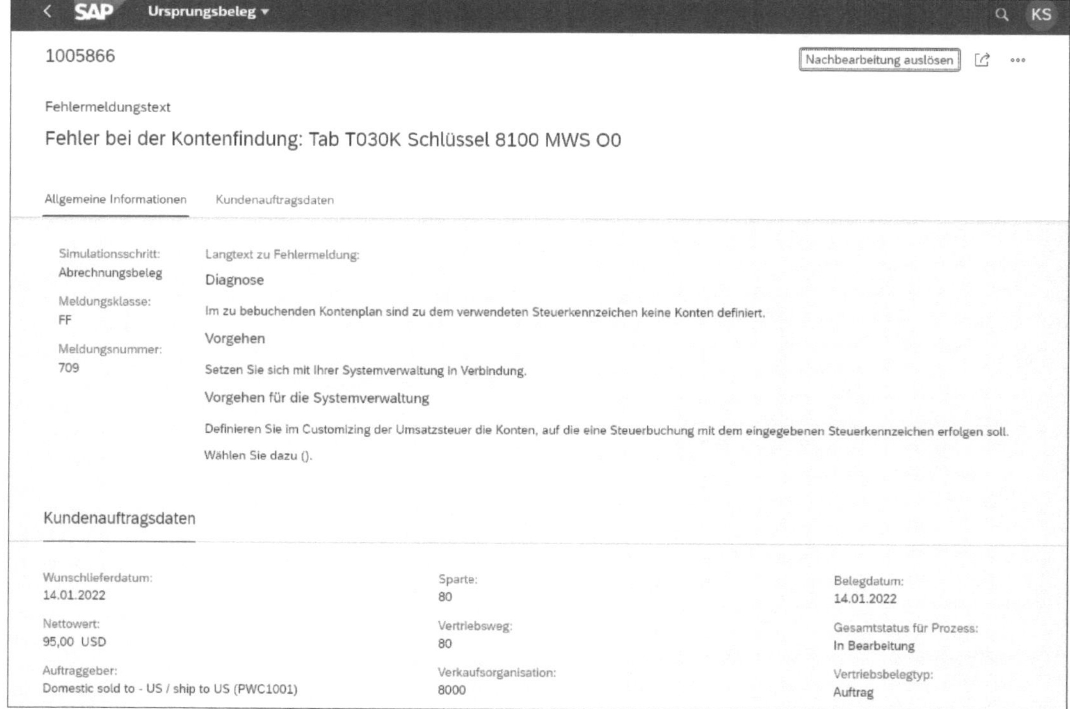

Abbildung 8.18 Fehlermeldung im Predictive-Accounting-Beleg anzeigen

Kundenauftragseingänge anzeigen

Kundenauftragseingänge anzeigen

In der SAP-Fiori-App **Kundenauftragseingang** können die Kundenaufträge ausgewertet werden (siehe Abbildung 8.19).

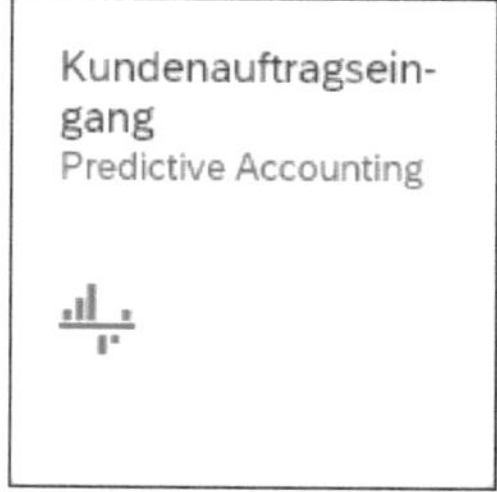

Abbildung 8.19 SAP-Fiori-App »Kundenauftragseingang«

In den Selektionskriterien für den Bericht zu den Kundenauftragseingängen wählen Sie das Vorhersage-Ledger aus, das im Customizing für das Predictive Accounting aktiviert wurde (siehe Abbildung 8.20). Der Kundenauftragseingangsbericht wird für eine Verkaufsorganisation ausgewertet. Die Eingabe einer Bilanz- und GuV-Struktur ist Pflicht, da auf deren Basis im Customizing über die Zuordnung der semantischen Tags die Kennzahlen im Kundenauftragseingangsbericht berechnet werden.

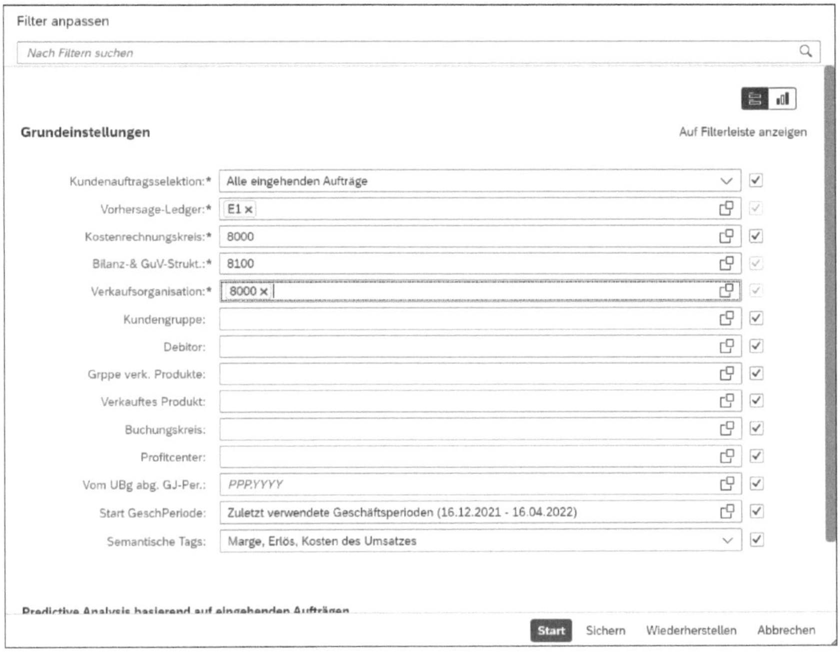

Abbildung 8.20 Selektion des Kundenauftragseingangsberichts anzeigen

Semantische Tags im Kundenauftragseingangsbericht

In Kapitel 5, »Customizing des Werteflusses für die Margenanalyse«, habe ich die Verwendung von semantischen Tags beschrieben. Für den Kundenauftragseingangsbericht müssen die folgenden semantischen Tags im Customizing einer Bilanz- und GuV-Struktur zugeordnet werden:

- `REC_MARGIN` (Realisierte Marge)
- `RECO_REV` (Realisierter Erlös)
- `RECO_COS` (Realisierte COGS)

Die Zuordnung der oben genannten semantischen Tags ist Voraussetzung für die Anzeige von Werten im Kundenauftragseingangsbericht.

Der Kundenauftragseingang kann über **Start** oder ↵ ausgeführt werden.

Aufbau Kundenauftragseingangsbericht

Die SAP-Fiori-App zum Kundenauftragseingang ist in mehrere Teile untergliedert. Im oberen Teil in Abbildung 8.21 werden Grafiken mit Kennzahlen angezeigt. Von links nach rechts sind die folgenden Grafiken zu sehen:

- **Marge nach Kundengruppe** (in unserem Beispiel arbeiten Sie nicht mit der Kundengruppe in der Margenanalyse, weshalb alle Werte unter **Nicht zugeordnet** angezeigt werden)
- **Marge nach Produktgruppe** zeigt die Marge pro Produktgruppe der gebuchten Belege an.
- **Marge nach Profitcenter** zeigt die Marge pro Profit-Center der gebuchten Belege an.
- **Marge nach Vom UGg ab** (Marge über den im Selektionsbild gepflegten Zeitraum) zeigt die Margenentwicklung über einen bestimmten Zeitraum an.

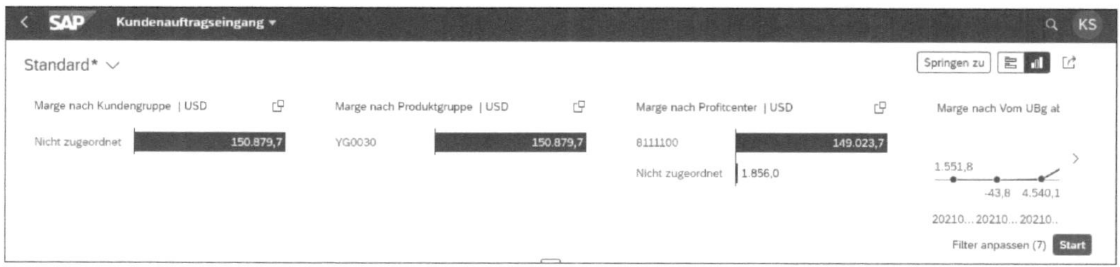

Abbildung 8.21 Kundenauftragseingang: Grafiken mit Kennzahlen anzeigen

Einzelpostenbelege anzeigen

Im mittleren Bildteil in Abbildung 8.22 werden die aktuellen/realisierten Werte pro Verkaufsorganisation und Monat, aufgeteilt nach Erlösen, COGS und Marge, angezeigt. Über einen Klick auf einen Balken zeigt das System die relevanten Einzelpostenbelege an.

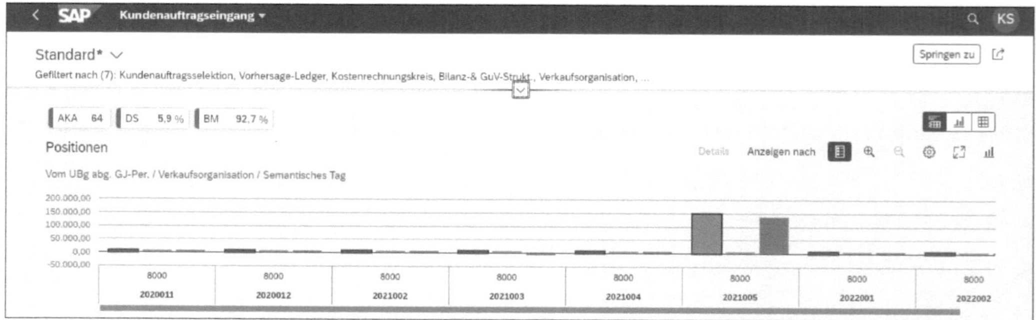

Abbildung 8.22 Grafik des Kundenauftragseingangswerts pro Monat anzeigen

Zusätzliche Kennzahlen anzeigen

In der Grafik in Abbildung 8.22 sind drei Felder zu sehen, über deren Anklicken Sie sich zusätzliche Kennzahlen anzeigen lassen können. Klicken Sie auf das Feld **AKA**, und lassen Sie sich die Anzahl der Kundenaufträge anzeigen (siehe Abbildung 8.23). Auch stellt das System eine Grafik mit der Entwicklung der Anzahl der Kundenaufträge über einen gewissen Zeitraum dar.

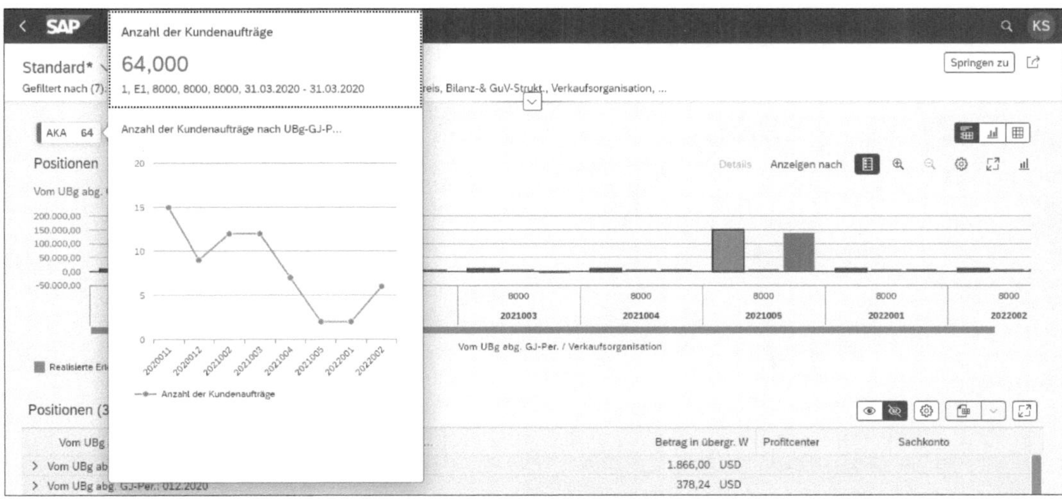

Abbildung 8.23 Kennzahl »Anzahl der Kundenaufträge« anzeigen

Predictive-Accounting-Belege anzeigen

Im unteren Bildbereich der SAP-Fiori-App **Kundenauftragseingang** in Abbildung 8.24 sehen Sie die Einzelpostenbelege. Sie können sich sowohl die gebuchten Einzelpostenbelege als auch die Predictive-Accounting-Belege anzeigen lassen.

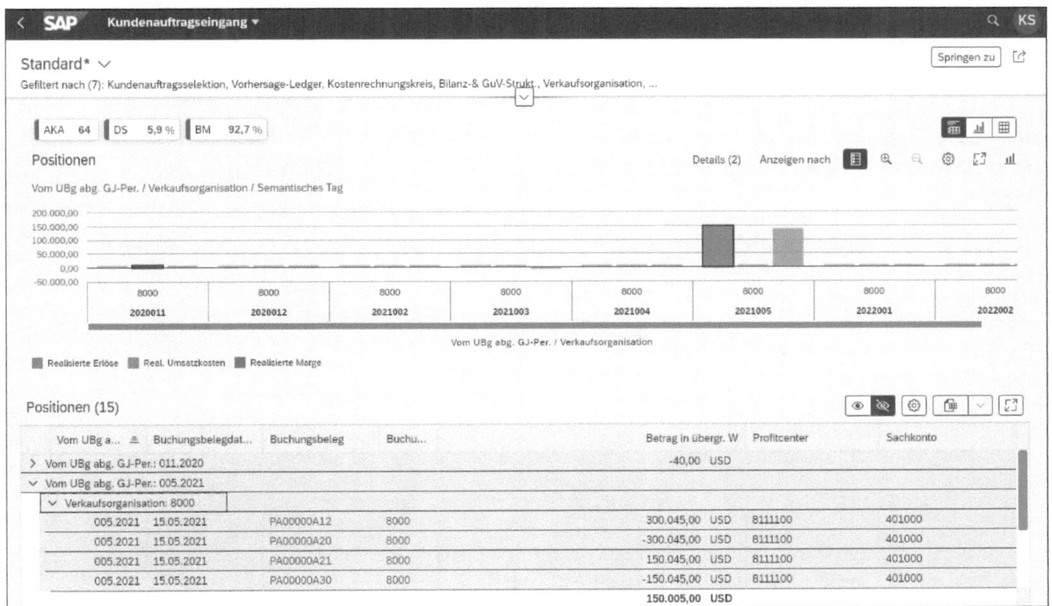

Abbildung 8.24 Einzelpostenbelege des Kundenauftragseingangs anzeigen

Zusätzliche Merkmale einblenden

Über den Button [⚙] (**Einstellungen**) können Sie weitere Merkmale zu den Einzelposten einblenden. In Abbildung 8.25 stehen fast alle Merkmale des Ergebnisbereichs zur Verfügung. Kundenspezifische Merkmale, die dem Ergebnisbereich zugeordnet sind, können der SAP-Fiori-App über SAP-Hinweis 30095004 hinzugefügt werden.

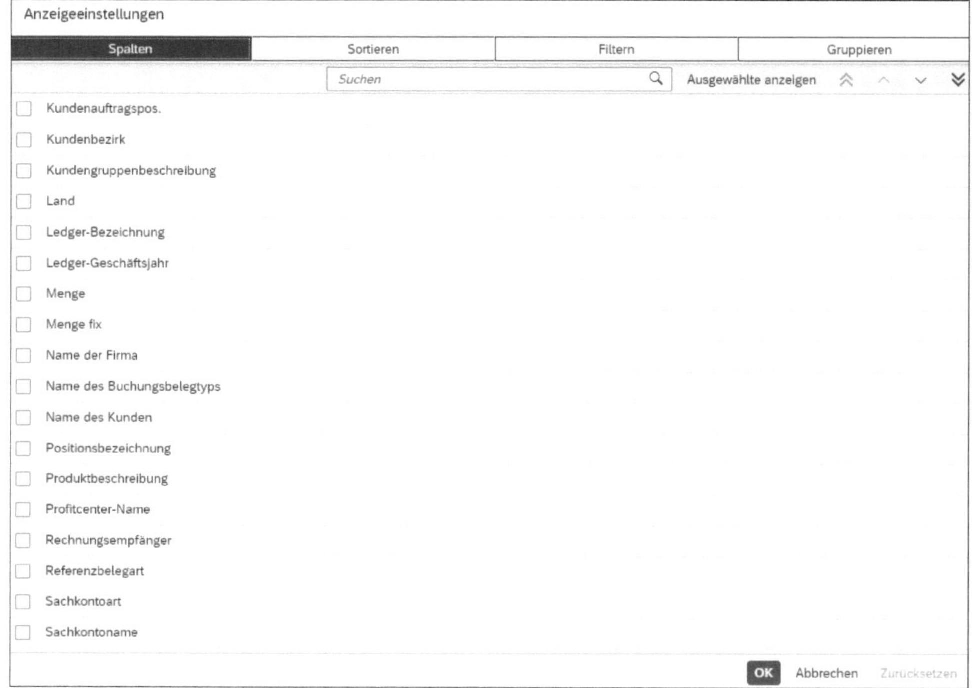

Abbildung 8.25 Zusätzliche Merkmale einblenden

In weitere SAP-Fiori-Apps verzweigen

Über einen Klick auf ein Ergebnisobjekt in Abbildung 8.26 können Sie in weitere SAP-Fiori-Apps verzweigen, wie etwa **Hauptbuchhaltungsbeleg anzeigen**, **Predictive Accounting Beleg anzeigen** usw. Sie können sich den Ist-Buchungsbeleg oder auch den Predictive-Accounting-Beleg anzeigen lassen.

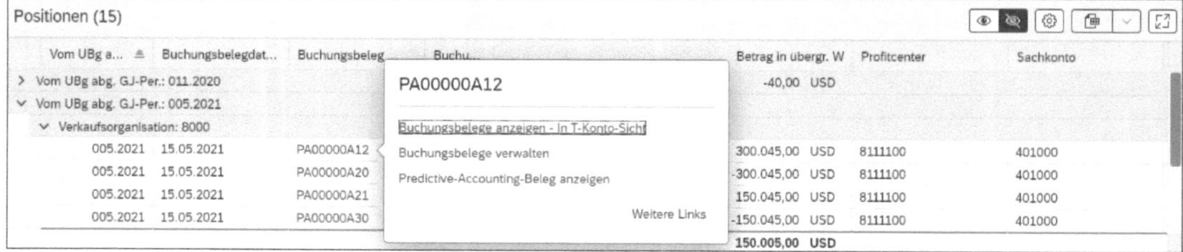

Abbildung 8.26 Verknüpfte SAP-Fiori-Apps anzeigen lassen

In Abbildung 8.27 lassen Sie sich den Predictive-Accounting-Beleg anzeigen. Das System hat im Vorhersage-Ledger den Buchhaltungsbeleg der Faktura simuliert. Dieser Beleg erzeugt im Vorhersage-Ledger sowohl eine Umsatzbuchung als auch eine Forderungsbuchung.

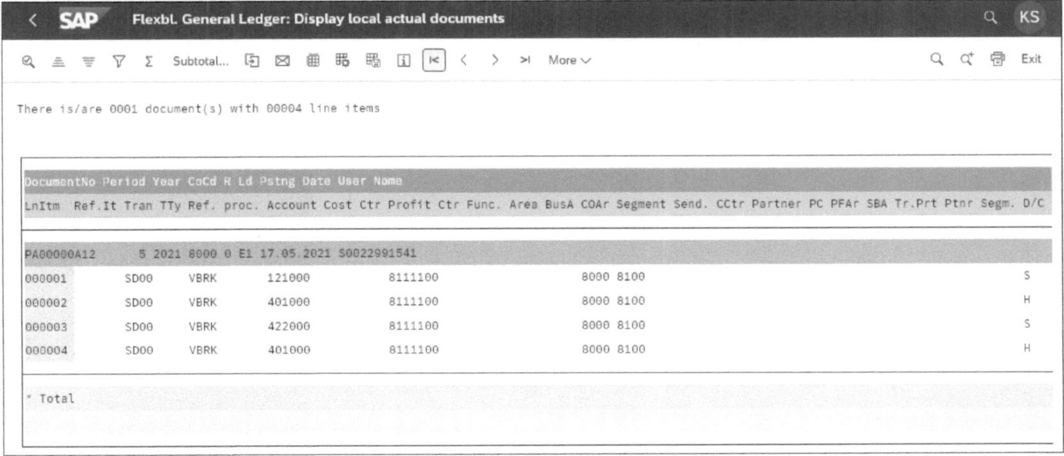

Abbildung 8.27 Predictive-Accounting-Beleg anzeigen

SAP-Fiori-App-Links anzeigen

Die SAP-Fiori-App **Kundenauftragseingang** kann mit mehreren anderen SAP-Fiori-Apps verknüpft werden, über welche Sie direkt eine tiefer gehende Analyse starten können. Über [Springen zu] in Abbildung 8.28 sehen Sie eine Übersicht der mit der SAP-Fiori-App **Kundenauftragseingang** verknüpften SAP-Fiori-Apps.

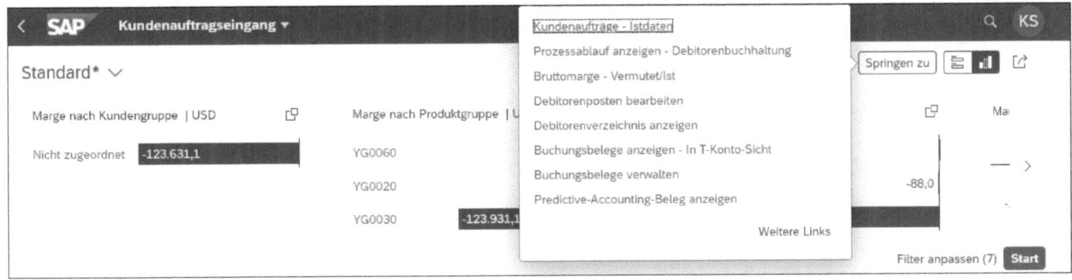

Abbildung 8.28 Links zu verknüpften SAP-Fiori-Apps anzeigen

Linkliste definieren

Über [Weitere Links] in Abbildung 8.28 öffnet sich das Pop-Up **Linkliste definieren** (siehe Abbildung 8.29), in dem Sie die Liste der verknüpften SAP-Fiori-Apps aktualisieren können. Sie können Verknüpfungen hinzufügen, indem Sie den Haken in der entsprechenden Auswahlbox aktivieren oder Verknüpfungen entfernen, indem Sie den Haken in der entsprechenden Auswahlbox entfernen. Über [OK] übernehmen Sie Ihre Anpassungen und über

Zurücksetzen können Sie die ausgelieferten Standardeinstellungen wiederherstellen.

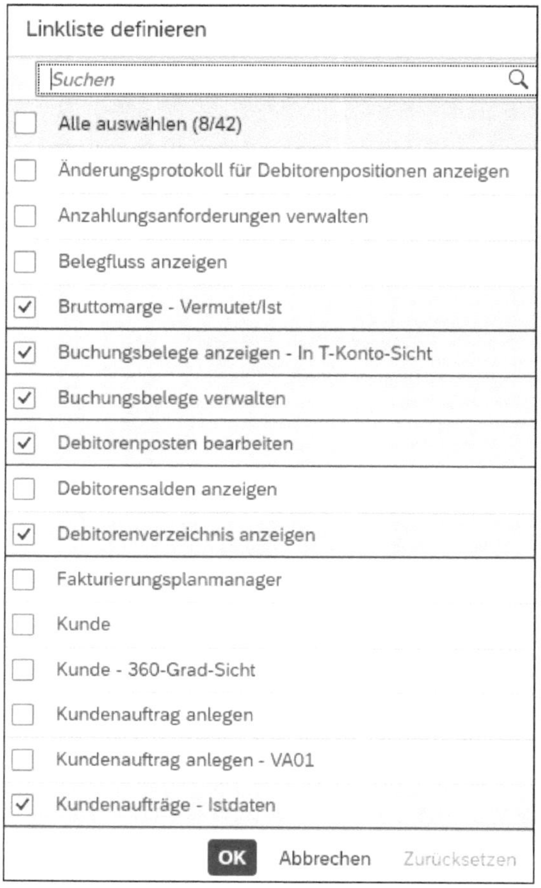

Linkliste definieren

Suchen

- [ ] Alle auswählen (8/42)
- [ ] Änderungsprotokoll für Debitorenpositionen anzeigen
- [ ] Anzahlungsanforderungen verwalten
- [ ] Belegfluss anzeigen
- [x] Bruttomarge - Vermutet/Ist
- [x] Buchungsbelege anzeigen - In T-Konto-Sicht
- [x] Buchungsbelege verwalten
- [x] Debitorenposten bearbeiten
- [ ] Debitorensalden anzeigen
- [x] Debitorenverzeichnis anzeigen
- [ ] Fakturierungsplanmanager
- [ ] Kunde
- [ ] Kunde - 360-Grad-Sicht
- [ ] Kundenauftrag anlegen
- [ ] Kundenauftrag anlegen - VA01
- [x] Kundenaufträge - Istdaten

OK Abbrechen Zurücksetzen

Abbildung 8.29 Links für zu verknüpfende SAP-Fiori-Apps anzeigen

Kompaktfilter anpassen

Über Klick auf (**Kompaktfilter**) ändert sich die Berichtsanzeige in Abbildung 8.30 und die Filter können aktualisiert werden.

Filter anpassen

Über Klick auf Filter anpassen (7) können Sie wählen, welche Merkmale für die Selektion zur Verfügung stehen (siehe Abbildung 8.31). Alle Merkmale, für die in der rechten Bildschirmhälfte ein Haken aktiviert ist, werden in der Filterleiste angezeigt. Indem Sie den Haken deaktivieren, können Sie das Merkmal von der Filterliste entfernen.

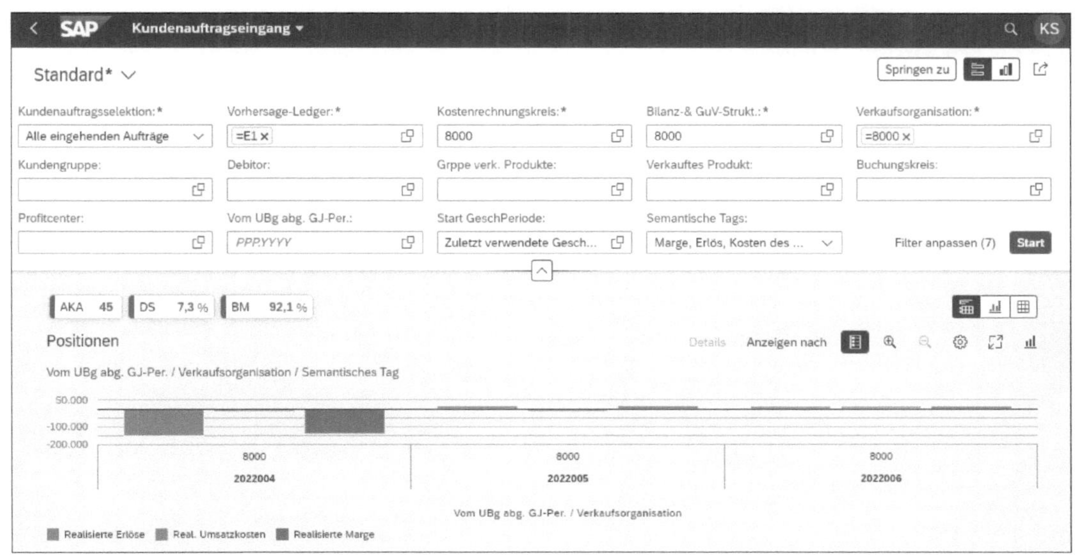

Abbildung 8.30 Kompaktfilter anpassen

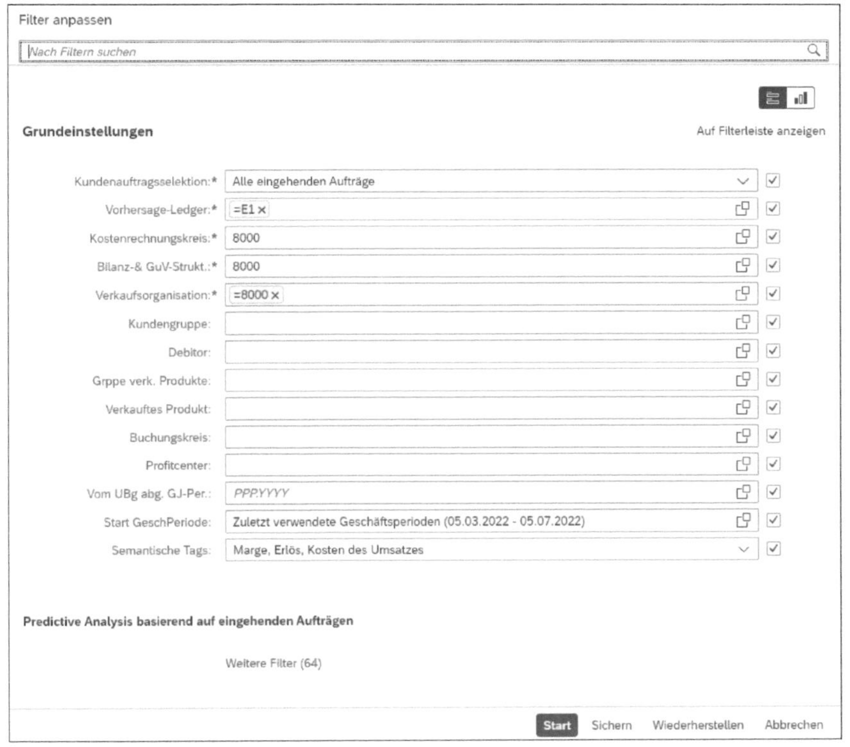

Abbildung 8.31 Filter für Selektion in Kundenauftragseingangsbericht anpassen

Selektionskriterien anpassen

Über [Weitere Filter (64)] können in Abbildung 8.32 zusätzliche Merkmale in die Selektionskriterien aufgenommen werden. Es steht eine Vielzahl an Merkmalen zur Verfügung, um die Selektion weiter einschränken zu können. Über [OK] werden die Selektionskriterien übernommen.

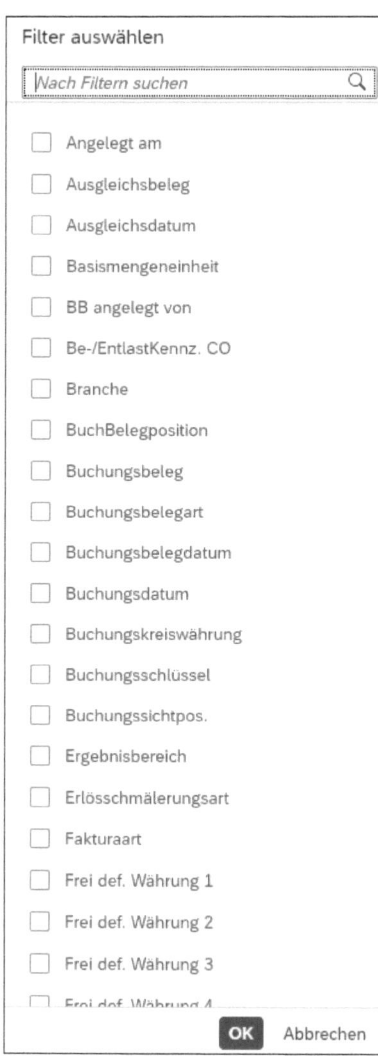

Abbildung 8.32 Weitere Merkmale für die Filter Selektionskriterien hinzufügen

Bericht nach Excel exportieren

Nahezu jeder Bericht kann über [Export-Button] (**In Tabellenkalkulation exportieren**) nach Excel exportiert werden. Nach Klick auf den Button für den Export nach Excel, wird die Excel-Datei wie in Abbildung 8.33 angezeigt am unteren Bildschirmrand abgelegt, über einen Klick auf den Bericht öffnet sich die Datei.

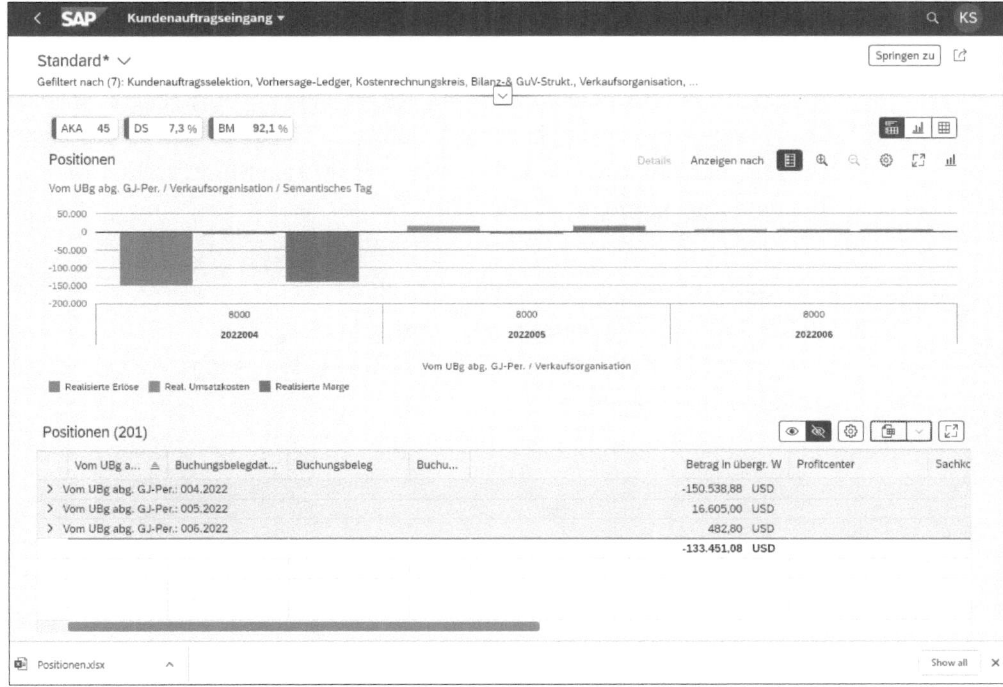

Abbildung 8.33 Bericht nach Excel exportieren

Bericht in Excel analysieren

In Abbildung 8.34 sehen Sie den Bericht geöffnet in Excel. Er enthält alle in der Listanzeige in Abbildung 8.32 dargestellten Merkmale. Sie können nun die Daten in Excel nach Belieben filtern und weiter analysieren.

Vom UBg abg. GJ-Per.	Buchungsbelegdatum	Buchungsbeleg	Buchungskreis	Betrag in übergr. W		Profitcenter	Sachkonto	Kundenauftrag	Verkaufsorganisation
004.2022	4/13/2022	PA00000C70	8000	0.00	USD	8111100 ()	510100	1005968	8000
004.2022	4/13/2022	PA00000C71	8000	100.00	USD	8111100 ()	410900	1005968	8000
004.2022	4/13/2022	PA00000CA0	8000	100.00	USD	8111100 ()	410900	1005957	8000
004.2022	4/13/2022	PA00000CK0	8000	0.00	USD	8111100 ()	510100	1005964	8000
004.2022	4/13/2022	PA00000CK1	8000	100.00	USD	8111100 ()	410900	1005964	8000
004.2022	4/13/2022	PA00000CS0	8000	0.00	USD	8111100 ()	510100	1005963	8000
004.2022	4/13/2022	PA00000CS1	8000	100.00	USD	8111100 ()	410900	1005963	8000
004.2022	4/13/2022	PA00000CT0	8000	0.00	USD	8111100 ()	510100	1005966	8000
004.2022	4/13/2022	PA00000CT1	8000	100.00	USD	8111100 ()	410900	1005966	8000
004.2022	4/13/2022	PA00000CU0	8000	0.00	USD	8111100 ()	510100	1005967	8000
004.2022	4/13/2022	PA00000CU1	8000	100.00	USD	8111100 ()	410900	1005967	8000
004.2022	4/14/2022	PA00000CF0	8000	0.00	USD	8111100 ()	510100	1005969	8000
004.2022	4/14/2022	PA00000CF1	8000	100.00	USD	8111100 ()	410900	1005969	8000
004.2022	4/14/2022	PA00000CM0	8000	0.00	USD	8111100 ()	510100	1005972	8000
004.2022	4/14/2022	PA00000CM1	8000	100.00	USD	8111100 ()	410900	1005972	8000
004.2022	4/14/2022	PA00000CP0	8000	0.00	USD	8111100 ()	510100	1005971	8000
004.2022	4/14/2022	PA00000CP1	8000	100.00	USD	8111100 ()	410900	1005971	8000
004.2022	4/19/2022	PA00000CC0	8000	0.00	USD	8111100 ()	510100	1005973	8000
004.2022	4/19/2022	PA00000CC1	8000	100.00	USD	8111100 ()	410900	1005973	8000
004.2022	4/19/2022	PA00000D30	8000	0.00	USD	8111100 ()	510100	1005975	8000
004.2022	4/19/2022	PA00000D31	8000	100.00	USD	8111100 ()	410900	1005975	8000
004.2022	4/19/2022	PA00000D40	8000	0.00	USD	8111100 ()	510100	1005977	8000
004.2022	4/19/2022	PA00000D41	8000	100.00	USD	8111100 ()	410900	1005977	8000
004.2022	4/19/2022	PA00000D80	8000	0.00	USD	8111100 ()	510100	1005976	8000

Abbildung 8.34 Excel-Export des Kundenauftragsberichts anzeigen

8.2.2 Einzelposten anzeigen

Die Berichte zur Anzeige von Einzelposten der Ergebnisrechnung haben sich in SAP S/4HANA nicht verändert. Die Berichte zur Einzelpostenanzeige in der Margenanalyse und in der kalkulatorischen Ergebnisrechnung unterscheiden sich also nicht von denen in SAP ERP, allerdings stehen sie nun über eine gleichnamige SAP-Fiori-App zur Verfügung.

Einzelposten in der Margenanalyse anzeigen

Mit der SAP-Fiori-App **Einzelposten anzeigen Margenanalyse** in Abbildung 8.35 können Sie sich eine Belegliste aller in der Margenanalyse gebuchten Belege anzeigen lassen.

Abbildung 8.35 SAP-Fiori-App »Einzelposten anzeigen Margenanalyse«

Selektionskriterien für den Einzelpostenbericht pflegen

Die Selektionskriterien für den Einzelpostenbericht finden Sie im oberen Bildbereich von Abbildung 8.36. Die Eingabe des Ledgers ist nun Pflicht für die Auswertung von Ergebnisobjekten.

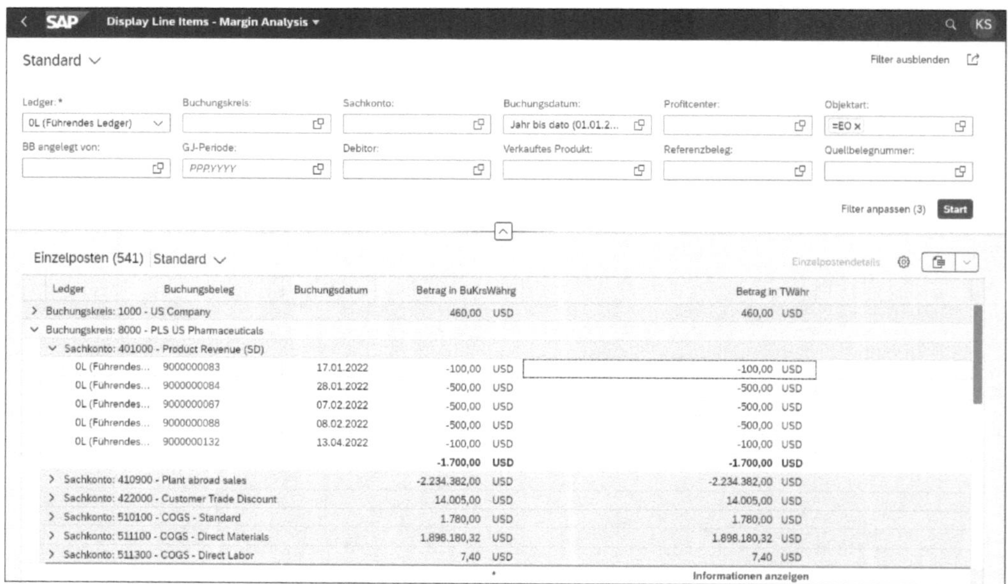

Abbildung 8.36 Einzelpostenbericht in der Margenanalyse anzeigen

Die SAP-Fiori-App **Einzelposten anzeigen Margenanalyse** kann nicht für die Anzeige von Belegen der kalkulatorischen Ergebnisrechnung verwendet werden. Die Einzelpostenanzeige gruppiert die Belege nach den dem Ergebnisbereich zugeordneten Buchungskreisen und Sachkonten.

Details zum Buchhaltungsbeleg anzeigen

Über einen Klick auf den Buchungsbeleg können Sie sich die Details zum Buchungsbeleg anzeigen lassen. In Abbildung 8.37 verzweigen Sie in die Details zum Buchungsbeleg 9000000083.

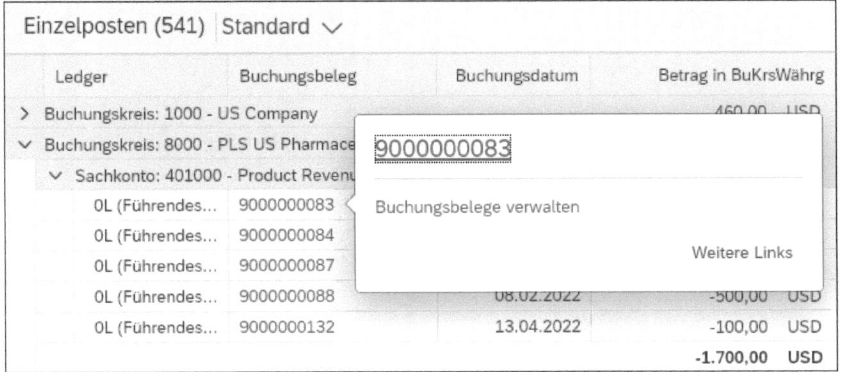

Abbildung 8.37 Einzelpostenbeleg anzeigen

Pivot-Browser für die Margenanalyse

Der Pivot-Browser der Margenanalyse kann über Transaktion KE24N aufgerufen werden. Der Pivot-Browser für die Margenanalyse kann sowohl für die Daten der Margenanalyse als auch in der kalkulatorischen Ergebnisrechnung verwendet werden. Sie können die Selektion beliebig anhand aller dem Ergebnisbereich zugeordneten Merkmale eingrenzen.

Datenquelle im Pivot-Browser der Margenanalyse auswählen

In Abbildung 8.38 werten Sie die Einzelposten für den Buchungskreis 8000 aus. Im Feld **Datenquelle** können Sie auswählen, ob Sie Ist-Daten, Plandaten oder Ist- und Plandaten auswerten möchten. In unserem Beispiel werten Sie ausschließlich die Ist-Daten aus. Im Feld **Datenselektion** legen Sie fest, ob Sie aggregierte Daten oder Einzelposten anzeigen möchten. In unserem Beispiel wählen Sie die Option **Aggregierte Daten nach aktueller Struktur** aus.

Aufbau des Pivot-Browsers der Margenanalyse

Das Bild nach dem Ausführen des Berichts in Abbildung 8.39 ist in zwei Teile untergliedert. Im linken Teil sehen Sie den Bericht, und auf der Registerkarte **Spalten** im rechten Bildteil können Sie zusätzliche Merkmale, Werte und Mengen auswählen und sie dem Bericht im linken Bildbereich zuordnen. In unserem Beispiel wählen Sie zusätzliche Merkmale über einen Klick auf die Spalte **Sichtbk.** (Sichtbarkeit) aus. Die Zeile mit den ausgewählten Merkmalen verfärbt sich nun gelb.

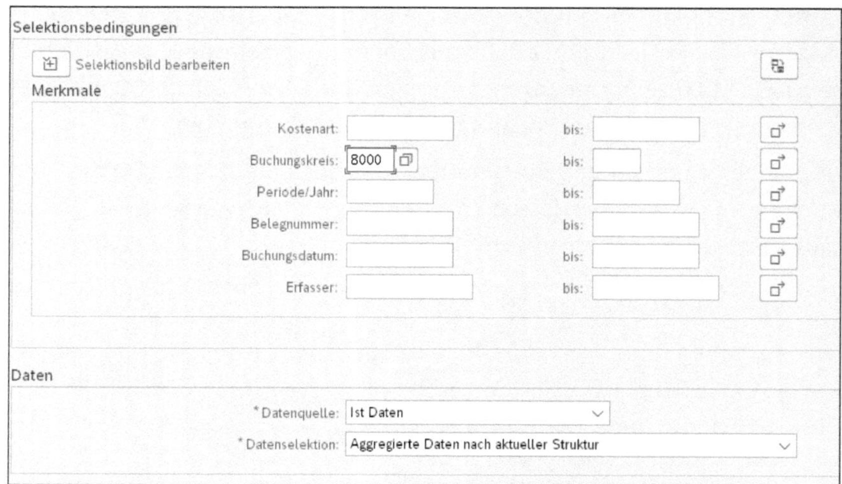

Abbildung 8.38 Selektionsbedingungen in der Margenanalyse: Pivot-Browser pflegen

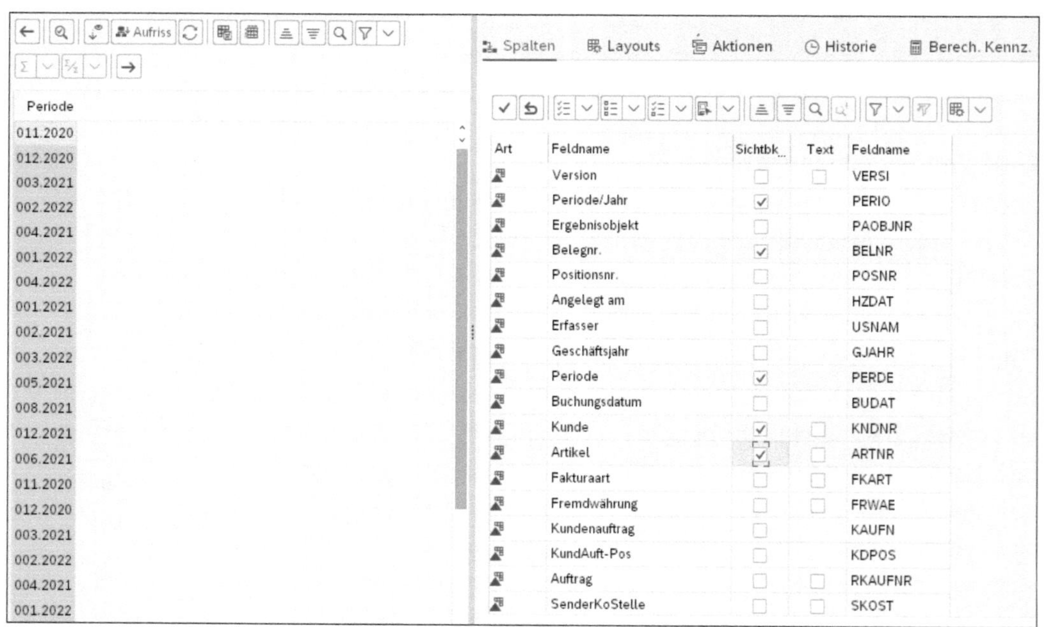

Abbildung 8.39 Merkmale für den Pivot-Browser-Bericht auswählen

Ausgewählte Merkmale übernehmen

Über einen Klick auf den Haken ☑ (**Änderungen übernehmen**)werden die ausgewählten Merkmale in den rechten Bildbereich von Abbildung 8.40 übernommen. Sie können nun in den Einzelpostenbeleg verzweigen, die Spalten im Bericht sortieren, sie an eine andere Stelle verschieben, sie filtern und/oder summieren.

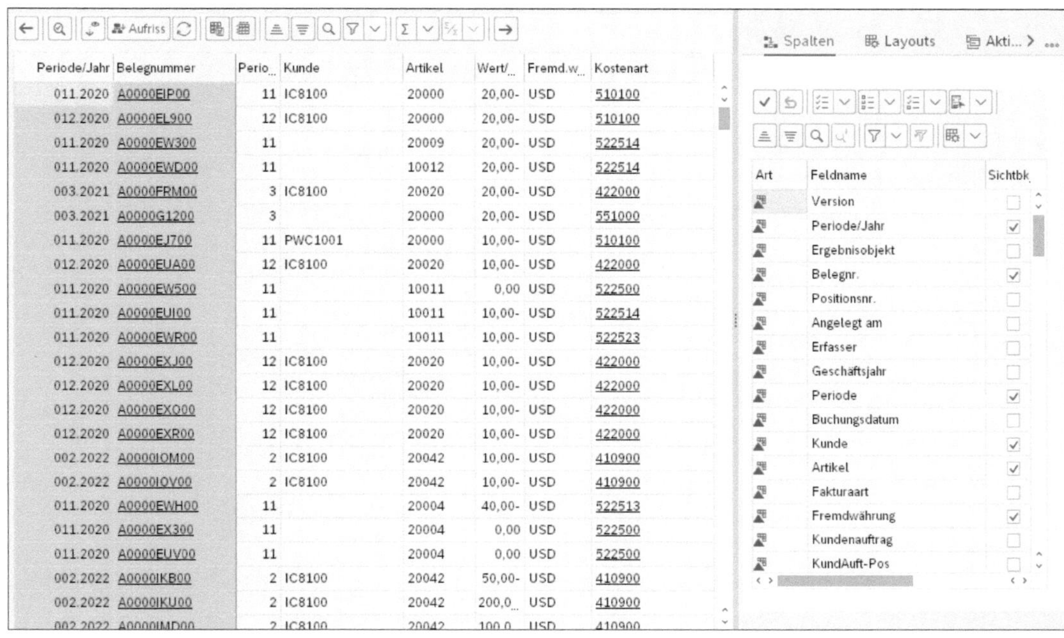

Periode/Jahr	Belegnummer	Perio...	Kunde	Artikel	Wert/...	Fremd.w...	Kostenart
011.2020	A0000EIP00	11	IC8100	20000	20,00-	USD	510100
012.2020	A0000EL900	12	IC8100	20000	20,00-	USD	510100
011.2020	A0000EW300	11		20009	20,00-	USD	522514
011.2020	A0000EWD00	11		10012	20,00-	USD	522514
003.2021	A0000FRM00	3	IC8100	20020	20,00-	USD	422000
003.2021	A0000G1200	3		20000	20,00-	USD	551000
011.2020	A0000EJ700	11	PWC1001	20000	10,00-	USD	510100
012.2020	A0000EUA00	12	IC8100	20020	10,00-	USD	422000
011.2020	A0000EW500	11		10011	0,00	USD	522500
011.2020	A0000EUI00	11		10011	10,00-	USD	522514
011.2020	A0000EWR00	11		10011	10,00-	USD	522523
012.2020	A0000EXJ00	12	IC8100	20020	10,00-	USD	422000
012.2020	A0000EXL00	12	IC8100	20020	10,00-	USD	422000
012.2020	A0000EXO00	12	IC8100	20020	10,00-	USD	422000
012.2020	A0000EXR00	12	IC8100	20020	10,00-	USD	422000
002.2022	A0000IOM00	2	IC8100	20042	10,00-	USD	410900
002.2022	A0000IOV00	2	IC8100	20042	10,00-	USD	410900
011.2020	A0000EWH00	11		20004	40,00-	USD	522513
011.2020	A0000EX300	11		20004	0,00	USD	522500
011.2020	A0000EUV00	11		20004	0,00	USD	522500
002.2022	A0000IKB00	2	IC8100	20042	50,00-	USD	410900
002.2022	A0000IKU00	2	IC8100	20042	200,0...	USD	410900

Abbildung 8.40 Bericht mit zusätzlichen Merkmalen anzeigen

Berichtslayout speichern

In Abbildung 8.41 auf der Registerkarte **Layouts** im rechten Bildbereich können Sie das Layout des Berichts speichern, sodass bei einem erneuten Aufruf des Berichts über das Layout die richtigen Merkmale in der gewünschten Sortierung im Bericht angezeigt werden.

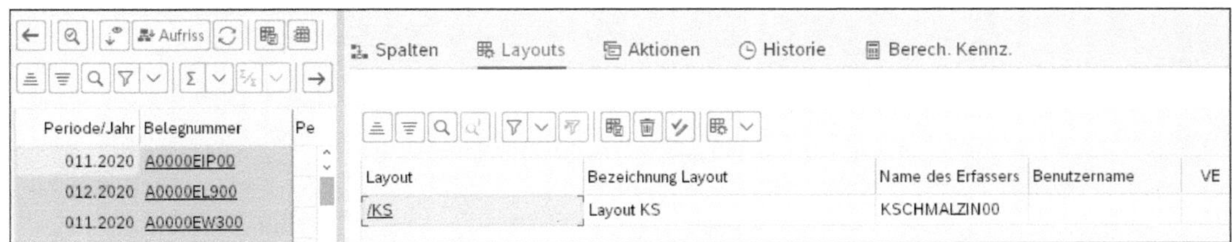

Periode/Jahr	Belegnummer	Pe
011.2020	A0000EIP00	
012.2020	A0000EL900	
011.2020	A0000EW300	

Layout	Bezeichnung Layout	Name des Erfassers	Benutzername	VE
/KS	Layout KS	KSCHMALZIN00		

Abbildung 8.41 Layout des Pivot-Browser-Berichts anlegen

Aktionen im Pivot-Browser der Margenanalyse

Auf der Registerkarte **Aktionen** in Abbildung 8.42 stehen Ihnen verschiedene Aktionen für den im Pivot-Browser erstellten Bericht zur Verfügung. Sie können bestimmte Zeilen duplizieren, in Einzelpostenbelege abspringen oder den kompletten Bericht in ein neues Fenster duplizieren.

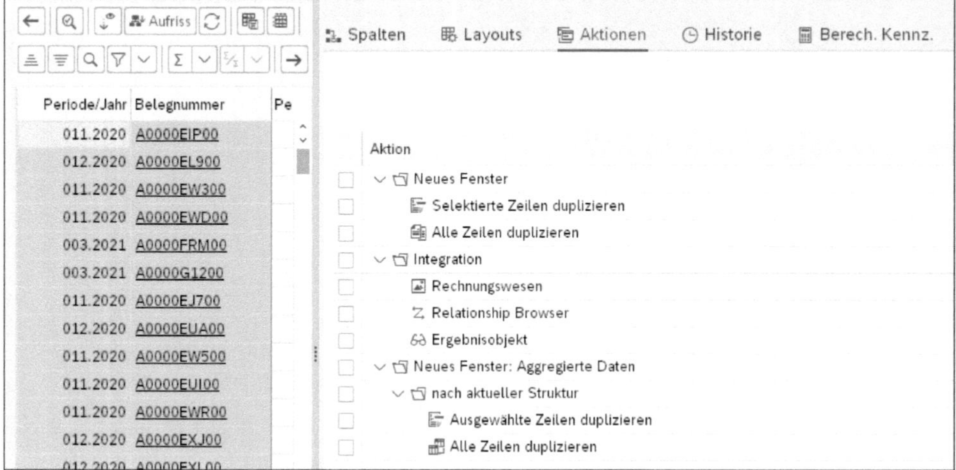

Abbildung 8.42 Aktionen im Pivot-Browser-Bericht anzeigen

Historie des Pivot-Browsers der Margenanalyse

Auf der Registerkarte **Historie** in Abbildung 8.43 sehen Sie eine Übersicht, wann der Bericht mit welchen Selektionskriterien ausgeführt wurde und wie viele Zeilen in der Ausführung angezeigt wurden.

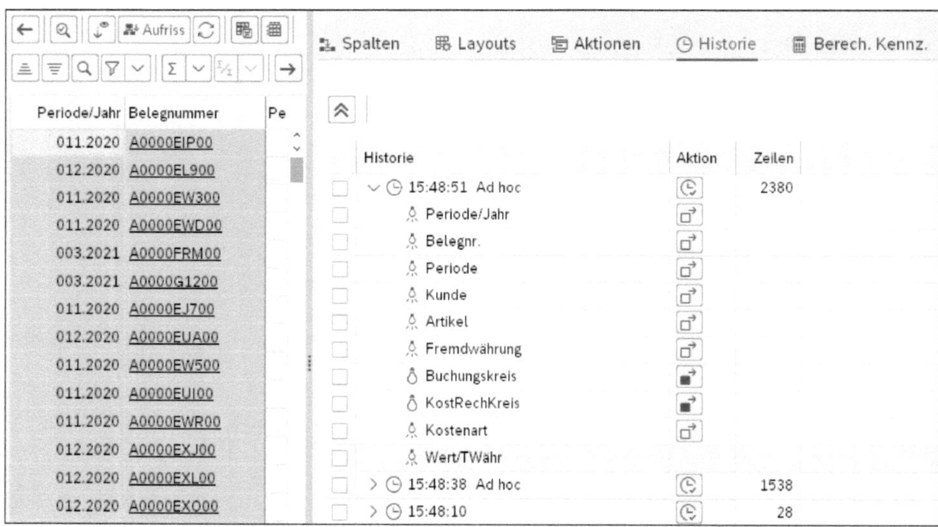

Abbildung 8.43 Historie im Pivot-Browser-Bericht anzeigen

Kennzahlen im Pivot-Browser der Margenanalyse

Auf der letzten Registerkarte **Berech. Kennz.** im rechten Bildbericht in Abbildung 8.44 des Pivot-Browsers können Sie die Kennzahlen berechnen. Dies ist nur für die kalkulatorische Ergebnisrechnung sinnvoll.

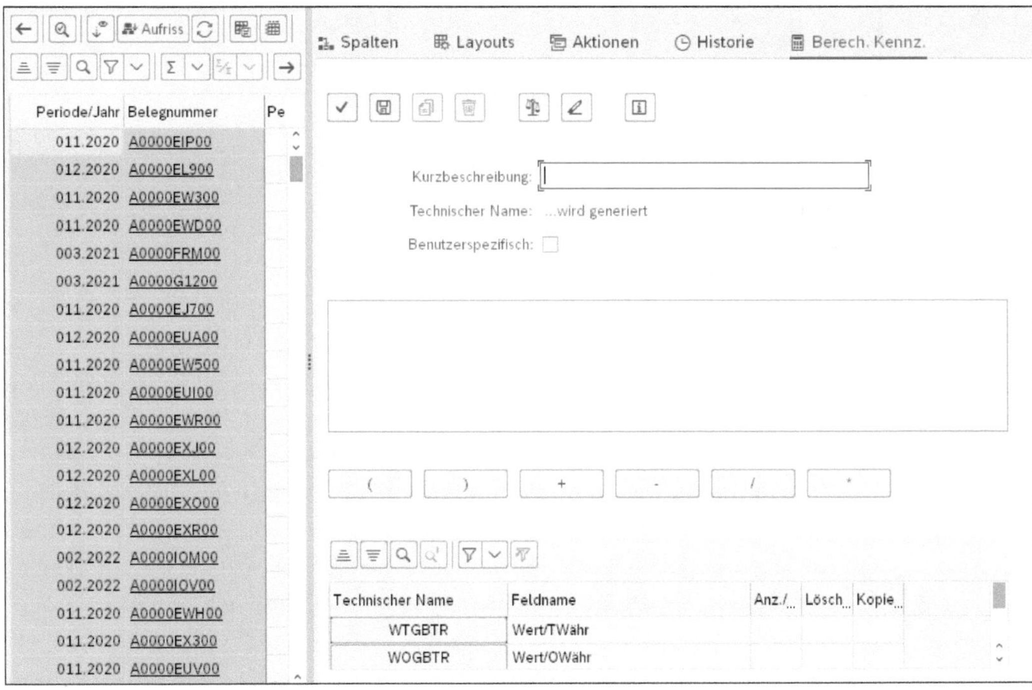

Abbildung 8.44 Kennzahlen im Pivot-Browser-Bericht anlegen

8.2.3 Margenanalyse im Reporting

In SAP S/4HANA gibt es einige neue SAP-Fiori-Apps zur Darstellung der Deckungsbeitragsrechnung. Alle Berichte in SAP-Fiori haben grafische Elemente, die die Aussagekraft der Berichte erhöhen. Außerdem können Sie von jedem Bericht aus auf die unterste Ebene, also den Einzelpostenbeleg, abspringen. Dies erlaubt es, anhand eines Berichts bzw. einer SAP-Fiori-App die Daten zu analysieren, ohne mehrere verschiedene Berichte aufrufen und auswerten zu müssen.

Deckungsbeitragsbericht

Deckungsbeitrag auswerten

Die SAP-Fiori-App **Umsatz Deckungsbeitrag** in Abbildung 8.45 zeigt bereits in der Kachel drei verschiedene Kennzahlen an, die die folgenden Werte summieren:

- Umsatz
- Gutschriften
- Stornos

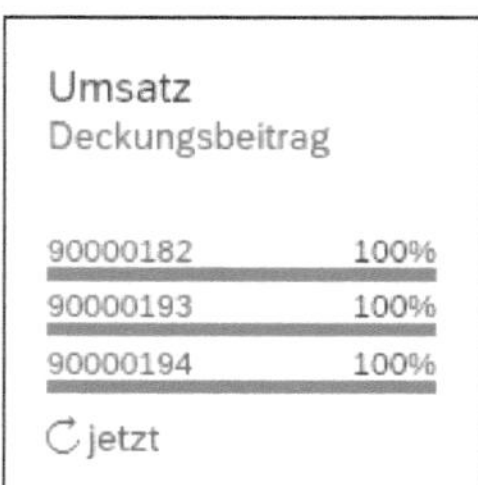

Abbildung 8.45 SAP-Fiori-App »Umsatz Deckungsbeitrag«

Semantische Tags im Deckungsbeitragsbericht

Der Bericht zeigt nach der Verkaufsorganisation Umsatz und Deckungsbeitrag an. Die blauen Balken in Abbildung 8.46 stellen den Umsatz und die rote Linie den Deckungsbeitrag dar. Die Werte werden über semantische Tags, die im Customizing der Bilanz- und GuV-Struktur zugeordnet werden, ermittelt. Über das Drop-down-Feld im linken oberen Bildbereich können Umsatz und Deckungsbeitrag nach verschiedenen Kriterien, wie z. B. Warenempfänger, Monat, Material, Produkthierarchie und vieles mehr angezeigt werden.

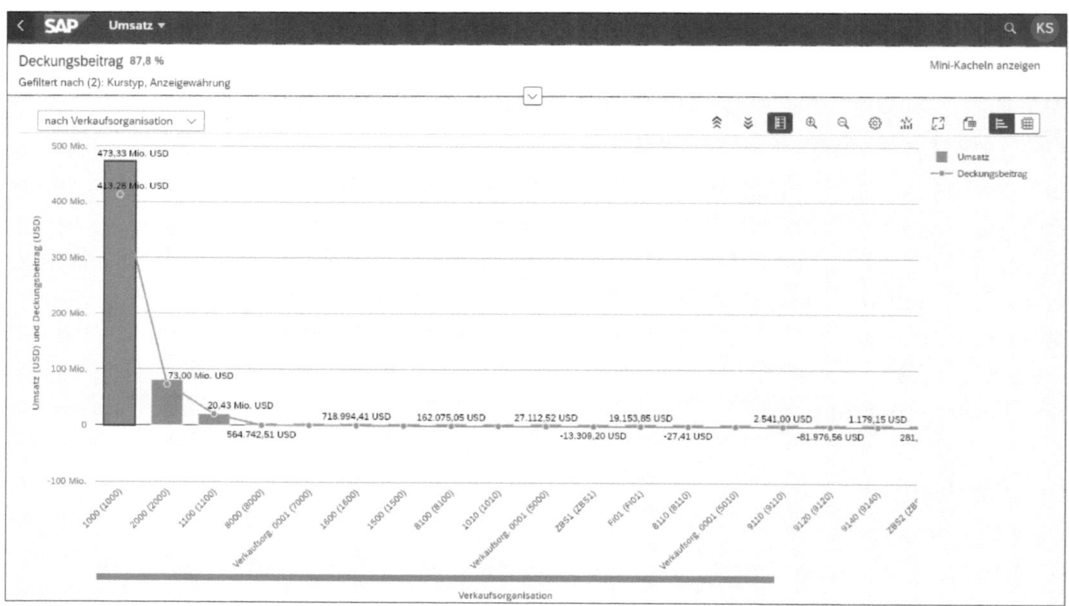

Abbildung 8.46 Deckungsbeitragsbericht anzeigen

Sowohl die Dimensionen im Bericht als auch das Layout der Grafik können im Bericht flexibel angepasst werden. Über die Funktion **Mini-Kacheln anzeigen** am rechten oberen Bildrand können Sie weitere Kennzahlen anzeigen und in weitere SAP-Fiori-Apps verzweigen.

Margenanalyse

Bruttomarge mit Predictive-Accounting-Belegen auswerten

Ähnlich dem Kundenauftragseingangsbericht gibt es eine SAP-Fiori-App zur Anzeige der Bruttomarge namens **Bruttomarge Vermutet/Ist** (siehe Abbildung 8.47). Diese SAP-Fiori-App erlaubt es, sowohl Predictive-Accounting-Belege als auch Ist-Belege anzuzeigen.

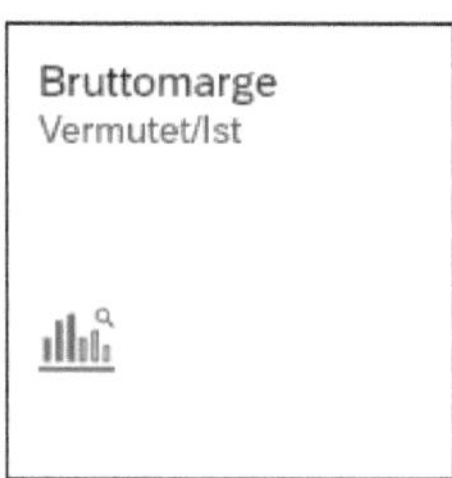

Abbildung 8.47 SAP-Fiori-App »Bruttomarge Vermutet/Ist«

Berichtsaufbau verstehen

Diese SAP-Fiori-App ist ähnlich wie die SAP-Fiori-App zum Kundenauftragseingang aufgebaut. In Abbildung 8.48 sehen Sie im oberen Bildbereich Grafiken mit Kennzahlen, gefolgt von einem Übersichtsdiagramm im mittleren Bildbereich. Im unteren Bildbereich können Sie die Einzelposten der in den Grafiken dargestellten Berichte analysieren.

Abbildung 8.48 Bruttomargenbericht analysieren

Einzelposten im Bruttomargenbericht analysieren

Die Einzelposten im unteren Bildbereich werden aggregiert nach Kundengruppe dargestellt. Wenn Sie auf den blauen Balken im mittleren Bildbereich für die prognostizierte Menge klicken, zeigt uns der Einzelpostenbereich im unteren Bildbereich die relevanten Einzelposten an (siehe Abbildung 8.49). Für jede Zeile können Sie sich den Einzelpostenbeleg im Detail anzeigen lassen.

Abbildung 8.49 Einzelposten im Bruttomargenbericht analysieren

[»]

> **Kundenspezifische Merkmale in SAP-Fiori-Apps**
>
> Nahezu für jeden Ergebnisbereich werden kundenspezifische Merkmale angelegt. Um diese Merkmale in den SAP-Fiori-Apps in den Selektionskriterien verfügbar zu machen, folgen Sie den Anweisungen in SAP-Hinweis 30095004.

Produktprofitabilität

Flexible Deckungsbeitragsanalyse

Die SAP-Fiori-App **Produktprofitabilität** in Abbildung 8.50 basiert ebenfalls auf der Zuordnung von semantischen Tags im Customizing. Der Bericht erlaubt die flexible Analyse von Deckungsbeiträgen mit allen dem Ergebnisbereich zugeordneten Merkmalen.

Abbildung 8.50 SAP-Fiori-App »Produktprofitabilität«

Selektionskriterien im Bericht Produktprofitabilität

In den Selektionskriterien für die SAP-Fiori-App **Produktprofitabilität** in Abbildung 8.51 ist ausschließlich die Zuordnung einer Bilanz- und GuV-Struktur Pflicht, damit die SAP-Fiori-App Werte anzeigen kann. Es können weitere Einschränkungen in der Selektion des Berichts vorgenommen werden. In unserem Beispiel schränken Sie die Selektion zusätzlich auf den Buchungskreis 8000 ein.

Abfragen

Suchen

Bilanz-& GuV-Strukt.:*	8100 ×
Geschäftsjahr:	
Geschäftsperiode:	
Buchungskreis:	8000 (PLS US Pharmaceuticals) ×
Profitcenter:	
Kundengruppe:	
Grppe verk. Produkte:	
Kundenauftrag:	
Verkaufsbeleg:	
Ledger:	0L (Führendes Ledger) ×

Abbildung 8.51 Selektionskriterien für die Produktprofitabilität pflegen

Auswertungsdimensionen im Bericht Produktprofitabilität

In Abbildung 8.52 können Sie den Deckungsbeitrag nach beliebigen Dimensionen auswerten. Es stehen dabei alle dem Ergebnisbereich zugeordneten Merkmale zur Verfügung. Die Grafik zeigt pro Spalte die Kennzahlen in unterschiedlicher Farbe dar, und die Tabelle im unteren Bildbereich ermöglicht eine Analyse der Werte. Es ist nicht möglich, in eine Einzelpostenanzeige abzuspringen.

Abbildung 8.52 Produktprofitabilität analysieren

8.3 Reporting in der kalkulatorischen Ergebnisrechnung

In der kalkulatorischen Ergebnisrechnung gibt es drei verschiedene Transaktionen, die Ihnen für die Analyse der Daten zur Verfügung stehen.

Einzelposten anzeigen

Mit Transaktion KE24 oder über den Menüpfad **Rechnungswesen • Controlling • Ergebnis- und Marktsegmentrechnung • Infosystem • Einzelpostenliste anzeigen • Ist** können Sie sich die Einzelposten der kalkulatorischen Ergebnisrechnung anzeigen lassen. Diese Transaktion hatte in SAP ERP immer mit Performanceproblemen und Laufzeitfehlern zu kämpfen. Die Performance mit SAP S/4HANA hat sich für die Ansicht und Analyse von Einzelbelegen der kalkulatorischen Ergebnisrechnung stark verbessert.

Die Anzeige von Einzelposten für die kalkulatorische Ergebnisrechnung ist abhängig vom Ergebnisbereich. Es ist nicht möglich, Einzelposten ergebnisbereichsübergreifend in einer Transaktion miteinander zu vergleichen.

Im Fenster **Ist-Einzelposten anzeigen: Einstieg** legen Sie die Selektionskriterien für die Anzeige der Einzelposten fest. Hier stehen Ihnen viele der dem Ergebnisbereich zugeordneten Merkmale zur Verfügung, um die Selektion einzuschränken. Kein Selektionsfeld ist als Muss-Feld definiert. Wie Sie es in Abbildung 8.53 sehen, wurde die Selektion mit dem Währungstyp B0 (Ergebnisbereichswährung) und der Vorgangsart F (Fakturen) eingeschränkt. Führen Sie die Transaktion mit [F8] aus.

Im Fenster **Ist-Einzelposten anzeigen: Liste** sind alle Einzelposten, die Sie laut Selektion ausgewählt haben, entsprechend aufgelistet (siehe Abbildung 8.54). Über einen Doppelklick auf eine Zeile können Sie in den Einzelbeleg verzweigen.

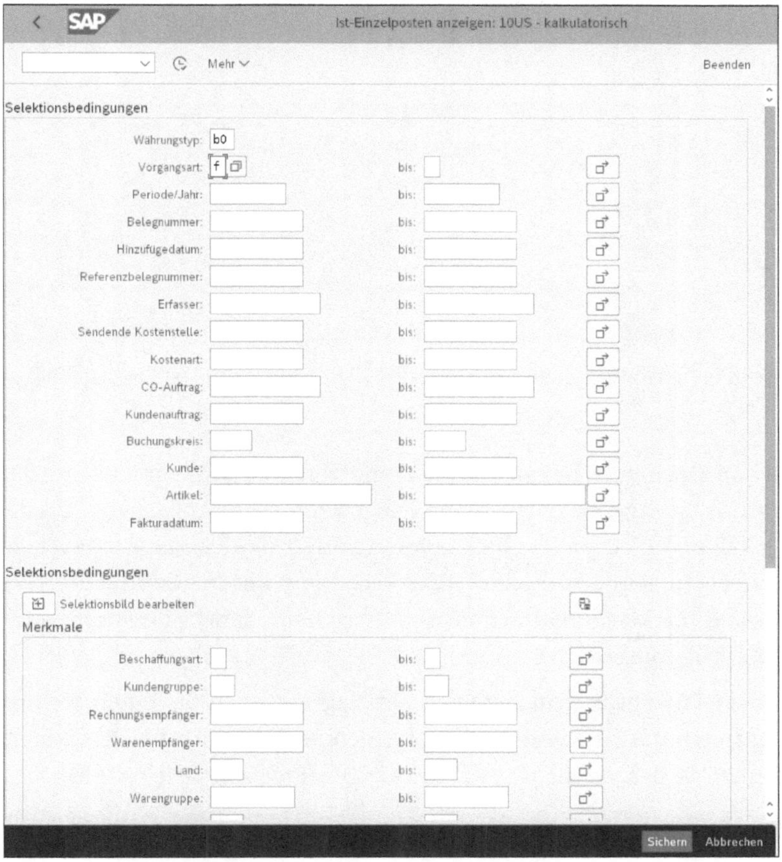

Abbildung 8.53 Selektion für die Einzelpostenanzeige bearbeiten

Layout anpassen

Die folgenden Buttons erlauben es Ihnen, das Layout nach Ihren Bedürfnissen anzupassen und alle dem Ergebnisbereich zugeordneten Merkmale und Wertfelder im Fenster einzublenden:

- **(Layout ändern)**
- **(Layout auswählen)**
- **(Layout sichern)**

Einzelpostenplanung

Für die Analyse von Einzelposten der Planung der kalkulatorischen Ergebnisrechnung steht Ihnen Transaktion KE25 zur Verfügung, die Sie über den Customizing-Pfad **Rechnungswesen • Controlling • Ergebnis- und Marktsegmentrechnung • Infosystem • Einzelpostenliste anzeigen • Plan** aufrufen können. Der Aufbau der Transaktionen für die Ist-Anzeige von Belegen ist identisch mit der Plananzeige von Belegen.

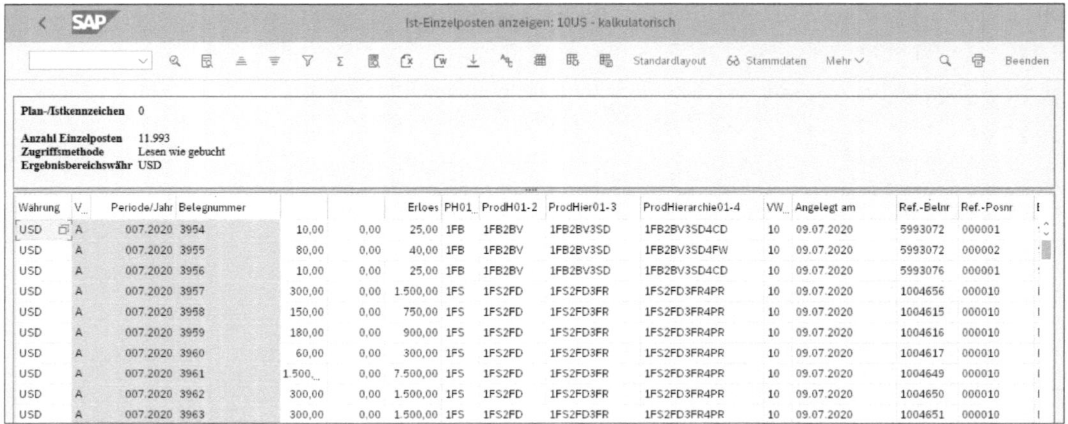

Plan-/Istkennzeichen 0

Anzahl Einzelposten 11.993
Zugriffsmethode Lesen wie gebucht
Ergebnisbereichswähr USD

Währung	V...	Periode/Jahr	Belegnummer			Erloes	PH01...	ProdH01-2	ProdHier01-3	ProdHierarchie01-4	VW...	Angelegt am	Ref.-Belnr	Ref.-Posnr
USD	A	007.2020	3954	10,00	0,00	25,00	1FB	1FB2BV	1FB2BV3SD	1FB2BV3SD4CD	10	09.07.2020	5993072	000001
USD	A	007.2020	3955	80,00	0,00	40,00	1FB	1FB2BV	1FB2BV3SD	1FB2BV3SD4FW	10	09.07.2020	5993072	000002
USD	A	007.2020	3956	10,00	0,00	25,00	1FB	1FB2BV	1FB2BV3SD	1FB2BV3SD4CD	10	09.07.2020	5993076	000001
USD	A	007.2020	3957	300,00	0,00	1.500,00	1FS	1FS2FD	1FS2FD3FR	1FS2FD3FR4PR	10	09.07.2020	1004656	000010
USD	A	007.2020	3958	150,00	0,00	750,00	1FS	1FS2FD	1FS2FD3FR	1FS2FD3FR4PR	10	09.07.2020	1004615	000010
USD	A	007.2020	3959	180,00	0,00	900,00	1FS	1FS2FD	1FS2FD3FR	1FS2FD3FR4PR	10	09.07.2020	1004616	000010
USD	A	007.2020	3960	60,00	0,00	300,00	1FS	1FS2FD	1FS2FD3FR	1FS2FD3FR4PR	10	09.07.2020	1004617	000010
USD	A	007.2020	3961	1.500,...	0,00	7.500,00	1FS	1FS2FD	1FS2FD3FR	1FS2FD3FR4PR	10	09.07.2020	1004649	000010
USD	A	007.2020	3962	300,00	0,00	1.500,00	1FS	1FS2FD	1FS2FD3FR	1FS2FD3FR4PR	10	09.07.2020	1004650	000010
USD	A	007.2020	3963	300,00	0,00	1.500,00	1FS	1FS2FD	1FS2FD3FR	1FS2FD3FR4PR	10	09.07.2020	1004651	000010

Abbildung 8.54 Listanzeige der Einzelposten in der kalkulatorischen Ergebnisrechnung

Benutzerspezifische Berichte

Neben den Einzelposten können auch benutzerspezifische Berichte für die kalkulatorische Ergebnisrechnung angelegt werden. Zur Anlage von Berichten der kalkulatorischen Ergebnisrechnung rufen Sie Transaktion KE31 auf, oder Sie folgen dem Customizing-Pfad **Rechnungswesen • Controlling • Ergebnis- und Marktsegmentrechnung • Infosystem • Bericht definieren • Ergebnisbericht anlegen**.

Ergebnisbericht anlegen

Im Fenster **Ergebnisbericht anlegen: Einstieg** vergeben Sie einen technischen Namen und eine Bezeichnung für den Bericht. Vergeben Sie, wie in Abbildung 8.55 dargestellt, den Namen »Z001« (Ergebnisbericht US10).

Berichtsart auswählen

Im Bereich **Berichtsart** können Sie zwischen **Ad-hoc-Bericht** und **Bericht mit Formular** wählen.

Ein Ad-hoc-Bericht entspricht mehr oder weniger einer Einzelpostenanzeige mit den fest definierten Selektionskriterien **Periode von**, **Periode bis**, **Plan-/Istkennzeichen**, **Version** und **Vorgangsart**. Ad-hoc-Berichte werden zur Analyse von Daten zum Periodenabschluss verwendet.

Berichte mit Formular werden verwendet, um eine strukturierte Deckungsbeitragsrechnung oder eine GuV im Umsatzkostenverfahren darzustellen. Im folgenden Beispiel legen Sie einen Bericht mit Formular an. Setzen Sie dazu das Häkchen bei **Bericht mit Formular**, tragen Sie einen Text in das gleichnamige Feld ein, und klicken Sie auf den Button [Formular], um ein Formular anzulegen.

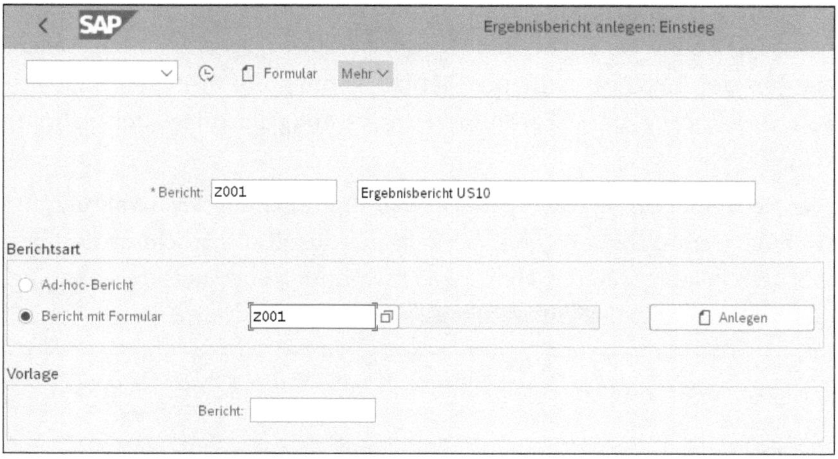

Abbildung 8.55 Ergebnisbericht anlegen

Formular anlegen

Im Fenster **Report Painter: Formular anlegen** haben Sie die Möglichkeit, das Formular als Kopie eines bestehenden Formulars anzulegen. Dies erspart Ihnen in der Regel Aufwand bei der Definition neuer Berichte. Wie Sie es in Abbildung 8.56 sehen, legen Sie einen Bericht mit **Zwei Koordinaten (Matrix)** an, was bedeutet, dass Sie Spalten und Zeilen frei koordinieren können. Die anderen Berichtsstrukturen haben nur eine Achse. Klicken Sie auf den Button **Anlegen**, um das Formular zu definieren.

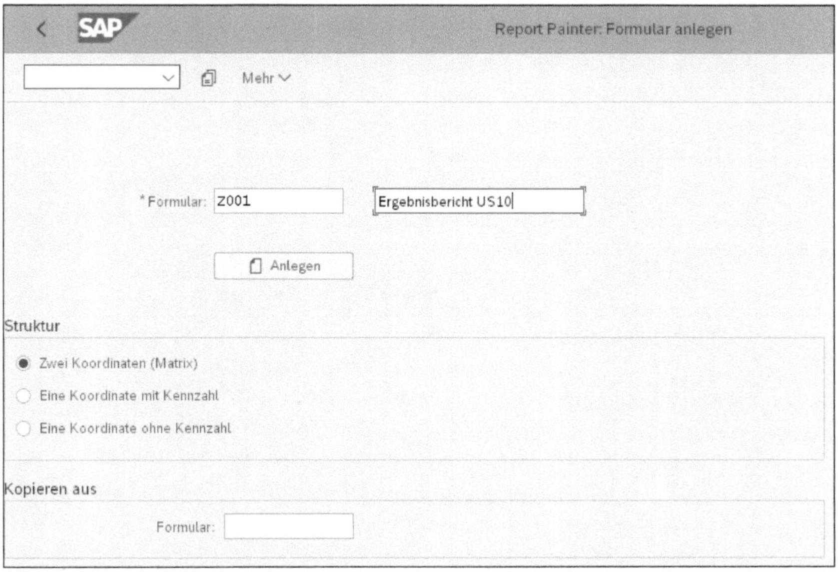

Abbildung 8.56 Formular für einen Ergebnisbericht anlegen

Währung auswählen

Es erscheint das Pop-up-Fenster aus Abbildung 8.57, in dem Sie wählen können, in welcher Währung Sie den Ergebnisbericht anlegen möchten. Abhängig von der Zielgruppe für den Bericht können Sie zwischen **Ergebnisbereichswährung** und **Ergebnisbereichswährung/Buchungskreiswährung** wählen.

Die Kombination **Ergebnisbereichswährung/Buchungskreiswährung** ist sinnvoll, wenn Sie die Ergebnisse nicht nur aus Konzernsicht analysieren möchten. Wählen Sie **Ergebnisbereichswährung/Buchungskreiswährung**, und bestätigen Sie Ihre Auswahl mit [↵] (sieheAbbildung 8.57).

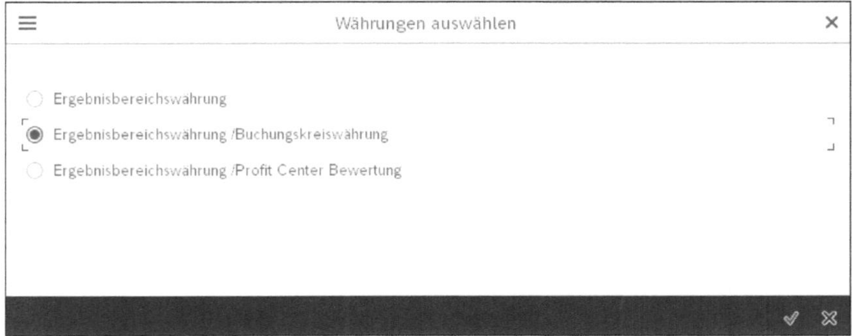

Abbildung 8.57 Währung für den Ergebnisbericht auswählen

Zeile definieren

Im Fenster **Report Painter: Formular anlegen** definieren Sie, wie Sie in Abbildung 8.58 sehen, eine Zeile für den Bericht.

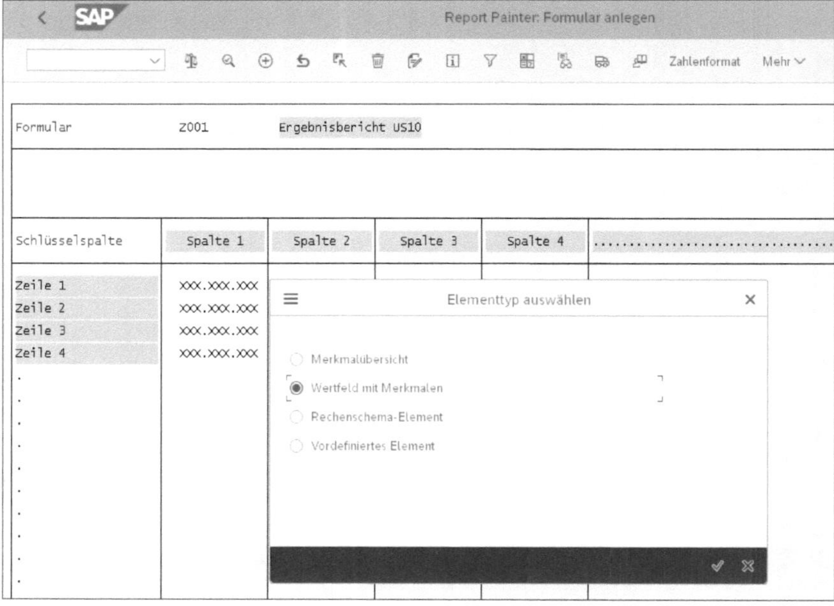

Abbildung 8.58 Elementtyp für die Zeilendefinition auswählen

Nach einem Doppelklick auf die Zeile öffnet sich das Pop-up-Fenster **Elementtyp auswählen**. Sie haben die Wahl zwischen:

Elementtyp auswählen

- **Merkmalsübersicht**
  Sie können der Zeile ein oder mehrere Merkmale zuordnen.
- **Wertfeld mit Merkmalen**
  Sie können der Zeile ein Wertfeld mit einer Kombination von Merkmalen zuordnen.
- **Rechenschema-Element**
  Sie können der Zeile eine Kombination aus mehreren Wertfeldern zuordnen, die Sie im Customizing als Rechenschema angelegt haben.

Für dieses Beispiel wählen Sie als Elementtyp **Wertfeld mit Merkmalen** aus und bestätigen Ihre Auswahl mit [↵].

Es öffnet sich nun das neue Pop-up-Fenster **Elementedefinition: Zeile 1**. Im oberen Bereich des Fensters können Sie in der Zeile **Wertfeld** aus allen dem Ergebnisbereich zugeordneten Wertfeldern ein Wertfeld für die Zeile auswählen. Wie in Abbildung 8.59 dargestellt, wählen Sie das Wertfeld **Absatzmenge** aus. Zusätzlich können Sie nun im Bereich **Ausgewählte Merkmale** die Werteanzeige über Merkmale weiter einschränken.

Zeilentext pflegen

Über den Button [Button] (**Kurz-, Mittel-, Langtexte ändern**) können Sie eine Bezeichnung für die Zeile festlegen. Es öffnet sich das neue Pop-up-Fenster **Textpflege**, in dem Sie den Text hinterlegen können. Bestätigen Sie Ihre Eingaben mit [↵], und Sie haben die erste Zeile in Ihrem Bericht angelegt.

Spalte definieren

Nach der Definition der Zeile definieren Sie nun die Spalte. Mit einem Doppelklick auf eine Spalte sehen Sie das gleiche Pop-up-Fenster wie in Abbildung 8.58 außer dass Ihnen die Selektion **Wertfeld mit Merkmalen** nicht mehr zur Verfügung steht.

Wenn Sie **Merkmalsübersicht** wählen, öffnet sich das in Abbildung 8.60 gezeigte Pop-up-Fenster. Sie können nun verschiedene, dem Ergebnisbereich zugeordnete Merkmale für die Definition der Spalte auswählen. In diesem Beispiel wählen Sie das Merkmal **Periode/Jahr** und schränken es auf 01/2022ein. Bestätigen Sie Ihre Eingaben mit [↵]; Sie haben nun die erste Spalte des Berichts definiert.

Allgemeine Selektionen festlegen

Bevor Sie die Anlage des Formulars verlassen, legen Sie die allgemeinen Selektionen fest. Es ist zwingend notwendig, für jeden Bericht allgemeine Selektionen zu definieren. Folgen Sie dem Customizing-Pfad **Mehr • Bearbeiten • Allg. Selektionen • Allg. Selektionen**, um diese festzulegen.

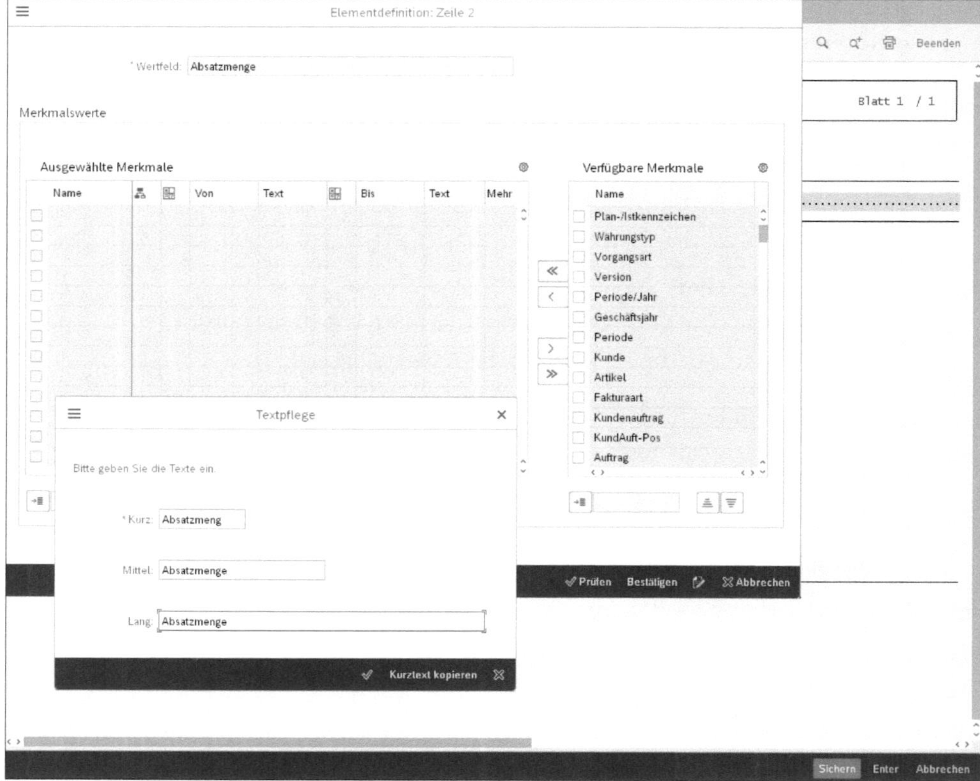

Abbildung 8.59 Zeile für einen Bericht definieren

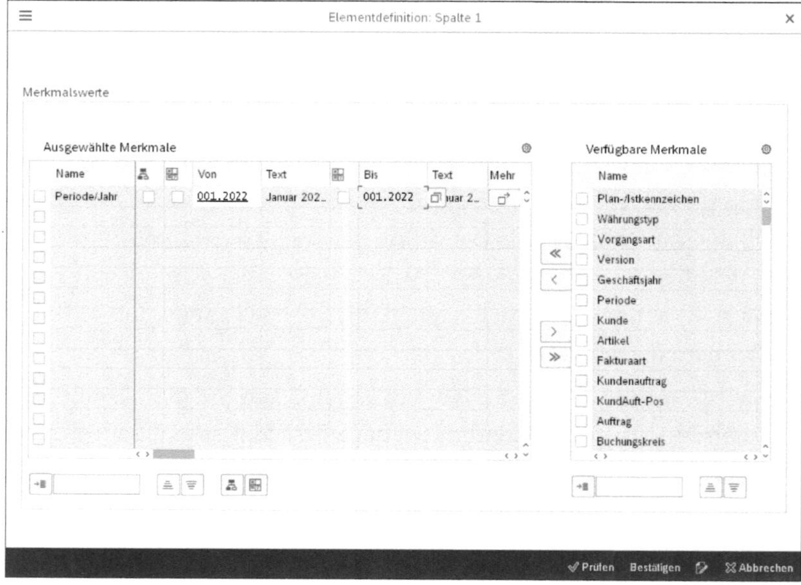

Abbildung 8.60 Spalte für einen Bericht definieren

Wie im Fenster **Elementedefinition: Allgemeine Selektionen** in Abbildung 8.61 dargestellt, wählen Sie die Merkmale für die allgemeinen Selektionen aus. Das Merkmal **KostRechKreis** (Kostenrechnungskreis) muss jedem Bericht als Selektionskriterium zugeordnet werden. Außerdem ist die Zuordnung des Plan-/Ist-Kennzeichens obligatorisch. Wählen Sie als Plan-/Ist-Kennzeichen **Plandaten** aus, ist die Zuordnung des Merkmals **Version** ebenso zwingend. In diesem Beispiel ordnen Sie den allgemeinen Selektionen den Kostenrechnungskreis, das Plan-/Ist-Kennzeichen und den Währungstyp zu.

Variable anlegen

Für das Merkmal **Währungstyp** soll eine Variable angelegt werden, sodass der Anwender beim Aufrufen des Berichts entscheiden kann, ob die Werte des Berichts in Buchungskreiswährung oder in Ergebnisbereichswährung angezeigt werden sollen. Setzen Sie dazu das Häkchen in der Spalte [icon] (**Variable: EIN/AUS**) für die Definition einer Variablen für das Merkmal **Währungstyp**. Es öffnet sich das Pop-up-Fenster **Variablenauswahl**, in dem Sie im Feld **Lokale Variable** einen technischen Namen für die Variable vergeben. Dieser muss mit dem $-Zeichen beginnen. Bestätigen Sie Ihre Eingaben mit [↵], und Sie haben das Formular für den Ergebnisbericht angelegt.

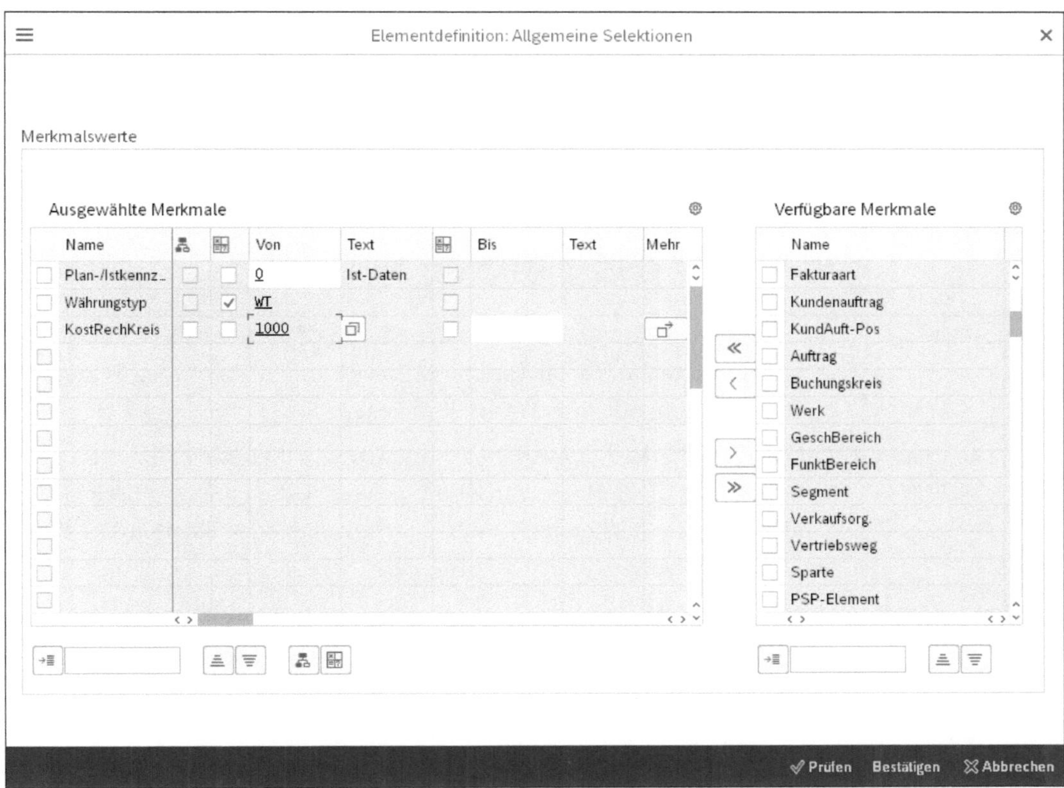

Abbildung 8.61 Allgemeine Selektionen für ein Formular anlegen

Ergebnisbericht anlegen

Gehen Sie zurück in die Anlage des Ergebnisberichts. Drücken Sie dazu zweimal die Taste [F3], und klicken Sie dann auf den Button [Anlegen].

Im Fenster **Ergebnisbericht anlegen: Auswertungsobjekt einschränken** können Sie dem Bericht auf der Registerkarte **Merkmale** zusätzliche Merkmale des Ergebnisbereichs zuordnen (siehe Abbildung 8.62). Sie haben die Möglichkeit, Zeilen im Ergebnisbericht zusätzlich nach diesen Merkmalen aufzureißen.

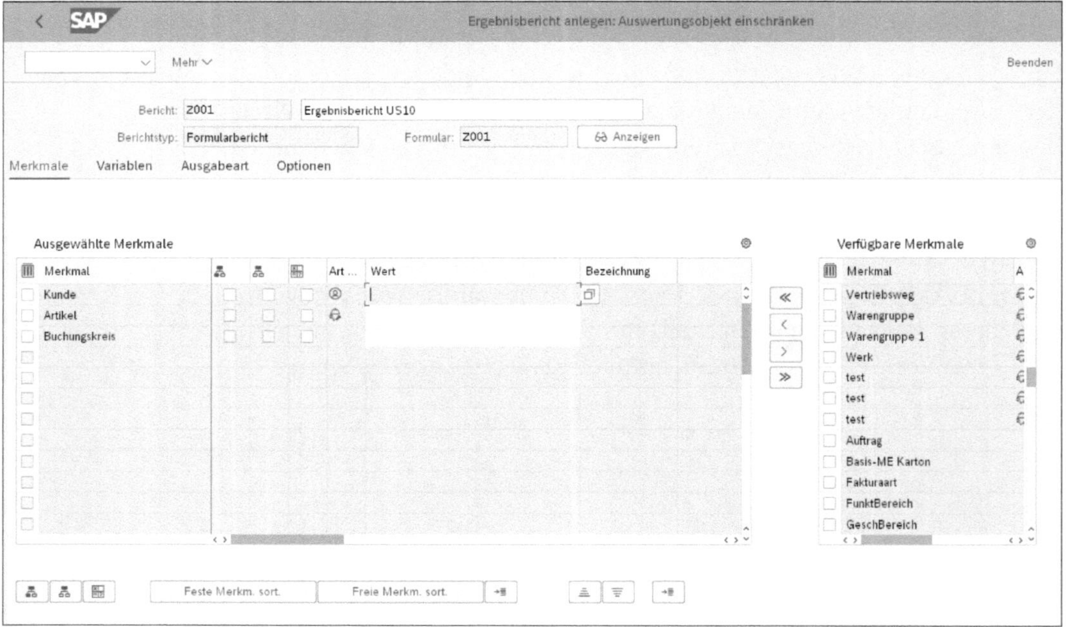

Abbildung 8.62 Merkmale für einen Bericht definieren

Variablen im Bericht

Auf der Registerkarte **Variablen** finden Sie eine Übersicht aller dem Formular zugeordneten Merkmalsvariablen. Diese können Sie, wie Sie es in Abbildung 8.63 sehen, mit einem Wert vorbelegen.

Ausgabeart definieren

Auf den Registerkarten **Ausgabeart** und **Optionen** können Sie weitere Einstellungen für die Berichte vornehmen, wie z. B. die Form der Berichtsausgabe: klassische Recherche, ALV-Berichtsanzeige oder Einstellungen zum Druck der Berichte.

Bericht ausführen

Über die Taste [F8] können Sie den Bericht ausführen. Es erscheint das Fenster **Selektion: Ergebnisbericht US10**, das Sie in Abbildung 8.64 sehen. Dort können Sie die Werte für die Merkmalsvariablen des Berichts festlegen, bevor Sie den Bericht mit [F8] ausführen.

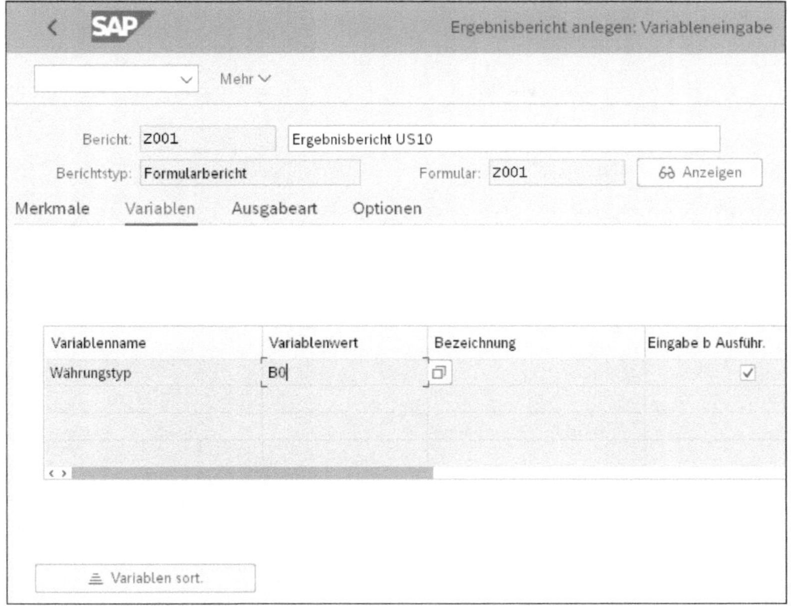

Abbildung 8.63 Variablen im Bericht vorbelegen

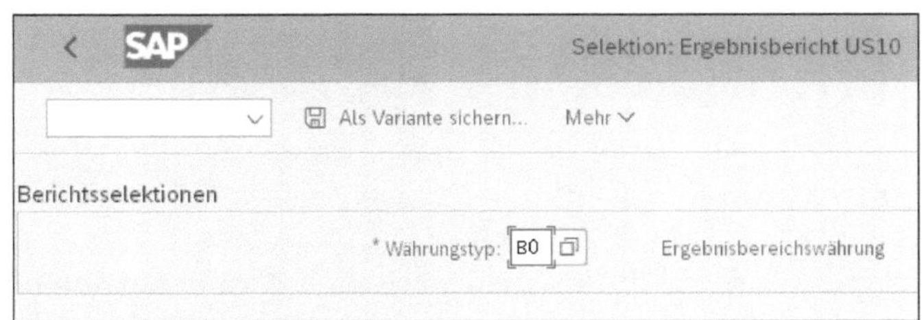

Abbildung 8.64 Selektion für den Ergebnisbericht ausführen

Sie sehen nun das Fenster **Ergebnisbericht: Ergebnisbericht US10 ausführen** mit dem von Ihnen in diesem Beispiel angelegten Bericht (siehe Abbildung 8.65). Im Bereich **Navigation** finden Sie alle dem Ergebnisbericht zugeordneten Merkmale, nach denen Sie die Werte der Wertfelder analysieren können.

Reporting in der kalkulatorischen Ergebnisrechnung

Mit SAP S/4HANA Finance ändert sich das Berichtswesen der kalkulatorischen Ergebnisrechnung nicht. Es stehen alle bekannten Transaktionen zur Anzeige der Daten der kalkulatorischen Ergebnisrechnung zur Verfügung. Einzig und allein die Performance bei der Ausführung der Berichte wird sich durch die zugrunde liegende SAP-HANA-Datenbank drastisch beschleunigen.

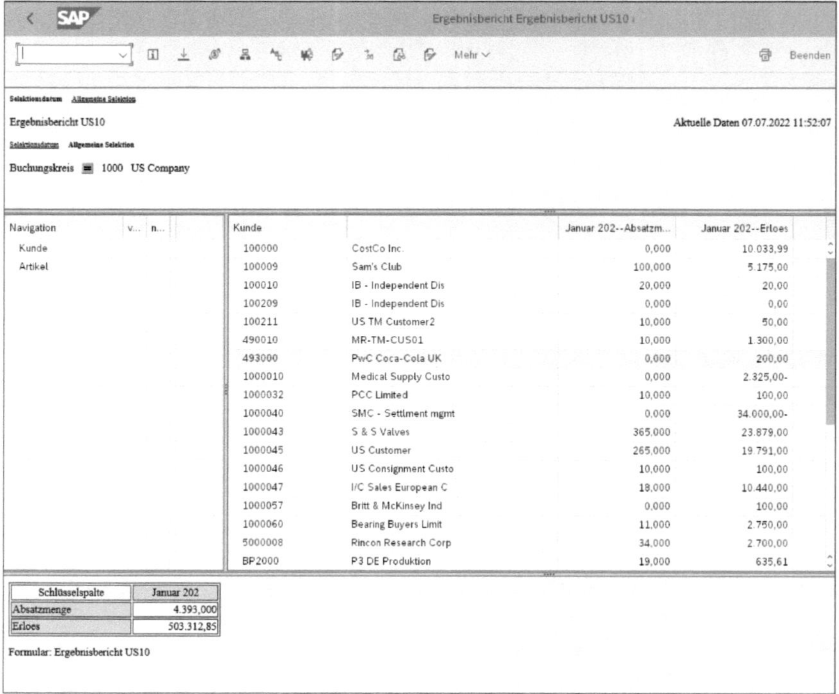

Abbildung 8.65 Ergebnisbericht anzeigen

8.4 Zusammenfassung

In diesem Kapitel haben Sie die Unterschiede zwischen dem Reporting in der kalkulatorischen Ergebnisrechnung und der Margenanalyse kennengelernt. Die Zukunft der Ergebnisrechnung ist die Margenanalyse, die verstärkt in die Finanzbuchhaltung integriert wird. Mit weiteren Releases werden neue SAP-Fiori-Apps hinzukommen. Von der Erstellung von Berichten mit dem Report Writer für die Margenanalyse wird abgeraten, für die kalkulatorische Ergebnisrechnung bleibt dies jedoch das Standardmittel zur Berichterstellung.

Anhang A
Änderungen am Datenmodell

Mit der Einführung der Tabelle ACDOCA, also des Universal Journals, ändert sich das Datenmodell im SAP-System.

Die in Tabelle A.1 aufgeführten *Indextabellen* werden abgeschafft und sind nur noch als Kompatibilitätsview im System verfügbar.

Tabelle	Bezeichnung
BSIS	Buchhaltung: Sekundärindex für Sachkonten
BSAS	Buchhaltung: Sekundärindex für Sachkonten (ausgegl. Posten)
BSID	Buchhaltung: Sekundärindex für Debitoren
BSAD	Buchhaltung: Sekundärindex für Debitoren (ausgegl. Posten)
BSIK	Buchhaltung: Sekundärindex für Kreditoren
BSAK	Buchhaltung: Sekundärindex für Kreditoren (ausgegl. Posten)
FAGLBSIS	Buchhaltung: Sekundärindex für Sachkonten
FAGLBSAS	Buchhaltung: Sekundärindex für Sachkonten (ausgegl. Posten)

Tabelle A.1 Abgeschaffte Indextabellen

Die in Tabelle A.2 aufgeführten *Summentabellen* werden abgeschafft und sind nur noch als Kompatibilitätsview im System verfügbar.

Tabelle	Bezeichnung
GLT0	Sachkontenstamm Verkehrszahlen
GLT3	Summendaten Konsolidierungsvorbereitung
FAGLFLEXT	Hauptbuch: Summen
KNC1	Kundenstamm Verkehrszahlen
LFC1	Lieferantenstamm Verkehrszahlen

Tabelle A.2 Abgeschaffte Summentabellen

Tabelle	Bezeichnung
KNC3	Kundenstamm Verkehrszahlen Sonderhauptbuchvorgänge
LFC3	Lieferantenstamm Verkehrszahlen Sonderhauptbuchvorgänge
COSS	CO-Objekt: Summen Kosten – interne Buchungen
COSP	CO-Objekt: Summen Kosten – externe Buchungen

Tabelle A.2 Abgeschaffte Summentabellen (Forts.)

Die in Tabelle A.3 aufgeführten Tabellen werden abgeschafft, um Datenredundanz zu vermeiden. Sie sind ebenfalls nur noch als Kompatibilitätsview im System verfügbar.

Tabelle	Bezeichnung
COEP	CO-Objekt: Einzelposten periodenbezogen
COBK	CO-Objekt: Belegkopf
ANEP	Anlagen-Einzelposten
ANEA	Anlagen-Einzelposten anteilige Werte
ANLP	Anlagen-Periodenwerte
CKMI1	Index für Rechnungswesenbelege zum Material
BSIM	Sekundärindex Belege zum Material
MLHD	Material-Ledger-Beleg: Kopf
MLIT	Material-Ledger-Beleg: Positionen
MLCR	Material-Ledger-Beleg: Währungen und Werte
MLCRF	Material-Ledger-Beleg: Feldgruppen (Währungen)
MLCD	Material-Ledger: Verdichtungssätze (aus Belegen)

Tabelle A.3 Weitere abgeschaffte Tabellen

Die Autorin

Kathrin Schmalzing arbeitet als Director bei einer Beratungsfirma in den USA im Bereich SAP-Transformationen und SAP-Einführungen. Sie ist bei zahlreichen Neueinführungs- und Transformationsprojekten für das Design und die technische Umsetzung der Prozesse in Rechnungswesen und Controlling zuständig. Bevor Kathrin Schmalzing ihre Karriere in der Beratung begann, arbeitete sie in einer Controlling-Abteilung in der Automobilzulieferindustrie. Dort hat sie gelernt, die Herausforderungen der Anwender und die tägliche Arbeit im Controlling zu verstehen. Kathrin Schmalzing arbeitet seit 2002 mit SAP und war in viele internationale SAP-End-to-End-Einführungen involviert. Ihr Schwerpunkt liegt u. a. auf den Finanz- und Controlling-Komponenten von SAP ERP und SAP S/4HANA sowie auf deren Integration mit der Logistik.

Index

L

M

R

S

T

Z

- Business Intelligence, Planung und Predictive Analytics in der Cloud
- Praktische Beispiele von der Datenmodellierung bis zur Story
- Inkl. Analytics Designer und SAP Analytics Catalog

Abassin Sidiq

SAP Analytics Cloud

Das Praxishandbuch

Endlich ein Tool für alle BI-Aufgaben! Dieses Buch zeigt Ihnen, wie Sie SAP Analytics Cloud einrichten und nutzen. Lernen Sie, wie Sie Ihre Daten in die Anwendung integrieren, modellieren und auswerten. Abassin Sidiq zeigt zahlreiche Gestaltungsmöglichkeiten für Berichte in Form von Storys und Dashboards und erklärt, wie Sie diese mit Daten versorgen und an die Empfänger verteilen. Auch Planung, Predictive Analytics und der neue Analytics Designer werden ausführlich beschrieben.

472 Seiten, gebunden, 79,90 Euro
ISBN 978-3-8362-7715-0
2. Auflage 2021
www.sap-press.de/5135